Cepheid

세페이드

사람은 누구나 창의적이랍니다.
창의력 과학의 세계로 오심을 환영합니다!

세페이드 시리즈의 구성

이제 편안하게 과학공부를 즐길 수 있습니다.

1F 중등과학 기초

2F 중등과학 완성

3F 고등과학 Ⅰ

4F 고등과학 Ⅱ

5F 실전 문제 풀이

세페이드 모의고사

세페이드 고등 통합과학

세페이드 고등학교 물리학 Ⅰ

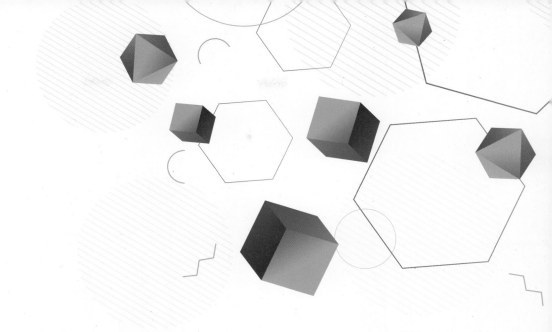

imagine

Infinite!

무한 상상하는 법

1. 고개를 숙인다.
2. 고개를 든다.
3. 뛰어간다.
4. 무한상상한다.

창의력과학

세페이드

4F. 물리학 (상)

Structure

단원별 내용 구성

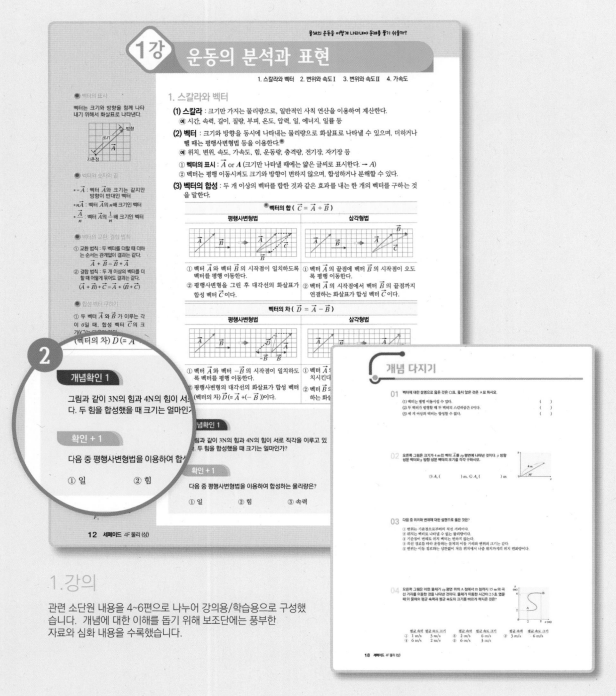

1.강의

관련 소단원 내용을 4~6편으로 나누어 강의용/학습용으로 구성했습니다. 개념에 대한 이해를 돕기 위해 보조단에는 풍부한 자료와 심화 내용을 수록했습니다.

2.개념확인, 확인+

강의 내용을 이용하여 쉽게 풀고 내용을 정리할 수 있는 문제로 구성하였습니다.

3.개념다지기

관련 소단원 내용을 전반적으로 이해하고 있는지 테스트합니다. 내용에 국한하여 쉽게 해결할 수 있는 문제로 구성하였습니다.

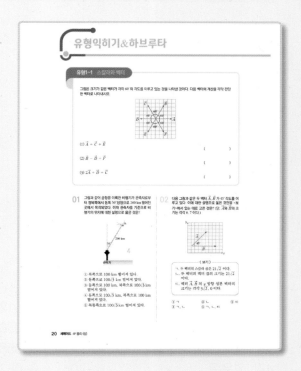

4. 유형익히기 하브루타

관련 소단원 내용을 유형별로 나누어서 각 유형에 따른 대표 문제를 구성하였고, 연습문제를 제시하였습니다.

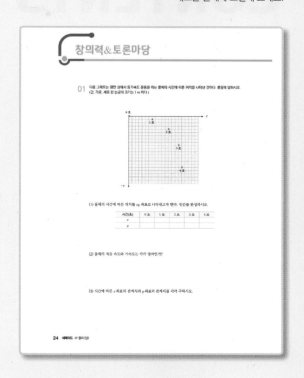

5. 창의력 & 토론 마당

주로 관련 소단원 내용에 대한 심화 문제로 구성하였고, 다른 단원과의 연계 문제도 제시됩니다.
논리 서술형 문제, 단계적 해결형 문제 등도 같이 구성하여 창의력과 동시에 논술, 구술 능력도 향상할 수 있습니다.

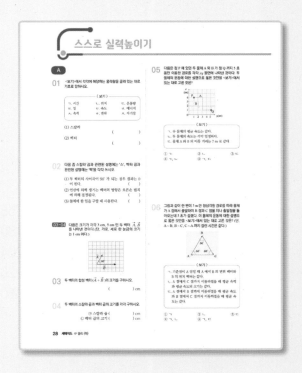

6. 스스로 실력 높이기

A단계(기초) – B단계(완성) – C단계(응용) – D단계(심화)로 구성하여 단계적으로 자기주도 학습이 가능하도록 하였습니다.

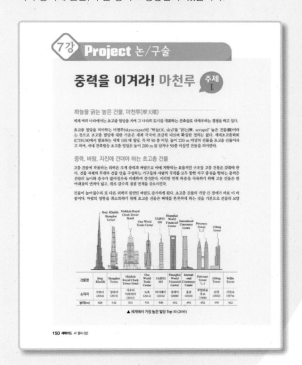

7. Project

대단원이 마무리될 때마다 읽기 자료, 실험 자료 등을 제시하여 서술형/논술형 답안을 작성하도록 하였고, 단원의 주요 실험을 자기주도 적으로 실시하여 실험보고서 작성을 할 수 있도록 하였습니다.

CONTENTS | 목차

4F 물리학(상)

I 운동과 에너지

II 열역학

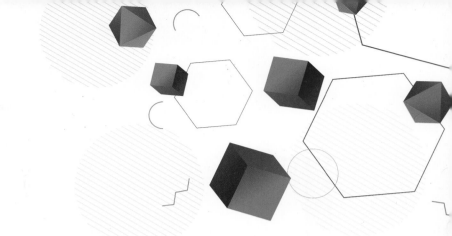

4F 물리학(하)

III 전기와 자기

IV 파동과 빛

I

운동과 에너지

물체의 운동을 어떻게 나타낼까?

1강 운동의 분석과 표현

1. 스칼라와 벡터 2. 변위와 속도 I 3. 변위와 속도 II 4. 가속도

1. 스칼라와 벡터

(1) 스칼라 : 크기만 가지는 물리량으로, 일반적인 사칙 연산을 이용하여 계산한다.
　예 시간, 속력, 길이, 질량, 부피, 온도, 압력, 일, 에너지, 일률 등

(2) 벡터 : 크기와 방향을 동시에 나타내는 물리량으로 화살표로 나타낼 수 있으며, 더하거나 뺄 때는 평행사변형법 등을 이용한다.
　예 위치, 변위, 속도, 가속도, 힘, 운동량, 충격량, 전기장, 자기장 등
　① 벡터의 표시 : $\vec{A}$ or $\textbf{A}$ (크기만 나타낼 때에는 얇은 글씨로 표시한다. → A)
　② 벡터는 평행 이동시켜도 크기와 방향이 변하지 않으며, 합성하거나 분해할 수 있다.

(3) 벡터의 합성 : 두 개 이상의 벡터를 합한 것과 같은 효과를 내는 한 개의 벡터를 구하는 것을 말한다.

벡터의 합 ($\vec{C} = \vec{A} + \vec{B}$)

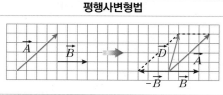

평행사변형법	삼각형법
① 벡터 $\vec{A}$ 와 벡터 $\vec{B}$ 의 시작점이 일치하도록 벡터를 평행 이동한다. ② 평행사변형을 그린 후 대각선의 화살표가 합성 벡터 $\vec{C}$ 이다.	① 벡터 $\vec{A}$ 의 끝점에 벡터 $\vec{B}$ 의 시작점이 오도록 평행 이동한다. ② 벡터 $\vec{A}$ 의 시작점에서 벡터 $\vec{B}$ 의 끝점까지 연결하는 화살표가 합성 벡터 $\vec{C}$ 이다.

벡터의 차 ($\vec{D} = \vec{A} - \vec{B}$)

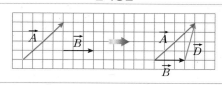

평행사변형법	삼각형법
① 벡터 $\vec{A}$ 와 벡터 $-\vec{B}$ 의 시작점이 일치하도록 벡터를 평행 이동한다. ② 평행사변형의 대각선의 화살표가 합성 벡터 (벡터의 차) $\vec{D} (= \vec{A} + (-\vec{B}))$ 이다.	① 벡터 $\vec{A}$ 의 시작점과 벡터 $\vec{B}$ 의 시작점을 일치시킨다. ② 벡터 $\vec{B}$ 의 끝점에서 벡터 $\vec{A}$ 의 끝점까지 연결하는 화살표가 합성 벡터(벡터의 차) $\vec{D}$ 이다.

개념확인 1

그림과 같이 3N의 힘과 4N의 힘이 서로 직각을 이루고 있다. 두 힘을 합성했을 때 크기는 얼마인가?

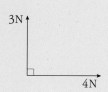

확인 + 1

다음 중 평행사변형법을 이용하여 합성하는 물리량은?

① 일　　　② 힘　　　③ 속력　　　④ 질량　　　⑤ 에너지

옆단 내용

● **벡터의 표시**

벡터는 크기와 방향을 함께 나타내기 위해서 화살표로 나타낸다.

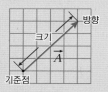

● **벡터와 숫자의 곱**

• $-\vec{A}$: 벡터 $\vec{A}$ 와 크기는 같지만 방향이 반대인 벡터
• $n\vec{A}$: 벡터 $\vec{A}$ 의 n배 크기인 벡터
• $\dfrac{\vec{A}}{n}$: 벡터 $\vec{A}$ 의 $\dfrac{1}{n}$ 배 크기인 벡터

● **벡터의 교환, 결합 법칙**

① 교환 법칙 : 두 벡터를 더할 때 더하는 순서는 관계없이 결과는 같다.
$$\vec{A} + \vec{B} = \vec{B} + \vec{A}$$
② 결합 법칙 : 두 개 이상의 벡터를 더할 때 어떻게 묶어도 결과는 같다.
$$(\vec{A} + \vec{B}) + \vec{C} = \vec{A} + (\vec{B} + \vec{C})$$

● **합성 벡터 구하기**

① 두 벡터 $\vec{A}$ 와 $\vec{B}$ 가 이루는 각이 θ일 때, 합성 벡터 $\vec{C}$ 의 크기(C)는 다음과 같다.
$$C = \sqrt{A^2 + B^2 + 2AB\cos\theta}$$

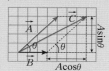

$$C^2 = (B + A\cos\theta)^2 + A^2\sin^2\theta$$
$$= B^2 + 2AB\cos\theta + A^2\cos^2\theta + A^2\sin^2\theta$$
$$= B^2 + 2AB\cos\theta + A^2(\cos^2\theta + \sin^2\theta)$$
$$\therefore C^2 = A^2 + B^2 + 2AB\cos\theta$$
$$(\because \cos^2\theta + \sin^2\theta = 1)$$

② 같은 종류의 크기와 방향이 다른 여러 벡터를 합할 때에는 한 벡터의 머리에 다른 벡터의 꼬리를 계속 이어나간다.

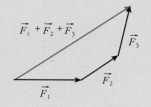

(4) 벡터의 분해 : 한 개의 벡터와 같은 효과를 내는 두 개 이상의 벡터로 나누는 것을 말한다. 이때 분해된 벡터를 성분 벡터라고 한다. ●

$$\langle \text{직각 좌표계를 이용한 벡터 } \vec{A} \text{ 의 분해} \rangle$$

$$\vec{A} = \vec{A_x} + \vec{A_y}$$

x 방향 성분 벡터($\vec{A_x}$)의 크기 : $A_x = A\cos\theta$

y 방향 성분 벡터($\vec{A_y}$)의 크기 : $A_y = A\sin\theta$

벡터 $\vec{A}$ 의 크기 : $|\vec{A}| = A = \sqrt{A_x^2 + A_y^2}$

벡터 $\vec{A}$ 의 방향 : $\tan\theta = \dfrac{A_y}{A_x}$

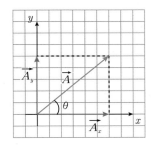

(5) 벡터의 곱셈

① **스칼라 곱** : 두 벡터의 곱이 스칼라가 되는 곱셈을 말한다. ●

$\vec{A}$ 와 $\vec{B}$ 의 스칼라곱 : $\vec{A} \cdot \vec{B}$ [A dot B]

$\vec{A} \cdot \vec{B} = AB\cos\phi$ (크기,φ: 두 벡터 사이 각)

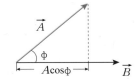

→ 사이각이 90°인 경우는 결과가 0(최소)이 되며, 0°인 경우에는 최대값이 된다.

② **벡터 곱** : 두 벡터의 곱이 벡터가 되는 곱셈을 말한다. ●

$\vec{A}$ 와 $\vec{B}$ 의 벡터곱 : $\vec{A} \times \vec{B} = \vec{C}$ [A cross B]

$|\vec{A} \times \vec{B}|$(크기) $= AB\sin\phi$ (φ: 두 벡터 사이 각 중 작은 각)

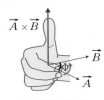

벡터 $\vec{C}$ 의 방향은 두 벡터에 수직이고, 오른손 법칙에 의해 방향이 결정
→ 오른손의 네 손가락을 $\vec{A}$ 에서 $\vec{B}$ 쪽으로 감아쥐었을 때 엄지 손가락이 가리키는 방향)

→ 두 벡터가 평행하면 벡터곱의 크기는 0(최소)이고, 90°인 경우에는 최대값이 된다.

개념확인 2

정답 및 해설 **02**쪽

물체에 작용한 힘을 $\vec{F}$, 변위를 $\vec{s}$ 라고 할 때 물체에 한 일 $W = \vec{F} \cdot \vec{s}$ 이다. F = 5N, s = 2m, 힘 방향과 이동 방향과의 각이 60°일 때 물체에 한 일의 양은 몇 J 인가?

확인 + 2

두 벡터 $\vec{A}$ 와 $\vec{B}$ 가 이루는 각이 90°인 경우 최대값이 되는 것을 고르시오.

$(\ominus \ \vec{A} \cdot \vec{B} \quad \ominus \ \vec{A} \times \vec{B} \ )$

● 스칼라 곱

$\vec{A} \cdot \vec{B}$ 의 경우 $\vec{B}$ 에 $\vec{A}$ 를 투영한 형태, 즉 $\vec{A}$ 를 $\vec{B}$ 와 동일한 방향의 성분으로 변환하여 그 스칼라 값을 $\vec{B}$ 의 스칼라 값에 곱하는 것이라고 할 수 있다.

● 합성 벡터의 성분 분해

두 벡터 $\vec{A}$ 와 $\vec{B}$ 의 합성 벡터 $\vec{C}$ 의 xy 직각 좌표에서의 성분은 다음과 같이 나타낼 수 있다.

$$\vec{C} = \vec{A} + \vec{B} \text{ 일 때}$$
$$\vec{C_x} = \vec{A_x} + \vec{B_x}$$
$$\vec{C_y} = \vec{A_y} + \vec{B_y}$$
$$|\vec{C}| = \sqrt{C_x^2 + C_y^2}$$
$$= \sqrt{(A_x + B_x)^2 + (A_y + B_y)^2}$$

● 스칼라 곱을 이용하는 물리량

두 벡터를 스칼라 곱하면 크기만 나타난다.

물체에 힘을 작용하여 힘의 방향으로 이동한 경우, 일(W)은 스칼라 곱을 이용하여 구한다.

→ 물체에 작용한 힘을 $\vec{F}$, 이동 거리를 $\vec{s}$ 라고 할 때, 일 W 은 다음과 같다.

$$W(\text{일의 양}) = \vec{F} \cdot \vec{s}$$

● 벡터 곱을 이용하는 물리량

자기장 속에서 운동하는 대전 입자가 받는 힘을 로런츠 힘이라고 한다. 로런츠 힘은 벡터 곱을 이용하여 구한다.

자기장 $\vec{B}$ 에 수직한 방향으로 속도 $\vec{v}$ 로 운동하는 전하량 q 인 입자가 받는 로런츠 힘 벡터 $\vec{F}$ 는 다음과 같다.

$$\vec{F} = q(\vec{v} \times \vec{B})$$

(1) 위치와 변위

① **위치** : 위치를 나타낼 때는 기준점을 정하고, 기준점으로부터 화살표로 직선 거리와 방향을 함께 나타낸다.

② **변위** : 이동 경로와 상관없이 처음 위치에서 나중 위치까지 위치 변화량을 말한다. 처음 위치에서 나중 위치까지 화살표를 그어 나타낸다.

(2) 위치 벡터와 변위 벡터

① **위치 벡터** : 기준점에서 물체의 위치까지 화살표로 나타낸다.

② **변위 벡터** : 처음 위치에서 나중 위치까지의 화살표로 나타낸다.

집 A의 위치 벡터 : $\vec{s_A}$ 또는 $\overrightarrow{OA}$

집 B의 위치 벡터 : $\vec{s_B}$ 또는 $\overrightarrow{OB}$

집 A에서 집 B로 이동한 경우 변위 (벡터)

$$\vec{\Delta s} = \vec{s_B} - \vec{s_A}$$

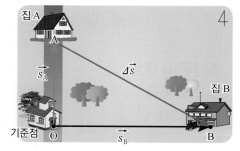

(3) 속도

① **속도** : 물체의 속력과 방향을 함께 나타내는 물리량이며, 단위 시간(보통 1초) 당 변위가 속도이다. 어떤 물체의 Δt 동안 위치 변화량(변위)이 $\vec{\Delta s}$ 일 때 속도는 다음과 같다.

$$속도 = \frac{변위}{걸린 시간} \rightarrow \vec{v} = \frac{\vec{\Delta s}}{\Delta t} \text{ (m/s)}$$

② **평균 속도와 순간 속도**

(A~B 사이의) 평균 속도 ●	(A점의) 순간 속도 ●
A와 B 사이의 변위를 걸린 시간으로 나눈 값으로, 주어진 시간 동안의 평균적인 속도	특정 시각(A점)에서의 순간적인 속도이다. · 1차원 운동 : (변위-시간)그래프에서 A점에서의 접선의 기울기 · 2차원 이상 운동 : 좌표계의 물체의 운동 경로 상에서 특정 시각(A점)에서의 시간에 대한 변위의 미분
방향 : A~B 간 변위의 방향과 같다.	방향 : 좌표계의 물체의 운동 경로 상에서 특정 시각(A점)에서의 접선 방향이다.
$\vec{v}$ (평균) $= \frac{\vec{\Delta s}}{\Delta t}$ (m/s)	$\vec{v}$ (A점) $= \lim_{\Delta t \to 0} \frac{\vec{\Delta s}}{\Delta t}\Big|_{A점} = \frac{d\vec{s}}{dt}\Big|_{A점}$ (m/s)

개념확인 3

어떤 사람이 A→B→C 직선 운동하였다. 이 운동에서 이동거리와 변위의 크기를 각각 구하시오.

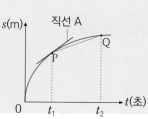

확인 + 3

어떤 물체가 그림의 (변위-시간) 그래프와 같이 운동하였다. 직선 A는 P점에서의 접선이다. 이때 시각 t_1에서의 순간 속도와 t_1 ~ t_2의 평균 속도를 비교할 때 크기가 더 큰 것은 무엇인가?

● Δ(델타)

변화량을 나타내는 그리스 문자

● lim

lim은 '극한'을 뜻한다.

$\lim_{\Delta t \to 0} \frac{\vec{\Delta s}}{\Delta t}$ 는 Δt를 무한히 0 에 가

깝게 할 때의 $\frac{\vec{\Delta s}}{\Delta t}$ 값이다.

$\lim_{\Delta t \to 0} \frac{\vec{\Delta s}}{\Delta t} = \frac{d\vec{s}}{dt}$

(시간에 대한 s의 일차 미분)

● 변위-시간 그래프에서 속도 구하기

변위-시간 그래프 상의 A, B두 점을 이은 직선의 기울기는 시간 $t_1 \sim t_2$간 평균 속도이고, t_1에서의 순간 속도는 점 A에서 접선의 기울기이다.

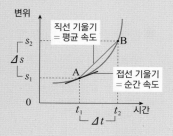

● 2차원 운동에서의 순간 속도

$(x-y)$ 좌표 상에서 운동 경로가 결정된 경우 특정 시간의 A점에서의 순간 속도는 접선 방향이며 $\frac{d\vec{s}}{dt}$로 구한다. $v_x = v\cos\theta$, $v_y = v\sin\theta$ 이다.

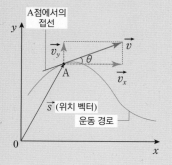

3. 변위와 속도 Ⅱ

(1) 상대 속도 : 어떤 기준 좌표계에서 각각의 속도로 물체와 관측자가 운동하고 있을 때, 운동하고 있는 관측자가 본 물체의 속도를 관측자에 대한 물체의 상대 속도라고 한다. 관측자 A는 $\vec{v_A}$, 물체 B는 $\vec{v_B}$ 의 속도로 운동하고 있을 때, 관측자 A가 본 물체 B의 상대 속도 $\vec{v_{AB}}$는 다음과 같다.

$$\vec{v_{AB}} = \vec{v_B} - \vec{v_A}$$

· 비행기 A의 속도($\vec{v_A}$)
· 비행기 B의 속도($\vec{v_B}$)
비행기 A에 타고 있는 관측자가 바라 본 비행기 B의 속도 $\vec{v_{AB}}$는 다음과 같다.

$$\vec{v_{AB}} = \vec{v_B} - \vec{v_A}$$

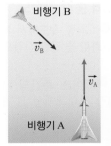
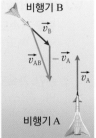

(2) 등속도 운동

① **등속도 운동** : 순간 속도가 계속 일정하게 유지되는 운동을 등속도 운동(등속 직선 운동)이라고 하며, 이때 평균 속도와 순간 속도는 서로 같다.

② **등속도 운동의 관계식** : 일정한 속도 v 로 운동하는 물체의 시간 t 와 변위 s 의 관계식은 다음과 같다.

$$s = vt \;\rightarrow\; v = \frac{s}{t}$$

③ **등속도 운동의 그래프**

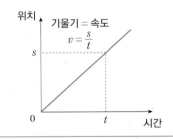

· 기울기가 일정한 직선 모양
· 그래프의 기울기 = 속도

· 시간축과 나란한 직선 모양
· 그래프 넓이 = 그 시간 까지의 변위

● 일직선 상에서 운동하는 경우 상대 속도 구하기

관측자 A 의 속도 : $\vec{v_A}$ (크기 15m/s)
자동차 B 의 속도 : $\vec{v_B}$ (크기 10m/s)
자동차 C 의 속도 : $\vec{v_C}$ (크기 5m/s)

① $\vec{v_{AB}}$ (오른쪽 +)
$$\vec{v_{AB}} = \vec{v_B} - \vec{v_A}$$
$$= -10 - (-15) = 5 \text{ m/s}$$

② $\vec{v_{AC}}$ (오른쪽 +)
$$\vec{v_{AC}} = \vec{v_C} - \vec{v_A}$$
$$= 5 - (-15) = 20 \text{ m/s}$$

개념확인 4 　　　　　정답 및 해설 02쪽

직선 도로에서 무한이가 탄 자동차는 20 m/s 의 속도로 달리고 있고, 상상이가 탄 자동차는 15 m/s 의 속도로 달리고 있다. 무한이가 봤을 때 상상이의 속도를 구하시오.

확인 + 4

A는 북쪽으로 3m/s 로 운동하고 있고, B는 동쪽으로 4m/s로 운동하고 있다. A가 봤을 때 B의 속도를 구하시오.

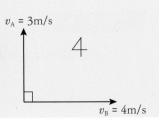

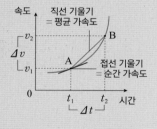

(1) 가속도 : 단위 시간 당 속도의 변화량이 가속도이다. 물체의 처음 속도가 $\vec{v_0}$ 이고 시간 Δt 후에 $\vec{v}$ 가 되었을 때, 가속도 $\vec{a}$ 는 다음과 같다. 벡터량으로 방향과 크기를 모두 가진다.

$$가속도 = \frac{속도 \ 변화량}{걸린 \ 시간} \rightarrow \vec{a} = \frac{\vec{v} - \vec{v_0}}{\Delta t} = \frac{\Delta \vec{v}}{\Delta t} \ (m/s^2)$$

→ 가속도의 방향은 속도 변화량($\Delta \vec{v}$)의 방향과 같으며, 알짜힘의 방향과도 같다.

(2) 평균 가속도와 순간 가속도

① **평균 가속도** : 최종 속도에서 처음 속도를 뺀 구간 속도 변화량을 걸린 시간으로 나눠서 구한다.

$$\vec{a_{평}} = \frac{\vec{v_2} - \vec{v_1}}{\Delta t} = \frac{\Delta \vec{v}}{\Delta t}$$

② **순간 가속도** : 어느 순간의 가속도를 말하며, 속도-시간 그래프에서 그 순간의 접선의 기울기이다.

$$\vec{a} = \lim_{\Delta t \to 0} \frac{\Delta \vec{v}}{\Delta t} = \frac{d\vec{v}}{dt}$$

(3) 가속도 운동

① **직선 상에서의 등가속도 운동**(오른쪽 : (+), $v_0 > 0$, a : 일정)

〈 속도가 일정하게 증가하는 경우 〉 〈 속도가 일정하게 감소하는 경우 〉

$a > 0$ (오른쪽)
가속도 방향 = 운동 방향 (속도 방향)

· 출발하여 속도가 0 이 되기 전(속도 (+), 속력 감소)
 $a < 0$ (왼쪽), 가속도 방향과 운동 방향이 반대
· 되돌아 올 때(속도 (−), 속력 증가)
 $a < 0$ (왼쪽), 가속도 방향 = 운동 방향

② **곡선 궤도 상에서의 가속도** : 평면이나 공간 상에서 곡선 운동하는 물체의 운동은 가속도 운동이다.

· (A~B) 평균 가속도 : $\dfrac{\vec{v_2} - \vec{v_1}}{t_2 - t_1}$
· 가속도(a) 방향과 속도 변화량
 ($\Delta \vec{v} = \vec{v_2} - \vec{v_1}$)의 방향이 같음

다음 중 가속도의 방향과 방향이 같은 물리량을 고르시오.

(㉠ 변위 ㉡ 속도 ㉢ 속도 변화량)

그래프의 운동에서 A~B 사이의 평균 가속도를 구하시오.

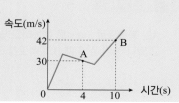

(4) 등가속도 직선 운동 : 직선 상에서 가속도의 크기와 방향이 일정한 운동을 말한다.

① **등가속도 직선 운동 공식◉** : 물체의 처음 속도를 v_0, 나중 속도를 v, 가속도를 a, 변위를 s, 시간을 t 라고 할 때 이들 사이의 관계식은 다음과 같다.

$$v = v_0 + at, \qquad s = v_0 t + \frac{1}{2}at^2, \qquad 2as = v^2 - v_0^2$$

② **등가속도 직선 운동 그래프 (오른쪽 : +)**

ⓐ **가속도 > 0 (오른쪽), 처음 속도 > 0 (오른쪽) 일 때**

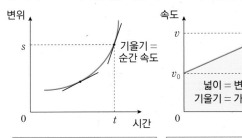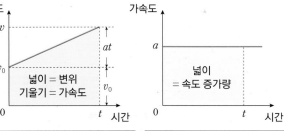

· 접선의 기울기 = 순간 속도
· 시간이 경과하면서 접선의 기울기 증가 → 속도 증가

· 기울기 = 가속도(>0)
· 그래프 넓이 = 변위

· 시간축과 나란한 직선
· 그래프 넓이 = 속도 변화량

ⓑ **가속도 < 0 (왼쪽), 처음 속도 > 0 (오른쪽) 일 때**

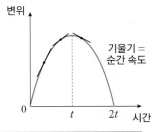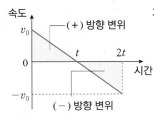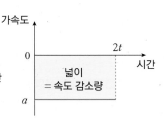

· 처음 속도 : (+) 방향
· 시간이 경과하면서 접선의 기울기 감소 → 속도 감소

· 기울기 = 가속도(<0)
· 그래프 넓이가 (+)인 구간
  → 변위 (+) : 증가
· 그래프 넓이가 (−)인 구간
  → 변위 (−) : 감소

그래프 넓이 = 속도 감소량

◉ 등가속도 운동의 시간에 따른 속도 (v)

$$a = \frac{v - v_0}{t}$$

$$\to v = v_0 + at$$

◉ 등가속도 운동에서의 변위(s)

속도가 일정하게 증가하거나 감소하므로 속도-시간 그래프에서 직선으로 나타난다. 이때, 평균 속도 는 $\frac{v_0 + v}{2}$이다. 평균 속도로 시간 t 동안 운동하므로

$$s = \frac{v_0 + v}{2}t + \frac{1}{2}at^2$$

$$= \frac{v_0 + (v_0 + at)}{2}t$$

$$= v_0 t + \frac{1}{2}at^2$$

이것은 속도-시간 그래프의 해당 시간 동안 넓이와 같다.

◉ 시간이 포함되지 않은 공식

$s = v_0 t + \frac{1}{2}at^2$ 이고, $t = \frac{v - v_0}{a}$

$$s = v_0 \left(\frac{v - v_0}{a}\right) + \frac{1}{2}a\left(\frac{v - v_0}{a}\right)^2$$

$$= \frac{v^2 - v_0^2}{2a}$$

$$\to 2as = v^2 - v_0^2$$

개념확인 6

정답 및 해설 02쪽

다음 중 물체가 등가속도 직선 운동을 할 때 변하지 않는 물리량은?

① 변위　　　　　　　　② 속력　　　　　　　　③ 속도
④ 운동 방향　　　　　　⑤ 단위 시간당 속도 변화량

확인 + 6

어떤 물체가 등가속도 운동을 하여 속도가 5 m/s 에서 15 m/s 가 될 때까지 10 초가 걸렸다. 10 초 동안 물체의 변위의 크기는?

(　　　　　　) m

개념 다지기

01 벡터에 대한 설명으로 옳은 것은 ○표, 옳지 않은 것은 ×표 하시오.

(1) 벡터는 평행 이동시킬 수 있다. ( )

(2) 두 벡터가 평행할 때 두 벡터의 스칼라곱은 0이다. ( )

(3) 세 개 이상의 벡터는 합성할 수 없다. ( )

02 오른쪽 그림은 크기가 4 m인 벡터 $\vec{A}$를 xy평면에 나타낸 것이다. x 방향 성분 벡터와 y 방향 성분 벡터의 크기를 각각 구하시오.

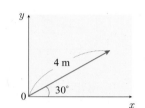

㉠ A_x ( ) m, ㉡ A_y ( ) m

03 다음 중 위치와 변위에 대한 설명으로 옳은 것은?

① 변위는 기준점으로부터의 직선 거리이다.
② 위치는 벡터로 나타낼 수 없는 물리량이다.
③ 기준점이 변해도 위치 벡터는 변하지 않는다.
④ 곡선 경로를 따라 운동하는 물체의 이동 거리와 변위의 크기는 같다.
⑤ 변위는 이동 경로와는 상관없이 처음 위치에서 나중 위치까지의 위치 변화량이다.

04 오른쪽 그림은 어떤 물체가 xy평면 위의 A 점에서 B 점까지 15 m의 곡선 거리를 이동한 것을 나타낸 것이다. 물체가 이동한 시간이 2.5초 였을 때 이 물체의 평균 속력과 평균 속도의 크기를 바르게 짝지은 것은?

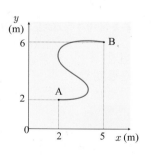

	평균 속력	평균 속도 크기		평균 속력	평균 속도 크기		평균 속력	평균 속도 크기
①	1 m/s	3 m/s	②	2 m/s	6 m/s	③	3 m/s	6 m/s
④	6 m/s	2 m/s	⑤	6 m/s	3 m/s			

05 오른쪽 그림과 같은 직선 철로에서 북쪽으로 85 km/h 의 속도로 이동하는 지하철 A 에 타고 있는 무한이가 남쪽으로 65 km 의 속도로 이동하는 지하철 B 를 볼 때, 지하철 B 의 속도는 몇 km/h인가? (단, 북쪽 방향을 (+)로 한다.)

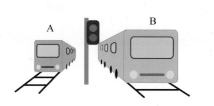

① 20 km/s
② −20 km/s
③ 150 km/s
④ −150 km/s
⑤ 170 km/s

06 오른쪽 그래프는 직선 운동하는 자동차의 시간에 따른 속도를 나타낸 것이다. 출발 후 8 초 동안 이 자동차의 이동 거리와 평균 속도를 바르게 짝지은 것은?

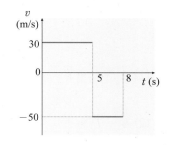

	이동 거리	평균 속도		이동 거리	평균 속도		이동 거리	평균 속도
①	160 m	0	②	250 m	0	③	300 m	0
④	250 m	$\frac{125}{4}$ m/s	⑤	300 m	$\frac{75}{2}$ m/s			

07 오른쪽 그림과 같은 'ㄴ'자 도로를 남쪽으로 80 m/s 로 달리던 자동차 A 가 20 초 후 동쪽으로 60 m/s 로 달리고 있다. 20 초 동안 자동차 A 의 평균 가속도의 크기는 얼마인가?

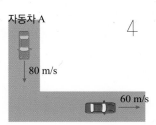

① 1 m/s²
② 5 m/s²
③ 7 km/s²
④ 10 km/s²
⑤ 20 km/s²

08 오른쪽 그래프는 직선 상의 물체의 운동을 시간(t)에 대한 변위(s)의 2차 함수로 나타낸 것이다. 이에 대한 설명으로 옳은 것은 ○ 표, 옳지 않은 것은 × 표 하시오.

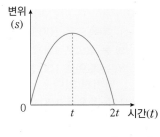

(1) 물체에 작용하는 힘의 방향과 물체의 운동 방향이 같다. (　　)
(2) 물체는 직선 상에서 가속도가 일정한 운동을 하고 있다. (　　)
(3) 물체는 0 ~ 2t 동안 속력이 증가하는 운동을 하고 있다. (　　)

유형익히기&하브루타

그림은 크기가 같은 벡터가 각각 60°의 각도를 이루고 있는 것을 나타낸 것이다. 다음 벡터의 계산을 각각 간단한 벡터로 나타내시오.

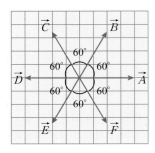

(1) $\vec{A} + \vec{C} + \vec{E}$

(　　　　)

(2) $\vec{B} - \vec{D} + \vec{F}$

(　　　　)

(3) $2\vec{A} + \vec{D} + \vec{C}$

(　　　　)

---

01 그림과 같이 공항을 이륙한 비행기가 관측자로부터 정북쪽에서 동쪽 30° 방향으로 200 km 떨어진 곳에서 목격되었다. 이때 관측자를 기준으로 비행기의 위치에 대한 설명으로 옳은 것은?

① 북쪽으로 100 km 떨어져 있다.
② 동쪽으로 $100\sqrt{3}$ km 떨어져 있다.
③ 동쪽으로 100 km, 북쪽으로 $100\sqrt{3}$ km 떨어져 있다.
④ 동쪽으로 $100\sqrt{3}$ km, 북쪽으로 100 km 떨어져 있다.
⑤ 북동쪽으로 $100\sqrt{3}$ km 떨어져 있다.

02 다음 그림과 같은 두 벡터 $\vec{A}$, $\vec{B}$ 가 45° 각도를 이루고 있다. 이에 대한 설명으로 옳은 것만을 <보기>에서 있는 대로 고른 것은? (단, $\vec{A}$와 $\vec{B}$의 크기는 각각 6, 7 이다.)

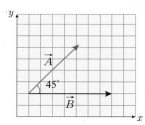

〈 보기 〉
ㄱ. 두 벡터의 스칼라 곱은 $21\sqrt{2}$ 이다.
ㄴ. 두 벡터의 벡터 곱의 크기는 $21\sqrt{2}$ 이다.
ㄷ. 벡터 $\vec{A}$, $\vec{B}$ 의 y 방향 성분 벡터의 크기는 각각 $3\sqrt{2}$, 0 이다.

① ㄱ　　　　② ㄴ　　　　③ ㄷ
④ ㄱ, ㄴ　　　⑤ ㄱ, ㄴ, ㄷ

유형1-2 변위와 속도 Ⅰ

오른쪽 그림은 무한이와 상상이가 반지름이 10 m 인 원형 트랙의 A 점을 동시에 출발하여, 10 초가 지난 후 무한이와 상상이의 위치 C 와 B 를 좌표계에 각각 나타낸 것이다. 원점 O 를 기준으로 반시계 방향으로 운동할 때 이에 대한 설명으로 옳은 것만을 <보기>에서 있는 대로 고른 것은? (단, 무한이와 상상이는 한바퀴 이하로 운동하였다.)

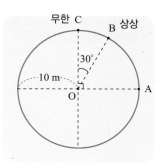

〈 보기 〉

ㄱ. B 점에 상상이가 있을 때 위치 벡터는 $\overrightarrow{AB}$ 이다.
ㄴ. C 점에 무한이가 있을 때 위치 벡터의 크기는 10m 이다.
ㄷ. 10 초 동안 무한이의 변위 벡터는 $\overrightarrow{OC}$ 이다.
ㄹ. 상상이의 10 초 동안 평균 속력이 평균 속도의 크기보다 크다.

① ㄱ, ㄷ   ② ㄴ, ㄹ   ③ ㄱ, ㄴ, ㄷ   ④ ㄱ, ㄴ, ㄹ   ⑤ ㄴ, ㄷ, ㄹ

---

03 다음과 같이 자동차가 원형 도로를 25 m/s 의 일정한 속력으로 달리고 있다. 자동차가 A 에서 B 까지 이동하는 동안 ㉠ 걸린 시간과 ㉡ 평균 속도를 바르게 짝지은 것은? (단, 원형 도로의 반지름은 100 m, $\pi = 3$, $\sqrt{2} = 1.414$ 이다.)

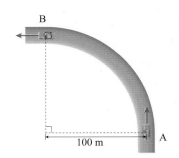

	㉠	㉡		㉠	㉡
①	5.7 초	23.6 m/s	②	5.7 초	25 m/s
③	6 초	23.6 m/s	④	6 초	25 m/s
⑤	24 초	7.1 m/s			

04 그림과 같이 높이가 3 m 인 A 점에서 떨어진 낙엽이 B 점과 C 점을 지나 바닥인 D 점으로 떨어졌다. 이때 A 점에서 B 점까지의 이동 거리는 1 m, B 점에서 C 점까지는 2 m, C 점에서 D 점까지는 1.5 m 였으며, 걸린 시간은 각각 1 초로 같다. 이에 대한 설명으로 옳은 것만을 <보기>에서 있는 대로 고른 것은?

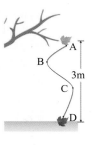

〈 보기 〉

ㄱ. 낙엽이 바닥까지 떨어지는 동안 이동한 거리가 변위보다 크다.
ㄴ. 낙엽이 바닥까지 떨어지는 동안 평균 속력이 가장 빠른 구간은 B ~ C 구간이다.
ㄷ. 낙엽이 바닥까지 떨어지는 동안 평균 속도의 크기는 1.5 m/s 이다.

① ㄱ   ② ㄴ   ③ ㄷ
④ ㄱ, ㄴ   ⑤ ㄱ, ㄴ, ㄷ

유형1-3 변위와 속도 Ⅱ

그림은 어떤 물체의 시간에 따른 위치를 나타낸 그래프이다. 이 물체의 운동에 대한 설명으로 옳은 것만을 <보기>에서 있는 대로 고른 것은?

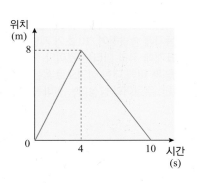

〈 보기 〉

ㄱ. 0 ~ 10초 동안 평균 속도의 크기는 1.6 m/s 이다.
ㄴ. 0 ~ 4 초 동안 순간 속도가 일정한 운동을 한다.
ㄷ. 0 ~ 4 초 동안 속도의 크기가 4 ~ 10 초 동안 물체의 속도의 크기보다 크다.
ㄹ. 물체는 처음 출발 지점에서 계속 멀어지고 있다.

① ㄱ, ㄴ   ② ㄴ, ㄷ   ③ ㄷ, ㄹ   ④ ㄱ, ㄴ, ㄷ   ⑤ ㄴ, ㄷ, ㄹ

---

05 그림은 일직선상에서 등속 운동하는 자동차 A, B, C 를 나타낸 것이다. 자동차 C 가 지면에 대해서 오른쪽으로 25 m/s 의 속력으로 운동하고 있을 때, 자동차 A 는 C 에 대하여 왼쪽으로 30 m/s, B 는 A 에 대하여 오른쪽으로 15 m/s 의 속력으로 운동하고 있다. 이때 C 에 대한 B 의 속도로 옳은 것은? (단, 오른쪽 방향을 '+'로 한다.)

① -5 m/s   ② -10 m/s   ③ -15 m/s
④ $+10$ m/s   ⑤ $+15$ m/s

06 다음 그림은 마찰이 없는 xy 평면 상에서 동시에 출발하여 운동하는 물체 A 와 B 의 x, y 위치 성분을 시간에 따라 각각 나타낸 것이다. 두 물체의 운동에 대한 설명으로 옳은 것만을 <보기>에서 있는 대로 고른 것은?

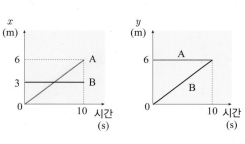

〈 보기 〉

ㄱ. 물체 A 의 운동 방향과 물체 B의 운동 방향은 서로 반대이다.
ㄴ. 두 물체의 속도의 크기는 같다.
ㄷ. 같은 속도로 운동한다면 10 초 이후 시간이 흐를수록 두 물체 사이의 거리는 멀어진다.

① ㄱ   ② ㄴ   ③ ㄷ
④ ㄱ, ㄴ   ⑤ ㄴ, ㄷ

유형1-4 가속도

그림은 동일 직선 상을 운동하는 자동차 A 와 B 가 0 초일 때 같은 지점을 통과한 후 두 자동차의 속도를 시간에 따라 나타낸 것이다. 0 ~ 10 초사이의 자동차 A 와 B 의 운동에 대한 설명으로 옳은 것만을 <보기>에서 있는 대로 고른 것은?

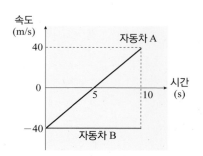

〈 보기 〉

ㄱ. 0 ~ 5 초 동안 자동차 A 와 B 의 운동 방향은 같다.
ㄴ. 10 초일 때 두 자동차 사이의 거리는 400 m 이다.
ㄷ. 5 초일 때 자동차 A 의 가속도의 방향이 반대로 바뀐다.
ㄹ. 자동차 A 에는 일정한 크기의 힘이 작용하고 있다.

① ㄱ, ㄴ   ② ㄴ, ㄷ   ③ ㄷ, ㄹ   ④ ㄱ, ㄴ, ㄹ   ⑤ ㄴ, ㄷ, ㄹ

---

07 다음 그래프는 xy 평면 상에서 운동하는 물체 속도의 x 성분 v_x, y 성분 v_y 를 시간에 따라 각각 나타낸 것이다. 물체의 운동에 대한 설명으로 옳은 것만을 <보기>에서 있는 대로 고른 것은?

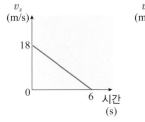 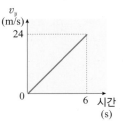

〈 보기 〉

ㄱ. 6 초일 때 물체의 속도의 크기는 6 m/s 이다.
ㄴ. 0 ~ 6 초까지 변위의 크기는 90 m 이다.
ㄷ. 0 ~ 6 초 동안 가속도의 크기는 5 m/s² 으로 일정하다.

① ㄱ   ② ㄴ   ③ ㄷ
④ ㄱ, ㄴ   ⑤ ㄴ, ㄷ

08 다음과 같이 자동차가 직선 도로 위를 60 km/h 의 속도로 달리고 있다가 속도가 일정하게 변하여 30분 후 90 km/h 의 속도가 되었다. 자동차의 운동에 대한 설명으로 옳은 것만을 <보기>에서 있는 대로 고른 것은?

〈 보기 〉

ㄱ. 자동차의 운동 방향과 자동차에 작용하는 힘의 방향은 같다.
ㄴ. 30 분 동안 자동차의 이동 거리는 37.5 km 이다.
ㄷ. 같은 가속도로 자동차가 계속 운동할 경우, 40 분 후 자동차의 속도는 100km/h 가 된다.

① ㄱ   ② ㄴ   ③ ㄷ
④ ㄱ, ㄴ   ⑤ ㄱ, ㄴ, ㄷ

01 다음 그래프는 평면 상에서 등가속도 운동을 하는 물체의 시간에 따른 위치를 나타낸 것이다. 물음에 답하시오.
(단, 가로, 세로 한 눈금의 크기는 1 m 이다.)

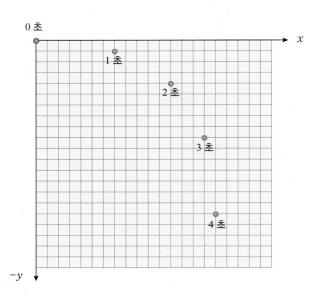

(1) 물체의 시간에 따른 위치를 xy 좌표로 나타내고자 한다. 빈칸을 완성하시오.

시간(초)	0 초	1 초	2 초	3 초	4 초
x					
y					

(2) 물체의 처음 속도와 가속도는 각각 얼마인가?

(3) 시간에 따른 x 좌표의 관계식과 y 좌표의 관계식을 각각 구하시오.

02　다음 그래프는 평면 상에서 등가속도 운동을 하는 물체의 시간에 따른 위치를 나타낸 것이다. 물음에 답하시오.
(단, 가로, 세로 한 눈금의 크기는 1 m 이다.)

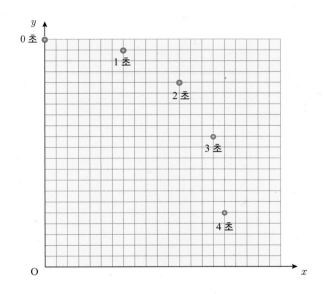

(1) 원점 O 를 기준점으로 1 초인 순간과 2 초인 순간의 위치 벡터를 위 그림에 그려 넣으시오.

(2) 1 ~ 2 초 동안의 변위 벡터를 위 그림에 그려 넣으시오.

(3) 2 ~ 3 초 동안의 평균 속도 벡터를 위 그림에 그려 넣으시오.

(4) 1.5 초 인 순간부터 2.5 초인 순간까지의 속도 변화량 벡터를 위 그림에 그려 넣으시오.

(5) (1) ~ (4) 를 활용하여 출발 시 처음 속도 벡터를 구하시오.

03 무한이가 목표 지점을 향하여 직선 운동을 하였다. 이때 목표 지점까지의 절반의 거리는 v_0 의 속력으로 이동한 후, 나머지 절반의 거리를 운동하는 시간의 절반은 v_1 의 속력으로, 남은 시간은 v_2 의 속력으로 이동한 후 목표 지점에 도달하였다. 무한이의 평균 속력을 구하시오.

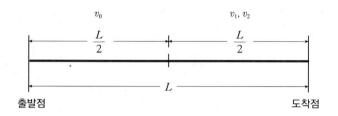

04 오른쪽 그림은 60° 각도를 이루며 교차하는 두 직선 도로 상에서 15 m/s로 운동하는 자동차 A 와 30 m/s로 운동하는 자동차 B 를 나타낸 것이다. 자동차 A 가 교차점 O 로부터 90 m 떨어져 있는 지점을 통과하는 순간 자동차 B 는 교차점 O 를 통과한다. 두 자동차 사이의 거리가 최소가 되는 데 걸리는 시간과 그 거리의 최솟값을 각각 구하시오. (단, 자동차 차체의 크기는 무시하며, $\sqrt{3} = 1.73$ 으로 계산한다.)

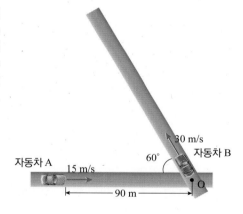

05 그림과 같이 일직선상에서 거리가 L 만큼 떨어져 있는 두 지점 P 와 Q 사이를 두 자동차 A 와 B 가 서로 반대 방향으로 동시에 출발하여 각각 일정한 속력으로 왕복 운동을 반복하고 있다.

자동차 A 와 B 가 각각 P 와 Q 점을 동시에 출발하여 처음 스쳐가는 지점은 P 점으로부터 300 m 떨어진 지점이고, 두 번째 스쳐가는 지점은 Q 점으로부터 200 m 떨어진 지점이다. 이 상황을 만족할 수 있는 P 와 Q 사이의 거리 L 로 가능한 값을 모두 구하시오. (단, 자동차의 크기는 무시한다.)

A

01 <보기>에서 각각에 해당하는 물리량을 골라 있는 대로 기호로 답하시오.

〈 보기 〉
ㄱ. 시간	ㄴ. 위치	ㄷ. 운동량
ㄹ. 일	ㅁ. 속도	ㅂ. 에너지
ㅅ. 속력	ㅇ. 변위	ㅈ. 자기장

(1) 스칼라
( )

(2) 벡터
( )

02 다음 중 스칼라 곱과 관련된 설명에는 '스', 벡터 곱과 관련된 설명에는 '벡'을 각각 쓰시오.

(1) 두 벡터의 사이각이 90° 가 되는 경우 결과는 0 이 된다. ( )
(2) 연산에 의해 생기는 벡터의 방향은 오른손 법칙에 의해 결정된다. ( )
(3) 물체에 한 일을 구할 때 사용한다. ( )

03~04 다음은 크기가 각각 3 cm, 5 cm 인 두 벡터 $\vec{A}, \vec{B}$ 를 나타낸 것이다.(단, 가로, 세로 한 눈금의 크기는 1 cm 이다.)

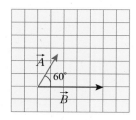

03 두 벡터의 합성 벡터 ($\vec{A} + \vec{B}$)의 크기를 구하시오.

( ) cm

04 두 벡터의 스칼라 곱과 벡터 곱의 크기를 각각 구하시오.

ⓐ 스칼라 곱 ( ) cm
ⓑ 벡터 곱의 크기 ( ) cm

05 다음은 점 P 에 있던 두 물체 A 와 B 가 점 Q 까지 5 초 동안 이동한 경로를 각각 xy 평면에 나타낸 것이다. 두 물체의 운동에 대한 설명으로 옳은 것만을 <보기>에서 있는 대로 고른 것은?

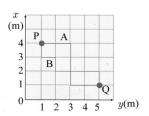

〈 보기 〉
ㄱ. 두 물체의 평균 속도는 같다.
ㄴ. 두 물체의 속도는 각각 일정하다.
ㄷ. 물체 A 와 B 의 이동 거리는 7 m 로 같다.

① ㄱ   ② ㄴ   ③ ㄷ
④ ㄱ, ㄴ   ⑤ ㄱ, ㄷ

06 그림과 같이 한 변이 3 m 인 정삼각형 경로를 따라 물체가 A 점에서 출발하여 B 점과 C 점을 지나 출발점을 돌아오는데 3 초가 걸렸다. 이 물체의 운동에 대한 설명으로 옳은 것만을 <보기>에서 있는 대로 고른 것은? (단, A ~ B, B ~ C, C ~ A 까지 걸린 시간은 같다.)

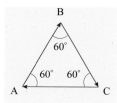

〈 보기 〉
ㄱ. 기준점이 A 점일 때 A 에서 B 의 변위 벡터와 B 의 위치 벡터는 같다.
ㄴ. A 점에서 C 점까지 이동하였을 때 평균 속력과 평균 속도의 크기는 같다.
ㄷ. A 점에서 B 점까지 이동하였을 때 평균 속도와 B 점에서 C 점까지 이동하였을 때 평균 속도는 같다.

① ㄱ   ② ㄴ   ③ ㄷ
④ ㄱ, ㄴ   ⑤ ㄱ, ㄷ

07 그림과 같이 직선 도로 위의 자동차 A 와 B 가 서로 마주보고 움직이고 있다. 이때 자동차 A 가 바라본 자동차 B 의 속도가 −135 km/h 였고, 자동차 A 의 속도가 70 km/h 였다면, 자동차 B 의 속도는 얼마인가?

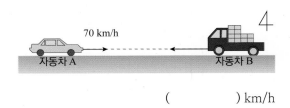

(   ) km/h

08 그림과 같이 자동차가 A 점을 통과할 때는 동쪽으로 6 m/s 의 속도로 운동하다가 속도가 일정하게 변하여 A 점을 통과한 후 5초 후에 남쪽으로 8 m/s 의 속도가 되었다. 이 자동차의 가속도의 크기와 방향을 구하시오.

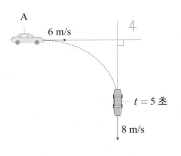

㉠ 가속도의 크기 (   ) m/s^2
㉡ 가속도의 방향 (   )

09 90 km/h 의 속도로 달리던 자동차가 일정한 가속도로 감속되어 멈추는데 50 m 의 거리가 필요하다고 한다. 이 자동차가 어떤 속도로 운동하다가 72 m 앞의 장애물을 발견하였을 때 같은 가속도 운동하여 장애물과 충돌하지 않는 자동차의 최대 속도는 얼마인가? (단, 자동차는 직선 도로를 달린다.)

① 30 m/s   ② 48 m/s   ③ 60 m/s
④ 90 m/s   ⑤ 108 m/s

10 다음은 어떤 물체의 시간에 따른 속도 변화를 나타낸 그래프이다. t 초 동안 물체의 변위가 s 일 때, 이에 대한 설명으로 옳은 것만을 <보기>에서 있는 대로 고른 것은?

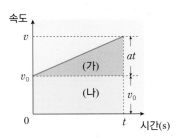

〈 보기 〉

ㄱ. 그래프의 기울기는 가속도이며, $\dfrac{v^2 - v_0^2}{2s}$ 이다.

ㄴ. s = (가)의 넓이 + (나)의 넓이

ㄷ. (가)의 면적은 물체의 속도 변화량과 같다.

① ㄱ   ② ㄴ   ③ ㄷ
④ ㄱ, ㄴ   ⑤ ㄱ, ㄷ

B

11 그림과 같이 비행기가 평면과 30° 의 각을 유지한 채 90 m/s 의 일정한 속도로 이륙하고 있다. 이때 이륙 지점을 기준으로 할 때, 비행기의 x 성분 속도와 y 성분 속도의 크기를 바르게 짝지은 것은? (단, 수평 방향을 x 방향이라고 한다.)

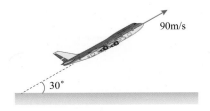

	v_x(m/s)	v_y(m/s)		v_x(m/s)	v_y(m/s)
①	$45\sqrt{3}$	45	②	45	$45\sqrt{3}$
③	45	90	④	90	$90\sqrt{3}$
⑤	$90\sqrt{3}$	90			

12 다음 그림은 원점을 기준으로 하는 네 개의 벡터 $\vec{A}$, $\vec{B}$, $\vec{C}$, $\vec{D}$ 를 xy 평면 위에 나타낸 것이다. 좌표상의 눈금 1 개의 크기가 1 일 때, 네 벡터의 합성 벡터의 크기는?

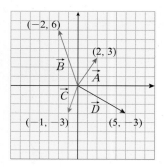

① $\sqrt{5}$ ② 5   ③ $5\sqrt{5}$
④ 10   ⑤ $10\sqrt{5}$

13 그림과 같이 4 m/s 의 일정한 속도로 흐르고 있는 강물에서, 강둑에 정지한 사람이 봤을 때 강둑에 수직인 방향으로 배가 운동하고 있다. 강의 폭이 90 m 일 때, 배의 실제 속도와 강을 건너는 데 걸린 시간을 각각 구하시오. (단, 배는 잔잔한 수면에서 5 m/s 의 속력으로 운동한다.)

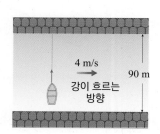

㉠ 배의 속도 : (   ) m/s
㉡ 걸린 시간 : (   ) s

14 다음은 xy 평면 상에서 운동하는 물체 위치의 x, y 성분을 시간에 따라 각각 나타낸 것이다. 이 물체의 운동에 대한 설명으로 옳은 것만을 <보기>에서 있는 대로 고른 것은?

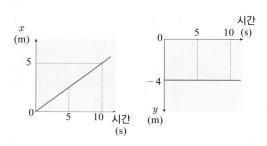

〈 보기 〉

ㄱ. 5 초일 때와 10 초일 때 물체의 속도는 같다.
ㄴ. 물체에 작용하는 알짜힘은 0이다.
ㄷ. 0 ~ 10 초 사이 물체는 +x 축 방향으로 5 m, −y 축 방향으로 4 m 이동하였다.

① ㄱ   ② ㄴ   ③ ㄷ
④ ㄱ, ㄴ   ⑤ ㄴ, ㄷ

15 규정 속도가 120 km/h인 직선 고속 도로에서 자동차 A 가 126 km/h 의 일정한 속도로 달리고 있다. 정지해 있던 경찰차가 자동차 A 가 바로 옆을 통과하자마자 2.5 m/s^2 의 일정한 가속도로 가속하여 추격하였다. 경찰차가 자동차 A 와 만나는 지점의 위치는 경찰차가 정지해 있던 지점에서 얼마만큼 떨어진 곳인가? (단, 경찰차의 최고 속도는 180 km/h이다.)

(   ) km

16 정지해 있던 자동차가 출발하여 직선 거리 330 m 를 이동할 때, 출발 후 242 m 는 일정한 가속도 4 m/s^2 로 운동을 하였고, 나머지 거리는 나중 속력을 유지한 채 이동하였다. 330 m 거리를 이동하는 동안 자동차의 평균 속력을 구하시오.

(   ) m/s

17 그림 (가)는 xy 평면에 정지해 있던 물체의 y 방향 위치를, 그림 (나)는 x 방향 가속도를 각각 시간에 따라 나타낸 것이다. 이에 대한 설명으로 옳은 것만을 <보기>에서 있는 대로 고른 것은?

[수능 기출 유형]

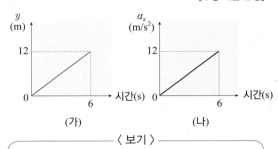

(가)　　　　　　　　(나)

〈 보기 〉

ㄱ. 6 초일 때 속력은 36 m/s 이다.
ㄴ. 물체는 x 방향으로 등가속도 운동을 한다.
ㄷ. 물체는 y 방향으로는 힘을 받고 있지 않다.

① ㄱ　　　　　② ㄴ　　　　　③ ㄷ
④ ㄱ, ㄴ　　　　⑤ ㄴ, ㄷ

18 다음은 자동차 A 와 B 의 시간에 따른 속도 그래프를 나타낸 것이다. 직선 트랙 위에서 자동차 A 가 출발하는 순간 자동차 B 가 자동차 A 의 출발점을 지나쳤으며, 이때부터 속도를 기록한 것이다. 이에 대한 설명으로 옳은 것만을 <보기>에서 있는 대로 고른 것은?

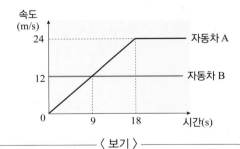

〈 보기 〉

ㄱ. 두 자동차의 속도가 같아진 순간 자동차 A 는 자동차 B 보다 54 m 앞서 있다.
ㄴ. 자동차 A 는 출발 후 18 초 후에 자동차 B 를 앞질렀다.
ㄷ. 9 ~ 18 초 동안 평균 속력은 자동차 A 가 자동차 B 보다 크다.

① ㄱ　　　　　② ㄴ　　　　　③ ㄷ
④ ㄱ, ㄴ　　　　⑤ ㄴ, ㄷ

C

19 다음과 같이 반지름 50 cm 인 바퀴가 수평한 지면 위에서 미끄러지지 않고 굴러가고 있다. 시간이 t_0 인 순간에 바퀴와 지면이 접하는 위치 O 를 바퀴와 지면에 표시해 놓은 후, 시간 t_1 동안 바퀴가 반바퀴 굴렀을 때, 점 O 의 변위의 크기를 구하시오. (단, $\pi = 3.14$ 로 한다.)

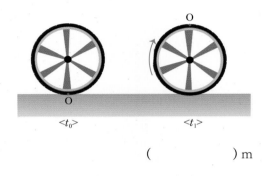

$<t_0>$　　　　　　$<t_1>$

(　　　　　　　) m

20 다음과 같이 마찰이 없는 평면 위에서 물체가 반원을 따라 시계 방향으로 운동하고 있다. 이때 점 A 부터 점 D 까지 일정한 속력으로 운동하였고, 점 B 와 C 는 반원 호의 길이를 3 등분한 지점이다. 물체가 점 A 에서 점 B, 점 A 에서 점 C, 점 A 에서 점 D 로 이동하는 동안의 평균 가속도를 각각 $\vec{a}_{AB}$, $\vec{a}_{AC}$, $\vec{a}_{AD}$ 라고 할 때 그 크기를 부등호를 이용하여 비교하시오.

[수능 기출 유형]

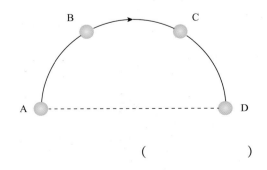

(　　　　　　　)

21 정지하고 있던 물체가 1 km 떨어진 지점까지 가서 정지하려고 한다. 이 물체가 가속할 때 최대 가속도는 4 m/s^2, 감속할 때 최대 가속도는 −1 m/s^2 라면, 운동하는데 걸리는 최소 시간은 얼마인가?

[올림피아드 기출 유형]

① 10초 ② 25초 ③ 50초
④ 75초 ⑤ 100초

22 다음 그래프는 정지해 있던 물체가 운동하기 시작하면서 물체의 시간에 따른 가속도의 관계를 나타낸 것이다. 이 물체의 이동 거리와 시간 관계의 그래프로 옳은 것은?

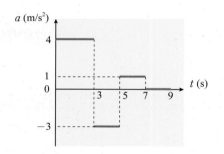

① 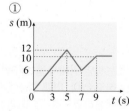 ②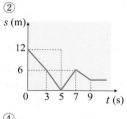

③ 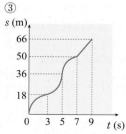 ④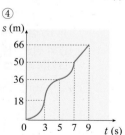

⑤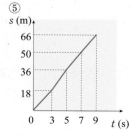

23 어떤 단거리 육상 선수의 최고 속력은 11 m/s이다. 이 선수가 100 m 경기의 출발점에서 출발하여 일정하게 가속했을 때 12 m 지점에서 최고 속력에 도달할 수 있으며, 나머지 구간은 최고 속력을 유지하여 달릴 수 있다. 이 선수에 대한 설명으로 옳은 것만을 <보기>에서 있는 대로 고른 것은?

〈 보기 〉

ㄱ. 가속 구간의 평균 속력은 약 5.5 m/s이다.
ㄴ. 최고 속력은 유지한 채 100 m 경기에서 10 초의 기록을 내기 위해서는 출발 후 10 m 지점에서 최고 속력에 도달해야 한다.
ㄷ. 이 선수의 100 m 완주 기록은 10 초이다.

① ㄱ ② ㄴ ③ ㄷ
④ ㄱ, ㄴ ⑤ ㄴ, ㄷ

24 다음은 같은 선로를 따라 달리던 두 기차의 기관사가 서로 마주보고 달리고 있음을 알아채고 기차를 감속시키는 순간부터 멈출 때까지의 속도를 시간에 따라 나타낸 것이다. 이에 대한 설명으로 옳은 것만을 <보기>에서 있는 대로 고른 것은?

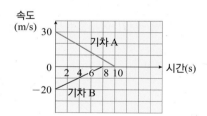

〈 보기 〉

ㄱ. 기차 사이가 250 m 떨어져 있을 때 두 기차가 감속을 시작했다면 두 기차는 10 m 떨어진 상태로 멈출 것이다.
ㄴ. 두 기차가 충돌을 피하기 위해서는 최소 230 m 보다 떨어진 지점에서부터 두 열차는 감속을 시작해야 한다.
ㄷ. 감속을 시작한 지점부터 4 초까지 기차 A 가 이동한 거리는 96 m 이다.

① ㄱ ② ㄴ ③ ㄷ
④ ㄱ, ㄴ ⑤ ㄴ, ㄷ

25 다음은 어떤 탐사대가 지하 통로를 이동한 경로를 나타낸 것이다. 탐사대는 지하 깊은 곳에 있는 출발점에서 서쪽으로 3 km 이동한 후, 남쪽으로 4 km 를 이동하였고, 위로 200 m 를 이동한 후 탐사 지점에 도달할 수 있었다. 출발점을 기준으로 탐사 지점의 ㉠ 변위 벡터의 크기와 ㉡ 탐사대의 속도의 크기를 바르게 짝지은 것은? (단, 탐사 지점까지 2 시간 30 분 소요되었다.)

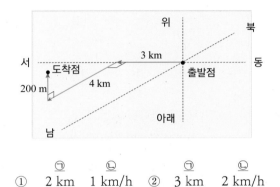

	㉠	㉡		㉠	㉡
①	2 km	1 km/h	②	3 km	2 km/h
③	4 km	2 km/h	④	5 km	2 km/h
⑤	5 km	3 km/h			

26 개미 두 마리가 같은 지점을 출발해서 평면 위를 기어 가고 있다. 개미 A는 동쪽으로 20 cm 이동한 다음 동북 30° 방향으로 16 cm 더 이동한 후 멈췄다. 이때 개미 B 는 출발점에서 북동 30° 방향으로 30 cm 간 후, 그 지점에서 개미 A 가 멈춘 지점까지 이동하여 두 개미가 만났다. 개미 B 가 이동하는 마지막 변위 $\vec{s}$의 크기는 얼마인가? (단, $\sqrt{3} = 1.7$로 계산한다.)

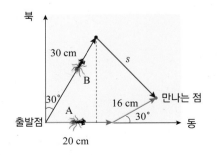

① 26 cm   ② 34 cm   ③ 36 cm
④ 59 cm   ⑤ 60 cm

27 다음은 어떤 물체의 x 성분 가속도 a_x와 y 성분 가속도 a_y 를 시간에 따라 나타낸 것이다. 이때 물체는 xy 좌표의 원점에 정지해 있다가 가속도 운동을 하였다. 이 물체의 운동에 대한 설명으로 옳은 것만을 <보기>에서 있는 대로 고른 것은?

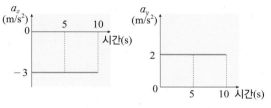

〈 보기 〉

ㄱ. 5 초 후 물체의 x 성분 속도 v_x는 15 m/s 이다.
ㄴ. x축 변위가 -3 m 일 때, y축 변위는 $+2$ m 이다.
ㄷ. 물체는 등가속도 직선 운동을 한다.

① ㄱ   ② ㄴ   ③ ㄷ
④ ㄱ, ㄴ   ⑤ ㄴ, ㄷ

28 다음 그림과 같이 일정하게 부는 바람 속을 비행기가 날아가고 있다. 비행기가 동쪽으로 날아가기 위해서는 기수를 동쪽에서 약간 남쪽으로 치우쳐 방향을 잡아야만 동쪽을 향해 날아갈 수 있다. 비행기는 동쪽으로 날아가기 위해 남동쪽 60° 방향으로, 200 km/h 의 속력으로 운동하고 있다. 이때 바람의 속도는 지면에 대하여 방향은 북동쪽 30° 이고, 크기가 140 km/h 이다. 지면에 있는 사람이 봤을 때 비행기의 속력은?

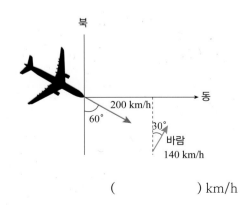

(   ) km/h

29 두 배 A 와 B 가 동시에 항구를 떠난 후 배 A 는 20 m/s 의 속력 v_A 으로 북동으로 진행하고, 배 B 는 30 m/s 의 속력 v_B 으로 남동 방향으로 진행하고 있다. 물음에 답하시오.

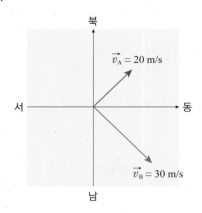

(1) 배 B 에 대한 A 의 상대 속도의 크기와 방향을 바르게 짝지은 것은? (단, 소수점 첫째 자리에서 반올림한다.)

	크기	방향
①	36 m/s	북에서 동으로 치우친 방향
②	36 m/s	북에서 서로 치우친 방향
③	36 m/s	남에서 동으로 치우친 방향
④	36 m/s	남에서 서로 치우친 방향
⑤	36 m/s	서쪽 방향

(2) 두 배 사이의 거리가 180 m 떨어지는 지점은 출발 후 몇 초가 지난 후인가?

① 5초   ② 10초   ③ 15초
④ 20초   ⑤ 50초

30 그림은 xy 평면에서 일정한 속력으로 운동하는 물체의 경로로 점 A 는 물체의 처음 위치이며, 각 점들의 위치는 1 초 간격이다. 이에 대한 설명으로 옳은 것만을 <보기>에서 있는 대로 고른 것은?

[수능 기출 유형]

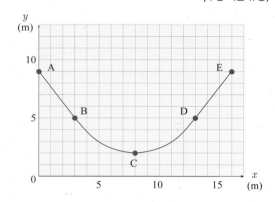

〈 보기 〉

ㄱ. B 와 D 에서 물체의 운동 방향은 같다.

ㄴ. A 에서 B 까지 평균 속도의 y 성분 크기는 C 에서 E 까지 평균 속도의 x 성분 크기와 같다.

ㄷ. B 와 C 사이에서 평균 가속도의 x 방향 성분은 +x 방향, y 방향 성분은 +y 방향이다.

① ㄱ   ② ㄴ   ③ ㄷ
④ ㄱ, ㄴ   ⑤ ㄴ, ㄷ

31 다음 표는 일반적인 운전자의 처음 속력에 따른 반응 거리, 감속 거리, 정지 거리를 나타낸 것이다. 이때 정지 거리란 운전자가 브레이크를 작동시켜서 자동차가 멈출 때까지 이동한 거리를 말하며 반응 거리와 감속 거리의 합으로 구한다. 반응 거리란 처음 속력과 운전자의 반응 시간의 곱이며, 감속 거리란 브레이크를 작동시키는 동안 이동한 거리이다. 처음 속력이 126 km/h 일 때 자동차의 정지 거리는?

처음 속력 (km/h)	반응 거리 (m)	감속 거리 (m)	정지 거리 (m)
36	7.5	5.0	12.5
72	15	20	35
108	22.5	45	67.5

① 26.25 m ② 61.25 m ③ 87.5 m
④ 113.75 m ⑤ 122.5 m

32 다음 그림은 오른쪽으로만 통행할 수 있는 일방 통행 교차로를 나타낸 것이다. 이 교차로에서는 교차로 B 에서 s 만큼 떨어진 P 점에 자동차가 도달하면 교차로 B 의 신호등이 초록으로 바뀌고, 계속 제한 속도 v_p 로 달려서 교차로 C 에서 s 만큼 떨어진 Q 점에 자동차가 도달했을 때 초록 신호등이 들어와서 자동차가 막힘없이 움직일 수 있다. 이때 교차로 사이의 거리는 s_{AB}, s_{BC} 이다. 물음에 답하시오.

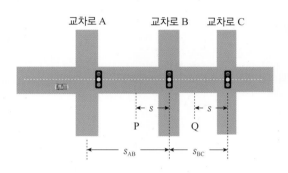

(1) 자동차가 v_p 로 달리고 있을 때 신호에 걸리지 않고 교차로를 통과하기 위해서는 교차로 C 의 초록색 신호등이 교차로 B 의 초록색 신호등보다 최소 얼마나 늦게 켜져야 할까?

(2) 자동차가 교차로 A 의 빨간 신호에 의해 정지해 있다고 하자. 교차로 A 의 신호등이 초록색으로 바뀌면 자동차가 신호 변경을 감지하는 데 t_1 의 시간이 걸리고, 일정한 비율 a 로 제한 속도 v_p 에 도달할 때까지 추가 시간이 걸린다. 이 자동차의 주행자가 교차로 A 에서 초록색 신호를 보고 출발한 뒤 교차로 B 의 신호에 걸리지 않고 교차로를 통과하기 위해서는 교차로 B 의 신호등은 교차로 A 의 신호등보다 얼마나 더 늦게 켜져야 할까?

2강 힘과 운동

1. 힘과 운동 법칙   2. 일과 에너지   3. 운동량 보존과 충돌   4. 충돌과 반발 계수

1. 힘과 운동 법칙

(1) 운동 제 1 법칙(관성 법칙) : 물체에 작용하는 힘의 합력(알짜힘)이 0 인 경우의 물체의 운동에 관한 법칙이다.

① 물체가 힘을 받지 않으면($\Sigma F_i = 0$) 물체의 관성으로 인해 처음의 운동 상태를 그대로 유지한다. 정지한 물체는 정지 상태를 유지하며, 운동 중의 물체는 등속도 운동한다.

② **관성** : 물체가 처음의 운동 상태를 계속 유지하려는 성질로 질량이 클수록 크게 나타난다.

(2) 운동 제 2 법칙(가속도 법칙) : 물체에 작용하는 힘의 합력(알짜힘)이 0 이 아닌 경우의 물체의 운동에 관한 법칙이다.

① 물체가 힘을 받으면($\Sigma F_i \neq 0$) 물체는 힘의 방향으로 가속도 운동을 한다.

② **가속도($\vec{a}$)** : 물체가 힘을 받을 때 가속도는 질량에 반비례하고, 가한 힘에 비례한다.

$$\vec{a} \propto \frac{\vec{F}}{m} \quad \rightarrow \quad \vec{F} = m\vec{a}$$

(3) 운동 제 3 법칙(작용 반작용 법칙) : 물체에 힘이 작용하는 방식에 관한 법칙이다.

① 힘은 항상 크기가 같고 방향이 반대인 두개의 쌍으로 나타난다.

② 물체 A 가 B 에 힘을 가하면(작용), 동시에 물체 B 도 A 에 같은 크기의 힘을 가하게(반작용)된다.

(4) 운동 법칙의 활용 : 물체에 힘이 작용하여 가속도가 발생하는 경우 운동 방정식을 세워서 가속도를 구할 수 있다.

※ 운동 방정식의 활용 예

예1. 운동 마찰력이 1 N 인 면 위에 놓인 질량이 2 kg 인 물체를 지면과 60° 를 이루는 방향으로 8 N 의 힘으로 끌 때

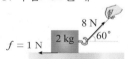

F(알짜힘) = 수평 방향으로 작용한 힘 − 운동 마찰력
$= ma$
∴ $F = 8\cos60° - 1 = 2a \rightarrow a = 1.5 \text{ m/s}^2$(수평 방향)

예2. 매끄러운 면에서 질량이 각각 2 kg, 1 kg 인 물체를 연결하여 수평 방향으로 12 N 의 힘으로 끌 때

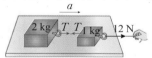

① 2 kg 물체의 운동 방정식 : $T = 2a$
② 1 kg 물체의 운동 방정식 : $12 - T = 1a$
∴ $a = 4 \text{ m/s}^2$(수평 방향), $T = 8\text{N}$

개념확인 1

물체가 힘을 받지 않으면 물체의 ☐☐ 때문에 물체는 처음의 운동 상태를 그대로 유지하며, 물체가 힘을 받으면 ☐☐☐ 운동을 한다.

확인 + 1

그림처럼 경사각 30°의 매끄러운 빗면에서 중력에 의해 미끄러져 내려오는 물체의 가속도의 크기는 얼마인가? (단, 공기 저항은 무시하고, 중력 가속도는 9.8 m/s² 이다.)

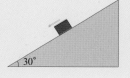

(   ) m/s²

● 알짜힘과 힘의 평형

물체에 작용하는 힘의 합력이 0 이면, 알짜힘이 0 이라고 하며 이 때는 힘의 평형 상태이다.

$\Sigma\vec{F} = 0$ (힘의 평형)

● 관성력 → 가상적인 힘

관성력은 비관성계(.등속 운동하는 계)에서 가속 운동하는 물체에 나타나는 힘으로, 쌍으로 존재하지 않는 가상적인 힘이다. 그렇지만 물체의 운동을 기술할 때 고려해야 한다.

● 힘의 단위

N(뉴턴), kgf(킬로그램힘)
$1 \text{ N} = 1 \text{ kg·m/s}^2$
$1 \text{ kgf} = 9.8 \text{ N}$

● 빗면 위를 중력에 의해 내려오는 물체의 운동 방정식

물체에는 중력, 수직항력, 마찰력이 작용하며, 빗면 방향과 빗면에 수직인 방향으로 각각 나누어 운동 방정식을 세운다.

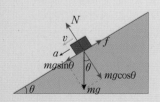

빗면 방향 : $mg\sin\theta - f = ma$
빗면에 수직 방향 :
$N - mg\cos\theta = 0$
$f(\text{마찰력}) = \mu'N = \mu'mg\cos\theta$
(μ' : 운동마찰계수)
∴ $ma = mg\sin\theta - f$
$= mg\sin\theta - \mu'mg\cos\theta$
$a = g(\sin\theta - \mu'\cos\theta)$
(빗면 방향 가속도)
→ 마찰이 없을 때는 $\mu' = 0$이다.

2. 일과 에너지

(1) 일(W) : 물체의 에너지를 변화시키는 과정이다. 외부에서 물체에 해 준 일만큼 물체의 에너지가 변한다.(단위 : J (줄)) ●

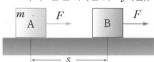

$$W(\text{A}\rightarrow\text{B}) = F \cdot s$$
[W : A→B 한 일(J), F : 물체에 가한 알짜힘(N), s : 변위(m)]

(2) 에너지 : 물체가 가지는 에너지는 물체가 외부에 할 수 있는 일의 양이다. 단위 : J (줄)

① **운동 에너지(E_K)** : 운동하는 물체가 가지는 에너지이다.

$$E_\text{K} = \frac{1}{2}mv^2$$
(m : 물체의 질량(kg), v : 물체의 속도(m/s))

② **퍼텐셜(위치) 에너지(E_p)** : 위치에 따라 다르게 나타나는 에너지이다.

E_p(중력에 의한) $= mgh$ (h : 물체의 높이(m))

E_p(탄성력에 의한) $= \frac{1}{2}kx^2$ (k : 용수철 상수(N/m), x : 늘어난 길이(m))

E_p(만유인력에 의한) $= -\dfrac{GMm}{r}$ (G : 만유인력 상수, r : M과 m 사이 거리)

③ **역학적 에너지 보존** : 역학적 에너지(E)는 운동 에너지(E_K) + 퍼텐셜 에너지(E_p)이며, 물체의 운동 전과정에서 외력이 작용하지 않으면 그 양이 변하지 않고 보존된다. 외력이 작용하지 않을 때, 운동 에너지가 증가(감소)하면 그만큼 퍼텐셜 에너지가 감소(증가)한다.

$$E = E_\text{K} + E_\text{p} = \text{일정[외력이 작용하지 않을 때]}$$

(3) 일-에너지 정리 : 외부에서 물체에 해 준 일만큼 물체의 역학적 에너지가 변화한다.

① **일과 운동 에너지** : 위치 에너지가 일정할 때, 해 준 일만큼 운동 에너지가 변한다.

$$W = F \cdot s = mas = m \times \frac{1}{2}(v^2 - v_0{}^2) \ (\because 2as = v^2 - v_0{}^2) = \frac{1}{2}mv^2 - \frac{1}{2}mv_0{}^2 = \Delta E_\text{k}$$

② **일과 퍼텐셜 에너지** : 운동 에너지가 일정할 때, 해 준 일만큼 퍼텐셜 에너지가 변한다.

$$W = \Delta E_\text{p}$$

③ **마찰력이 한 일** : 마찰력이 한 일 만큼 물체의 역학적 에너지(E)가 감소한다.

$$W_f \text{(마찰력)} = -\Delta E \text{(마찰열 발생)}$$

개념확인 2

정답 및 해설 **12쪽**

매끄러운 수평면에서 운동하는 물체에 일을 해주었더니 운동 에너지가 50 J 만큼 증가하였다. 이때 물체에 해준 일은 몇 J 인가?

(   ) J

확인 + 2

물체를 자유낙하시켰더니 h 만큼 낙하한 순간의 위치 에너지가 처음에 비해 50 J 감소하였다. 그렇다면 처음에 비해 운동 에너지는 몇 J 증가하였겠는가? (단, 공기 저항은 무시한다.)

(   ) J

● 힘의 방향과 운동 방향이 각 θ 를 이룰 때의 일

힘과 변위의 스칼라 곱이다.

$$W = \boldsymbol{F} \cdot \boldsymbol{s} = Fs\cos\theta$$

● 힘-변위 그래프에서의 일

힘-변위 그래프의 변위 축과의 아래 넓이는 힘이 한 일을 뜻한다.

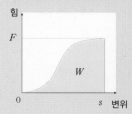

● 용수철을 늘릴 때 용수철에 한 일

용수철(탄성 계수 k)를 x만큼 늘릴 때 외력 크기 = 탄성력 크기 = kx이고, 용수철에 $\frac{1}{2}kx^2$의 일을 하게 되므로, 용수철이 가지는 퍼텐셜 에너지가 $\frac{1}{2}kx^2$이다.

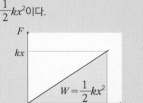

● 일률(Power)

일의 능률로 단위 시간당 한 일의 양이다.(단위 : W(와트))

$$P\text{(일률)} = \frac{W\text{(일)}}{t\text{(초)}}$$

미니사전

퍼텐셜 [potential] '잠 재적인'이라는 의미로 위치에 따라 다른 값을 가질 때 사용한다.

3. 운동량 보존과 충돌

● 운동량의 변화량(충격량)

나중 운동량에서 처음 운동량을 빼서 구한다.

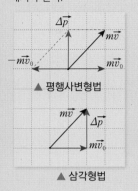

▲ 평행사변형법

▲ 삼각형법

(1) 운동량($\vec{p}$) : 질량(m)과 속도($\vec{v}$)의 곱으로 나타내며, 운동의 효과를 나타내는 양으로 방향과 크기를 모두 가지는 벡터이다.

$$\vec{p} = m\vec{v}(\text{kg·m/s}), \quad \Delta\vec{p}(\text{운동량 변화량}) = m\vec{v} - m\vec{v_0} \ (v_0, v : \text{처음, 나중 속도})$$

(2) 충격량($\vec{I}$) ●

① **충격량** : 운동량의 변화량($\Delta\vec{p}$)이다. 다른 물체로부터의 충격으로 인해 발생한다. 물체에 작용하는 힘($\vec{F}$: 충격력)과 작용 시간(t)의 그래프에서 시간축 사이의 아래 넓이에 해당한다. 등가속도 운동에서는 $\vec{F} t$ 이다.

$$\vec{I} = m\vec{v} - m\vec{v_0} = m(\vec{v} - \vec{v_0}) (= m\vec{a} t = \vec{F} t)$$

$$\vec{F} t = m\vec{v} - m\vec{v_0}$$

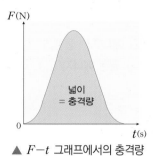

▲ $F-t$ 그래프에서의 충격량

② **충격력** : 물체에 작용하여 운동량을 변화시키는 힘($\vec{F}$)이다. ●

● 충격량이 일정할 때, 충격력과 작용 시간

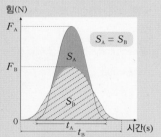

▲ 충격량이 같을 때 시간이 짧으면 충격력이 크다.

(3) 운동량 보존 법칙 : 물체가 충돌, 분해될 때 전과정에서 운동량의 합은 보존된다.

① **직선상 충돌** :

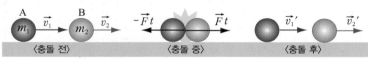

A의 충격량 : $-\vec{F} t = m_1\vec{v_1}' - m_1\vec{v_1}$ B의 충격량 : $\vec{F} t = m_2\vec{v_2}' - m_2\vec{v_2}$
두 식을 서로 더하여 다음과 같이 정리할 수 있다.

$$\text{운동량 보존 법칙} : m_1\vec{v_1} + m_2\vec{v_2} = m_1\vec{v_1}' + m_2\vec{v_2}'$$
$$(\text{충돌 전 운동량 합} = \text{충돌 후 운동량 합})$$

② **평면상 충돌** : 방향이 변하는 충돌(분해)에서는 충돌(분해) 전후의 운동량을 x, y 방향으로 분해하였을 때 성분 별로 운동량이 보존된다.

· x 방향 운동량 보존 :

$$m_1 v_1 + 0 = m_1 v_1' \cos\theta + m_2 v_2' \cos\phi$$

· y 방향 운동량 보존 :

$$0 = m_1 v_1' \sin\theta - m_2 v_2' \sin\phi$$

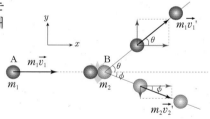

▲ 2차원 충돌에서의 운동량 보존

개념확인 3

오른쪽 그림과 같이 매끄러운 수평면에서 2 m/s 로 운동하던 질량 2 kg 의 물체가 일정한 힘을 받아 3 초 후에 5 m/s 가 되었다. 이때 충격력은 몇 N 인가?　　　　　　　（　　　　　）N

확인 + 3

수평면에서 5 m/s 로 운동하던 질량 2 kg 의 물체 A 가 정지해 있던 질량 3 kg 의 물체 B 와 정면 충돌하여 속도가 2 m/s 로 되었다. 모든 운동이 직선 운동이라면 충돌 후 물체 B 의 속력은 얼마가 되는가?　　　　　　　　　　　　　　　　　（　　　　　）m/s

4. 충돌과 반발 계수

(1) 반발계수(e) : 직선상 충돌에서, 충돌 전 서로 가까워지는 속도(충돌 전 상대 속도)에 대한 충돌 후 서로 멀어지는 속도(충돌 후 상대 속도)의 크기 비를 반발 계수라고 한다.

〈충돌 전〉　　　　　　〈충돌 후〉

$$\text{반발 계수}(e) = \left| \frac{\text{충돌 후 서로 멀어지는 속도}}{\text{충돌 전 서로 가까워지는 속도}} \right| = \frac{\vec{v_2}' - \vec{v_1}'}{\vec{v_1} - \vec{v_2}} = - \frac{\vec{v_1}' - \vec{v_2}'}{\vec{v_1} - \vec{v_2}}$$

(2) 충돌의 종류 : 충돌의 경우 반발 계수가 달라도 운동량은 보존된다. 반발 계수 값에 따라 충돌을 세 종류로 나눈다.

① **탄성 충돌(완전 탄성 충돌)** : $e = 1$ 일 때의 충돌로 기체 분자 간 충돌, 원자핵과 전자의 충돌이 이에 해당한다. 충돌 전후 운동량과 운동 에너지가 모두 보존된다.

(운동 에너지 보존) $\frac{1}{2}m_1v_1^2 + \frac{1}{2}m_2v_2^2 = \frac{1}{2}m_1v_1'^2 + \frac{1}{2}m_2v_2'^2$

② **비탄성 충돌** : $0 < e < 1$ 일 때의 충돌로 보통의 충돌이 이에 속한다. 이때 멀어지는 속력($v_2' - v_1'$)은 가까워지는 속력($v_1 - v_2$)보다 작으며 운동 에너지의 일부가 열에너지 등으로 전환된다.

③ **완전 비탄성 충돌** : $e = 0$ 일 때의 충돌로 충돌 후 두 물체가 한 덩어리가 되는 경우이다.

(3) 충돌의 예

① **일직선상의 충돌** : 질량이 각각 m_1, m_2인 두 물체의 충돌 전 속력이 각각 v_1, v_2, 충돌 후 속력이 각각 v_1', v_2'이고, 반발 계수가 e 일 때

i) 운동량 보존 식 : $m_1v_1 + m_2v_2 = m_1v_1' + m_2v_2'$　 ii) 반발 계수 식 : $v_2' - v_1' = e(v_1 - v_2)$
두 식을 연립하면 충돌 후 두 물체의 속력을 알 수 있다.

· 질량이 같은 두 물체가 탄성 충돌을 하는 경우 : $m_1 = m_2 = m$, $e = 1$ 이므로 $v_1' = v_2$, $v_2' = v_1$ 이 된다. 이런 경우 두 물체는 충돌 전후 서로 속도를 교환한다.

② **마찰이 없는 면에 비스듬히 충돌하는 경우** : 그림과 같이 물체가 면에 비스듬히 충돌할 때 물체는 면에 평행한 방향으로는 힘을 받지 않고, 수직한 방향으로만 충격량을 받는다.

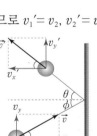

i) 면에 평행한 속도 성분 : $v_y = v_y'$
ii) 면에 수직한 속도 성분 : $|v_x'| = e|v_x|$

▲ 면과 물체의 충돌

● 반발 계수의 범위

두 물체가 충돌하는 경우 에너지 보존 법칙에 의해 충돌 후 멀어지는 속도는 충돌 전 가까워지는 속도보다 클 수 없으므로 반발계수는 1보다 클 수 없다.

● 운동 에너지를 운동량으로 표시하는 방법

운동량 $\vec{p} = m\vec{v}$이므로
운동 에너지
$E_k = \frac{1}{2}mv^2 = \frac{p^2}{2m}$으로 나타낼 수 있다.

개념확인 4　　　　　　　　　　　　정답 및 해설 **12**쪽

반발 계수가 1 인 평면상의 충돌에서는 물체의 ⬜⬜⬜ 이 보존될 뿐만 아니라 ⬜⬜ ⬜⬜⬜도 보존된다.

확인 + 4

수평면에서 5 m/s 로 운동하던 질량 2 kg 의 물체 A 가 정지해 있던 질량 4 kg 의 물체 B 와 정면 충돌하여 속도가 −1 m/s 로 되었다. 모든 운동이 직선 운동이라면 이 충돌에 있어 반발 계수(e)는 얼마인가?

01 다음 중 관성력이 나타나지 않는 경우는?

① 자유낙하 중인 사람
② 지구 주위를 도는 우주선 내부에 있는 사람
③ 엘리베이터가 출발할 때 안에 타고 있는 사람
④ 일정한 속도로 빨리 달리고 있는 100 m 육상 선수
⑤ 매끄러운 빗면 위에서 미끄러져 내려오고 있는 사람

02 오른쪽 그림은 운동 마찰 계수가 0.1 인 수평한 유리판 위에 있는 질량 500 g 인 나무토막에 3 N 의 힘을 수평 방향으로 작용하고 있는 모습이다. 나무토막의 가속도의 크기는 얼마인가? 중력 가속도는 10 m/s²이다.

(   ) m/s²

03 그림과 같이 질량 2 kg 의 물체를 수평면에서 비스듬한 방향으로 속력 6 m/s 로 던졌다. 출발 후 물체의 속력이 2 m/s 가 되는 곳까지 중력이 물체에 한 일의 양은?

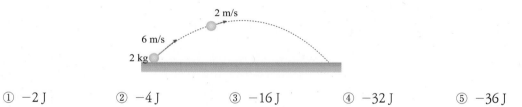

① −2 J   ② −4 J   ③ −16 J   ④ −32 J   ⑤ −36 J

04 수평한 얼음판 위에서 물체를 처음 속력 2 m/s로 밀었다. 물체와 얼음판 사이의 운동 마찰 계수(μ)가 0.1일 때 물체는 출발점에서 얼마나 미끄러진 후 정지하겠는가? 중력 가속도는 10 m/s²이다.

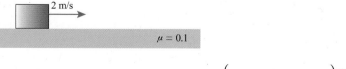

(   ) m

05 질량 200 g 의 공이 30 m/s 로 벽을 향해 운동하여 벽에 충돌한 후 20 m/s 로 튀어나왔다. 공이 벽으로부터 받은 충격량의 크기는 얼마인가?

① 6 N·s   ② 8 N·s   ③ 10 N·s   ④ 12 N·s   ⑤ 20 N·s

06 마찰이 없는 수평면에서 질량 1 kg 인 물체 A 가 10 m/s 의 속도로 운동하다가 마주오는 질량 2 kg 인 물체 B 와 충돌하였다. 충돌하기 전에 물체 B 의 속도가 −3 m/s 이었고, 충돌 후 B 의 속도가 1.5 m/s 일 때 충돌 후 A 의 속도는 얼마인가? (단, 충돌은 모두 직선상에서 일어난다.)

① −2 m/s   ② −1 m/s   ③ 0 m/s   ④ 1 m/s   ⑤ 2 m/s

07 그림과 같이 질량이 2 kg 인 물체 A 와 질량이 1 kg 인 물체 B가 각각 4 m/s, 2 m/s 의 속도로 수평면상에서 직선 운동하다가 서로 충돌한 후 A 의 속도가 3 m/s 가 되었다. A, B 사이의 충돌에서 반발 계수는 얼마인가?

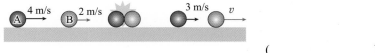

(   )

08 마찰이 없는 수평면에서 질량 1 kg인 물체 A 가 10 m/s의 속도로 운동하다가 −2 m/s로 운동 중인 질량 3 kg 인 물체 B 와 충돌하였다. 이때 반발 계수가 0.5 라면 충돌 후 A 와 B 의 속도는 각각 얼마인가? (단, 충돌은 모두 직선상에서 일어나며, 오른쪽 방향을 +로 정한다.)

A 의 속도 :(   ) m/s, B 의 속도 :(   ) m/s

유형익히기&하브루타

다음과 같이 2 kg 의 추와 4 kg 의 추가 고정 도르래를 통해 끈으로 연결되어 있을 때 두 물체는 방향은 서로 반대이고 크기가 같은 가속도 운동을 하게 된다. 가속도의 크기를 구하면? (중력 가속도는 10 m/s², 도르래와 실의 무게는 무시한다.)

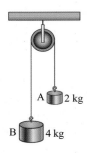

① $\dfrac{4}{3}$ m/s²　　② $\dfrac{5}{3}$ m/s²　　③ $\dfrac{10}{3}$ m/s²　　④ $\dfrac{10}{4}$ m/s²　　⑤ $\dfrac{10}{7}$ m/s²

---

01 다음은 매끈한 수평면 위에 정지해 있는 질량이 각각 2 kg, 4 kg 인 물체 A, B 를 접촉시킨 상태에서 오른쪽에서 물체 A 를 6 N 의 힘으로 밀고 있는 모습이다. 이때 A 와 B 의 접촉면에서 서로를 미는 힘의 크기는 몇 N 인가?

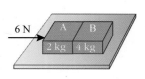

(　　　　　)N

02 다음과 같이 매끄러운 수평면에 3 kg 의 물체 A 가 놓여 있고, 마찰을 무시할 수 있는 도르래를 통하여 2 kg 의 물체 B 가 끈에 의해서 매달려 있다. A 의 가속도의 크기는 얼마인가? (단, 중력 가속도는 10 m/s²이다.)

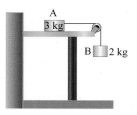

(　　　　　) m/s²

유형2-2 일과 에너지

다음은 물체가 수평면에 놓여있는 매끄러운 빗면의 점 A 를 지나 점 C 를 통과하여 최고점 B 에 도달한 후, 되돌아와 다시 C 를 지나는 순간의 모습을 나타낸 것이다. 물체가 A 에서 B 를 거쳐 C 에 도달하는 데 걸린 시간은 3 초이고, A 에서 물체의 속력은 10 m/s 이며, C 에서 물체의 중력에 의한 퍼텐셜 에너지는 운동 에너지의 3 배이다. 이에 대한 설명으로 옳은 것만을 〈보기〉에서 있는 대로 고른 것은? (단, 점 A 에서 중력에 의한 퍼텐셜 에너지는 0 이며, 공기 저항과 물체의 크기는 무시한다.)

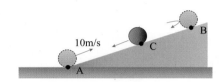

──── 〈 보기 〉 ────

ㄱ. C에서 물체의 속력은 5 m/s이다.
ㄴ. B에서 물체의 가속도의 크기는 5 m/s^{2}이다.
ㄷ. A와 C사이의 거리는 7 m이다.

① ㄱ   ② ㄴ   ③ ㄱ, ㄴ   ④ ㄴ, ㄷ   ⑤ ㄱ, ㄴ, ㄷ

03 그림과 같이 질량 2 kg 의 물체가 마찰이 없는 수평면에서 10 m/s 로 진행하여 용수철 상수 5000 N/m 인 용수철에 부딪쳤다. 이 용수철이 최대로 압축된 길이는 얼마인가?

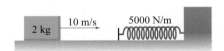

① 0.1 m   ② 0.2 m   ③ 0.3 m
④ 0.4 m   ⑤ 0.5 m

04 수평면 위에 질량 5 kg 의 물체를 놓아두었다가 실로 묶어 연직 위 방향으로 잡아당겼더니 물체가 위로 끌려감에 따라 속력이 증가하여 높이 2 m 되는 지점에서 물체의 속력이 4 m/s 였다. 중력 가속도는 9.8 m/s^2 이다.

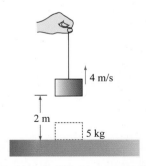

이와 같은 현상에 대한 설명으로 옳은 것은?

① 물체가 얻은 역학적 에너지는 98 J 이다.
② 물체가 올라가는 과정에서 중력이 한 일은 없다.
③ 물체가 갖는 역학적 에너지는 변하지 않고 일정하다.
④ 물체를 끌어올리기 위해서 외부에서 해준 일은 138 J 이다.
⑤ 물체가 위로 올라가는 과정에서 외부에서 236 J 의 일을 하였고 중력은 물체에 − 98 J 의 일을 하였다.

유형2-3 운동량 보존과 충돌 I

다음과 같이 질량 2 kg 인 물체가 5 m/s 의 속도로 정지해 있는 질량 3 kg 의 물체 B 와 충돌하였다. 충돌 후 물체 A 와 B 는 운동하던 방향과 각각 60°, 30° 되는 방향으로 운동했다면 충돌 후 물체 A, B 의 속력 v_A, v_B 는 각각 얼마인가?

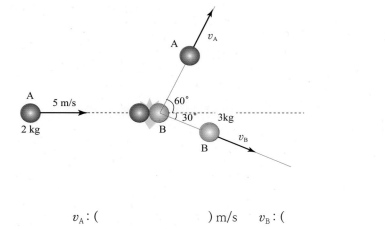

v_A : (   ) m/s v_B : (   ) m/s

05 그림과 같이 마찰을 무시할 수 있는 면에서 4 kg 의 물체가 2 m/s 로 운동하다가 폭발하여 같은 질량의 두 파편으로 쪼개졌다. 오른쪽 파편의 속도가 6 m/s 일 때, 왼쪽 파편의 속도는? (단, 각 물체는 직선상에서 운동하고 오른쪽 방향을 + 로 정한다.)

① 2 m/s   ② −2 m/s
③ 3 m/s   ④ −3 m/s
⑤ 4 m/s

06 다음과 같이 질량이 각각 3 kg, 4 kg 인 두 물체가 서로 수직 방향으로 각각 4 m/s, 2 m/s 의 속도로 진행하다가 충돌한 후 한 덩어리가 되어 운동하였다.

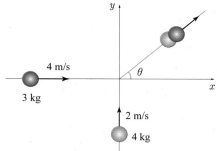

이에 대한 설명으로 옳은 것만을 <보기>에서 있는 대로 고른 것은?

〈 보기 〉
ㄱ. 충돌 후 물체의 속력은 3 m/s 이다.
ㄴ. 충돌 후 물체의 x 방향의 운동량의 크기는 12 kg·m/s 이다.
ㄷ. 충돌 후 물체의 진행 방향과 x 축이 이루는 각 $θ$는 45°이다.

① ㄱ   ② ㄴ   ③ ㄷ
④ ㄱ, ㄴ   ⑤ ㄱ, ㄴ, ㄷ

유형2-4 운동량 보존과 충돌Ⅱ

다음과 같이 수평면 상에서 운동하던 질량 200 g 의 공이 벽면의 수선에 30° 의 각을 이루면서 5 m/s 로 충돌한 후 수평면 상에서 벽면의 수선과 60° 의 각을 이루면서 튀어 나왔다. 벽면과 공 사이의 마찰을 무시할 때 다음 물음에 답하시오.

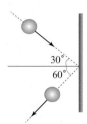

(1) 충돌 후 공의 속력은 얼마인가?

(   ) m/s

(2) 충돌하는 동안 공이 받은 충격량의 크기는 얼마인가?

(   ) N·s

(3) 공과 벽 사이의 반발 계수는 얼마인가?

(   )

---

07 수평면으로부터 4 m 의 높이에서 공을 8 m/s 의 속력으로 연직 아래 방향으로 던졌다. 공과 바닥 사이의 반발 계수가 0.5 일 때, 공이 지면과 충돌한 후 다시 올라가는 최대 높이는 몇 m 인가? (단, 중력 가속도는 10 m/s² 이다.)

① 1.2 m   ② 1.4 m
③ 1.6 m   ④ 1.8 m
⑤ 2 m

08 다음 그림과 같이 질량과 속력이 같은 두 물체 A, B 가 완전 비탄성 충돌한 후에 속력이 $\frac{1}{2}$ 배가 되어 직선 운동하였다. 충돌 후의 운동 방향과 충돌 전 A, B 의 운동 방향 사이의 각도가 각각 θ일 때, 충돌하기 전 두 물체의 속도 사이의 각도(= 2θ)는 얼마인가?

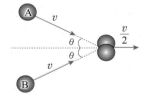

① 30°   ② 60°
③ 90°   ④ 120°
⑤ 150°

01 그림과 같이 마찰계수가 μ 인 수평면에서 질량 m 인 물체에 힘 F 를 작용하여 등속 운동시키고 있다. 중력 가속도는 g로 하시오.

(1) 수평 방향에 대해 각 θ 로 힘 F 를 작용시켜 등속 운동 시키는 경우 힘 F 의 크기를 m, θ, μ 로 나타내시오.

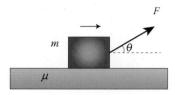

(2) 빗면각이 θ 이고, 마찰계수가 μ 인 빗면 방향으로 힘 F 를 작용시켜 등속 운동시키는 경우 힘 F 의 크기를 m, θ, μ 로 나타내시오.

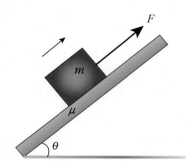

02 그림처럼 2 m/s² 의 가속도로 상승하는 엘리베이터 내부에 질량이 각각 1 kg, 2 kg, 4 kg 인 물체 A, B, C 가 마찰이 없는 도르래 P, Q 에 늘어나지 않는 끈으로 연결되어 있다. 엘리베이터 안에서 추 세개를 잡고 있다가 동시에 놓아 운동을 시켰다. 중력가속도는 10 m/s² 으로 하고, 도르래와 끈의 질량은 무시한다.

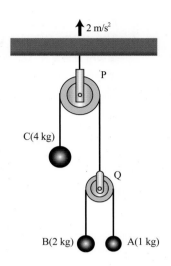

(1) 엘리베이터 내부에서 볼 때 추 C 의 가속도의 크기는 얼마인가?

(2) P 와 천장을 연결한 끈의 장력은 얼마인가?

03 그림처럼 질량이 M 인 수레가 속력 v 로 운동하고 있다. 이때 질량 m 인 직육면체 모양의 물체가 수레 위에서 연직 방향으로 조용히 떨어져 수레에 실려진다. 물체와 수레 표면 사이에는 마찰이 있으며, 운동 마찰계수는 μ 이다. 다른 마찰은 무시하고, 중력 가속도는 g 로 하여 물음에 답하시오.

[특목고 유형]

(1) 물체는 수레 위에서 미끄러지다가 결국 수레와 한 덩어리가 되어 운동한다. 이때 (수레 + 물체)의 속력 V 를 구하시오.

(2) 위 문제 (1)에서 수레의 입장에서 물체의 미끄러진 거리를 구하시오.

04 다음 그림과 같이 매끄러운 면을 가진 질량 M 의 언덕 모양의 물체 B가 정지해 있다. 이때 질량 m 의 크기를 무시할 수 있는 작은 물체 A 가 이 언덕을 향해 v_0 의 속력으로 접근하고 있다. 물체 B 는 마찰이 없는 밑바닥 위를 붙어서 운동할 수 있으며, 밑바닥과 물체 A 사이, 물체 B 표면과 물체 A 사이의 마찰은 없다. 두 물체의 운동은 물체 A, B 의 단면을 포함하는 수직면 내에서만 이루어지며, 중력 가속도는 g 이다.

[서울대 입시 유형]

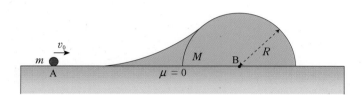

(1) 물체 B 의 언덕 높이가 충분히 높아서 물체 A 가 언덕을 넘지 못했다. 물체 A 가 물체 B 의 최고점에 도달했을 때, 두 물체의 속력을 각각 구하시오.

(2) 물체 A 가 도달하는 최고 높이 H 를 구하시오.

(3) 충분한 시간이 지나면 언덕을 넘지 못한 물체 A 는 언덕을 미끄러져 내려와 물체 B 와 분리되는데, 분리 된 후 물체 A, B 의 속력을 각각 v, V 라고 할 때, 이를 구하시오.

(4) 언덕의 꼭대기 주면 단면은 반지름이 R 인 원이다. v_0 가 충분히 커서 물체 A 가 언덕 꼭대기에 도달했다고 하자. 물체 A 가 꼭대기에서 물체 B 와 분리되어 떨어져 나갈 수 있는 v_0 의 조건을 구하시오.

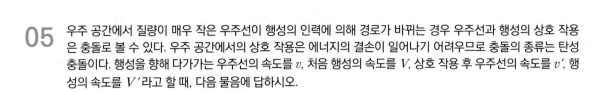

05 우주 공간에서 질량이 매우 작은 우주선이 행성의 인력에 의해 경로가 바뀌는 경우 우주선과 행성의 상호 작용은 충돌로 볼 수 있다. 우주 공간에서의 상호 작용은 에너지의 결손이 일어나기 어려우므로 충돌의 종류는 탄성 충돌이다. 행성을 향해 다가가는 우주선의 속도를 v, 처음 행성의 속도를 V, 상호 작용 후 우주선의 속도를 v', 행성의 속도를 V'라고 할 때, 다음 물음에 답하시오.

(1) 우주선이 행성과 마주 보고 운동하다가 상호 작용 후 행성과 같은 방향으로 운동하게 된 경우 우주선의 속도는 어떻게 변하는가?

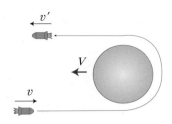

(2) 우주선이 행성과 같은 방향으로 운동하다가 상호 작용 후 행성과 반대 방향으로 운동하게 된 경우 우주선의 속도는 어떻게 변하는가?

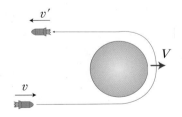

A

01 옳은 것은 ○표, 옳지 않은 것은 ×표 하시오.

(1) 힘을 받지 않는 물체의 가속도는 0 이다.
( )

(2) 일정한 힘이 가해지는 경우 물체의 질량이 작을수록 가속도는 크다. ( )

(3) 물체에 작용하는 힘과 가속도의 방향은 같다. ( )

(4) 속력이 빠른 물체는 속력이 느린 물체보다 더 큰 힘을 받고 있다.
( )

02 버스가 오른쪽으로 10 m/s^2 의 가속도로 출발했을 때, 버스 안의 5 kg 인 물체 A 가 받는 관성력의 크기는 얼마인가?

① 5 N   ② 10 N   ③ 25 N
④ 50 N   ⑤ 100 N

03 수평면 상에서 오른쪽으로 6 m/s 의 속력으로 운동하던 2 kg 인 공이 일정한 힘을 받아 2 초 후 운동 방향이 바뀌었다. 이 공이 받고 있는 힘의 크기는 얼마인가?

① 2 N   ② 3 N   ③ 4 N
④ 5 N   ⑤ 6 N

04 다음과 같이 호수 위에 떠 있는 두 배 위에 각각 사람 A 와 B 가 타고 있다. B 가 A 를 100 N 의 힘으로 잡아당겼을 때, B 의 가속도의 크기는 얼마인가? (단, 물과 배 사이의 마찰은 무시한다.)

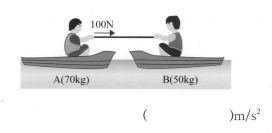

(   )m/s^2

05 다음은 수평면에 정지해 있는 질량이 2 kg 인 물체를 8 N 의 일정한 힘으로 3 초 동안 밀어서 9 m 이동한 것을 나타낸 것이다. 수평면의 운동 마찰 계수는 얼마인가? (단, 중력 가속도는 10 m/s^2 이다.)

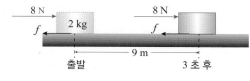

① 0.1   ② 0.2   ③ 0.3
④ 0.4   ⑤ 0.5

06 질량이 각각 2 kg 인 물체 A, B 를 그림과 같이 가벼운 끈으로 연결하여 운동을 시켰다. 물체 A 와 수평 바닥 사이의 운동 마찰계수는 0.2 이고, 중력 가속도는 10 m/s^2 이다.

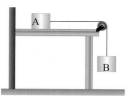

(1) 물체 A의 가속도의 크기는 얼마인가?
(   ) m/s^2

(2) 끈의 장력은 몇 N 인가?
(   ) N

07 그림과 같이 정지해 있는 질량이 2 kg 인 물체에 수평면과 45°의 각도로 10 N 의 힘을 가하였다. 물체와 수평면 사이의 운동 마찰계수가 0.2 라고 할 때 이 물체의 수평 방향 가속도의 크기는 얼마인가? 중력 가속도는 10 m/s² 이다.

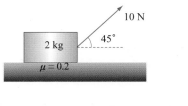

(   ) m/s²

08 마찰을 무시할 수 있는 수평면 위에 정지해 있던 질량 2 kg 의 물체에 그림과 같은 힘을 한 방향으로 작용하였다. 다음 물음에 답하시오.

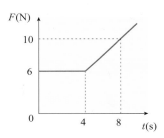

(1) 4 초일 때 이 물체의 운동량은 얼마인가?

① 6 kg·m/s   ② 12 kg·m/s   ③ 18 kg·m/s
④ 24 kg·m/s   ⑤ 30 kg·m/s

(2) 이 물체가 4 ~ 8 초 사이에 받은 충격량은 얼마인가?

① 8 N·s   ② 16 N·s   ③ 24 N·s
④ 32 N·s   ⑤ 40 N·s

(3) 운동을 시작하고 8 초 후 이 물체의 속력은?

① 14 m/s   ② 21 m/s   ③ 28 m/s
④ 35 m/s   ⑤ 42 m/s

09 그림처럼 마찰이 없는 반지름 10 cm 의 반구 모양의 용기의 꼭대기에서 물체를 미끄러뜨렸다. 이 물체가 용기의 가장 밑바닥을 지날 때의 속력은 몇 m/s 인가? (단, 중력 가속도는 9.8 m/s² 이다.)

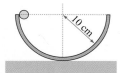

① 1 m/s   ② 1.4 m/s   ③ 1.96 m/s
④ 2.8 m/s   ⑤ 3.92 m/s

10 용수철에 물체를 매달고 평형 위치가 되었을 때 연직 아래로 잡아 당겨 용수철이 0.2 m 늘어났을 때 용수철의 탄성 퍼텐셜 에너지를 E 라고 하면, 이 물체를 놓아 용수철의 늘어난 길이가 0.1 m 가 되었을 때 물체가 갖는 운동 에너지는 얼마인가?

① 0.25E   ② 0.5E   ③ 0.75E
④ E   ⑤ 2E

B

11 그림은 마찰이 없는 평면에 질량이 2 kg 인 물체 B 를 놓고 그 위에 질량 1 kg 인 물체 A 를 놓은 후, 물체 B 에 수평 방향으로 6 N 의 힘을 작용하여 오른쪽으로 밀고 있는 상황을 나타낸 것이다. 물체 A 가 물체 B 위에 정지해 있을 때, A 와 B 사이의 마찰력의 크기는 얼마인가?

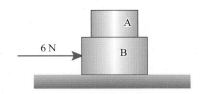

① 1 N   ② 2 N   ③ 3 N
④ 4 N   ⑤ 5 N

12 수평한 책상 면에 물체 B 가 놓여 있고, 그 양쪽으로 도르래를 통하여 물체 A 와 C 가 매달려 있다. 물체 A, B, C 의 질량은 각각 1 kg, 2 kg, 3 kg 이고, 물체 A 의 가속도의 크기가 3 m/s² 이라면 책상면의 운동 마찰 계수는 얼마인가? (단, 책상과 도르래의 마찰은 무시하고 끈은 충분히 가벼우며, 중력 가속도는 10 m/s² 이다.)

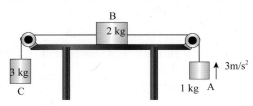

① 0.1   ② 0.2   ③ 0.3
④ 0.4   ⑤ 0.5

13 수평한 지면에서 질량 2 kg 의 물체를 40 m/s 의 속도로 수평면과 30°의 각도를 이루도록 던졌다. 물체가 던져진 후로부터 땅에 다시 도달할 때까지 받은 충격량은 얼마인가? 중력 가속도는 10 m/s² 이다.

① 20 N·s   ② 40 N·s   ③ 60 N·s
④ 80 N·s   ⑤ 100 N·s

14 그림과 같이 질량 2 kg 의 물체가 높이 20 m 되는 A 점에서 정지 상태로부터 출발하여 빗면 위를 운동하다가 지면 위의 점 B 에 도달하였다. B 점에서의 속력이 10 m/s 였다면 빗면에서 마찰에 의한 역학적 에너지 손실은 얼마인가? (g = 9.8 m/s²)

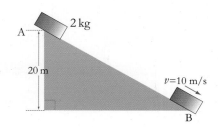

15 질량이 1 kg 인 공을 수평면에 대하여 θ 의 각을 이루도록 속력 5 m/s 로 던졌다. 공이 최고점에 도달했을 때 운동 에너지는 얼마인가? (단, 중력 가속도는 10 m/s² 이고, 공기의 저항은 무시하며 $\cos\theta = \frac{4}{5}$ 이다.)

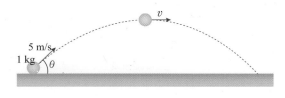

① 6 J   ② 7 J   ③ 8 J
④ 9 J   ⑤ 10 J

16 길이가 l 로 동일하고 크기를 무시할 수 있는 추의 질량이 m_1, m_2 인 두 진자가 그림과 같은 상태에 있다. 진자 A 는 진자 B 로부터 연직으로 높이 d 의 위치에 있다. 이제 진자 A 를 운동시켜 진자 B 에 충돌시키면 충돌 후 두 진자는 한 덩어리가 되어 움직인다. 두 진자는 충돌 후 현재 진자 B 의 위치로부터 연직으로 얼마나 높이 올라가겠는가?(공기의 저항 및 모든 마찰, 실의 무게는 무시한다.)

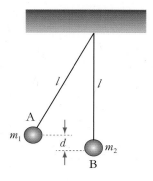

17 다음과 같이 마찰이 없는 수평면에서 5 m/s 로 오른쪽으로 운동하는 질량 0.5 kg 인 물체 A 와 왼쪽으로 2 m/s 로 운동하던 질량 2 kg 인 물체 B가 정면 충돌하였다.

두 물체 사이의 반발 계수를 0.4 라고 할 때 충돌 후 두 물체의 속도는 각각 얼마인가?(오른쪽을 +로 하시오.)

18 그림과 같이 마찰이 없는 수평면에서 4 m/s 로 동쪽으로 운동하는 질량 2 kg 인 물체 A 와 북쪽으로 2 m/s 로 운동하던 질량 3 kg 인 물체 B 가 충돌하여 한 덩어리가 되어 운동하였다.

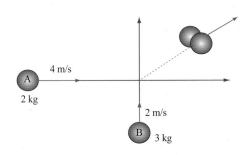

(1) 충돌 후 합쳐진 물체의 속도의 크기를 구하시오.

(2) 충돌 과정에서 잃은 운동 에너지는 얼마인가?

C

19 오른쪽 그림은 마찰이 없는 가벼운 도르래를 이용하여 질량이 2 kg 으로 같은 추 A 와 B 를 연결하여 정지 상태에서 운동시키는 모습이다. 중력 가속도는 10 m/s^2 이다.

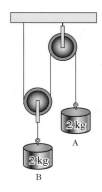

(1) 추 A 의 가속도의 크기를 쓰시오.

(   ) m/s^2

(2) 실의 장력의 크기를 구하시오. (   ) N

20 그림과 같이 질량 M 인 물체 A 를 마찰이 없는 수평면 상에 놓고 끈을 매어 도르래를 통한 다음 질량 m 의 물체 B 에 연결하였다. 물체 A 와 B 가 정지 상태로부터 운동을 시작하여 A 가 h 만큼 이동하였을 때 다음 물음에 답하시오. 중력 가속도는 g 로 하고 도르래의 마찰, 면의 마찰, 실의 무게 등은 무시한다.

[특목고 유형]

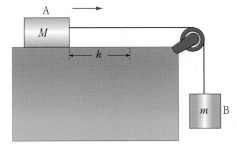

(1) A, B의 퍼텐셜 에너지의 합은 처음에 비하여 얼마만큼 감소하는가?

(2) A, B의 운동 에너지의 합은 처음에 비하여 얼마만큼 증가하는가?

(3) (1)과 (2)의 결과로부터 h 만큼 이동한 순간 물체 A의 속력을 구하시오.

21 그림과 같이 마찰을 무시할 수 있는 도르래와 무게를 무시할 수 있는 실을 이용하여 질량 $m_1 = 3$ kg 의 물체와 질량 $m_2 = 5$ kg 의 물체를 매달았다. 처음에 질량 3 kg 의 물체를 지면에 닿아있도록 잡고있다가 놓으면서 운동을 시킨다. 운동을 시작할 때 m_2 의 지면으로부터의 높이가 4 m 라고 할 때 에너지 보존 법칙을 이용하여 다음 물음에 답하시오. 중력 가속도는 10 m/s² 이고, $2\sqrt{5} = 4.5$ 로 하시오.

[특목고 기출 유형]

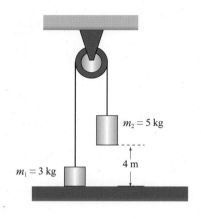

(1) m_2 가 땅에 닿는 순간의 속력을 구하시오.

(2) m_1 의 지면으로부터의 최고 높이를 구하시오.

22 책상 면에 질량 M 의 나무 도막이 놓여 있다. 나무 도막을 향하여 질량 m 의 총알이 속력 v 로 발사되었고, 총알은 나무 도막을 관통했다. 총알이 관통한 후 나무 도막은 거리 s 만큼 미끄러져 정지하였다. 책상 면과 나무 도막 사이의 운동 마찰계수는 μ 이다.

[특목고 기출 유형]

(1) 총알이 관통한 직후의 나무 도막의 운동 에너지를 구하시오.

(2) 나무 도막을 관통한 직후 총알의 속도를 구하시오.

23 수평면 위에 정지해 있는 질량 4 kg 인 물체 B 에 질량 1 kg 인 물체 A 가 완전 비탄성 충돌하여 10 m 만큼 이동한 후 정지하였다. 물체와 면 사이의 운동 마찰 계수가 0.1일 때, 충돌 직후 B 의 속도는 얼마인가? 중력 가속도는 10 m/s² 이다.

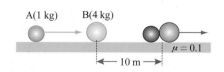

① 2 m/s   ② 4 m/s   ③ $2\sqrt{5}$ m/s
④ 6 m/s   ⑤ $3\sqrt{5}$ m/s

24 그림과 같이 경사각이 45° 인 경사면에서 질량 m 인 물체 A 와 질량 $2m$ 인 물체 B 가 미끄러져 내려오고 있다. 두 물체의 출발 위치는 바닥으로부터 높이 h 였고, 경사면은 마찰이 없으며 바닥면은 마찰계수(μ)가 0.2 인 마찰면이다. 중력 가속도를 g 로 하여 다음 물음에 답하시오.

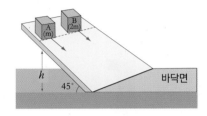

(1) 경사면을 내려올 때 물체 A 와 B 의 가속도의 크기의 비를 구하시오.

(2) 바닥에서 운동하는 동안 A 와 B 에 의해 발생한 열량의 비를 구하시오.

(3) 두 물체가 멈출 때까지 바닥 면에서의 운동 거리의 비를 구하시오.

심화

25 공을 마루 위 1 m 의 높이에서 자유 낙하시켰더니 마룻바닥과 충돌 후 다시 64 cm 까지 튀어 올랐다. 이때 공과 마룻 바닥 사이의 반발 계수는 얼마인가?

26 그림처럼 질량이 1 kg 인 물체 A 를 경사각이 θ 인 정지한 빗면 B 에 놓았을 때 물체 A 의 가속도가 4 m/s² 이었다. 이때 빗면 B 의 왼쪽에서 힘을 가해 빗면이 오른쪽으로 2 m/s² 의 가속도 운동을 하도록 하였다. 이에 대한 설명으로 옳은 것만을 <보기>에서 있는 대로 고른 것은? 중력 가속도는 10 m/s² 이고, $\cos\theta = \dfrac{4}{5}$ 이다.

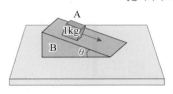

──── 〈 보기 〉 ────
ㄱ. 빗면의 운동 마찰 계수는 0.25이다.
ㄴ. B 가 운동할 때 물체 A가 받는 수직 항력은 9.2 N 이다.
ㄷ. 운동 중 빗면에 대한 물체 A 의 가속도의 크기는 2.1 m/s²이다.

① ㄱ　　　　　② ㄴ　　　　　③ ㄷ
④ ㄱ, ㄷ　　　　⑤ ㄱ, ㄴ, ㄷ

27 그림과 같이 매끄러운 수평면 바닥에 질량이 10 kg 이고 길이가 4 m 인 막대 AB 가 놓여 있다. 이 막대 위에 질량이 50 kg 인 사람이 서 있다. (오른쪽 방향을 (+)로 정한다.)

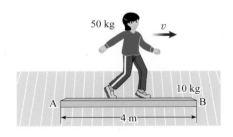

(1) 사람이 막대에 대하여 0.1 m/s 의 속도로 막대 위 A 에서 B 를 향하여 움직일 때 바닥에 대한 막대의 속도는 몇 m/s 인가?

(　　　) m/s

(2) 사람이 B 점에 정지해 있다가 바닥 방향으로 막대에 대하여 0.2 m/s 의 속도로 뛰면 사람이 바라본 막대의 속도는 얼마인가?

(　　　) m/s

28 그림 (가)는 질량이 같은 물체 A, B 가 벽을 향해 속도 $3v$ 로 각각 등속도 운동하는 모습을 나타낸 것이고, 그림 (나)는 A, B 가 벽에 충돌하는 과정에서 A, B 의 속도 변화를 시간에 따라 나타낸 것이다.

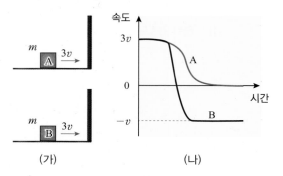

(가)   (나)

이에 대한 설명으로 옳은 것만을 <보기>에서 있는 대로 고른 것은?

[수능 모의 평가 유형]

〈 보기 〉

ㄱ. A 가 벽에 작용하는 충격량의 크기와 벽이 A 에 작용하는 충격량의 크기는 서로 같다.

ㄴ. 충돌 전후 운동량의 변화량의 크기는 B 가 A 보다 크다.

ㄷ. 충돌하는 동안 벽에 작용하는 평균 힘의 크기는 B 가 A 보다 작다.

① ㄱ   ② ㄴ   ③ ㄷ
④ ㄱ, ㄴ   ⑤ ㄱ, ㄴ, ㄷ

29 그림처럼 P 점에서 질량 m 의 물체가 마찰이 없는 곡면을 타고 미끄러져 내려와서 반지름 R인 마찰이 없는 지면의 작은 원을 따라 운동한다. 작은 원의 중심은 지면으로부터 높이 R이고, 중력 가속도를 g 라고 할 때 물체가 지면의 작은 원에 도달했을 때 궤도에서 이탈하지 않으려면 물체가 운동을 시작하는 곳의 높이(h)는 최소한 얼마가 되어야 하는지 구하시오.

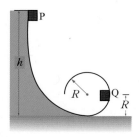

30 다음 그림과 같이 수레의 질량은 M 이고 수레의 몸체는 반지름 r 의 매끄러운 원형 곡면으로 이루어져 있다. 수레의 곡면에는 질량 m 인 물체가 정지해 있다. 이제 수레 A가 물체와 함께 속력 v 로 운동하다가 정지해 있는 수레 B와 충돌하여 한덩어리가 되어 운동하였다. 질량 m 인 물체가 곡면을 따라 올라갈 수 있는 최대 높이는 얼마인가? 단, 수레 A 와 수레 B 의 질량은 같으며 물체와 수레면 사이, 수레의 바퀴와 지면 사이의 마찰은 없다.

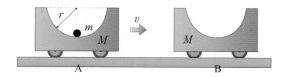

31 그림 (가)는 동일 직선 상에서 같은 방향으로 운동하던 물체 A, B가 충돌하기 전과 후의 모습을 나타낸 것이고, 그래프 (나)는 A, B의 위치를 시간에 따라 나타낸 것이다. 이때 A의 질량은 B의 2배이다.

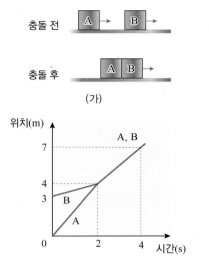

충돌 전

충돌 후

(가)

(나)

이에 대한 설명으로 옳은 것만을 <보기>에서 있는 대로 고른 것은?(단, 물체의 크기는 무시한다.)

[수능 모의 평가 기출 유형]

〈 보기 〉

ㄱ. 충돌 전 운동량의 크기는 A가 B의 8배이다.
ㄴ. 충돌하는 동안 속도 변화량의 크기는 B가 A의 2배이다.
ㄷ. 충돌하는 동안 A가 받은 충격량의 크기는 B가 받은 충격량의 크기와 같다.

① ㄱ   ② ㄴ   ③ ㄷ
④ ㄱ, ㄷ   ⑤ ㄱ, ㄴ, ㄷ

32 길이 25 m인 늘어나지 않는 끈에 0.5 kg의 공을 매달아 그림처럼 단진동 운동을 시킨다. 추를 높이 10 m인 A 점에서 끈이 팽팽해진 상태로 잡고있다가 놓았더니 최저점인 B 점을 거쳐 높이 5 m인 C 점을 지나 계속 운동하였다. 추는 높이 10 m가 되는 지점까지 운동할 것이다. 중력 가속도는 10 m/s² 이며, 공기의 저항과 끈의 무게는 무시할 수 있을 정도로 작다. 다음 물음에 답하시오.

[과학고 기출 유형]

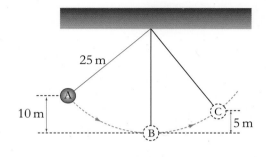

25 m

10 m

5 m

(1) B 점에서 추의 가속도를 구하시오.

(2) C 점에서 끈의 장력을 구하시오.

33 질량 M인 지구 주위를 반지름 R인 원궤도로 공전하고 있는 질량 m인 인공위성이 있다. 만일 이 인공위성이 반지름 $2R$인 원궤도로 지구 주위를 공전하기 위해서는 얼마의 에너지가 더 필요한지 구하시오. (단, 만유인력 상수를 G로 하고, 지구 자전 효과 및 모든 마찰은 무시할 수 있을 만큼 작다.)

3강 중력장 내의 운동

1. 연직 운동 I   2. 연직 운동 II   3. 포물선 운동 I   4. 포물선 운동 II

1. 연직 운동 I

(1) 자유 낙하 운동 : 공기의 저항을 무시할 때, 정지해 있던 물체가 중력만 받아서 낙하하는 등가속도 직선 운동을 말한다. 처음 위치를 원점으로 하고, 원점에서 연직 아래 방향을 (+) 방향으로 할 때 $v_0 = 0$, $a = g$ ● 가 된다.

등가속도 직선 운동		자유 낙하 운동
$v = v_0 + at$	$v - t$	$v = gt$
$s = v_0 t + \dfrac{1}{2} at^2$	$s - t$	$s = \dfrac{1}{2} gt^2$
$2as = v^2 - v_0^2$	$s - v$	$2gs = v^2$

변위 크기 s 만큼 자유 낙하하는 데 걸리는 시간 $t = \sqrt{\dfrac{2s}{g}}$

변위 크기 s 만큼 자유 낙하한 물체의 속도 $v = \sqrt{2gs}$

(2) 자유 낙하 운동 그래프

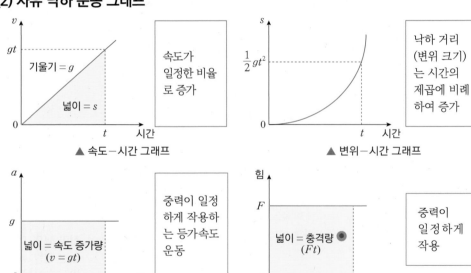

▲ 속도-시간 그래프
속도가 일정한 비율로 증가

▲ 변위-시간 그래프
낙하 거리 (변위 크기)는 시간의 제곱에 비례하여 증가

▲ 가속도-시간 그래프
넓이 = 속도 증가량 $(v = gt)$
중력이 일정하게 작용하는 등가속도 운동

▲ 힘-시간 그래프
넓이 = 충격량 ● (Ft)
중력이 일정하게 작용

개념확인 1

공기 저항을 무시할 때, 자유 낙하하는 경우 물체의 가속도가 (   ) m/s² 으로 일정한 등가속도 직선 운동을 한다.

확인 + 1

19.6 m 높이에서 정지해 있던 물체가 자유 낙하하여 바닥에 떨어질 때까지 걸리는 시간은? (단, 공기 저항은 무시하고, 중력 가속도는 9.8 m/s² 이다.)

(   ) 초

---

2. 연직 운동 Ⅱ

(1) 연직 아래로 던진 물체의 운동(연직 투하 운동) 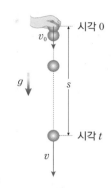 : 처음 속도가 아래 방향으로 0 보다 크고, 물체에 작용하는 힘이 중력 뿐일 때 물체는 중력 가속도 g 로 등가속도 운동을 한다.

등가속도 직선 운동		연직 투하 운동
$v = v_0 + at$	연직 아래 방향 (+) $a = g$	$v = v_0 + gt$
$s = v_0 t + \dfrac{1}{2}at^2$		$s = v_0 t + \dfrac{1}{2}gt^2$
$2as = v^2 - v_0^{\,2}$		$2gs = v^2 - v_0^{\,2}$

(2) 연직 위로 던진 물체의 운동(연직 투상 운동) 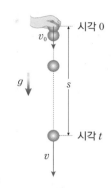 : 연직 위로 던진 물체는 속도가 계속 감소하는 운동을 하고, 최고 높이에서 속도가 0 이 된다. 초속도 방향을 (+)로 하면, 물체는 가속도가 $-g$ 인 등가속도 운동을 한다.

등가속도 직선 운동		연직 투상 운동
$v = v_0 + at$	연직 위쪽 방향 (+) $a = -g$	$v = v_0 - gt$
$s = v_0 t + \dfrac{1}{2}at^2$		$s = v_0 t - \dfrac{1}{2}gt^2$
$2as = v^2 - v_0^{\,2}$		$-2gs = v^2 - v_0^{\,2}$

① 연직 투상 운동 그래프

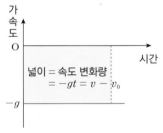

▲ 가속도-시간 그래프

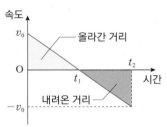

▲ 속도-시간 그래프

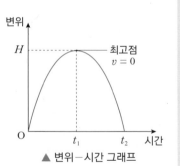

▲ 변위-시간 그래프

t_1 : 최고점 도달 시간, t_2 : 출발점 도달 시간

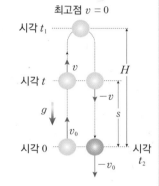

● 연직 상방 운동

중력과 반대 방향으로 던져 올린 물체의 운동으로 연직 투상 운동과 같은 의미이다.

● 역학적 에너지 보존

① 운동 에너지(E_K) : 운동하는 물체가 갖는 에너지로 질량이 m 인 물체가 속도 v 로 운동할 때 갖는 운동 에너지는 다음과 같다.

$$E_K = \frac{1}{2}mv^2$$

② 퍼텐셜 에너지(E_P) : 물체의 위치에 따라 다르게 나타나는 에너지로 질량이 m 인 물체가 기준면에서 높이 h 에 있을 때 갖게 되는 퍼텐셜 에너지는 다음과 같다.

$$E_P = mgh$$

③ 역학적 에너지(E) : 물체가 가지는 운동 에너지와 퍼텐셜 에너지의 합으로 외부에서 해준 일이 0 일 때 물체의 역학적 에너지는 보존된다.

$$E = E_K + E_P = 일정$$

정답 및 해설 **20쪽**

개념확인 2

연직 위로 던진 물체는 속도가 계속 ☐☐하는 운동을 하고, 최고 높이에서는 속도가 ☐ 이 된다.

확인 + 2

물체를 연직 위로 5 m/s 의 속도로 던져 올렸을 때, 1 초 후 높이가 몇 m 에 있게 되는가? (단, 공기 저항은 무시하고, 중력 가속도는 10 m/s² 이다.)

(   ) m

미니사전

연직 [鉛 납 直 곧대] 납으로 된 추가 가리키는 방향으로 중력 방향을 뜻한다.

● 자유 낙하 운동에서의 역학적 에너지 보존

공기의 저항을 무시할 때, 자유 낙하하는 물체의 역학적 에너지(E)는 보존된다.

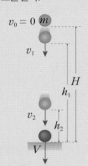

$$E = \frac{1}{2}mv_1^2 + mgh_1$$
$$= \frac{1}{2}mv_2^2 + mgh_2$$
$$= mgH$$
$$= \frac{1}{2}mV^2$$

● 자유 낙하 운동의 에너지 그래프

E_K : 운동 에너지
E_P : 퍼텐셜 에너지
E : 역학적 에너지($E_K + E_P$)

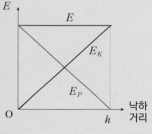

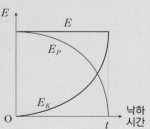

② **최고점 도달 시간과 최고점 높이** : 연직 위로 던진 물체가 최고점에 도달하면, 그때 물체의 속도는 0 이고, 운동 방향이 반대로 바뀌는 순간이다.

> 물체가 최고점에 도달하였을 때 $v = 0$, 최고점 도달 시간 $t = t_1$ 이라고 하면,
> $$v = v_0 - gt \;\rightarrow\; 0 = v_0 - gt_1$$
> $$\therefore 최고점\ 도달\ 시간(t_1) = \frac{v_0}{g}$$

> 물체가 최고점에 도달하였을 때 $v = 0$, 최고점 높이 $s = H$ 이라고 하면,
> $$-2gs = v^2 - v_0^2 \;\rightarrow\; -2gH = 0^2 - v_0^2$$
> $$\therefore 최고점\ 높이(H) = \frac{v_0^2}{2g}$$

③ **출발점 도달 시간과 출발점 도달 속도** : 연직 위로 던진 물체가 출발점으로 되돌아왔을 때, 물체의 변위는 0 이 된다.

> 물체가 출발점에 되돌아왔을 때 $s = 0$, 출발점 도달 시간 $t = t_2$ 이라고 하면,
> $$s = v_0t - \frac{1}{2}gt^2 \;\rightarrow\; 0 = v_0t_2 - \frac{1}{2}gt_2^2$$
> $$\therefore 출발점\ 도달\ 시간(t_2) = \frac{2v_0}{g} = 2t_1$$

> 물체가 출발점에 되돌아왔을 때 $s = 0$, 출발점 도달 속도 $v = v_2$ 이라고 하면,
> $$-2gs = v_2^2 - v_0^2 = 0 \rightarrow v_2^2 = v_0^2$$
> $$\therefore 출발점\ 도달\ 속도(v_2) = -v_0$$
> (방향이 반대)

④ **연직 투상 운동의 대칭성** : 물체를 연직 위로 던졌을 때, 최고점까지 올라가는 운동과 최고점에서 처음 위치로 내려오는 운동은 대칭적이다.

㉠ 출발점에서 최고점 높이 H 에 도달하는 시간 $t_{상}$ 과 최고점에서 출발점으로 내려오는 데 걸린 시간 $t_{하}$ 은 같다.
$$\rightarrow\; t_{상} = t_{하} = \frac{v_0}{g}$$

㉡ 최고점에서 내려올 때는 자유 낙하 운동이다.
$$\rightarrow\; v_2 = \sqrt{2gH}\ (v_2 = v_0)$$

㉢ 높이가 같은 위치에서 상승 속도 $v_{상}$ 과 낙하 속도 $v_{하}$ 의 크기는 같고, 방향은 반대이다.
$$\rightarrow\; v_{상} = -v_{하}$$

㉣ 임의의 높이까지 올라가는 데 걸리는 시간과 그 높이에서 처음 위치로 내려오는 데 걸리는 시간은 같다.

개념확인 3

연직 위로 던진 물체가 최고점에 도달하면 물체의 ☐☐ 는 0이 되고, 물체가 출발점으로 되돌아 왔을 때, 물체의 ☐☐ 는 0이 된다.

확인 + 3

물체를 연직 위로 던졌을 때 최고점에 도달하는 시간 t_1 과 최고점에서 출발점으로 내려오는 데 걸리는 시간 t_2 를 부등호를 이용하여 비교하시오.

$$t_1(\quad)t_2$$

3. 포물선 운동 Ⅰ

(1) 포물선 운동 : 일정한 힘이 작용하는 공간에서 힘의 방향과 비스듬하게 던진 물체의 운동 경로는 포물선 모양이다.

(2) 수평 방향으로 던진 물체의 운동 : 수평 방향으로는 알짜힘이 0 이므로 등속 직선 운동을 하고, 연직 방향으로는 중력이 작용하므로 자유 낙하 운동을 한다.

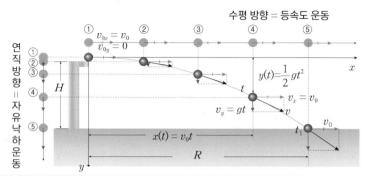

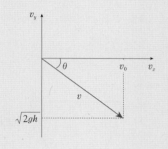

	알짜힘	가속도	처음 속도	시간 t 일 때 속도	시간 t 일 때 변위
수평 방향(x축)	$F_x = 0$	$a_x = 0$	$v_{0x} = v_0$	$v_x = v_0$	$x = v_0t$
연직 방향(y축)	$F_y = mg$	$a_y = g$	$v_{0y} = 0$	$v_y = gt$	$y = \frac{1}{2}gt^2$

① **시간 t 일 때 속도의 크기와 방향** : 시간 t 일 때, 속도 v 의 x성분과 y성분을 각각 v_x, v_y 라고 하면, $v_x = v_0$, $v_y = gt$ 이므로, 속도 v 의 크기와 방향은 다음과 같다.

$$v = \sqrt{v_x^2 + v_y^2} = \sqrt{v_0^2 + (gt)^2}, \quad \text{방향 : } \tan\theta = \frac{v_y}{v_x} = \frac{gt}{v_0}$$

② **시간 t 일 때 위치와 운동 경로의 식** : 시간 t 일 때, 위치 x, y는 각각 $x = v_0t$, $y = \frac{1}{2}gt_2$ 이므로, 운동 경로의 식은 다음과 같다.

$$y = \frac{1}{2}g(\frac{x}{v_0})^2 = \frac{g}{2v_0^2}x^2$$

③ **지면 도달 시간 t_1 ● 과 수평 도달 거리 R**

지면 도달 시간은 자유 낙하 운동의 지면 도달 시간과 같다.

$$h = \frac{1}{2}gt_1^2 \rightarrow t_1 = \sqrt{\frac{2h}{g}}$$

수평 도달 거리는 수평 방향의 속력에 의해 결정된다.

$$x = v_0t \rightarrow R = v_0t_1 = v_0\sqrt{\frac{2h}{g}}$$

정답 및 해설 20쪽

개념확인 4

일정한 힘이 작용하는 공간에서 힘의 방향과 비스듬하게 던진 물체는 □□□ 운동을 한다.

확인 + 4

공기 저항을 무시할 때, 수평 방향으로 던진 물체의 경우 수평 방향으로는 □□ 이 (가)일정하고, 연직 방향으로는 □□□ 이(가) 일정한 운동을 한다.

● 수평 방향으로 던진 물체의 지면 도달 속도

지면 도달 속도 v 의 수평 성분은 $v_x = v_0$ 이고, 연직 성분은 $v_y = gt = \sqrt{2gh}$ 이므로, 지면 도달 속도 v 의 크기와 방향은 다음과 같다.

$$v = \sqrt{v_0^2 + 2gh}$$

$$\tan\theta = \frac{\sqrt{2gh}}{v_0}$$

미니사전

포물선 [抛 던지다 物 물건 線 줄] 물체가 반원 모양을 그리며 날아가는 선

4. 포물선 운동 II

(1) 비스듬히 위로 던진 물체의 운동 : 수평면과 각 θ를 이룬 방향으로 물체를 던져 올리면
수평 방향의 알짜힘은 0 이므로 등속 직선 운동을 하고, 연직 방향의 알짜힘은 중력이므로 연직 투상 운동(등가속도 운동)을 한다.

● 포물선 운동과 역학적 에너지

포물선 운동에서의 역학적 에너지(E)(=운동 에너지(E_K)+퍼텐셜 에너지(E_P))는 보존된다.

$E = E_K + E_P$ = 일정

(출발 시) $E_{K0} = \frac{1}{2}mv_0^2$, $E_{P0} = 0$

(최고점)$E_K = \frac{1}{2}mv_{0x}^2$, $E_P = mgH$

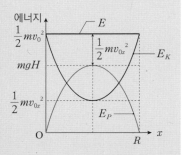

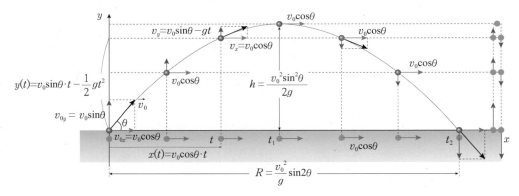

상대속도	알짜힘	가속도	처음 속도	시간 t 일 때 속도	시간 t 일 때 변위
수평 방향(x축)	$F_x = 0$	$a_x = 0$	$v_{0x} = v_0\cos\theta$	$v_x = v_{0x} = v_0\cos\theta$	$x = v_xt = v_0\cos\theta \cdot t$
연직 방향(y축)	$F_y = -mg$	$a_y = -g$	$v_{0y} = v_0\sin\theta$	$v_y = v_{0y} - gt$ $= v_0\sin\theta - gt$	$y = v_{0y}t - \frac{1}{2}gt^2$ $= v_0\sin\theta \cdot t - \frac{1}{2}gt^2$

① **시간 t 일 때 속도의 크기와 방향** : 시간 t일 때, 속도 v의 x성분과 y성분을 각각 v_x, v_y 라고 하면, $v_x = v_{0x} = v_0\cos\theta$, $v_y = v_{0y} - gt = v_0\sin\theta - gt$ 이므로, 속도 v의 크기와 방향은 다음과 같다.

$$v = \sqrt{v_x^2 + v_y^2} = \sqrt{(v_0\cos\theta)^2 + (v_0\sin\theta - gt)^2}, \quad 방향 = \tan\phi = \frac{v_y}{v_x} = \frac{v_0\sin\theta - gt}{v_0\cos\theta}$$

② **시간 t 일 때 위치와 운동 경로의 식** : 시간 t일 때, 위치 x, y 는 각각 $x = v_0\cos\theta \cdot t$, $y = v_{0y}\,t$ $- \frac{1}{2}gt^2 = v_0\sin\theta \cdot t - \frac{1}{2}gt^2$ 이므로, t를 소거하면, 운동 경로의 식은 다음과 같다.

$$y = \tan\theta \cdot x - \frac{g}{2v_0^2\cos^2\theta}x^2$$

개념확인 5

수평면과 비스듬히 물체를 던졌을 때, 연직 방향의 알짜힘은 □□ 이고, 연직 방향으로는 □□□□ 운동을 한다.

확인 + 5

물체를 수평면과 각 θ 를 이룬 방향으로 속도 v 로 던져 올렸을 때 처음 속도의 ㉠ 수평 방향 성분과 ㉡ 수직 방향 성분의 크기를 각각 쓰시오.

㉠ (   ), ㉡ (   )

③ **최고점 도달 시간 t_1 과 최고점에서의 속도** : 물체가 최고점에 도달하였을 때 물체의 속도는 처음 속도의 수평 방향 성분만 남아 $v_x = v_0\cos\theta$ 이고, 연직 방향 성분은 $v_y = 0$ 이 된다.

$$v_y = v_0\sin\theta - gt_1 = 0$$
$$\rightarrow t_1 = \frac{v_0\sin\theta}{g}$$

최고점에서 속도의 크기와 방향은 처음 속도의 x 성분과 같다.

크기 : $v = v_x = v_{0x} = v_0\cos\theta$

④ **최고점 높이(H)와 최고점까지의 수평 거리(x_1)** : 물체를 비스듬히 위로 던질 때, 연직 성분 운동에서 최고 높이를 구한다. 처음 속도의 연직 성분 $v_{0y} = v_0\sin\theta$ 이고, 최고점에서 $v_y = 0$ 이다.

최고점에서의 높이를 H라 하면,
$$-2gy = v_y^2 - v_{0y}^2$$
$$\rightarrow -2gH = 0 - (v_0\sin\theta)^2$$
$$\therefore H = \frac{(v_0\sin\theta)^2}{2g}$$

수평 방향으로는 $v_0\cos\theta$ 로 등속도 운동을 하므로 t_1 초 동안 수평 방향 운동 거리 x_1 은 다음과 같다.
$$x_1 = v_{0x}t_1 = v_0\cos\theta\frac{v_0\sin\theta}{g}$$
$$\therefore x_1 = \frac{v_0^2\sin2\theta}{2g}$$

⑤ **수평 도달 거리(R)** ◉ : 물체를 비스듬히 위로 던졌을 때 물체가 출발점과 동일 수평면 상에 떨어지는 점을 수평 도달 거리라고 한다. 수평 도달 지점까지 걸리는 시간 t_2 는 연직 방향으로 $v_{0y} = v_0\sin\theta$로 던져 올린 물체가 원점으로 되돌아오는 시간과 같고, 수평 도달 거리 R 은 $v_{0x} = v_0\cos\theta$로 t_2 시간 동안 등속 운동한 거리이다.

$$y = v_{0y}t - \frac{1}{2}gt^2 \rightarrow 0 = (v_{0y} - \frac{1}{2}gt_2)t_2$$
$$\therefore t_2 = \frac{2v_{0y}}{g} = \frac{2v_0\sin\theta}{g} = 2t_1$$

$$R = v_{0x}t_2 = v_0\cos\theta\frac{2v_0\sin\theta}{g} = \frac{v_0^2\sin2\theta}{g} = 2x_1$$
$\rightarrow \sin2\theta$ 가 최댓값인 $1(2\theta = 90° \rightarrow \theta = 45°)$이 될 때 R 은 최대가 된다.
이때 R_m (최대 수평 도달 거리) $= \frac{v_0^2}{g}$

⑥ **수평 도달 거리와 발사각** ◉ : 수평면과 이루는 각이 θ 인 경우와 $90°-\theta$ 인 경우는 $\sin2\theta$ 의 값이 서로 같으므로, 수평 도달 거리가 같다.

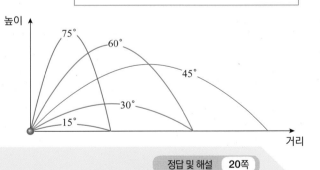

정답 및 해설 **20쪽**

● 공기 저항과 수평 도달 거리

공기 저항이 없을 때 수평 도달 거리는 수평면과 45° 각도를 이루도록 던졌을 때 최대가 된다. 하지만 물체가 공기 중을 운동할 때는 (속력)^{2}에 비례하는 공기 저항을 받게 된다. 따라서 39 ~ 42° 각도로 물체를 던져 올릴 때 최대값이 된다.

● 삼각함수 공식

① $\sin2\theta = 2\sin\theta\cos\theta$
② $\sin\theta = \sin(\pi - \theta)$

● 발사각과 지표면 도달 시간

물체를 같은 속력으로 θ와 $90° - \theta$ 의 각으로 던져 올릴 경우 수평 도달 거리는 같지만, 그 지점까지 도달하는 시간은 다르다. θ로 던져 올렸을 때 지표면 도달 시간을 t_1, $90° - \theta$ 로 던져 올렸을 때 지표면 도달 시간을 t_2 라고 하면,
$$t_1 = \frac{2v_0\sin\theta}{g}$$
$$t_2 = \frac{2v_0\sin(90° - \theta)}{g}$$
$$= \frac{2v_0\cos\theta}{g}$$
$$\rightarrow t_1 = t_2\tan\theta$$

개념확인 6

물체를 비스듬히 위로 던졌을 때 물체가 출발점과 동일 수평면 상에 떨어지는 점을 □□ □□□□ 라고 한다.

확인 + 6

물체를 수평면과 33°의 각으로 비스듬히 위로 던졌을 때 3 m 떨어진 곳에 물체가 떨어졌다. 같은 속력으로 물체를 던질 때, 수평 도달 거리가 3 m 로 같은 또 다른 각도는 몇 °인가?

(   )°

개념 다지기

01 물체의 운동에 대한 설명으로 옳은 것은 ○표, 옳지 않은 것은 ×표 하시오.

(1) 공기의 저항을 무시할 때, 자유 낙하하는 물체의 낙하 거리는 시간의 제곱에 비례한다. (　　　)

(2) 공기의 저항을 무시할 때, 자유 낙하하는 물체는 퍼텐셜 에너지의 감소량만큼 운동 에너지가 증가한다. (　　　)

(3) 자유 낙하하는 물체에 작용하는 중력 가속도는 물체의 질량이 클수록 크다. (　　　)

02 45 m 높이에서 물체를 자유 낙하시켰다. 이때 ㉠ 지면에 낙하하는 데 걸리는 시간과 ㉡ 물체가 지면에 닿는 순간의 속력을 바르게 짝지은 것은? (단, 공기 저항은 무시하고, 중력 가속도는 10 m/s² 이다.)

	㉠	㉡		㉠	㉡		㉠	㉡
①	1 초	10 m/s	②	2 초	20 m/s	③	3 초	30 m/s
④	4 초	40 m/s	⑤	5 초	50 m/s			

03 그림과 같이 높이가 6 m인 절벽 위에서 7 m/s의 속력으로 연직 아래로 물체를 던졌다. 물음에 답하시오. (단, 공기 저항은 무시하고, 중력 가속도는 10 m/s² 이다.)

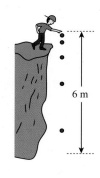

(1) 물체가 바닥에 닿는 순간의 속력은 몇 m/s 인가?

(　　　　　) m/s

(2) 물체가 바닥에 닿을 때까지 걸린 시간은 몇 초인가?

(　　　　　) 초

04 그림과 같이 무한이가 야구공을 5 m/s의 속력으로 연직 위로 던져 올렸다. 이때 공이 올라가는 ㉠ 최고점의 높이와 ㉡최고점까지 올라가는 데 걸리는 시간을 바르게 짝지은 것은? (단, 공기 저항은 무시하고, 중력 가속도는 10 m/s² 이다.)

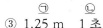

	㉠	㉡		㉠	㉡		㉠	㉡
①	1 m	0.5 초	②	1.25 m	0.5 초	③	1.25 m	1 초
④	1.5 m	1 초	⑤	3 m	2 초			

05 다음 중 포물선 운동과 관련된 설명으로 옳은 것은 ○표, 옳지 않은 것은 ×표 하시오. (단, 공기 저항은 무시한다.)

(1) 지표면에서 속력 v_0로 수평 방향으로 던진 물체의 수평 방향 운동은 등가속도 운동이다.　(　　)

(2) 지표면에서 속력 v_0로 수평 방향으로 던진 물체가 지면에 도달하는 시간은 같은 지점에서 같은 물체가 자유 낙하 운동 시 지면에 도달하는 시간과 같다.　(　　)

(3) 지표면에서 속력 v_0로 수평면과 각 θ를 이루는 방향으로 던진 물체의 수평 도달 거리는 θ가 45°일 때 최대이다.　(　　)

06 그림과 같이 지표면으로부터 20 m 높이에서 물체를 수평 방향으로 2 m/s의 속력으로 던졌다. 물체의 ㉠ 지면 도달 시간과 ㉡ 수평 도달 거리를 바르게 짝지은 것은? (단, 공기 저항은 무시하고, 중력 가속도는 10 m/s² 이다.)

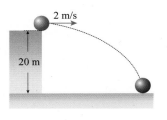

	㉠	㉡		㉠	㉡		㉠	㉡
①	1 초	2 m	②	2 초	2 m	③	2 초	4 m
④	4 초	4 m	⑤	4 초	8 m

07 그림과 같이 물체를 수평면과 30°를 이루는 방향으로 8 m/s의 속력으로 던졌다. 이때 공이 ㉠ 최고점에 도달하는 데 걸리는 시간과 ㉡ 최고점의 높이를 각각 구하시오. (단, 공기 저항은 무시하고, 중력 가속도는 10 m/s² 이다.)

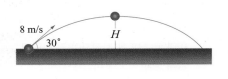

㉠ (　　　　　) 초, ㉡ (　　　　　) m

08 그림은 포물선 경로를 그리며 날아가는 공의 운동 모습을 나타낸 것이다. 공의 운동에 대한 설명으로 옳은 것만을 <보기>에서 있는 대로 고른 것은? (단, 공기 저항은 무시하고, 중력 가속도는 g이다.)

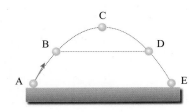

─── 〈 보기 〉 ───
ㄱ. A와 E, B와 D에서 각각 물체의 속력이 같다.
ㄴ. C에서 가속도는 g이다.
ㄷ. A에서 물체의 운동 에너지와 C에서 물체의 퍼텐셜 에너지는 같다.

① ㄱ　　　　② ㄴ　　　　③ ㄷ　　　　④ ㄱ, ㄴ　　　　⑤ ㄱ, ㄴ, ㄷ

유형3-1 연직 운동 Ⅰ

그림은 20 m 높이의 옥상에서 무한이가 야구공을 떨어뜨리고 있는 것을 나타낸 것이다. 공이 A 점을 지나는 순간은 공이 바닥까지 떨어지는 데 걸리는 시간의 절반만큼의 시간이 흐른 순간이다. 공의 운동에 대한 설명으로 옳은 것만을 <보기>에서 있는 대로 고른 것은? (단, 공기 저항은 무시하고, 중력 가속도는 10 m/s² 이다.)

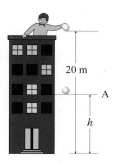

〈 보기 〉

ㄱ. $h = 5$ m 이다.
ㄴ. 공이 바닥에 닿는 순간의 속력은 20 m/s 이다.
ㄷ. 공에 작용하는 힘은 일정하다.
ㄹ. A 점에서 물체의 운동 에너지와 위치 에너지는 같다.

① ㄱ, ㄴ   ② ㄴ, ㄷ   ③ ㄷ, ㄹ   ④ ㄱ, ㄴ, ㄷ   ⑤ ㄴ, ㄷ, ㄹ

01 다음과 같이 깊이를 알 수 없는 강 표면 위 19.6 m 지점에서 공을 자유 낙하시켰다. 공이 강 바닥에 닿을 때까지 걸린 시간이 7 초였다면, ㉠ 강의 깊이와 ㉡ 운동을 시작하여 강 바닥에 닿을 때까지 공의 평균 속도를 바르게 짝지은 것은? (단, 공이 강의 표면에 닿은 순간부터 강 바닥에 닿을 때까지 공의 속력은 같고, 공기 저항은 무시하며, 중력 가속도는 9.8 m/s² 이다.)

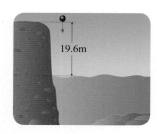

19.6m

	㉠	㉡		㉠	㉡
①	49 m	8.4 m/s	②	49 m	16.8 m/s
③	98 m	8.4 m/s	④	98 m	16.8 m/s
⑤	98 m	25.2 m/s			

02 질량이 같은 공 A 와 B 를 서로 다른 높이에서 떨어뜨렸다. 공 A 가 지표면에 닿을 때까지 걸린 시간이 공 B 가 지표면에 닿을 때까지 걸린 시간의 2 배일 때, 이에 대한 설명으로 옳은 것만을 <보기>에서 있는 대로 고른 것은? (단, 공기 저항은 무시한다.)

〈 보기 〉

ㄱ. 공 A 가 낙하한 거리는 공 B가 낙하한 거리의 4 배이다.
ㄴ. 공이 바닥에 닿는 순간의 속도는 공 A 가 공 B의 $\sqrt{2}$ 배이다.
ㄷ. 공 A 가 가지는 역학적 에너지가 공 B 가 가지는 역학적 에너지보다 크다.

① ㄱ   ② ㄴ   ③ ㄷ
④ ㄱ, ㄷ   ⑤ ㄱ, ㄴ, ㄷ

유형3-2 연직 운동 Ⅱ

그림은 상상이가 높이를 알 수 없는 건물의 옥상에서 공을 연직 위로 던졌을 때부터 지면에 떨어질 때까지 공의 속도를 시간에 따라 나타낸 것이다. 이에 대한 설명으로 옳은 것만을 <보기>에서 있는 대로 고른 것은? (단, 공기 저항과 상상이의 키 높이는 무시하고, 중력 가속도는 9.8 m/s² 이다.)

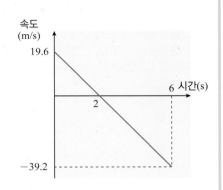

〈 보기 〉

ㄱ. 건물의 높이는 78.4 m 이다.
ㄴ. 2 초일 때 공에 작용하는 힘은 0 이다.
ㄷ. 공의 최고점의 높이는 건물의 옥상에서 19.6 m 높이이다.
ㄹ. 공을 던진 후 3 초 후에 공의 속도는 -9.8 m/s이다.

① ㄱ, ㄴ   ② ㄴ, ㄷ   ③ ㄷ, ㄹ   ④ ㄱ, ㄴ, ㄷ   ⑤ ㄴ, ㄷ, ㄹ

---

03 무한이가 지면으로부터 높이가 h 인 곳에서 물체 A 를 자유 낙하시킴과 동시에 상상이는 지면에서 속도 v_0로 물체 B 를 던져 올렸다. 물체 A 와 B 가 지면으로 부터 높이 $0.2h$ 인 지점에서 충돌하였을 때, 두 물체의 운동에 대한 설명으로 옳은 것만을 <보기>에서 있는 대로 고른 것은? (단, 공기 저항은 무시하고, 중력 가속도는 g 이다.)

〈 보기 〉

ㄱ. 물체 A 와 물체 B 가 충돌하기 직전 운동 방향은 서로 반대이다.
ㄴ. 물체 B 가 출발하여 물체 A 와 충돌할 때까지 물체 B 가 이동한 거리는 $0.2h$ 이다.
ㄷ. 물체 B 의 처음 속도의 크기는 $\sqrt{\dfrac{5gh}{8}}$ 이다.

① ㄱ   ② ㄴ   ③ ㄷ
④ ㄱ, ㄷ   ⑤ ㄱ, ㄴ, ㄷ

---

04 물체 A 와 B 는 지면으로부터 각각 $2h$, h 높이에 있다. 물체 A 는 처음 속도 v_0로 연직 아래 방향으로 던지고, 동시에 물체 B 는 가만히 놓았다. 물체 A 와 B 의 운동과 관련된 설명으로 옳은 것만을 <보기>에서 있는 대로 고른 것은? (단, 공기 저항은 무시하고, 중력 가속도는 g 이다.)

〈 보기 〉

ㄱ. 물체 B 에 대한 물체 A 의 상대 속도는 v_0로 일정하다.
ㄴ. 물체 B 가 지면에 떨어진 순간 물체 A 의 속력은 $v_0 + \sqrt{2gh}$ 이다.
ㄷ. 운동을 시작하고 1 초 후 두 물체 사이의 거리는 물체 A 의 처음 속도 크기만큼 차이가 난다.

① ㄱ   ② ㄴ   ③ ㄷ
④ ㄱ, ㄷ   ⑤ ㄱ, ㄴ, ㄷ

유형3-3 포물선 운동 Ⅰ

그림과 같이 지면으로부터 높이가 h 로 같은 곳에서 물체 A와 B를 수평 방향으로 던졌다. 이때 물체 A 와 B 의 처음 속도는 각각 $2v$, v 였다면, 이에 대한 설명으로 옳은 것만을 <보기>에서 있는 대로 고른 것은? (단, 공기 저항은 무시하고, 중력 가속도는 g 이다.)

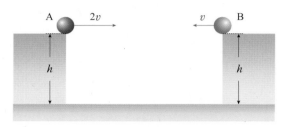

〈 보기 〉

ㄱ. 물체 A 와 B 가 지면에 도달하는 시간은 같다.
ㄴ. 물체 A 의 수평 도달 거리가 R 이라면, 물체 B의 수평 도달 거리는 $\frac{R}{2}$ 이다.
ㄷ. 지면에 닿는 순간 두 물체의 연직 방향 속도는 물체 A 가 물체 B 보다 크다.

① ㄱ   ② ㄴ   ③ ㄷ   ④ ㄱ, ㄴ   ⑤ ㄱ, ㄷ

---

05 그림과 같이 같은 높이에서 물체 A 와 B 를 동시에 수평 방향으로 던졌을 때 두 물체는 충돌하였다. 이때 물체 A 와 B 의 처음 속도는 각각 20 m/s, 13 m/s 이고, 물체 사이의 간격은 35 m, 지면으로부터의 높이는 140 m 이다. 두 물체가 충돌하는 순간 ㉠ 처음 던진 순간부터 걸린 시간과 ㉡ 지면으로부터의 높이를 바르게 짝지은 것은? (단, 공기 저항은 무시하며, 두 물체는 같은 연직면 위에서 운동하고, 중력 가속도는 9.8 m/s² 이다.)

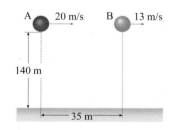

	㉠	㉡		㉠	㉡
①	2 초	19.6 m	②	2 초	120.4 m
③	5 초	17.5 m	④	5 초	122.5 m
⑤	5.3 초	140 m			

06 오른쪽 그림과 같이 같은 높이 h 에서 질량이 m 인 물체 A 는 연직 아래 방향으로, 질량이 $2m$ 인 물체 B 는 수평 방향으로 던졌다. 두 물체의 처음 속도의 크기가 v 로 같을 때 물체의 운동에 대한 설명으로 옳은 것만을 <보기>에서 있는 대로 고른 것은? (단, 공기 저항은 무시하며, 중력 가속도는 g 이다.)

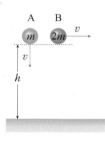

〈 보기 〉

ㄱ. 같은 시간 동안 두 물체의 속도 변화량은 같다.
ㄴ. 지면에 도달하는 순간 두 물체의 속력의 차는 $\sqrt{2gh}$ 이다. .
ㄷ. 물체 B 에 작용하는 알짜힘은 물체 A 보다 크다.

① ㄱ   ② ㄴ   ③ ㄷ
④ ㄱ, ㄴ   ⑤ ㄱ, ㄷ

유형3-4 포물선 운동 II

오른쪽 그림은 A 점에 있는 축구공을 수평면에 대하여 60° 방향으로 차서 높이가 5 m인 담을 넘어가는 모습을 나타낸 것이다. 이에 대한 설명으로 옳은 것만을 <보기>에서 있는 대로 고른 것은? (단, 공기 저항과 담의 폭은 무시하고, 중력 가속도는 10 m/s²이다.)

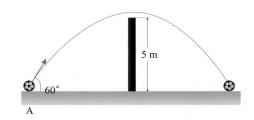

─────〈 보기 〉─────

ㄱ. 담을 넘기기 위해서는 최소 $6\sqrt{3}$ m/s 의 속력으로 공을 차야 한다.

ㄴ. 담을 넘기기 위해 필요한 최소 속력으로 공을 찼을 경우, 1 초만에 최고점에 도달하고, 수평 도달 거리는 2 m 가 된다.

ㄷ. 축구공을 수평면에 대하여 30° 방향으로 차서 담을 넘기기 위해서는 20 m/s 속력 이상으로 공을 차야 한다.

① ㄱ   ② ㄴ   ③ ㄷ   ④ ㄱ, ㄴ   ⑤ ㄴ, ㄷ

---

07 그림은 투수가 공을 던져 올렸을 때 공의 궤도 A, B, C 를 나타낸 것이다. 공기의 저항을 무시할 때, 공의 운동에 대한 설명으로 옳은 것만을 <보기>에서 있는 대로 고른 것은? (단, 최고점 높이는 모두 같다.)

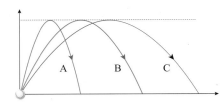

─────〈 보기 〉─────

ㄱ. 처음 속도의 크기가 가장 큰 공의 궤도는 A 이다.

ㄴ. 처음 속도의 수평 방향 성분이 가장 큰 공의 궤도는 C 이다.

ㄷ. 지면에 도달하는 시간이 가장 긴 공의 궤도는 C 이다.

① ㄱ   ② ㄴ   ③ ㄷ
④ ㄱ, ㄴ   ⑤ ㄱ, ㄴ, ㄷ

08 그림과 같이 P 점에서 공을 수평면과 30° 를 이루는 방향으로 던졌더니 지표면과 수직인 벽에 수직으로 충돌한 후 P 점과 벽 사이의 중앙 지점인 Q 점에 떨어졌다. 공 A 를 던진 속력이 20 m/s 일 때, 이에 대한 설명으로 옳은 것만을 <보기>에서 있는 대로 고른 것은? (단, 공기 저항과 공의 크기는 무시하고, 중력 가속도는 10 m/s²이다.)

─────〈 보기 〉─────

ㄱ. 벽과 Q 점 사이의 거리는 20 m 이다.

ㄴ. 공의 충돌 지점과 지면 사이의 높이는 5 m 이다.

ㄷ. 충돌 후 Q 점에 물체가 떨어지기 직전 수평 방향 속도의 크기는 $5\sqrt{3}$ 이다.

① ㄱ   ② ㄴ   ③ ㄷ
④ ㄱ, ㄴ   ⑤ ㄴ, ㄷ

01 그림과 같이 어느 산에 설치되어 있는 케이블카는 해발 고도 0 인 지점부터 600 m 지점인 정상까지 10 m/s의 일정한 속력으로 승객을 실어 나르며, 출발점부터 산 정상의 도착점까지 케이블 의 직선 거리는 1,000 m 이다. 이 케이블카를 타고 올라가던 무한이가 정확히 가운데 지점에서 동전을 지면에 떨어뜨렸다. 물음에 답하시오. (단, 공기 저항과 동전의 크기는 무시하고, 중력 가속도는 10 m/s² 이다.)

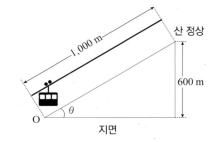

(1) 낙하하는 동전의 좌표 $x(t)$ 와 $y(t)$ 를 각각 시간의 함수로 나타내시오. (단, 낙하 순간의 시간 $t = 0$, 해발 고도를 y축, 이와 수직인 축을 x축으로 하고, 원점은 케이블카의 출발점으로 한다.)

(2) 해발 고도를 기준으로 동전이 가장 높은 위치에 있을 때(P점)의 좌표를 구하시오.

02 다음은 높이가 3 m 이고, 지면과의 각도는 30°로 만들어진 디딤판이 70 m 떨어진 거리에 놓여져 있는 것을 나타낸 것이다. 상상이가 오토바이를 이용하여 디딤판 A 를 떠나 디딤판 B 의 중간 높이인 P 점에 정확하게 착지를 하려고 한다. 디딤판 A 를 떠나는 순간 오토바이의 속력을 구하시오. (단, 공기 저항에 의한 효과는 무시하며, 중력 가속도는 10 m/s², $\sqrt{3} = 1.7$로 한다.)

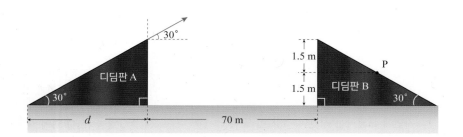

03 그림은 마찰이 없고 수평면에 대한 경사각이 θ 로 일정한 빗면의 모서리 O 점에는 물체 A 가, 모서리 Q 점에는 물체 B 가 놓여 있는 것을 나타낸 것이다. 빗면은 경사 거리가 L 이고, 수평 거리는 $2L$ 이다. 물체 A 와 B 를 동시에 서로를 향하여 밑변, 위변과 각 φ 를 이루는 방향으로 속도 v 로 던졌더니 점 O 로 부터 수평 방향으로 L, 빗면 방향으로 d 인 지점 P 에서 충돌하였다. 물음에 답하시오. (단, 공기의 저항과 물체의 크기, 마찰은 무시하고, 중력 가속도는 g 이다.)

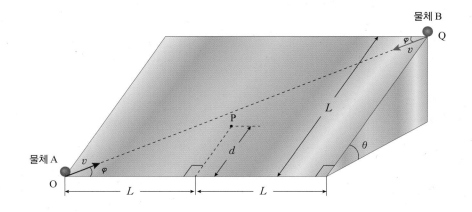

(1) d 를 구하시오.

(2) 충돌 순간 P 점에서 두 물체의 속도 차이를 구하시오.

04 다음 그림과 같이 수평으로 비행하는 비행기에서 일정한 시간 간격으로 폭탄을 떨어뜨리고 있다. 비행기가 다음과 같은 경우로 운동할 때, 1초 간격으로 떨어뜨린 폭탄의 위치를 지상에 있는 카메라로 찍을 경우 어떤 사진이 나타나게 될 지 각 그래프에 그려 보시오. (단, 공기 저항은 무시한다.)

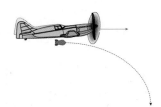

(1) 비행기가 3칸/s 의 속도로 등속 운동하고, 원점 O에서 폭탄을 떨어뜨리고 1초 간격으로 폭탄을 연속적으로 투하하였다. (단, 중력 가속도 g = 2칸/s² 이다.)

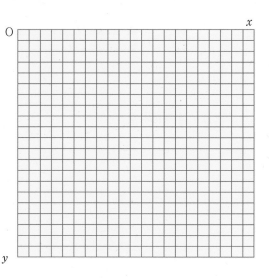

(2) 원점에서 폭탄을 투하하고, 비행기가 2칸/s² 의 가속도로 운동하며 1초 간격으로 폭탄을 연속적으로 투하하였다. (단, 비행기의 처음 속도는 3칸/s, 중력 가속도 g = 2칸/s² 이다.)

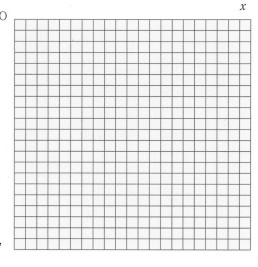

05 다음은 경사각이 30°인 빗면 위의 점 P에서 빗면에 대해 60° 방향으로 속력 v_0로 던져진 물체가 빗면 위의 점 Q에 낙하할 때까지 물체의 이동 경로를 나타낸 것이다. 다음 물음에 답하시오. (단, 중력 가속도는 g이다.)

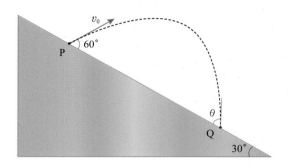

(1) Q 점에 도달하는 데 걸리는 시간을 구하시오.

(2) 점 P 와 Q 사이의 직선 거리를 구하시오.

(3) 점 Q 에 도달하는 순간 물체가 빗면과 이루는 각을 θ 라고 할 때, $\tan\theta$ 를 구하시오.

A

01 다음 중 중력장 내의 운동에 대한 설명 중 옳은 것은 ○표, 옳지 않은 것은 ×표 하시오. (단, 공기 저항은 무시한다.)

(1) 자유 낙하하는 물체의 속도는 일정하게 증가한다. ( )

(2) 연직 위로 던진 물체의 변위는 계속 증가한다 . ( )

(3) 포물선 운동을 하는 물체의 경우 수평 방향으로는 등속 운동, 연직 방향으로는 등가속도 운동을 한다. ( )

02 무한이가 건물 옥상에서 공을 떨어뜨렸더니 공은 4 초 후 바닥에 떨어졌다. 공의 운동에 대한 설명으로 옳은 것만을 <보기>에서 있는 대로 고른 것은? (단, 공기 저항은 무시하고, 중력 가속도는 10 m/s² 이다.)

〈 보기 〉

ㄱ. 공을 떨어뜨린 높이는 40 m 이다.
ㄴ. 공이 바닥에 닿는 순간 속도는 40 m/s 이다.
ㄷ. 공의 운동을 시간에 따른 속도로 나타내면 기울기가 일정한 그래프가 된다.

① ㄱ   ② ㄴ   ③ ㄷ
④ ㄱ, ㄴ   ⑤ ㄴ, ㄷ

03 상상이가 학교 건물 옥상에서 연직 아래 방향으로 6m/s 의 속력으로 공을 던졌다. 이때 공이 3초 후에 바닥에 떨어졌다면 공을 떨어뜨린 높이는 몇 m인가? (단, 공기 저항은 무시하고, 중력 가속도는 10m/s² 이다.)

① 18 m   ② 54 m   ③ 63 m
④ 108 m   ⑤ 126 m

04 운동장에 있던 무한이가 공을 연직 위로 던져올렸더니 2 초 후에 최고점에 공이 도달하였다. 공의 운동에 대한 설명으로 옳은 것만을 <보기>에서 있는 대로 고른 것은? (단, 공기 저항은 무시하고, 연직 위쪽 방향을 (+)로 하며, 중력 가속도는 10 m/s² 이다.)

〈 보기 〉

ㄱ. 최고점에서 공의 가속도는 0 이다.
ㄴ. 최고점의 높이는 20 m 이다.
ㄷ. 지면에 공이 닿는 순간 속도는 20 m/s 이다.

① ㄱ   ② ㄴ   ③ ㄷ
④ ㄱ, ㄴ   ⑤ ㄴ, ㄷ

05 그림과 같이 높이를 알 수 없는 담벼락 위에서 상상이가 공을 연직 위로 25 m/s 의 속도로 던져 올렸다. 이때 6 초 후 지면에 공이 떨어졌다면 담벼락의 지면으로부터의 높이는 몇 m 인가? (단, 공기 저항과 상상이의 키는 무시하며, 중력 가속도는 10 m/s² 이다.)

① 25 m   ② 30 m   ③ 50 m
④ 150 m   ⑤ 180 m

06 다음과 같이 245 m 높이의 상공에서 비행기가 120 m/s 의 일정한 속도로 수평 방향으로 나아가고 있다. 이 비행기에서 물체를 가만히 떨어뜨렸을 때, 물체가 떨어진 지점은 물체를 투하한 위치에서 수평 거리로 몇 m 일까? (단, 공기 저항은 무시하며, 중력 가속도는 10 m/s² 이다.)

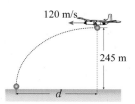

① 245 m   ② 490 m   ③ 840 m
④ 980 m   ⑤ 1,715 m

07 그림과 같이 마찰이 없는 곡면이 5 m 높이의 수평한 책상 위에 놓여져 있다. P 점에서 정지해 있던 공이 곡면을 따라 내려와 O 점을 지나 지면 위의 Q 점에 떨어졌다. O 점에서 속도의 방향이 수평 방향 일때, O 점에서부터 Q 점까지의 수평 거리 s 는 몇 m 인가? (단, O 점과 P 점의 수직 거리는 5 m 이며, 공기 저항, 공의 크기는 무시하고, 중력 가속도는 10 m/s^2 이다.)

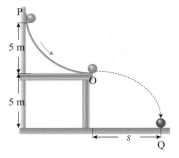

① 5 m   ② 10 m   ③ 15 m
④ 20 m   ⑤ 30 m

08 그림과 같이 공을 비스듬히 던져 올렸더니 6 초 후에 지표면 위에 떨어졌다. 이때 공이 올라간 최고점의 높이는 몇 m 인가? (단, 공기 저항은 무시하고, 중력 가속도는 10 m/s^2 이다.)

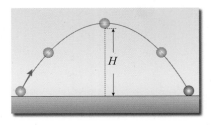

(   ) m

09~10 그림과 같이 물체를 비스듬히 위로 던져 올리고 2 초 후 물체와 지면 사이의 연직 거리를 측정하였더니 60 m 였다. (단, 공기 저항은 무시하고, 중력 가속도는 10 m/s^2 이다.)

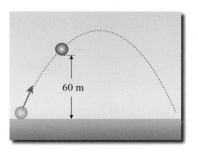

60 m

09 물체가 올라간 최고점의 높이는 몇 m 인가?

(   ) m

10 물체를 던져 올린 후 최고점에 도달하는 데 걸리는 시간은 몇 초인가?

(   ) 초

B

11 도로 위 20 m 높이의 육교 위에서 떨어진 열쇠가 그 밑을 지나고 있는 트럭 위로 떨어졌다. 트럭은 열쇠가 떨어지기 시작한 순간 열쇠가 자유 낙하하는 지점의 연직 아래 지점과 14 m 떨어진 위치에서 열쇠가 떨어지는 지점을 향하여 등속 운동하였다. 트럭의 속력은 몇 m/s 인가? (단, 공기 저항과 트럭의 높이 및 크기는 무시하고, 중력 가속도는 10 m/s^2 이다.)

(   ) m/s

12 다음과 같이 높이가 100 m 인 곳에서 물체 A 를 낙하시키는 것과 동시에 지면에서 물체 B 를 연직 상방으로 25 m/s 의 속력으로 던져 올렸다. ㉠ 두 물체가 만날 때까지 걸린 시간과 ㉡ 만나는 곳의 높이는 지면으로 부터 몇 m 인지 바르게 짝지은 것은? (단, 공기 저항은 무시하고, 중력 가속도는 10 m/s² 이다.)

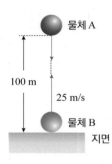

	㉠	㉡		㉠	㉡
①	2 초	20 m	②	4 초	20 m
③	4 초	80 m	④	8 초	80 m
⑤	8 초	100 m			

13 수평면과 수직을 이루고 있는 높이 160 m 의 절벽에서 돌이 자유 낙하하였다. 처음 80 m 가 떨어진 후 나머지 80 m 를 지나는 데 걸리는 시간은 몇 초인가? (단, 공기 저항은 무시하고, 중력 가속도는 10 m/s², $\sqrt{2}$ = 1.4 로 한다.)

① 1.6 초   ② 4 초   ③ 5.6 초
④ 8 초   ⑤ 9.6 초

14 그림과 같이 상상이는 지면 위에서 공을 연직 위로 던져 올렸다. 3 초일 때 최고 높이까지 올라간 후, 5 초일 때 담벼락 위에 떨어졌다면, 담벼락의 높이는 지면으로 부터 몇 m 인가? (단, 공기 저항과 상상이의 키는 무시하며, 중력 가속도는 10 m/s² 이다.)

① 5 m   ② 10 m   ③ 15 m
④ 20 m   ⑤ 25 m

15 그림과 같이 물체 A 를 지표면으로부터 높이 h 인 지점에서 가만히 놓는 순간, 물체 B를 지표면에 대해 30° 각으로, 속력 v 로 비스듬히 던져 올렸다. 두 물체가 동시에 지표면에 도달했다면 두 물체의 운동에 대한 설명으로 옳은 것만을 <보기>에서 있는 대로 고른 것은? (단, 공기 저항은 무시하고, 두 물체의 질량은 같으며, 중력 가속도는 10 m/s² 이다.)

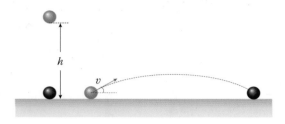

〈 보기 〉
ㄱ. 물체 A가 낙하하는 데 걸린 시간은 $\frac{v}{2g}$ 이고, $v = \sqrt{2gh}$ 이다.
ㄴ. 두 물체가 지표면에 도달하는 순간 속도의 크기는 같다.
ㄷ. 운동하는 동안 두 물체의 역학적 에너지는 같다.

① ㄱ   ② ㄷ   ③ ㄱ, ㄴ
④ ㄴ, ㄷ   ⑤ ㄱ, ㄴ, ㄷ

16 그림과 같이 높이가 70 m 로 같은 두 지점에서 물체 A 와 B 를 각각 10 m/s, 15 m/s 의 속력으로 동시에 수평 방향으로 던지면 지면에서 높이가 h 인 지점에서 충돌하게 된다. 두 지점 사이의 수평 거리가 50 m 일 때, 높이 h 는 몇 m 인가? (단, 공기 저항은 무시하고, 중력 가속도는 10 m/s² 이다.)

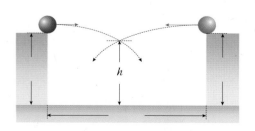

① 20 m   ② 35 m   ③ 40 m
④ 50 m   ⑤ 70 m

17 그림과 같이 수평면에서 높이가 30 m 인 건물 옥상의 점 O 에서 수평면과 30°의 각도로 물체를 던졌더니 4 초 후에 지면 P 에 낙하하였다. 물체의 운동에 대한 설명으로 옳은 것만을 <보기>에서 있는 대로 고른 것은? (단, 모든 저항은 무시하며, 중력 가속도는 10 m/s², $\sqrt{3}$ = 1.7 로 계산한다.)

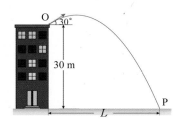

— 〈 보기 〉 —

ㄱ. O 점에서 P 점까지 수평 거리 L 은 85 m 이다.

ㄴ. 공을 던진 후 1 초만에 공은 최고점에 도달했다.

ㄷ. 공을 던진 후 3 초일 때 공은 지면에서 20 m 높이에 있다.

① ㄱ   ② ㄷ   ③ ㄱ, ㄴ
④ ㄱ, ㄷ   ⑤ ㄱ, ㄴ, ㄷ

18 그림과 같이 벽에서 25 m 떨어진 O 점에서 수평면과 각 θ 를 이룬 방향으로 공을 던져 올렸다. 이때 물체가 지면으로부터 높이가 1.5 m 인 P 점에 수평 방향과 60°의 각을 이루며 충돌하였다. 충돌하는 순간의 속도는 얼마인가? (단, 공기 저항과 공의 크기는 무시하며, 중력 가속도는 10 m/s², $\sqrt{3}$ = 1.7 로 계산한다.)

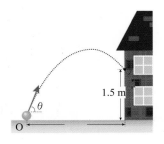

① 13 m/s   ② 17 m/s   ③ 21 m/s
④ 25 m/s   ⑤ 43 m/s

C

19 다음과 같이 질량이 m 인 물체가 높이 h 인 곳에 정지해 있다가 자유 낙하하였다. 물체가 낙하하는 동안 공기의 저항력을 받으며, 저항력의 크기와 물체에 작용하는 중력의 크기가 같아지는 순간 물체는 등속 운동을 하기 시작하며, 이때 물체의 속력을 종단 속도 v_t 라고 한다.

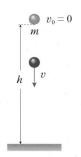

속력이 v 인 물체가 받는 공기 저항력의 크기가 kv 일 때, 물체의 운동에 대한 설명으로 옳은 것만을 <보기>에서 있는 대로 고른 것은? (단, 중력 가속도는 g 이고, k 는 상수이며, 물체의 회전은 무시한다.)

— 〈 보기 〉 —

ㄱ. 물체의 가속도의 크기가 중력 가속도의 절반이 되는 지점에서 속력은 v_t이다.

ㄴ. k가 일정할 때, 질량이 $2m$ 인 물체의 종단 속력은 질량이 m인 물체의 종단 속력의 2배이다.

ㄷ. 물체의 속력 v 가 v_t에 도달하기 전까지 v 는 낙하 시간에 비례한다.

① ㄱ   ② ㄴ   ③ ㄱ, ㄴ
④ ㄴ, ㄷ   ⑤ ㄱ, ㄴ, ㄷ

20 로켓이 지면에서 연직으로 발사되어 2 m/s²의 일정한 가속도로 30 초 간 상승한 후, 30 초 이후부터는 연료가 떨어져 중력만을 받게 되었다. 로켓이 ㉠ 지면으로부터 올라갈 수 있는 최고 높이와 ㉡ 로켓이 발사된 후 지면으로 되돌아오는데 걸리는 시간으로 바르게 짝지은 것은? (단, 모든 저항은 무시하고, 로켓의 처음 속도는 0이며, 중력 가속도는 10 m/s², $\sqrt{6}$ = 2.45 로 계산한다.)

	㉠	㉡		㉠	㉡
①	900 m	36 초	②	1080 m	36 초
③	900 m	44.7 초	④	1080 m	44.7 초
⑤	1080 m	50.7 초			

21 그림과 같이 물체 A 와 B 가 높이 h 인 지점인 P 점에 정지한 채 놓여있다가 같은 속력으로, 물체 A 는 수평면에 대하여 각 θ 만큼 비스듬히 던져 올렸고, 물체 B 는 수평 방향으로 던졌다. 이때 물체 B 의 수평 거리가 d 인 지점은 물체 A 의 수평 거리가 d 인 지점으로부터 연직 방향으로 거리 s 만큼 떨어져 있다. s 를 θ 와 d 를 이용하여 나타내시오. (단, 공기 저항과 물체의 크기는 무시하고, 중력 가속도는 g 이다.)

[PEET 기출 유형]

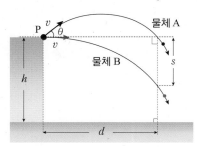

22 다음 그림과 같이 기울기가 30° 이고, 마찰이 없는 빗면 위의 O 점에서 정지 상태로 출발한 질량 m 인 물체가 길이가 h 인 빗면 OP 를 미끄러지면서 운동하였다. 물체가 높이가 h 인 지점을 P에서 빗면을 벗어날 때, 물체가 지면에 낙하한 점 Q 와 빗면을 연장한 선이 수평면과 만나는 점 R 사이의 거리 QR 을 구하시오. (단, 공기 저항은 무시하고, 중력 가속도는 g 이다.)

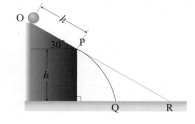

23 그림과 같이 지점 O 에서 같은 속력 v 로 물체 A 와 B 를 각각 수평면과 θ, 45° 각도로 던져 올렸더니 O 점에서부터 수평 거리가 각각 R, $2R$ 인 지점 P 와 Q 에 떨어졌다. 물체 A 와 B 의 운동에 대한 설명으로 옳은 것만을 <보기>에서 있는 대로 고른 것은? (단, 공기 저항과 공의 크기는 무시하며, 중력 가속도는 g 이다.)

[MEET 기출 유형]

〈 보기 〉

ㄱ. 물체 A, B 가 최고점에 도달하는데 걸리는 시간을 각각 t_1, t_2 라고 하면, $t_1 : t_2 = \cos75°$: $\cos45°$ 이다.

ㄴ. $R = \dfrac{v^2}{2g}$ 이다.

ㄷ. 수평면으로부터 최고점까지의 높이는 물체 A 가 B 의 2 배이다.

① ㄱ   ② ㄴ   ③ ㄷ
④ ㄱ, ㄴ   ⑤ ㄱ, ㄴ, ㄷ

24 그림과 같이 A 점에 있던 무한이가 담너머 D 점에 있는 상상이에게 축구공을 넘겨 주려고 한다. 담의 높이는 4 m, 폭은 2 m 일 때, 담의 양쪽 모서리를 스치도록 공을 던지려고 한다. 무한이는 몇 m/s 의 속력으로 공을 던져야 할까? (단, 공기 저항은 무시하고, 중력 가속도는 10 m/s²이다.)

[특목고 기출 유형]

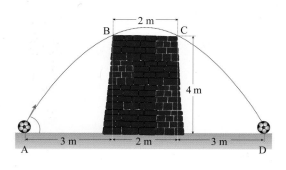

(   ) m/s

25 테니스 공을 지면으로부터 45 m 높이의 담장 위에서 떨어뜨려보았더니 지면으로부터 20 m 높이까지 튀어올랐다. 공이 0.1 초 동안 바닥과 접촉한 후 튀어올랐다면 접촉하는 동안 테니스공의 평균 가속도의 크기를 구하시오. (단, 공기 저항은 무시하며, 중력 가속도는 10 m/s^2 이다.)

(   ) m/s^2

26 다음과 같이 P 점에서 물체 A 를 수평면에 비스듬히 던져 올리는 것과 동시에 높이가 h 인 곳에서 물체 B 를 자유 낙하시켰다. P 점과 물체 B 가 떨어진 지점인 Q 점까지 수평 거리가 d 일 때, 물체 A 가 지표면에 도달하기 전에 물체 B 와 충돌할 수 있는 물체 A 의 처음 속도 v 의 조건을 구하시오. (단, 공기 저항과 물체의 크기는 무시하며, 중력 가속도는 g 이다.)

[특목고 기출 유형]

27 그림은 경사각이 θ 인 빗면에 대해 φ 의 각을 이루며 v 의 속력으로 던져 올린 물체의 운동을 나타낸 것이다. 물체가 경사면에 도달하는 데 걸리는 시간을 구하시오. (단, 공기 저항은 무시하며, 중력 가속도는 g 이다.)

[특목고 기출 유형]

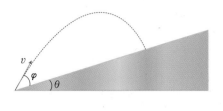

(   )

28 질량이 5 kg 인 폭탄을 50 m/s 의 속도로 지평면과 45° 각도로 쏘아올렸다. 이 폭탄이 최고점에 도달한 순간 폭발이 일어나서 질량이 같은 두 조각으로 분리된 후, 한 조각은 폭발이 일어난 지점에서 속력이 0 이 되어 땅에 떨어졌다. 이때 나머지 한 조각이 떨어지는 곳의 위치는 폭탄을 던진 지점으로부터 몇 m 떨어져 있을까? 다음 내용을 참고로 하여 구하시오. (단, 공기 저항은 무시하며, 중력 가속도는 10 m/s^2 이다.)

> 운동량이란 물체가 운동을 하고 있을 때 운동의 효과를 나타내는 양으로 속도의 크기에 질량을 곱한 값이다.
>
> p (운동량) $= mv$
>
> 운동을 하고 있는 두 물체가 충돌할 경우, 두 물체의 충돌 전후의 운동량의 합은 같다.

(   ) m

29 일정한 속력으로 지표면의 연직선과 60° 각도로 급강하하는 비행기가 700 m 상공에서 물체를 투하하였더니 5 초 후에 물체가 지표면에 떨어졌다. ㉠ 비행기의 속력과 ㉡ 5 초 동안 비행기가 이동한 수평 거리를 각각 구하시오.

㉠ (   ) m/s
㉡ (   ) m

31~32 그림과 같이 농구 선수가 지름이 30 cm 인 농구공을 지름이 60 cm 인 림을 향해 수평면과 각 θ 를 이룬 방향으로 던지고 있다. 림은 농구공으로부터 수평 방향으로 10 m 떨어져 있고, 수직 방향으로 3 m 높이에 위치해 있다. (단, 모든 마찰은 무시하고, 공은 회전하지 않으며, 중력 가속도는 10 m/s² 이다.)

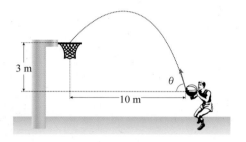

31 $\theta = 60°$일 때 농구공의 중심이 림의 중심을 지나가기 위한 처음 속도의 크기를 구하시오.($\sqrt{3} = 1.7$ 로 계산한다.)

30 상상이는 3 m 높이의 담장으로 둘러싸인 장소에서 야구놀이를 하고 있다. 상상이가 날아오는 야구공을 지면 위 1 m 높이에서 받아치면, 공은 지면과 45° 각도로 방망이를 떠나 수평 도달 거리가 180 m 인 지면 위에 떨어진다. 담장은 상상이와 178 m 떨어진 지점에 있다면 공은 담장을 넘어갈 수 있을까? 넘어간다면 공은 담장 위 몇 m 높이로 넘어가는가? (단, 공기의 저항은 무시하고, 중력 가속도 $g = 10$ m/s² 이다.)

32 농구공을 던져 올리는 속도를 조절할 수 있다면, 농구 선수가 속도를 조절하여 골을 넣을 수 있는 θ 의 최소값을 구하시오. (단, 아래 표의 cos 값을 이용하고, $\sqrt{3} = 1.7$ 로 계산한다.)

cos20°	cos30°	cos40°	cos50°	cos60°
0.9	0.9	0.8	0.6	0.5

cos70°	cos80°	cos90°
0.3	0.2	0

(   )

(   ) m

33 그림과 같이 각각 h_A, h_B의 높이에 있던 물체 A, B가 각각 수평 방향으로 v_0, $3v_0$의 속력으로 발사되었다. 물체 A가 P점을 출발하여 Q점에 도달한 순간 물체 B가 Q점을 출발하여 O점까지 운동하였다. O점은 P점의 연직 아래의 지면에 있는 점이고, 중력 가속도는 g 이다.

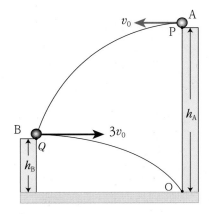

(1) 물체 A가 P~Q 구간을 운동한 시간을 t_A, 물체 B가 Q~O 구간을 운동한 시간을 t_B라고 할 때 $t_A : t_B$를 구하시오.

(2) $h_A : h_B$ 를 구하시오.

34 그림은 xy 평면에서 x축과 45°의 각도로 속력 $\sqrt{2}\,v_0$로 원점 O에 입사한 입자가 x방향과 y방향의 등가속도 운동을 하여 x축에 45°보다 큰 각도로 통과하는 것을 나타낸 것이다. 이때 최고점 A의 y방향 변위는 H 이고, x 방향으로 $2H$ 되는 x축 상의 B 점을 통과하였다.

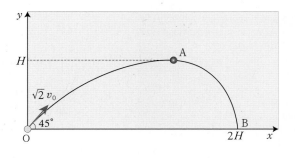

(1) 입자의 운동에 있어 가속도의 x성분과 y성분의 크기를 각각 구하시오.

(2) O~B점의 시간을 구하시오.

(3) A, B점에서의 속력을 각각 구하시오.

4강 원운동

1. 등속 원운동 2. 구심가속도와 구심력 3. 가속 좌표계와 관성력 4. 원운동에서의 관성력

1. 등속 원운동

(1) 등속 원운동 : 속력이 일정한 원운동으로, 속력은 일정하지만 운동 방향이 계속 변하기 때문에 속도가 변하는 가속도 운동이다.

(2) 원운동하는 물체의 주기와 진동수

① **주기** : 물체가 한 바퀴 회전하는 동안 걸리는 시간으로 T 로 표시한다. 반지름이 r 인 원궤도를 일정한 속력 v 로 회전하는 물체의 주기는 다음과 같다.

$$T = \frac{2\pi r}{v} \text{ (초)}$$

② **진동수** : 단위 시간(1 초)동안 물체가 원을 회전하는 횟수를 말하며, f 로 표시한다. 진동수 f 와 주기 T 의 관계는 다음과 같다.

$$f = \frac{1}{T} \text{ (Hz)}$$

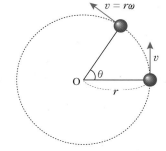

(3) 등속 원운동하는 물체의 속도

① **등속 원운동하는 물체의 속력** : 일정한 속력 v 로 반지름이 r 인 원궤도를 회전하는 물체의 주기가 T 일 경우, 물체의 속력 v 은 다음과 같다.

$$v = \frac{2\pi r}{T} \text{ (m/s)}$$

② **각속도** : 단위 시간 동안 물체 원운동의 회전각을 말하며, ω (오메가)로 표시한다. 물체가 시간 t(s) 동안 중심각 θ(라디안)만큼 회전하였을 때 오른쪽처럼 나타난다.

$$\omega = \frac{\theta}{t} \text{ (rad/s)}$$

③ **선속력** : 원운동하는 물체의 속력을 말한다. 원주 상에서 물체가 시간 t(s) 동안 호의 길이 l 만큼 운동하였을 때 물체의 선속력 v 는 다음과 같다.

$$v = \frac{l}{t} = \frac{r\theta}{t} = r\omega \text{ (m/s)}$$

→ 등속 원운동하는 물체의 주기(s)와 진동수(Hz)는 다음과 같다.

$$T = \frac{2\pi r}{v} = \frac{2\pi}{\omega} = \frac{1}{f} \text{ (초)}$$

개념확인 1

원운동하는 물체가 단위 시간 동안 회전한 중심각을 무엇이라고 하는가?

(   )

확인 + 1

오른쪽 그림과 같이 어떤 물체가 반지름이 1 m 인 원궤도를 따라 운동하고 있다. 물체가 2 m/s 의 일정한 속력으로 회전을 한다면, 이 물체의 운동에 대한 다음 값을 각각 구하시오. (단, $\pi = 3.14$ 로 계산한다.)

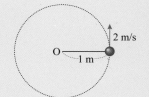

(1) 주기　　　　　　　　　　　　(   )
(2) 각속도　　　　　　　　　　　(   )

● 호도법

라디안(rad)을 단위로 하여 각의 크기를 나타내는 방법을 호도법이라고 한다.

반지름이 r 인 원궤도를 중심각 θ 만큼 회전할 때 θ 를 회전각이라고 한다. 회전각은 원둘레와 호의 관계에 따라 다음과 같다.

$$2\pi r : l = 2\pi : \theta$$
$$\rightarrow \theta = \frac{l}{r} \text{ (rad)}$$

1rad은 호의 길이 l 과 반지름의 길이 r 이 같을 때의 중심각으로 약 57°18′이고, 360°는 2π (rad), 180°는 π (rad)이다.

● Hz(헤르츠)

진동수의 국제 단위인 Hz(헤르츠)는 독일인 과학자 하인리히 루돌프 헤르츠(Heinreich Hertz)의 이름에서 유래되었다. 1Hz는 1초 동안 1번의 왕복 운동이 반복되었음을 의미하며, 주기적으로 반복되는 모든 현상에 일반적으로 쓰일 수 있다.

2. 구심 가속도와 구심력

(1) 구심 가속도 : 원운동하는 물체의 가속도를 말한다.

(2) 구심 가속도의 크기와 방향

① **크기** : 등속 원운동하는 물체의 구심 가속도의 크기는 항상 일정하다. Δv는 시간 t 동안 속도 변화량이다.

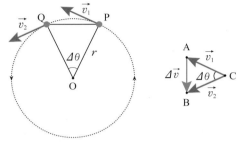

$$a = \frac{v^2}{r} = r\omega^2 = \frac{4\pi^2 r}{T^2} = v\omega\ (\text{m/s}^2)$$

② **방향** : 등속 원운동하는 물체의 구심 가속도의 방향은 속도 변화량의 방향과 같으므로 원의 중심 방향이다.

▲ 위치의 변화

▲ 속도의 변화

(3) 구심력 : 원운동하는 물체에 구심 가속도를 발생시키는 힘으로 물체가 받는 알짜힘이다. 등속 원운동하는 물체의 구심력의 크기는 일정하고, 방향은 원의 중심 방향이다. 질량이 m인 물체가 반지름이 r인 원궤도를 일정한 속력 v로 운동할 때 물체에 작용하는 구심력 $F_구$는 다음과 같다.

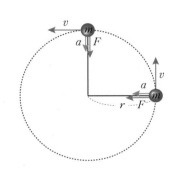

$$F_구 = ma = \frac{mv^2}{r} = mr\omega^2 = \frac{4\pi^2 mr}{T^2}$$

(4) 여러 가지 원운동에서의 구심력

① **실에 매달린 물체의 원운동** : 구심력 = 실의 장력
② **원형 경기장을 달리는 사이클의 원운동** : 구심력 = 수직 항력 + 마찰력 + 중력
③ **수평면에서 회전하는 자동차의 원운동** : 구심력 = 지면과 타이어 사이의 마찰력
④ **지구 주위를 회전하는 인공 위성의 원운동** : 구심력 = 인공 위성과 지구의 만유 인력
⑤ **원자핵 주위를 도는 전자의 원운동** : 구심력 = 원자핵과 전자 사이의 전기력

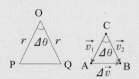

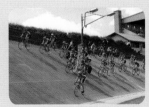

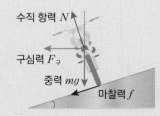

개념확인 2 정답 및 해설 31쪽

다음 빈칸에 알맞은 말을 각각 넣으시오.

등속 원운동하는 물체에 작용하는 알짜힘을 ㉠(   )(이)라고 하고, 이때의 가속도를 ㉡(   )(이)라고 한다.

확인 + 2

질량이 2 kg인 물체가 반지름이 1 m인 원궤도를 따라 운동하고 있다. 물체가 2 m/s의 일정한 속력으로 회전을 한다면, 이 물체의 운동에 대한 다음 값을 각각 구하시오.

(1) 구심 가속도의 크기 (   )
(2) 구심력의 크기 (   )

● 구심 가속도의 크기

등속 원운동하는 물체가 짧은 시간(Δt초) 동안 점 P에서 Q로 이동하였다면,
$\Delta\vec{v} = \vec{v_2} - \vec{v_1}$ 이 된다.
즉, $\overline{AB} = \Delta v$ 이므로,
△PQO과 △ABC는 닮음이다.

$$\therefore \frac{\overline{PQ}}{r} = \frac{\Delta v}{v}$$

Δt를 매우 짧게 하면, 호의 길이 $\overset{\frown}{PQ}$와 $\overline{PQ}$는 같아지고, $\overline{PQ}$는 Δt 동안 이동한 거리($\overline{PQ} = v\Delta t$)이므로,

$$\frac{v\Delta t}{r} = \frac{\Delta v}{v}$$

$$\therefore a = \frac{\Delta v}{\Delta t} = \frac{v^2}{r}$$

● 원형 경기장을 달리는 사이클에 작용하는 힘

▲ 원형 경기장

원형 경기장을 달리는 사이클에 작용하는 힘은 다음과 같다.

미니사전

수직 항력 [垂 드리우다 直 곧다 抗 대항하다 力 힘] 물체가 접촉하고 있는 면이 물체를 수직 윗 방향으로 떠받치는 힘

왼쪽 여백

● 기준 좌표계

운동을 관측하는 기준이 되는 계를 기준 좌표계라고 한다. 즉, 기준틀에서 상대적으로 운동하는 점의 위치를 나타내기 위해 정지해 있거나 움직이는 물체에 설정한 좌표계이다.

● 관성 좌표계

마찰이 없는 지표면에서 일정한 속도로 움직이는 스케이트 보드에서 연직 위로 점프한 사람은 보드와 사람 모두 수평 방향으로 작용하는 알짜힘이 0 이다. 이때 보드와 사람은 모두 등속도 운동을 하고, 다시 보드 위로 내려온다. 이처럼 관성력이 작용하지 않는 좌표계는 관성 좌표계이다.

▲ 등속 운동하는 스케이트 보드에 탄 사람의 운동

● 관성력 = 가상적인 힘

관성력은 실제 작용하는 힘이 아니라 가속 좌표계에서 관찰자가 물체의 운동을 뉴턴 운동 제 2 법칙을 적용하여 설명하기 위해서 도입한 가상적인 힘이다. 따라서 관성력에 대한 반작용력은 없기 때문에 '겉보기 힘'이라고도 한다.

● 엘리베이터에서의 관성력

가속도 $\vec{a}$ 로 상승하고 있는 엘리베이터 천장에 질량이 m인 물체가 용수철에 매달려 있을 경우

엘리베이터 안의 사람이 물체를 관찰할 경우 : 탄성력, 중력, 관성력(f)이 평형을 이룬다.

$$F_탄 - mg - f = 0$$
$$\rightarrow F_탄 = mg + f$$

본문

3. 가속 좌표계와 관성력

(1) 좌표계 : 관찰하거나 측정하는 특정한 장소를 기준틀이라고 하며, 기준틀에서 특정 위치를 원점으로 하여 특정 방향의 축을 정한 후, 눈금으로 표시하여 물체의 위치를 나타내는 것을 좌표계라고 한다.

① **직교 좌표계** : xy 평면에서 (x, y)로 나타내는 좌표계
② **극좌표계** : xy 평면에서 (r, θ)로 나타내는 좌표계

[그림: 점 P의 직교 좌표 (x_1, y_1), 점 P의 극좌표 (r, θ)]

(2) 관성 좌표계와 가속(비관성) 좌표계

관성 좌표계		가속(비관성) 좌표계	
관성 기준틀	관성 좌표계(관성계)	비관성 기준틀	가속(비관성) 좌표계
정지해 있거나, 등속도 운동하는 기준틀로 관성 법칙이 성립	관찰자가 정지해 있거나, 등속도 운동을 하는 좌표계	가속도 운동하는 기준틀로, 기준틀에 작용하는 알짜힘이 0이 아님	관찰자가 가속도 운동을 하는 좌표계

(3) 관성력 : 가속 좌표계에 있는 물체에 관성에 의해 나타나는 가상적인 힘을 말한다. 가속도가 $\vec{a}$ 인 가속 좌표계에서 관성력의 크기는 ma 이며, 방향은 가속도와 반대 방향이다.

$$\vec{F} = -m\vec{a}$$

→ 일정한 가속도 $\vec{a}$ 로 직선 운동하는 버스 속 질량이 m인 손잡이는 연직 방향에 대하여 각 θ 만큼 운동 반대 방향으로 기울어진다.

정지한 관찰자(관성 좌표계)가 손잡이를 볼 때 : 손잡이는 중력 $m\vec{g}$ 와 장력 $\vec{T}$ 의 합력인 힘 $\vec{F}$ 가 작용하여 등가속도 운동을 하는 것으로 보인다.

$$m\vec{a} = m\vec{g} + \vec{T} = mg\tan\theta$$
$$ma = mg\tan\theta \rightarrow a = g\tan\theta$$

가속도 운동을 하는 관찰자(가속 좌표계)가 손잡이를 볼 때 : 관찰자와 손잡이는 모두 버스와 같이 등가속도 운동을 하므로 정지해 있는 것으로 보인다. (중력 $m\vec{g}$ 와 장력 $\vec{T}$, 관성력 $\vec{f}$, 세 힘이 평형을 이룬다.)

$$m\vec{g} + \vec{T} + \vec{f} = 0$$
$$\vec{f} = -(m\vec{g} + \vec{T}) = -m\vec{a}$$

개념확인 3

가속 좌표계에 있는 물체나 사람이 받게 되는 가상의 힘을 ☐☐☐ (이)라고 한다.

확인 + 3

일정한 가속도로 직선 운동하는 버스에 매달려 있는 손잡이를 버스에 타고 있는 무한이가 관찰하고 있다. 무한이에 대한 물체의 상대 가속도는 ☐ 이 되어 물체는 (㉠ 정지해 있는 것 ㉡ 가속도 운동을 하고 있는 것) 으로 보이며, 손잡이와 무한이는 모두 ☐☐☐ (을)를 받는다.

4. 원운동에서의 관성력

(1) 원운동에서의 관성력 : 물체가 등속 원운동을 할 때, 물체와 함께 회전하고 있는 좌표계에서 보면 물체에는 원궤도의 바깥쪽으로 관성력이 작용한다. 이와 같이 원운동에서의 관성력을 원심력이라고 한다.

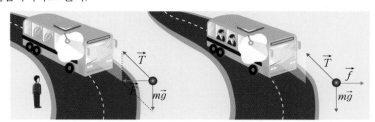

정지한 관찰자(관성 좌표계)가 손잡이를 볼 때(버스 외부) : 손잡이에는 중력 $m\vec{g}$ 과 장력 $\vec{T}$ 의 합력 $\vec{F}$ 가 구심력으로 작용하고 있다.	가속도 운동을 하는 관찰자(가속 좌표계)가 손잡이를 볼 때(버스 내부) : 중력 $m\vec{g}$ 과 장력 $\vec{T}$, 관성력(원심력) $\vec{f}$ 세 힘이 평형을 이루고 있다.

(2) 원심력의 크기와 방향 : 물체가 등속 원운동을 할 때, 원심력은 물체에 작용하는 구심력과 크기가 같고, 방향이 반대이다.

$$F_{원} = \frac{mv^2}{r} = mr\omega^2$$

(3) 전향력 : 지구의 지표면(가속 좌표계)을 기준으로 지표면에서 운동하는 물체가 받는 관성력을 전향력 또는 코리올리 힘이라고 한다. 전향력은 운동 방향만 변화시킬 뿐 속력은 변화시키지 않는다.

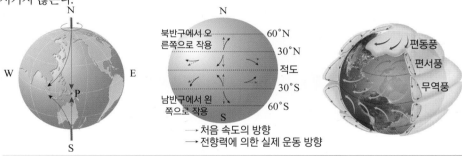

- 전향력의 방향 : 반시계 방향으로 자전하는 북반구에서는 관찰자가 볼 때 진행 방향의 오른쪽 직각 방향으로 작용하고, 시계 방향으로 자전하는 남반구에서는 진행 방향의 왼쪽 직각 방향으로 작용한다.
→ 물체의 속도가 v, 지구의 각속도가 ω, 위도가 ϕ 일 때 전향력의 크기 $F = 2mv\omega\sin\phi$이다.

개념확인 4

정답 및 해설 **31**쪽

원운동을 하는 좌표계에서 구심력과 반대 방향으로 나타나는 관성력을 ☐☐☐(이)라고 한다.

확인 + 4

북반구에서 바람에 작용하는 전향력의 방향은 바람의 진행 방향의 (㉠ 오른쪽 ㉡ 왼쪽)으로 작용하고, 남반구에서 바람의 진행 방향의 (㉠ 오른쪽 ㉡ 왼쪽) 방향으로 작용한다.

● 용수철에 연결된 물체가 회전 원판 위에서 함께 회전할 때의 관성력

용수철의 한쪽 끝에 물체를 매달고 수평면에서 회전 원판과 함께 일정한 속력으로 회전시키면 용수철은 일정한 길이가 늘어난 상태로 원판과 함께 원운동을 한다.

① 정지해 있는 관찰자(관성 좌표계)가 물체를 볼 때

용수철의 탄성력이 구심력 역할을 하여 추가 원운동하는 것으로 보인다.

② 회전 원판 위의 관찰자(가속 좌표계)가 본 경우

용수철의 탄성력과 원심력이 평형을 이루므로 추가 정지해 있는 것으로 보인다.

● 경사면에서 회전하는 자동차의 관성력

① 정지한 관찰자(관성 좌표계)가 본 원운동 : 자동차는 중력 $m\vec{g}$ 와 수직 항력 $\vec{N}$ 의 합력인 힘 $\vec{F}$ 가 구심력으로 작용하여 가속도 운동(원운동)을 한다.

$$\vec{F} = m\vec{g} + \vec{N}$$
$$F = \frac{mv^2}{r} = mr\omega^2 = mg\tan\theta$$

② 가속도 운동을 하는 관찰자(가속 좌표계)가 본 원운동 : 자동차가 커브를 돌 때 구심력 $\vec{F}$ 와 크기는 같고 방향이 반대인 원심력 $\vec{F'}$ 이 작용하여 힘이 평형을 이루고 있는 것으로 보인다.

$$F' = -ma = -\frac{mv^2}{r}$$
$$= -mr\omega^2$$

개념 다지기

01 등속 원운동에 대한 설명 중 옳은 것은 ○표, 옳지 않은 것은 ×표 하시오.

(1) 등속 원운동은 등가속도 운동이다. ( )

(2) 등속 원운동은 주기 운동이다. ( )

(3) 등속 원운동하는 물체에 구심 가속도를 생기게 하는 힘을 구심력이라고 한다. ( )

02~03 오른쪽 그림과 같이 질량이 1 kg 인 물체를 실의 한끝에 매달아 수평면 내에서 등속 원운동 시켰다. 실의 길이가 50 cm 일 때, 물체가 3 회전 하는 데 6 초가 걸렸다. 물음에 답하시오.

02 물체의 주기와 선속도를 바르게 짝지은 것은?

	주기	선속도		주기	선속도		주기	선속도
①	0.5 초	0.5π m/s	②	1 초	0.5π m/s	③	2 초	0.5π m/s
④	1 초	π m/s	⑤	2 초	π m/s			

03 물체의 운동에 대한 설명으로 옳은 것만을 <보기>에서 있는 대로 고른 것은?

〈 보기 〉
ㄱ. 물체의 구심 가속도의 크기는 $0.5\pi^2$ m/s² 이다.
ㄴ. 물체에 작용하는 구심력의 방향은 원의 중심 방향이다.
ㄷ. 물체의 질량만 2 kg으로 늘리면, 구심력의 크기가 2 배로 증가한다.

① ㄱ   ② ㄴ   ③ ㄷ   ④ ㄱ, ㄴ   ⑤ ㄱ, ㄴ, ㄷ

04 물체가 각각의 원운동을 할 때 구심력의 역할을 하는 힘을 바르게 짝지은 것은?

① 실에 매달린 물체의 원운동 – 중력
② 원자핵 주위를 도는 전자의 원운동 – 핵력
③ 원형 경기장을 달리는 사이클의 원운동 – 수직 항력 + 마찰력
④ 지구 주위를 회전하는 인공 위성의 원운동 – 인공 위성의 추진력
⑤ 수평면에서 회전하는 자동차의 원운동 – 지면과 타이어 사이의 마찰력

05 좌표계에 대한 설명 중 옳은 것은 ○표, 옳지 않은 것은 ×표 하시오.

(1) 가속도가 $\vec{a}$ 인 가속 좌표계에서 질량이 m 인 물체에 나타나는 관성력은 $-m\vec{a}$ 이다.   (   )

(2) 정지 좌표계에서 관찰할 때와 등속도로 운동하는 좌표계에서 관찰할 때 물체의 운동 상태는 다르다.
(   )

(3) 가속 좌표계에서는 뉴턴의 운동 제 2 법칙이 성립한다.   (   )

06 오른쪽 그림은 일정한 가속도로 직선 운동하고 있는 열차에 매달린 질량이 m 인 손잡이의 모습을 나타낸 것이다. 이에 대한 설명으로 옳은 것만을 <보기>에서 있는 대로 고른 것은?

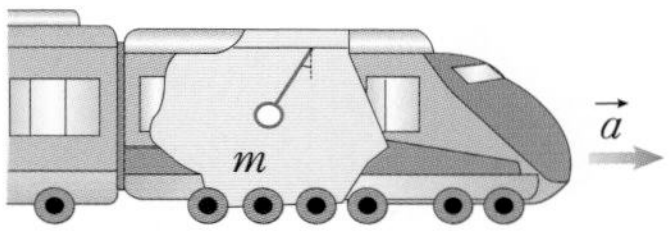

─────〈 보기 〉─────

ㄱ. 손잡이에 작용하는 관성력은 $-m\vec{a}$ 이다.
ㄴ. 기차 안의 관측자가 볼 때, 손잡이는 등가속도 운동을 하는 것으로 관측된다.
ㄷ. 지면에 서 있는 관측자가 볼 때, 손잡이는 기차와 같이 등가속도 직선 운동을 하면서 기울어진 상태를 유지한다.

① ㄱ   ② ㄷ   ③ ㄱ, ㄷ   ④ ㄴ, ㄷ   ⑤ ㄱ, ㄴ, ㄷ

07 오른쪽 그림은 일정한 속력으로 원운동하고 있는 버스에 매달린 질량이 m 인 손잡이의 모습을 나타낸 것이다. 이에 대한 설명으로 옳은 것만을 <보기>에서 있는 대로 고른 것은?

─────〈 보기 〉─────

ㄱ. 버스 안의 관측자가 볼 때, 손잡이는 정지해 있는 것으로 보인다.
ㄴ. 손잡이에 작용하는 관성력의 방향은 손잡이에 작용하는 장력과 중력의 합력의 방향과 같다.
ㄷ. 손잡이의 질량이 클수록 손잡이에 작용하는 원심력의 크기가 크다.

① ㄱ   ② ㄷ   ③ ㄱ, ㄷ   ④ ㄴ, ㄷ   ⑤ ㄱ, ㄴ, ㄷ

08 전향력에 대한 설명 중 옳은 것은 ○표, 옳지 않은 것은 ×표 하시오.

(1) 지구 상에서 고위도로 갈수록 전향력의 크기는 커진다.   (   )

(2) 전향력은 지표면 위에서 정지해 있거나 운동하는 물체에 작용하는 가상의 힘이다.   (   )

(3) 북반구 지표면에서 운동하는 공은 지표면의 관찰자가 볼 때 목표 지점보다 오른쪽으로 치우치게 된다.   (   )

유형4-1 등속 원운동

그림 (가)는 xy 평면 상에서 일정한 속력으로 원운동하는 물체의 위치를 나타낸 것이고, 표 (나)는 물체가 각각 P 점과 Q 점을 지날 때 속도의 x 성분(v_x)과 y 성분(v_y)을 각각 나타낸 것이다. 이에 대한 설명으로 옳은 것만을 <보기>에서 있는 대로 고른 것은? (단, 물체의 회전 반지름은 r 이고, 물체는 6 초에 한바퀴씩 회전한다.)

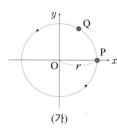

위치	v_x(m/s)	v_y(m/s)
P점	0	5
Q점	−3	㉠

(가)   (나)

〈 보기 〉

ㄱ. P 점과 Q 점에서 가속도 방향은 같다.

ㄴ. Q 점에서 속도의 y 성분(v_y)은 4 m/s이다.

ㄷ. 반지름 $r = \dfrac{15}{\pi}$ m 이고, 물체의 각속도는 $\dfrac{\pi}{3}$ rad/s 이다.

① ㄱ   ② ㄷ   ③ ㄱ, ㄷ   ④ ㄴ, ㄷ   ⑤ ㄱ, ㄴ, ㄷ

01 다음 그림은 같은 평면 상에서 두 물체 A 와 B 가 동시에 출발하여 원 궤도상을 운동하고 원래의 위치에 동시에 도착한 것을 나타낸 것이다. 이에 대한 설명으로 옳은 것만을 <보기>에서 있는 대로 고른 것은?

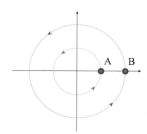

〈 보기 〉

ㄱ. 물체 A 와 B 의 각속도는 같다.

ㄴ. 물체 A 와 B 의 주기와 진동수는 같다.

ㄷ. 선속도는 물체 B 가 물체 A 보다 크다.

① ㄱ   ② ㄴ   ③ ㄷ
④ ㄱ, ㄷ   ⑤ ㄱ, ㄴ, ㄷ

02 다음 그림은 마찰이 없는 수평면 위에서 O점을 중심으로 반지름 r 인 원을 그리며 물체가 일정한 속력 v 로 운동하는 것을 나타낸 것이다. 물체는 점 A를 출발하여 점 B, C, D 에 도달하는 데 각각 2 초, 4 초, 6 초가 걸렸다. 물체의 운동에 대한 설명으로 옳은 것만을 <보기>에서 있는 대로 고른 것은?

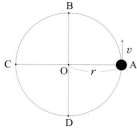

〈 보기 〉

ㄱ. 물체는 등가속도 운동을 한다.

ㄴ. 물체의 각속도는 $\dfrac{\pi}{3}$ rad/s 이다.

ㄷ. B에서 속력이 v 일 때, B 에서 D 사이의 속도 변화량의 크기는 $2v$ 이다.

① ㄱ   ② ㄴ   ③ ㄷ
④ ㄱ, ㄷ   ⑤ ㄱ, ㄴ, ㄷ

유형4-2 구심 가속도와 구심력

오른쪽 그림과 같이 실의 한쪽에 물체 A 를 연결하고, 관을 통하여 실의 다른 한쪽에 물체 B 를 연결한 후, 물체 A 를 수평면 상에서 일정한 속력 v 로 회전시켰다. 이때 물체 A 가 그리는 원궤도의 반지름이 R 이라면, 물체의 운동에 대한 설명으로 옳은 것만을 <보기>에서 있는 대로 고른 것은? (단, 두 물체의 질량은 m 으로 같으며, 중력 가속도는 g 이다.)

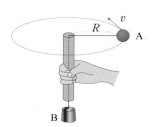

〈 보기 〉

ㄱ. $v = \sqrt{gR}$ 이다.
ㄴ. 물체 A의 구심 가속도의 크기는 g 이다.
ㄷ. 물체 B 의 질량만 2 배로 늘리고, 물체 A의 속도는 일정하게 유지할 때, 원궤도의 반지름은 2 배로 커진다.

① ㄱ   ② ㄴ   ③ ㄷ   ④ ㄱ, ㄴ   ⑤ ㄱ, ㄷ

03 그림 (가)와 (나)는 xy 평면에서 원점 O 를 중심으로 일정한 속력 v 로 운동하는 물체의 속도 성분을 시간에 따라 각각 나타낸 것이다. 물체의 운동에 대한 설명으로 옳은 것만을 <보기>에서 있는 대로 고른 것은?

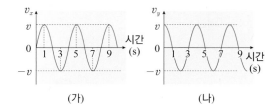

(가)   (나)

〈 보기 〉

ㄱ. 물체의 각속도는 $\dfrac{\pi}{2}$ rad/s 이다.
ㄴ. 1 초일 때와 3 초일 때, 물체의 가속도의 방향은 같다.
ㄷ. 5 초일 때, 가속도의 크기는 $\dfrac{v\pi}{2}$ 이다.

① ㄱ   ② ㄷ   ③ ㄱ, ㄷ
④ ㄴ, ㄷ   ⑤ ㄱ, ㄴ, ㄷ

04 다음 그림은 같은 평면 상에서 두 물체 A 와 B 가 동시에 출발하여 원궤도 상을 운동한 후 원래의 위치로 동시에 도착한 것을 나타낸 것이다. 이에 대한 설명으로 옳은 것만을 <보기>에서 있는 대로 고른 것은? (단, 물체 B 의 궤도 반지름은 물체 A의 2배이다.)

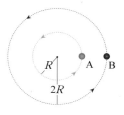

〈 보기 〉

ㄱ. 물체 A 에 대한 B 의 상대 속도 크기는 항상 일정하다.
ㄴ. 구심 가속도의 크기는 B 가 A 의 2배이다.
ㄷ. 두 물체의 속력 비 $v_A : v_B = 1 : 2$ 이다.

① ㄱ   ② ㄴ   ③ ㄷ
④ ㄱ, ㄷ   ⑤ ㄱ, ㄴ, ㄷ

유형익히기&하브루타

유형4-3 가속 좌표계와 관성력

다음 그림과 같이 오른쪽 방향으로 달리고 있는 기차 안에서 연직 방향과 일정한 각 θ 만큼 손잡이가 기울어져 있는 것을 기차 안에서 무한이가, 기차 밖 지면에서 상상이가 각각 관찰하고 있다. 이에 대한 설명으로 옳은 것만을 <보기>에서 있는 대로 고른 것은? (단, 중력 가속도는 g 이다.)

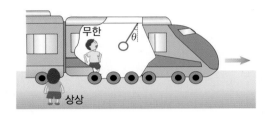

───── 〈 보기 〉 ─────

ㄱ. 무한이는 기차가 등속 운동을 하는 것으로 느낀다.
ㄴ. 상상이는 손잡이가 $g\tan\theta$ 의 가속도로 등가속도 운동을 한다고 느낀다.
ㄷ. 무한이는 기차의 운동에 의한 관성력을 받는다.

① ㄱ   ② ㄴ   ③ ㄷ   ④ ㄱ, ㄴ   ⑤ ㄴ, ㄷ

---

05 [유형4-3] 문제와 같은 조건에서 손잡이 줄이 끊어졌을 경우, 무한이와 상상이가 관찰한 손잡이의 운동 경로를 <보기>에서 골라 바르게 짝지은 것은?

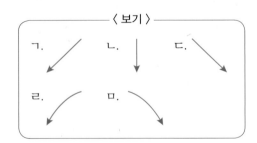

	무한	상상		무한	상상
①	ㄱ	ㄹ	②	ㄱ	ㅁ
③	ㄷ	ㄹ	④	ㄷ	ㅁ
⑤	ㄴ	ㅁ			

06 다음 그림과 같이 일정한 속도 v_1 으로 달리는 자동차 안에서 무한이가 지면과 θ 의 각도로 비스듬히 공을 던져 올렸다. 이를 지면 위에 정지해 있는 상상이가 보고 있을 때, 공의 운동에 대한 설명으로 옳은 것만을 <보기>에서 있는 대로 고른 것은? (단, 무한이가 보았을 때 공의 처음 속도는 v_2 이며, 중력 가속도는 g 이고, 공기 저항은 무시한다.)

───── 〈 보기 〉 ─────

ㄱ. 두 사람이 볼 때, 공이 바닥에 떨어지는 시간은 같다.
ㄴ. 두 사람이 본 공의 수평 도달 거리는 같다.
ㄷ. 공이 바닥에 닿는 순간 속력은 무한이보다 상상이가 보았을 때 더 크다.

① ㄱ   ② ㄴ   ③ ㄷ
④ ㄱ, ㄷ   ⑤ ㄱ, ㄴ, ㄷ

유형4-4 원운동에서의 관성력

다음 그림과 같이 일정한 속력으로 회전하는 원판의 중심으로부터 각각 r, $2r$ 만큼 떨어진 원판 위의 지점에 물체 A 와 B 가 정지해 있다. 물체 A 와 B 의 질량이 같을 때, 물체의 운동에 대한 설명으로 옳은 것만을 <보기>에서 있는 대로 고른 것은? (단, 물체의 크기와 모든 마찰은 무시한다.)

─〈 보기 〉─

ㄱ. 각속도는 물체 A 가 물체 B 보다 크다.
ㄴ. 물체 B 가 받는 알짜힘의 크기는 물체 A 가 받는 알짜힘의 크기보다 크다.
ㄷ. 물체 A 위치에서 물체 B 방향으로 공을 굴리면, A 지점에서 봤을 때 공은 물체 B 의 오른쪽 지점에 도달한다.

① ㄱ   ② ㄴ   ③ ㄱ, ㄴ   ④ ㄴ, ㄷ   ⑤ ㄱ, ㄴ, ㄷ

07 다음 그림과 같이 질량이 m 인 물체를 실에 매달아 연직면 상에서 일정한 속력 v 로 원운동시켰다. 이때 최고점 A 와 최저점 B에서의 실의 장력의 차이는? (단, 원궤도 반지름은 r, 중력 가속도는 g 이다.)

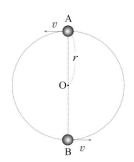

① 0   ② mg ③ $2mg$
④ $\dfrac{mv^2}{r}$ ⑤ $\dfrac{2mv^2}{r}$

08 다음 그림은 수평한 회전 원판이 원점 O 를 중심으로 시계 반대 방향으로 회전하고 있는 것을 나타낸 것이다. 이때 각 지점에서 화살표 방향으로 물체를 던진 후 원점 O 점에 있는 사람이 보았을 때, 물체의 이동 방향으로 바르게 짝지은 것은?

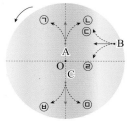

	A	B	C		A	B	C
①	㉠	㉢	㉤	②	㉠	㉣	㉥
③	㉡	㉢	㉤	④	㉡	㉢	㉥
⑤	㉠	㉢	㉥				

01 다음 그림과 같이 질량이 1 kg 인 물체가 회전하는 막대에 두 줄로 연결되어 함께 일정한 속력으로 회전하고 있다. 두 줄의 길이는 각각 1.5 m 이며, 두 줄이 회전 막대에 연결된 곳의 간격은 1.5 m 이고, 운동하는 동안 두 줄은 팽팽하게 유지된다. 물음에 답하시오.

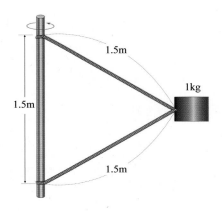

(1) 위쪽 줄의 장력이 30 N 일 때, 아래 줄의 장력과 물체에 작용하는 알짜힘을 구하시오. (단, 중력 가속도는 10 m/s² 이다.)

(2) 물체의 속력을 구하시오.(단, 소수점 셋째 자리에서 반올림한다.)

02 다음 그림과 같은 모양의 정지해 있는 표면 위에서 질량이 m 인 물체가 속력 v 로 운동하고 있다. 이때 점 A 위치에서부터 공은 미끄러져 내려오고, 점 B 에서 물체가 표면과 분리된다. 점 A와의 수직 거리를 h, 곡면 반지름을 R 이라고 할 때, h 를 구하시오. (단, A에서 B까지는 구의 사분면이고, 모든 마찰과 공기 저항, 물체의 크기는 무시하며, 중력 가속도는 g 이다.)

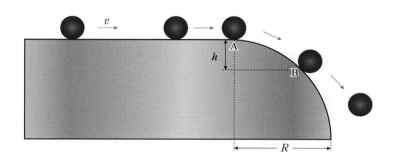

03 지구는 자전축을 중심으로 하루에 한 바퀴씩 자전을 하고, 태양을 중심으로 1 년에 한 바퀴씩 공전을 한다. 지구 반지름은 약 6,400 km 이고, 지구와 태양 사이의 거리는 약 1 억 4 천 9 백만 km 이다. 지구가 자전할 때 적도 상 한 점의 각속도, 진동수, 속력을 구하고, 지구가 공전할 때(지구의 크기는 무시)의 각속도, 진동수, 선속력을 각각 구하시오. (단, 자전축은 기울어지지 않았으며, $\pi = 3.14$ 로 계산하고, 소수점 셋째 자리에서 반올림한다.)

04 그림 (가)와 (나)는 실의 한쪽에 질량이 m 으로 같은 물체를 연결하고, 실의 다른 한 쪽에는 관을 통하여 각각 질량이 다른 두 물체 A 와 B 를 연결한 후, 동일한 속력 v 로 원뿔 모양의 원운동을 시키고 있는 것을 나타낸 것이다. 관의 끝과 물체 사이의 거리는 그림 (가)의 경우(l_A)가 그림 (나)의 경우(l_B)보다 길 때, 물음에 답하시오. (단, 모든 마찰과 공기 저항은 무시하며, 회전면과 관의 끝까지의 연직 거리는 h 로 같고, 중력 가속도는 g 이다.)

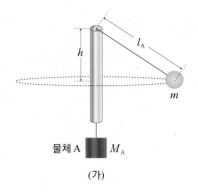
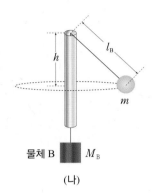

(1) 그림 (가)와 (나)의 실의 장력을 각각 T_A, T_B 라고 할 때, T_A와 T_B를 비교하시오.

(2) 그림 (가)와 (나)의 각속도를 각각 ω_A, ω_B 라고 할 때, ω_A와 ω_B를 비교하시오.

(3) 물체 A와 B의 질량을 각각 M_A, M_B 라고 할 때, M_A 와 M_B를 비교하시오.

05 다음 그림과 같이 연직 면에서 반지름이 r 인 고정된 원통의 표면에 길이가 L 인 줄이 연결되어 있고, 줄의 끝에는 질량이 m 인 물체가 매달려 있다. 이때 속력 v 로 물체를 줄과 수직인 방향으로 던졌다. 줄의 질량과 모든 마찰과 저항을 무시할 때, 다음 물음에 답하시오.

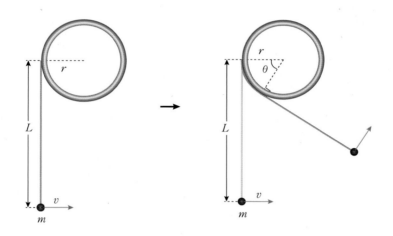

(1) 줄이 원통에 중심각 θ 만큼 감긴 순간 물체의 속력을 구하시오.

(2) 줄이 원통에 중심각 θ 만큼 감긴 순간 줄의 장력을 구하시오.

A

01 다음 그림과 같이 질량이 5 kg 인 물체를 길이 50 cm 인 줄에 매달아 수평면 내에서 등속 원운동시킬 때 물체가 5 초동안 2 바퀴를 회전하였다. 물음에 답하시오.

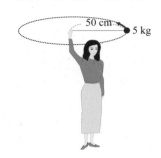

(1) 물체의 진동수와 주기를 각각 구하시오.

　㉠ 진동수 (　　　　) Hz　㉡ 주기 (　　　　) 초

(2) 물체의 선속력을 구하시오.

(　　　　) m/s

(3) 물체의 구심 가속도의 크기를 구하시오.

(　　　　) m/s^2

02 질량이 0.5 kg 인 물체를 2 m 줄에 매달아 1 초에 한 바퀴씩 일정한 속력으로 수평면 상에서 원운동시켰다. 이 때 줄이 받는 장력의 크기는 몇 N 인가? (단, 공기의 저항은 무시한다.)

(　　　　) N

03 다음 그림과 같이 질량이 같은 자동차 A 와 B 가 수평면에서 원 궤도를 따라 운동하고 있다. 궤도 반지름의 비 $r_A : r_B = 2 : 3$ 이고, 자동차 속력의 비 $v_A : v_B = 2 : 1$ 일 때, 두 자동차의 구심력의 크기의 비는?

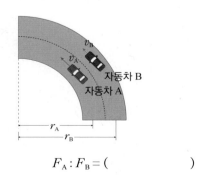

$$F_A : F_B = (　　　　)$$

04 반지름이 2 m인 원 궤도를 따라 일정한 각속도 2 rad/s 로 회전하는 물체가 있다. 이 물체의 가속도의 크기는?

① 2 m/s^2　　② 4 m/s^2　　③ 6 m/s^2
④ 8 m/s^2　　⑤ 16 m/s^2

05 다음 물체의 원운동과 관련된 설명 중 옳은 것은 ○ 표, 옳지 않은 것은 ×표 하시오.

(1) 구심 가속도의 크기와 방향은 항상 일정하다.
(　　　　)

(2) 등속 원운동하는 물체에 작용하는 알짜힘을 원심력이라고 한다.　(　　　　)

(3) 지구의 자전으로 인하여 지표면에서 운동하는 물체는 관성력을 받아 속력이 변한다.　(　　　　)

06 다음 그림은 원점 O 를 기준으로 어떤 물체의 위치 P 를 xy 좌표에 나타낸 것이다. P 점을 직교 좌표계와 극좌표계로 각각 나타내시오.

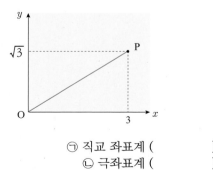

㉠ 직교 좌표계 (　　　　)
㉡ 극좌표계 (　　　　)

07 다음은 같은 사람이 세 가지 경우에서 몸무게를 측정하고 있는 것을 나타낸 것이다. 체중계가 몸무게를 가장 크게 나타내는 경우부터 순서대로 나열하시오. (단, $a > 0$ 이다.)

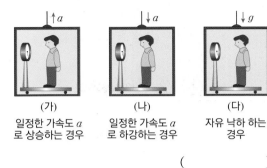

(가)
일정한 가속도 a로 상승하는 경우

(나)
일정한 가속도 a로 하강하는 경우

(다)
자유 낙하 하는 경우

(   )

08 다음 그림과 같이 일정한 속력 v로 회전하는 원판의 중앙에 연결된 용수철 끝에 질량이 m인 물체가 연결되어 회전하고 있을 때 용수철의 길이는 원판 중심으로 부터 r이다. 이때 원판 위에서 같이 회전하는 무한이의 입장에서 평형을 이루고 있는 힘을 식으로 나타내시오. (단, 용수철 상수는 k이고, 용수철이 늘어난 길이는 x이다.)

무한

r

속력 v

m

(   )

09 질량이 3 kg인 물을 담은 물병을 길이가 0.4 m인 줄에 매달고 연직면 상에서 원운동시켰다. 이때 지면에서 최고점에 도달했을 때 물이 쏟아지지 않게 하려면, 최고점을 지나는 순간 물병의 속도의 크기는 몇 m/s인가? (단, 중력 가속도는 10 m/s²이고, 물의 부피, 양동이의 크기, 모든 마찰은 무시한다.)

(   ) m/s

10 다음 빈칸에 알맞은 말을 각각 고르시오.

지구 표면에서 운동하는 물체가 받는 전향력은 북반구에서는 진행 방향에 대하여 (㉠ 왼쪽 ㉡ 오른쪽) 직각 방향으로, 남반구에서는 진행 방향에 대하여 (㉠ 왼쪽 ㉡ 오른쪽) 직각 방향으로 작용한다.

B

11 다음 그림은 마찰이 없는 수평면 위에서 두 물체 A와 B가 줄에 연결되어 일직선을 이룬 채 O점을 중심으로 등속 원운동하는 것을 나타낸 것이다. O점에서 물체 A, B까지의 거리는 각각 r, $2r$이고, 두 물체의 질량이 같을 때, 물체의 운동에 대한 설명으로 옳은 것만을 <보기>에서 있는 대로 고른 것은? (단, 물체의 크기, 줄의 질량, 공기의 저항은 모두 무시한다.)

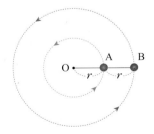

O   A   B
   r r

〈 보기 〉

ㄱ. 물체 A와 B의 속력은 같다.

ㄴ. 물체 B에 작용하는 구심력은 물체 A에 작용하는 구심력의 2배이다.

ㄷ. 물체 A에 작용하는 구심력의 크기는 줄이 물체 A를 왼쪽으로 당기는 힘의 크기와 같다.

① ㄱ   ② ㄴ   ③ ㄷ
④ ㄱ, ㄴ   ⑤ ㄴ, ㄷ

12 다음 그림은 같은 축에 고정된 바퀴 A, B 와 이들과 벨트로 연결된 축이 고정된 바퀴 C 를 나타낸 것이다. 바퀴 A 와 B 는 같은 각속도로 회전하고, 벨트는 일정한 속력으로 움직이고 있다. 바퀴 A, B, C 의 반지름이 각각 15 cm, 40 cm, 30 cm이고, 각 바퀴의 가장 가리에 점을 P, Q, R 로 각각 표시하였다. 점 P, Q, R 의 운동에 대한 설명으로 옳은 것만을 <보기>에서 있는 대로 고른 것은? (단, 벨트는 바퀴에서 미끄러지지 않으며, 모든 마찰은 무시한다.)

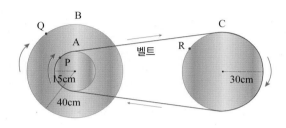

─────〈 보기 〉─────

ㄱ. 가속도의 크기는 P 가 가장 크다.
ㄴ. P, Q, R 의 각속도 크기의 비는 2 : 2 : 1 이다.
ㄷ. P 와 Q 의 속력비는 1 : 2 이고, P 와 R 의 속력비는 1 : 1 이다.

① ㄱ   ② ㄴ   ③ ㄷ
④ ㄱ, ㄴ   ⑤ ㄴ, ㄷ

13 무한이가 1 m 줄에 질량이 1 kg 인 돌을 매달고 지면 위 2.5 m 높이에서 수평으로 원운동을 시키고 있다. 이때 줄이 끊어지면서 돌이 날아가 줄이 끊어진 지점에서 수평 거리 5 m 지점에 떨어졌다면, 원운동하는 동안 돌에 작용한 구심력의 크기를 구하시오. (단, 공기의 저항과 돌의 크기는 무시하고, 중력 가속도는 10 m/s² 이다.)

(   ) N

14 다음 그림과 같이 높이가 $3r$ 인 지점 O를 중심으로 연직면 상에서 일정한 속력 v_0으로 등속 원운동하는 질량 m 인 물체가 있다. 물체가 연결된 실과 연직 방향이 이루는 각이 60°일 때 실이 끊어져서 포물선 운동을 한 후 P 점에 떨어졌다면, 물체의 최고점의 높이 H 를 v_0와 r 로 나타내시오. (단, 처음 원운동한 궤도의 반지름은 r 이고, 중력 가속도는 g 이다.)

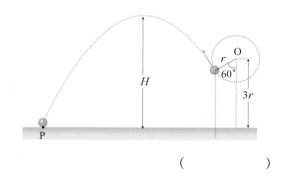

(   )

15 다음 그림과 같이 천장에 실의 한쪽 끝이 고정되어 있고, 나머지 한쪽 끝에 질량이 m 인 물체가 매달려 일정한 속도로 원뿔 모양으로 회전하고 있다. 실의 길이가 l 이고, 실과 연직선과의 각이 θ 일 때, 물체의 각속도는? (단, 물체의 크기와 실의 질량은 무시하고, 중력 가속도는 g 이다.)

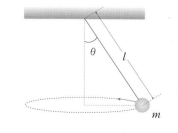

① $\sqrt{\dfrac{g\tan\theta}{l}}$ ② $\sqrt{\dfrac{g\cos\theta}{l}}$ ③ $\sqrt{\dfrac{g}{l\cos\theta}}$

④ $\sqrt{\dfrac{g}{l\sin\theta}}$ ⑤ $\sqrt{\dfrac{l}{g\tan\theta}}$

16 그림 (가)는 정지해 있는 엘리베이터 안의 용수철에 질량이 m 인 추가 매달려 있는 것을 무한이가 보고 있는 것을 나타낸 것이고, 그림 (나)는 시간에 따른 엘리베이터의 속도를 나타낸 것이다. 이에 대한 설명으로 옳은 것만을 <보기>에서 있는 대로 고른 것은? (단, 공기 저항 및 실의 질량은 무시하고, 위쪽을 (+) 방향으로 하며, 중력 가속도는 g 이다.)

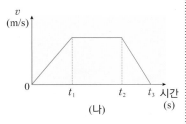

(가)　　　　　　　(나)

〈 보기 〉

ㄱ. 0 ~ t_1 구간 동안 엘리베이터는 무한이에게 가속 좌표계이다.
ㄴ. 0 ~ t_1 구간 동안 무한이가 봤을 때 추는 탄성력과 중력을 받는 가속도 운동을 한다.
ㄷ. t_2 ~ t_3 구간 동안 용수철의 길이는 (가)보다 짧아진다.

① ㄱ　　　　② ㄷ　　　　③ ㄱ, ㄷ
④ ㄴ, ㄷ　　　⑤ ㄱ, ㄴ, ㄷ

18 다음 그림은 상상이가 타고 있는 전동차가 지면과 각 θ 를 이루고 있는 경사면을 따라 커브를 돌고 있는 것을 무한이가 보고 있는 것을 나타낸 것이다. 이에 대한 설명으로 옳은 것만을 <보기>에서 있는 대로 고른 것은? (단, 모든 마찰은 무시하고, 전동차의 질량은 M, 중력 가속도는 g 이다.)

〈 보기 〉

ㄱ. 상상이는 관성력을 받는다.
ㄴ. 무한이가 봤을 때 전동차에는 $Mg\tan\theta$ 의 관성력이 작용한다.
ㄷ. 곡률 반지름이 r 일 때, 기차가 가장 안전하게 달리기 위해 적합한 속도의 크기는 $\sqrt{gr\tan\theta}$ 이다.

① ㄱ　　　　② ㄴ　　　　③ ㄷ
④ ㄱ, ㄴ　　　⑤ ㄱ, ㄷ

17 북위 30° 에 위치해 있는 지역에서 질량이 3 kg 인 물체를 5 m/s 의 속력으로 운동시켰다. 이 물체에 작용하는 전향력의 크기를 구하시오. (단, 지구 자전의 각속도는 7 × 10^{-5} rad/s이다.)

(　　　　　　　)N

C

19 오른쪽 그림과 같이 질량이 m, $3m$ 인 두 물체 A 와 B 가 수평면에 대하여 수직으로 세워진 원뿔의 마찰이 없는 안쪽 면에서 각각 반지름이 r_A, r_B 인 궤도를 따라 수평면 상에서 등속 원운동 하고 있다. 물체 A의 역학적 에너지가 B 의 2 배일 때, 물체 A 와 B 의 ㉠ 속력 비($v_A : v_B$) 와 ㉡ 주기 비($T_A : T_B$)가 바르게 짝지어진 것은? (단, 원뿔의 꼭지점에서 물체의 퍼텐셜 에너지는 0이며, 모든 마찰은 무시하고, 중력 가속도는 g 이다.)

[KPhO 기출 유형]]

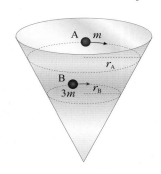

	㉠	㉡		㉠	㉡
①	$1 : 2$	$2 : 1$	②	$2 : 1$	$1 : 2$
③	$1 : \sqrt{6}$	$\sqrt{6} : 1$	④	$\sqrt{6} : 1$	$1 : \sqrt{6}$
⑤	$\sqrt{6} : 1$	$\sqrt{6} : 1$			

20 다음 그림은 곡면 반지름이 R 인 원형 언덕의 꼭지점에 정지해있던 물체가 언덕을 따라 미끄러져 내려오는 것을 나타낸 것이다. 물체가 언덕에서 이탈하는 지점 P의 지면으로부터의 높이 h 를 구하시오. (단, 모든 마찰과 공기 저항, 물체의 크기는 무시한다.)

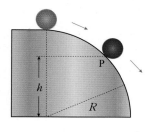

( )

21 다음 그림은 톱니 수가 각각 24 개, 34 개인 톱니바퀴 A 와 B 가 맞물려 등속 원운동하는 것을 나타낸 것이다. 이 때 톱니바퀴 A 와 B 에 고정된 P 점과 Q 점은 두 톱니바퀴의 중심축을 연결한 직선 위를 동시에 통과하고 있다. 이 순간 P 점과 Q 점 의 운동에 대한 설명으로 옳은 것만을 <보기>에서 있는 대로 고른 것은? (단, P 점의 회전 반지름은 r, Q 점의 회전 반지름은 $3r$ 이다.)

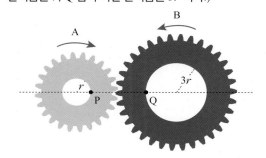

― 〈 보기 〉 ―

ㄱ. P 와 Q 의 속도의 크기는 같다.
ㄴ. P 와 Q 의 각속도 비는 17 : 12 이다.
ㄷ. P 와 Q 의 가속도의 비는 17 : 36 이다.
ㄹ. P 와 Q 의 가속도의 방향은 서로 반대 방향이다.

① ㄱ, ㄷ   ② ㄴ, ㄹ   ③ ㄷ, ㄹ
④ ㄱ, ㄴ, ㄷ   ⑤ ㄴ, ㄷ, ㄹ

22 그림과 같이 질량이 0.5 kg 인 물체 A 가 마찰이 없는 탁자 위에서 O 점을 중심으로 등속 원운동하고 있다. O 점의 구멍을 통하여 줄의 다른 끝에 질량이 2 kg 인 물체가 매달려 정지해 있을 때, 물체 A 의 속력을 구하시오. (단, 물체 A 의 원운동 궤도 반지름은 40 cm 이고, 중력 가속도 g = 10m/s^2 이며, 모든 마찰은 무시한다.)

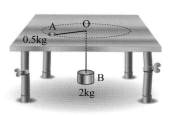

( ) m/s

23 다음 그림과 같이 일정한 속력 v 로 떨어지는 빗속을 왼쪽 방향으로 달리는 기차 안에 무한이가 타고 있다. 무한이가 볼 때 빗방울이 연직 방향과 이루는 각 θ 가 점점 작아지고 있다면, 이에 대한 설명으로 옳은 것만을 <보기>에서 있는 대로 고른 것은? (단, 바람은 불지 않으며, 비는 일정한 속력으로 연직 방향으로 내리고 있다.)

기차 진행 방향

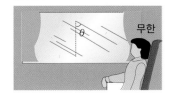

── 〈 보기 〉 ─────

ㄱ. 무한이가 받는 관성력의 방향은 기차의 진행 방향과 같다.
ㄴ. 무한이가 본 비의 속력은 점점 느려진다.
ㄷ. 기차에는 진행 방향과 반대 방향으로 알짜힘이 작용하고 있다.

① ㄱ   ② ㄴ   ③ ㄷ
④ ㄱ, ㄴ   ⑤ ㄱ, ㄴ, ㄷ

24 질량이 $2m$, $3m$인 물체 A와 B가 O점을 중심으로 각각 반지름이 R, $2R$인 원궤도를 따라 동일한 각속도 ω로 그림과 같이 원운동하고 있다. 이에 대한 설명으로 옳은 것만을 <보기>에서 있는 대로 고른 것은?

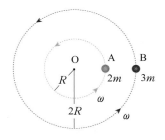

── 〈 보기 〉 ─────

ㄱ. 두 물체에 작용하는 알짜힘의 크기비 $F_A : F_B = 1 : 3$ 이다.
ㄴ. 두 물체의 속력비는 $v_A : v_B = 1 : 2$ 이다.
ㄷ. 물체 B는 원의 중심과 반대 방향으로 관성력을 느낀다.

① ㄱ   ② ㄴ   ③ ㄷ
④ ㄱ, ㄴ   ⑤ ㄱ, ㄴ, ㄷ

25 다음 그림과 같이 등속 운동하는 자동차 A 와 B 가 각각 직선 표시 P 지점을 동시에 통과한 후, 자동차 A 는 곡률 반경이 30 m 인 원궤도를 따라 운동하였고, 자동차 B 는 직선 주행을 하다가 궤도 반경이 12 m 인 원궤도를 따라 운동한 후, 다시 직선 주행을 하였다. 그렇다면 직선 표시 Q 지점에는 어느 자동차가 몇 초 빨리 도착할까? 주어진 조건을 이용하여 순서대로 쓰시오. (단, 자동차 A 와 자동차 B 의 궤도는 점 O 에서 한번 만나고, 점 O 는 자동차 A 와 자동차 B 의 원의 중심의 연장선상의 점이다.)

① 두 자동차는 미끄러지지 않고 최대 속력으로 운동한다.
② 마찰력은 마찰 계수와 수직 항력의 곱으로 나타난다.
③ 타이어와 도로 사이의 정지 마찰 계수(μ_s)는 1.2 이다.
④ 중력 가속도 $g = 9.8 \text{m/s}^2$, $\pi = 3.14$ 다.

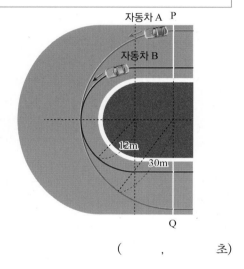

(,   초)

26 다음 그림과 같이 질량이 m 인 경주용 자동차가 각 θ 로 경사진 커브길을 달리고 있다. 트랙 표면과 타이어 사이의 정지 마찰 계수가 μ_s, 자동차의 회전 반지름이 R 일 때, 자동차가 커브에서 미끄러지지 않고 달릴 수 있는 최대 속력 $v_{\max}$ 를 구하시오.

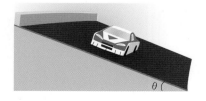

(   )

27 다음 그림과 같이 상공에서 비행기 날개가 수평에 대하여 45° 각도로 기울어진 비행기가 500 km/h 의 속력으로 수평으로 원을 그리며 날고 있다. 이때 비행기의 운동 경로인 원의 반지름은 얼마인가? (단, 이때 필요한 힘은 비행기 날개에 수직한 방향으로 양력으로 인하여 생기며, 중력 가속도 $g = 10 \text{m/s}^2$ 이고, 소수점 첫째 자리에서 반올림한다.)

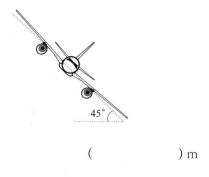

(   ) m

28 반경이 R 인 원형 궤도를 따라 원운동하는 롤러코스터가 있다. 롤러코스터가 원운동을 하기 위하여 필요한 원형 궤도 진입 속도 v 를 구하시오. (단, 중력 가속도는 g 이고, 모든 마찰은 무시한다.)

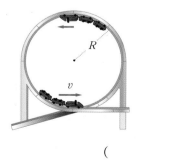

(   )

29~30 다음 그림과 같이 원형 고리에 질량이 각각 m, $2m$ 인 구슬 A 와 B 를 꿰어 원형 고리의 중심을 지나는 회전축을 중심으로 고리를 연직면에서 일정한 각속도 ω 로 회전시킨다. 등속 원운동하는 구슬 A 와 B 에 대한 물음에 답하시오.

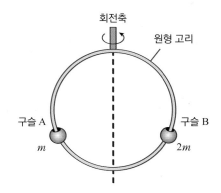

29 구슬 A 와 B 의 ㉠ 속력과 ㉡ 가속도의 크기를 각각 비교하시오.

㉠ $v_A : v_B = ($ $)$
㉡ $a_A : a_B = ($ $)$

30 구슬 A 와 B 가 고리로부터 받는 수직 항력의 크기를 비교하시오.

$N_A : N_B = ($ $)$

31 다음 그림은 구심력 측정 장치를 나타낸 것이다. 중심 회전축을 기준으로 2.5 cm 떨어진 거리에 질량이 200 g 으로 같은 물체 A 와 B 가 있고, 각 물체에 용수철이 연결되어 있다. 이 장치가 0.3 초의 주기로 회전할 때 각 물체는 중심 회전축으로부터 3.5 cm 떨어진 채 회전하였다. 두 용수철의 용수철 상수가 같을 때, 용수철 상수는 얼마인가? (단, $\pi = 3$ 으로 계산한다.)

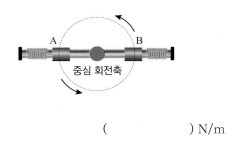

$($ $)$ N/m

32 다음 그림과 같이 수평으로 고정된 L 자형 막대가 수평으로 O 점을 중심으로 일정한 각속도 ω 로 회전하고 있다. 이때 막대의 B 점에 용수철이 고정되어 있고, 용수철의 나머지 한쪽 끝에는 수평으로 L 자형 금속 막대에 끼워진 질량이 m 인 원통형 물체가 연결되어 있다. 용수철의 원래 길이를 l, 늘어난 길이를 x 라고 할 때, $l : x$ 를 구하시오. (단, 모든 마찰은 무시하며, 용추철 상수는 k 이다.)

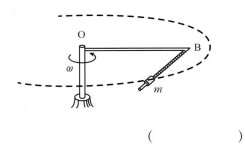

$($ $)$

5강 단진동

1. 단진동 2. 용수철 진자 3. 단진자 4. 여러 가지 단진동의 주기

● 단진동과 등속 원운동

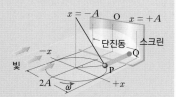

수평면에서 반지름 A, 각속도 ω로 등속 원운동하는 물체를 비추면 물체의 그림자는 스크린에서 최대 진폭 A이고, 각진동수 ω인 단진동 운동을 한다.

● 원운동의 속도 v, 각속도(각진동수) ω와 가속도 a

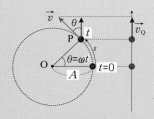

$s = vt = A\theta = A\omega t$(호의 길이)

$\therefore v = A\omega$ (접선 방향)

$a = \dfrac{v^2}{A} = A\omega^2 = v\omega$(중심 방향)

● 변위, 속도, 가속도의 수학적 관계

변위를 미분하면 속도, 속도를 미분하면 가속도가 된다.

$x = A\sin\omega t$

$v = \dfrac{dx}{dt} = A\omega\cos\omega t$

$a = \dfrac{dv}{dt} = -A\omega^2\sin\omega t$

1. 단진동

(1) 단진동 : 변위의 방향과 반대 방향으로 복원력이 작용하여 주기적으로 왕복하는 운동을 말한다. 다음 그림과 같이 반지름이 A인 원궤도를 각속도 ω로 등속 원운동하는 물체 P에 빛을 비추었을 때 나타나는 그림자 Q의 직선 왕복 운동이 단진동이다.

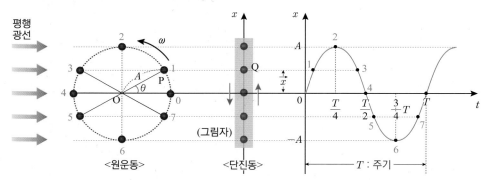

① **단진동의 변위** : 물체 P가 0 위치에서 1 위치로 운동하였을 때, x축 방향의 그림자 Q는 단진동을 한다. 이때 Q의 변위 $\vec{x}$ 는 다음과 같다.

$$\vec{x} = A\sin\omega t \quad (A : 진폭,\ \omega : 각진동수,\ \omega t : 위상(=\theta)$$

② **단진동의 속도** : 등속 원운동하는 물체 P의 속도 $\vec{v}$ 의 방향은 접선 방향이고, 크기는 $A\omega$이므로 단진동하는 물체(그림자) Q의 속도 $\vec{v_Q}$ 는 다음과 같다.

$$\vec{v_Q} = A\omega\cos\omega t$$

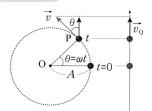

▲ 단진동 운동의 속도($\vec{v_Q}$)

③ **단진동의 가속도** : 등속 원운동하는 물체 P의 가속도 $\vec{a}$ 의 방향은 원의 중심 방향이고, 크기는 $A\omega^2$이므로 단진동하는 물체(그림자) Q의 가속도 $\vec{a_Q}$는 다음과 같다.

$$\vec{a_Q} = -A\omega^2\sin\omega t = -\omega^2 x$$

→ 단진동하는 물체의 가속도는 항상 진동 중심을 향하고, 변위와 반대 방향이다.

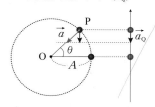

▲ 단진동 운동의 가속도($\vec{a_Q}$)

그네나 시계 추의 운동과 같이 복원력이 작용하여 일직선 위에서의 주기적인 왕복 운동을 ☐☐☐(이)라고 한다.

질량이 1 kg 인 물체가 진폭 0.5 m, 진동수 2 Hz 로 단진동하고 있다. 이때 속력의 최댓값과 가속도 크기의 최댓값을 순서대로 쓰시오. (단, 물체의 크기는 무시할 만큼 작으며, $\pi = 3$ 으로 한다.)

(m/s,   m/s²)

미니사전

복원력 [復 돌아오다 元 처음 力 힘] 물체가 변형되었을 때 처음 상태로 되돌아가려는 힘

(2) 단진동하는 물체에 작용하는 힘(복원력) : 단진동하는 물체의 질량이 m 일 때, 물체에 작용하는 힘 $\vec{F}$(복원력)은 운동 제 2 법칙($\vec{F} = m\vec{a}$)을 따른다.

$$\vec{F} \,(\text{복원력}) = m\vec{a}_Q = -m\omega^2 x$$

→ 단진동하는 물체가 받는 알짜힘은 복원력이다. 복원력은 원래의 상태로 돌아가려는 힘이라는 뜻으로, 단진동하는 물체에는 진동 중심으로 돌아가려는 힘이 작용함을 의미한다. 따라서 복원력의 방향은 진동 중심이고(변위 x와 반대 방향), 크기는 변위 x에 비례한다.

(3) 단진동의 주기(T) : 단진동하는 물체의 주기는 등속 원운동하는 물체의 주기와 같다.

$$T \,(\text{주기 ; 단진동, 등속 원운동}) = \frac{2\pi}{\omega}$$

(4) 단진동하는 물체의 운동 그래프

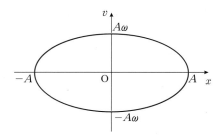

▲ 단진동 운동의 v - x 그래프

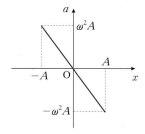

▲ 단진동 운동의 a - x 그래프

$$v = A\omega\cos\omega t, \quad a = -\omega^2 x$$
$$\rightarrow v^2 = A^2\omega^2\cos^2\omega t = A^2\omega^2(1 - \sin^2\omega t) = \omega^2(A^2 - A^2\sin^2\omega t) = \omega^2(A^2 - x^2)$$
$$(\sin^2\omega t + \cos^2\omega t = 1) \qquad\qquad (x = A\sin\omega t)$$

● 단진동에서 물리량의 최대 크기

물리량	최대 크기
변위	$x = A$
속력	$v = A\omega$
가속도	$a = A\omega^2$
복원력	$F = mA\omega^2$

● 등속 원운동과 단진동의 비교

	등속 원운동	단진동
x	A	$A\sin\omega t$
v	$A\omega$	$A\omega\cos\omega t$
a	$A\omega^2$	$-A\omega^2\sin\omega t = -\omega^2 x$
T	$\dfrac{2\pi}{\omega}$	$\dfrac{2\pi}{\omega}$

개념확인 2 　　　　　　　　　　　　　정답 및 해설 **41**쪽

단진동하는 물체가 받는 알짜힘을 □□□ (이)라고 한다.

확인 + 2

질량이 0.5 kg 인 물체가 진폭 0.5 m, 진동수 2 Hz 로 단진동하고 있다. 이때 복원력의 최대값은 얼마인가? (단, 물체의 크기는 무시할 만큼 작으며, $\pi = 3$ 으로 한다.)

(　　　　　) N

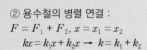
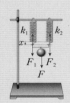
(1) 용수철 진자에 작용하는 힘 : 물체가 용수철에 매달려 단진동하는 용수철 진자에서는 용수철의 탄성력이 복원력으로 작용하여 물체를 단진동시킨다(중력과 마찰력은 고려하지 않는 경우이다.). 이때 탄성력 $\vec{F}$ 의 크기는 변위 $\vec{x}$ 에 비례하고, 변위 $\vec{x}$ 의 반대 방향이다.

$$\vec{F}\,(물체에\ 작용하는\ 탄성력)= m\vec{a} = -k\vec{x}\ \ (k : 용수철\ 상수)\ \ \rightarrow\ \ \vec{a} = -\frac{k}{m}\vec{x}$$

(2) 수평 방향으로 운동하는 용수철 진자 : 마찰이 없는 수평면 위에 용수철 상수가 k인 용수철의 왼쪽 끝을 고정하고, 나머지 한쪽 끝에 연결한 질량이 m 인 물체를 길이 A 만큼 당겼다 놓으면, 물체는 탄성력을 받아 평형점 O를 기준으로 진폭이 A인 단진동을 한다. 어느 순간 평형점 O 에서 변위가 x일 때, 물체에는 탄성력 $F = -kx$가 작용한다.

① **변위 $\vec{x}$ 일 때, 물체에 작용하는 힘** : $\vec{F} = -k\vec{x}$

② **변위가 x 일 때, 가속도** : $a = -\frac{k}{m}x$

③ **용수철 진자의 주기** : 복원력 $F = -m\omega^2 x = -kx$ 이므로 $m\omega^2 = k$ → $\omega = \sqrt{\frac{k}{m}}$ 가 된다. 이때 주기 T는 다음 과 같이 결정된다.

$$T = \frac{2\pi}{\omega} = 2\pi\sqrt{\frac{m}{k}}$$

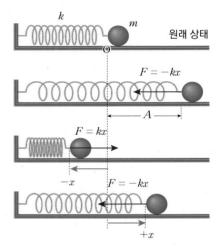

▲ 용수철 진자에서 물체의 위치에 따른 탄성력

④ **용수철 진자의 역학적 에너지 보존** : 마찰이나 공기 저항을 무시할 때 수평 방향으로 운동하는 용수철 진자의 탄성 퍼텐셜 에너지와 운동 에너지는 서로 전환되며, 역학적 에너지는 보존된다. 최대 변위가 A 이고, 최대 속도가 V (평형점 O 에서의 속도) 일 때 다음과 같이 쓸 수 있다.

$$\frac{1}{2}mv^2 + \frac{1}{2}kx^2 = \frac{1}{2}mV^2 = \frac{1}{2}kA^2 = 일정\ \ (V = A\omega,\ k = m\omega^2)$$

개념확인 3

용수철 진자의 주기에 영향을 주는 물리량 두 가지는 무엇인가?

(,   )

확인 + 3

오른쪽 그림과 같이 마찰이 없는 수평면 위에 용수철의 한쪽을 고정한 후, 나머지 한쪽 끝에 질량이 3 kg 인 물체를 연결하여 원래 상태보다 50 cm 를 잡아당긴 후 놓았다. 물체가 O 점으로부터 30 cm 떨어진 지점을 통과하는 순간 가속도의 크기를 구하시오. (단, 용수철 상수는 200 N/m 이다.)

(   ) m/s^2

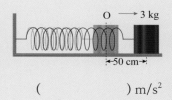

(3) 연직 방향으로 운동하는 용수철 진자 : 용수철 상수가 k 인 용수철의 위 끝을 고정하

고, 나머지 한쪽 끝에 질량이 m 인 물체를 매달았을 때 물체가 평형을 이루는 지점을 O 라고 하면, 이때 용수철의 늘어난 길이가 x_0 가 된다. 평형점 O 에서 아래로 x 만큼 당겼다 놓으면, 물체는 탄성력을 받아 중심점 O 를 기준으로 진폭이 x 인 단진 동을 한다.

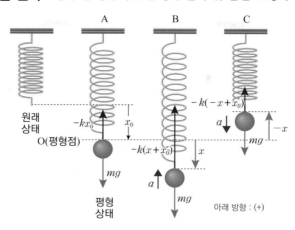

① **평형점 O에서 추에 작용하는 힘**
: 연직 아래 방향의 중력(mg)과 연직 위 방향의 탄성력($-kx_0$)이 평형을 이룬다.

$$mg - kx_0 = 0 \rightarrow mg = kx_0$$

② **평형 위치로부터 변위가 x 일 때 복원력** : 연직 아래 방향을 (+)로 하면, 변위가 x 일 때 물체에 작용하는 힘은 용수철에 의한 탄성력과 중력이다. 두 힘의 합력이 복원력이다.

$$F = mg - k(x + x_0) = -kx$$

③ **평형 위치로부터 변위가 x 일 때 가속도** : $F = -kx = ma$, $a = -\dfrac{k}{m}x$

④ **용수철 진자의 주기** : 수평 방향의 용수철 진자와 연직 방향의 용수철 진자 모두 탄성력이

복원력으로 작용하므로, 주기 $T = \dfrac{2\pi}{\omega} = 2\pi\sqrt{\dfrac{m}{k}}$ 이다.

⑤ **용수철 진자의 역학적 에너지(E) 보존** : 용수철의 평형 위치를 중심으로 중력의 영향을 받지 않는 것처럼 용수철의 탄성 퍼텐셜 에너지 + 물체의 운동 에너지가 일정하게 유지된다.

$$\underbrace{\frac{1}{2}mv_0^2 + 0}_{\text{평형점에서의 }E} = \underbrace{\frac{1}{2}mv^2 + \frac{1}{2}kx^2}_{\text{변위가 }x\text{일 때의 }E} = \underbrace{0 + \frac{1}{2}kA^2}_{\text{변위가 최대}(A)\text{인 점에서의 }E} = \text{일정}$$

개념확인 4
정답 및 해설 **41**쪽

천장에 매달린 가벼운 용수철에 매달린 물체가 연직 방향으로 단진동 운동을 하고 있다. 이때 물체의 속력이 최대인 점은 (㉠ 평형점 ㉡ 변위가 최대인 점)이고, 이 점을 중심으로 역학적 에너지는 물체의 (㉠ 운동 에너지 ㉡ 탄성 퍼텐셜 에너지)와 같다.

확인 + 4

용수철 상수가 100 N/m 인 용수철의 한쪽 끝을 천장에 매달고 다른 한쪽 끝에 질량이 4 kg 인 물체를 매단 후 연직 방향으로 용수철이 늘어나지 않은 상태를 유지하도록 손을 받치고 있다가 놓았다. 물체가 운동을 시작하여 최하점에 도달하는 데까지 걸리는 시간은? (단, 용수철의 질량은 무시하고, $\pi = 3$ 으로 한다.)

( ) 초

● **각 점의 역학적 에너지 E**

질량이 m 인 물체가 질량을 무시할 수 있는 가벼운 용수철에 매달려 중력을 받으며, 진폭이 A 인 단진동 운동을 할 때(아래 방향 (+))

A : 물체가 평형점(변위 x_0)을 지날 때 : 물체의 속력 $v_0 (= A\omega)$

$$E = \frac{1}{2}kx_0^2 + \frac{1}{2}mv_0^2$$
$$= \frac{1}{2}kx_0^2 + \frac{1}{2}m\omega^2 A^2$$
$$= \frac{1}{2}kx_0^2 + \frac{1}{2}kA^2$$

B : 평형 위치에서 A 만큼 아래 방향인 위치를 지날 때(속력 = 0)

$$E = \frac{1}{2}k(x_0 + A)^2 - mgA$$
$$= \frac{1}{2}kx_0^2 + kx_0 A + \frac{1}{2}kA^2 - mgA$$
$$= \frac{1}{2}kx_0^2 + \frac{1}{2}kA^2$$

C : 평형 위치에서 A 만큼 윗 방향인 위치를 지날 때 (속력 = 0)

$$E = \frac{1}{2}k(x_0 - A)^2 + mgA$$
$$= \frac{1}{2}kx_0^2 - kx_0 A + \frac{1}{2}kA^2 + mgA$$
$$= \frac{1}{2}kx_0^2 + \frac{1}{2}kA^2$$

● **용수철 진자의 진폭이 A 일 때, 역학적 에너지 E**

① 평형점 O(속력이 최대) : 변위가 0 이므로, 복원력이 0 이다. 따라서 탄성 퍼텐셜 에너지(E_k)가 모두 운동 에너지(E_p)로 전환된다.

② 변위가 최대인 점(속력 = 0) : 변위가 최대이므로 복원력이 최대이다. 따라서 운동 에너지가 모두 탄성 퍼텐셜 에너지로 전환된다.

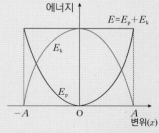

▲ 용수철 진자의 역학적 에너지

3. 단진자

(1) 단진자 : 한쪽 끝이 고정된 가벼운 실에 매달린 추가 작은 진폭으로 왕복 운동하는 것이다.

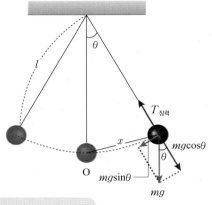

① **단진자에 작용하는 복원력** : 길이가 l 인 실이 연직 방향과 각 θ 만큼 기울어져 있을 때 질량이 m 인 물체에 작용하는 힘은 실의 장력 T 과 중력 mg 이다. 이때 중력의 접선 방향 성분 $mg\sin\theta$ 가 물체의 속력을 변화시키므로 이 힘이 복원력이 되어 추는 단진동을 한다. 최하점 O 로부터 변위를 x 라 하고, θ 가 충분히 작으면 $\sin\theta \fallingdotseq \theta = \dfrac{x}{l}$ 로 볼 수 있으므로 복원력 F 는 다음과 같다.

$$F = -mg\sin\theta = -mg\frac{x}{l}$$

② **단진자의 주기** : $F = -mg\dfrac{x}{l} = -m\omega^2 x$ 이므로 $\omega = \sqrt{\dfrac{g}{l}}$ 이다.

$$T = \frac{2\pi}{\omega} = 2\pi\sqrt{\frac{l}{g}}$$

③ **진자의 등시성** : 진폭(각 θ)이 작을 때 단진자의 주기는 진자의 길이의 제곱근에 비례하고, 중력 가속도의 제곱근에 반비례하지만, 추의 질량이나 진폭의 크기와는 무관하다. 이를 진자의 등시성이라고 한다.

(2) 단진자에서의 역학적 에너지 보존 : 마찰이나 공기 저항을 무시하면 단진자의 역학적 에너지는 일정하게 보존된다.

① **중심점(O 점)** : 속력과 운동 에너지는 최대, 복원력은 0 이고, 가속도, 퍼텐셜 에너지는 최소가 된다.

→ 중심점 O 를 지나면서부터 복원력에 의해 속력이 줄어들고, 이때 감소한 운동 에너지가 퍼텐셜 에너지로 전환된다.

② **최대 변위($\pm A$) 지점** : 퍼텐셜 에너지, 가속도의 크기는 최대, 속력과 운동 에너지는 0 이다.

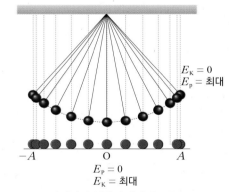

▲ 단진자의 역학적 에너지 보존

● **단진자에 작용하는 힘**

단진자의 진폭이 커지면 추에 작용하는 힘이 변하는 정도가 일반 단진동과 달라진다. 최저점 C에서 추에 작용하는 알짜힘은 0 이 아니다.

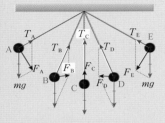

T_{A-E} : 각 위치에서의 장력. 단진자의 운동은 원운동의 일부이므로 추에 구심력이 작용한다. 속도에 따른 구심력의 변화로 장력도 변화한다.

F_{A-E} : 각 위치에서 추에 작용하는 합력(알짜힘)

● **단진자와 용수철 진자**

단진자에 작용하는 힘

$F = -mg\dfrac{x}{l}$

$= -m\omega^2 x = -kx$

→ $k = \dfrac{mg}{l}$ 인 경우이다.

개념확인 5

단진자에서 주기가 진자의 길이에만 관계하는 원리를 ☐☐☐☐☐☐ (이)라고 한다.

확인 + 5

천장에 한쪽 끝이 고정된 길이가 40 cm 인 실에 물체를 매달아 단진동시켰다. 이 물체의 진동 주기를 구하시오. (단, 실의 질량은 무시하고, 중력 가속도는 10 m/s² 이며, $\pi = 3$ 으로 한다.)

(   ) 초

4. 여러 가지 단진동의 주기

(1) 원뿔 진자 : 가벼운 실에 매달린 추가 수평면 내에서 원운동하는 진자를 말한다.

① **원뿔 진자에 작용하는 힘** : 질량이 m 인 물체가 길이가 l 인 실에 매달려 연직 방향과 각 θ 만큼 기울어진 채 수평면 내에서 원운동을 할 때 추에 작용하는 중력의 수평 방향 성분 $mg\tan\theta$ 가 구심력이 되어 진자의 수평면상의 원운동이 성립한다. 이때 원뿔 진자에 작용하는 구심력은 다음과 같다.

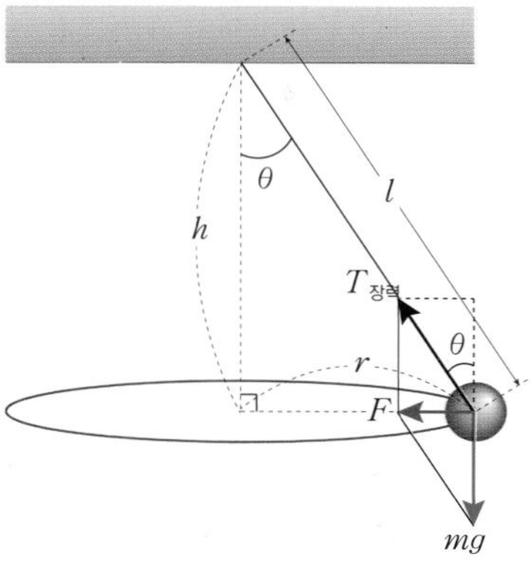

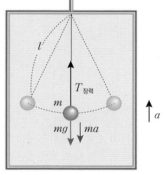

$$F = mg\tan\theta = mr\omega^2 = m\omega^2(l\sin\theta)$$

이때 실의 장력 $T = \dfrac{mg}{\cos\theta}$ 이다.

② **원뿔 진자의 주기** : $\omega = \sqrt{\dfrac{g}{l\cos\theta}}$ 이므로, 원뿔 진자의 주기 T 는 다음과 같다.

$$T = \frac{2\pi}{\omega} = 2\pi\sqrt{\frac{l\cos\theta}{g}} = 2\pi\sqrt{\frac{h}{g}}$$

(2) 연직 방향 가속도 a 로 운동하고 있는 엘리베이터의 천장에 매달린 단진자

① **진자에 작용하는 힘** : 중력 방향을 (+)로 한 경우, 엘리베이터가 위로 속력이 증가하거나 아래로 속력이 감소하는 운동을 하면, 내부의 단진자는 (+) 방향의 관성력을 받는다. 이때는 물체에 작용하는 중력이 증가하는 효과가 있다. 위 방향으로 속력이 감소하거나 아래 방향으로 속력이 증가하는 운동을 하면, 내부의 단진자는 (-) 방향의 관성력을 받는다. 이때는 중력이 감소하는 효과가 있다. 새로운 중력 가속도 g' 를 도입하여 다음과 같이 추에 작용하는 중력을 나타낼 수 있다.

$$F = mg' = m(g + a) \rightarrow g' = g + a$$

▲ 연직 위 방향으로 속도가 증가하는 등가속도 운동하는 엘리베이터의 천장에 매달린 단진자

② **진자의 주기** : 진자의 주기는 다음과 같이 새로운 중력 가속도 g' 를 사용하여 나타낼 수 있다.

$$T = 2\pi\sqrt{\frac{l}{g'}} = 2\pi\sqrt{\frac{l}{g + a}}$$

개념확인 6

정답 및 해설 **41**쪽

실의 한 끝을 천장에 고정하고, 아래 끝에 추를 매달아 수평면에서 원운동시켰다. 이 진자를 □□□□ (이)라고 한다.

확인 + 6

연직 위 방향으로 2 m/s² 의 가속도로 운동하고 있는 엘리베이터 천장에 매달린 길이가 3 m 인 단진자의 주기를 구하시오. (단, 실의 질량은 무시하고, 중력 가속도는 10 m/s² 이며, $\pi = 3$ 으로 한다.)

(   ) 초

● 원뿔 진자에 작용하는 힘

원뿔진자의 추에 작용하는 힘은 장력(T)과 중력(mg)으로 두 힘의 합력이 수평면상 원운동의 구심력이 된다.

$T + mg = F$(구심력)

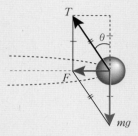

크기만 고려할 때
$T\cos\theta = mg$, $T\sin\theta = F$
$F = mg\tan\theta$
가 성립한다.

● 원뿔 진자의 각진동수 ω

원뿔 진자 추의 평면상 원운동에서의 구심력으로부터 각진동수 를 유도할 수 있다.
$F = mg\tan\theta = m\omega^2 l\sin\theta$
$\rightarrow \omega^2 = \dfrac{g\tan\theta}{l\sin\theta}$
$\therefore \omega = \sqrt{\dfrac{g}{l\cos\theta}}$

개념 다지기

01 오른쪽 그림과 같이 반지름이 A 인 원궤도를 일정한 각속도 ω 로 원운동하는 물체 P 에 평행 광선을 비추면 스크린에 나타난 그림자 Q 는 직선 상을 왕복 운동하게 된다. 이에 대한 설명으로 옳은 것만을 <보기>에서 있는 대로 고른 것은? (단, 물체 P 는 0 점에서 출발하여 t 초 후 1 위치에 처음 도달한다.)

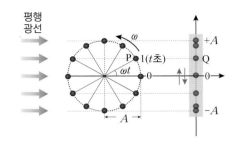

〈 보기 〉

ㄱ. 그림자 Q 의 주기는 $\dfrac{2\pi}{\omega}$ 이다.

ㄴ. t 초 후 그림자 Q 의 변위는 $A\cos\omega t$ 이다.

ㄷ. t 초 후 그림자 Q 의 가속도 크기는 $A\omega^2\sin\omega t$ 이다.

① ㄱ   ② ㄴ   ③ ㄷ   ④ ㄱ, ㄷ   ⑤ ㄱ, ㄴ, ㄷ

02 질량이 3 kg 인 물체가 진폭이 0.8 m 인 단진동 운동을 하고 있다. 4 초에 1 번 왕복을 한다면 이 물체의 최대 속력과 물체에 작용하는 힘의 최댓값을 바르게 짝지은 것은?

	속력	힘		속력	힘		속력	힘
①	0.2π m/s	$0.6\pi^2$ N	②	0.2π m/s	$1.2\pi^2$ N	③	0.4π m/s	$0.6\pi^2$ N
④	0.4π m/s	$1.2\pi^2$ N	⑤	0.8π m/s	$0.6\pi^2$ N			

03 오른쪽 그림과 같이 마찰이 없는 수평면 위에서 탄성 계수가 k 인 용수철에 매달린 추가 진폭 A 로 진동하고 있다. 추의 운동에 대한 설명으로 옳은 것만을 <보기>에서 있는 대로 고른 것은? (단, 마찰이나 공기 저항은 모두 무시한다.)

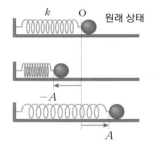

〈 보기 〉

ㄱ. 추의 최대 운동 에너지는 $\dfrac{1}{2}kA^2$ 이다.

ㄴ. 평형점 O 에서 추의 속력은 최대이고, 탄성 퍼텐셜 에너지가 모두 운동 에너지로 전환된다.

ㄷ. 변위가 A 인 지점에서 복원력이 최대이다.

① ㄱ   ② ㄴ   ③ ㄷ   ④ ㄱ, ㄷ   ⑤ ㄱ, ㄴ, ㄷ

04 질량 1 kg 인 추를 매달면 20 cm 가 늘어나는 용수철이 있다. 이 용수철에 질량이 2 kg 인 추를 매달고 원래 길이보다 80 cm 를 늘어나게 한 다음 손을 놓았다. 이 추의 진동 주기를 구하시오. (단, 용수철의 질량은 무시하고, 중력 가속도 10 m/s², $\pi = 3.14$ 로 한다.)

(   ) 초

05 오른쪽 그림은 천장에 고정되어 있는 길이 l 인 가벼운 줄에 질량 m 인 추가 매달려 진동하는 모습을 나타낸 것이다. 이때 주어진 조건이 다음 표와 같을 때, 각 경우의 단진자의 주기 T_A, T_B, T_C 의 크기의 비교가 바르게 된 것은? (단, θ 는 최대 진폭일 때 연직 방향과 이루는 각이다.)

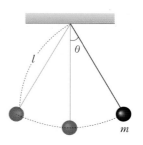

	A	B	C
m(kg)	2	3	4
l (m)	5	3	1
θ (°)	0.05	0.15	0.1

① $T_A = T_B = T_C$ ② $T_A > T_B = T_C$ ③ $T_A > T_B > T_C$

④ $T_B > T_C > T_A$ ⑤ $T_C > T_B > T_A$

06 오른쪽 그림과 같이 가벼운 줄에 물체를 매달아 P점에서 가만히 놓았더니 P, O, Q 사이에서 단진동하였다. 이 물체의 운동에 대한 설명으로 옳은 것만을 <보기>에서 있는 대로 고른 것은?

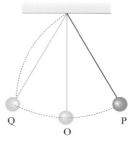

───── 〈 보기 〉─────

ㄱ. O 점에서 복원력과 가속도는 최대이다.

ㄴ. P 점에서 속력과 운동 에너지는 0 이다.

ㄷ. O 점을 지나면서부터 운동 에너지의 감소량이 퍼텐셜 에너지로 전환된다.

① ㄱ   ② ㄴ   ③ ㄷ   ④ ㄴ, ㄷ   ⑤ ㄱ, ㄴ, ㄷ

07 오른쪽 그림과 같이 질량이 m 인 무한이가 반지름이 r 인 회전 그네의 줄에 매달려 일정한 속도로 회전하고 있다. 줄이 연직 방향과 이루는 각도가 θ 일 때, 무한이의 운동 주기는? (단, 중력 가속도는 g 이다.)

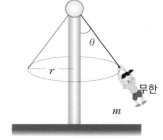

① $2\pi\sqrt{\dfrac{r}{g}}$ ② $2\pi\sqrt{\dfrac{r\tan\theta}{g}}$ ③ $2\pi\sqrt{\dfrac{g}{r\tan\theta}}$

④ $2\pi\sqrt{\dfrac{r}{g\tan\theta}}$ ⑤ $2\pi\sqrt{\dfrac{g\tan\theta}{r}}$

08 연직 아래 방향으로 3 m/s² 의 가속도로 운동하고 있는 엘리베이터 천장에 매달린 길이가 1.7 m 인 단진자의 주기를 구하시오. (단, 실의 질량은 무시하고, 중력 가속도는 9.8 m/s², $\pi = 3.14$ 로 한다.)

(   )초

유형5-1 단진동

다음 그래프는 O 점을 기준으로 어떤 물체의 속도를 위치에 따라 나타낸 것이다. 이 물체의 운동에 대한 설명으로 옳은 것만을 <보기>에서 있는 대로 고른 것은? (단, $v = A\omega\cos\omega t$ 로 나타낼 수 있다.)

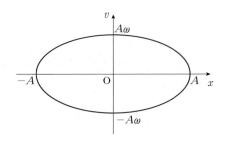

〈 보기 〉

ㄱ. 물체는 진폭이 $2A$ 인 단진동을 한다.
ㄴ. 변위가 A 일 때, 물체의 가속도는 최대이고, 그 크기는 $A\omega^2$ 이다.
ㄷ. t 초일 때, 물체의 변위는 $A\cos\omega t$ 이다.

① ㄱ   ② ㄴ   ③ ㄷ   ④ ㄱ, ㄴ   ⑤ ㄴ, ㄷ

---

01 다음 그래프는 원점 O 를 중심으로 x 축을 따라서 운동하고 있는 질량 0.1 kg 인 물체의 x 축 변위에 대한 퍼텐셜 에너지 변화를 나타낸 것이다. 이 물체의 운동에 대한 설명으로 옳은 것만을 <보기>에서 있는 대로 고른 것은?

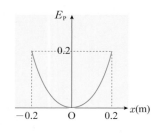

〈 보기 〉

ㄱ. 물체는 단진동하고 있다.
ㄴ. O 점을 통과할 때, 물체의 속력은 2 m/s 이다.
ㄷ. 물체의 운동 주기는 0.2π (초)이다.

① ㄱ   ② ㄴ   ③ ㄷ
④ ㄱ, ㄷ   ⑤ ㄱ, ㄴ, ㄷ

02 다음 그림은 반지름 A 인 원궤도를 따라 운동하는 물체가 P의 위치에서 출발한 후 그림자가 만드는 진동의 시간에 따른 변위를 나타낸 것이다.

각속도 ω 가 $\dfrac{\pi}{2}$ 일 때, 단진동의 최대 변위에서 가속도의 크기는? (단, 출발 후 t 초가 되었을 때 물체의 위치는 처음으로 Q 이다.)

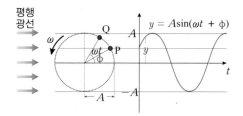

① $\dfrac{\pi^2}{8}A$ ② $\dfrac{\pi^2}{4}A$ ③ $\dfrac{\pi^2}{2}A$
④ $4\pi^2 A$ ⑤ $16\pi^2 A$

유형5-2 용수철 진자

그림 (가)는 용수철 상수가 k인 용수철에 질량이 1 kg 인 물체가 연결되어 평형점 O 를 중심으로 단진동하는 모습을 나타낸 것이고, 그림 (나)는 물체에 작용하는 알짜힘 F를 변위 x에 따라 나타낸 것이다. 물체의 운동에 대한 설명으로 옳은 것만을 <보기>에서 있는 대로 고른 것은? (단, 모든 마찰은 무시한다.)

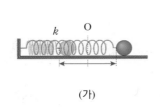

(가)

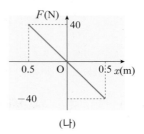

(나)

〈 보기 〉

ㄱ. 평형점 O를 지날 때, 물체의 속력은 $\sqrt{5}$ m/s이다.
ㄴ. 물체가 받는 힘의 방향과 변위의 방향은 같다.
ㄷ. 단진동 주기는 $\dfrac{\sqrt{5}}{10}\pi$ 초이다.

① ㄱ   ② ㄴ   ③ ㄷ   ④ ㄱ, ㄴ   ⑤ ㄱ, ㄷ

03 그림 (가)와 (나)는 길이가 $3L$ 인 용수철을 $2L$ 과 L 로 잘라 만든 두 용수철의 한 쪽 끝에 질량이 같은 물체 A 와 B 를 각각 연결한 모습을 나타낸 것이다. 두 용수철을 같은 힘으로 압축시킨 후 힘을 제거하였더니 물체 A 와 B 모두 단진동을 하였으며, 이때 물체 A 의 진폭은 x_0, 주기가 T_0 였다. 물체 B 의 진폭과 주기를 바르게 짝지은 것은?

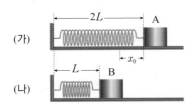

(가)

(나)

	진폭	주기		진폭	주기
①	$\dfrac{x_0}{2}$	$\dfrac{T_0}{2}$	②	$\dfrac{x_0}{2}$	$\dfrac{\sqrt{2}}{2}T_0$
③	$\dfrac{x_0}{2}$	$\sqrt{2}\,T_0$	④	x_0	$\dfrac{T_0}{2}$
⑤	x_0	$\dfrac{\sqrt{2}}{2}T_0$			

04 오른쪽 그림과 같이 길이가 L, 용수철 상수가 k 인 용수철에 질량이 m 인 물체를 매달고 A 점에서 가만히 놓았더니 A 점과 B 점 사이를 단진동하였다. 물체의 운동에 대한 설명으로 옳은 것만을 <보기>에서 있는 대로 고른 것은? (단, 중력 가속도는 g 이다.)

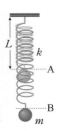

〈 보기 〉

ㄱ. 용수철 진자의 주기는 $\dfrac{1}{2\pi}\sqrt{\dfrac{k}{m}}$ 이다.
ㄴ. A점은 물체의 평형 위치이다.
ㄷ. A → B 의 운동에서는 탄성력에 의한 퍼텐셜 에너지는 증가한다.

① ㄱ   ② ㄴ   ③ ㄷ
④ ㄱ, ㄷ   ⑤ ㄱ, ㄴ, ㄷ

유형5-3 단진자

오른쪽 그림은 천장에 고정되어 있는 길이가 l 인 가벼운 줄에 질량이 m 인 추가 매달려 진동하는 모습을 나타낸 것이다. 이 물체의 운동에 대한 설명으로 옳은 것만을 <보기>에서 있는 대로 고른 것은? (단, 모든 마찰은 무시하며, 중력 가속도는 g 이고, 각 θ 는 최대 진폭일 때 연직 방향과 이루는 각으로 매우 작다고 가정한다)

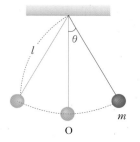

〈 보기 〉

ㄱ. 물체가 최대 진폭 위치에 있을 때 복원력의 크기는 $mg\sin\theta$ 이다.
ㄴ. 물체의 질량을 2 배로 하고, 줄의 길이를 4 배로 하면 주기는 2 배가 된다.
ㄷ. O 점을 지날 때 물체의 속력과 운동 에너지는 최대가 된다.

① ㄱ   ② ㄴ   ③ ㄷ   ④ ㄱ, ㄴ   ⑤ ㄱ, ㄴ, ㄷ

---

05 그림은 천장에 고정되어 있는 길이가 l 인 가벼운 줄에 질량이 m 인 추가 매달려 진동하는 모습을 나타낸 것이다. 이때 진자의 주기를 2배로 증가시킬 수 있는 방법으로 옳은 것만을 <보기>에서 있는 대로 고른 것은? (단, 모든 마찰은 무시하며, 중력 가속도는 g 이고, 각 θ 는 매우 작다.)

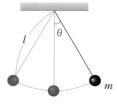

〈 보기 〉

ㄱ. 질량이 $2m$ 인 추로 바꾼다.
ㄴ. 길이가 $4l$ 인 줄로 바꾼다.
ㄷ. θ 를 2 배로 늘인다.
ㄹ. 중력 가속도가 $\dfrac{g}{4}$ 인 곳에서 측정한다.

① ㄱ, ㄷ   ② ㄱ, ㄹ   ③ ㄴ, ㄹ
④ ㄱ, ㄴ, ㄹ   ⑤ ㄴ, ㄷ, ㄹ

06 다음 그림은 천장에 고정되어 있는 단진자가 운동하고 있을 때 천장에서 비추는 평행 광선에 의해 지면에 나타난 그림자가 단진동하는 것을 나타낸 것이다. 이에 대한 설명으로 옳은 것만을 <보기>에서 있는 대로 고른 것은? (단, 모든 마찰은 무시하며, 중력 가속도는 g 이고, 각 θ 는 매우 작다.)

〈 보기 〉

ㄱ. 추의 최대 속력과 그림자의 최대 속력은 같다.
ㄴ. 실의 길이를 짧게 하면 그림자의 단진동 주기도 짧아진다.
ㄷ. 추의 질량을 늘리면 그림자의 진동수는 작아진다.

① ㄱ   ② ㄴ   ③ ㄷ
④ ㄱ, ㄴ   ⑤ ㄱ, ㄴ, ㄷ

유형5-4 여러 가지 단진동의 주기

그림 (가)는 정지 상태의 엘리베이터 천장에 연결되어 있는 길이가 l 인 가벼운 줄에 질량이 m 인 추가 연결되어 단진동하는 것을 나타낸 것이고, 그림 (나)는 이 엘리베이터의 시간에 따른 속력 변화를 나타낸 것이다. 이 물체의 운동에 대한 설명으로 옳은 것만을 <보기>에서 있는 대로 고른 것은? (단, 위쪽을 (+)방향으로 하며, 엘리베이터의 운동 방향은 (+)방향이다. 중력 가속도는 g 이다.)

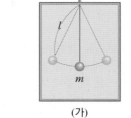

(가)

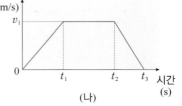

(나)

〈 보기 〉

ㄱ. 0 ~ t_1 초에 진자의 주기는 $\dfrac{1}{2\pi}\sqrt{\dfrac{t_1 g + v_1}{l t_1}}$ 이다.

ㄴ. t_1 ~ t_2 초 동안 엘리베이터 내부는 관성 좌표계에 해당한다.

ㄷ. t_2 ~ t_3 초 동안 엘리베이터 내부에서 볼 때, 진자에 작용하는 힘은 $mg - \dfrac{mv_1}{t_3 - t_2}$ 이다.

① ㄱ   ② ㄴ   ③ ㄷ   ④ ㄱ, ㄴ   ⑤ ㄴ, ㄷ

07 다음 그림은 질량이 m 인 물체가 길이가 l 인 실에 매달려 연직 방향과 각 θ 만큼 기울어진 채 수평면 내에서 원운동하고 있는 것을 나타낸 것이다. 이에 대한 설명으로 옳은 것만을 <보기>에서 있는 대로 고른 것은? (단, 모든 마찰은 무시하며, 중력 가속도는 g 이고, 각 θ 는 매우 작다.)

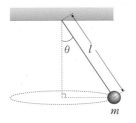

〈 보기 〉

ㄱ. 원뿔 진자의 각진동수 ω 는 $\sqrt{\dfrac{l\cos\theta}{g}}$ 이다.

ㄴ. $mg\tan\theta$ 가 구심력이 되어 물체는 원운동을 한다.

ㄷ. 추의 질량이 클수록 주기가 길어진다.

① ㄱ   ② ㄴ   ③ ㄷ
④ ㄱ, ㄴ   ⑤ ㄴ, ㄷ

08 다음 그림은 용수철 상수가 k 인 용수철의 아래 끝에 질량이 m 인 추를 매달고 일정한 각속도 ω 로 수평면 상에서 원운동하고 있는 것을 나타낸 것이다. 이때 용수철의 늘어난 길이 x 는 얼마인가? (단, 용수철은 각 θ 만큼 연직 방향에서 기울어져 있으며 질량은 무시할만큼 작고, 운동하고 있는 동안 용수철의 길이는 l 이다.)

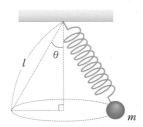

① $\dfrac{m\omega^2}{kl}$ ② $\dfrac{kl}{m\omega^2}$ ③ $\dfrac{k}{ml\omega^2}$

④ $\dfrac{ml\omega^2}{k}$ ⑤ $l - \dfrac{m\omega^2}{k}$

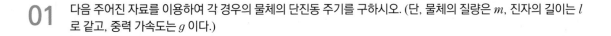
01 다음 주어진 자료를 이용하여 각 경우의 물체의 단진동 주기를 구하시오. (단, 물체의 질량은 m, 진자의 길이는 l 로 같고, 중력 가속도는 g 이다.)

(1) 오른쪽 그림과 같이 오른쪽 방향으로 운동하는 자동차 천장에 연직 방향과 각 θ 만큼 기울어진 채 걸려 있는 진자를 A 지점까지 기울였다 놓았더니 AB 사이에서 진동하는 경우

〈 자료 〉
① $\sec^2\theta - \tan^2\theta = 1$
② $\sec\theta = \dfrac{1}{\cos\theta}$

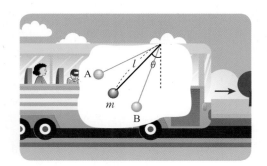

(2) 오른쪽 그림과 같이 경사각이 θ 인 마찰이 없는 빗면 위의 한 점 O 에 고정된 단진자의 경우 (단, 모든 마찰은 무시한다.)

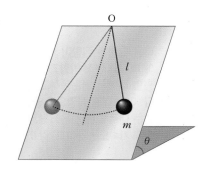

02 다음 그림과 같이 질량이 M 인 물체가 용수철 상수가 k 인 용수철의 끝에 매달려 정지해 있다. 이때 질량이 m 인 총알이 속도 v 로 날아와 물체에 박힌 후 단진동 운동을 하였다. 단진동의 주기와 진폭, 용수철이 최대로 압축될 때까지 걸리는 시간을 각각 구하시오. (단, 용수철의 질량과 지표면과 물체 사이의 마찰은 무시한다.)

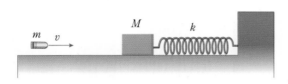

03 다음 그림과 같이 밀도가 ρ, 높이가 h, 단면적이 A 인 직육면체 모양의 물체를 밀도가 ρ_0 인 액체에 넣었더니 물체는 h_0 만큼 잠긴 후 그 상태를 유지하였다. 물음에 답하시오. (단, 물체의 단면적 A 인 면은 액체의 표면과 항상 나란하게 평행을 유지한다.)

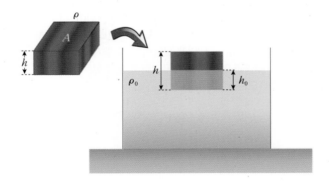

(1) 물체가 받는 부력의 크기는 얼마인가? (단, 중력 가속도는 g 이다.)

(2) 평형 상태의 물체를 액체 속으로 x 만큼 더 밀어 넣었을 때 작용하는 복원력의 크기와 그 상태에서 손을 떼었을 때 물체의 진동 주기를 구하시오. (단, $x \ll h$ 이다.)

04 다음 그림과 같이 질량이 10 kg 인 물체가 용수철 상수가 1,000 N/m 인 용수철의 한쪽 끝에 매달려 평형점 O 에 정지해 있다가 평형점으로부터 0.2 m 오른쪽으로 당긴 후 놓았더니 물체는 왕복 운동을 한 후 정지하였다. 물체가 운동을 완전히 멈춘 위치를 구하시오. (단, 물체와 면 사이에는 운동 마찰 계수 0.4, 정지 마찰 계수 0.8 의 마찰이 있으며, 중력 가속도는 10 m/s^2 이고, $\pi = 3$ 이다.)

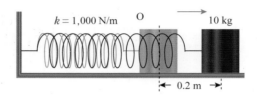

05 그림과 같이 질량이 m 인 추가 움직 도르래와 고정 도르래에 연결되어 있고, 움직 도르래와 지면 사이에는 용수철 상수 k 인 용수철이 연결되어 있다. 이 때 추를 용수철이 늘어나지 않은 상태로 받치고 있다가 놓으니 추가 한 지점을 중심으로 위아래로 단진동을 하였다. 이때 물체의 운동 주기를 구하시오. (단, 용수철, 줄, 도르래의 질량과 마찰은 모두 무시하며, 용수철은 탄성 한계 내에서 진동하고, 중력 가속도는 g 이다.)

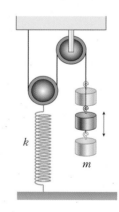

06 다음 그림은 용수철 상수가 k 인 용수철과 움직 도르래를 사용하여 진자를 만든 것을 나타낸 것이다. 이 진자에 질량이 m 인 추를 매달아 용수철의 자연 길이 상태에서 가만히 놓았다. 물음에 답하시오. (단, 용수철과 도르래의 질량, 모든 마찰은 무시하며, 중력 가속도는 g 이다.)

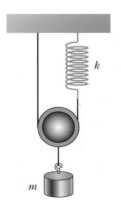

(1) 추를 살짝 잡아당겼다가 놓아서 추를 진동시켰을 때, 추의 진동 주기를 구하시오.

(2) 평형 상태에서 추를 A 만큼 아래 방향으로 잡아당겼다가 놓았을 때, 물체의 속도의 최댓값과 가속도의 최댓값을 구하시오.

스스로 실력높이기

A

01 질량이 3 kg 인 물체가 50 cm 의 진폭으로 단진동 운동을 하고 있다. 1 초에 4 번 왕복 운동을 한다면 물체의 최고 속력은?

① 0.25π m/s   ② π m/s   ③ 4π m/s
④ 8π m/s   ⑤ 16π m/s

02 질량이 2 kg 인 물체가 50 cm 의 진폭으로 단진동 운동을 하고 있다. 단진동 진동수가 10 Hz 라면, 물체에 작용하는 힘의 최댓값은?

① $20\pi^2$ N   ② $40\pi^2$ N   ③ $160\pi^2$ N
④ $200\pi^2$ N   ⑤ $400\pi^2$ N

03 용수철에 매달린 질량이 0.1 kg 인 추를 평형 상태에서 조금 잡아당겼다가 가만히 놓았더니 수평면 위에서 단진동하였다. 이때 단진동 운동의 주기는? (단, 모든 마찰은 무시하며, 용수철 상수는 0.4 N/m 이다.)

(   ) 초

04 질량을 무시할 수 있는 용수철이 천장에 수직으로 달려 있다. 이 용수철에 0.5 kg 인 물체를 매달았더니 용수철이 25 cm 늘어난 후 멈췄다. 물음에 답하시오. (단, 중력 가속도는 10 m/s² 이다.)

(1) 평형 위치에서 물체를 20 cm 잡아당겼다가 놓으려고 할 때, 필요한 힘의 크기는?

(   ) N

(2) 물체의 진동 주기는 얼마인가?

(   ) 초

05 다음 그림은 마찰이 없는 표면 위에 놓인 용수철 진자가 평형점 O 를 중심으로 A 점과 B 점 사이를 왕복 운동하고 있는 모습을 나타낸 것이다. ㉠ 운동 에너지가 최대인 점과 ㉡ 복원력의 크기가 최대인 점을 각각 고르시오.

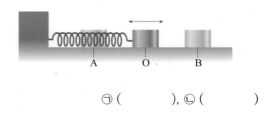

㉠ (   ), ㉡ (   )

06 다음 빈칸에 알맞은 말을 각각 쓰시오.

가벼운 실에 매달린 추가 작은 진폭으로 왕복 운동하는 것을 ㉠ (   )(이)라고 한다. 이때 주기는 진자의 ㉡ (   ) 의 제곱근에 비례하고, ㉢ (   ) 의 제곱근에 반비례한다.

07 오른쪽 그림은 질량이 m 인 물체가 길이가 l 인 가벼운 줄에 매달려 단진동하는 것을 나타낸 것이다. 각 θ 가 매우 작을때, 최대 진폭에서 추에 작용하는 복원력의 크기를 바르게 나타낸 것은? (단, θ 는 최대 진폭일 때 연직 방향과 이루는 각이다.)

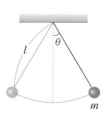

① mg ② $mg\sin\theta$ ③ $mg\cos\theta$
④ $mg\tan\theta$ ⑤ $mg\sin\theta + mg\cos\theta$

08 지구에서 측정한 단진자의 주기는 T 였다. 이 단진자를 달에 가지고 간 후 주기를 측정한다면 주기는 얼마일까? (단, 지구의 중력 가속도는 달의 중력 가속도의 6배이다.)

① T　　　　　② $\sqrt{6}\,T$　　　　　③ $2\sqrt{6}\,T$
④ $6T$　　　　　⑤ $36T$

09 다음 그림은 질량이 m 인 물체가 길이가 l 인 가벼운 줄에 매달려 연직 방향과 각 θ 만큼 기울어진 채 수평면 내에서 원운동하는 것을 나타낸 것이다. 이 원뿔 진자의 주기는? (단, 중력 가속도는 g 이다.)

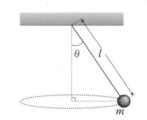

① $2\pi\sqrt{\dfrac{l}{g}}$　　② $2\pi\sqrt{\dfrac{l}{g\cos\theta}}$　　③ $2\pi\sqrt{\dfrac{g}{l\cos\theta}}$

④ $2\pi\sqrt{\dfrac{l\cos\theta}{g}}$　　⑤ $2\pi\sqrt{\dfrac{g\cos\theta}{l}}$

10 연직 아래 방향으로 속력이 증가하는 등가속도 a 로 운동을 하고 있는 엘리베이터가 있다. 이 엘리베이터 천장에 매달린 길이가 1.5 m 인 단진자의 주기가 3 초 였다면, 가속도 a 의 크기는 얼마인가? (단, 실의 질량은 무시하고, 중력 가속도는 10 m/s², $\pi = 3$ 으로 한다.)

(　　　　　) m/s²

B

11 그림 (가)는 마찰이 없는 수평면에서 탄성 계수가 20 N/m 인 용수철에 매달린 물체가 O 점을 중심으로 단진동하고 있는 것을 나타낸 것이고, 그림 (나)는 물체의 운동을 시간에 따른 변위로 나타낸 것이다. 이 물체의 질량은?

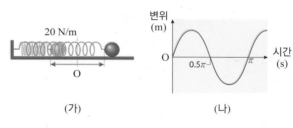

(가)　　　　　　　　　(나)

① $\sqrt{5}$ kg　　② 5 kg　　③ $5\sqrt{5}$ kg
④ 10 kg　　⑤ 20 kg

12 자동차는 용수철 상수가 22,400 N/m 로 같은 용수철 네개가 자동차 차체를 지지하도록 설계되어 있다. 질량이 각각 60 kg, 40 kg 인 무한이와 상상이가 같이 자동차를 타고 가던 중 직선 도로의 중앙의 움푹 팬 곳을 지나가면서 자동차가 연직으로 진동하였다. 이때 자동차의 진동수는? (단, 자동차의 질량은 1,300 kg 이다.)

① $\dfrac{\pi}{8}$ Hz　　② $\dfrac{\pi}{4}$ Hz　　③ $\dfrac{4}{\pi}$ Hz

④ $\dfrac{8}{\pi}$ Hz　　⑤ 2π Hz

13 다음 그림과 같이 동일한 용수철에 연결된 물체 A 와 B 를 각각 평형 위치 O 로 부터 $2L$, L만큼 당겼다가 가만히 놓았더니 각각 단진동하였다. 물체 A 와 B 의 역학적 에너지 비 $E_A : E_B$는? (단, 용수철의 질량, 수평면 사이의 마찰 및 공기 저항은 모두 무시한다.)

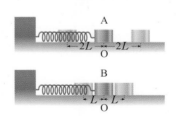

① 1 : 1　　② 1 : 2　　③ 1 : 4
④ 4 : 1　　⑤ 8 : 1

14 그림 (가)는 마찰이 없는 수평면 위에서 용수철 진자가 원점 O 를 중심으로 진폭 A 로 단진동하고 있는 것을 나타낸 것이고, 그림 (나)는 용수철 진자의 역학적 에너지 변화를 변위에 따라 나타낸 것이다. 이에 대한 설명으로 옳은 것만을 <보기>에서 있는 대로 고른 것은?

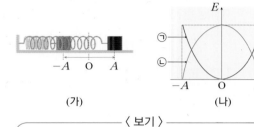

(가)　　　　　　　(나)

〈 보기 〉

ㄱ. ㉠은 용수철의 탄성 퍼텐셜 에너지이다.
ㄴ. O 점에서 물체의 속력과 복원력은 최대이다.
ㄷ. O 점에서 $+A$ 까지 이동하는 동안 물체의 운동 에너지가 탄성 퍼텐셜 에너지로 전환된다.

① ㄱ　　　　　② ㄴ　　　　　③ ㄷ
④ ㄱ, ㄷ　　　　⑤ ㄱ, ㄴ, ㄷ

15 다음 그림과 같이 용수철 상수 200 N/m 인 용수철에 매달린 2 kg 의 물체가 마찰이 없는 수평면 위에서 단진동하고 있다. 물체가 평형점 O 로부터 0.1m 떨어진 지점에서의 속도가 1 m/s 일 때, ㉠ 물체의 최대 변위와 ㉡ 평형점에서의 물체의 속도가 바르게 짝지어진 것은?

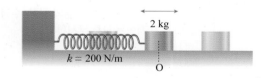

	㉠	㉡		㉠	㉡
①	$\frac{\sqrt{2}}{10}$ m	$\sqrt{2}$ m/s	②	$\frac{2}{10}$ m	2 m/s
③	$\sqrt{2}$ m	$\sqrt{2}$ m/s	④	2 m	2 m/s
⑤	$\frac{\sqrt{5}}{5}$ m	$\sqrt{2}$ m/s			

16 오른쪽 그림과 같이 질량을 무시할 수 있는 가벼운 용수철을 천장에 고정시킨 후 다른 쪽 끝에 추를 매달아 잡아 당긴 후 놓아 단진동시켰다. 이 진자의 주기를 길게 하기 위한 방법으로 옳은 것만을 <보기>에서 있는 대로 고른 것은?

〈 보기 〉

ㄱ. 더 무거운 추로 바꾼다.
ㄴ. 용수철을 반으로 자른다.
ㄷ. 추를 더 많이 잡아 당긴 후 놓는다.
ㄹ. 용수철 상수가 더 작은 용수철로 바꾼다.

① ㄱ, ㄹ　　　② ㄴ, ㄷ　　　③ ㄱ, ㄴ, ㄷ
④ ㄱ, ㄷ, ㄹ　　⑤ ㄴ, ㄷ, ㄹ

17 그림 (가)와 (나)는 진동수가 서로 같은 용수철 진자와 단진자를 각각 나타낸 것이다. 이때 두 진자의 추의 질량은 같다.

(가)　　　　　　　(나)

두 진자를 다음과 같은 조건으로 변화시켰을 때, 용수철 진자의 주기($T_{용}$)와 단진자의 주기($T_{단}$)를 바르게 비교한 것은? (단, 중력 가속도는 g 이고, 모든 마찰과 공기 저항은 무시한다.)

㉠ 두 진자의 추의 질량과 진폭을 각각 4 배로 늘린다.
㉡ 연직 아래 방향의 일정한 가속도 0.5g 로 운동하고 있는 엘리베이터에서 두 진자의 주기를 측정한다.

① $T_{용} = T_{단}$　　　② $T_{용} = \sqrt{2}\,T_{단}$
③ $\sqrt{2}\,T_{용} = T_{단}$　　④ $T_{용} = 2T_{단}$
⑤ $2T_{용} = T_{단}$

18 다음 그림과 같이 질량이 m 인 물체를 용수철 상수가 k 인 용수철에 매달았더니 처음 길이 L 보다 h_0 만큼 늘어난 A지점에서 정지하였다. 이 상태에서 물체를 B지점까지 h 만큼 잡아당겼다가 가만히 놓았더니 물체는 상하로 단진동하였다. 이에 대한 설명으로 옳은 것만을 <보기>에서 있는 대로 고른 것은? (단, 용수철의 질량과 모든 공기 저항과 마찰은 무시하고, 중력 가속도는 g 이다.)

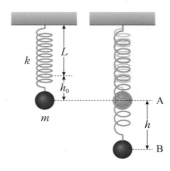

〈 보기 〉

ㄱ. 주기는 $2\pi\sqrt{\dfrac{h_0}{g}}$ 이다.

ㄴ. 물체가 단진동할 때, A 지점과 B 지점에서 역학적 에너지는 같다.

ㄷ. B 지점에서 물체에 작용하는 알짜힘의 크기는 $mg - kh$ 이다.

① ㄱ   ② ㄴ   ③ ㄱ, ㄴ
④ ㄴ, ㄷ   ⑤ ㄱ, ㄴ, ㄷ

C

19 그림 (가)와 같이 매끄러운 수평면 위에서 한쪽 끝이 고정된 용수철의 다른 한쪽 끝에 수레를 매달고 평형점 O 로 부터 50 cm 당겼다가 놓았다. 그림 (나)는 수레가 왕복하는 동안 시간에 따른 속도를 나타낸 것이다. 수레를 평형점 O 로 부터 25 cm 당겼다가 놓았을 때, 수레의 속도-시간 그래프로 옳은 것은? (단, 공기의 저항 및 모든 마찰은 무시한다.)

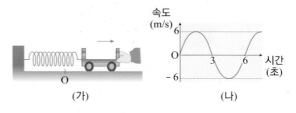

(가)   (나)

① 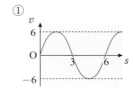   ②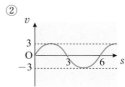

③ 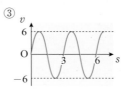   ④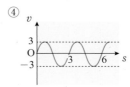

⑤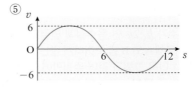

20 다음 그림과 같이 마찰이 없는 수평면 위에 연결된 용수철에 물체 A 와 B 를 접촉시킨 후, 손으로 물체 B 를 밀어서 평형점 O 로부터 x 만큼 압축시켰다. 압축시킨 상태에서 손을 놓았더니 물체 A 와 B 는 함께 운동하다가 어느 지점에서 분리된 후 물체 A 는 단진동하였다. 이때 물체 A 의 진폭은 얼마인가? (단, 물체 A 와 B 의 질량은 각각 $2m$, m 이고, 용수철 상수는 k 이며, 용수철의 질량, 물체의 크기, 공기 저항은 모두 무시한다.)

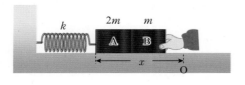

① $\dfrac{\sqrt{6}}{6}x$ ② $\dfrac{\sqrt{6}}{3}x$ ③ $\dfrac{\sqrt{6}}{2}x$

④ $\dfrac{1}{2}x$ ⑤ x

21 용수철 상수가 k, $2k$ 인 용수철에 연결된 질량이 각각 $2m$, m 인 물체 A 와 B 를 늘어나지 않는 가벼운 실로 연결하였더니 다음 그림과 같이 수평면에 정지해 있었다. 실이 끊어진 후 물체 A 와 B 가 각각 단진동을 하였을 때 이에 대한 설명으로 옳은 것만을 <보기>에서 있는 대로 고른 것은? (단, 모든 마찰은 무시하고, 두 물체는 서로 충돌하지 않을 정도로 멀리 떨어져 있다.)

[수능 기출 유형]

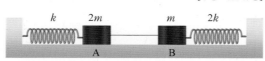

――〈 보기 〉――
ㄱ. 주기는 A 가 B 의 2 배이다.
ㄴ. 실이 끊어지기 전, A 를 연결한 용수철이 늘어난 길이가 x 라면, B 를 연결한 용수철이 늘어난 길이는 $2x$ 이다.
ㄷ. A 와 B 의 최대 속력은 같다.

① ㄱ   ② ㄴ   ③ ㄷ
④ ㄱ, ㄷ   ⑤ ㄱ, ㄴ, ㄷ

22 길이가 L_0 인 용수철에 그림 (가)와 같이 물체를 매달았더니 원래 길이보다 L 만큼 늘어나 정지하였다. (가)의 용수철과 물체를 그림 (나)와 같이 마찰이 없는 수평면 위에 놓고 평형 위치에서 L 만큼 잡아당긴 후 놓았더니 물체가 단진동하였다. 이때 물체의 최대 속력은? (단, 용수철의 질량과 모든 마찰과 공기 저항은 무시하고, 중력 가속도는 g 이다.)

[수능 평가원 기출 유형]

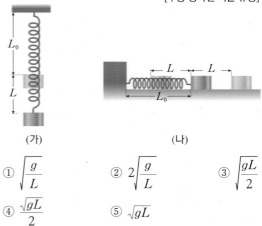

(가)   (나)

① $\sqrt{\dfrac{g}{L}}$ ② $2\sqrt{\dfrac{g}{L}}$ ③ $\sqrt{\dfrac{gL}{2}}$

④ $\dfrac{\sqrt{gL}}{2}$ ⑤ $\sqrt{gL}$

23 다음 그림과 같이 위아래로 고정된 길이가 L 인 실의 중간 지점에 질량이 m 인 물체가 매달려 있다. 이때 물체를 수평 방향으로 살짝 잡아당긴 후 가만히 놓았더니 물체는 수평 방향으로 왕복 운동을 하였다. 물체의 진동 주기를 구하시오. (단, 최대 진폭인 지점에서 윗 줄의 장력은 T 이고, 물체의 크기는 무시한다.)

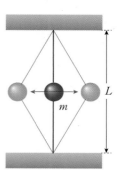

(   )

24 그림 (가)와 (나)는 질량이 같은 물체가 길이 L 인 가벼운 실에 연결되어 수평면 내에서 원운동하고 있는 것을 나타낸 것이다. 연직 방향과 이루는 각 $\theta_A > \theta_B$ 일 때, 이에 대한 설명으로 옳은 것만을 <보기>에서 있는 대로 고른 것은? (단, 중력 가속도는 g 이고, 물체의 크기와 공기 저항은 무시한다.)

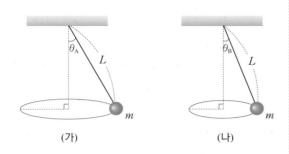

(가)   (나)

〈 보기 〉

ㄱ. 물체에 작용하는 구심력은 (가)가 (나)보다 더 크다.
ㄴ. 실의 장력은 (나)가 (가)보다 더 크다.
ㄷ. 한 바퀴 회전하는 데 걸리는 시간은 (가)가 (나)보다 길다.

① ㄱ   ② ㄴ   ③ ㄷ
④ ㄱ, ㄴ   ⑤ ㄱ, ㄴ, ㄷ

심화

25 그림 (가)와 같이 질량이 같은 두 물체 A 와 B 를 접촉시킨 후, 물체 A 에 벽에 고정된 용수철 상수가 k 인 용수철을 연결하였다. 그림 (나)는 물체 B 와 A 를 접촉시킨 후, 이를 평형 위치 O 에서 왼쪽 방향으로 x 만큼 압축시킨 후 놓았을 때부터 물체 A 의 속도를 시간에 따라 나타낸 것이다. 이에 대한 설명으로 옳은 것만을 <보기>에서 있는 대로 고른 것은? (단, 용수철의 질량, 물체의 크기, 모든 마찰과 공기 저항은 무시한다.)

[MEET/DEET 기출 유형]

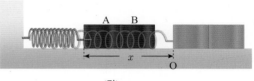

(가)

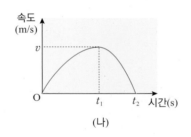

(나)

〈 보기 〉

ㄱ. $t_1 : t_2 = \sqrt{2} : 1$ 이다
ㄴ. t_1 에서 물체 B 의 운동 에너지는 $\frac{1}{4}kx^2$ 이다.
ㄷ. t_1 에서 t_2 동안 물체 A 가 이동한 거리는 $\frac{\sqrt{2}}{2}x$ 이다.

① ㄱ   ② ㄴ   ③ ㄱ, ㄴ
④ ㄱ, ㄷ   ⑤ ㄴ, ㄷ

26 오른쪽 그림과 같이 용수철 상수가 k, 길이가 L 인 동일한 용수철 A 와 B 를 이용하여 질량 m 인 추를 간격이 $2L$ 인 P 점과 Q 점 사이에 연직 방향으로 연결하였다. 이에 대한 설명으로 옳은 것만을 <보기>에서 있는 대로 고른 것은? (단, 공기의 저항과 마찰, 물체의 크기, 용수철의 질량은 모두 무시하고, 중력 가속도는 g 이다.)

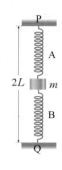

< 보기 >

ㄱ. 물체에 작용하는 탄성력의 방향은 위쪽 방향 이다.

ㄴ. 물체가 정지해 있는 위치는 P 점으로부터 $\dfrac{mg}{2k}$ 만큼 떨어진 곳이다.

ㄷ. 정지한 위치에서 약간 아래로 당겼다가 놓았을 때 물체는 $2\pi\sqrt{\dfrac{m}{2k}}$ 의 주기로 단진동한다.

① ㄱ   ② ㄷ   ③ ㄱ, ㄷ
④ ㄴ, ㄷ   ⑤ ㄱ, ㄴ, ㄷ

27 다음 그림과 같이 가볍고 늘어나지 않는 길이가 $3L$ 인 실에 매달린 추가 작은 진폭으로 왕복 운동하고 있다. 이 단진자의 주기는 얼마인가? (단, 공기의 저항과 마찰은 모두 무시하고, 중력 가속도는 g 이다.)

[KPhO 기출유형]

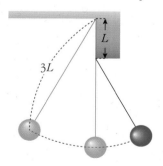

① $\pi\sqrt{\dfrac{3L}{g}}$ ② $2\pi\sqrt{\dfrac{3L}{g}}$

③ $\pi\left(\sqrt{\dfrac{2L}{g}} + \sqrt{\dfrac{3L}{g}}\right)$ ④ $2\pi\left(\sqrt{\dfrac{2L}{g}} + \sqrt{\dfrac{3L}{g}}\right)$

⑤ $\pi\sqrt{\dfrac{5L}{g}}$

28 그림 (가)는 질량이 같은 두 물체 A 와 B 를 용수철로 연결한 뒤 물체 A 를 벽쪽으로 밀어 압축시킨 것을 나타낸 것이고, 그림 (나)는 A 를 놓은 후 두 물체가 운동하는 것을 나타낸 것이다. 이때 B 가 벽에서 떨어지는 순간부터 A 와 B 의 속도를 시간에 따라 나타낸 것이 그림 (다)이다. 이에 대한 설명으로 옳은 것만을 <보기>에서 있는 대로 고른 것은? (단, 모든 마찰은 무시한다.)

[특목고 기출 유형]

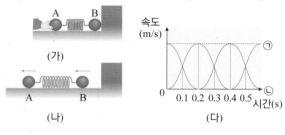

< 보기 >

ㄱ. ㉠은 A, ㉡은 B 의 운동을 나타낸 그래프이다.

ㄴ. 출발 후 최초로 두 물체가 가장 가까워지는 순간은 0.3 초일 때이다.

ㄷ. 0.2 ~ 0.3 초 동안 물체 A 에 작용하는 탄성력의 방향과 운동 방향은 같다.

① ㄱ   ② ㄷ   ③ ㄱ, ㄴ
④ ㄴ, ㄷ   ⑤ ㄱ, ㄴ, ㄷ

29 다음 그림과 같이 균일한 전기장 E 속에 (−)전하를 띤 대전 입자가 길이가 L 인 가벼운 줄에 매달려 연직선과 각 θ 를 이룬 상태에서 정지해 있다. 이 입자를 약간 기울였다 가만히 놓았더니 단진동하였다. 다음 자료를 참고로 하여 이 단진자의 주기를 구하시오. (단, 중력 가속도는 g 이고, 대전 입자가 받는 전기력(F)의 크기는 전하량 × 전기장(E)이다.)

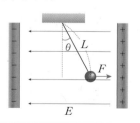

① $\sec^2\theta = 1 + \tan^2\theta$, ② $\sec^2\theta = \dfrac{1}{\cos^2\theta}$

(   )

30 다음 그림은 질량이 m 인 물체가 연결되어 있는 길이가 l 인 두 단진자가 용수철 상수가 k 인 용수철에 연결되어 있는 것을 나타낸 것이다. 평형 상태에서 용수철은 원래 길이를 유지하고 있다. 두 단진자를 서로 반대 방향으로 밀어 용수철을 살짝 압축시켰다가 놓았을 때, 단진자의 각진동수 ω 를 구하시오. (단, 용수철의 질량과 공기 저항은 모두 무시하고, 중력 가속도는 g 이다.)

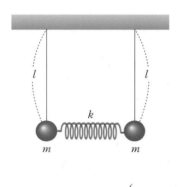

(   )

31~32 다음 그림은 마찰이 없는 수평면 위에서 질량이 m 으로 같은 두 물체 A, B 가 포개어져 각각 용수철 상수가 k, $3k$ 인 용수철에 연결되어 있는 것을 나타낸 것이다. 정지 상태에서 용수철 상수가 k 인 용수철은 x_1 만큼 늘어나 있다. 물음에 답하시오. (단, 두 물체 사이의 정지 마찰 계수는 μ_s, 중력 가속도는 g 이다.)

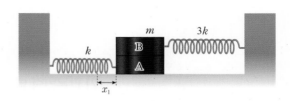

31 두 물체가 서로 미끄러지지 않고 함께 단진동하기 위한 진폭의 최댓값 A 을 바르게 나타낸 것은? (단, $A < x_1$ 이다.)

① $x_1 + \dfrac{\mu_s mg}{2k}$ ② $x_1 - \dfrac{\mu_s mg}{k}$

③ $4kx_1 - \mu_s mg$ ④ $2(2kx_1 + \mu_s mg)$

⑤ $2(2kx_1 - \mu_s mg)$

32 $\mu_s = \dfrac{kx_1}{3mg}$ 일 때, 두 물체가 최대 진폭으로 함께 진동하는 경우에 진동 속도의 최댓값으로 옳은 것은?

① $x_1\sqrt{\dfrac{k}{m}}$ ② $x_1\sqrt{\dfrac{4k}{3m}}$ ③ $x_1\sqrt{\dfrac{8k}{9m}}$

④ $2x_1\sqrt{\dfrac{k}{m}}$ ⑤ $4x_1\sqrt{\dfrac{2k}{m}}$

6강 행성의 원운동

1. 만유인력 법칙 2. 만유인력과 중력 3. 만유인력에 의한 역학적 에너지 4. 인공위성의 운동Ⅰ 5. 인공위성의 운동Ⅱ

1. 만유인력 법칙

(1) 만유인력 법칙

① **만유인력** : 질량을 가진 모든 물체 사이에는 서로 잡아당기는 힘(인력)이 작용한다. 이 힘을 만유인력이라고 한다. 지구와 물체 사이에 작용하는 만유인력이 중력이다.

② **만유인력 법칙** : 질량이 m_1, m_2 인 두 물체 사이에 작용하는 만유인력의 크기 F 는 두 물체의 질량의 곱에 비례하고, 두 물체 사이의 거리의 제곱 r^2 에 반비례한다는 법칙을 말한다. 뉴턴의 중력 법칙이라고도 한다.

$$F = G\frac{m_1 m_2}{r^2} \quad (G : \text{만유인력 상수 또는 중력 상수})$$

(2) 만유인력 법칙과 케플러 법칙 : 케플러 법칙을 바탕으로 뉴턴은 만유인력 법칙을 발견하였다.

질량이 m 인 행성이 반지름이 R 인 원둘레를 속력 v, 주기가 T 인 등속 원운동을 할 때, 행성에 작용하는 구심력 F 는 다음과 같다.

$$F = mR\omega^2 = mR(\frac{2\pi}{T})^2 = \frac{4\pi^2 mR}{T^2} \cdots ⊙$$

⊙식에 케플러 제3법칙 $T^2 = kR^3$ 을 대입하면

$$F = \frac{4\pi^2 m}{kR^2} \cdots ⊙$$

⊙은 태양이 행성을 당기는 힘이다. 이때 작용반작용에 의해 행성도 같은 힘으로 태양을 당기게 된다. 행성이 질량이 M 인 태양을 당기는 힘을 F' 이라고 하면,

$$F' = \frac{4\pi^2}{k'} \cdot \frac{M}{R^2}$$

이때 F와 F'의 크기는 같다. 새로운 상수 G(만유인력 상수)를 도입하여 $GM = \frac{4\pi^2}{k}$ 라고 하면, 태양과 행성 사이에 작용하는 힘은 다음과같다.

$$F = F' = G\frac{Mm}{R^2} \cdots \text{(만유인력 법칙)}$$

이 힘을 만유인력이라고 하고 질량이 있는 모든 물체 사이에서 상호작용한다.

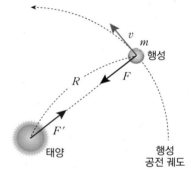

개념확인 1

질량을 가진 모든 물체 사이에 작용하는 서로 잡아당기는 힘을 □□□□ (이)라고 한다.

확인 + 1

오른쪽 그림과 같이 달과 r_1, 지구와 r_2 만큼 떨어진 위치에 물체가 놓여져 있다. 물체가 받는 힘이 0 일 때, $r_1 : r_2$ 를 구하시오. (단, 지구의 질량은 달의 81 배이다.)

(   )

● 케플러 법칙

① 케플러 제1법칙(타원 궤도 법칙) : 행성들의 궤도는 태양을 한 초점으로 하는 타원이다.

▲ 행성의 타원 궤도 : 궤도 상의 모든 점에서 $r_1 + r_2 = 2a$ 로 일정하다.

② 케플러 제2법칙(면적 속도 일정 법칙) : 행성이 태양 주위를 돌 때 행성과 태양을 잇는 선은 같은 시간에 같은 면적을 휩쓸고 지나간다.

▲ 면적 속도 일정 법칙

③ 케플러 제3법칙(조화 법칙) : 행성의 공전 주기 T 의 제곱은 공전 궤도의 긴 반지름(a)의 세 제곱에 비례한다.

$$T^2 = ka^3 \ (k : \text{비례 상수})$$

● 뉴턴 법칙과 케플러 제3법칙

$$G\frac{Mm}{R^2} = mR\omega^2 = mR\frac{4\pi^2}{T^2}$$

$$\rightarrow T^2 = \frac{4\pi^2}{GM}R^3$$

$$\therefore T^2 \propto R^3 \text{(케플러 제3법칙)}$$

2. 만유인력과 중력

(1) 지구 표면의 물체에 작용하는 중력

① 지구 표면의 물체에는 지구가 잡아당기는 중력이 작용한다. 이때의 중력의 크기는 지구의 각 부분으로부터의 만유인력을 합해서 계산한다. 지구를 밀도가 일정한 구라고 가정하면 물체가 받는 중력은 마치 모든 지구의 질량이 중심에 모여 있다고 하여 계산한다. 따라서 지구와 물체 사이의 거리는 지구 반경(R)이 된다. 물체와 지구의 질량을 각각 m, M 만유인력 상수를 G, 중력 가속도를 g 라고 하면 지표면의 물체에 작용하는 중력은 다음과 같다.

$$mg = G\frac{Mm}{R^2}$$

② **지표면에서 높이 h에 있는 물체가 받는 중력** : 지구 중심에서 물체까지의 거리는 $R+h$이다. 이때 지표면 근처라면 h는 R에 비해 매우 작다.

$$mg' = G\frac{Mm}{(R+h)^2} \approx G\frac{Mm}{R^2}$$

(2) 지표면에서의 중력 가속도

① **물체가 지구의 표면에 있을 때**

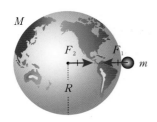

· 물체에 작용하는 지구에 의한 만유인력이 중력이다.

$$F_1 = G\frac{mM}{R^2} = mg \quad \therefore g = \frac{GM}{R^2} \text{ (중력 가속도)}$$

· 지구 표면에서의 중력 가속도 $g = 9.8 \text{ m/s}^2$

② **지표면에서 극지방과 적도 지방의 중력 가속도 비교**

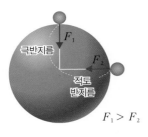

$F_1 > F_2$

지구는 적도 반지름이 극반지름보다 크므로 극지방에서 적도 지방으로 갈수록 중력의 크기가 작아진다. 따라서 지표면에서의 중력 가속도도 극지방에서 적도 지방으로 갈수록 작아진다. 그렇지만 그 차이는 미세하므로 일상생활에서는 그 차이를 느끼지 못하며, 중력 가속도 값을 보통 9.8 m/s^2으로 사용한다.

개념확인 2

정답 및 해설 **50쪽**

지구 반지름 R, 질량 M이라 하고 자전하지 않는다고 할 때, 지구 표면에 놓여있는 질량 m인 물체의 중력은 지구 각 부분으로부터의 만유인력을 합한 값이 된다. 그 값을 나타내시오.

확인 + 2

지구의 밀도가 일정하고, 반지름이 6370 km로 일정한 구라고 할 때, 지표면으로부터 높이가 500km 인 지점에서의 중력 가속도 값을 대략 구해 보시오.

(   )

● 만유인력 상수 G

만유인력 상수 또는 뉴턴 상수인 G는 중력의 세기를 나타내는 기초 물리 상수로 다음의 값을 가진다.

$$G = 6.67 \times 10^{11} \text{ N·m}^2\text{/kg}^2$$

● 지면에서의 높이와 중력 가속도

지표면에서 중력 가속도를 g, 지표면에서 높이가 h인 곳에서의 중력 가속도를 g'이라고 하면, 지구 자전 효과를 무시할 때

$GM = gR^2 = g'r^2 =$ 일정

$\rightarrow g'(R + h)^2 = gR^2$

$\therefore g' = (\frac{R}{R+h})^2 g$

r : 지구 중심에서의 거리($=R+h$)
R : 지구 반경

(3) 원심력에 의한 지표면에서의 중력 가속도의 변화 : 지표면의 물체에는 만유인력뿐만 아니라 지구 자전에 의한 원심력이 작용하고 있다. 이 두 힘의 합력이 물체에 작용하는 알짜힘인 중력이 된다.

① **원심력, 만유인력, 중력** : 지구 반지름 R, 질량 M, 물체의 질량 m, 중력 가속도 g, 지구의 자전 각속도 ω, 물체의 회전 반지름 r, 위도 ϕ라고 할 때 다음과 같이 지표면 물체에 작용하는 중력은 지구의 인력인 만유인력과 지구 자전에 의한 원심력의 합으로 나타난다.

$$F_1 + F_2 = F_3$$

$$F_1(\text{만유인력}) = \frac{GMm}{R^2}, \quad F_2(\text{원심력}) = mr\omega^2 = mR\omega^2\cos\phi, \quad F_3(\text{중력}) = mg$$

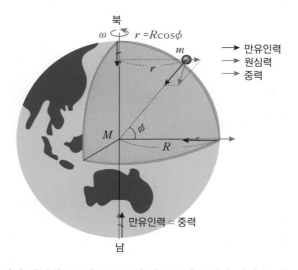

② **극지방** : 극지방에서 원심력은 0이므로 중력 가속도의 크기가 가장 크다.

$$mg_\text{극} = \frac{GMm}{R^2}, \quad g_\text{극} = \frac{GM}{R^2}$$

③ **적도 지방** : 원심력과 만유인력이 정반대 방향으로 작용하므로 중력 가속도의 크기가 가장 작다.

$$mg_\text{적도} = \frac{GMm}{R^2} - mR\omega^2, \quad g_\text{적도} = \frac{GM}{R^2} - R\omega^2$$

④ **위도 ϕ인 지방** : 회전 반지름 $r = R\cos\phi$이므로, 원심력은 $mR\omega^2\cos\phi$이며, 방향이 서로 다른 만유인력과 원심력의 합력이 중력으로 나타나고, 중력과 중력 가속도의 방향은 서로 같다.

● 원심력이 중력에 미치는 영향

원심력은 관성력의 일종으로 '가상적인 힘'이다. 그러나 지구 표면에서는 엘리베이터 내부에서처럼 원심력이 실제로 물체에 작용하는 힘으로 나타난다.

● 원심력에 의한 중력 가속도 변화량

$r = R\cos\phi$ 이므로 ϕ(위도)가 $0°$인 적도 지방에서 원심력에 의한 중력 가속도 변화가 가장 크다.

$$g_\text{적도} = \frac{GM}{R^2} - R\omega^2$$

이때 원심력에 의한 중력 가속도 변화는

$$R\omega^2 = R(\frac{2\pi}{T})^2$$
$$= 6.37 \times 10^6 \cdot (\frac{2\pi}{24 \times 60 \times 60\text{s}})^2$$
$$= 0.034 \text{ m/s}^2$$

이며, 이 값은 9.8 m/s²에 비해 매우 작은 값이므로 일상생활에서 중력 가속도의 차이를 느끼지 못한다.

개념확인 3

정답 및 해설 **51쪽**

지구의 표면에 놓여 있는 물체의 중력은 물체에 작용하는 (   )과 (   )의 합력이다.

확인 + 3

질량 M, 반지름 R 인 지구의 자전 각속도가 ω일 때, 적도 지방에서 낙하하는 질량 m 물체의 가속도를 나타내는 식을 쓰시오. 만유인력 상수는 G이다.

(   )

3. 만유인력에 의한 역학적 에너지

(1) 만유인력에 의한 퍼텐셜 에너지

① **물체에 힘을 작용하는 장(Field)에서의 물체의 퍼텐셜 에너지** : 기준점에서 어떤 특정한 위치로 물체를 서서히 이동시키는 동안 물체에 한 일이 물체의 퍼텐셜 에너지가 된다.

② **만유인력에 의한 퍼텐셜 에너지** : 질량이 M 인 물체가 만드는 만유인력장 내에서 거리가 r 만큼 떨어진 곳에 놓인 질량이 m 인 물체의 만유인력에 의한 퍼텐셜 에너지는 다음과 같다.

$$U = -G\frac{Mm}{r}$$

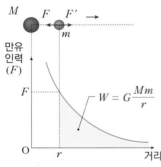 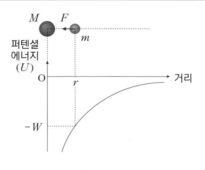

$(F\text{-}r)$ 그래프의 밑넓이는 질량이 M 인 지구 중심에서 거리가 r 인 지점에 있는 질량이 m 인 물체를 만유인력 F 와 크기가 같고, 방향은 정반대인 외력 F' 을 가하면서 무한히 먼 곳까지 이동시켰을 때 외력 F' 이 한 일 W 과 같다. 한 일 W 는 다음과 같다.

$$W = G\frac{Mm}{r}\ (\mathrm{J})$$

거리가 r 인 지점에서 무한대인 위치로 물체를 이동시킬 때 W 만큼의 일을 한다면, 무한대의 위치에서 거리가 r 인 지점으로 물체를 이동시킬 때는 $-W$ 만큼의 일을 하게 된다. $U_{\infty} = 0$ 이므로 무한대 위치를 기준점으로 하여, 거리가 r 인 지점에서의 퍼텐셜 에너지 U 는 다음과 같다.

$$U(\text{만유인력에 의한 퍼텐셜 에너지}) = -G\frac{Mm}{r}\ (\mathrm{J})$$

(2) 만유인력장에서의 역학적 에너지

: 만유인력장에서 운동하는 물체의 역학적 에너지는 보존된다. 질량이 M 인 물체로부터 r 만큼 떨어져 있는 질량이 m 인 물체가 속도 v 로 운동할 때, 만유인력에 의한 퍼텐셜 에너지 U 와 운동 에너지 K, 역학적 에너지 E 는 다음과 같다.

$$E = K + U = \frac{1}{2}mv^2 - G\frac{Mm}{r} = \text{일정}$$

개념확인 4   정답 및 해설 [50쪽]

물체의 역학적 에너지 E ☐ 0 일 경우, 물체는 중력장에 속박되어 원운동 또는 타원 궤도를 그리는 운동을 한다.

확인 + 4

질량이 m 인 물체를 지표면에서 지구 반지름 R 만큼 높은 곳까지 올라가도록 연직 위로 발사하였다. 이때 필요한 최소한의 물체의 발사 속도를 구하시오. (단, 모든 저항과 지구의 운동은 무시하며, 만유인력 상수는 G, 지구 질량은 M 이다.)

(   )

오른쪽 여백

● **장(Field)**

장(場)의 종류에는 중력장(만유인력장), 전기장, 자기장 등이 있으며, 중력, 전기력, 자기력 등이 작용하는 공간을 말한다.
중력장에서는 질량을 가지는 물체, 전기장에서는 전기를 띤 물체, 자기장에서는 자성을 띤 물체가 각각 힘을 받는다.
각각의 장에서는 물체를 옮기기 위해 일을 해야한다. 기준점에서 떨어진 점에 있는 물체는 기준점에서 그 점까지 옮기기 위해 필요한 일만큼 퍼텐셜 에너지를 가진다.

● **행성(질량 m)의 역학적 에너지의 다른 표현**

태양(질량 M) 주위를 도는 행성에 작용하는 만유인력은 구심력과 같으므로 행성의 역학적 에너지는 원운동 반경(태양-행성 거리)만의 함수로 나타낼 수 있다.

$$E = K + U$$
$$= \frac{1}{2}mv^2 - G\frac{Mm}{r}$$

$F = G\frac{Mm}{r^2}$ (만유인력) $= \frac{mv^2}{r}$ (구심력) 이므로

$$K = \frac{1}{2}mv^2 = \frac{GMm}{2r}\ \text{이다.}$$

$$\therefore E = \frac{GMm}{2r} - \frac{GMm}{r}$$
$$= -\frac{GMm}{2r}$$

4. 인공위성의 운동 I

(1) 인공위성 : 지구와 같은 행성 주위를 돌도록 로켓을 이용하여 쏘아올린 위성으로, 연직 상방으로 수백 km 이상 올라간 후, 약 7.9 km/s 의 수평 속력으로 운동하게 되면 지상으로 떨어지지 않고 지구 주위를 공전하게 된다.

(2) 인공위성의 운동 : 태양 주위를 공전하는 행성들과 같이 인공위성은 타원 궤도를 그리며 운동하지만 이 타원 궤도는 거의 원 궤도에 가깝기 때문에 등속 원운동을 하는 것으로 생각한다. 지구 반지름과 질량을 각각 R, M, 인공위성의 질량을 m, 지표면에서 중력 가속도를 g, 지구 중심에서 거리가 r 인 곳에서의 중력 가속도를 g' 이라고 하자.

① **인공위성에 작용하는 힘** : 인공위성이 지면으로부터 높이 $h(h = r - R)$에서 지구 둘레를 속도 v로 등속 원운동할 때 인공위성에 만유인력이 작용하게 되고, 이 힘은 인공위성 원운동의 구심력이다.

구심력 = 만유인력 = 중력

$$F = \frac{mv^2}{r} = G\frac{Mm}{r^2} = mg'$$

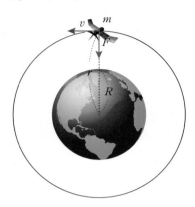

② **인공위성의 속력** : $GM = gR^2 = g'r^2 = $ 일정

$$v = \sqrt{\frac{GM}{r}} = \sqrt{\frac{gR^2}{r}} = \sqrt{g'r}$$

③ **인공위성의 주기** : 인공위성의 주기의 제곱은 궤도 반지름의 세제곱에 비례한다.(케플러 제 3 법칙)

$$T = \frac{2\pi r}{v} = 2\pi\sqrt{\frac{r^3}{GM}} = 2\pi\sqrt{\frac{r^3}{gR^2}}$$

④ **제1우주 속도** : 지구 표면을 스치듯이 공전할 때의 인공위성의 속도이다.(궤도 반지름 : R)

$$v_1 = \sqrt{\frac{GM}{R}} = \sqrt{gR}$$

뉴턴의 대포

지구는 지표면에 수평하게 8km 진행할 때마다 5m씩 낙하하는 구형이므로 대포를 수평 방향으로 8km/s로 쏜다면 지표면에 닿지 않고 지구 주위를 계속 원운동할 수 있다고 뉴턴은 생각하였다.

8km

▲ 지표면에서 낙하하는 물체는 1초에 5m씩 낙하한다. 지구의 지표면은 수평 방향으로 8km당 5m씩 낙하하는 구형이다.

개념확인 5

다음 빈칸에 알맞은 말을 각각 고르시오.

> 인공위성이 지구 둘레를 등속 원운동할 때 구심력이 작용하게 되고, 구심력의 역할을 하는 힘은 지구와 위성 사이의 (㉠ 만유인력 ㉡ 척력)이다. 이때 인공위성의 주기의 제곱은 궤도 반지름의 (㉠ 제곱 ㉡ 세제곱)에 비례한다.

확인 + 5

지구 반지름이 약 6.38×10^6 m 일 때, 인공 위성이 지표상의 적도를 따라 지구 둘레를 스치듯 원운동하는 데 필요한 속도를 구하시오. (단, 중력 가속도 $g = 9.8$m/s² 이다.)

(   ) km/s

5. 인공위성의 운동 Ⅱ

(1) 인공위성의 역학적 에너지 : 지구 질량과 반지름이 각각 M, R, 인공위성의 질량이 m일 때, 만유인력 상수를 G, 지구 표면 높이에서 인공위성의 속도를 v_1(제 1우주속도), 지구 중심으로부터 r 만큼 떨어져 있는 곳에서 인공위성의 속도를 v 라고 할 때, 인공위성의 역학적 에너지 E 는 다음과 같다.

$$E = \frac{1}{2}mv_1{}^2 - G\frac{Mm}{R} = \frac{1}{2}mv^2 - G\frac{Mm}{r} = 일정$$

$E < 0$	인공위성은 지구 중력장에 속박되어 지구 주위를 원운동 또는 타원 궤도를 그리며 회전하거나, 지구 중력장 내에서 지표면으로 떨어지는 운동을 하게 된다. $$K = \frac{1}{2}mv^2 = G\frac{Mm}{2r}, \ U = -G\frac{Mm}{r} \ \rightarrow \ E = K + U = -G\frac{Mm}{2r} \ (<0)$$
$E \geq 0$	인공위성은 지구 중력장을 탈출할 수 있다. 지구와 무한히 먼 지점에서 위치 에너지는 0, 인공위성의 운동 에너지는 0이거나 0보다 큰 운동을 하게 된다.

(2) 탈출 속도 : 물체가 스스로 추진하지 않을 때 지표면 위의 물체가 지구 중력장을 벗어날 수 있는 최소한의 출발(발사) 속도를 말한다. 무한대 거리에서 퍼텐셜 에너지 U 와 운동 에너지 K 는 모두 0이면 탈출한 것이므로 역학적 에너지 E 는 0으로 놓을 수 있다. 탈출 속도 v_e 는 다음과 같다. (g는 지표면에서 중력 가속도이다.)

$$\frac{1}{2}mv_e{}^2 - G\frac{Mm}{R} = 0 \ \rightarrow \ v_e = \sqrt{\frac{2GM}{R}} = \sqrt{2gR}$$

① **제2우주 속도** : 지구 중력장을 벗어나는데 필요한 지구 표면에서의 출발 속도이다.

$$v_2 = \sqrt{2gR}$$

② **제3우주 속도** : 인공위성이 태양계를 탈출하는데 필요한 탈출 속도이다. 지구 질량과 지구 반지름 대신 태양의 질량과 지구 공전 반지름을 탈출 속도 공식에 대입하여 구할 수 있다.

개념확인 6

정답 및 해설 **50쪽**

지상에서 쏘아올린 인공위성이 무한히 먼 곳까지 가는 데 필요한 최소한의 발사 속도를 ▢▢▢▢(이)라고 한다.

확인 + 6

지구 반지름이 약 6.38×10^6 m 일 때, 지구 적도면에서 지구 자전 방향으로 발사한 인공 위성이 지구 중력장을 벗어날 수 있는 속도를 구하시오. (단, 중력 가속도 $g = 9.8$ m/s² 이고, 지구 자전 속도는 약 5×10^2 m/s 이다.)

(   ) km/s

장·의·력·과·학
세페이드

● **최초의 인공위성**

세계 최초의 인공위성은 1957년 10월 4일에 발사된 구소련의 스푸트니크 1호이고, 우리나라에서 발사된 최초의 인공위성은 1992년 8월 11일에 발사된 우리별 1호이다.

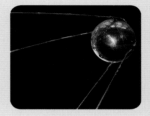

▲ 스푸트니크 1호

● **태양계 각 행성들에서의 인공위성의 탈출 속도**

행성	속도(v_e)
수성	4.3km/s
금성	10.3km/s
지구	11.2km/s
화성	5.0km/s
목성	60km/s
토성	36km/s
천왕성	22km/s
태양	618km/s
달	2.3m/s

● **제3우주 속도**

태양의 질량 : 2×10^{30} kg
공전 반지름 : 1.5×10^{11} km
만유인력 상수
  : 6.7×10^{-11} Nm²/kg²

$$v_3 = \sqrt{\frac{2GM}{R}}$$

$$= \sqrt{\frac{2 \times 6.7 \times 10^{-11} \times 2 \times 10^{30}}{1.5 \times 10^{11}}}$$

$$\fallingdotseq 42 \ km$$

지구 공전 방향으로 인공위성을 발사할 경우 지구 공전 속도인 약 30 km/s의 속도를 뺀 12 km/s의 속도로 발사하면 태양계를 벗어날 수 있다.
따라서 지구 공전 궤도에서 태양계를 탈출하는데 필요한 탈출 속도는 약 12.4 km/s가 된다.

01 다음 중 만유인력과 관련된 설명 중 옳은 것은 ○표, 옳지 않은 것은 ×표 하시오.

(1) 질량을 가진 모든 물체 사이에 작용하는 힘이 만유인력이다. ( )

(2) 물체에 작용하는 중력의 크기는 물체와 지구 사이의 거리가 멀수록 커진다. ( )

(3) 만유인력장에서 운동하는 물체의 역학적 에너지가 0보다 클 경우 물체는 중력장을 벗어나게 된다.
( )

02 지구는 태양을 중심으로 거의 원에 가까운 궤도로 등속 원운동하고 있다. 이 사실을 이용하여 태양의 질량을 구하려고 할 때 필요한 물리량으로 옳은 것만을 <보기>에서 있는 대로 고른 것은?

〈 보기 〉
ㄱ. 지구의 질량   ㄴ. 지구의 자전 주기   ㄷ. 지구의 공전 주기
ㄹ. 만유인력 상수   ㅁ. 지구 반지름   ㅂ. 태양 반지름
ㅅ. 태양 중심으로부터 지구 중심까지의 거리

① ㄱ, ㄴ, ㄹ   ② ㄱ, ㄷ, ㄹ   ③ ㄴ, ㄹ, ㅁ   ④ ㄷ, ㄹ, ㅅ   ⑤ ㄹ, ㅂ, ㅅ

03 질량이 m 인 물체를 지표면에서 지구 반지름의 2 배인 $2R$ 만큼 높은 곳으로 옮기는 데 필요한 최소한의 일은?
(단, 지표면에서 중력 가속도는 g 이다.)

① $\frac{1}{3}mgR$ ② $\frac{2}{3}mgR$ ③ mgR ④ $2mgR$ ⑤ $4mgR$

04 지구 반지름은 달의 약 4 배이고, 지구 표면에서 중력 가속도는 달의 약 6 배이다. 지구의 평균 밀도는 달의 평균 밀도의 몇 배인가?

① $\frac{1}{9}$ 배   ② $\frac{1}{3}$ 배   ③ $\frac{2}{3}$ 배   ④ $\frac{3}{2}$ 배   ⑤ 3 배

05 인공위성의 운동과 관련된 설명 중 옳은 것은 ○표, 옳지 않은 것은 ×표 하시오.

(1) 인공위성의 운동은 케플러 법칙을 만족시킨다. ( )

(2) 지구 둘레를 등속 원운동하는 인공위성의 주기는 궤도 반지름의 세제곱에 비례한다. ( )

(3) 지구 중력장 탈출 속도는 인공 위성이 지표면을 스치듯이 원운동하는 속도의 $\sqrt{2}$ 배이다. ( )

06 오른쪽 그림과 같이 질량이 100 kg 인 인공위성이 지상에서 15,000 km 의 높이에서 지구 주위를 등속 원운동하고 있다. ㉠ 인공위성의 속력과 ㉡ 원운동 주기를 각각 구하시오. (단, 지구 반지름은 6,400 km, 지표면에서 중력 가속도는 9.8 m/s², π = 3.14 이다.)

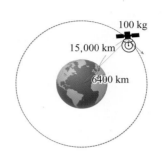

㉠( ) km/s, ㉡( ) 초

07 질량이 같은 인공위성 A 와 B 가 궤도 반지름이 다른 각각의 궤도를 따라 등속 원운동하고 있다. 인공위성 A 의 속력이 인공위성 B 의 속력의 2 배일 때, 인공위성 A 가 받는 중력과 인공위성 B 가 받는 중력의 비로 옳은 것은?

① 1 : 4 　　　② 1 : 16 　　　③ 2 : 1 　　　④ 4 : 1 　　　⑤ 16 : 1

08 오른쪽 그림과 같이 질량이 m 으로 동일한 인공위성 A 와 B 가 지구 주위를 공전 반지름 R, $2R$ 인 궤도로 각각 원운동하고 있다. 이에 대한 설명으로 옳은 것만을 <보기>에서 있는 대로 고른 것은?

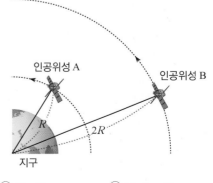

――――〈 보기 〉――――
ㄱ. 공전 주기는 인공위성 A 가 인공위성 B 보다 길다.
ㄴ. 인공위성과 지구 사이의 만유인력의 크기는 A 가 B 보다 크다.
ㄷ. 인공위성 B 의 운동 에너지가 A 보다 크다.

① ㄱ 　　　② ㄴ 　　　③ ㄷ 　　　④ ㄱ, ㄷ 　　　⑤ ㄱ, ㄴ, ㄷ

유형6-1 만유인력 법칙

지구의 반지름 R 은 6,400 km, 지구 지표면에서 중력 가속도 g 는 9.8 m/s^2, 태양의 질량은 M 이다. 지구의 공전 궤도, 중력 가속도에 관한 다음 물음에 답하시오.

(1) 지구와 질량은 같지만 반지름이 $\frac{1}{2}R$ 인 행성의 표면에서의 중력 가속도를 구하시오.

(   ) m/s^2

(2) 지구 표면에서 연직 높이가 32 m 인 지점에서의 중력 가속도를 g' 이라고 할 때, 두 중력 가속도의 차($g - g'$)를 구하시오.

(   ) m/s^2

(3) 지구의 공전 주기는 365일이다. 만약 지구의 공전 궤도 반지름은 일정하고, 만유인력 상수가 $2G$, 태양의 질량이 $2M$ 이 된다면, 지구의 공전 주기는 몇 일이 될까?

(   ) 일

01 지구와 반지름은 같지만 질량이 0.25 배인 행성이 있다. 이 행성에서의 운동과 관련된 설명으로 옳은 것만을 <보기>에서 있는 대로 고른 것은? (단, 공기 저항과 모든 마찰은 무시한다.)

〈 보기 〉
ㄱ. 용수철 진자의 주기는 지구에서와 같다.
ㄴ. 단진자의 주기는 지구에서의 2배이다.
ㄷ. 수평 방향으로 던진 물체는 지구에서 같은 물체를 던졌을 때보다 2배의 거리를 운동한 후 지면에 떨어진다.

① ㄱ   ② ㄴ   ③ ㄷ
④ ㄱ, ㄴ   ⑤ ㄱ, ㄴ, ㄷ

02 지구의 밀도가 ρ, 반지름이 R, 지구 표면에서 중력 가속도가 g 일 때, 밀도가 3ρ, 반지름이 $3R$ 인 행성의 표면에서 중력 가속도는? (단, 지구와 행성은 밀도가 균일한 구이다.)

① $\frac{1}{9}g$ ② $\frac{1}{3}g$ ③ g
④ $3g$ ⑤ $9g$

유형6-2 만유인력에 의한 역학적 에너지

오른쪽 그림은 질량 m 인 물체와 질량 M 인 지구 사이의 만유인력에 의한 물체의 퍼텐셜 에너지를 지구 중심으로부터의 거리로 나타낸 그래프이다. 이에 대한 설명으로 옳은 것만을 <보기>에서 있는 대로 고른 것은? (단, 만유인력 상수는 G, 지구 반지름은 R 이다.)

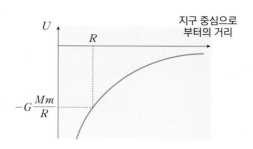

〈 보기 〉

ㄱ. 지구 중심에서 멀어질수록 퍼텐셜 에너지는 증가한다.
ㄴ. 퍼텐셜 에너지가 (−)인 이유는 지구 중력장에 의해 물체가 인력을 받고 있음을 의미한다.
ㄷ. 물체의 운동 에너지가 $G\dfrac{Mm}{r}$ 일 때, 물체는 중력장을 벗어나게 된다.

① ㄱ   ② ㄴ   ③ ㄷ   ④ ㄱ, ㄴ   ⑤ ㄱ, ㄴ, ㄷ

03 질량을 알 수 없는 소행성이 지구에 접근하고 있다. 지구 중심으로부터 소행성까지의 거리가 지구 반지름의 10 배일 때 지구에 대한 상대 속력이 10 km/s 였다면, 지구 지표면에 도달하는 순간 소행성의 속력은 얼마인가? (단, 지구 대기의 효과는 무시하며, 지구 반지름은 6.4×10^6 m, 지구 질량은 6×10^{24} kg, 만유인력 상수 G 는 6.7×10^{-11} N·m²/kg² 이다.)

① 7 km/s   ② 14 km/s
③ 21 km/s   ④ 1.4×10^4 km/s
⑤ 2.1×10^4 km/s

04 질량이 M 인 지구가 만드는 만유인력장내에서 지구 중심으로부터 거리가 r 만큼 떨어진 곳에 놓인 질량이 m 인 물체의 만유인력에 의한 퍼텐셜 에너지 $U = -G\dfrac{Mm}{r}$ 이다. 이때 물체를 지구 중심으로부터 $3r$ 만큼 떨어진 곳으로 이동하였을 때 물체의 퍼텐셜 에너지 변화에 대한 설명으로 옳은 것은? (단, G 는 만유인력 상수이다.)

① 변함없다.
② $\dfrac{2GMm}{3r}$ 만큼 감소한다.
③ $\dfrac{2GMm}{3r}$ 만큼 증가한다.
④ $\dfrac{3GMm}{2r}$ 만큼 감소한다.
⑤ $\dfrac{3GMm}{2r}$ 만큼 증가한다.

유형6-3 인공위성의 운동 Ⅰ

오른쪽 그림과 같이 질량이 m인 인공위성이 지구 표면으로부터 h 높이에서 등속 원운동하고 있다. 이 인공위성의 운동에 대한 설명으로 옳은 것만을 <보기>에서 있는 대로 고른 것은? (단, 지구의 질량과 반지름은 각각 M, R, 만유인력 상수는 G 이다.)

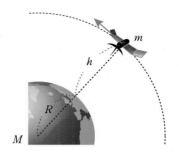

─── 〈 보기 〉───

ㄱ. 인공위성의 속도와 인공위성에 작용하는 힘의 크기는 일정하다.
ㄴ. h보다 고도가 높아지면 인공위성의 원운동 주기는 길어진다.
ㄷ. 지구와 인공위성 사이의 만유인력은 $F = G \dfrac{Mm}{h^2}$ 이다.

① ㄱ   ② ㄴ   ③ ㄷ   ④ ㄱ, ㄴ   ⑤ ㄴ, ㄷ

---

05 다음 그림과 같이 인공위성이 지구 반지름의 3 배인 반지름의 원궤도를 따라 등속 원운동하고 있다. 위성의 선속력과 주기를 바르게 짝지은 것은? (단, 지구 반지름 R 은 6,400 km, 지구 질량 6×10^{24} kg, 만유인력 상수 $G = 6.7 \times 10^{-11}$ N·m²/kg², $\pi = 3$ 이다.)

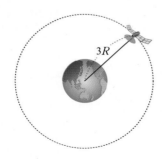

	선속력 (km/s)	주기 (h)		선속력 (km/s)	주기 (h)
①	4.0	6.9	②	4.6	6.9
③	4.0	7	④	4.6	7
⑤	9.2	7			

06 반지름이 R 인 지구 주위를 지표면에서 높이가 h 인 원궤도를 따라 인공위성이 일정한 속력 v 로 원운동하고 있다. 이 인공위성의 궤도를 높이가 $2h$ 인 곳으로 수정하였다. 이때 원궤도를 따라 회전하고 있는 인공위성의 속력은?

① $\sqrt{\dfrac{R+h}{R+2h}}\,v$ ② $\sqrt{\dfrac{R+2h}{R+h}}\,v$

③ $\sqrt{\dfrac{R+h}{2R+2h}}\,v$ ④ $\dfrac{1}{2}\sqrt{\dfrac{R+h}{R+2h}}\,v$

⑤ $2\sqrt{\dfrac{R+h}{R+2h}}\,v$

유형6-4 인공위성의 운동 Ⅱ

다음 표는 두 행성 A 와 B 의 물리량을 상대적으로 나타낸 것이다. 물음에 답하시오.

	질량	반지름	지표면 중력 가속도	탈출 속도
행성 A	m	$2R$	g_A	v_A
행성 B	$3m$	$3R$	g_B	v_B

(1) 행성 B의 지표면 중력 가속도 g_B 는 행성 A의 지표면 중력 가속도 g_A 의 몇 배인가?

(   )배

(2) 행성 A 의 탈출 속도 v_A 와 행성 B 의 탈출 속도 v_B 의 비($v_A : v_B$)를 구하시오.

$v_A : v_B = ($ $)$

07 다음 그림과 같이 인공위성 A 와 B 가 각각 반지름이 R, $2R$ 인 원궤도를 따라 지구 주위를 등속 원운동하고 있다. 인공위성 A 와 B 의 운동 에너지가 같을 때, 이들의 운동에 대한 설명으로 옳은 것만을 <보기>에서 있는 대로 고른 것은?

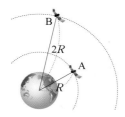

〈 보기 〉
ㄱ. 인공위성 A의 질량은 B의 2 배이다.
ㄴ. 가속도의 크기는 A가 B의 4 배이다.
ㄷ. 인공위성 B의 주기는 A의 $2\sqrt{2}$ 배이다.

① ㄱ   ② ㄴ   ③ ㄷ
④ ㄱ, ㄴ   ⑤ ㄴ, ㄷ

08 인공위성이 지구 중심에서 r 만큼 떨어진 곳에서 지구 주위를 등속 원운동할 때 운동 에너지가 E_r 이다. 이 인공위성의 궤도를 지구 중심에서 $2r$ 만큼 떨어진 곳에서 등속 원운동할 때 운동 에너지를 E_{2r} 이라고 할 때, $E_r : E_{2r}$?

① $1 : 2$ ② $1 : 4$ ③ $2 : 1$
④ $4 : 1$ ⑤ $8 : 1$

01 다음 그림과 같이 지구 중심을 통하는 얇고 긴 구멍이 뚫어져 있다고 가정한다. (단, 반지름이 R 인 지구를 밀도
가 균일한 공이라고 가정하며, 만유인력 상수는 G이다.)

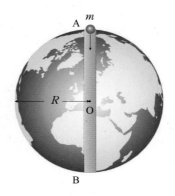

(1) 지표면 위에서 중력 가속도가 g일 때, 지표면으로부터 깊이가 h인 곳에서 중력 가속도를 g를
이용하여 나타내시오.

(2) 지구의 밀도를 ρ 라고 할 때, 물체를 A 지점에서 떨어뜨렸을 때 이 물체는 B 지점까지 왔다가
또 다시 A 지점으로 돌아가는 왕복 운동을 한다. 이 운동의 주기를 구하시오.

02 다음 그림과 같이 반지름이 60 km 인 소행성이 있다. 소행성 표면의 중력 가속도는 3 m/s² 이다. 물음에 답하시오.

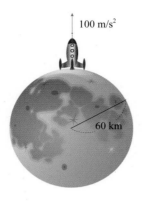

100 m/s²

60 km

(1) 소행성 표면 위의 우주선이 100 m/s 의 속력으로 연직 방향으로 발사되었다. 이때 우주선이 올라갈 수 있는 최고 높이는 얼마인가? (발사 이후 우주선은 추진하지 않는다.)

(2) 소행성 표면에서 740 km 상공에서 물체를 가만히 떨어뜨렸다. 지표면에 도달하는 순간 물체의 속력은 얼마인가?

(3) 소행성의 중력장 탈출 속도를 구하시오.

03 오른쪽 그림과 같이 반지름이 R 인 지구 중심을 지나지 않고 지구의 일부를 관통하는 터널을 만들었다. 터널의 한쪽 끝에서 질량이 m 인 물체를 놓는 경우 물체가 터널의 다른 한 쪽 끝에 도달하는 데 걸리는 시간은 얼마인가? (단, 모든 공기 저항과 마찰은 무시하고, 지구의 밀도 ρ 는 균일하며, 만유인력 상수는 G 이다.)

04 다음 그림과 같이 질량이 m 으로 같은 행성 A ~ C 가 한 변이 l 인 정삼각형의 각 꼭지점에 위치하고 있다. 이들이 서로의 중력에 의해 정삼각형을 계속 유지하면서 삼각형에 외접하는 원 궤도를 따라 원운동한다면, 행성의 속력은 얼마인가? (단, 만유인력 상수는 G 이다.)

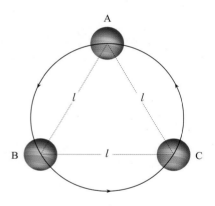

05 무한히 떨어져 정지해 있던 두 물체 A와 B가 중력에 의해 서로 접근하고 있다. 물체 A와 B의 질량이 각각 m, $3m$ 일 때 두 물체 사이의 거리가 R이 되는 순간 물체 A에 대한 물체 B의 상대 속도를 구하시오. (단, 만유인력 상수는 G 이다.)

06 다음 그림은 반지름이 R, 질량이 M 인 지구의 중심으로부터 반지름이 $2R$ 인 원궤도를 따라 등속 원운동하는 질량 m 의 우주선을 나타낸 것이다. 어느 순간 우주선이 A 점에서 엔진 추진을 하여 타원 경로 P 를 따라 운동하다가 B 점에서 또 다시 엔진 추진을 하여 반지름이 $4R$ 인 원궤도 등속 원운동하였다. 물음에 답하시오. (단, A 점과 B 점은 각각 타원 궤도 P 의 근일점과 원일점이다.)

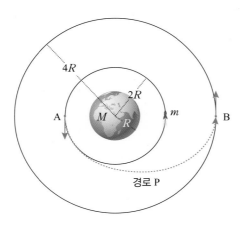

(1) 오른쪽 그림은 단반경과 장반경이 각각 r_A, r_B인 행성의 공전 궤도를 나타낸 것이다. 면적 속도 일정의 법칙에 의해 $r_A v_A = r_B v_B = $ 일정함을 증명하시오.

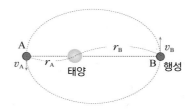

(2) (1)을 이용하여, A 점과 B 점에서 증가한 속도 Δv_A, Δv_B를 각각 구하시오.

(3) A 점에서 경로 P 를 따라 B 점에 도달하는 데 걸리는 시간을 구하시오.

스스로 실력높이기

A

01 만유인력 법칙과 케플러 법칙에 대한 설명 중 옳은 것은 ○표, 옳지 않은 것은 ×표 하시오.

(1) 만유인력의 크기는 두 물체의 질량의 합에 비례한다. ( )

(2) 만유인력의 법칙을 바탕으로 케플러 법칙을 발견하였다. ( )

(3) 행성이 태양 주위를 공전할 때, 행성과 태양을 잇는 선은 같은 시간에 같은 면적을 휩쓸고 지나간다. ( )

02 태양과 행성 간에 작용하는 만유인력에 대한 설명 중 옳은 것은 ○표, 옳지 않은 것은 ×표 하시오.

(1) 행성은 태양뿐만 아니라 다른 행성의 만유인력도 받는다. ( )

(2) 행성이 태양 둘레를 공전하는 원동력이다. ( )

(3) 태양과 행성 간 거리가 멀수록 크다. ( )

03 다음 그림과 같이 질량이 각각 m, $4m$ 인 위성 A 와 B 가 각각 지구를 중심으로 하여 반경 r, $2r$인 원운동을 하고 있다. 위성 A에 작용하는 만유인력이 F 일 때, 위성 B에 작용하는 만유인력의 크기는?

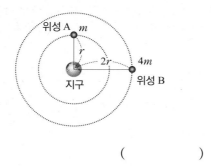

( )

04 다음 그림과 같이 질량이 같은 물체 A 와 B 가 각각 극지방과 적도 지방에 놓여있다. 두 물체에 작용하는 힘에 대한 설명으로 옳은 것만을 <보기>에서 있는 대로 고른 것은? (단, 지구는 적도 반지름이 극 반지름보다 조금 긴 타원체이다.)

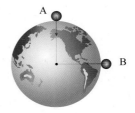

〈 보기 〉

ㄱ. 물체 A와 B의 중력 가속도는 같다.
ㄴ. 물체와 지구 사이에 작용하는 만유인력은 작용·반작용 관계이다.
ㄷ. 물체 A에 작용하는 만유인력의 크기가 물체 B에 작용하는 만유인력보다 더 크다.

① ㄱ   ② ㄴ   ③ ㄷ
④ ㄱ, ㄴ   ⑤ ㄴ, ㄷ

05 다음 빈칸에 알맞은 말을 각각 고르시오.

만유인력장에서 운동하는 물체의 역학적 에너지 E 는 보존되며, (㉠ $E < 0$ ㉡ $E \geq 0$)일 때, 물체는 중력장에 속박되어 원운동을 하고 (㉠ $E < 0$ ㉡ $E \geq 0$)일 때, 물체는 중력장을 벗어나게 된다.

06 지표면에 정지해 있는 질량 m 인 물체를 높이 h 되는 곳으로 옮기는 데 필요한 최소한의 일이 $\dfrac{GMm}{2R}$ 이다. 높이 h를 구하시오. (단, 지구 반지름은 R, 지구 질량은 M, 만유인력 상수는 G 이다.)

( )

07 지구 주위를 공전하는 인공위성에 대한 설명 중 옳은 것은 ○표, 옳지 않은 것은 ×표 하시오.

(1) 인공위성의 질량이 클수록 인공위성의 속력이 크다. ( )

(2) 인공위성의 주기는 지구 질량의 제곱근에 반비례한다 ( )

(3) 지구 중력장을 벗어나는 데 필요한 탈출속도는 중력 가속도의 제곱근에 비례한다. ( )

08 다음 그림과 같이 반지름이 지구 중심으로부터 거리가 r, $2r$ 인 원궤도를 따라 지구 주위를 등속 원운동하고 있는 질량이 같은 인공위성 A, B 가 있다. 인공위성 A 와 B 의 주기를 각각 T_A, T_B라고 할 때, $T_A^2 : T_B^2$은?

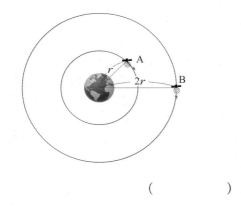

( )

09 질량이 같은 인공위성 A와 B가 궤도 반지름이 각각 다른 궤도를 따라 등속 원운동하고 있다. 인공위성 A가 받는 중력이 인공위성 B가 받는 중력의 9배라면, 인공위성 A의 속력은 인공위성 B의 몇 배인가?

① $\dfrac{1}{3}$ ② $\dfrac{1}{\sqrt{3}}$ ③ $\sqrt{3}$

④ 3 ⑤ 9

10 공전 궤도 반지름이 R 인 인공위성이 지구 주위를 등속 원운동하고 있을 때 구심 가속도는 g 이다. 공전 궤도 반지름을 $2R$ 로 옮겼을 때 구심 가속도는?

① $\dfrac{1}{16}g$ ② $\dfrac{1}{4}g$ ③ $\dfrac{1}{2}g$

④ $2g$ ⑤ $4g$

B

11 지표면에서 중력 가속도는 약 9.8 m/s² 이다. 중력 가속도가 지표면의 절반인 4.9 m/s² 가 되는 지점의 지표면으로부터의 고도를 구하시오. (단, 만유인력 상수 $G = 6.67 \times 10^{-11}$ N·m²/kg², 지구 질량 $M = 6.0 \times 10^{24}$ kg, 지구 반지름 $R = 6,370$ km 이고, 지구 자전 효과는 무시한다.)

( ) m

12 다음 그림과 같이 질량이 m 으로 동일한 두 행성 A 와 B 가 R 만큼 떨어진 거리를 유지한 채 같은 속력 v 로 원운동하고 있다. 두 행성의 운동에 대한 설명으로 옳은 것만을 <보기>에서 있는 대로 고른 것은? (단, 다른 행성들과의 만유인력은 무시하며, 만유인력 상수는 G 이다.)

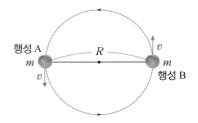

─── 〈 보기 〉 ───

ㄱ. 행성의 주기는 $\dfrac{2\pi R}{v}$ 이다.

ㄴ. 행성 A 에 작용하는 구심력의 크기는 $\dfrac{4Gm^2}{R^2}$ 이다.

ㄷ. 행성 B의 운동 에너지는 $\dfrac{Gm^2}{4R}$ 이다.

① ㄱ ② ㄴ ③ ㄷ

④ ㄱ, ㄷ ⑤ ㄴ, ㄷ

스스로 실력높이기

13 질량 m 인 지구와 지구 중심에서 r 만큼 떨어져 있는 태양 사이에 작용하는 만유인력은 F 이다. 태양 둘레를 등속 원운동하는 지구의 공전 주기는 얼마인가?

① $\sqrt{\dfrac{mr}{F}}$ ② $\sqrt{\dfrac{mr}{2\pi F}}$ ③ $\sqrt{\dfrac{2\pi F}{mr}}$

④ $2\pi\sqrt{\dfrac{mr}{F}}$ ⑤ $2\pi\sqrt{\dfrac{F}{mr}}$

14~15 지구는 다음 그림과 같이 외부의 지각과 맨틀 및 내부의 핵 세 영역으로 구분한다. 지각의 두께는 25 km, 핵의 반경은 3,490 km, 맨틀의 반경은 지구 중심으로부터 6,345 km 이며, 지구 반지름은 6,370 km 이다. 이때 지각의 질량은 3.9×10^{22} kg, 맨틀의 질량은 4.0×10^{24} kg, 핵의 질량은 1.9×10^{24} kg 이다. 물음에 답하시오. (단, 만유인력 상수 $G = 6.7 \times 10^{-11}$ N·m²/kg² 이며, 지구의 자전은 무시하며, 지구는 대칭인 구로 가정한다.)

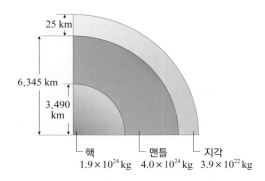

25 km
6,345 km
3,490 km

핵 맨틀 지각
1.9×10^{24} kg 4.0×10^{24} kg 3.9×10^{22} kg

14 지구 표면에서 중력 가속도를 구하시오.

(   ) m/s²

15 지구 표면에서 깊이 25 km 지점까지 굴을 뚫고 들어갔다. 이때 굴 밑바닥에서의 중력 가속도를 구하시오.

(   ) m/s²

16 다음 그림과 같이 질량이 m 으로 동일한 인공위성 A와 B가 지구 주위를 공전 반지름 R, $2R$ 로 각각 원운동하고 있다. 인공위성 A와 B의 운동과 관련된 설명으로 옳은 것만을 <보기>에서 있는 대로 고른 것은?

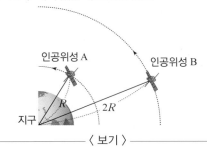

인공위성 A 인공위성 B
R $2R$
지구

〈 보기 〉
ㄱ. 운동 에너지의 비 $K_A : K_B = 1 : 2$ 이다.
ㄴ. 가속도의 크기의 비 $a_A : a_B = 4 : 1$ 이다.
ㄷ. 공전 주기의 제곱의 비 $T_A^2 : T_B^2 = 1 : 4$ 이다.

① ㄱ ② ㄴ ③ ㄷ
④ ㄱ, ㄴ ⑤ ㄴ, ㄷ

17~18 태양 주위를 원 궤도로 공전하고 있는 소행성이 있다. 이 소행성의 질량은 지구의 0.25 배이고, 궤도 반지름은 지구의 공전 궤도 반지름의 4 배이다. 물음에 답하시오. (단, 만유인력 상수 $G = 6.67 \times 10^{-11}$ N·m²/kg², 태양의 질량 $M = 2 \times 10^{30}$ kg, 지구의 공전 궤도 반지름 $R = 1.50 \times 10^{11}$ m, $\pi = 3$ 이다.)

17 소행성의 공전 주기를 구하시오

(   ) s

18 소행성과 지구의 운동 에너지를 각각 K, K_e 라고 할 때, 소행성과 지구의 운동 에너지 비 $\dfrac{K}{K_e}$ 를 구하시오.

① $\dfrac{1}{2}$ ② $\dfrac{1}{4}$ ③ $\dfrac{1}{8}$

④ $\dfrac{1}{16}$ ⑤ $\dfrac{1}{32}$

C

19 질량을 모르는 행성 주위를 한 위성이 반경 3×10^8 m 인 원궤도를 따라 일정한 속도로 운동하고 있다. 이때 위성이 받는 만유인력의 크기가 70 N 이었다면, 이 궤도에서 위성의 운동 에너지는 얼마인가?

① 3.5×10^9 J ② 7.0×10^9 J ③ 1.05×10^{10} J
④ 1.4×10^{10} J ⑤ 2.1×10^{10} J

20 어떤 행성 주위를 행성 반지름의 2 배인 원궤도를 따라 일정한 속도 v 로 공전하는 위성이 있다면, 이 행성의 질량은 얼마인가? (단, 행성의 밀도는 ρ 로 균일하고, 만유인력 상수는 G 이다.)

( )

21 다음 그림과 같이 지표면 위의 P 점에서 질량이 m 인 물체를 v_0 의 속력으로 연직 위로 던졌더니 Q 점에서 물체의 속력이 v_1 이 되었다. P점에서 물체의 역학적

에너지 $E_P = \dfrac{GMm}{R}$ 일 때, 이에 대한 설명으로 옳은 것만을 <보기>에서 있는 대로 고른 것은? (단, 지구 반지름은 R, 지표면에서 중력 가속도는 g 이고, Q 점은 지구 중심에서 $2R$ 만큼 떨어져 있으며, 모든 저항은 무시한다.)

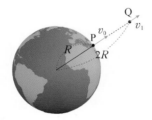

―― 〈 보기 〉 ――
ㄱ. $v_0 = 2v_1$
ㄴ. P점에서 물체의 퍼텐셜 에너지가 U_0 일 때, Q 점에서 운동 에너지는 $-\dfrac{3}{2}U_0$이다.
ㄷ. 물체가 P 점에서 Q 점까지 이동할 때, 중력이 물체에 한 일은 $-\dfrac{mgR}{2}$이다.

① ㄱ   ② ㄴ   ③ ㄷ
④ ㄱ, ㄴ   ⑤ ㄴ, ㄷ

22~23 질량과 크기가 같은 두 중성자 별이 1.4×10^{12} m 떨어진 채 정지해 있다가 두 별 사이의 인력에 의해 서로 서서히 가까워지고 있다. 물음에 답하시오. (단, 중성자 별의 질량과 반지름은 각각 8×10^{30} kg, 3×10^5 m 이고, 만유인력 상수 $G = 7 \times 10^{-11}$ N·m²/kg² 이다.)

22 두 별 사이의 거리가 처음의 절반이 되었을 때의 속력은?

① 2×10^4 m/s   ② 3×10^4 m/s
③ 2×10^7 m/s   ④ 3×10^7 m/s
⑤ 4×10^7 m/s

23 두 별이 충돌하기 직전의 속력은?

① 2×10^4 m/s   ② 3×10^4 m/s
③ 2×10^7 m/s   ④ 3×10^7 m/s
⑤ 4×10^7 m/s

24 천체의 밀도가 극단적으로 클 경우 빛이 천체 속으로 빨려 들어가 나오지 못하게 된다. 이러한 천체를 블랙홀이라고 한다. 태양이 블랙홀이 되기 위해서는 태양의 반지름은 몇 km 가 되어야 할까? (단, 만유인력 상수 $G = 7 \times 10^{-11}$ N·m²/kg², 태양의 질량 $M = 2 \times 10^{30}$ kg, 빛의 속도 $c = 3 \times 10^8$ m/s 이다.)

( ) km

25 인공위성을 지구 주위의 반경 4.2×10^7 m 인 정지 궤도로 올려 놓기 위한 우주 수송선이 지표면에서 고도 280 km 높이를 원운동하고 있다. 약 500 kg인 통신 위성이 우주 수송선에서 분리된 후, 위성에 장착된 로켓 엔진을 가동하여 지구 정지 궤도까지 올라갔다. 엔진에서 얼마만큼의 에너지가 소모되었는가? (단, 만유인력 상수 $G = 6.67 \times 10^{-11}$ N·m²/kg², 지구 질량 $M = 6 \times 10^{24}$ kg, 지구 반지름 $R = 6,370$ km 이다.)

(   ) J

26 다음 그림과 같이 반지름이 $2R$인 공 내부에 반지름이 R인 공의 부피만큼 내부가 비어 있는 공 A 와 질량이 m인 공 B 가 d 만큼 떨어진 채 놓여 있다. 두 공의 중심선이 빈 곳의 중심을 지날 때, 두 공 사이에 작용하는 만유인력의 크기는? (단, 내부가 꽉 찬 공 A 의 질량은 M 이고, 공 A 와 B 의 밀도는 균일하며, 만유인력 상수는 G 이다.)

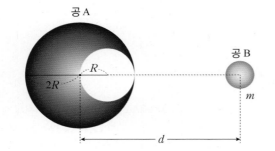

공 A

공 B

R

$2R$

m

d

① $GmM\left(\dfrac{1}{2(d-R)^2} - \dfrac{1}{d^2}\right)$

② $GmM\left(\dfrac{1}{d^2} - \dfrac{1}{2(d-R)^2}\right)$

③ $GmM\left(\dfrac{1}{4(d-R)^2} - \dfrac{1}{d^2}\right)$

④ $GmM\left(\dfrac{1}{d^2} - \dfrac{1}{4(d-R)^2}\right)$

⑤ $GmM\left(\dfrac{1}{d^2} - \dfrac{1}{8(d-R)^2}\right)$

27 발사체를 지표면에서 수직으로 쏘아 올렸다. 처음 쏘아 올린 속도가 지구 탈출 속도의 절반인 경우(㉠)와 처음 운동 에너지가 지구를 탈출하기 위해 필요한 운동 에너지의 절반인 경우(㉡)에 각각 발사체는 지구 반지름 R 의 몇 배의 거리에 도달하겠는가?

	㉠	㉡		㉠	㉡
①	$\dfrac{3}{4}R$	$2R$	②	$\dfrac{4}{3}R$	$2R$
③	$\dfrac{3}{4}R$	$4R$	④	$\dfrac{4}{3}R$	$4R$
⑤	$\dfrac{3}{4}R$	$8R$			

28 태양이 속해 있는 은하계가 하나의 구 모양이며, 태양은 이 구의 표면에서 공전하고 있다고 가정한다. 은하계 안에 있는 별 하나하나가 태양의 질량과 같고, 은하계 중심에 대하여 공 모양으로 균일하게 분포되어 있다고 할 때, 은하계 안에 있는 별의 수를 구하시오. (단, 태양의 질량은 2×10^{30} kg, 태양과 은하계의 중심과의 거리는 2×10^{20} m, 태양의 공전 주기를 2.5×10^8 년, 만유인력 상수 $G = 6.7 \times 10^{-11}$ N·m²/kg², $\pi = 3$ 이다.)

(   ) 개

29~30 질량 5,000 kg인 우주선이 질량 1.0×10^{31} kg인 행성 주위를 공전하고 있다. 공전 궤도 반지름은 행성 중심으로부터 5×10^8 m이다. 이 우주선이 속력을 약 3% 정도 줄이기 위해 엔진을 역추진시킨 후 반지름이 변화된 원운동을 하였다. 물음에 답하시오. (단, 만유인력 상수 $G = 6.7 \times 10^{-11}$N·m²/kg² 이다.)

29 3% 감속시킨 우주선의 운동 에너지와 퍼텐셜 에너지를 바르게 짝지은 것은?

	운동 에너지	퍼텐셜 에너지
①	3.19×10^{15} J	6.38×10^{15} J
②	3.19×10^{15} J	-6.38×10^{15} J
③	3.36×10^{15} J	6.38×10^{15} J
④	3.36×10^{15} J	-6.38×10^{15} J
⑤	6.38×10^{15} J	-6.38×10^{15} J

30 우주선의 주기 변화에 대한 설명으로 옳은 것은? (단, $\pi = 3$ 이고, 소수점 둘째 자리에서 반올림한다.)

① 0.2×10^2 초 줄어든다.
② 0.2×10^2 초 늘어난다.
③ 2×10^2 초 줄어든다.
④ 2×10^2 초 늘어난다.
⑤ 주기는 변하지 않는다.

31 다음 그림과 같이 질량이 5×10^{25} kg으로 같은 두 행성이 O 점으로부터 각각 R 만큼 떨어진 궤도에서 일정한 속력으로 원운동하고 있다. 물음에 답하시오. (단, 만유인력 상수 $G = 6.7 \times 10^{-11}$ N·m²/kg², $R = 5 \times 10^{10}$ m 이다.)

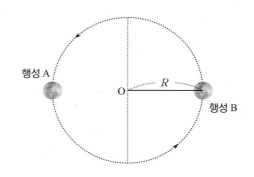

(1) 두 행성의 공통된 각속도를 구하시오.

(   ) rad/s

(2) 운석이 궤도면에 수직으로 O 점을 지날 때, 두 행성에 의한 만유인력장을 탈출하기 위해 필요한 O 점에서 최소 속력을 구하시오.

(   )

32 다음 그림과 같이 반지름 r인 원궤도를 속력 v_0 로 등속 원운동하는 인공위성이 있다. 이 인공위성이 엔진을 추진하여 접선 속도의 방향은 바꾸지 않고 순간 속력만 v 로 증가하였다. 그 결과 인공위성은 짧은 반지름 r, 긴 반지름이 $2r$인 타원 궤도를 그리면서 운동하였다. 등속 원운동할 때 위성의 역학적 에너지를 $-E$ 라고 한다면, 타원 궤도를 돌 때의 역학적 에너지는?

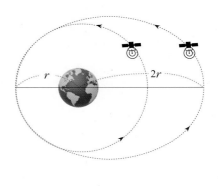

(   )

Project 논/구술

중력을 이겨라! 마천루 주제 I

하늘을 긁는 높은 건물, 마천루(摩天樓)

세계 여러 나라에서는 초고층 빌딩을 지어 그 나라의 도시를 대표하는 건축물로 내세우려는 경쟁을 하고 있다.

초고층 빌딩을 의미하는 마천루(skyscraper)란 "하늘(天, sky)"을 "긁는(摩, scrape)" 높은 건물(樓)이라는 뜻으로 초고층 빌딩에 대한 기준은 세계 각국이 조금씩 다르며 확실한 정의는 없다. 세계초고층학회 (CTBUH)에서 발표하는 세계 100 대 빌딩, 즉 약 50 층 이상, 높이 220 m 이상의 건물을 초고층 건물이라고 하며, 국내 건축법상 초고층 빌딩은 높이 200 m 를 넘거나 50층 이상인 건물을 의미한다.

중력, 바람, 지진에 견뎌야 하는 초고층 건물

고층 건물에 작용하는 외력은 크게 중력과 바람으로 이에 저항하는 효율적인 구조를 고층 건물은 갖춰야 한다. 건물 자체의 무게와 건물 안을 구성하는 기구들과 사람의 무게를 모두 합한 지구 중심을 향하는 중력은 건물의 높이와 층수가 많아질수록 비례하여 증가한다. 이러한 연직 하중을 극복하기 위해 고층 건물은 맨 아래층의 면적이 넓고, 위로 갈수록 점점 면적을 감소시킨다.

건물이 높아질수록 또 다른 외력의 원인인 바람도 증가하게 된다. 초고층 건물의 가장 큰 장애가 바로 이 바람이다. 바람의 영향을 최소화하기 위해 초고층 건물은 뼈대를 튼튼하게 하는 것을 기본으로 건물의 모양

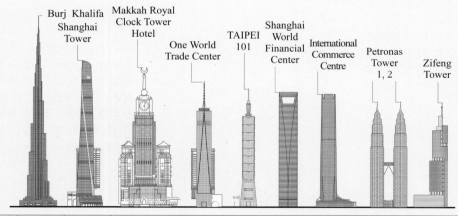

건물명	Burj Khalifa	Shanghai Tower	Makkah Royal Clock Tower Hotel	One World Trade Center	TAIPEI 101	Shanghai World Financial Center	Internati-onal Commerce Centre	Petronas Tower 1, 2	Zifeng Tower	Willis Tower
소재지	두바이 (2010)	상하이 (2015)	사우디 아라비아 (2012)	뉴욕 (2014)	타이베이 (2004)	상하이 (2008)	홍콩 (2010)	쿠알라룸 푸르 (1998)	난징 (2010)	시카고 (1974)
높이(m)	828	632	601	541	508	492	484	452	450	442

▲ 세계에서 가장 높은 빌딩 Top 10 (2016)

을 바꾸는 방법을 이용한다. 예를 들어 상하이 세계 금융 센터 정상에는 바람이 지나갈 수 있는 구멍을 뚫어 바람과 부딪히는 단면적을 줄여 건물의 진동수를 줄여주었다. 이 구멍은 병따개 모양으로 유명하며 지름이 51 m 로 축구장 절반만 하다고 한다. 이 외에 건물 모서리를 둥글게 유선형 형태로 만들어 바람이 건물 벽면을 타고 흐르게 하여 바람이 일으키는 진동을 감소시키기도 하며, 건물의 위아래의 모양을 바꾸는 것도 바람의 영향을 줄이기 위해서 이다.

바람에 의한 진동을 줄여주는 방법 이외에 진동을 흡수하는 장치를 이용하기도 한다. 예를 들어 타이베이 101 의 건물 꼭대기에 있는 지름 6 m, 무게가 660 t 인 강철공은 4 개의 줄에 매달려 진자처럼 흔들리며 건물이 바람에 흔들릴 때마다 반대 방향으로 이동하여 건물의 균형을 잡아준다.

▲ 상하이 세계 금융 센터

이외에 건물의 안정성을 높이기 위해 튜브형의 구조를 적용하거나 트러스 구조를 이용하여 강한 횡력에 견딜 수 있도록 한다.

초고층 건물의 고유 진동수

바람이 가장 큰 장애가 되는 이유 중 하나는 바로 고유 진동수 때문이다. 건물의 고유 진동수는 건물의 질량 M 과 딱딱한 정도(탄성 계수) K 에 따라 결정된다.

$$f \text{ (고유 진동수)} = \frac{1}{2\pi}\sqrt{\frac{K}{M}}$$

60 층 건물의 경우 진동 주기는 대략 6 초, 10 층 벽돌 건물의 진동 주기는 대략 0.5 초로 건물의 높이가 높고, 유연한 건물일수록 고유 진동수가 작고, 진동 주기가 길어진다. 지진이 발생할 경우 지반의 진동 주기는 약 0.2~0.5 초로 고층 건물일 경우 이와 큰 차이를 보여 지진의 영향을 덜 받는다. 오히려 낮은 건물의 고유 진동수와 지진파의 진동수가 비슷하므로 공명 현상이 일어나 지진의 피해가 커진다. 한편 고층 건물일수록 주기가 길어져 바람과의 공명 현상이 일어나 진동의 폭이 급격히 증가할 수 있으므로 동조 질량 감쇄기 같은 진동 제어 장치를 이용하여 초고층 건물의 진동 주기를 변화시켜 피해를 예방한다.

이와 같은 초고층 빌딩의 건축은 건축 기술의 발달과 함께 철강·유리·고강도 콘크리트 등 첨단 자재의 출현 덕분에 가능할 수 있었다.

 초고층 건물의 진동폭이나 진동수를 줄이기 위한 또 다른 방법에 대하여 자신의 생각을 서술하시오.

 본문에서 주어진 내용 이외에 초고층 건물을 지을 때 고려해야 할 요소는 무엇이 있을까? 자신의 생각을 서술하시오.

21C 건축은 나무의 시대?

강철 + 콘크리트 = 고층 건물

1885 년 미국 일리노이 주 시카고에 들어선 10 층 높이(42 m)의 주택 보험 건물 (Home Insurance Building)은 철근과 콘크리트를 사용한 최초의 건물로 세계 최초의 고층 건물이기도 하다. 이후 철근과 콘크리트 조합은 고층 건물의 '공식'이 됐다. '그레이트 빌더'의 저자 케네스 파월은 "강철과 콘크리트가 고층 빌딩을 등장할 수 있게 했다"고 하였다.

이후 세계의 주요 도시에서 초고층 건물들이 많이 건설되었으며, 현존하는 세계 최고 높이의 건물은 두바이에 있는 부르즈 칼리파(Burj Khalifa)로 162 층 규모에 높이는 828 m 에 달한다.

▲ 세계 최초의 고층 건물 'Home Insurance Building'

▲ 완공된 건물 중 세계 최고 높이의 빌딩인 'Burj Khalifa'

이와 같이 대부분의 고층 건물은 시멘트와 자갈, 모래를 물과 섞은 콘크리트로 짓고 있기 때문에 건축사에서 20 세기는 '콘크리트의 시대'로 불리고 있다.

▲ 세계 최초로 완공된 영국의 고층 목조 빌딩 'Stadthaus'

▲ 캐나다 UBC 의 세계 최고 층 목조 빌딩

21 C 건축은 '나무의 시대'?!

하지만 21C 건축은 '나무의 시대'가 될 것이라는 전망이 나오고 있다. 합판을 뜻하는 'plywood'와 마천루를 뜻하는 'skyscraper'를 합쳐 목조 고층 빌딩을 뜻하는 'plyscraper'라는 신조어도 생겼다.

19 세기 말에서 20 세기 초에 걸쳐 미국 대도시의 대형 목조 건물들이 화재로 잇따라 전소한 것을 계기로 대형 건축물 자재로서의 목재는 급속히 쇠락해갔으며, 현재 대부분의 나라에선 목재 건물 높이가 4~6 층으로 제한되어 있다. 우리나라도 목조 건축물의 높이를 지붕을 기준으로 18 m 이하로 제한하고 있다. 이처럼 100 년 이상 찬밥 신세이던 목재가 최근 다시 주목받고 있는 것이다.

고층 건물에 나무를 이용하기 시작한 나라는 영국으로 2009 년 런던 동북쪽 해크니 지역에 지은 높이 29 m, 9 층 높이의 목조 아파트 '슈타트하우스(Stadthaus)'(그림)는 골격부터 외벽, 계단까지 모두 목재로 지어졌다. 국제초고층학회는 이 아파트를 2010년 '올해의 고층 빌딩'으로 선정하였다. 2016년 9월 캐나다 밴쿠버의 브리티시 컬럼비아대(UBC)에는 학생 400 여 명의 기숙사로 쓰일 지상 18 층짜리, 53 m 높이의 세계 최고층 목조 빌딩(그림)이 들어섰다.

2023년 스웨덴에는 34 층 목조 고층 빌딩이 들어설 예정이며, 영국 런던에 높이 300 m의 80층짜리 목조 빌딩을 짓자는 설계안이 발표되었고, 미국 시카고에서도 80층짜리 목조 초고층 빌딩 '리버 비치 타워(River Beech Tower)'를 제안해 놓고 있는 상태다. 우리나라도 2016 년 건물 전체가 목조로 되어 있는 국내 최대 규모의 목조 건물(국립산림과학원 산림유전자원부 연구동 건물)이 완성되었으며, 2022년까지는 10층짜리 목조 아파트 건설에 도전한다는 목표다.

건축 자재로써 장점이 많은 나무

건축 재료로서 나무가 다시 주목받고 있는 가장 큰 이유는 친환경적이기 때문이다. 캐나다 건축가 마이클 그린은 "나무는 1 m^3 당 이산화탄소 1 t을 저장한다"면서 "콘크리트로 20층 건물을 지으면 1,200 t의 이산화 탄소가 배출되는 반면 나무로 같은 높이의 건물을 지으면 이산화 탄소 3,100 t을 흡수할 수 있으며, 이는 연간 자동차 900대를 도로에서 없애는 것과 같은 효과를 낸다"고 주장하였다.

친환경적이지만 안전하지 못하면 건축 자재로 사용할 수 없다. 일반적으로 나무는 콘크리트보다 강도가 30~40 배 떨어지지만, 목조 고층빌딩이 가능한 이유는 구조용 면재료(CLT = cross-laminated timber)라고 불리는 새로운 목재 가공 기술 덕분이다. 이 목재는 여러 나무조각들을 가로세로로 엇갈리도록 겹겹이 쌓은 뒤 압축해 만든 일종의 합판(집성재)이다. 이를 수직으로 교차시켜 붙이게 되면 뒤틀리거나 갈라지지 않는 튼튼한 건축 재료가 된다.

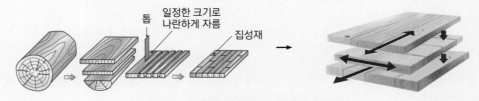

▲ 구조용 면재료(CLT)의 제작 방법

실제로 CLT 와 콘크리트 중 어떤 것이 무거운 무게를 더 잘 견디는지 측정한 실험에서 단위 면적을 기준으로 했을 때 콘크리트는 29 t 의 무게에 부서졌지만, 콘크리트보다 3 분의 1 정도 가벼운 CLT 는 43 t 까지 견뎌낼 수 있었다. 또한, CLT 는 강하게 압축되어 있어 불이 쉽게 붙지 않고, 불이 붙는 속도도 훨씬 느리며, 다공질성이어서 진동 흡수 능력이 뛰어나 지진에는 오히려 콘크리트보다 잘 견딘다고 한다.

건축 기간이 짧다는 점도 목조 빌딩의 강점이다. 슈타트하우스에서 골격을 세우는 작업은 콘크리트로 작업할 경우 20주가 걸리지만, 목조로 불과 28 일 만에 완성하였으며, 2012년 오스트리아에 건설된 높이 25 m 목조 건물의 건축은 불과 8일 만에 끝났다.

 나무로 지은 집과 콘크리트로 지은 집의 장단점을 각각 서술하시오.

 나무가 콘크리트와 철근을 대체할 수 있을까? 자신의 생각을 서술하시오.

탐구 중력

(가) 미국항공우주국(NASA)을 비롯한 러시아, 유럽의 우주센터에서는 지구에서도 무중력 상태를 체험할 수 있도록 '무중력 실험기'를 운용한다.

무중력 실험기는 대체로 거대한 항공기를 개조해 만들며, 무중력 체험을 할 때, 떠다니는 사람들이 다치지 않도록 항공기 안쪽에 충격을 줄일 수 있는 보호벽을 설치한다.

그렇다면 일반 항공기를 이용하여 무중력은 어떻게 만들까? 무중력 실험 항공기는 5~6 km 상공에서 9 km 까지 급상 승을 한 뒤 엔진의 출력을 갑자기 줄인다. 그러면 비행기는 앞으로 나아가던 힘과 지구가 당기는 힘으로 비스듬히 포물선을 그리며 자유낙하를 한다. 이때 비행기 내부에 25 초 정도 무중력 환경이 생긴다. 이를 여러 차례 반복하면 무중력 상태가 지속적으로 유지되지는 않더라도 오랜 시간 동안 무중력을 느낄 수 있다.

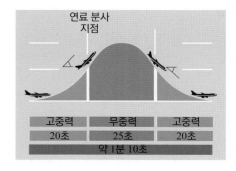

▲ 무중력을 만드는 방법

문제는 처음 무중력을 느끼는 사람들이 종종 멀미와 구토를 일으킨다는 점이다. 비행기에 탑승하는 사람은 반드시 냄새를 차단하는 플라스틱 멀미 주머니를 가지고 타지만, 갑작스러운 구토는 막기 힘들다. 지금은 퇴역한 NASA 의 KC-135는 총 1,000 L 정도의 구토물을 청소했을 정도다. 그래서 무중력 실험 항공기에는 '멀미 혜성'(vomit comet)이란 별명이 붙기도 한다.

특수 휠체어에 몸을 의지해 사는 세계적인 물리학자 영국의 스티븐 호킹 박사도 지난해 특수 개조된 보잉 727 비행기를 이용해 무중력을 체험했다. 보잉 727 비행기는 9,600 m 상공에서 2,400 m를 하강하는 포물선 비행으로 25초씩 무중력 상태를 만들었다. 호킹 박사는 팔과 다리를 모두 보호대로 감싼 뒤 특수 쿠션에 기대앉은 채 총 4분에 걸쳐 무중력을 체험하였으며, 공중에서 회전하는 묘기를 8차례 실시하기도 했다.
호킹 박사는 지상에 내려온 뒤 특수 휠체어의 컴퓨터 합성음을 이용해 "놀라운 경험"이라고 밝혔다.

– 파이낸셜뉴스 2008.05.30. 『비행기 자유낙하 하면 25 초간 무중력 생긴다.』 발췌 편집

(나) 우주에 나가기 위해서는 우주선을 타고 우주에 나갈 때와 들어올 때를 대비해 고중력 적응 훈련을 받아야 한다. 러시아의 가가린 우주인 훈련센터에는 세계에서 제일 큰 고중력 적응 훈련 장치가 설치되어 있다. 훈련자는 고속으로 회전하는 장치에 들어가는데 장치가 고속으로 회전하면 할수록 훈련자는 큰 중력(G : 1G는 몸무게 1배)을 받게 되어있다. 보통 사람의 경우 1G에서 2G로 넘어가면 속이 메스꺼워지고, 4G를 넘어가면 팔을 움직이기도 힘들어진다.

또한, 우주에 가면 무중력 상태에서 생활해야 하는 까닭에 무중력 적응 훈련도 중요하다. 가가린 우주인 훈련센터에서 무중력 적응 훈련은 주로 물속에서 이뤄진다. 3층짜리 원형 건물 중앙에 지름 23 m, 깊이 12 m의 대형 물탱크가 있고, 물탱크 안에는 우주 정거장이 설치되어 있다. 물탱크에 물이 채워지면 특수 우주복을 입은 훈련자는 무중력 상태와 비슷한 상황에 부닥치게 된다. 우주복의 부력이 훈련자의 체중을 상쇄시켜 무중력 상태를 만들어주기 때문이다. 이곳에서 실시하는 훈련은 걷기와 우주선 문 여닫기, 태양전지판 교체 작업 등 간단한 내용이지만, 한 번 수중훈련을 받고 나면 체중이 2~3 kg 줄어들 정도로 힘들다고 한다.

▲ 무중력 적응 훈련 장치

▲ 고중력 적응 훈련 장치

– 주간 경향 뉴스메이커 676 호 발췌 편집

자료 해석 및 일반화

자료 (가)와 같이 최고 높이 9,600 m 로부터 2,400 m 를 급강하하여 25 초 동안 무중력 상태를 만들어내기 위해서는 엔진의 추진력을 끄고 포물선 운동이 시작되는 지점에서 항공기의 속도 벡터의 수직 성분은 얼마여야 할까? (단, 중력 가속도는 9.8 m/s² 이다.)

자료 (나)의 고중력 적응 훈련 장치에서 인공 중력 가속도를 발생시키는 방법에 대하여 구심력을 이용하여 설명하시오.

개념 응용하기

(가) 무중력 상태의 의미에 대하여 서술하고, (나) 자유 낙하하는 경우와 물속에서 부력을 느끼는 경우 무중력 상태를 경험할 수 있는 이유를 각각 설명하시오.

Ⅱ

열역학

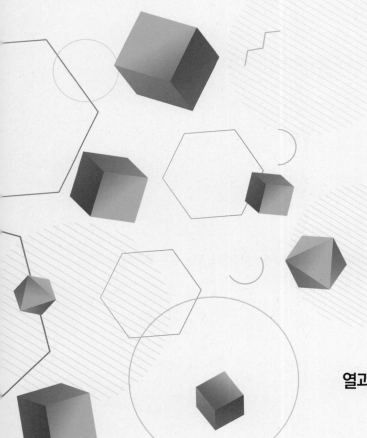

열과 관련된 일상 생활 속 다양한 현상들을 알아보자.

8강 열현상

1. 열과 열량   2. 열의 이동   3. 열팽창   4. 물질의 상태 변화

● 열량의 단위

열은 에너지의 한 형태이다. 따라서 열량의 단위로 J(줄)을 사용한다.
일상생활에서는 kcal 도 많이 사용된다. 1kcal 란, 순수한 물 1kg의 온도를 1K(1℃)만큼 올리는데 필요한 열량이다.

$$1cal = 4.2 \text{ J}$$
$$1kcal = 4,200 \text{ J}$$

● 여러 물질의 비열

물질의 종류에 따라 비열이 다르므로 비열은 물질의 특성이 된다.

물질 (20℃, 1기압)	비열	
	kcal/kg·℃	J/kg·K
물	1	4,200
얼음	0.500	2,100
수증기	0.84	2,000
수소	3.390	14,191
철	0.110	460
구리	0.093	390
금	0.03	126
은	0.056	235
알루미늄	0.220	920

● 비열의 측정

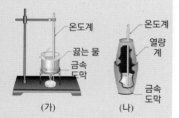

(가) 질량이 m_A, 비열이 c_A인 금속 도막을 끓는 물속에 넣고, 얼마간의 시간이 지난 후, 온도계로 온도 t_A를 측정한다.
(나) (가)의 금속을 꺼내 질량이 m_B, 온도가 t_B인 물이 들어 있는 열량계 속에 넣은 후, 더 이상 온도 변화가 없을 때 온도 t를 측정한다.
Q_A (m_A가 잃은 열량)
$= Q_B$ (m_B가 잃은 열량)이므로,
$c_A m_A(t_A - t) = c_물 m_B(t - t_B)$
$\therefore c_A = \dfrac{m_B(t - t_B)}{m_A(t_A - t)} c_물$

1. 열과 열량

(1) 열과 열량

① **열과 열량** : 고온의 물체에서 저온의 물체로 이동하여 물체의 온도를 변화시키는 에너지를 **열**이라고 하며, 이동된 열의 양을 **열량**이라고 한다.

② **열의 일당량** : 물체의 열이 역학적 일로, 역학적 일은 열로 전환될 수 있다. 즉, 발생한 열량 Q는 잃어버린 역학적 에너지 W에 비례하며, 그 비례 상수 J를 **열의 일당량**이라고 한다.

$$W = J \cdot Q \quad [\, J = 4.2 \times 10^3 \text{J/kcal} \,]$$

(2) 열량과 비열

① **비열** : 물질 1 kg의 온도를 1 ℃(1K) 높이는 데 필요한 열량으로, 열량의 단위는 kcal/kg · ℃, kcal/kg · K 를 사용한다.

② **열용량** : 물체의 온도를 1 ℃(1 K) 높이는 데 필요한 열량으로 단위는 kcal/℃, kcal/K 를 사용한다. 비열 c, 질량 m 인 물체의 열용량은 다음과 같다.

$$C = cm$$

③ **열량** : 비열 c, 질량 m 인 물체의 온도 변화를 Δt 라고 할 때, 열량 Q 는 다음과 같다.

$$Q = C\Delta t = cm\Delta t$$

(3) 열평형 상태와 열량 보존 법칙

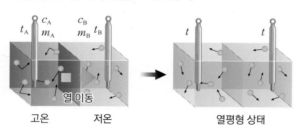

▲ 열의 이동과 열평형 상태

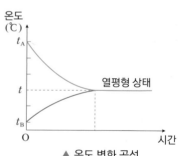

▲ 온도 변화 곡선

① **열평형 상태** : 고온의 물체와 저온의 물체가 접촉하였을 때, 시간이 흐른 후 두 물체의 온도가 같아져 더 이상 열의 이동이 없는 상태를 **열평형 상태**라고 한다.

② **열량 보존 법칙** : 온도가 다른 두 물체 사이에서 열이 이동할 때, 외부로 열 출입이 없다면 고온의 물체가 잃은 열량과 저온의 물체가 얻은 열량이 같다. 이를 **열량 보존 법칙**이라고 한다.

$$Q_A = Q_B \; \rightarrow \; c_A m_A(t_A - t) = c_B m_B(t - t_B)$$

개념확인 1

고온의 물체에서 저온의 물체로 이동하여 물체의 온도를 변화시키는 에너지를 ☐ (이)라고 하며, 이동된 열의 양을 ☐☐ (이)라고 한다.

확인 + 1

비열이 0.5 kcal/kg℃인 물질 2 kg의 온도를 3 ℃ 높이는 데 필요한 열량은?

(   ) kcal

2. 열의 이동

(1) 전도 : 열에너지를 받은 분자들은 운동이 활발해지면서 인접한 분자들과 충돌하여 운동에너지를 전달해 준다. 이와 같이 분자들 사이의 충돌로 에너지가 전달되어 온도가 높은 곳에서 낮은 곳으로 열이 이동하는 현상을 **전도**라고 한다.

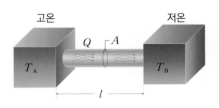

- **전도에 의해 이동하는 열량** : 길이가 l, 단면적이 A 인 금속 막대의 양 끝의 온도가 각각 T_A, $T_B(T_A > T_B)$일 때, t 초 동안 금속 막대를 통하여 이동하는 열량은 다음과 같다.

$$Q = kA\left(\frac{T_A - T_B}{l}\right)t \quad [\text{단위} : \text{J}]$$

비례 상수 k는 물체의 열전도율로 물질에 따라 다른 값을 갖는다. (단위 : J/m·s·K, W/m·K)

(2) 대류 : 중력이 작용하는 공간에서 기체나 액체가 열을 받으면 온도가 높아진 물질은 밀도가 작아져 위로 올라가고, 위쪽에 있던 차가운 물질은 아래로 내려오게 된다. 이와 같이 온도에 따른 분자들의 밀도 차에 의해 물질이 순환하면서 열이 이동하는 현상을 **대류**라고 한다.

▲ 물의 대류

(3) 복사 : 매질의 도움 없이 열이 전자기파의 형태로 직접 이동하는 현상을 복사라고 한다.

① **열복사** : 진공 속에 놓인 온도가 서로 다른 두 물체에 있어 고온의 물체는 전자기파를 방출하여 온도가 내려가고, 상대적으로 저온의 물체는 전자기파를 흡수하여 온도가 올라간다. 이러한 현상을 **열복사**라고 한다.

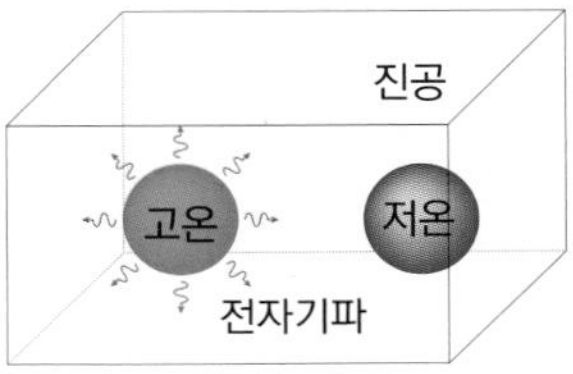

▲ 열복사

② **흑체 복사와 슈테판·볼츠만 법칙** : 흑체에서 방출되는 복사에너지는 흑체의 온도에 의해서만 달라진다. 이때 흑체 표면에서 방출되는 에너지의 세기 I 는 흑체 표면의 절대 온도 T 의 네 제곱에 비례한다는 법칙을 **슈테판·볼츠만 법칙**이라고 한다.

$$I = \sigma T^4$$

σ(슈테판-볼츠만 상수) $= 5.67 \times 10^{-8}\,\text{W/m}^2\cdot\text{K}^4$

③ **뉴턴의 냉각 법칙** : 주위보다 높은 온도의 물체가 있을 때 복사에 의한 냉각의 속도가 물체와 주위와의 온도 차이에 비례한다는 법칙이다. 표면적이 S, 온도가 T 인 물체가 온도가 T_0 인 공간 안에 놓여있을 때, Δt 시간 동안에 물체에서 방출된 열량은 오른쪽과 같다.

$$\Delta Q = kS(T - T_0)\Delta t$$

▲ 뉴턴의 냉각 법칙

● 여러 물질을 통한 전도

다음 그림과 같이 단면적이 A로 같고, 열전도율이 각각 k_1, k_2, k_3로 다른 물체를 접촉시켰다.

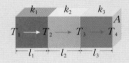

외부에서 열 출입이 없을 때, 왼쪽 끝은 T_1, 오른쪽 끝은 T_4로 온도를 유지하고($T_1 > T_4$), 다른 면은 모두 단열시킨다면, 단위 시간당 물체 내부를 통과하는 열량은 다음과 같다.

$$\frac{\Delta Q}{\Delta t} = k_1 A \frac{T_1 - T_2}{l_1}$$

$$= k_2 A \frac{T_2 - T_3}{l_2}$$

$$= k_3 A \frac{T_3 - T_4}{l_3}$$

$$\therefore \frac{\Delta Q}{\Delta t} = A \frac{T_1 - T_4}{\dfrac{l_1}{k_1} + \dfrac{l_2}{k_2} + \dfrac{l_3}{k_3}}$$

개념확인 2

정답 및 해설 **60쪽**

매질의 도움 없이 열이 □□□□ 형태로 직접 이동하는 방법을 □□ (이)라고 한다.

확인 + 2

육지의 비열은 바다의 비열보다 작기 때문에 해안가에서 낮에는 해풍이 불고, 밤에는 육풍이 분다. 이러한 현상이 나타나는 이유와 관련이 있는 열의 이동 방법은 무엇인가?

( )

미니사전

흑체 [黑 검다 體 물체] 들어오는 모든 열복사선을 반사하지 않고 흡수하고, 100% 재방출하는 이상적인 물체

(1) 열팽창 : 물체가 열을 얻어 온도가 높아지면 길이나 부피가 늘어나는 현상을 말한다. 일반적으로 같은 온도 변화에 의한 열팽창은 기체 > 액체 > 고체 순이다.

(2) 고체의 열팽창

① **선팽창** : 온도 상승에 의한 길이의 팽창을 말한다. 그림과 같이 길이가 L_0인 고체 막대의 온도가 $\Delta T(= T - T_0)$만큼 상승할 때 고체 막대의 길이 $L(= L_0 + \Delta L)$는 다음과 같이 증가한다.

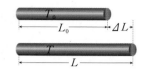

$$\Delta L = \alpha L_0 \cdot \Delta T \; \rightarrow \; L = L_0(1 + \alpha\Delta T)$$

α (선팽창 계수) : 어떤 물질의 단위 길이의 온도가 1 ℃ 상승하는 데 따라 늘어나는 길이 [단위 : (℃)$^{-1}$]

② **부피 팽창** : 온도 상승에 의한 부피의 팽창을 말한다. 부피가 V_0인 고체의 온도가 $\Delta T(= T - T_0)$만큼 상승할 때 고체의 부피 $V(= V_0 + \Delta V)$는 다음과 같이 증가한다.

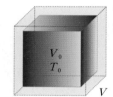

$$\Delta V = \beta V_0 \cdot \Delta T \; \rightarrow \; V = V_0(1 + \beta\Delta T)$$

β (부피 팽창 계수) : 같은 물질로 된 고체의 경우 $\beta \fallingdotseq 3\alpha$ 관계가 성립한다. [단위 : (℃)$^{-1}$]

(3) 액체의 열팽창 : 대부분의 액체는 온도가 증가하면 그 부피가 일정한 비율로 증가한다. 처음 부피가 V_0인 액체의 온도가 $\Delta T(= T - T_0)$만큼 상승할 때 액체의 부피 V는 다음과 같다.

$$V = V_0(1 + \beta\Delta T)$$

(4) 기체의 열팽창 : 기체의 경우 고체, 액체와는 달리 압력이 일정할 때 기체의 종류에 상관 없이 온도 변화에 따라 팽창하는 정도가 같다. 즉, 모든 기체의 부피 팽창 계수 $\beta = \dfrac{1}{273}$ 로 같다. 0 ℃ 일 때 부피가 V_0인 기체의 온도가 ΔT 만큼 상승할 때 기체의 부피 V 는 다음과 같다.

$$V = V_0\left(1 + \frac{1}{273}\Delta T\right)$$

개념확인 3

모든 물체는 일반적으로 온도가 올라가면 부피가 팽창한다. 고체에서는 부피가 팽창하면서 면적과 길이도 함께 팽창한다. 이를 ☐☐☐ (이)라고 한다.

확인 + 3

0 ℃일 때, 5 m 길이의 철로된 선이 있다. 이 선이 30 ℃가 되면 얼마나 늘어나겠는가? (단, 철의 선팽창 계수는 $12 \times 10^{-6} \, K^{-1}$이다.)

(   ) m

● 열팽창의 이유

물질의 온도가 높아지면 분자 운동이 활발해지고, 분자 사이의 거리가 멀어지기 때문에 물질의 팽창이 일어나는 것이다.

● 면팽창

같은 물질로 된 고체의 경우 면팽창 계수는 선팽창 계수의 2배이다.
→ 면팽창 계수 = 2α

● 액체의 겉보기 팽창

용기에 액체가 담겨져 있을 때, 주위 온도가 상승하면 액체와 동시에 용기도 팽창하게 된다. 따라서 실제 액체의 팽창보다 덜 팽창하는 것처럼 보이는 데 이를 겉보기 팽창이라고 한다.

겉보기 팽창
= 액체의 팽창 − 용기의 팽창

● 물의 열팽창

물은 4 ℃ 일 때 부피가 가장 작고, 이보다 낮거나 높아지면 부피가 팽창한다. 따라서 물이 어는 0 ℃ 일 때 물의 밀도가 4 ℃ 일 때 물의 밀도보다 작기 때문에 물이 표면부터 얼게 된다.

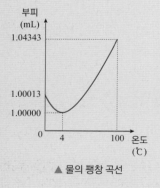

▲ 물의 팽창 곡선

4. 물질의 상태 변화

(1) 물질의 상태와 분자 운동 : 물질의 세 가지 상태는 여러 물리적인 성질 면에서 각각 차이가 있다. 이는 분자의 종류나 분자력, 분자의 열운동의 차이이다.

▲ 세 가지 상태의 분자 모형

① **고체** : 고체는 일정한 모양과 부피를 유지한다. 이는 분자들의 강한 인력에 의해 서로 일정한 거리를 유지하고 평형 위치를 중심으로 제자리에서 미소한 진폭의 진동 운동을 하고 있기 때문이다. 고체의 온도가 높아지면 분자의 진동 운동이 커지고, 일정 온도를 넘게 되면 융해 현상(고체 → 액체)이 나타난다.

② **액체** : 액체는 일정한 부피를 유지하지만 담는 그릇에 따라 모양이 달라지게 된다. 이는 분자들이 분자력을 서로 작용하여 평균 거리만큼 떨어져 있도록 하지만 특정한 위치에 고정시키지는 않기 때문이다. 따라서 각 분자들은 충돌하며 속도가 변하는 불규칙적인 운동(브라운 운동)을 한다.

· **증발** : 액체 분자들이 진동 운동을 할 때, 대부분은 분자력에 의한 인력으로 튀어 나가지 못하고 되돌아가지만, 충돌 등에 의해 속도가 증가한 분자는 분자력을 이기고 튀어 나오게 된다. 이러한 현상이 증발이다.

③ **기체** : 분자 사이의 거리가 분자간 평형 거리보다 매우 크므로 분자력에 의한 퍼텐셜 에너지는 운동 에너지에 비해 무시할 수 있을 정도로 작다. 이때 분자들은 각각 다른 속력으로 모든 방향으로 운동하기 때문에 서로 충돌하고 주위 벽에 충돌하기도 하면서 벽에 충격량을 주게 된다. 이 충격량의 총합이 기체 압력의 원인이 된다.

(2) 물질의 상태 변화 : 물체는 열을 얻어 온도가 높아지면 물체 내의 분자 운동이 활발해지면서 물체의 상태가 고체 → 액체 → 기체 상태로 변한다. 상태가 변하는 동안에는 온도는 일정하게 유지되지만 열의 출입은 이루어진다. 이때 열을 숨은열(잠열)이라고 한다. 질량이 m인 어떤 물질의 숨은열이 H 일 때, 상태 변화에 관계하는 열량 Q는 다음과 같다.

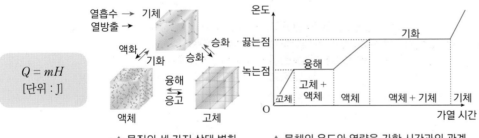

$$Q = mH$$
[단위 : J]

▲ 물질의 세 가지 상태 변화   ▲ 물체의 온도와 열량을 가한 시간과의 관계

정답 및 해설 **60쪽**

물질의 세 가지 상태 중 분자의 운동 에너지와 함께 분자력에 의한 퍼텐셜 에너지도 중요한 역할을 하는 상태는 무엇인가?

(   )

확인 + 4

0 ℃ 의 얼음 2 kg 이 0 ℃ 의 물이 되었다. 이때 흡수된 열량은 얼마인가? (단, 융해열은 335 kJ/kg이다.)

(   ) kJ

● **분자력**

분자 사이에 작용하는 전기적인 힘인 분자력은 분자의 종류와 분자 사이의 거리에 따라 달라진다. 아래 그림에서 두 분자가 어떤 일정한 거리 OA(평형 거리 ≒ 분자 크기 정도)보다 가까워지면 척력이 작용하고, 멀어지면 인력이 작용한다.

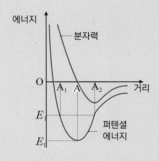

① 퍼텐셜 에너지 = E_0 일 때 : 분자는 평형 위치(A)에 있게 된다.
② 퍼텐셜 에너지 = E_1 일 때 : 분자는 A_1과 A_2사이에서 진동을 하게 된다. 이때 A_1과 A_2에서 분자의 운동 에너지는 0이다.
③ 퍼텐셜 에너지가 0보다 클 때 : 운동 에너지가 0으로 되는 곳이 없어 진동을 하지 않고 무한원으로 달아난다.

● **분자의 열운동**

물질을 구성하고 있는 분자, 원자 등이 그 물질의 상태와 온도에 따라서 불규칙한 운동을 끊임없이 하고 있으며, 이를 분자의 열운동이라고 한다.

● **숨은열(잠열)**

숨은열	열	물질의 상태 변화
융해열	흡수	고체 → 액체
응고열	방출	액체 → 고체
기화열	흡수	액체 → 기체
액화열	방출	기체 → 액체
승화열	흡수	고체 → 기체
	방출	기체 → 고체

융해열 = 응고열
기화열 = 액화열

01 질량이 2 kg 인 물질의 온도를 20 ℃ 높이는 데 2.24 kcal의 열량이 필요하였다. 이 물질의 비열은?

① 0.056 kcal/kg·℃   ② 0.56 kcal/kg·℃   ③ 0.112 kcal/kg·℃
④ 1.12 kcal/kg·℃   ⑤ 0.168 kcal/kg·℃

02 오른쪽 그래프는 질량이 같은 두 물체 A 와 B 를 접촉시킨 후 두 물체의 온도 변화를 시간에 따라 나타낸 것이다. 이에 대한 설명으로 옳은 것만을 <보기>에서 있는 대로 고른 것은? (단, 물체 A, B의 처음 온도는 각각 t_A, t_B 이고, $t_A > t_B$이며, 외부와의 열의 출입은 없다.)

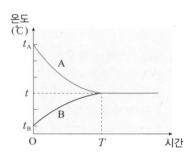

〈 보기 〉

ㄱ. 물체 A 가 잃은 열량과 물체 B 가 얻은 열량은 같다.
ㄴ. 물체 B 의 비열이 물체 A 의 비열보다 크다.
ㄷ. T초 이후에 두 물체는 열평형 상태이다.

① ㄱ   ② ㄴ   ③ ㄷ   ④ ㄱ, ㄴ   ⑤ ㄱ, ㄴ, ㄷ

03 열의 이동에 대한 설명 중 옳은 것은 ○표, 옳지 않은 것은 ×표 하시오.

(1) 열은 고온의 물체에서 저온의 물체로 스스로 이동한다. ( )
(2) 길이와 단면적이 같은 두 막대 중 열전도율이 큰 막대일수록 같은 시간 동안 전도에 의해 이동하는 열량이 많다. ( )
(3) 중력이 작용하지 않는 공간에서 대류 현상은 일어나지 않는다. ( )
(4) 흑체에서 방출되는 복사 에너지는 흑체 표면의 온도에 의해서만 달라진다. ( )

04 오른쪽 그림과 같이 온도가 120 ℃, 20 ℃ 인 두 물체를 서로 다른 두 금속 막대 A, B로 연결하였다. 금속 막대 A 와 B 의 접촉 지점의 온도가 60 ℃ 로 일정하고, 금속 막대 B 의 열전도율이 3k일 때, 금속 막대 A 의 열전도율은? (단, 금속 막대 A 와 B 의 길이와 단면적은 각각 1 m 와 S 로 같다.)

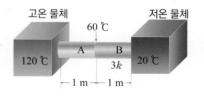

① k ② 2k ③ 3k ④ 4k ⑤ 5k

05 열팽창에 대한 설명 중 옳은 것은 ○ 표, 옳지 않은 것은 × 표 하시오.

(1) 일반적으로 같은 온도 변화에 의한 열팽창은 기체 > 액체 > 고체 순으로 잘 일어난다. ( )
(2) 고체의 경우 면팽창 계수는 선팽창 계수의 약 2 배이다. ( )
(3) 온도가 증가한 후 고체의 부피는 처음 부피와 온도 변화량의 곱에 비례한다. ( )

06 오른쪽 그림은 전기 다리미의 기본 구조를 나타낸 것이다. 온도가 높아지면 바이메탈이 휘어지면서 회로의 연결이 끊어져 전류가 흐르지 않게 된다. 전기 다리미 내부의 바이메탈이라는 부품은 선팽창 계수가 다른 두 금속을 붙여 놓은 것으로 전기 다리미 뿐만 아니라 자동 온도 조절기나 전원 차단 장치에도 사용한다. 바이메탈과 관련된 설명으로 옳은 것만을 <보기>에서 있는 대로 고른 것은?

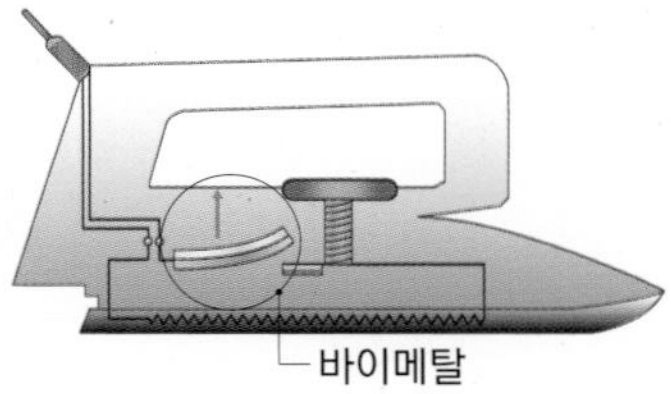

└ 바이메탈

───── 〈 보기 〉 ─────

ㄱ. 선팽창 계수는 기체 상태일 때 가장 크다.
ㄴ. 바이메탈에 사용되는 두 금속의 선팽창 계수의 차이는 클수록 반응이 좋다.
ㄷ. 온도가 낮아져서 바이메탈이 차가워지면 선팽창 계수가 작은 물질쪽으로 휘어진다.

① ㄱ   ② ㄴ   ③ ㄷ   ④ ㄱ, ㄴ   ⑤ ㄱ, ㄴ, ㄷ

07 물질의 상태와 분자 운동에 대한 설명 중 옳은 것은 ○ 표, 옳지 않은 것은 × 표 하시오.

(1) 물질의 세 가지 상태인 기체, 액체, 고체가 물리적인 성질에서 각각의 차이를 나타내는 이유는 분자의 종류나 분자력, 분자의 열운동 등에 차이가 있기 때문이다. ( )
(2) 고체는 분자들이 강한 인력에 의해 서로 일정한 거리를 유지하고 평형 위치를 중심으로 미소한 진폭의 진동을 하고 있는 것으로 생각하고 있다. ( )
(3) 액체 분자는 충돌할 때 서로 척력을 작용하고, 떨어지면 분자 사이의 인력이 급격히 약해져 거의 0이 된다. ( )

08 $-5\,℃$, $0.4\,kg$ 의 얼음을 $100\,℃$ 수증기로 만드는데 필요한 열량은 몇 kcal 인가? (단 얼음의 비열은 0.5 kcal/kg·℃, 물의 비열은 1 kcal/kg·℃, 물의 융해열은 80 kcal/kg, 기화열은 539 kcal/kg 이다.)

① 68.7 kcal   ② 288.6 kcal   ③ 606.06 kcal
④ 1212.12 kcal   ⑤ 2424.24 kcal

유형8-1 열과 열량

표 (가)는 네 가지 물질 A ~ D 의 비열과 질량을 나타낸 것이고, 그림 (나)는 이 네 가지 물질을 같은 열원으로 가열하였을 때 시간에 따른 온도 변화를 나타낸 것이다. 이에 대한 설명으로 옳은 것만을 <보기>에서 있는 대로 고른 것은?

물질	비열(kcal/kg℃)	질량(kg)
A	0.5	2
B	0.8	5
C	3.0	1
D	0.1	3

(가)

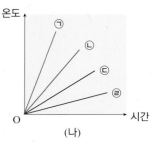

(나)

〈 보기 〉
ㄱ. 물질 A의 시간에 따른 온도 변화 그래프는 ㉡이다.
ㄴ. 열용량이 가장 큰 물질은 C이다.
ㄷ. 네 가지 물질의 질량이 같다면, D의 온도 변화가 가장 클 것이다.

① ㄱ   ② ㄴ   ③ ㄱ, ㄷ   ④ ㄴ, ㄷ   ⑤ ㄱ, ㄴ, ㄷ

---

01 그림 (가)와 같이 100 ℃ 끓는 물에 200 g 금속을 넣고 충분히 가열한 후, 금속을 꺼내어 그림 (나)의 찬물이 들어 있는 열량계에 곧바로 넣었다. (나)의 물의 온도가 50 ℃ 일 때, 더 이상 온도 변화가 없었다. 이에 대한 설명으로 옳은 것만을 <보기>에서 있는 대로 고른 것은? (단, 열량계 속 찬물은 질량이 500 g, 처음 온도는 25 ℃ 였으며, 열량계 외부로의 열 손실은 없고, 물의 비열은 1 kcal/kg·℃ 이고, 소수점 셋째 자리에서 반올림한다.)

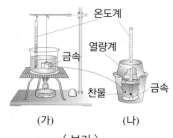

(가)   (나)

〈 보기 〉
ㄱ. 금속이 잃은 열량은 12.5 J이다.
ㄴ. 금속의 비열은 1.25 kcal.kg·℃ 이다.
ㄷ. 열량계 속 찬물의 열용량은 500 kcal/℃ 이다.

① ㄱ   ② ㄴ   ③ ㄷ
④ ㄱ, ㄴ   ⑤ ㄴ, ㄷ

---

02 다음 그림은 90 ℃ 인 물체 A 와 20 ℃ 인 물체 B 를 접촉시킨 후, 시간이 지남에 따라 각각의 온도를 측정한 것을 나타낸 것이다. 이에 대한 설명으로 옳은 것만을 <보기>에서 있는 대로 고른 것은? (단, 물체 B 의 질량은 A 의 2 배이고, 외부와의 열 출입은 없다.)

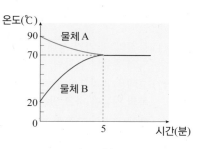

〈 보기 〉
ㄱ. A 의 열용량은 B 의 $\frac{2}{5}$ 배이다.
ㄴ. 물체 A 의 비열은 B 의 5 배이다.
ㄷ. 0 ~ 5 분까지 이동하는 열량은 점점 감소하였다.

① ㄱ   ② ㄴ   ③ ㄷ
④ ㄱ, ㄴ   ⑤ ㄴ, ㄷ

창/의/력/과/학
세페이드

정답 및 해설 **61**쪽

유형8-2 열의 이동

다음 그림은 단면적은 같고, 길이는 각각 0.4 m, 0.2 m 인 두 금속 막대 A 와 B 를 접촉시킨 후, 금속 막대 A 쪽에는 150 ℃, 금속 막대 B 쪽에는 30 ℃ 의 온도를 일정하게 유지하고 있는 열원에 연결한 것을 나타낸 것이다. 금속 막대의 접촉 지점의 온도가 50 ℃ 로 유지될 때, 이에 대한 설명으로 옳은 것만을 <보기>에서 있는 대로 고른 것은? (단, 열은 금속 막대를 통해서만 전달된다.)

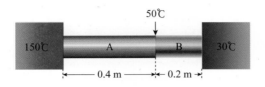

〈 보기 〉
ㄱ. 금속 막대 A 와 B 의 열전도율 비 $k_A : k_B = 2 : 5$ 이다.
ㄴ. 단위 시간당 금속 막대 B 를 통해 전도되는 열량은 A 를 통해 전도되는 열량보다 크다.
ㄷ. 금속 막대 A 와 B 의 위치를 바꾼다면 접촉 지점에서 유지되는 온도는 50 ℃ 보다 높아진다.

① ㄱ   ② ㄷ   ③ ㄱ, ㄷ   ④ ㄴ, ㄷ   ⑤ ㄱ, ㄴ, ㄷ

03 다음 그림은 열의 이동 방법을 나타낸 것이다. A ~ C 에 대한 설명으로 옳은 것만을 <보기>에서 있는 대로 고른 것은?

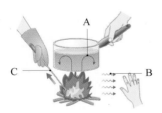

〈 보기 〉
ㄱ. 보온병의 벽과 벽 사이를 진공으로 하는 것은 열의 이동 방법 중 A 와 C 를 막기 위한 것이다.
ㄴ. B 는 전자기파 형태로 열이 직접 이동하는 현상이다.
ㄷ. C 는 분자들의 직접적인 이동에 의해 열이 전달되는 현상이다.

① ㄱ   ② ㄴ   ③ ㄷ
④ ㄱ, ㄴ   ⑤ ㄱ, ㄴ, ㄷ

04 다음 그림은 단면적과 길이가 L 로 같은 청동, 납, 금으로 된 막대의 같은 면이 연결되어 있는 것을 나타낸 것이다. 연결된 막대의 청동 쪽 끝을 150 ℃ 로, 금 쪽 끝을 0 ℃ 로 만들어 주었을 때, 청동과 납의 접촉 지점의 온도 T_1, 납과 금의 접촉 지점의 온도 T_2 가 바르게 짝지어진 것은? (단, 열의 이동은 막대를 통해서만 일어나며, 청동과 금의 열전도율은 각각 납의 2 배, 8 배이고, 소수점 둘째 자리에서 반올림한다.)

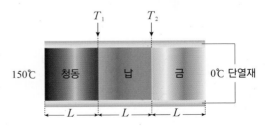

	T_1	T_2
①	103.5 ℃	11.5 ℃
②	103.5 ℃	17.4 ℃
③	124 ℃	11.5 ℃
④	124 ℃	17.4 ℃
⑤	135.5 ℃	11.5 ℃

8강 열현상 **165**

유형8-3 열팽창

다음 그림과 같이 금속 막대 A 의 왼쪽 끝을 벽면에, B 와 C 는 접촉시킨 상태에서 B의 왼쪽 끝을 벽면에 붙여 놓은 후, 이 상태에서 열을 가하였다. A, B, C 의 온도 변화가 ΔT 로 같을 때에 대한 설명으로 옳은 것만을 <보기>에서 있는 대로 고른 것은? (단, 금속 막대 A, B, C 의 길이는 각각 100 cm, 50 cm, 50 cm, 선팽창 계수는 각각 α, 2α, 3α 이다.)

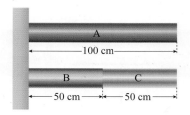

〈 보기 〉

ㄱ. 금속 막대 A 의 길이 변화량과 B 의 길이 변화량은 같다.
ㄴ. 금속 막대 B 의 길이는 C 의 길이보다 길어진다.
ㄷ. 금속 막대 B, C 길이의 합은 A의 길이보다 $1.5\alpha\Delta T$ 만큼 길어진다.

① ㄱ   ② ㄴ   ③ ㄷ   ④ ㄱ, ㄷ   ⑤ ㄱ, ㄴ, ㄷ

---

05 그림 (가)는 금속의 열팽창을 이용한 온도계의 원리를 간단하게 나타낸 것이다. P 와 Q 에 사용된 금속을 표 (나)와 같이 바꾸어 가면서 열을 가해주었더니 바늘이 모두 고온 쪽으로 움직였다. 이 금속들의 길이가 모두 같을 때, 선팽창 계수가 큰 것부터 순서대로 바르게 나열한 것은?

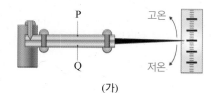

(가)

P	합금	철	철	구리
Q	철	알루미늄	구리	알루미늄

(나)

① 합금 > 철 > 구리 > 알루미늄
② 알루미늄 > 구리 > 철 > 합금
③ 구리 > 알루미늄 > 합금 > 철
④ 철 > 합금 > 알루미늄 > 구리
⑤ 알루미늄 > 철 > 구리 > 합금

06 다음 그림은 지름이 $2L$ 인 구리로 된 구이다. 이 구에 열을 가하여 온도를 10 ℃ 에서 40 ℃ 까지 변화시켰을 때 부피는 얼마만큼 팽창하는가? (단, 구리의 선팽창 계수는 α (℃)$^{-1}$ 이다.)

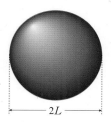

① $40\pi\alpha L^3$ ② $80\pi\alpha L^3$ ③ $120\pi\alpha L^3$
④ $160\pi\alpha L^3$ ⑤ $200\pi\alpha L^3$

유형8-4 물질의 상태 변화

다음 그림은 일정 질량의 고체를 단위 시간당 일정한 열 Q 가 방출되는 불꽃으로 가열하였을 때의 시간에 대한 온도 변화를 나타낸 것이다. 이에 대한 설명으로 옳은 것만을 <보기>에서 있는 대로 고른 것은?

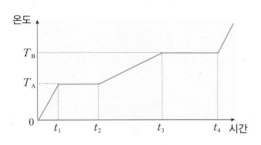

〈 보기 〉

ㄱ. T_A 는 물체의 녹는점, T_B 는 끓는점이다.
ㄴ. 물체가 액체일 때의 비열이 고체일 때의 비열보다 크다.
ㄷ. $t_3 \sim t_4$ 구간에서 공급되는 열은 모두 기화열로 흡수된다.

① ㄱ   ② ㄴ   ③ ㄱ, ㄷ   ④ ㄴ, ㄷ   ⑤ ㄱ, ㄴ, ㄷ

---

07 다음 그림은 물질의 세 가지 상태의 분자 모형과 각 상태가 변할 때 일어나는 열의 흡수와 방출의 관계를 각각 나타낸 것이다. 이에 대한 설명으로 옳은 것만을 <보기>에서 있는 대로 고른 것은?

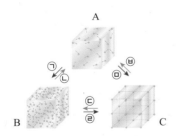

〈 보기 〉

ㄱ. A 상태에서 분자력에 의한 퍼텐셜 에너지는 세 가지 상태 중 가장 작다.
ㄴ. ㉠은 액화열의 흡수, ㉢은 융해열의 방출, ㉤은 승화열의 흡수를 나타낸다.
ㄷ. 에스키모인들이 이글루 안에 물을 뿌려 실내를 따뜻하게 하는 것은 ㉣ 과정과 관련이 있다.

① ㄱ   ② ㄷ   ③ ㄱ, ㄷ
④ ㄴ, ㄷ   ⑤ ㄱ, ㄴ, ㄷ

08 공기 온도가 $-15\,℃$ 로 일정한 공간 안에서 $0\,℃$ 의 물을 담은 단열 수조에 두께가 10 cm 인 얼음이 생겼다. 이후 얼음의 밑면에서는 계속해서 얼음이 얼어서 두꺼워지는 데, 이때 시간당 몇 m 두께의 얼음이 얼겠는가? (단, 얼음의 융해열은 80 kcal/kg, 열전도율은 1.44 kcal/m·h·K, 밀도는 920 kg/m³이고, 열은 수조를 통해 이동하지 않는다.)

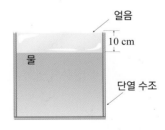

① 1.47×10^{-3} m   ② 2.93×10^{-3} m
③ 5.86×10^{-3} m   ④ 8.49×10^{-3} m
⑤ 11.72×10^{-3} m

01 다음 그림은 바람이 불지 않는 겨울날 0.6 cm 두께의 유리 창문으로부터의 거리에 대한 공기 온도의 변화를 나타낸 것이다. 유리 창문의 면적 S은 50 cm × 50 cm 이고, 에너지는 유리 창문의 한쪽에서 12 cm 떨어진 곳에서부터 반대쪽 12 cm 떨어진 곳까지 수직 방향으로 전도된다고 가정한다. 물음에 답하시오. (단, 바람이 불지 않는 공기의 열전도율은 0.02 kcal/m·h·℃, 유리 창문의 열전도율은 0.86 kcal/m·h·℃이고, 유리 내부에서의 온도 변화는 무시할 만큼 작다.)

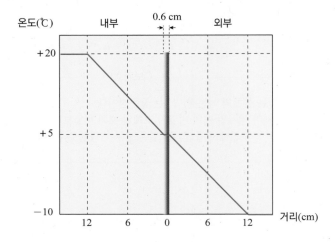

(1) 유리 창문을 통해 단위 시간당 이동하는 열량을 구하시오.

(2) 유리 창문의 안쪽 면과 바깥 면의 온도차는 몇 ℃ 인가?

02 다음 그림과 같이 가장 안쪽에는 두께가 L_1, 열전도율이 k_1 인 물질로 된 단열재가, 가장 바깥쪽에는 두께가 L_3, 열전도율이 k_3 인 물질로 이루어진 벽이 있다. 이때 단열재와 바깥쪽 벽 사이에는 두께와 열전도율이 각각 L_2, k_2로 같은 판 2 개가 들어가 있다. 열은 벽을 통해서만 전도되고, 실내 온도가 $T_a = 26$ ℃, 실외 온도가 $T_e = -15$ ℃ 이고, 단열재와 첫 번째 판 사이의 경계면 온도가 $T_b = 18$ ℃ 이다. 나머지 경계면에서의 온도 T_c, T_d를 각각 구하시오. (단, $L_3 = 2L_1$, $k_3 = 4k_1$ 이다.)

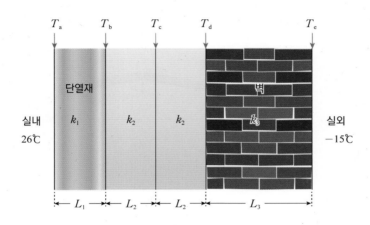

03 다음 그림과 같이 부피 팽창 계수가 β_1 인 유체 안에 부피 팽창 계수가 β_2 인 물체가 반쯤 잠긴 채 떠 있으며, 물체와 유체는 열 평형 상태이다. $\beta_1 > \beta_2$ 일 경우, 유체와 물체의 온도를 똑같이 10 ℃ 높였을 때, 물체는 위로 떠오를까, 가라앉을까? 이에 대하여 설명하시오.

04 그림 (가)와 같이 전체 길이가 4 m 인 가운데가 갈라진 막대의 온도를 40℃ 증가시켰더니 그림 (나)와 같이 위로 휘어졌다. 막대의 선팽창 계수 α 가 $20 \times 10^{-6} (℃)^{-1}$ 라면, 막대가 올라간 거리 h 는 얼마인가?

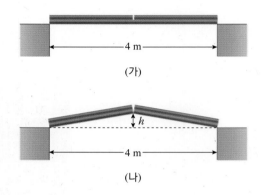

(가)

(나)

05 그림과 같이 질량이 30 g, 지름이 5 cm, 온도가 0 ℃인 구리 고리 위에, 지름이 5.01 cm, 온도가 100 ℃인 알루미늄 공을 놓았다. 두 금속이 열평형을 이루었을 때 알루미늄 공이 구리 고리를 빠져나가기 시작했다면, 알루미늄 공의 질량은 몇 kg 인가? (단, 주위로의 열손실은 없으며, 구리와 알루미늄의 선팽창 계수는 각각 $17 \times 10^{-6} (℃)^{-1}$, $23 \times 10^{-6} (℃)^{-1}$, 비열은 각각 386 J/kg·K, 900 J/kg·K 이다.)

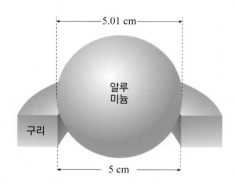

06 다음 그림과 같이 50 g 의 얼음 두 개를 단열 용기에 담긴 25 ℃, 200 g 의 물에 넣었다. 이때 얼음은 −15 ℃ 의 냉장고에서 꺼낸 후 바로 넣었다. 물음에 답하시오. (단, 외부로 열의 출입은 없으며, 물의 비열은 4,200 J/kg·K, 얼음의 비열은 2,200 J/kg·K, 얼음의 융해열은 333 × 10³ J/kg이다.)

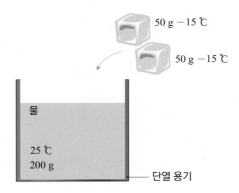

(1) 다음 조건을 고려한 후, 열평형을 이룬 후 물의 온도를 구하시오. (단, 소수점 둘째 자리에서 반올림한다.)

> 얼음과 물이 열평형을 이루는 경우는 다음 세 가지가 가능하다.
> ㉠ 얼음이 녹지 않은 채 얼음의 녹는점 이하의 온도에서 열평형 상태에 이르는 경우
> ㉡ 얼음의 일부가 녹은 후 얼음의 녹는점에서 열평형에 상태 이르는 경우
> ㉢ 얼음이 모두 녹은 후 얼음의 녹는점 이상의 온도에서 열평형 상태에 이르는 경우

(2) 같은 조건에서 얼음을 한 개만 넣은 경우 물의 온도를 구하시오.

A

01 50 g 의 금속 덩어리를 200 ℃ 까지 가열하였다가, 200 g, 20 ℃ 의 물이 담겨있는 비커에 넣었다. 이때 열평형 온도가 40 ℃ 였다면, 금속의 비열은 얼마인가? (단, 외부로의 열 손실은 없고, 물의 비열은 1 kcal/kg·℃ 이다.)

(   ) kcal/kg·℃

02 질량이 m 인 물체를 질량이 M 인 물이 들어 있는 깊이가 h 인 수조의 수면에서 가만히 떨어뜨린 후 물체가 수조 바닥에 닿았다. 물체의 역학적 에너지가 물의 온도를 상승시키는 데만 기여한다면, 물의 온도는 얼마나 상승하겠는가? (단, 물체의 온도 변화는 무시하며, 물의 비열은 c, 중력 가속도는 g 이고, 모든 마찰은 무시한다.)

① $\dfrac{mgh}{cM}$ ② $\dfrac{cM}{mgh}$ ③ $\dfrac{cm}{Mgh}$

④ $\dfrac{Mgh}{cm}$ ⑤ $\dfrac{Mm}{cgh}$

03 표 (가)는 세 가지 물질 A ~ C 의 비열과 질량을 각각 나타낸 것이고, 그림 (나)는 이 세 가지 물질을 같은 열원으로 가열하였을 때 시간에 따른 온도 변화를 나타낸 것이다. 각 그래프에 해당하는 물질을 바르게 짝지은 것은?

물질	비열(kcal/kg℃)	질량(kg)
A	0.58	5
B	0.21	8
C	0.09	10

(가)

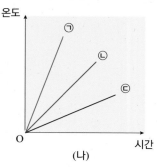

(나)

	㉠	㉡	㉢		㉠	㉡	㉢
①	A	B	C	②	B	A	C
③	A	C	B	④	C	A	B
⑤	C	B	A				

04 열의 이동 방법 중 전도와 관련된 설명으로 옳은 것은?

① 온도 차이가 클수록 열의 이동량이 더 적다.
② 물질의 세 가지 상태 중 고체에서만 전도가 일어난다.
③ 겨울철 난방을 위해 외벽은 열전도율이 큰 재질로 만들어야 한다.
④ 금속 막대의 단면적이 2 배, 길이가 2 배가 되면 이동하는 열량은 2 배가 된다.
⑤ 전도는 고온의 물체의 분자 운동 에너지가 인접한 저온의 물체로 전달되는 것이다.

05 단열을 시키기 위해서는 열전도율이 작은 물질을 찾아야 한다. 이때 열전도율이 k 인 물질로 이루어진 두께가 d 인 판의 열저항값 R 은 다음과 같이 주어진다.

$$R = \dfrac{d}{k}$$

즉, 열전도율이 작은 물질로 이루어진 판일수록 R 값은 커지며, R 값이 큰 물질은 좋은 단열재가 된다. 추운 곳에서 지붕의 열저항값은 30 정도이다. 그곳에서 열전도율 k 가 0.024 W/m·K 인 폴리우레탄 폼으로 지붕을 만든다면 두께는 얼마가 되어야 하는가?

(   ) m

06 표면 온도가 T 인 흑체에서 단위 면적당 단위 시간당 방출되는 빛에너지가 E 라면, $16E$ 의 빛에너지를 방출하는 흑체 표면 온도는 얼마인가?

(   )

07 기체의 종류에 관계없이 압력이 일정할 때, 기체의 온도를 1 ℃ 높일 때마다 기체의 부피는 0 ℃ 일 때 부피의 몇 배씩 증가하는가?

(   )

08 다음 그림과 같이 가로, 세로, 높이가 각각 L로 같은 구리로 된 정육면체 모양의 물체가 있다. 이 물체에 열을 가하여 온도를 50 ℃ 높여주었을 때 늘어난 부피는 얼마인가? (단, 구리의 선팽창 계수는 α (℃)$^{-1}$이다.)

① $50\alpha L^3$　　② $100\alpha L^3$　　③ $150\alpha L^3$
④ $200\alpha L^3$　　⑤ $300\alpha L^3$

09 유체 속에 떠 있는 아주 작은 고체 입자는 끊임 없이 불규칙적으로 운동하고 있다. 이는 운동하고 있는 유체 분자가 떠 있는 고체 입자에 불규칙적으로 충돌하여 생기는 현상이다. 이를 무엇이라고 하는가?

(　　　　　)

10 다음 빈칸에 알맞은 말을 각각 고르시오.

고체가 액체로 변할 때 (㉠ 흡수 ㉡ 방출)하는 열을 융해열, 액체가 기체로 변할 때 (㉠ 흡수 ㉡ 방출)하는 열을 기화열, 기체가 고체로 변할 때 (㉠ 흡수 ㉡ 방출)하는 열을 승화열이라고 하며, 이들을 숨은열(잠열)이라고 한다.

B

11 다음은 금속의 비열을 측정하기 위한 실험 장치와 실험 과정을 나타낸 것이다. 이에 대한 설명으로 옳은 것만을 <보기>에서 있는 대로 고른 것은?

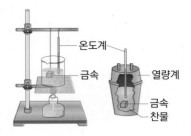

〈 실험 과정 〉

① 질량을 알고 있는 금속 도막을 실에 매단 후, 물이 들어 있는 비커 속에 넣는다.
② 금속 도막이 들어 있는 비커의 물을 끓인 후, 물이 끓고 5분 정도 지난 후에 물의 온도를 측정한다.
③ 금속 도막을 꺼내어 열량계에 바로 넣는다.
④ 열평형이 되었을 때 물의 온도를 측정한다.

───── 〈 보기 〉 ─────

ㄱ. 열량계 속에 들어있는 찬물의 처음 온도와 질량을 알면 금속의 비열을 알 수 있다.
ㄴ. 실험 결과를 통해 얻은 금속의 비열은 실제 금속의 비열보다 작다.
ㄷ. ② 과정에서 금속과 물은 열평형 상태이다.

① ㄱ　　　　　　② ㄴ　　　　　　③ ㄷ
④ ㄱ, ㄴ　　　　⑤ ㄱ, ㄴ, ㄷ

12 다음 그림과 같이 크기가 같고, 온도가 다른 두 물체 A 와 B 를 접촉시켰더니 열이 물체 A 에서 B 로 이동하였다. 이에 대한 설명으로 옳은 것만을 <보기>에서 있는 대로 고른 것은? (단, 외부로의 열의 출입은 없다.)

〈 보기 〉

ㄱ. 물체 A 의 열용량은 B 의 열용량보다 크다.
ㄴ. 물체 A 가 잃은 열량과 물체 B 가 얻은 열량은 같다.
ㄷ. 열평형이 되었을 때, 물체 A 가 가진 열량은 B 가 가진 열량보다 많다.

① ㄱ   ② ㄴ   ③ ㄱ, ㄴ
④ ㄴ, ㄷ   ⑤ ㄱ, ㄴ, ㄷ

13 다음 표는 5 가지 고체 막대의 열전도율, 면적, 길이를 각각 나타낸 것이다.

고체 막대	열전도율(kcal/m·s·℃)	면적(m²)	길이(m)
A	10×10^{-2}	0.25	0.4
B	9.5×10^{-2}	0.4	1
C	5.6×10^{-2}	1	0.5
D	8.0×10^{-3}	0.5	2
E	1.9×10^{-4}	2	2.5

다음 그림과 같이 고열원과 저열원 사이의 ㉠ 부분에 고체 막대를 각각 연결할 때, 단위 시간당 전도되는 열량이 큰 순서대로 바르게 나열한 것은? (단, 열은 막대를 통해서만 이동한다.)

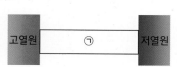

① A > B > D > C > E
② B > C > A > D > E
③ C > A > B > D > E
④ E > C > D > B > A
⑤ E > D > A > B > C

14 그림 (가)는 열전도율이 각각 $3k$, k 이고, 길이가 L 로 같은 금속 막대 A, B 를 접촉시킨 후, 양끝의 온도를 100 ℃, 0 ℃ 로 유지하고 있는 것을, 그림 (나)는 길이가 $2L$ 이고, 열전도율이 $2k$ 인 금속 막대 C 의 양끝의 온도를 100 ℃, 0 ℃ 로 유지하고 있는 것을 나타낸 것이다. 이에 대한 설명으로 옳은 것만을 <보기>에서 있는 대로 고른 것은? (단, 열은 금속 막대를 통해서만 이동하고, 외부에서 열의 출입은 없으며, ㉡ 은 금속 막대 C 의 정중앙 지점이다.)

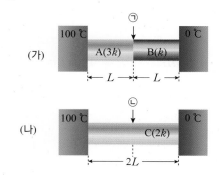

〈 보기 〉

ㄱ. ㉡ 지점에서 열평형 온도는 ㉠ 지점에서 열평형 온도보다 높다.
ㄴ. 단위 시간당 막대 B 와 C 를 통해 이동하는 열량 Q_B 와 Q_C 의 비는 3 : 4 이다.
ㄷ. (나)에서 열전도율이 $3k$ 인 금속 막대로 바꿔도 ㉡ 지점에서 열평형 온도는 변함없다.

① ㄴ   ② ㄷ   ③ ㄱ, ㄴ
④ ㄴ, ㄷ   ⑤ ㄱ, ㄴ, ㄷ

15 다음 그림과 같이 기차 선로는 여름철 기온이 상승했을 때를 대비하여 레일과 레일 사이의 거리를 떼어 놓는다.

0 ℃ 일 때, 레일 한 개의 길이가 25 m 이고, 여름철 최고 기온이 40 ℃ 까지 올라간다고 할 때, 레일과 레일 사이는 최소 몇 cm 간격으로 떼어 놓아야 할까? (단, 레일은 강철로 되어 있으며, 강철의 선팽창 계수는 11 × 10^{-6} (℃)$^{-1}$ 이다.)

① 0.55 cm   ② 1.1 cm   ③ 2.2 cm
④ 3.3 cm   ⑤ 4.4 cm

16 다음 표는 다양한 물질의 선팽창 계수 α 와 부피 팽창 계수 β 를 나타낸 것이다. 이에 대한 설명으로 옳은 것만을 <보기>에서 있는 대로 고른 것은?

물질	α (10^{-6} K^{-1})	β (10^{-6} K^{-1})
콘크리트	12.0	36.0
철	12.0	36.0
구리	16.0	48.0
알루미늄	23.1	69.3

〈 보기 〉
ㄱ. 구리와 알루미늄으로 바이메탈을 만든 후 열을 가하면, 구리 쪽으로 휘어진다.
ㄴ. 철근과 콘크리트로 지은 건물은 열팽창에 대하여 안전하다.
ㄷ. 같은 길이일 때, 같은 열량을 가하면 가장 많이 팽창하는 것은 알루미늄이다.

① ㄱ   ② ㄴ   ③ ㄱ, ㄴ
④ ㄴ, ㄷ   ⑤ ㄱ, ㄴ, ㄷ

17 다음 그림은 20 ℃, 100 g 인 어떤 물질에 1 분당 100 cal 의 열에너지를 공급하였을 때, 시간에 따른 온도 변화를 나타낸 것이다. 이에 대한 설명으로 옳은 것만을 < 보기>에서 있는 대로 고른 것은?

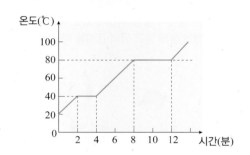

〈 보기 〉
ㄱ. 물질의 융해열은 2J/g 이다.
ㄴ. 물질의 어는점은 40℃ 이다.
ㄷ. 가열 후 8 ~ 12 분 사이에 물질은 액체 상태와 기체 상태가 함께 존재한다.

① ㄴ   ② ㄷ   ③ ㄱ, ㄴ
④ ㄴ, ㄷ   ⑤ ㄱ, ㄴ, ㄷ

18 50 g 의 고체가 23 ℃ 상온에 있다. 이 고체에 열을 가하여 1063 ℃ 의 액체로 만들려고 한다. 이때 필요한 열량은 얼마인가? (고체의 비열은 0.03 cal/g·℃, 녹는점은 1063 ℃ 이고, 융해열은 15 cal/g 이다.)

① 550 cal   ② 1,155 cal   ③ 2,310 cal
④ 4,620 cal   ⑤ 33,474 cal

C

19 다음 그림은 줄의 실험 장치를 나타낸 것이다. 도르래에 연결된 두 개의 추를 등속으로 낙하시키면 열량계 속의 회전 날개가 물을 휘젓게 되고, 이때 변화된 물의 온도 측정을 통해 일과 열의 관계를 확인할 수 있다.

추의 질량 m 은 각각 8.5 kg 이고, 열량계 속 물의 질량은 500 g, 추가 5 m 낙하한 직후 물의 온도는 0.4 ℃ 상승하였다. 이때 열의 일당량은 몇 J/cal 인가? (단, 외부로 나가는 에너지는 없다고 가정하며, 물의 비열은 1 cal/g·℃, 중력 가속도는 9.8 m/s² 이고, 소수점 셋째 자리에서 반올림한다.)

① 4.10 J/cal   ② 4.14 J/cal   ③ 4.17 J/cal
④ 4.20 J/cal   ⑤ 4.24 J/cal

20 다음 표는 3 가지 금속 A ~ C 의 밀도와 비열, 열전도도를 나타낸 것이다. 이에 대한 설명으로 옳은 것만을 <보기>에서 있는 대로 고른 것은? (단, 선팽창 계수는 비열에 반비례하는 것으로 한다.)

금속	밀도 (g/cm³)	비열 (cal/g·℃)	열전도도 (kcal/℃)
A	2.7	0.21	196
B	7.86	0.10	62
C	11.34	0.03	30

〈 보기 〉
ㄱ. 전자기기 내부의 열을 빼내는 열전도 장치에 금속 A 를 사용하는 것이 가장 효율적이다.
ㄴ. 처음 부피가 모두 같을 때, 열에 의한 부피 팽창이 가장 많이 되는 금속은 B 이다.
ㄷ. 처음 부피가 모두 같을 때, 같은 열을 공급 받는 경우 온도 변화가 가장 큰 금속은 C 이다.

① ㄱ   ② ㄷ   ③ ㄱ, ㄷ
④ ㄴ, ㄷ   ⑤ ㄱ, ㄴ, ㄷ

21 0 ℃ 일 때 밀도가 ρ_0 인 물체가 있다. 물체의 온도를 t℃ 만큼 높여주었더니 밀도가 ρ 가 되었다. 이 물체의 선팽창 계수는?

① $\dfrac{3t\rho}{\rho_0 - \rho}$ ② $\dfrac{\rho_0 - \rho}{3t\rho}$ ③ $\dfrac{t\rho}{3(\rho_0 - \rho)}$

④ $\dfrac{3(\rho_0 - \rho)}{t\rho}$ ⑤ $\dfrac{\rho_0 - \rho}{t\rho}$

22 다음 그림과 같이 구리선과 철선의 한쪽 끝을 이음판에 연결한 후, 철선의 나머지 한쪽 끝은 벽에 고정하였다. 이 구조물에 열을 가했을 때 구리선은 왼쪽으로 늘어나고, 철선은 오른쪽으로 늘어난다. 이때 두 선이 같은 길이만큼 변하도록 하여 벽으로부터 구리선까지의 거리 L_0 가 상온 영역에서 변하지 않도록 하려고 한다. 열을 가하지 않았을 때 철선의 길이가 50 cm 라면 구리선의 길이는 얼마인가? (단, 상온에서 구리와 철의 선팽창 계수는 각각 $16 \times 10^{-6} K^{-1}$, $12 \times 10^{-6} K^{-1}$ 이고, 이음판은 늘어나지 않는다.)

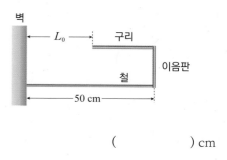

(   ) cm

23 다음 그림은 질량이 같은 액체 상태인 물체 A, B, C 를 각각 같은 조건에서 냉각시킬 때, 시간에 따른 온도 그래프를 나타낸 것이다. 이에 대한 설명으로 옳은 것만을 <보기>에서 있는 대로 고른 것은?

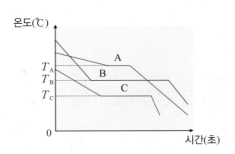

〈 보기 〉

ㄱ. 물체 A 는 액체일 때의 비열이 고체일 때의 비열보다 크다.

ㄴ. 고체 상태일 때는 C, 액체 상태일 때는 B 가 비열이 가장 크다.

ㄷ. 융해열이 가장 큰 물체는 B 이다.

① ㄱ   ② ㄷ   ③ ㄱ, ㄷ
④ ㄴ, ㄷ   ⑤ ㄱ, ㄴ, ㄷ

24 다음 그림과 같은 단열 용기에 100 ℃ 물이 들어있다. 이 단열 용기 안에 0 ℃ 얼음을 넣은 후, 얼음이 모두 녹아 열평형 상태가 되었을 때 물의 온도는? (단, 얼음과 물의 질량은 같고, 얼음의 융해열은 H, 물의 비열은 c 이다.)

[MEED/DEET 기출 유형]

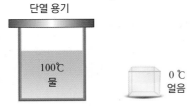

① $50 - \dfrac{H}{2c}$ ② $100 - \dfrac{H}{2c}$ ③ $\dfrac{H}{2c}$

④ $50 + \dfrac{H}{2c}$ ⑤ $100 + \dfrac{H}{2c}$

심화

25 그림 (가)와 같이 15℃ 물이 들어 있는 열량계 안에 물체 A 와 B 가 잠겨 있다. 표 (나)는 물체 A 와 B 의 비열, 질량, 열량계 안에 넣기 직전의 온도를 나타낸 것이다. 열량계 속 물의 온도가 50 ℃ 가 되었을 때 더 이상 온도 변화가 없었다면 열량계 속 물의 열용량은? (단, 열량계는 외부와 열 출입이 없다.)

[수능 기출 유형]

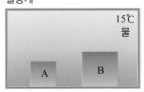

(가)

물체	질량	비열	처음 온도
A	M	$3c$	5℃
B	$3M$	$2c$	90℃

(나)

① cM ② $3cM$ ③ $6cM$
④ $9cM$ ⑤ $12cM$

26 무한이는 저녁에 2000 kcal 의 음식을 섭취하였다. 저녁을 먹은 후 50 kg 의 역기를 들어올리며 에너지를 소모하려고 한다. 저녁에 섭취한 에너지를 모두 소모하려면 역기를 몇 번 들어올려야 할까? (단, 한 번에 2 m 씩 역기를 들어 올리며, 바닥에 내려 놓을 때는 에너지의 소모는 없다고 가정한다. 1 cal = 4.2 J, 중력 가속도는 9.8 m/s² 이다.)

(   )

27 다음 그림은 길이가 각각 L로 같은 두 금속 막대 A 와 B 를 접촉시켜 놓은 후, 양끝의 온도를 T_1, T_2로 유지하고 있는 것을 나타낸 것이다. $T_1 > T_2$ 이고, 금속 막대 B 의 열전도율이 A 의 두 배일 때, 두 금속 막대 A, B 의 길이에 따른 온도 분포 그래프를 바르게 나타낸 것은? (단, 열은 막대를 통해서만 이동한다.)

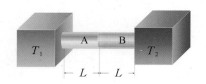

① 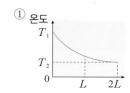　②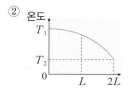

③ 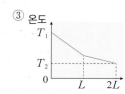　④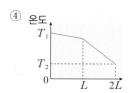

⑤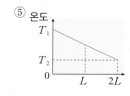

28 다음 그림은 물체 A 와 B 에 공급된 열량에 따른 온도 변화를 나타낸 그래프이다. 이에 대한 설명으로 옳은 것만을 <보기>에서 있는 대로 고른 것은?

[수능 기출 유형]

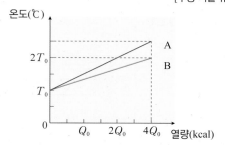

〈 보기 〉

ㄱ. 물체 A 와 B 의 열용량의 비는 2 : 3 이다.
ㄴ. 물체 A 의 질량이 m, B 의 질량이 $2m$ 이라면, 비열은 A 가 B 보다 크다.
ㄷ. 물체 A 의 온도가 T_0, B 의 온도가 $4T_0$ 일 때, 두 물체를 접촉시킨 후 열평형 상태에 도달했을 때 온도는 $2.8T_0$ 이다.

① ㄱ　　　　② ㄴ　　　　③ ㄱ, ㄴ
④ ㄴ, ㄷ　　　⑤ ㄱ, ㄴ, ㄷ

29 금 5 kg 과 은 10 kg 을 혼합하여 합금을 만들었다. 이 합금의 비열은 얼마인가? (단, 금의 비열은 0.03 kcal/kg·℃, 은의 비열은 0.06 kcal/kg·℃ 이고, 1 cal = 4.2 J 이다.)

① 0.05 J/kg·℃　　　② 0.21 J/kg·℃
③ 105 J/kg·℃　　　④ 210 J/kg·℃
⑤ 420 J/kg·℃

30 상상이네 집은 겨울 추위에 대비하여 벽에 단열재를 대어 열의 손실을 줄이려고 한다. 단열재를 대기 전 벽의 두께는 25 cm 였으며, 이 벽에 10 cm 두께의 단열재를 붙였다. 집 밖과 실내의 온도차가 30℃로 일정하다고 할 때, 단위 시간 당 방출되는 열량은 몇 % 줄어드는가? (벽의 열전도율은 1.86×10^{-4} kcal/m·s·℃, 단열재의 열전도율은 0.06×10^{-4} kcal/m·s·℃ 이다.)

( )%

32 다음 그림과 같이 반지름이 3 cm 인 강철 막대와 내부 반지름이 2.99 cm 인 황동으로 된 고리가 있다. 이때 강철 막대와 황동 고리의 온도는 20 ℃ 로 같다. 강철 막대가 황동 고리 안으로 들어가기 위해서는 몇 ℃ 가 되어야 할까? (단, 강철의 선팽창 계수는 11×10^{-6} (℃)$^{-1}$, 황동의 선팽창 계수는 19×10^{-6} (℃)$^{-1}$이다.)

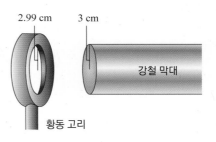

( ) ℃

31 다음 그림과 같이 용량이 200 cm³ 인 철로 된 용기에 20 ℃ 글리세린이 가득 들어 있다. 글리세린이 들어 있는 용기를 30℃로 가열한다면, 글리세린은 얼마나 넘칠까? (단, 글리세린의 부피 팽창 계수는 5.1×10^{-4} (℃)$^{-1}$, 철의 선팽창 계수는 12×10^{-6} (℃)$^{-1}$ 이고, 용기의 두께는 무시한다.)

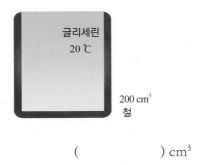

( ) cm³

기체 분자 운동

1. 기체의 P, V, T 2. 이상 기체 상태 방정식 3. 기체 분자 운동 Ⅰ 4. 기체 분자 운동 Ⅱ

1. 기체의 압력, 부피, 절대 온도의 관계

(1) 기체의 압력 : 용기에 담긴 기체 분자들은 끊임없이 여러 방향으로 움직이면서 용기의 벽과 충돌한다. 이때 기체 분자가 용기 벽에 가하는 압력을 기체의 압력 또는 기압이라고 한다. 단위 면적 A당 기체 분자가 벽에 수직으로 작용하는 힘을 F라고 할때, 압력 P는 다음과 같다.

$$P = \frac{F}{A} \quad [단위 : N/m^2 = Pa(파스칼)]$$

(2) 보일 법칙 : 기체의 온도 T가 일정할 때 기체의 부피 V는 압력 P에 반비례한다.

$$P_1 V_1 = P_2 V_2 = 일정$$

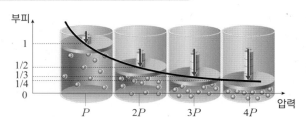

(3) 샤를 법칙 : 기체의 압력 P이 일정할 때 기체의 부피 V는 절대 온도 T에 비례한다.

$$\frac{V_0}{T_0} = \frac{V}{T} = 일정$$

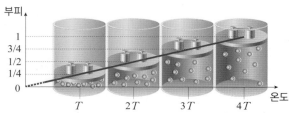

(4) 보일·샤를 법칙 : 기체에 일을 해 주면 압력, 부피, 온도가 변한다. 기체의 양이 일정할 때 기체의 부피 V는 압력 P에 반비례하고, 기체의 절대 온도 T에 비례한다.

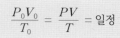

$$\frac{P_0 V_0}{T_0} = \frac{PV}{T} = 일정$$

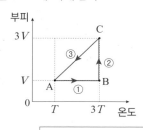
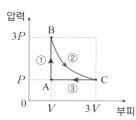
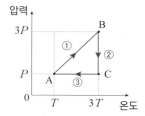

① A → B : 부피가 일정하므로 압력과 절대 온도는 비례한다.
② B → C : 온도가 일정하므로 압력과 부피는 반비례한다.
③ C → A : 압력이 일정하므로 부피와 절대 온도는 비례한다.

개념확인 1

기체의 양이 일정할 때, 기체의 부피는 ☐☐ 에 반비례하고, ☐☐☐☐ 에 비례한다.

확인 + 1

일정량 기체의 압력과 온도가 각각 2 배로 증가할 때, 부피는 몇 배가 되는가?

(　　　) 배

옆단 주석

● 1기압

0℃에서 수은 기둥의 높이가 76cm일 때의 압력을 1기압으로 정하였다.

1기압 = 760 mmHg
= $1.013 \times 10^5 \, N/m^2$
= $1.013 \times 10^5 \, Pa$

● 기체의 열팽창과 샤를 법칙

압력이 일정할 때, 기체는 온도가 1℃ 씩 상승할 때마다 0℃ 부피의 $\frac{1}{273}$배씩 팽창한다.

0℃일 때 부피를 V_0, t℃일 때의 부피를 V라고 하면,

$$V = V_0(1 + \frac{1}{273}t) = V_0\left(\frac{273+t}{273}\right)$$

절대 온도 $T = 273 + t$℃ 이므로,
$T_0 = 273K$ 이다.

$$\therefore \frac{V_0}{T_0} = \frac{V}{T} = 일정$$

● 기체의 온도 부피 관계

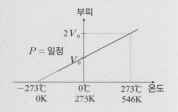

● 보일·샤를 법칙

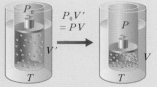

▲ 온도가 일정할 때

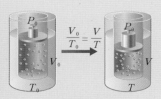

▲ 압력이 일정할 때

세페이드

2. 이상 기체 상태 방정식

(1) 아보가드로 법칙 : 모든 기체는 기체의 종류와 상관없이 같은 온도, 같은 압력에서 같은 부피를 차지하며, 같은 수의 분자를 포함한다. 이를 **아보가드로 법칙**이라고 한다.

① **아보가드로 수** : 질량수 12 의 탄소($^{12}_{6}C$) 12 g(1 mol) 속에 포함된 원자수는 6.02×10^{23} 이다. 이때 6.02×10^{23} 를 N_0 라고 하고, 이를 **아보가드로 수**라고 한다.

② **몰질량** : 어떤 물질에서 1 mol 의 질량으로, 그 물질의 g 분자량과 같다.

③ **기체 1 mol 의 부피** : 기체의 종류와 상관없이 표준 상태인 0 ℃(273 K), 1 기압(1.013×10^5 N/m²)에서 기체 1 mol 의 부피는 22.4 L(22.4×10^{-3} m³)이다.

(2) 이상 기체 : 보일·샤를의 법칙을 만족하는 이상적인 기체를 말한다.

① **이상 기체의 특징**

실제 기체	이상 기체
분자 자체의 크기가 있다.	분자 자체의 크기가 없다(부피가 없다).
분자 사이에 인력이 작용한다.	분자 사이에 인력이 작용하지 않는다.
냉각, 압축을 하면 액화나 응고가 된다.	냉각, 압축해도 액화나 응고가 되지 않는다.
0 K 이 되기 전에 응고하고, 0 K 에서 부피가 0 이 아니다.	0 K에서 부피가 0이다.
분자의 퍼텐셜 에너지가 있다.	분자의 퍼텐셜 에너지가 없다.
분자 간의 충돌 시 에너지 손실이 있다.	분자 간의 충돌은 에너지 손실이 없는 탄성 충돌이다.

② **기체 상수** : 보일·샤를 법칙에서 1 mol 의 기체에서 $\frac{PV}{T}$ 는 기체의 종류와 상관없이 일정한 상수값을 갖는다. 이를 **기체 상수**라고 한다. 0 ℃, 1 기압에서 기체 1 mol 의 부피는 모두 22.4×10^{-3} m³ 이므로, 기체 상수 R은 다음과 같다.

$$R = \frac{P_0 V_0}{T_0} = \frac{1.013 \times 10^5 \times 22.4 \times 10^{-3}}{273} \simeq 8.31 (J/K \cdot mol)$$

③ **이상 기체의 상태 방정식** : 이상 기체 n(mol)의 압력을 P, 부피를 V, 온도를 T 라고 할 때, 다음과 같은 관계가 성립하며, 이를 이상 기체의 상태 방정식이라고 한다.

$$\frac{PV}{T} = nR \rightarrow PV = nRT$$

● 원자량과 분자량

질량수 12인 탄소 원자의 질량을 12g 으로 정할 때 다른 원자나 분자의 상대적인 질량을 원자량 또는 분자량이라고 한다.

이때 분자 1개의 질량은 매우 작으므로 물질 1mol 의 질량을 원자량 또는 분자량으로 나타낸다.

● 1mol

입자의 수를 나타내는 기본 단위로, 아보가드로 수와 같은 수의 원자 혹은 분자의 양을 1mol 이라고 한다.

몰질량 M, 질량이 m인 기체의 분자수가 N일 때, 기체의 몰수 n은 다음과 같다.

$$n = \frac{m}{M} = \frac{N}{N_0}$$

● 이상 기체와 실제 기체의 압력에 따른 부피 변화

다음 그림은 30℃에서 1mol 이상 기체와 1mol 실제 기체 SO_2 의 압력에 따른 부피 변화를 나타낸 것이다.

실제 기체는 압력이 커지면 어느 압력에서 갑자기 액체로 변하여 부피가 아주 작아진다. 즉, 보일·샤를 법칙이 성립하지 않는다. 이는 실제 기체는 분자 사이의 인력이 존재하고, 분자의 크기도 0이 아니기 때문이다.

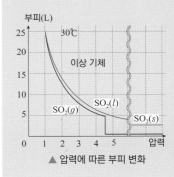

▲ 압력에 따른 부피 변화

개념확인 2   정답 및 해설 68쪽

질량수 12 인 탄소 원자 12 g 의 탄소 원자수를 □□□□□□ 라한다.

확인 + 2

부피가 44.8 L 인 용기 속에 온도가 91 K 인 이상 기체 1 몰이 들어 있다. 이상 기체의 압력은?
(   ) 기압

(3) 돌턴의 부분압 법칙

① **부분압** : 밀폐된 용기 안에 여러 종류의 기체가 혼합되어 있을 때, 각각의 기체가 단독으로 용기 전체의 부피를 차지할 때 나타내는 압력을 그 기체의 부분압이라고 한다.

② **돌턴의 부분압 법칙** : 밀폐된 용기 안에 여러 종류의 기체가 혼합되어 있을 때, 혼합 기체 전체가 작용하는 압력은 각 성분 기체의 부분압의 합과 같다. 이때 기체의 부분압이나 전체 압력에 대해서도 각각 보일·샤를의 법칙이 성립한다.

  ㉠ **부피가 같을 경우** : 같은 부피의 용기에 기체 A만을 넣었을 때의 압력을 P_A, 기체 B만을 넣었을 때의 압력을 P_B 라고 할 때, 이 그릇에 기체 A와 B를 함께 넣는다면 혼합 기체의 압력 $P = P_A + P_B$ 가 된다.

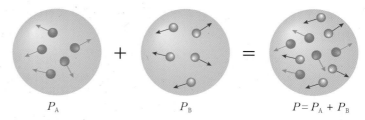

$$P_A \qquad\qquad P_B \qquad\qquad P = P_A + P_B$$

  ㉡ **부피가 다른 경우** : 어떤 밀폐된 공간에 $(P_1,\ V_1,\ T_1)$, $(P_2,\ V_2,\ T_2)$, $(P_3,\ V_3,\ T_3)$ 인 기체를 혼합하여 넣어 부피 V, 온도 T, 전체 압력 P 로 되었을 때,

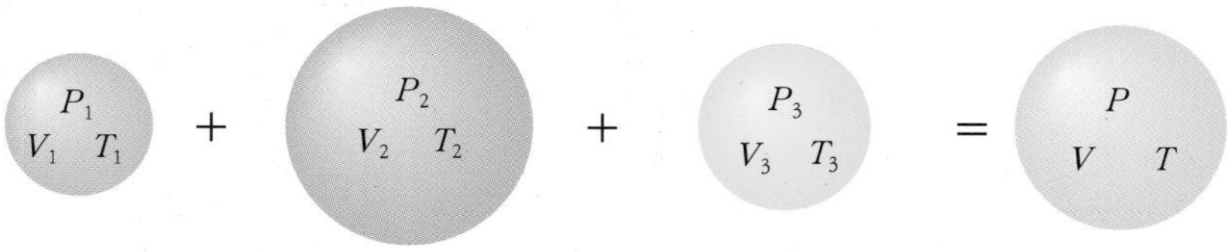

$$\frac{P_1}{V_1 \quad T_1} \quad + \quad \frac{P_2}{V_2 \quad T_2} \quad + \quad \frac{P_3}{V_3 \quad T_3} \quad = \quad \frac{P}{V \quad T}$$

각 기체들의 부분압을 $P_1{}',\ P_2{}',\ P_3{}',$ 라고 하면, 보일·샤를 법칙에 의해 다음과 같다.

$$\frac{P_1 V_1}{T_1} = \frac{P_1' V}{T}, \quad \frac{P_2 V_2}{T_2} = \frac{P_2' V}{T}, \quad \frac{P_3 V_3}{T_3} = \frac{P_3' V}{T}$$

부분압 법칙에 의해

$$P = P_1{}' + P_2{}' + P_3{}' = \frac{T}{V}\left(\frac{P_1 V_1}{T_1} + \frac{P_2 V_2}{T_2} + \frac{P_3 V_3}{T_3}\right) \text{이 되고,}$$

각각 n_1, n_2, n_3 몰 씩의 기체가 혼합되었다면 전체 몰수 n 은 $n = n_1 + n_2 + n_3$ 이므로, 이상 기체의 상태 방정식에서 다음과 같은 관계가 성립한다.

$$PV = (n_1 + n_2 + \ldots + n_i)RT = \left(\frac{P_1 V_1}{RT_1} + \frac{P_2 V_2}{RT_2} + \frac{P_3 V_3}{RT_3}\right)RT$$

개념확인 3

어떤 용기 속에 여러 종류의 기체가 혼합되어 있을 때 각 종류의 기체가 각각 단독으로 전체 부피를 차지할 때 압력을 ☐☐☐ 이라고 한다.

확인 + 3

1 기압의 공기가 산소 20%, 질소 80% 로 구성되어 있다고 할 때, 산소의 부분압은 ☐ 기압, 질소의 부분압은 ☐ 기압이 된다.

3. 기체 분자 운동 Ⅰ

(1) 기체 분자 운동과 압력

① **기체 분자 운동** : 0 ℃, 1 기압, 22.4 L 의 기체 속에는 6.02×10^{23} 개의 많은 수의 분자가 들어 있으며, 대기 중 분자 1 개가 1 m 를 진행하는 동안 약 10^7 번 이상 충돌한다. 그러므로 분자 하나의 운동을 기술하는 것은 불가능하므로 분자의 운동은 통계적으로 기술한다.

② **기체 분자 운동과 압력** : 한 변의 길이가 L 인 정육면체 모양의 밀폐된 용기 속에서 질량이 m 인 기체 분자 N 개가 평균 속도 $\overline{v}$ 로 운동하고 있을 때, 기체 분자 1 개가 벽에 탄성 충돌을 하는 경우 각각의 물리량은 다음과 같다.

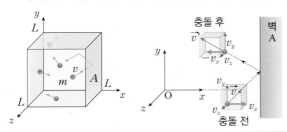

이상 기체 분자 N 개의 평균 속도 $\overline{v}$
$v^2 = v_x^2 + v_y^2 + v_z^2 = 3v_x^2$
x 축 방향 평균 속도 : $\overline{v_x}$
y 축 방향 평균 속도 : $\overline{v_y}$
z 축 방향 평균 속도 : $\overline{v_z}$

㉠ 분자 1 개가 벽에 충돌할 때 운동량의 변화량의 크기 : $\Delta p = mv_x - (-mv_x) = 2mv_x$

㉡ 기체 분자가 x 축을 따라 1 회 왕복하는 데 걸리는 시간 : $\Delta t = \dfrac{2L}{v_x}$

㉢ 분자 1 개가 벽에 작용하는 평균적인 힘 : $f_x = \dfrac{\Delta p}{\Delta t} = 2mv_x \times \dfrac{v_x}{2L} = \dfrac{mv_x^2}{L} \rightarrow f = \dfrac{m\overline{v_x^2}}{L} = \dfrac{1}{3}\dfrac{m\overline{v^2}}{L}$

㉣ 분자 N 개가 벽에 작용하는 평균적인 힘 : $F = Nf = \dfrac{1}{3}\dfrac{Nm\overline{v^2}}{L}$

→ 기체 분자들이 벽에 미치는 압력 : $P = \dfrac{F}{A} = \dfrac{F}{L^2} = \dfrac{Nm\overline{v^2}}{3L^3} = \dfrac{1}{3}\dfrac{Nm\overline{v^2}}{V}$ $(V = L^3)$

㉤ 기체 분자 1 개의 평균 운동 에너지 : $\dfrac{1}{2}m\overline{v^2} = \dfrac{3}{2}PV$ $(N = 1)$

(2) 기체 분자의 평균 운동 에너지

① **기체 분자들의 전체 평균 운동 에너지** : 기체의 압력이 P, 부피가 V일 때, 기체 분자의 평균 운동 에너지 E_k 는 오른쪽과 같다.

$$E_k = \dfrac{3}{2}PV = \dfrac{3}{2}nRT$$

② **기체 분자 1 개의 평균 운동 에너지** : 단원자 기체 분자 1 개의 평균 운동 에너지는 종류에 관계없이 절대 온도에 비례한다. 분자의 개수를 N 으로 할 때, 기체 분자 1 개의 평균 운동 에너지는 다음과 같다.

$$E_k = \dfrac{3}{2}\dfrac{nRT}{N} = \dfrac{3}{2}kT \quad (k : 볼츠만 \ 상수)$$

● $\overline{v^2} = 3\overline{v_x^2}$

기체 분자들이 열적으로 평형을 이루고 있을 때 각 면이 받는 압력은 같다. 따라서 x, y, z 방향의 평균 속도는 같다.

$$\overline{v_x^2} = \overline{v_y^2} = \overline{v_z^2}$$
$$\therefore v^2 = v_x^2 + v_y^2 + v_z^2 = 3\overline{v_x^2}$$

● 기체 분자의 평균 운동 에너지

기체 1mol의 분자수(아보가드로수)를 N_0라고 할 때, 용기 속의 분자수 $N = nN_0$가 된다.

$$PV = \dfrac{1}{3}Nmv^2 = \dfrac{1}{3}nN_0mv^2$$

$PV = nRT$ 이므로,

$$\dfrac{1}{3}nN_0mv^2 = \dfrac{2}{3}nN_0\left(\dfrac{1}{2}mv^2\right)$$
$$= nRT$$
$$\therefore \dfrac{1}{2}mv^2 = \dfrac{3}{2}\dfrac{R}{N_0}T = \dfrac{3}{2}kT$$

$\left(k = \dfrac{R}{N_0} = \dfrac{8.31 \text{J/K·mol}}{6.02 \times 10^{23} \text{mol}}\right.$
$= 1.38 \times 10^{-23} \text{J/K}$
$\left. = 볼츠만 \ 상수\right)$

개념확인 4   정답 및 해설 **68쪽**

기체 분자 1 개의 평균 운동 에너지는 기체의 종류에 관계없이 ☐☐☐☐ 에 비례한다.

확인 + 4

기체의 분자 운동에서 기체의 양과 부피가 일정할 때, 이상 기체 분자들의 속력이 2배가 되면, 기체의 압력은 ☐ 배가 된다.

(3) 기체 분자의 평균 속력 : 단원자 기체 분자의 평균 운동 에너지 $\dfrac{1}{2}m\overline{v^2} = \dfrac{3}{2}kT$ 이고,

$k = \dfrac{R}{N_0}$, $N_0 m = M$ (M = 몰질량)이므로, 기체 분자의 평균 속력 v는 다음과 같다.

$$v = \sqrt{\overline{v^2}} = \sqrt{\dfrac{3kT}{m}} = \sqrt{\dfrac{3RT}{mN_0}} = \sqrt{\dfrac{3RT}{M}}\ (\text{m/s})$$

(4) 맥스웰의 기체 분자 속력 분포 :
특정 온도에서 기체 분자의 분포를 분자의 속력에 따라 나타낸 것을 말한다.

① 질량이 같은 분자일 경우 온도가 높을수록 속력 분포 영역이 넓으며, 평균적으로 빠르게 움직인다.

② 같은 온도일 경우 질량이 작은 분자일수록 속력 분포 영역이 넓다.

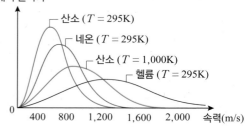

▲ 온도와 분자의 질량에 따른 속력 분포

③ **맥스웰의 기체 분자 속력 분포와 평균 속력** :
기체 분자의 질량이 m, 온도가 T, 볼츠만 상수가 k일 때, 맥스웰 기체 분자 속력 분포 함수에서 의미하는 속력은 각각 다음 표와 같다.

· $v_f < v_{\text{avg}} < v_{\text{rms}}$

· 분자의 평균 속력은 절대 온도의 제곱근에 비례하고, 질량의 제곱근에 반비례한다.

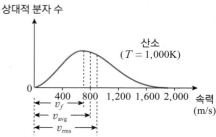

▲ 맥스웰 속력 분포와 평균 속력

● 맥스웰 분포 함수

기체 분자의 몰질량을 M, 온도를 T, 기체 상수를 R이라고 할 때, 임의의 속력 v에 대한 분자의 분포 비율을 나타내는 확률 $P(v)$는 다음과 같다.

$P(v) = 4\pi\left(\dfrac{M}{2\pi RT}\right)^{\frac{3}{2}}v^2 e^{-\frac{Mv^2}{2RT}}$

최빈 속력	v_f	가장 많은 기체 분자들이 가진 속력 = 분자수가 가장 많은 속력	$v_f = \sqrt{\dfrac{2kT}{m}}$
평균 속력	v_{avg}	맥스웰 속력 분포에 나타난 분자들의 평균 속력	$v_{\text{avg}} = \sqrt{\dfrac{8kT}{\pi m}}$
제곱 평균 제곱근 속력	v_{rms}	모든 분자들의 속력의 제곱의 평균을 구한 후 제곱근을 한 값	$v_{\text{rms}} = \sqrt{\dfrac{3kT}{m}}$

④ **액체와 고체에 적용한 맥스웰 분포** : 맥스웰 분포에서처럼 액체나 고체 분자들 중에서도 그 수는 적지만 속력이 매우 빠른 분자들이 존재한다. 이들 분자가 분자 사이의 인력을 이겨낼 만큼 충분한 운동 에너지를 가지면 인력을 벗어나게 된다. 이러한 현상이 액체에서 일어나면 **증발**, 고체에서 일어나면 **승화**이다.

개념확인 5

분자의 평균 속력은 절대 온도의 제곱근에 (㉠ 비례 ㉡ 반비례)하고, 질량의 제곱근에 (㉠ 비례 ㉡ 반비례)한다.

확인 + 5

27 ℃ 일 때, 산소 분자의 평균 속력은 몇 m/s 인가? (단, 기체 상수 $R = 8.3$ J/K·mol, 산소 분자의 분자량은 32 g 이고, 소수점 첫째 자리에서 반올림한다.)

(   ) m/s

4. 기체 분자 운동 Ⅱ

(1) 기체의 내부 에너지

① **내부 에너지** : 열운동하는 모든 분자들이 가지고 있는 운동 에너지와 퍼텐셜 에너지의 총합을 말한다.

② **물체의 온도와 내부 에너지** : 물체의 온도가 높아지면 분자들의 열운동이 활발해지고, 분자들의 운동 에너지가 증가하므로 물체의 내부 에너지가 증가한다.

(2) 에너지 등분배 정리 : 이상 기체의 분자 1 개의 평균 운동 에너지는 $\frac{1}{2}m\overline{v^2} = \frac{3}{2}kT$ 이다.

기체 분자들은 작은 부피 속에도 무수히 많고, 이들은 모든 방향으로 무질서한 운동을 하므로 x, y, z 각 방향의 속도 성분은 같다고 볼 수 있다. 즉, 기체 분자들의 평균 제곱 속도 $\overline{v^2} = \overline{v_x^2} + \overline{v_y^2} + \overline{v_z^2}$ 이므로,

$$\frac{1}{2}m\overline{v^2} = \frac{1}{2}m\overline{v_x^2} + \frac{1}{2}m\overline{v_y^2} + \frac{1}{2}m\overline{v_z^2} = \frac{3}{2}kT$$

이때 에너지는 각 방향으로 고르게 분포 되어 있다고 가정하면,

$$\frac{1}{2}m\overline{v_x^2} = \frac{1}{2}m\overline{v_y^2} = \frac{1}{2}m\overline{v_z^2} = \frac{1}{2}kT$$

이와 같이 각 방향으로 $\frac{1}{2}kT$ 씩 에너지가 분배되어 있는 것을 에너지 등분배 정리라고 한다.

(3) 이상 기체의 내부 에너지 : 이상 기체는 분자들 사이의 분자력이 무시되므로 분자력에 의한 퍼텐셜 에너지가 0 이다. 따라서 이상 기체의 내부 에너지는 분자의 운동 에너지 총합이 된다.

① **단원자 분자 이상 기체의 내부 에너지** : 헬륨(He), 네온(Ne)과 같이 한 개의 원자로 이루어진 단원자 분자로 된 이상 기체 n(mol)의 분자수 N, 절대 온도가 T 일 때, 내부 에너지 U 는 다음과 같다.

$$U = N \cdot \frac{3}{2}kT = \frac{3}{2}nRT \text{ (J)}$$

② **이원자 분자 이상 기체의 내부 에너지** : 산소(O_2)나 질소(N_2)와 같은 이원자 분자 이상 기체 n(mol)의 내부 에너지 U 는 다음과 같다.

$$U = N \cdot \frac{5}{2}kT = \frac{5}{2}nRT \text{ (J)}$$

③ **삼원자 분자 이상 기체의 내부 에너지** : 이산화탄소(CO_2)와 같은 삼원자 분자 이상 기체 n(mol)의 내부 에너지 U 는 다음과 같다.

$$U = \frac{6}{2}nRT \text{ (J)}$$

개념확인 6
정답 및 해설 **68**쪽

물체계 내부의 모든 분자들이 가지는 분자의 운동 에너지와 퍼텐셜 에너지의 총합을 그 물체계의 ☐☐☐☐☐ 라고 한다.

확인 + 6

단원자 분자로 된 이상 기체의 내부 에너지는 기체의 ☐☐ 와 ☐☐☐☐ 에 따라 결정된다.

● **자유도**

자유도란 물체의 운동을 결정하고 운동 에너지를 저장할 수 있는 운동 성분의 수를 말한다.

① 단원자 분자의 자유도 : 단원자 분자의 질점의 운동은 병진 운동 뿐이므로 운동의 자유도는 3 이 된다.

② 이원자 분자의 자유도 : 이원자 분자는 병진 운동의 자유도 3과 x, y축을 중심으로 한 회전 운동의 자유도 2(회전 운동의 자유도도 3이지만 두 원자의 질량 중심을 연결한 선을 축으로 하는 회전 운동은 무시할

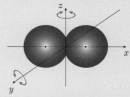

▲ 이원자 분자의 회전 운동

수 있으므로 2가 된다.)를 합한 5가 된다. 따라서 내부 에너지 U는 다음과 같다.

$$U = 3 \times \frac{1}{2}nRT + 2 \times \frac{1}{2}nRT$$

$$\therefore U = \frac{5}{2}nRT$$

③ 다원자 분자의 자유도 : 다원자 분자에서는 3개의 병진 운동 자유도와 3개의 회전 운동에 의한 자유도를 갖게 되므로 전체 자유도는 6이 된다.

미니사전

질점[質 본질 點 점] 부피는 없지만, 물체의 질량이 모두 모여 있다고 보는 이상적인 점

병진 운동[竝 나란하다 進 나아가다 – 운동] 질량 중심이 평행 이동하는 운동

개념 다지기

01 다음 중 기체의 압력, 부피, 절대 온도에 대한 설명 중 옳은 것은 ○표, 옳지 않은 것은 ×표 하시오.

(1) 기체의 양과 온도가 일정할 때, 압력이 2 배가 되면, 부피는 0.5 배가 되고, 밀도는 2 배가 된다.
( )

(2) 기체의 압력이 일정할 때, 온도가 30 ℃ 에서 60 ℃ 로 2 배가 되면, 부피도 2 배가 된다. ( )

(3) 기체의 부피가 일정할 때, 27 ℃ 에서 327 ℃ 로 기체의 온도가 증가하면, 압력은 2 배가 된다.( )

02 다음 그림은 압력이 각각 P_A, P_B, P_C 로 일정한 일정량의 기체 A, B, C 의 온도에 따른 부피 변화를 각각 나타낸 것이다. 압력의 크기 비교가 바르게 된 것은?

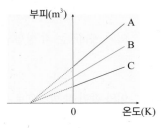

① $P_A > P_B > P_C$ ② $P_A > P_B = P_C$ ③ $P_A = P_B = P_C$

④ $P_B > P_C > P_A$ ⑤ $P_C > P_B > P_A$

03 다음 중 이상 기체에 대한 설명으로 옳은 것은 ○ 표, 옳지 않은 것은 × 표 하시오.

(1) 분자의 크기와 분자 사이에 작용하는 힘을 무시할 수 있다. ( )

(2) 냉각, 압축하면 액화나 응고가 된다. ( )

(3) 분자 간의 충돌은 에너지 손실이 없는 충돌로, 반발 계수가 1 이다. ( )

(4) 0 K 에서 부피가 가장 크다. ( )

04 온도가 27 ℃, 부피가 8.31 m³, 압력이 1.5×10^4 N/m² 인 이상 기체가 있다. 이 기체에 대한 설명으로 옳은 것만을 <보기>에서 있는 대로 고른 것은? (단, 기체 상수 $R = 8.31$ J/mol·K 이다.)

〈 보기 〉

ㄱ. 기체의 양은 50 mol 이다.
ㄴ. 기체의 압력과 부피가 모두 2 배로 증가하면, 온도는 108 ℃ 가 된다.
ㄷ. 부피를 일정하게 하고, 온도를 327 ℃ 로 높이면 압력은 3×10^4 N/m² 이 된다.

① ㄱ   ② ㄴ   ③ ㄷ   ④ ㄱ, ㄷ   ⑤ ㄱ, ㄴ, ㄷ

05 0 ℃, 1 기압에서 밀도가 1.013 kg/m³인 기체 분자의 평균 속력은 몇 m/s 인가? (단, 1 기압 = 1.013 × 10⁵ N/m² 이고, 소수점 첫째 자리에서 반올림한다.)

① 158 m/s   ② 289 m/s   ③ 316 m/s   ④ 447 m/s   ⑤ 548 m/s

06 다음 그림은 단열 밀폐 용기에 좌우로 움직일 수 있는 칸막이를 핀으로 고정시킨 후, A 와 B 두 부분으로 나눈 것을 나타낸 것이다. 칸막이를 용기의 정 가운데 놓은 후 고정핀을 제거하였더니 칸막이가 이동하지 않고 그대로 있었다. 이때 A, B 의 부피는 같고, 각각 단원자 분자 이상 기체 3 mol, 2 mol 이 들어있다. 이에 대한 설명으로 옳은 것만을 <보기>에서 있는 대로 고른 것은?

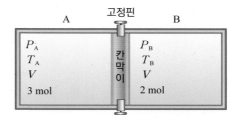

〈 보기 〉

ㄱ. $P_A = P_B$
ㄴ. 내부 에너지는 A 가 B 보다 크다.
ㄷ. 기체 분자 1 개의 평균 운동 에너지는 B 가 A 보다 크다.

① ㄱ   ② ㄷ   ③ ㄱ, ㄷ   ④ ㄴ, ㄷ   ⑤ ㄱ, ㄴ, ㄷ

07 다음 빈칸에 알맞은 말을 바르게 짝지은 것은?

액체 분자의 속력도 맥스웰 분포를 하므로 속력이 빠른 분자들이 있다. 이들 분자가 분자 사이의 인력을 충분히 이겨낼 만큼 운동 에너지를 가지면 액체로부터 이탈하는데, 이를 (㉠) (이)라고 하며, 이러한 현상이 고체에서 나타나면 (㉡) (이) 라고 한다.

	㉠	㉡		㉠	㉡		㉠	㉡
①	융해	승화	②	응고	승화	③	증발	승화
④	승화	증발	⑤	기화	증발			

08 기체의 분자 운동에 대한 설명으로 옳은 것만을 <보기>에서 있는 대로 고른 것은?

〈 보기 〉

ㄱ. 일정양의 이상 기체 분자들의 속력이 2 배가 되면, 기체의 온도는 4 배가 된다.
ㄴ. 변형되지 않는 단열 용기 안에 있는 이상 기체에 열이 공급되면 기체 분자의 평균 운동 에너지가 증가하므로 평균 속력이 증가한다.
ㄷ. 이상 기체 A, B 가 각각 1 몰과 2 몰이 있다. A, B 의 온도가 각각 $2T$, $3T$ 라면, 이상 기체의 내부 에너지는 A 가 B 보다 크다.

① ㄱ   ② ㄴ   ③ ㄷ   ④ ㄱ, ㄴ   ⑤ ㄱ, ㄴ, ㄷ

유형9-1 기체의 압력, 부피, 절대 온도의 관계

다음 그림의 (가) 과정은 압력이 P_1, 부피가 V_1, 온도가 T_1인 일정량의 이상 기체의 압력을 P_1으로 일정하게 유지한 채 온도를 T_2로 변화시켜 부피를 V_2로 증가한 것을 나타낸 것이고, (나)의 과정은 온도를 T_2로 유지한 채 압력을 P_2로 변화시켰더니 부피가 V_3로 감소한 것을 나타낸 것이다. 이에 대한 설명으로 옳은 것만을 <보기>에서 있는 대로 고른 것은?

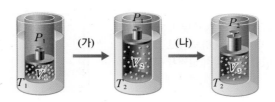

〈 보기 〉

ㄱ. $T_2 > T_1$, $P_2 > P_1$
ㄴ. (가) 과정에서 기체의 밀도가 감소한다.
ㄷ. 기체의 내부 에너지는 (가) 과정에서는 증가하고, (나) 과정에서는 감소한다.

① ㄱ   ② ㄴ   ③ ㄱ, ㄴ   ④ ㄴ, ㄷ   ⑤ ㄱ, ㄴ, ㄷ

---

01 다음 그림은 일정량의 기체 ㉠과 ㉡을 일정한 압력 하에서 온도에 따른 부피 변화를 나타낸 것이다. 이때 ㉠과 ㉡의 압력은 다르고, 그래프의 연장선은 한 점 A에서 만난다. 이에 대한 설명으로 옳은 것만을 <보기>에서 있는 대로 고른 것은? (단, 두 기체의 몰수는 같다.)

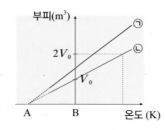

〈 보기 〉

ㄱ. A 는 절대 온도 0 K 이다.
ㄴ. 압력이 일정할 때, 기체의 부피는 절대 온도에 비례한다.
ㄷ. B 에서 ㉠과 ㉡의 부피비가 3 : 2 이라면, 압력비는 2 : 3 이다.

① ㄱ   ② ㄷ   ③ ㄱ, ㄷ
④ ㄴ, ㄷ   ⑤ ㄱ, ㄴ, ㄷ

02 다음 그림과 같이 단면적이 S 인 원통형 단열 밀폐 용기 안에 자유롭게 이동할 수 있는 칸막이가 있고, 칸막이 양쪽에는 각각 같은 양의 27 ℃, 2 기압의 이상 기체가 들어 있다. 이때 오른쪽 공기만을 가열하여 온도를 127 ℃ 로 높였다. 칸막이의 이동에 대한 설명으로 옳은 것은? (단, 칸막이와 용기 사이의 마찰은 무시하며, 칸막이를 통한 열의 이동은 없고, 소수점 셋째 자리에서 반올림한다.)

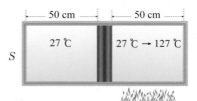

① 3.5 cm 왼쪽으로 이동한다.
② 3.5 cm 오른쪽으로 이동한다.
③ 7 cm 왼쪽으로 이동한다.
④ 7 cm 오른쪽으로 이동한다.
⑤ 칸막이는 이동하지 않는다.

유형9-2 이상 기체 상태 방정식

오른쪽 그림은 일정량의 이상 기체의 부피와 온도가 A → B → C 를 따라 변하는 것을 나타낸 것이다. 이 이상 기체의 압력과 부피의 관계를 나타낸 그래프로 옳은 것은?

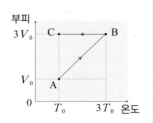

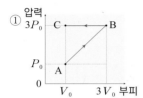

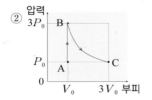

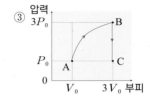

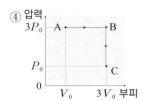

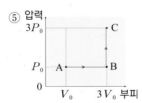

03 다음 그림은 일정한 온도에서 1 mol 의 실제 기체와 1 mol 의 이상 기체의 부피를 압력에 따라 각각 나타낸 것이다. 이에 대한 설명으로 옳은 것만을 <보기>에서 있는 대로 고른 것은?

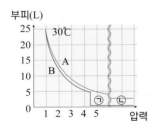

〈 보기 〉

ㄱ. 온도가 일정할 때, 이상 기체의 부피는 압력에 반비례한다.
ㄴ. 기압이 4.5 기압보다 커지면 B 는 액체 상태로 변하기 때문에 갑자기 부피가 줄어든다.
ㄷ. B 는 분자 사이에 작용하는 힘을 무시할 수 있다.

① ㄱ   ② ㄴ   ③ ㄱ, ㄴ
④ ㄴ, ㄷ   ⑤ ㄱ, ㄴ, ㄷ

04 다음 표는 각각의 용기에 들어 있는 수소 기체와 헬륨 기체의 여러 가지 물리량을 상대적으로 나타낸 것이다. 두 기체가 이상 기체일 때, 두 용기 속의 몰수의 비 $n_A : n_B$ 는?

	수소	헬륨
절대 온도	300 K	900 K
용기 속 압력	1	3
부피	3	1

① 1:9   ② 1:3   ③ 1:1
④ 3:1   ⑤ 9:1

유형9-3 기체 분자 운동 Ⅰ

오른쪽 그림과 같이 한 변의 길이가 L 인 정육면체 상자 내부에서 평균 속도 v 인 기체가 운동하고 있다. 질량이 m 인 기체 분자 1 개는 x 축과 나란한 방향으로 운동하며, x 축에 수직인 벽면과 충돌하면서 왕복 운동을 할 때, 이 분자의 운동과 관련된 설명으로 옳은 것만을 <보기>에서 있는 대로 고른 것은? (단, 기체 분자와 벽면 사이의 충돌은 완전 탄성 충돌이다.)

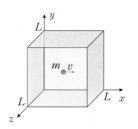

〈 보기 〉

ㄱ. 1 초 동안 한 쪽 벽면에 $\dfrac{2L}{v_x}$ 번 충돌한다.

ㄴ. 벽면과 한 번 충돌할 때 운동량 변화량의 크기는 $2mv_x$ 이다.

ㄷ. 벽면에 충돌할 때 벽면이 받는 평균 힘의 크기는 $\dfrac{mv_x{}^2}{L}$ 이다.

① ㄱ　　　　② ㄴ　　　　③ ㄱ, ㄴ　　　　④ ㄴ, ㄷ　　　　⑤ ㄱ, ㄴ, ㄷ

---

05 단열 밀폐 용기 안에 이산화 황(SO_2) 기체와 메테인(CH_4) 기체가 혼합되어 있다. 두 기체 사이에 화학 반응이 일어나지 않는다면, SO_2 기체와 CH_4 기체 분자의 평균 속력을 각각 v_A, v_B 라고 할 때, $v_A : v_B$ 는? (단 S 의 분자량은 32, O 의 분자량은 16, C 의 분자량은 12, H 의 분자량은 1 이다.)

① 1 : 1　　② 1 : 2　　③ 1 : 4
④ 4 : 1　　⑤ 2 : 1

06 다음 그림은 기체 분자에 있어 맥스웰의 속력 분포 곡선을 나타낸 것이다. 이에 대한 설명으로 옳은 것만을 <보기>에서 있는 대로 고른 것은?

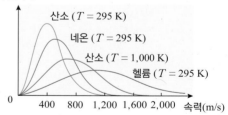

〈 보기 〉

ㄱ. 각 그래프는 최빈 속력을 중심으로 좌우 대칭이다.

ㄴ. 질량이 같은 분자일 경우 온도가 높을 수록 속력 분포 영역이 넓고, 평균적으로 빠르게 움직인다.

ㄷ. 같은 온도일 경우 질량이 작은 분자일 수록 속력 분포 영역이 좁다.

① ㄱ　　　　　② ㄴ　　　　　③ ㄱ, ㄴ
④ ㄴ, ㄷ　　　　⑤ ㄱ, ㄴ, ㄷ

유형9-4 기체 분자 운동 Ⅱ

오른쪽 그림은 일정량의 단원자 분자 이상 기체의 압력과 부피가 A → B → C → A 를 따라 변하는 것을 나타낸 것이다. 이 이상 기체의 부피와 내부 에너지의 관계를 나타낸 그래프로 옳은 것은? (단, A에서 이상 기체의 내부 에너지는 U_0 이고, B → C 과정은 등온 변화이다.)

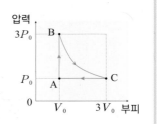

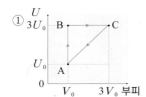

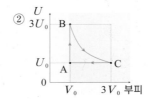

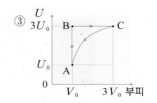

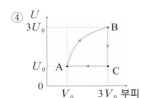

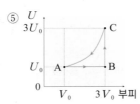

---

07 그림 (가)는 같은 종류의 단원자 분자 이상 기체가 들어 있는 단열된 실린더를 칸막이와 고정핀을 이용하여 부피가 V 로 같은 두 부분 A, B 로 나눈 것을 나타낸 것이다. 그림 (나)는 그림 (가)의 칸막이를 제거한 것을 나타낸 것이다. A와 B 에서 기체의 절대 온도는 각각 $3T$, T 이고, 기체의 몰수는 2 몰, 3 몰일 때, A, B, C 의 내부 에너지의 비 $U_A : U_B : U_C$ 는? (단, 칸막이의 부피는 무시한다.)

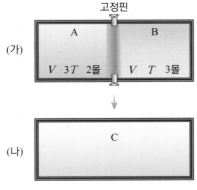

① $1 : 2 : 3$ ② $2 : 1 : 3$ ③ $2 : 3 : 5$
④ $3 : 2 : 1$ ⑤ $3 : 1 : 2$

08 다음 그림은 일정량의 기체의 상태가 A 에서 B 로 변하는 것을 나타낸 것이다. A 에서 B 로 변하는 과정에서 일어나는 변화에 대한 설명으로 옳은 것만을 <보기>에서 있는 대로 고른 것은?

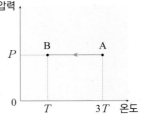

〈 보기 〉

ㄱ. 기체의 내부 에너지는 3 배로 증가한다.
ㄴ. 기체의 부피는 절반으로 감소한다.
ㄷ. 분자 1 개의 평균 운동 에너지는 감소한다.

① ㄱ   ② ㄴ   ③ ㄷ
④ ㄱ, ㄴ   ⑤ ㄴ, ㄷ

01 열기구는 내부에 공기를 가득 넣은 후, 버너를 가동하여 내부 공기를 가열하면 하늘로 떠오른 후 바람의 흐름
을 따라 공중 비행을 하는 기구이다.

공기가 들어 있지 않을 때 버너를 포함한 자체 질량이 100 kg 인 열기구가 있다. 열기구에 공기를 가득 넣었을
때 들어갈 수 있는 공기의 부피는 100 m³ 이고, 열기구의 아래 부분은 열려 있어서 공기가 자유롭게 출입할 수
있으며, 현재 공기의 밀도는 1.3 kg/m³, 기압은 1 기압(atm), 기온은 27 ℃ 이다. 물음에 답하시오.

(1) 열기구 내부의 온도가 T(K)가 되었을 때, 열기구 내부의 공기의 밀도는 어떻게 되는가?

(2) 열기구 내부의 온도가 몇 ℃ 가 될 때 열기구가 상승하는가?

02 부피가 각각 1 L, 4 L 이고 온도가 같은 두 개의 용기 A, B 가 있다. A 에는 1 기압의 헬륨(He)과 3 기압의 아르곤(Ar)을, B 에는 2 기압의 헬륨(He)과 4 기압의 네온(Ne)을 각각 넣은 후, 그림과 같이 차단 장치를 한 상태에서 두 용기를 연결하였다. 이때 차단 장치를 열어서 기체를 섞이게 하였다면 용기가 받는 압력은 얼마인가? (단, 이 과정에서 온도는 변하지 않으며, 연결관의 부피는 무시한다.)

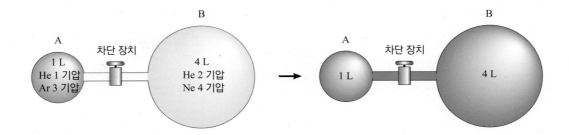

03 오른쪽 그림과 같이 수면에서 깊이가 30 m, 온도가 7 ℃ 인 호수 바닥에 부피가 10 cm³ 인 공기 방울이 있다. 이 공기 방울이 온도가 27 ℃ 인 수면에 막 도달했을 때의 부피는 몇 cm³ 인가? (단, 공기 방울의 온도는 둘러 싸고 있는 물의 온도와 같으며, 호수 물의 밀도는 $\rho = 1 \times 10^3$ kg/m³ 으로 균일하고, 수면의 대기압은 1.013×10^5 N/m², 중력 가속도 $g = 9.8$ m/s² 이다.)

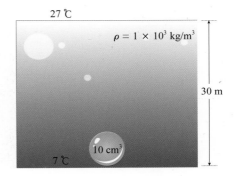

04 다음 그림과 같이 지면에 놓여 있는 동일한 용기 A, B 가 있다. 두 용기 내에는 의 질량이 M 으로 각각 같은 피스톤이 그림처럼 천장에 고정된 도르래에 연결되어 정지해 있다. 이 줄의 다른 쪽 끝은 각각 밀도가 다른 액체에 잠겨 있는 질량이 m 인 물체와 연결되어 있다. 용기 A, B 에 들어 있는 이상 기체의 몰수 n 과 온도 T 는 같지만, A 의 부피 V_A 는 B 의 부피 V_B 보다 크며, 각 물체가 잠겨 있는 액체의 밀도는 각각 ρ_A, ρ_B 이다. 물음에 답하시오. (단, 잠겨 있는 물체는 동일한 물체이다.)

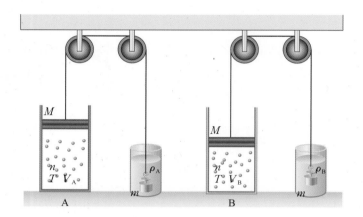

(1) 용기 A 에서 이상 기체의 압력 P_A 와 용기 B 에서 이상 기체의 압력 P_B 를 부등호를 이용하여 비교하시오.

(2) 용기 A 의 피스톤에 연결된 줄의 장력 T_A 와 용기 B 의 피스톤에 연결된 줄의 장력 T_B 를 부등호를 이용하여 비교하시오.

(3) 밀도 ρ_A 와 ρ_B 를 부등호를 이용하여 비교하시오.

05 밀폐된 공간 안에 이상 기체가 들어 있다. 오른쪽 그림과 같이 그 공간 안에서 기체 분자가 벽면의 수직 방향과 $45°$의 각도로 충돌하며 직선 왕복 운동을 하고 있다. 이때 초당 10^{23}번 벽과 충돌하는 기체 분자의 속력은 1 km/s, 질량은 $3 \times 10^{-24} \text{ g}$ 이고, 기체 분자가 충돌하는 벽의 면적이 2 cm^2라면 기체 분자가 벽에 가하는 압력은 얼마인가? (단, 기체 분자와 벽은 탄성 충돌을 하고, 분자끼리의 충돌은 없으며, 분자들은 모두 질량이 같고, 같은 속력으로 운동하고, $\cos 45° = 0.707$로 계산한다.)

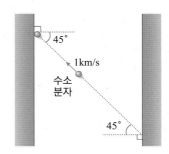

06 32 ℃의 온도에 노출되어 있는 물은 물표면의 분자들이 분자 운동에 의해 공기 중으로 튀어나가기 때문에 증발한다. 이때 증발열은 다음과 같은 공식을 만족한다.

$$증발열 = \varepsilon n$$

ε 은 빠져나가는 분자 $1 \text{ } g$의 평균 에너지이고, n은 그램당 분자의 수이다. 물음에 답하시오.

(1) 물(H_2O)의 증발열이 540 cal/g일 때, ε을 구하시오. (단, 수소 원자의 몰질량은 1 g/mol, 산소원자의 몰질량은 16 g/mol, 아보가드로 수 $N_0 = 6.02 \times 10^{23}$개이다.)

(2) E_k를 물(H_2O) 분자 1개의 평균 운동 에너지라고 하고, 이상 기체와 같이 절대 온도에 따라 달라진다고 할 때, $\dfrac{\varepsilon}{E_k}$을 구하시오. (단, 볼츠만 상수 $k = 1.38 \times 10^{-23} \text{ J/K}$, $1 \text{ cal} = 4.2 \text{ J}$이고, 소수점

둘째 자리에서 반올림한다.

A

01 온도가 T, 압력이 1 기압일 때, 부피가 9 L 인 기체가 있다. 온도를 T 로 일정하게 유지하면서 압력을 3 배로 높였을 때 기체의 부피는?

① 1 L ② 3 L ③ 9 L
④ 18 L ⑤ 27 L

02 다음 표는 이상 기체의 압력이 1 기압으로 일정하게 유지될 때, 섭씨 온도에 따른 부피를 나타낸 것이다. 표에 대한 해석으로 옳은 것만을 <보기>에서 있는 대로 고른 것은?

섭씨 온도(℃)	10	20	30	40
부피(cm³)	283	293	303	313

〈 보기 〉
ㄱ. 보일의 법칙으로 설명할 수 있다.
ㄴ. 압력이 일정할 때, 기체의 절대 온도와 부피는 비례 관계이다.
ㄷ. 압력이 일정할 때, 일정한 부피에서는 일정한 개수의 기체 분자가 존재한다.

① ㄱ ② ㄴ ③ ㄷ
④ ㄱ, ㄴ ⑤ ㄴ, ㄷ

03 다음 그림과 같이 밀폐된 용기에 일정량의 이상 기체가 담겨 있다. 이때 이상 기체의 부피와 절대 온도가 각각 처음의 절반이 되었다면, 이상 기체의 압력은 처음의 몇 배가 되겠는가?

① $\frac{1}{8}$ 배 ② $\frac{1}{4}$ 배 ③ $\frac{1}{2}$ 배
④ 1 배 ⑤ 2 배

04 부피가 16.62 m³ 인 공간 안에 이상 기체가 가득 차 있다. 이때 기체의 온도는 27 ℃, 압력이 3 × 10³ N/m² 라면 이 기체의 양은 몇 mol 인가? (단, 기체 상수 R = 8.31 J/K·mol 이다.)

(   ) mol

05 다음 그림은 일정량의 이상 기체의 압력과 부피가 A → B → C 를 따라 변하는 것을 나타낸 것이다. A 점에서 기체의 온도가 27 ℃ 일 때, B 점과 C 점에서 기체의 온도를 바르게 짝지은 것은?

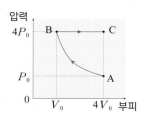

	B	C		B	C
①	27 ℃	108 ℃	②	108 ℃	27 ℃
③	27 ℃	927 ℃	④	927 ℃	27 ℃
⑤	108 ℃	1,200 ℃			

06 내부의 부피가 3 m³ 인 실린더에 1 mol 의 수소와 2 mol 의 헬륨, 3 mol 의 산소가 들어있다. 실린더 내부의 온도가 27 ℃ 일 때, 실린더 내부의 압력은 얼마인가? (단, 기체 상수 R = 8.31 J/mol·K 이다.)

① 831 N/m² ② 1,662 N/m² ③ 2,493 N/m²
④ 3,324 N/m² ⑤ 4,986 N/m²

07 방안에 가득한 공기의 온도가 27 ℃ 라면, 방안 공기 분자 1 개의 평균 운동 에너지는 얼마인가? (단, 공기를 이상 기체로 보며, 볼츠만 상수 k = 1.38 × 10⁻²³ J/K 이다.)

(   ) J

08 27 ℃ 공기 중에 있는 산소 분자의 평균 속력은 약 480 m/s 이다. 이 공기 중에 있는 수소 분자의 평균 속력은 얼마인가? (단, 산소 분자량은 수소 분자량의 16 배이다.)

① 120 m/s ② 240 m/s ③ 480 m/s
④ 960 m/s ⑤ 1,920 m/s

09 다음은 맥스웰의 기체 분자 속력 분포 함수와 관련된 문제이다. 물음에 각각 답하시오.

(1) 맥스웰의 기체 분자 속력 분포 함수에서 의미하는 최빈 속력 v_f, 평균 속력 v_{avg}, 제곱 평균 제곱근 속력 v_{rms} 의 크기 비교가 바르게 된 것은?

① $v_f > v_{avg} > v_{rms}$ ② $v_{avg} > v_{rms} > v_f$

③ $v_{rms} > v_f > v_{avg}$ ④ $v_{rms} > v_{avg} > v_f$

⑤ $v_{avg} > v_f > v_{rms}$

(2) 다음 표는 분자 5 개의 속력을 각각 나타낸 것이다. 평균 속력, 제곱 평균 제곱근 속력을 바르게 짝지은 것은?

	A	B	C	D	E
속력(m/s)	1	2	5	7	1

	v_{avg}	v_{rms}		v_{avg}	v_{rms}
①	3.2 m/s	4 m/s	②	3.2 m/s	10.24 m/s
③	3.2 m/s	16 m/s	④	4 m/s	3.2 m/s
⑤	4 m/s	16 m/s			

10 다음 그림은 일정량의 이상 기체의 상태가 A → B → C →A 를 따라 순환하는 과정을 압력 - 부피의 관계로 나타낸 그래프이다. 이때 각 과정에서 기체의 내부 에너지의 변화를 바르게 짝지은 것은? (단, C →A 과정은 등온 과정이다.)

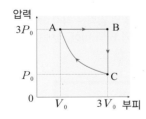

	A → B	B → C	C → A
①	증가한다	감소한다	증가한다
②	감소한다	증가한다	감소한다
③	증가한다	감소한다	변함없다
④	감소한다	증가한다	변함없다
⑤	증가한다	증가한다	감소한다

B

11 다음 그래프는 양이 다른 이상 기체 A, B, C 의 부피를 일정하게 유지하면서 섭씨 온도에 따른 압력을 나타낸 것이다. 이에 대한 설명으로 옳은 것만을 <보기>에서 있는 대로 고른 것은? (단, 기체의 밀도는 충분히 작아 기체 분자 사이의 인력을 무시할 수 있다.)

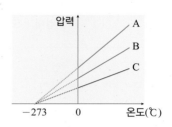

― 〈 보기 〉 ―

ㄱ. 절대 온도 0 K 에서 이상 기체의 압력은 0이다.

ㄴ. 기체의 양과 상관없이 −273 ℃ 에 기체의 압력은 모두 0 이된다.

ㄷ. 0 ℃ 일 때 세 기체의 압력 비가 5 : 4 : 3 이라면, 몰수의 비도 5 : 4 : 3 이다.

① ㄱ   ② ㄴ   ③ ㄷ

④ ㄱ, ㄴ   ⑤ ㄱ, ㄴ, ㄷ

12 다음 그림은 일정량의 이상 기체가 A → B → C → A 과정을 따라 변할 때, 절대 온도에 따른 부피를 나타낸 것이다. 이에 대한 설명으로 옳은 것만을 <보기>에서 있는 대로 고른 것은?

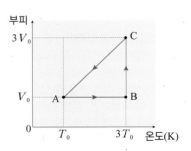

― 〈 보기 〉 ―

ㄱ. A → B 과정에서 압력은 일정하다.

ㄴ. B → C 과정에서 부피는 3 배, 압력은 $\frac{1}{3}$ 배가 된다.

ㄷ. C → A 과정은 샤를 법칙과 관련이 있다.

① ㄱ   ② ㄴ   ③ ㄱ, ㄴ

④ ㄴ, ㄷ   ⑤ ㄱ, ㄴ, ㄷ

13 다음 중 이상 기체와 관련된 설명으로 옳은 것만을 <보기>에서 있는 대로 고른 것은?

─ 〈 보기 〉 ─

ㄱ. 이상 기체 분자들끼리 상호 작용을 하지 않는다.
ㄴ. 이상 기체 분자의 질량은 0 이다.
ㄷ. 기체 상수 R은 0 ℃, 1 기압에서 부피가 1 L 인 이상 기체 1 몰의 $\dfrac{압력(P) \times 부피(V)}{절대 온도(T)}$ 값이다.

① ㄱ   ② ㄴ   ③ ㄷ
④ ㄱ, ㄷ   ⑤ ㄱ, ㄴ, ㄷ

14 다음 그림과 같이 부피가 같은 두 용기 A, B 가 연결되어 있다. 연결 밸브가 잠겨진 상태에서 A 에는 1 기압, 400 K 의 수소가 들어 있고, B 에는 3 기압, 200 K 의 헬륨이 들어 있다. 이때 연결 밸브를 연 후, 두 기체의 온도가 240 K 이 되었다면, 혼합 기체의 압력은 얼마인가? (단, 연결관의 부피와 각 용기의 열용량과 부피 팽창은 무시하고, 두 기체는 화학 반응을 하지 않는다.)

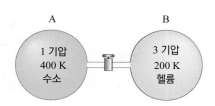

① 1 기압   ② 1.4 기압   ③ 2.1 기압
④ 3 기압   ⑤ 3.5 기압

15 그림 (가)는 부피가 같고, 온도가 다른 두 용기 속에 같은 분자수의 동일한 기체 A, B 가 각각 들어 있는 것을 나타낸 것이고, 그림 (나)는 이들 기체 분자들의 속력에 따른 기체 분자 수의 분포를 나타낸 것이다. 이에 대한 설명으로 옳은 것만을 <보기>에서 있는 대로 고른 것은?

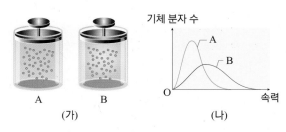

(가)   (나)

─ 〈 보기 〉 ─

ㄱ. 기체의 온도는 B 가 A 보다 높다.
ㄴ. 기체의 압력은 A 가 B 보다 크다.
ㄷ. 기체 분자 1 개의 평균 운동 에너지는 B 가 A 보다 크다.

① ㄱ   ② ㄴ   ③ ㄷ
④ ㄱ, ㄷ   ⑤ ㄱ, ㄴ, ㄷ

16 다음 그림은 부피가 같은 단열 용기 A, B 에 서로 다른 단원자 분자의 이상 기체가 들어 있는 것을 나타낸 것이다. A 와 B 의 압력은 각각 $3P$, P 이고, 온도는 $2T$, T 일 때, A 와 B 의 이상 기체 분자 1개의 평균 운동 에너지 비 $E_A : E_B$는?

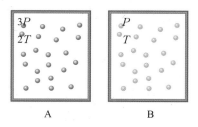

A   B

① 1 : 2   ② 2 : 3   ③ 2 : 1
④ 3 : 2   ⑤ 4 : 1

17 다음 그림은 단원자 이상 기체 A 와 B 의 제곱 평균 제곱근 속력 $(v_A)_{rms}$, $(v_B)_{rms}$를 온도 T 에 따라 각각 나타낸 것이다. 이에 대한 설명으로 옳은 것만을 <보기>에서 있는 대로 고른 것은? (단, A, B의 원자의 질량은 각각 m_A, m_B 이다.)

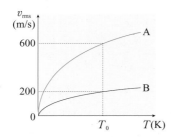

〈 보기 〉

ㄱ. A 의 질량은 B 의 9 배이다.
ㄴ. 온도가 $3T_0$ 일 때, $(v_A)_{rms} : (v_B)_{rms} = 3 : 1$ 이다.
ㄷ. A 의 온도가 B 의 3 배일 때, $(v_A)_{rms} = \sqrt{3}(v_B)_{rms}$ 이다.

① ㄱ   ② ㄴ   ③ ㄷ
④ ㄱ, ㄷ   ⑤ ㄱ, ㄴ, ㄷ

18 다음은 기체의 내부 에너지에 대한 설명이다. 빈칸에 들어갈 말을 바르게 짝지은 것은?

분자수 N, 절대 온도가 T 인 이상 기체 n mol 이 있을 때, 내부 에너지는 단원자 분자인 경우 (㉠)nRT, 이원자 분자인 경우 (㉡)nRT, 삼원자 분자인 경우 (㉢)nRT 이다.

	㉠	㉡	㉢		㉠	㉡	㉢
①	$\frac{1}{2}$	$\frac{3}{2}$	$\frac{5}{2}$	②	$\frac{1}{3}$	$\frac{2}{3}$	$\frac{5}{3}$
③	$\frac{3}{2}$	$\frac{5}{2}$	$\frac{6}{2}$	④	$\frac{2}{3}$	$\frac{5}{3}$	$\frac{6}{3}$
⑤	$\frac{3}{2}$	$\frac{6}{2}$	$\frac{9}{2}$				

C

19 다음 그림은 몰수가 같은 이상 기체 A 와 B 의 압력과 부피의 관계를 나타낸 것이다. 이에 대한 설명으로 옳은 것만을 <보기>에서 있는 대로 고른 것은?

[수능 기출 유형]

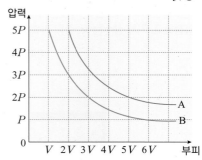

〈 보기 〉

ㄱ. A 와 B 의 부피가 $2V$ 로 같을 때 절대 온도의 비 $T_A : T_B = 3 : 5$ 이다.
ㄴ. B 의 부피가 $2V$ 일 때와 $3V$ 일 때 온도는 같다.
ㄷ. A와 B 의 압력이 같다면 온도는 항상 A 가 B 보다 높다.

① ㄱ   ② ㄴ   ③ ㄱ, ㄴ
④ ㄴ, ㄷ   ⑤ ㄱ, ㄴ, ㄷ

20 다음 그림과 같이 단열 실린더 내부에 자유롭게 움직일 수 있는 칸막이에 의해 실린더가 A 와 B 로 나뉘어져 있다. 칸막이의 양쪽에는 같은 몰수(n), 같은 압력(P), 같은 부피(V), 같은 온도(T)의 기체가 들어 있다. 이때 A 부분 기체의 온도만 $3T$ 로 올렸더니 A 와 B 쪽의 압력이 같게 될 때까지 칸막이가 이동하였다. 칸막이가 이동한 후의 압력을 처음 압력 P 를 이용하여 바르게 나타낸 것은? (단, 칸막이를 통한 열의 이동은 없으며, 모든 마찰과 칸막이의 부피는 무시한다.)

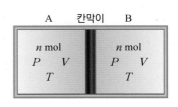

① $\frac{P}{4}$ ② $\frac{P}{2}$ ③ P
④ $2P$ ⑤ $4P$

21 다음 그림은 부피가 V 인 단열 실린더 내부에 n mol 의 이상 기체가 들어 있고, 면적이 A 인 피스톤 위에 물이 든 수조가 놓인 채 정지해 있는 것을 나타낸 것이다. 이 때 실린더 내부의 온도를 ΔT 만큼 증가시키는 동시에 수조에 담긴 물의 질량을 ΔM 만큼 증가시킬 때, 실린더 내부의 부피 V 를 일정하게 유지하기 위한 $\dfrac{\Delta M}{\Delta T}$ 은?

(단, 실린더와 피스톤의 마찰은 무시하며, 외부 기압은 일정하고, 기체 상수는 R, 중력 가속도는 g 이다.)

[MEET/DEET 기출 유형]

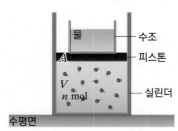

① $\dfrac{RA}{ngV}$ ② $\dfrac{ngV}{RA}$ ③ $\dfrac{gV}{nRA}$

④ $\dfrac{nRA}{gV}$ ⑤ $\dfrac{nV}{gRA}$

22 다음 그림과 같이 단열 용기 속에 있는 동일한 단원자 이상 기체가 자유롭게 움직일 수 있는 단열된 칸막이에 의해 A 와 B 로 나눠져 있다. A, B 기체의 분자수는 N 으로 같고, 부피는 각각 V, $2V$ 이며, A 기체의 온도가 T 일 때, 칸막이가 정지하였다. 이에 대한 설명으로 옳은 것만을 <보기>에서 있는 대로 고른 것은? (단, 용기와 칸막이 사이에 마찰은 무시한다.)

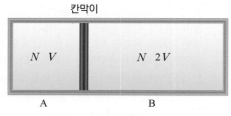

─────〈 보기 〉─────
ㄱ. 칸막이를 통해 열이 이동할 수 있다면 열은 B 에서 A 로 흐른다.
ㄴ. A 기체와 B 기체의 운동량의 비는 1 : 2 이다.
ㄷ. 기체 분자들의 평균 속력은 A 에서가 B 에서의 2 배이다.
──────────────

① ㄱ   ② ㄴ   ③ ㄱ, ㄴ
④ ㄱ, ㄷ   ⑤ ㄱ, ㄴ, ㄷ

23 다음 그림과 같이 부피가 각각 V, $2V$ 인 용기 A 와 B 에 각각 동일한 단원자 이상 기체 분자가 각각 N, $2N$ 개씩 들어 있다. 용기 A 와 B 의 내부 압력이 P 로 같을 때, 이에 대한 설명으로 옳은 것만을 <보기>에서 있는 대로 고른 것은?

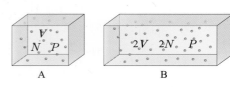

─────〈 보기 〉─────
ㄱ. A와 B의 이상 기체의 내부 에너지는 같다.
ㄴ. A와 B의 기체 분자 1개의 평균 운동 에너지는 서로 같다.
ㄷ. A와 B 분자의 최빈 속력은 A가 B의 2배이다.
──────────────

① ㄱ   ② ㄴ   ③ ㄷ
④ ㄱ, ㄷ   ⑤ ㄱ, ㄴ, ㄷ

24 그림 (가)는 온도가 300 K 으로 동일한 각각 다른 기체 A, B, C 의 평균 속력에 따른 분자수를 나타낸 것이고, 그림 (나)는 한 기체의 온도가 T_1, T_2 일 때 평균 속력에 따른 분자수를 나타낸 것이다. 이에 대한 설명으로 옳은 것만을 <보기>에서 있는 대로 고른 것은?

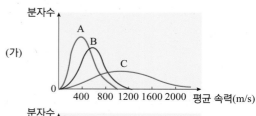

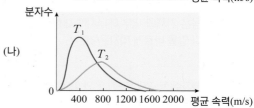

─────〈 보기 〉─────
ㄱ. (가)에서 기체 A 의 분자량이 가장 크다.
ㄴ. (가)에서 기체 A, B, C 의 기체 분자 1 개의 평균 운동 에너지는 같다.
ㄷ. (나)에서 기체의 평균 운동 에너지는 온도가 T_2 일 때가 T_1 일 때보다 크다.
──────────────

① ㄱ   ② ㄴ   ③ ㄷ
④ ㄱ, ㄷ   ⑤ ㄱ, ㄴ, ㄷ

심화

25 다음은 보일의 법칙을 기체 분자 운동론의 입장에서 설명한 내용이다. 빈칸에 알맞은 말을 바르게 짝지은 것은?

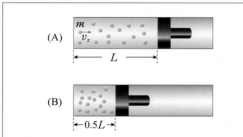

속도의 x 성분이 v_x인 질량이 m인 분자 1개가 단위 시간당 벽에 미치는 충격력은 A의 경우

$$2mv_x \times (\ ㉠\ ) = (\ ㉡\ )$$

부피가 절반으로 압축된 B의 경우

$$2mv_x \times (\ ㉢\ ) = (\ ㉣\ )$$

따라서 충격력은 B가 A의 (㉤) 배가 되므로, 압력이 2배가 된다. 즉, 온도를 일정하게 유지하면서 기체의 부피를 절반으로 압축하면 압력이 2배가 되는 보일의 법칙을 설명할 수 있다.

	㉠	㉡	㉢	㉣	㉤
①	$\dfrac{2L}{v_x}$	$4mL$	$\dfrac{L}{v_x}$	$2mL$	$\dfrac{1}{2}$
②	$\dfrac{v_x}{2L}$	$\dfrac{mv_x^2}{L}$	$\dfrac{v_x}{L}$	$\dfrac{2mv_x^2}{L}$	2
③	$\dfrac{v_x}{L}$	$\dfrac{2mv_x^2}{L}$	$\dfrac{v_x}{2L}$	$\dfrac{mv_x^2}{L}$	$\dfrac{1}{2}$
④	$\dfrac{L}{v_x}$	$2mL$	$\dfrac{2L}{v_x}$	$4mL$	2
⑤	$\dfrac{v_x}{4L}$	$\dfrac{mv_x^2}{2L}$	$\dfrac{v_x}{2L}$	$\dfrac{mv_x^2}{L}$	$\dfrac{1}{2}$

26 다음 그림은 온도 단위가 °Z인 어떤 온도 체계에 따라 0 °Z에서 25 °Z까지 밀폐된 두 단열 용기에 각각 담겨져 있는 이상 기체 A와 B의 온도에 따른 부피 변화를 나타낸 것이다. A와 B의 압력은 서로 같고, 각각 일정하게 유지된다면 이에 대한 설명으로 옳은 것만을 <보기>에서 있는 대로 고른 것은? (단, 1 °Z 온도 변화를 나타내는 눈금의 크기는 일정하다.)

[MEET/DEET 기출 유형]

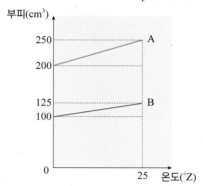

〈 보기 〉

ㄱ. −100 °Z일 때 기체의 부피는 0이 되며, −100 °Z는 절대 온도 0 K와 같다.

ㄴ. 이상 기체 A와 B의 몰수 n_A, n_B는 $n_A = 2n_B$ 관계를 만족한다.

ㄷ. 100 °Z일 때 기체 B의 부피는 25 °Z일 때 기체 A의 부피와 같다.

① ㄱ   ② ㄴ   ③ ㄱ, ㄴ
④ ㄴ, ㄷ   ⑤ ㄱ, ㄴ, ㄷ

27 다음 설명의 빈칸에 들어갈 말이 바르게 짝지어진 것은?

(1) 분자의 질량이 m, 단위 부피 속 분자 수를 n_0, 기체 분자의 속도의 제곱의 평균값을 $\overline{v^2}$ 라고 할 때, 기체의 압력 P는 다음과 같다.

$$P = (\ \text{⊙}\ )$$

(2) 기체의 부피를 V, 전체 질량을 M, 기체 분자의 속도의 제곱의 평균값을 $\overline{v^2}$ 라고 할 때, $PV = (\ \text{ⓛ}\ )$ 로 나타낼 수 있다. 따라서 온도가 일정할 때, $\overline{v^2}$ 이 일정하다면 보일의 법칙이 성립함을 알 수 있다.

	⊙	ⓛ		⊙	ⓛ
①	$\frac{1}{3}n_0m\overline{v^2}$	$\frac{1}{3}M\overline{v^2}$	②	$\frac{2}{3}n_0m\overline{v^2}$	$\frac{2}{3}M\overline{v^2}$
③	$\frac{1}{2}n_0m\overline{v^2}$	$\frac{1}{2}M\overline{v^2}$	④	$\frac{3}{2}n_0m\overline{v^2}$	$\frac{3}{2}M\overline{v^2}$
⑤	$\frac{1}{3}n_0m\overline{v^2}$	$\frac{3}{2}M\overline{v^2}$			

28 진공의 정도를 나타내는 진공도는 기체의 압력으로 나타낸다. 실험실에서 도달할 수 있는 진공도는 약 10^{-10} N/m² 이다. 압력이 10^{-10} N/m², 온도가 27 ℃ 인 기체 1 cm³ 에는 몇 개의 공기 분자가 들어 있는지 계산하시오. (단, 공기를 이상 기체로 간주하고, 기체 상수 $R = 8.3$ J/K·mol, 아보가드로 수 $= 6.02 \times 10^{23}$ 이며, 소수점 둘째 자리에서 반올림한다.)

(   ) 개

29 다음 그림과 같이 단열 실린더 내부에 마찰 없이 운동할 수 있는 피스톤이 장치되어 있다. 처음 실린더 내부의 압력은 10^5 N/m², 부피는 V_0로 평형을 이루고 있었다. 이때 실린더 내부의 부피가 $1.5V_0$ 가 되도록 피스톤을 잡아당긴 후 놓는 순간 피스톤의 가속도는? (단, 실린더 내, 외부의 온도는 모두 T_0이고, 피스톤의 질량은 2 kg, 단면적은 24 cm² 이다.)

[kpho 기출 유형]

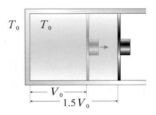

① 20m/s²　　② 40m/s²　　③ 60m/s²
④ 80m/s²　　⑤ 100m/s²

30 다음 그림과 같이 수평면에 고정되어 있는 실린더 A 와 B 의 내부를 마찰없이 왕복 운동하는 두 개의 피스톤이 늘어나지 않는 피스톤 로드로 연결되어 있다. 이때 실린더 A 와 B 의 내부에는 온도와 부피, 압력이 각각 T_0, V_0, P_0로 같은 이상 기체가 각각 들어 있다. 이 상태에서 실린더 A 의 기체의 온도만 T로 높인 후, 다시 평형을 이루었을 때 실린더 B 기체의 압력과 부피는 각각 얼마인가?

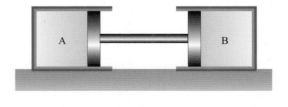

⊙ 압력 (   )
ⓛ 부피 (   )

31 다음 그림과 같이 단열 용기 속에 있는 단원자 이상 기체가 칸막이에 의해 나눠져 있다. 이때 양쪽 기체의 입자수, 부피, 온도는 각각 N, V, T 와 $4N$, $3V$, $2T$ 이다. 칸막이가 제거된 후 기체가 평형 상태에 도달하였다. 이에 대한 설명으로 옳은 것만을 <보기>에서 있는 대로 고른 것은? (단, 볼츠만 상수는 k, 단열판의 부피는 무시하며, 모든 열출입은 무시한다.)

[PEET 기출 유형]

칸막이

N
V
T

$4N$ $3V$ $2T$

───〈 보기 〉───

ㄱ. 칸막이가 제거된 후 기체가 평형 상태에 도달하였을 때 압력은 $\dfrac{9}{4}\dfrac{kNT}{V}$ 이다.

ㄴ. 칸막이를 제거하기 전 왼쪽과 오른쪽의 압력 비는 $3:8$ 이다.

ㄷ. 열평형에 도달하는 온도는 $\dfrac{9}{5}T$ 이다.

① ㄱ   ② ㄴ   ③ ㄷ
④ ㄱ, ㄷ   ⑤ ㄱ, ㄴ, ㄷ

32 다음 그림과 같이 지면 위에 놓여 있는 동일한 단열 실린더 A, B 가 있다. 두 실린더 내에는 질량이 같은 피스톤이 천장에 고정된 도르래에 연결되어 정지해 있다. 이 줄의 다른 쪽 끝은 각각 질량이 m_A, m_B 인 물체와 연결되어 있다. 실린더 안과 밖의 온도는 모두 T_0 로 같고, A 에서 이상 기체의 부피는 B 에서 보다 크다. 이에 대한 설명으로 옳은 것만을 <보기>에서 있는 대로 고른 것은? (단, 실의 질량과 모든 마찰은 무시하고, 대기압은 일정하다.)

[수능 기출 유형]

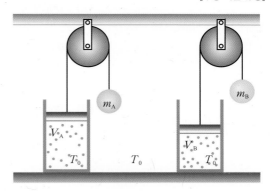

───〈 보기 〉───

ㄱ. $m_A > m_B$

ㄴ. A 에서 기체의 압력은 B 에서보다 크다.

ㄷ. 기체의 제곱 평균 제곱근 속력은 B 에서보다 A 에서 더 크다.

ㄹ. 내부 에너지는 A 와 B 가 같다.

① ㄱ, ㄴ   ② ㄱ, ㄹ   ③ ㄴ, ㄷ
④ ㄱ, ㄷ, ㄹ,   ⑤ ㄴ, ㄷ, ㄹ

10강 열역학 제1법칙과 열역학 과정

1. 열역학 제1법칙 Ⅰ   2. 열역학 제1법칙 Ⅱ   3. 열역학 과정 Ⅰ   4. 열역학 과정 Ⅱ

1. 열역학 제1법칙 Ⅰ

(1) 기체가 하는 일 : 오른쪽 그림과 같이 기체가 단면적이 A인 피스톤에 일정한 압력 P를 작용하면서 ΔL 만큼 이동시켜 부피가 ΔV 만큼 증가했을 때, 기체가 피스톤에 한 일 W는 다음과 같다.

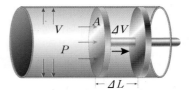

▲ 기체가 팽창할 때 하는 일

$$W = F \cdot \Delta L = PA \cdot \Delta L = P\Delta V$$

(2) 기체의 부피 변화와 외부에 한 일의 관계 : 기체가 외부에 대해 일을 하거나 받을 때에는 반드시 부피 변화(ΔV)가 생긴다.

   ① **부피 변화가 없을 때**($\Delta V = 0$) : 기체가 외부에 한 일이 0 이다($W = 0$).

   ② **기체가 팽창할 때**($\Delta V > 0$) : 외부에 일을 한다($W > 0$).

   ③ **기체가 압축될 때**($\Delta V < 0$) : 외부로부터 일을 받는다($W < 0$).

(3) 기체의 압력-부피 그래프 : 기체가 외부에 한 일 또는 받은 일은 압력-부피 그래프의 아랫 부분의 넓이와 같다.

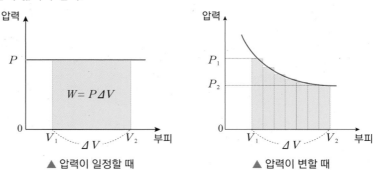

▲ 압력이 일정할 때   ▲ 압력이 변할 때

(4) 열역학 제1법칙 : 기체에 열을 가하면 기체의 온도가 높아지면서 부피가 팽창한다. 기체의 온도가 상승하면 내부 에너지가 증가하고, 부피가 팽창하면 기체는 외부에 대하여 일을 하게 된다. 기체의 내부 에너지 증가량을 ΔU, 기체가 외부에 한 일을 W라고 할 때, 외부에서 가해 준 열량 Q는 다음과 같다.

$$Q = \Delta U + W = \Delta U + P\Delta V$$

→ 이를 **열역학 제1법칙**이라고 하며, 열역학계의 에너지 보존 법칙이다.

● 기체가 피스톤에 작용하는 힘

기체가 단면적이 A인 피스톤에 일정한 압력 P를 작용할 때, 기체가 피스톤에 작용하는 힘은 다음과 같다.

$$P = \frac{F}{A} \rightarrow F = PA$$

● 열역학계가 외부와 에너지를 주고 받을 때

㉠ $Q > 0$ 이면 계에 열이 들어오고, $Q < 0$ 이면 계에서 열이 나가는 것이다.

㉡ $W > 0$ 이면 계가 외부에 일을 해 주고, $W < 0$ 이면 외부에서 일을 받는 것이다.

● 제1종 영구 기관

외부의 에너지 공급 없이 계속해서 일을 할 수 있다고 생각하는 가상적인 장치를 말한다.
물체가 외부에 대하여 일을 하면 그만큼 에너지가 감소하므로 외부에서 에너지를 공급받지 않고 계속 일할 수 있는 영구 기관은 없으므로 에너지 보존 법칙에 모순되는 기관이다. 따라서 열역학 제1법칙을 위반하므로 존재할 수 없다.

미니사전

열역학계[熱 덥다 力 힘 學 배우다 系 묶다] 외부와 결과 일을 주고 받으면서 열운동하는 수많은 입자들의 모임

개념확인 1

기체가 일정한 압력을 작용하면서 팽창할 때, 기체가 외부에 한 일은 부피 변화와 [ ][ ] 의 곱과 같다.

확인 + 1

이상 기체에 300 J 의 열 에너지를 공급하였더니 내부 에너지가 200 J 증가하였다. 이때 기체가 외부에 한 일은?

(   ) J

2. 열역학 제1 법칙 Ⅱ

(1) 몰비열 : 기체 1 mol 의 온도를 1 K 올리는 데 필요한 열량을 **몰비열**이라고 한다.

(2) 등적 몰비열 : 기체의 부피를 일정하게 유지하면서 기체 1 mol 의 온도를 1 K(1 ℃) 높이는 데 필요한 열량을 말하며, 1 mol 당 등적 비열 c_v 는 다음과 같다.

> 기체의 부피가 일정($\Delta V = 0$)한 과정에서는 기체가 외부에 한 일이 0($W = 0$)이므로, 가해준 열은 계의 내부 에너지를 증가시키는 데만 사용된다. 이때 기체의 몰수는 n mol 이다.
>
> $$\therefore Q = \Delta U = nc_v \Delta T \ \rightarrow \ c_v = \frac{\Delta U}{\Delta T} \ (\text{J/mol·K})$$

① **단원자 분자 이상 기체의 등적 몰비열** : $\Delta U = \frac{3}{2} nR\Delta T \ (n = 1\text{mol}) \ \rightarrow \ c_v = \frac{\Delta U}{\Delta T} = \frac{3}{2} R$

② **이원자 분자 이상 기체의 등적 몰비열** : $\Delta U = \frac{5}{2} nR\Delta T \ \rightarrow \ c_v = \frac{5}{2} R$

③ **삼원자 분자 이상 기체의 등적 몰비열** : $\Delta U = \frac{6}{2} nR\Delta T \ \rightarrow \ c_v = \frac{6}{2} R$

(3) 등압 몰비열 : 기체의 압력을 일정하게 유지하면서 기체 1 mol 의 온도를 1 K(1 ℃) 높이는 데 필요한 열량을 말하며, c_p 로 나타내고, $W = P\Delta V$ 이다.

> $$Q = \Delta U + P\Delta V = \Delta U + nR\Delta T = nc_p \Delta T \quad (n = 1\text{mol})$$
>
> $$\therefore c_p = \frac{\Delta U + R\Delta T}{\Delta T} = \frac{\Delta U}{\Delta T} + R = c_v + R \ (\text{J/mol·K})$$

① **단원자 분자 이상 기체의 등압 몰비열** : $c_p = c_v + R = \frac{3}{2} R + R = \frac{5}{2} R$

② **이원자 분자 이상 기체의 등압 몰비열** : $c_p = \frac{7}{2} R$

③ **삼원자 분자 이상 기체의 등압 몰비열** : $c_p = \frac{8}{2} R$

(4) 기체의 비열비 : 등압 비열 c_p 와 등적 비열 c_v 의 비 γ(감마)를 **기체의 비열비**라고 한다.

$$\gamma = \frac{c_p}{c_v} = 1 + \frac{R}{c_v}$$

→ 분자 구조가 복잡할수록 몰비열은 크므로, 비열비 γ 는 작아진다.

● 기체의 몰비열(J/mol·K)

기체	등적 몰비열	등압 몰비열
He	12.47	20.78
Ar	12.47	20.78
H_2	20.42	28.74
O_2	21.10	29.41
CO_2	28.46	36.9

● $W = P\Delta V$(P : 일정)

$PV = nRT$
$\Delta(PV) = \Delta(nRT)$
$\rightarrow P\Delta V = nR\Delta T$

$\therefore W = P\Delta V = nR\Delta T$

개념확인 2　　　　　　　　　　　정답 및 해설 **77쪽**

기체 1 mol 의 온도를 1 K 올리는 데 필요한 열량을 □□□ (이)라고 한다.

확인 + 2

㉠ 단원자 분자 이상 기체, ㉡ 이원자 분자 이상 기체, ㉢ 삼원자 분자 이상 기체의 비열비를 각각 구하시오.

㉠ (　　　　　), ㉡ (　　　　　), ㉢ (　　　　　)

3. 열역학 과정 Ⅰ

(1) 열역학 과정 : 기체가 외부와 상호 작용(일과 열의 교환)을 하면서 한 상태에서 다른 상태로 바뀌는 것을 말한다. 열역학계는 압력, 부피, 온도 변화에 따라 그 상태가 등온 과정, 등압 과정, 등적 과정, 단열 과정 등으로 변하며, 각 변화 과정은 이상 기체 상태 방정식과 열역학 제 1 법칙으로 해석할 수 있다.

(2) 등온 과정($\Delta T = 0$) : 기체의 온도가 일정하게 유지되면서 열의 출입으로 기체의 상태가 변하는 과정이다.

> $\Delta T = 0$이므로, $\Delta U = 0$(내부 에너지 일정)이다.
>
> $\therefore Q = \Delta U + W = W \rightarrow Q = W$

① **등온 팽창($\Delta V > 0$)** : 열을 흡수하면 흡수한 에너지만큼 외부에 일을 한다.

② **등온 압축($\Delta V < 0$)** : 외부로부터 일을 받으면 그 양만큼 외부로 열을 방출한다.

(예) 낮은 온도의 불 위에서 끓고 있는 물이 든 주전자의 뚜껑이 들썩이며 수증기가 새어 나가면 이 수증기의 온도는 일정하게 유지되면서 수증기의 부피가 변한다.

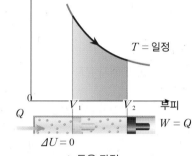
▲ 등온 과정

(3) 등압 과정($P = $일정) : 기체의 압력을 일정하게 유지하면서 열을 가해 일어나는 상태 변화 과정이다.

> 온도가 변하면, 내부 에너지도 변하고, 부피가 변하면서 일을 하거나 받게 된다. 이때 $W = P\Delta V$ 로 나타낼 수 있다.
>
> $\therefore Q = \Delta U + W = \Delta U + P\Delta V = \Delta U + nR\Delta T$

① **등압 팽창($\Delta V > 0$)** : $\Delta U > 0$, $W > 0$, $Q > 0$ 이므로 기체가 받은 열량은 외부에 한 일과 내부 에너지 증가량의 합과 같다.

② **등압 압축($\Delta V < 0$)** : $\Delta U < 0$, $W < 0$, $Q < 0$ 이므로 기체가 잃은 열량은 외부에서 받은 일과 내부 에너지 감소량의 합과 같다.

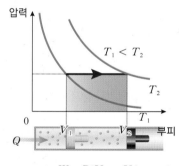
$W = P(V_2 - V_1)$
▲ 등압 과정(정압 과정)

왼쪽 여백

● **이상 기체의 등온 등압 변화**

과정	등온	등압
특징	$T = $일정	$P = $일정
결과	$\Delta U = 0$	$W = P\Delta V$
열역학 제1법칙	$Q = W$	$Q = \Delta U + P\Delta V$
열량 흡수 방출	$W > 0$ → Q 흡수 $W < 0$ → Q 방출	$V > 0$ → Q 흡수 $V < 0$ → Q 방출

● **등온 과정에서 기체가 하는 일**

$W = \int_{V_1}^{V_2} PdV$ 이고,

$PV = nRT \rightarrow P = \dfrac{nRT}{V}$

이므로, 등온 과정에서 기체가 하는 일 W 는 다음과 같다.

$W = \int_{V_1}^{V_2} PdV = nRT \int_{V_1}^{V_2} \dfrac{dV}{V}$

$\quad = nRT \ln \dfrac{V_2}{V_1}$

$\quad = P_1 V_1 \ln \dfrac{V_2}{V_1} \text{(J)}$

● **등압 과정의 열역학 제1법칙**

단원자 분자 이상 기체일 경우,

$Q = \Delta U + W$

$\quad = \Delta U + P\Delta V$

$\quad = \Delta U + nR\Delta T$

$\quad = nc_v\Delta T + nR\Delta T$

$\quad = \dfrac{3}{2}nR\Delta T + nR\Delta T$

$\quad = \dfrac{5}{2}nR\Delta T = nc_p\Delta T$

개념확인 3

외부에서 기체에 열을 공급할 때 공급한 열이 모두 기체가 외부에 일을 하는 데 사용하는 과정은 ☐☐ 과정이고, 공급한 열의 일부가 기체의 내부 에너지 증가에 사용되고 나머지는 기체가 외부에 일을 하는 데 사용되는 과정은 ☐☐ 과정이다.

확인 + 3

오른쪽 그림은 실린더 속의 일정량의 이상 기체가 A → B → C 과정을 거치면서 변하는 것을 나타낸 것이다. ㉠ 기체가 외부에서 일을 받는 과정과 ㉡ 기체가 외부에 일을 하는 과정은 A → B 와 B → C 중 각각 어느 것인가? (단, A → B 과정은 등온 과정이다.)

㉠ (   ), ㉡ (   )

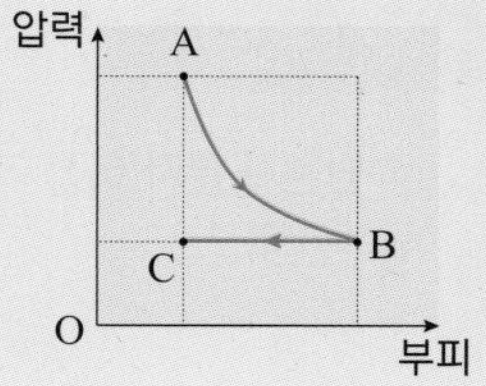

4. 열역학 과정 Ⅱ

(1) 등적 과정(정적 과정)
기체의 부피를 일정하게 유지하면서 열의 출입으로 기체의 상태가 변하는 과정이다.

> 부피 V 가 일정하므로, $PV = nRT$ → $P \propto T$ 이다.
> $\Delta V = 0$이므로, $W = 0$
> $\therefore Q = \Delta U + W = \Delta U$

① **등적 변화(압력 증가)** : $\Delta T > 0$, $\Delta U > 0$ → $Q > 0$ 이다. 따라서 받은 열량만큼 기체의 내부 에너지가 증가하여 기체의 온도가 올라간다.

② **등적 변화(압력 감소)** : $\Delta T < 0$, $\Delta U < 0$ → $Q < 0$ 이다. 따라서 잃은 열량만큼 기체의 내부 에너지가 감소하여 기체의 온도가 내려간다.

(예) 압력 밥솥으로 밥을 할 때, 압력 밥솥이 받은 열은 솥 안의 압력과 온도를 높여 모두 내부 에너지 증가에 쓰인다. 이때 내부의 압력이 높아지면 더 높은 온도에서 물이 끓기 때문에 밥이 빨리 익는다.

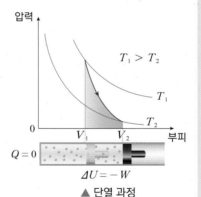
▲ 등적 과정

(2) 단열 과정
외부와의 열 출입을 차단한 후 기체의 상태 변화를 주는 과정이다. 기체를 갑자기 압축시키거나 팽창시키면 열이 들어오거나 빠져나갈 시간적 여유가 없어 근사적으로 단열 과정이 된다.

> $Q = 0$ 이므로, $0 = \Delta U + W$
> $\therefore \Delta U = -W$

① **단열 팽창($\Delta V > 0$)** : $\Delta U = -W < 0$ 이므로, 기체가 한 일만큼 내부 에너지가 감소하여 온도가 내려간다.

② **단열 압축($\Delta V < 0$)** : $\Delta U = -W > 0$ 이므로, 기체가 외부에서 받은 일만큼 내부 에너지가 증가하고 온도가 높아진다.

▲ 단열 과정

개념확인 4
정답 및 해설 77쪽

기체가 흡수하거나 방출하는 열량이 없을 때 기체의 부피가 증가하면 온도가 감소하고, 부피가 감소하면 온도가 증가하는 과정은 ☐☐ 과정이다.

확인 + 4

다음 열역학 과정 중 일정량의 기체가 같은 양의 열을 받았을 때 내부 에너지가 가장 크게 증가하는 과정은?

① 등온 팽창 과정　　　② 등압 팽창 과정　　　③ 등적 과정
④ 단열 팽창 과정　　　⑤ 단열 압축 과정

● 이상 기체의 등적, 단열 과정

과정	등적	단열
특징	V = 일정	$Q = 0$
결과	$W = 0$	
열역학 제1법칙	$Q = \Delta U$	$\Delta U = -W$
열량	$\Delta T > 0$ → Q 흡수	$\Delta V > 0$ → $\Delta U < 0$
	$\Delta T < 0$ → Q 방출	$\Delta V < 0$ → $\Delta U > 0$

● 단열 과정에서 자유 팽창

그림과 같이 한쪽은 기체로 가득 차 있고 다른 한쪽은 진공 상태인 공간으로 되어 있는 단열 실린더가 있다.

외부와 주고 받는 열량이 없을 때, 중간의 칸막이를 제거하면 기체는 빠르게 팽창하여 용기 전체를 채우게 된다. 이를 자유 팽창 과정이라고 한다.

$Q = 0$ 이고, $W = 0$(기체가 힘을 가하면서 이동시킬 대상이 없으므로) 이므로, $\Delta U = 0$ 이다. 따라서 온도는 변하지 않고 일정하다.

● 단열 과정

단원자분자에서 등적 몰비열 c_v, 등압 몰비열 c_p, 기체 상수 R, 비열비 γ , 몰수 n 일 때 작은 부피 변화(ΔV)에서는 일정한 압력(P)이 유지된다고 할 수 있다.
- $(\Delta U=) nc_v \Delta T \cong -P\Delta V$
- $PV = nRT$

① 단열 과정의 식
$$PV^{\gamma} = 일정,$$
$$TV^{\gamma-1} = 일정$$

② 단열 과정에서 기체가 하는 일
$$W = \int_{V_1}^{V_2} PdV$$
$$= \frac{1}{1-\gamma}(P_2 V_2 - P_1 V_1)$$
$$= \frac{nR}{1-\gamma}(T_2 - T_1)$$

개념 다지기

01 오른쪽 그림과 같이 자유롭게 움직일 수 있는 피스톤이 있는 실린더에 기체를 넣은 후, 실린더의 한 쪽 끝을 가열하였다. 기체의 변화에 대한 설명으로 옳은 것만을 <보기>에서 있는 대로 고른 것은? (단, 피스톤의 마찰은 무시하며, 외부 대기압은 일정하다.)

실린더
열   피스톤

〈 보기 〉
ㄱ. 기체의 부피가 팽창하면서 외부에 일을 한다.
ㄴ. 기체 분자들의 평균 운동 에너지가 증가한다.
ㄷ. 기체의 내부 에너지가 증가한다.

① ㄱ   ② ㄴ   ③ ㄷ   ④ ㄱ, ㄴ   ⑤ ㄱ, ㄴ, ㄷ

02 압력을 일정하게 유지할 수 있는 단열 용기에 단원자 분자로 된 이상 기체가 들어있다. 이 기체에 열을 가하였더니 부피가 처음보다 16 L 증가하였다면, 이 기체가 받은 열량은 몇 J 인가? (단, 기체의 압력은 1×10^5 N/m² 으로 일정하다.)

① 2,000J   ② 4,000J   ③ 6,000J
④ 8,000J   ⑤ 10,000J

03 오른쪽 그림은 일정량의 이상 기체의 상태가 A → B → C → D → A 순으로 변하는 것을 나타낸 그래프이다. 1 회 순환하는 동안 이상 기체가 외부에 한 일의 크기는 몇 J 인가?

① 600J   ② 1,200J   ③ 1,800J
④ 2,400J   ⑤ 4,800J

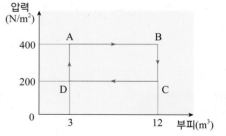

압력 (N/m²)
400   A   B
200   D   C
0   3   12   부피(m³)

04 0 ℃, 1 기압, 1 mol 의 단원자 분자 이상 기체가 있다. 이 기체의 압력을 일정하게 유지하면서 부피를 2 배로 팽창시켰을 때, 기체가 얻은 열량은 몇 J 인가? (단, 기체 상수 $R = $ 8.31 J/mol·K 이다.)

① 2,836J   ② 5,672J   ③ 11,343J
④ 17,016J   ⑤ 22,686J

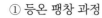

05 다음 열역학 과정 중 이상 기체가 외부로부터 받은 열을 모두 일을 하는데 쓰는 변화 과정은?

① 등온 팽창 과정 　　　　　② 등압 팽창 과정 　　　　　③ 등적 과정
④ 단열 팽창 과정 　　　　　⑤ 단열 압축 과정

06 오른쪽 그림은 열역학 과정에서 기체의 압력과 부피의 변화를 나타낸 것이다. 점 O 상태의 기체를 A 과정과 B 과정으로 각각 변화시킬 때, 가해 준 열량 Q 를 바르게 표현한 것은?

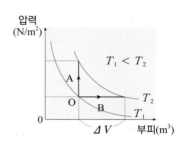

	A	B
①	$Q = P\Delta V$	$Q = \Delta U + P\Delta V$
③	$Q = \Delta U$	$W = -\Delta U$
⑤	$Q = \Delta U$	$Q = \Delta U + P\Delta V$

	A	B
②	$Q = \Delta U + P\Delta V$	$Q = \Delta U$
④	$P\Delta V = -\Delta U$	$Q = \Delta U + P\Delta V$

07 밀폐된 단열 용기에 들어 있는 이상 기체가 단열 팽창하는 과정에서 일어나는 변화에 대한 설명으로 옳은 것만을 <보기>에서 있는 대로 고른 것은?

── 〈 보기 〉 ──
ㄱ. 기체의 온도가 내려간다.
ㄴ. 기체가 외부에서 일을 받는다.
ㄷ. 기체 분자들이 용기에 충돌하는 횟수가 감소한다.

① ㄱ 　　　　② ㄷ 　　　　③ ㄱ, ㄷ 　　　　④ ㄴ, ㄷ 　　　　⑤ ㄱ, ㄴ, ㄷ

08 다음 열역학 과정을 나타내는 그래프를 <보기>에서 각각 고르시오.

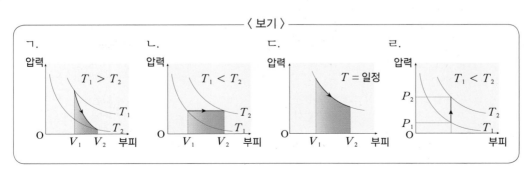

(1) 등압 과정 　　　　(　) 　　　　(2) 단열 과정 　　　　(　)
(3) 등적 과정 　　　　(　) 　　　　(4) 등온 과정 　　　　(　)

유형10-1 열역학 제1법칙 Ⅰ

그림 (가)와 (나)는 분자수가 각각 N_A, N_B 인 이상 기체 A 와 B 의 온도를 27 ℃ 로 일정하게 유지하면서 부피를 100 cm³ 에서 300 cm³ 까지 팽창시킬 때, 부피에 따른 압력을 각각 나타낸 것이다. 이에 대한 설명으로 옳은 것만을 <보기>에서 있는 대로 고른 것은?

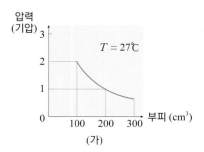

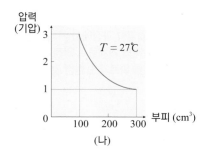

〈 보기 〉

ㄱ. 내부 에너지 변화량은 A 가 B 보다 크다.
ㄴ. 기체 A 와 B 의 분자수 비 $N_A : N_B = 2 : 3$ 이다.
ㄷ. 부피가 팽창하는 동안 외부에 하는 일은 기체 A 가 B 보다 크다.

① ㄱ   ② ㄴ   ③ ㄱ, ㄴ   ④ ㄴ, ㄷ   ⑤ ㄱ, ㄴ, ㄷ

---

01 다음 그림은 일정량의 이상 기체가 A → B → C → D → A 로 변하는 과정을 나타낸 것이다. 이에 대한 설명으로 옳은 것만을 <보기>에서 있는 대로 고른 것은?

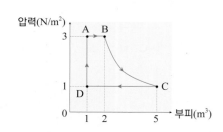

〈 보기 〉

ㄱ. A → B 과정에서 이상 기체가 외부에 한 일의 양은 3 J 이다.
ㄴ. B → C 과정에서 기체는 외부에 일을 하였다.
ㄷ. C → D 과정에서 이상 기체가 흡수한 열은 모두 내부 에너지의 증가에 쓰인다.

① ㄱ   ② ㄴ   ③ ㄷ
④ ㄱ, ㄴ   ⑤ ㄱ, ㄴ, ㄷ

02 다음 그림과 같이 자유롭게 움직일 수 있는 피스톤이 들어 있는 단열 실린더 내부에 5 g 의 기체가 들어 있다.

0 ℃, 1 기압일 때 이 기체의 부피가 4 L 였다. 외부에서 열을 가하여 1 기압을 유지하면서 기체의 온도를 136.5 ℃ 까지 올렸을 때, 이에 대한 설명으로 옳은 것만을 <보기>에서 있는 대로 고른 것은? (단, 1 기압은 1×10^5 N/m² 이고, 기체의 비열은 0.54 kJ/kg·℃ 로 일정하다.)

〈 보기 〉

ㄱ. 기체의 몰질량은 28 g 이다.
ㄴ. 기체는 피스톤에 200 J 의 일을 한다.
ㄷ. 기체 내부 에너지의 증가량은 368.55 J 이다.

① ㄱ   ② ㄴ   ③ ㄱ, ㄴ
④ ㄴ, ㄷ   ⑤ ㄱ, ㄴ, ㄷ

유형10-2 열역학 제1법칙 Ⅱ

오른쪽 그림은 이상 기체의 압력과 온도가 각각 P_0, T_0인 상태에서 온도 T 인 상태로 변하는 과정 A, B, C 를 나타낸 것이다. 이에 대한 설명으로 옳은 것만을 <보기>에서 있는 대로 고른 것은?

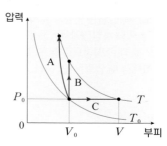

〈 보기 〉

ㄱ. A 경로에서 외부와의 열출입이 없다면, 기체가 외부에서 받은 일만큼 내부 에너지가 증가한다.

ㄴ. B 경로에서 단원자 분자의 몰비열은 $\frac{3}{2}R$이다.

ㄷ. C 경로에서 이원자 분자의 몰비열은 $\frac{7}{2}R$이다.

① ㄱ   ② ㄴ   ③ ㄱ, ㄴ   ④ ㄱ, ㄷ   ⑤ ㄱ, ㄴ, ㄷ

---

03 부피가 일정한 단열 용기에 서로 반응하지 않는 세 기체 A, B, C 가 각각 2 몰, 3 몰, 5 몰씩 혼합되어 있다. 기체 A, B, C 의 등적 몰비열이 다음 표와 같을 때, 혼합 기체의 등적 몰비열은?

기체	c_v
A	12.5 J/mol·K
B	12.8 J/mol·K
C	20.8 J/mol·K

① 8.4 J/mol·K   ② 15.4 J/mol·K
③ 16.7 J/mol·K   ④ 25.2 J/mol·K
⑤ 33.4 J/mol·K

04 다음은 기체의 등적 몰비열과 등압 몰비열을 각각 유도하는 식을 나타낸 것이다. 빈칸에 들어갈 말을 바르게 짝지은 것은?

A. 기체의 부피를 일정하게 유지하면서 기체 1 몰의 온도를 1 K 만큼 높이는 데 필요한 열량을 등적 몰비열 c_v 이라고 한다.

$$c_v = \frac{Q}{n\Delta T} = \frac{ⓐ}{n\Delta T}$$

B. 기체의 압력을 일정하게 유지하면서 기체 1 몰의 온도를 1 K 만큼 높이는 데 필요한 열량을 등압 몰비열 c_p 이라고 한다.

$$c_p = \frac{Q}{n\Delta T} = \frac{ⓑ}{n\Delta T} = c_v + R$$

	ⓐ	ⓑ
①	$nR\Delta T$	$\frac{3}{2}nR\Delta T$
②	$\frac{3}{2}nR\Delta T$	$nR\Delta T$
③	$\frac{3}{2}nR\Delta T$	$\frac{3}{2}nR\Delta T + nR\Delta T$
④	$\frac{3}{2}nR\Delta T$	$\frac{3}{2}nR\Delta T + \frac{3}{2}nR\Delta T$
⑤	$\frac{3}{2}nR\Delta T + nR\Delta T$	$\frac{3}{2}nR\Delta T$

유형10-3 열역학 과정 Ⅰ

오른쪽 그림은 단원자 분자 이상 기체의 부피와 온도의 관계를 나타낸 것이다. 이때 A 상태에서 A → B 과정(㉠), A → C 과정(㉡)으로 각각 변하였다. 이에 대한 설명으로 옳은 것만을 <보기>에서 있는 대로 고른 것은? (단, A 상태일 때 압력은 P_0 이다.)

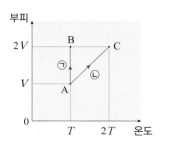

〈 보기 〉

ㄱ. ㉠은 등온 과정, ㉡은 등압 과정이다.
ㄴ. 기체가 외부에 한 일은 ㉠과 ㉡에서 같다.
ㄷ. ㉡ 과정에서 기체가 받은 열량은 $\dfrac{5}{2}P_0V$ 이다.

① ㄱ   ② ㄷ   ③ ㄱ, ㄷ   ④ ㄴ, ㄷ   ⑤ ㄱ, ㄴ, ㄷ

---

05 다음 그림은 기체 P 와 Q 의 압력과 부피를 나타낸 그래프이다. 기체 P 는 A → B 상태로 변하였고, 기체 Q 는 C → D 상태로 변하였을 때, 기체의 상태에 대한 설명으로 옳은 것만을 <보기>에서 있는 대로 고른 것은? (단, 기체 P의 A 상태에서 온도는 300 K 이며, 두 기체의 몰 수는 같다.)

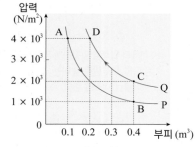

〈 보기 〉

ㄱ. 기체 P 는 외부로부터 열을 흡수하였다.
ㄴ. 기체 Q 의 온도는 600 K 이다.
ㄷ. 부피가 0.2 m³ → 0.3 m³ 으로 변하는 동안 기체 P가 외부에 한 일의 양은 0.3 m³ → 0.2 m³ 으로 변하는 동안 기체 Q 가 외부에서 받은 일의 양보다 크다.

① ㄱ   ② ㄴ   ③ ㄱ, ㄴ
④ ㄴ, ㄷ   ⑤ ㄱ, ㄴ, ㄷ

06 다음 그림은 일정량의 이상 기체의 상태가 과정 A 와 과정 B 로 각각 변하는 것을 나타낸 것이다. 이에 대한 설명으로 옳은 것만을 <보기>에서 있는 대로 고른 것은?

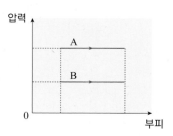

〈 보기 〉

ㄱ. 기체가 외부에 한 일은 A 가 B 보다 크다.
ㄴ. 내부 에너지 변화량은 B 가 A 보다 크다.
ㄷ. 기체가 흡수한 열량은 A 가 B 보다 크다.

① ㄱ   ② ㄷ   ③ ㄱ, ㄷ
④ ㄴ, ㄷ   ⑤ ㄱ, ㄴ, ㄷ

유형10-4 열역학 과정 Ⅱ

그림 (가)와 (나)는 동일한 1 몰의 단원자 이상 기체가 각각 A와 B 과정으로 변하는 것을 나타낸 것이다. A 과정에서 열의 출입은 없으며, B 과정에서 부피는 일정하다. 이에 대한 설명으로 옳은 것만을 <보기>에서 있는 대로 고른 것은? (단, 기체 상수는 R이다.)

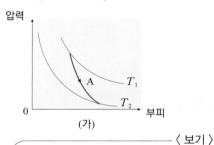
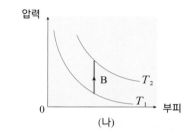

〈 보기 〉

ㄱ. A 과정에서 기체가 한 일은 $\frac{3}{2}R(T_2 - T_1)$ 이다.

ㄴ. B 과정에서 기체의 내부 에너지가 증가한다.

ㄷ. B 과정에서 기체가 흡수한 열량은 $\frac{3}{2}R(T_2 - T_1)$ 이다.

① ㄱ　　　　② ㄴ　　　　③ ㄱ, ㄴ　　　　④ ㄴ, ㄷ　　　　⑤ ㄱ, ㄴ, ㄷ

---

07 다음 그림과 같이 연직 방향으로 설치된 동일한 단열 실린더에 온도와 부피가 각각 같은 단원자 분자 이상 기체를 넣고 동일한 열량 Q를 서서히 가하였다. 이때 (가)의 피스톤은 마찰없이 자유롭게 움직일 수 있고, (나)의 피스톤은 고정핀으로 고정되어 있다. 실린더 내부 기체의 상태 변화가 일어난 이후에 대한 설명으로 옳은 것만을 <보기>에서 있는 대로 고른 것은?

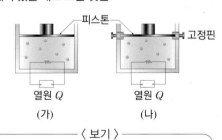

〈 보기 〉

ㄱ. (가)와 (나)의 내부 에너지 변화량의 비는 5 : 3 이다.

ㄴ. (가)에서 기체의 압력은 피스톤의 단위 면적당 추의 무게와 대기압을 합한 값과 같다.

ㄷ. 기체의 압력은 (나)가 (가)보다 높다.

① ㄱ　　　　② ㄴ　　　　③ ㄷ
④ ㄴ, ㄷ　　　　⑤ ㄱ, ㄴ, ㄷ

---

08 다음 그림은 수증기가 응결하여 구름이 생성되는 과정을 나타낸 것이다. 이와 관련된 설명의 빈칸에 들어갈 말을 바르게 짝지은 것은?

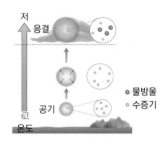

수증기를 포함하고 있는 공기가 상승하면 기압이 (㉠) 지므로, 공기가 (㉡) 하게 되고, 수증기가 응결하면서 구름이 생긴다. 이와 같이 (㉡) 과정은 (㉢) 과정이다.

	㉠	㉡	㉢
①	높아	단열 수축	냉각
②	낮아	단열 팽창	냉각
③	높아	단열 팽창	온도가 상승하는
④	낮아	단열 수축	온도가 상승하는
⑤	높아	단열 팽창	응결

01 다음 그림과 같이 단열벽에 둘러싸인 실린더 안에 100 ℃ 의 물이 1 kg 들어있다. 압력을 1 기압으로 유지하면서 일정한 열을 공급하여 1 kg 의 물이 모두 100 ℃ 수증기로 바뀌었을 때 부피는 1.5 m³ 이 되었다. 이 과정에서 내부 에너지 변화량을 구하시오. (단, 외부로 열의 출입은 없으며, 처음 물의 부피는 1×10^{-3} m³, 물의 기화열은 $2,256 \times 10^3$ J/kg, 1기압 $= 1.013 \times 10^5$ N/m² 이고, 소수점 둘째 자리에서 반올림한다.)

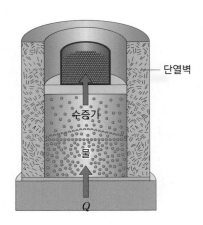

단열벽

수증기

물

Q

02 다음 그림과 같이 1 mol 의 질소(N₂) 기체가 단열된 실린더에 들어 있다. 이때 마찰이 없이 자유롭게 이동할 수 있는 피스톤 위에 있는 납알을 아주 천천히 제거하면서 기체의 팽창을 유도하였다. 이 과정 동안 기체가 한 일은? (단, 기체의 처음 압력 $P_0 = 2 \times 10^5$ Pa, 처음 부피 $V_0 = 4 \times 10^{-6}$ m³, 나중 부피 $V' = 8 \times 10^{-6}$ m³ 이다.)

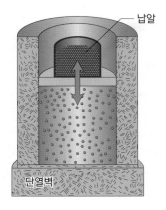

납알

단열벽

03 다음 그림은 일정량의 단원자 분자 이상 기체의 상태가 A → B → C → A 과정을 따라 변하는 것을 나타낸 그래프이다. C → A 과정은 단열 변화이고, A, B, C 점에서 기체의 부피와 압력은 각각 $(V_0, 32P_0)$, $(V_0, 8P_0)$, $(8V_0, P_0)$이다. 물음에 답하시오.

[경시 대회 기출 유형]

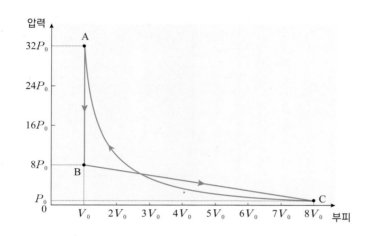

(1) A → B 과정에서 기체가 방출한 열량을 P_0, V_0를 이용하여 나타내시오.

(2) B → C 과정에서 압력과 부피 사이의 관계를 식으로 나타내시오.

(2) A → B → C → A 순환 과정 동안 기체가 받거나 한 일을 P_0, V_0를 이용하여 나타내시오.

04 다음 그림은 1 mol 의 단원자 분자 이상 기체의 순환 과정을 나타낸 것이다. B → C 과정은 단열 과정이고, A, B, C 점에서 온도는 각각 300 K, 600 K, 450 K 이다. 다음 물음에 답하시오. (단, 기체 상수 R = 8.31 J/mol·K 이다.)

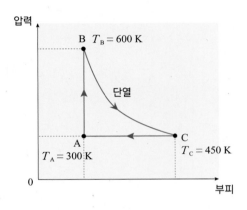

(1) A → B, B → C, C → A 각 과정에서 열량 Q, 내부 에너지 변화 ΔU, 한 일 W 를 각각 구하시오.

(2) 전체 순환 과정에서 열량 Q, 내부 에너지 변화 ΔU, 한 일 W 를 각각 구하시오.

(3) A점에서 기체의 압력이 1.013×10^5 N/m² 일 때, B 점과 C 점에서 부피와 압력을 각각 구하시오.

05 다음 그림은 일정량의 이상 기체가 A → B → C → D → E → A 로 변하는 과정을 압력-부피 그래프로 나타낸 것이다. A → B 과정과 D → E 과정은 등온 과정, B → C 과정은 기체가 한 일이 7J 인 단열 과정, E → A 과정은 내부 에너지 변화가 10J인 단열 과정이다. C → D 과정은 3 atm 에서의 등압 과정일 때, C → D 과정에서 내부 에너지 변화 ΔU 를 구하시오.

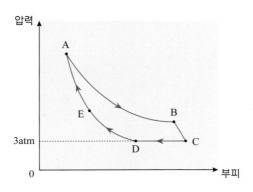

06 다음 그림과 같이 밀폐된 단열 실린더 내부에 단원자 분자 이상 기체 1 mol 이 들어 있다. 이 실린더 내부에는 마찰이 없이 자유롭게 움직일 수 있는 면적이 A 인 피스톤이 있으며, 이 피스톤은 용수철에 연결되어 정지해 있고, 용수철은 원래 길이 $2L$ 의 절반으로 압축되어 있는 상태이다.

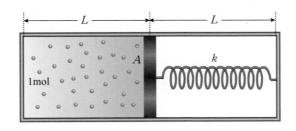

이 상태에서 기체에 열량 Q 를 공급하였을 때, 기체의 나중 온도를 구하시오. (단, 용수철과 용기의 열팽창, 피스톤의 부피는 모두 무시하며, 용수철 상수 k 는 온도에 무관하고, 기체의 처음 온도와 압력은 각각 T_0, P_0, 기체 상수는 R 이다.)

A

01 다음 그림은 단열 실린더에 담겨 있는 이상 기체가 단면적이 A인 피스톤의 한 쪽 면에 일정한 압력 P를 작용하면서 ΔL 만큼 이동한 것을 나타낸 것이다. 이때 기체가 외부에 한 일은? (단, 피스톤은 마찰없이 자유롭게 이동한다.)

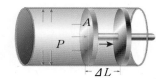

① $P\Delta L$ ② $PA\Delta L$ ③ $\dfrac{P\Delta L}{A}$

④ $\dfrac{P}{A\Delta L}$ ⑤ $\dfrac{A\Delta L}{P}$

02 단원자 분자 이상 기체 1 mol의 온도가 1 K 증가하였다면, 이때 기체가 흡수한 열량 Q, 증가한 내부 에너지 ΔU, 기체가 한 일 W의 비 $Q : \Delta U : W$는? (단, 기체의 압력은 일정하다.)

① $2 : 3 : 5$ ② $3 : 2 : 5$ ③ $3 : 5 : 2$
④ $5 : 2 : 3$ ⑤ $5 : 3 : 2$

03 부피가 $3 \times 10^{-2} \, m^3$, 압력이 1기압인 이상 기체가 있다. 압력은 일정하게 유지하면서 열을 가하였더니 부피가 $5 \times 10^{-2} \, m^3$ 으로 늘어났다. 이때 내부 에너지의 증가량은? (단, 1기압 $= 1.013 \times 10^5 \, N/m^2$ 이다.)

(   ) J

04 다음 설명의 빈칸에 알맞은 말을 바르게 짝지은 것은?

> 등적 몰비열 c_v 와 등압 몰비열 c_p 의 비를 기체의 비열비라고 한다. 분자 구조가 복잡할수록 몰비열은 (㉠), 비열비는 (㉡).

	㉠	㉡		㉠	㉡
①	크므로	커진다	②	작으므로	작아진다
③	크므로	작아진다	④	작으므로	커진다
⑤	크므로	일정하다			

05 다음 그림은 일정량의 단원자 이상 기체의 압력과 부피의 관계를 나타낸 것이다. 이상 기체의 상태가 A 에서 B로 변할 때, 부피 V 와 온도 T 의 관계와 압력 P 와 온도 T 의 관계를 차례대로 짝지은 것은? (단, 기체의 온도는 일정하다.)

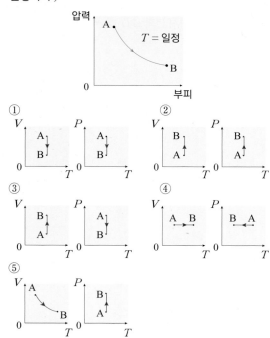

06 다음 그림은 일정량의 이상 기체의 압력에 따른 부피의 관계를 나타낸 그래프이다. A 상태에서 B 상태로 가는 과정에서 방출하는 열량은 $3Q$, B 상태에서 C 상태로 가는 과정에서 방출하는 열량이 $5Q$ 이고, 각 과정에서 기체의 내부 에너지 변화량은 같다. 이에 대한 설명으로 옳은 것만을 <보기>에서 있는 대로 고른 것은?

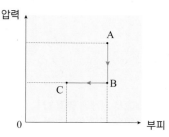

> ─── 〈 보기 〉 ───
> ㄱ. A → B 과정에서 기체의 온도는 감소한다.
> ㄴ. B → C 과정에서 내부 에너지 변화량은 $3Q$ 이다.
> ㄷ. B → C 과정에서 기체는 $2Q$ 만큼 외부에 일을 한다.

① ㄱ   ② ㄴ   ③ ㄱ, ㄴ
④ ㄱ, ㄷ   ⑤ ㄱ, ㄴ, ㄷ

07 열역학 과정과 관련된 현상들을 다음 <보기>에서 각각 모두 고르시오.

〈 보기 〉

ㄱ. 사이다병 뚜껑을 열 때, 병 입구에 안개 같은 것이 생기는 현상
ㄴ. 압력 밥솥으로 밥을 하면 밥이 빨리 익는 현상
ㄷ. 뻥튀기 기계 속에 옥수수를 넣고 가열한 후, 입구를 열면 뻥튀기가 되는 현상
ㄹ. 낮은 온도의 불 위에서 끓고 있는 주전자 뚜껑이 들썩이며 수증기가 새어 나가는 현상
---

(1) 등온 과정　　　　　　　　　　　(　　　　)
(2) 등적 과정　　　　　　　　　　　(　　　　)
(3) 단열 과정　　　　　　　　　　　(　　　　)

08~09 오른쪽 그림과 같이 부피를 1.5 L 로 고정한 용기 내부에 27 ℃, 5 몰의 단원자 분자 이상 기체가 들어 있다. 물음에 답하시오. (단, 기체 상수 R = 8.31 J/mol·K 이고, 소수점 셋째 자리에서 반올림한다.)

1.5 L
27 ℃
5 mol

08 기체의 온도를 107 ℃ 까지 올리는 데 필요한 열량(㉠)과 이때 압력의 변화량(㉡)을 각각 구하시오.

㉠ (　　　　　　　) J, ㉡ (　　　　　　　) N/m²

09 만일 기체가 이원자 분자 이상 기체라면 기체의 온도를 107 ℃ 까지 올리는 데 필요한 열량(㉠)과 이때 압력의 변화량(㉡)을 각각 구하시오.

㉠ (　　　　　　　) J, ㉡ (　　　　　　　)N/m²

10 밀폐된 단열 용기에 내부 에너지가 500 J 인 이상 기체가 들어 있다. 이 기체가 100 J 의 일을 하며 단열 팽창하였다면, 기체의 내부 에너지는 얼마가 되겠는가?

① 100J　　　　② 400J　　　　③ 500J
④ 600J　　　　⑤ 800J

B

11 다음 그림은 실린더 속에 들어 있는 일정량의 이상 기체가 A → B → C → A 를 따라 변할 때, 압력과 부피의 관계를 나타낸 것이다. 기체가 열을 흡수하는 과정과 방출하는 과정을 바르게 짝지은 것은? (단, B → C 과정은 등온 과정이다.)

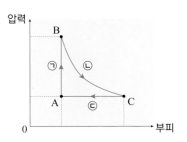

	흡수	방출		흡수	방출
①	㉠	㉡, ㉢	②	㉠, ㉡	㉢
③	㉡	㉠, ㉢	④	㉡, ㉢	㉠
⑤	㉢	㉠, ㉡			

12 다음 그림은 일정량의 이상 기체의 상태가 A → B → C → D → A 과정을 따라 순환할 때 압력과 부피의 관계를 나타낸 것이다. 이에 대한 설명으로 옳은 것만을 <보기>에서 있는 대로 고른 것은? (단, A → B, C → D 과정은 등적 과정, B → C, D → A는 등온 과정이다.)

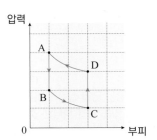

〈 보기 〉

ㄱ. A → B 과정에서 내부 에너지 감소량은 C → D 과정에서 내부 에너지의 증가량과 같다.
ㄴ. B → C 과정과 D → A 과정에서 열의 출입은 없다.
ㄷ. 순환 과정동안 기체가 외부에서 받은 열량은 0이다.
---

① ㄱ　　　　　　② ㄴ　　　　　　③ ㄱ, ㄴ
④ ㄱ, ㄷ　　　　⑤ ㄱ, ㄴ, ㄷ

13 다음 그림은 일정량의 단원자 분자 이상 기체의 압력과 부피의 변화를 나타낸 것이다. 기체가 O 상태에서 각각 A, B, C, D 상태로 변하였다. 이 과정에 대한 설명으로 옳은 것만을 <보기>에서 있는 대로 고른 것은? (단, O에서 기체의 온도는 500 K 이고, 기체의 몰수는 n, 기체 상수는 R 이다.)

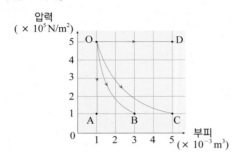

〈 보기 〉
ㄱ. 온도가 감소하는 과정은 O →A 와 O →B 상태로 변하는 과정이다.
ㄴ. C 상태와 D 상태의 내부 에너지 비는 1 : 5 이다.
ㄷ. O → A 로 변하는 과정에서 방출하는 열량의 크기는 O →D 로 변하는 과정에서 흡수하는 열량보다 크다.

① ㄱ   ② ㄴ   ③ ㄱ, ㄴ
④ ㄱ, ㄷ   ⑤ ㄱ, ㄴ, ㄷ

14 다음 그림은 단열 실린더 내부에 27 ℃ 의 이상 기체 2 L 가 들어 있는 것을 나타낸 것이다. 이때 1 기압을 유지하면서 기체의 온도를 127 ℃ 로 높일 때, 기체가 외부에 한 일은? (단, 1 기압은 1×10^5 N/m² 이고, 피스톤의 마찰은 무시하며, 피스톤으로 열의 이동은 없고, 소수점 둘째 자리에서 반올림한다.)

① 7.4 J   ② 33.4 J   ③ 66.7 J
④ 133.2 J   ⑤ 740 J

15 다음 그림은 1 몰의 단원자 이상 기체의 온도가 일정할 때 압력과 부피의 관계를 나타낸 것이다. ㉠ 과정에서 압력은 일정하고, ㉡ 과정에서 열의 출입은 없다. 이에 대한 설명으로 옳은 것만을 <보기>에서 있는 대로 고른 것은?

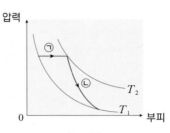

〈 보기 〉
ㄱ. ㉠에서 기체는 흡수한 열량만큼 외부에 일을 한다.
ㄴ. ㉠에서 증가한 내부 에너지는 ㉡에서 기체가 한 일과 같다.
ㄷ. ㉡에서 기체가 한 일은 $\frac{3}{2}R(T_2 - T_1)$ 이다.

① ㄱ   ② ㄴ   ③ ㄷ
④ ㄱ, ㄴ   ⑤ ㄴ, ㄷ

16 다음 그림은 1 몰의 단원자 분자 이상 기체의 상태가 A → B → C → A 로 변할 때 압력과 부피의 관계를 나타낸 것이다. A → B 는 단열 과정, B → C 는 등온 과정 C → A 는 등적 과정이고, A 의 온도는 $2T$, B 와 C 의 온도는 T 이다. 이에 대한 설명으로 옳은 것만을 <보기>에서 있는 대로 고른 것은? (단, 기체 상수는 R 이다.)

[수능 기출 유형]

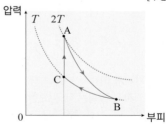

〈 보기 〉
ㄱ. A → B 과정에서 기체가 외부에 한 일은 $3RT$ 이다.
ㄴ. B → C 과정에서 기체는 외부로 열을 방출한다.
ㄷ. C → A 과정에서 기체가 받은 열량은 $\frac{3}{2}RT$ 이다.

① ㄱ   ② ㄴ   ③ ㄱ, ㄴ
④ ㄴ, ㄷ   ⑤ ㄱ, ㄴ, ㄷ

17 다음 그림은 A 상태에 있던 일정량의 단원자 분자 이상 기체가 각각 A → B, A → C 과정으로 변하였을 때, 압력과 절대 온도의 관계를 각각 나타낸 것이다. A → B 과정에서 기체가 외부에서 받은 일 W 와 A → C 과정에서 기체가 흡수한 열량 Q 의 비 $W : Q$ 는?

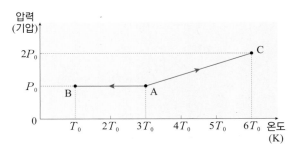

① 1 : 4　　　　② 4 : 9　　　　③ 2 : 3
④ 3 : 2　　　　⑤ 9 : 1

18 그림 (가)는 단열 용기 내부의 칸막이에 의해 단면적 A, 길이 L 인 왼쪽 부분에 갇혀 있는 단원자 이상 기체 분자들이 온도 T_0 인 상태를 유지하고 있는 것을 나타낸 것이다. 그림 (나)는 그림 (가)의 상태에서 갑자기 칸막이를 빼 버린 후, 기체 분자들이 차지한 공간의 길이가 $4L$ 로 늘어난 것을 나타낸 것이다. 이 과정에 대한 설명으로 옳은 것만을 <보기>에서 있는 대로 고른 것은? (단, 용기는 단열되어 열이 통과하지 않는다.)

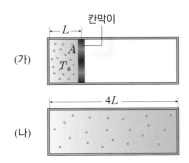

――――〈 보기 〉――――
ㄱ. 기체의 부피가 팽창했지만 기체는 외부에 일을 하지 않았다.
ㄴ. 기체의 온도는 변하지 않는다.
ㄷ. 과정에 대한 압력-부피 그래프에서 그래프의 넓이는 기체가 한 일의 양이다.

① ㄱ　　　　② ㄴ　　　　③ ㄱ, ㄴ
④ ㄱ, ㄷ　　　　⑤ ㄱ, ㄴ, ㄷ

C

19 오른쪽 그림과 같이 이상 기체가 들어 있는 단열 실린더 내부에 20 Ω 의 저항이 연결되어 있다. 이 저항에 100 V 의 전압을 가하여 10 초 동안 전류가 흐르게 하였더니 기체가 팽창하여 단면적이 0.25 m² 인 피스톤이 0.1 m 밀려났다. 이에 대한 설명으로 옳은 것만을 <보기>에서 있는 대로 고른 것은? (단, 피스톤과 실린더의 마찰은 무시하고, 피스톤 안쪽의 압력은 1×10^5 N/m² 으로 일정하며, 저항에서 발생한 열량의 손실은 없다.)

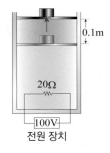

전원 장치

――――〈 보기 〉――――
ㄱ. 기체가 받은 열량은 5×10^3 J 이다.
ㄴ. 기체는 피스톤에 2.5×10^4 J 만큼 일을 하였다.
ㄷ. 기체의 내부 에너지는 2.5×10^3 J 만큼 증가한다.

① ㄱ　　　　② ㄷ　　　　③ ㄱ, ㄴ
④ ㄱ, ㄷ　　　　⑤ ㄱ, ㄴ, ㄷ

20 다음 그림은 1 몰의 이상 기체가 A → B → C 상태로 변하는 과정을 압력과 부피의 관계로 나타낸 그래프이다. 이에 대한 설명으로 옳은 것만을 <보기>에서 있는 대로 고른 것은?

[수능 평가원 기출 유형]

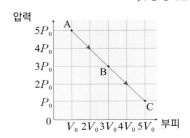

――――〈 보기 〉――――
ㄱ. 온도는 A 에서보다 B 에서 더 높다.
ㄴ. A → B → C 과정에서 이상 기체의 내부 에너지는 B 상태에서 가장 크다.
ㄷ. A → B → C 과정에서 이상 기체가 외부로부터 받은 열은 $12P_0V_0$ 이다.

① ㄱ　　　　② ㄴ　　　　③ ㄱ, ㄴ
④ ㄴ, ㄷ　　　　⑤ ㄱ, ㄴ, ㄷ

스스로 실력높이기

21 다음 그림은 어느 열기관의 순환 과정을 압력과 부피의 그 래프로 나타낸 것이다. 기관 내부 기체의 몰수는 n, 정적 몰비열은 c_v, 정압 몰비열은 c_p 이고, A 점의 온도는 T 이다. BC 과정에서 흡수한 열량으로 옳은 것은? (단, AB 과 정, CD 과정은 단열 과정이다.)

[경시 대회 기출 유형]

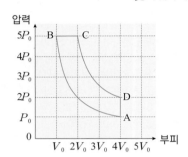

① $\frac{5}{4} nc_v T$ ② $\frac{15}{4} nc_v T$ ③ $\frac{3}{2} nc_p T$

④ $\frac{5}{4} nc_p T$ ⑤ $\frac{15}{4} nc_p T$

22 그림 (가)와 같이 열전달이 잘 되는 고정된 금속판에 의해 분리된 단열 실린더의 두 부분 A, B 에 각각 1 몰의 동일한 단원자 분자 이상 기체가 들어 있다. A, B 의 부피는 V_0, 온도는 T_0 로 각각 같고, 실린더 외부의 압력은 P_0 이다. 그림 (나)는 그림 (가)의 상태에서 B 의 기체에 열량 Q 를 가하였더니 A 의 기체가 등압 팽창을 하여 부피가 $2.5V_0$ 인 상태에서 피스톤이 정지한 것을 나타낸 것이다. 이때 가한 열량 Q 는? (단, 기체 상수는 R 이고, 실린더와 피스톤 사이의 마찰, 피스톤의 질량과 부피, 금속판의 열용량은 무시한다.)

[수능 기출 유형]

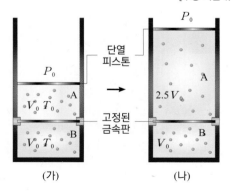

① RT_0 ② $2.5RT_0$ ③ $3RT_0$
④ $6RT_0$ ⑤ $9RT_0$

23 다음 그림은 n 몰의 단원자 분자 이상 기체의 상태가 A → B → C → A 를 따라 변할 때 부피와 압력의 관계를 나타 낸 것이다. A → B 는 등압 과정, B → C 는 단열 과정, C → A는 등온 과정이다. A, B에서 부피는 각각 V_0, $3V_0$ 이 고, A에서 온도는 T_0 이다. 이에 대한 설명으로 옳은 것만 을 <보기>에서 있는 대로 고른 것은? (단, T_0 는 절대 온도 이고, 기체 상수는 R 이다.)

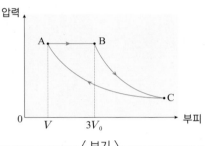

〈 보기 〉

ㄱ. A → B 과정에서 내부 에너지 변화량은 $3nRT_0$ 이다.

ㄴ. B → C 과정에서 기체가 외부에 한 일은 $\frac{3}{2}nRT_0$ 이다.

ㄷ. 기체가 A → B 과정에서 외부로부터 흡수한 열량은 $5nRT_0$ 이다.

① ㄱ ② ㄷ ③ ㄱ, ㄴ
④ ㄱ, ㄷ ⑤ ㄱ, ㄴ, ㄷ

24 27 ℃, 이원자 분자 이상 기체가 단열 과정을 거쳐 부피가 절반이 되었다면, 기체의 온도는 얼마가 되겠는가?

① $27(2)^{2/3}$ K ② $27(2)^{7/5}$ K ③ $300(2)^{2/5}$K
④ $300(2)^{2/3}$ K ⑤ $300(2)^{7/5}$ K

심화

25 다음 그림은 1 몰의 단원자 분자 이상 기체가 A → B → C → D → A 를 따라 순환할 때 압력과 부피 사이의 관계를 나타낸 것이다. 이에 대한 설명으로 옳은 것만을 <보기>에서 있는 대로 고른 것은? (단, 그래프의 점선 곡선들은 등온 곡선이다.)

[MEET/DEET 기출 유형]

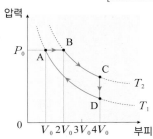

─── 〈 보기 〉 ───

ㄱ. A, C, D 지점에서 압력비 $P_A : P_C : P_D = 4 : 2 : 1$ 이다.

ㄴ. A → B → C 과정에서 흡수한 열량은 $2\ln 2 P_0 V_0$ 이다.

ㄷ. 1 회 순환하는 동안 기체가 한 일은 $P_0 V_0$ 이다.

① ㄱ   ② ㄷ   ③ ㄱ, ㄷ
④ ㄴ, ㄷ   ⑤ ㄱ, ㄴ, ㄷ

26 다음 그림은 이상 기체가 A 에서 C 로 상태 변화가 되는 두 가지 경로를 나타낸 것이다. 경로 ㉠은 A → C 상태로 변할 때 외부로부터 $7P_A V_0$ 의 에너지를 얻는 과정이고, 경로 ㉡은 A → B → C 상태로 변할 때 외부로부터 $7.2P_A V_0$ 의 에너지를 얻는 과정이다. $\dfrac{P_B}{P_A}$ 은?

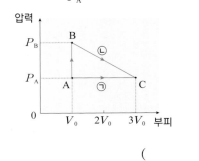

(   )

27 그림 (가)는 어떤 이상 기체의 상태 변화가 A → B → C → D → A 과정을 거치는 것을 압력-부피 그래프로 나타낸 것이다. 그림 (나)와 같이 매끄럽게 이동하는 피스톤이 들어 있는 단열 실린더에 (가)의 이상 기체를 넣은 후, 상태 A 에서부터 실험을 진행하려고 한다. 순환 과정을 확인할 수 있는 실험 방법의 순서를 바르게 나열한 것은?

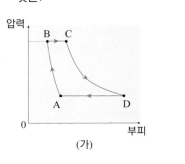

(가)   (나)

┌─────────── < 실험 방법 > ───────────┐
│ ㉠ 찬 물에서 뜨거운 물로 열원을 바꿔 준다.   │
│ ㉡ 뜨거운 물에서 찬 물로 열원을 바꿔 준다.   │
│ ㉢ 피스톤 위에 놓인 추의 무게를 증가시켜 준다.   │
│ ㉣ 피스톤 위에 놓인 추의 무게를 감소시켜 준다.   │
└────────────────────────────────┘

① ㉠→㉡→㉢→㉣   ② ㉡→㉢→㉣→㉠
③ ㉢→㉣→㉠→㉡   ④ ㉢→㉠→㉣→㉡
⑤ ㉣→㉠→㉢→㉡

28 다음 그림과 같이 매끄럽게 이동할 수 있는 피스톤이 연결되어 정지해 있는 단열 실린더 내부에 각각 1 몰의 단원자 분자 이상 기체 A 와 B 가 들어 있다. A, B 의 부피는 각각 V_0, $2V_0$ 이고, 온도는 각각 T_A, T_B 이다. 이 상태의 실린더의 A 에만 서서히 열량 Q 를 가하였더니 A 의 부피가 $2V_0$ 인 상태로 피스톤이 이동한 후 정지하였다. 이에 대한 설명으로 옳은 것만을 <보기>에서 있는 대로 고른 것은? (단, 모든 저항과 마찰, 피스톤의 부피는 무시하며, 피스톤을 통한 열의 이동은 없으며, 열량을 가한 후 기체 A 와 B 의 온도는 각각 T'_A, T'_B 이다.)

[수능 기출 유형]

─── 〈 보기 〉 ───

ㄱ. $T_A : T_B = 1 : 2$, $T'_A : T'_B = 2 : 1$ 이다.

ㄴ. B 의 기체가 외부에서 받은 일은 $\frac{3}{2}R(T_B - T'_B)$ 이다.

ㄷ. A 에 Q 를 가하는 동안 B 의 압력은 증가한다.

① ㄱ   ② ㄷ   ③ ㄱ, ㄴ
④ ㄴ, ㄷ   ⑤ ㄱ, ㄴ, ㄷ

29 다음 그림과 같이 매끄럽게 이동할 수 있는 피스톤이 있는 단열 실린더 내부에 정압 비열이 34 J/mol·K 인 이상 기체가 들어 있다. 실린더 내부에 있는 25 Ω 의 저항에 100 V 의 전압을 연결하였더니, 온도가 매 초 0.25 K 씩 상승하면서 피스톤이 오른쪽으로 등속도로 움직였다. 이 기체의 일률을 구하시오. (단, 기체 상수 $R = 8.31$ J/mol·K, 실린더와 피스톤에 의한 열손실은 무시하고, 저항에서 발생한 열량의 손실은 없으며, 소수점 둘째 자리에서 반올림한다.)

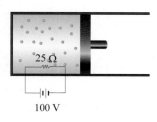

(   ) W

30 그림 (가)는 단열 실린더 속에 들어 있는 일정량의 이상 기체가 A → B → C → A 를 따라 변할 때, 압력과 부피의 관계를 나타낸 것이다. 표 (나)는 A → B, B → C, C → A 과정을 과정 Ⅰ, Ⅱ, Ⅲ 으로 순서 없이 각각의 내부 에너지 변화량 ΔU, 흡수 또는 방출한 열량 Q, 일의 양 W 로 나타낸 것이다. 이에 대한 설명으로 옳은 것만을 <보기>에서 있는 대로 고른 것은?

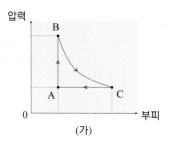

(가)

	ΔU	Q	W
Ⅰ	+40 J	㉠	0
Ⅱ	0	+100 J	+100 J
Ⅲ	−40 J	−80 J	㉡

(나)

─── 〈 보기 〉 ───

ㄱ. ㉠과 ㉡은 +40 J 이다.

ㄴ. Ⅱ은 B → C 과정이다.

ㄷ. (가)에서 그래프가 그리는 면적은 +60 J 이다.

① ㄱ   ② ㄴ   ③ ㄱ, ㄴ
④ ㄴ, ㄷ   ⑤ ㄱ, ㄴ, ㄷ

31 그림 (가)는 부피 V_0, 압력 P_0인 이상 기체가 들어 있는 단열된 실린더를 나타낸 것이다. 그림 (나)는 (가)의 기체에 열을 서서히 가하여 부피를 $2V_0$로 팽창 시킨 것을 나타낸 것이고, 그림 (다)는 (나)의 상태에서 피스톤에 힘을 가하여 기체의 부피를 V_0로 압축시킨 것을 나타낸 것이다. (가) → (나) → (다) 과정에서 기체의 압력과 부피의 변화를 바르게 나타낸 것은? (단, 피스톤을 통한 열의 이동은 없으며, 피스톤과 실린더의 마찰은 무시하고, 그래프의 점선 곡선들은 등온 곡선이다.)

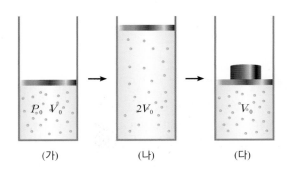

(가)   (나)   (다)

①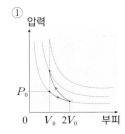

②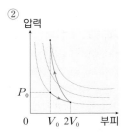

③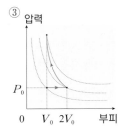

④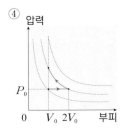

⑤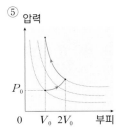

32 그림 (가)는 단열 실린더 내의 단원자 분자 이상 기체가 자유롭게 움직일 수 있는 단열 피스톤 1과 2에 의해 A, B로 나뉘어져 있는 것을 나타낸 것이다. 이때 피스톤 1 위에 질량이 m인 돌맹이가 놓인 채 정지해 있으며, A와 B의 부피는 각각 $2V$, V이고, 절대 온도는 각각 $3T$, $2T$이다. 그림 (나)는 그림 (가)의 상태에서 피스톤 1 위에 질량이 m인 돌맹이 2개를 더 놓았을 때, 피스톤 1과 2가 움직이다가 정지한 것을 나타낸 것이다. 이에 대한 설명으로 옳은 것만을 <보기>에서 있는 대로 고른 것은? (단, 이상 기체는 평형 상태에 있고, 피스톤과 실린더 사이의 마찰과 피스톤의 질량, 대기압의 영향은 무시한다.)

[MEET/DEET 기출 유형]

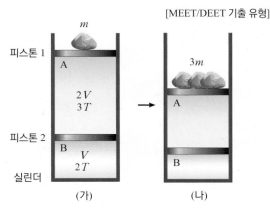

(가)   (나)

〈 보기 〉

ㄱ. (가)에서 분자수의 비 $n_A : n_B = 4 : 3$이다.

ㄴ. (나)에서 부피비 $V_A : V_B = 2 : 1$이다.

ㄷ. (가) → (나) 과정에서 내부 에너지 변화량은 A와 B가 같다.

① ㄱ   ② ㄴ   ③ ㄱ, ㄴ
④ ㄴ, ㄷ   ⑤ ㄱ, ㄴ, ㄷ

11강 열역학 제2법칙과 열기관

1. 열역학 제2법칙과 엔트로피   2. 열기관과 열효율   3. 스털링 기관   4. 열펌프

1. 열역학 제2법칙과 엔트로피

(1) 가역 과정과 비가역 과정

① **가역 과정** : 외부에 어떤 변화도 남기지 않고 스스로 원래의 상태로 되돌아갈 수 있는 과정이다. 마찰이나 저항이 없는 이상적인 역학적 변화가 가역 과정에 해당한다.

② **비가역 과정** : 스스로 원래의 상태로 되돌아갈 수 없고, 시간에 대해서 한쪽 방향으로만 진행하는 과정이다. 자연계에서 일어나는 대부분의 현상은 비가역 과정이다.

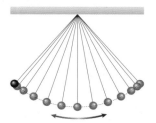

▲ 진폭이 작은 단진자의 가역 현상

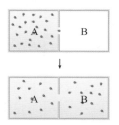

▲ A의 기체가 진공 B 속으로 자유 팽창하는 비가역 현상

▲ 물에 떨어뜨린 잉크가 확산되는 비가역 현상

(2) 열역학 제2법칙 : 자연 현상에서 일어나는 변화의 비가역적인 방향성을 제시하는 법칙이다.

① **열역학 제2법칙을 설명하는 다양한 표현들**

- · 열은 스스로 저온의 물체에서 고온의 물체로 이동할 수 없다.
- · 자연 현상은 대부분 비가역적이며, 엔트로피가 증가하는 방향으로 진행된다.
- · 효율이 100%인 열기관은 만들 수 없다. 열기관이 일을 하는 과정에서 열은 주변에 존재하는 더 낮은 온도의 계로 저절로 흘러가 버리고 이를 막을 방도가 없기 때문이다.
- · 마찰이 있는 면 위에서 운동하는 물체는 역학적 에너지가 마찰에 의한 열 에너지로 전환되고 물체는 정지하게 된다(열역학 제1법칙 성립). 하지만 반대로 열 에너지가 물체의 역학적 에너지로 전환되어 물체 스스로 운동하는 일은 일어나지 않는다.

② **제2종 영구 기관** : 일정한 온도를 가진 열원에서 흡수한 열을 모두 일로 전환할 수 있는 열효율이 100%인 열기관으로 열역학 제2법칙에 위배되는 가상적인 기관이다.

● 진자의 운동

① 가역 과정 : 진폭이 작은 단진자의 처음 1~2번 진동은 거의 가역 현상이라고 볼 수 있다.

② 비가역 과정 : 진자가 공기 저항에 의해 멈추게 되면 멈춘 진자가 스스로 다시 움직이는 현상은 일어나지 않는다.

● 비가역 과정

▲ 공기 중으로 연기가 확산된다.

▲ 풍화 작용으로 바위가 부서져서 모래나 흙이 된다.

● 영구 기관

① 제1종 영구 기관 : 외부 에너지의 공급 없이 작동하는 기관으로 열역학 제1법칙에 위배되어 존재할 수 없다.

② 제2종 영구 기관 : 열역학 제1법칙에는 어긋나지 않지만 열역학 제2법칙에는 위배되어 존재할 수 없다.

● 제2종 영구 기관의 예

뱃머리에 따뜻한 해수를 끌어들여 그 열을 이용하여 보트의 모터나 스크류를 돌리고, 보트의 뒤에서 얼음 덩어리를 방출하면서 항해하는 배는 제2종 영구 기관을 사용한 예가 된다.

보트의 진행 방향
해수의 유입
얼음

개념확인 1

단진자의 감쇠 진동과 같이 어떤 변화도 남기지 않고 원래의 상태로 되돌아가지 못하는 과정을 무엇이라고 하는가?

(   )

확인 + 1

다음 중 열역학 제2법칙에 대한 설명으로 옳은 것은 ○표, 옳지 않은 것은 ×표 하시오.

(1) 자연 현상은 엔트로피가 증가하는 방향으로 진행된다.   ( )
(2) 효율이 100%인 열기관은 만들 수 없다.   ( )
(3) 우주 내에 있는 모든 계에서 에너지의 총량은 시간에 따라 변하지 않는다.   ( )

(3) 엔트로피

① **엔트로피와 무질서도** : 엔트로피는 계의 무질서도를 의미한다. 열역학 과정에 참여하는 모든 계를 고려할 때 전체 엔트로피는 감소하지 않으며, 외부 작용이 없는 고립된 계에서 엔트로피가 증가하는 쪽으로 변화가 일어나며, 그 반대쪽으로는 일어나지 않는다

② **클라우지우스의 엔트로피** : 우주 내에 있는 모든 계에서 자연적인 변화 과정이 더욱 무질서해질수록 계의 엔트로피가 증가한다고 정의하였다. 절대 온도가 T 인 열역학적 계가 열량 Q를 흡수하였을 때, 그 계의 엔트로피 변화 $\Delta S = \dfrac{Q}{T}$ 이고, 열량 Q를 방출하였을 때는 $\Delta S = -\dfrac{Q}{T}$ 이다. 따라서 온도가 T_1 인 물체에서 T_2 인 물체로 열량 Q가 이동하면 전체 엔트로피의 변화량은 다음과 같다.

$$\Delta S = \Delta S_1 - \Delta S_2 = Q\left(-\frac{1}{T_1} + \frac{1}{T_2}\right) \ \text{[단위 : J/K]}$$

③ **볼츠만의 엔트로피** : 자연에서 일어나는 변화의 방향은 확률이 높은 방향으로 진행한다고 설명하였다. 분자들이 섞일 때 경우의 수가 최대인 상태, 즉 확률이 최대인 상태가 되면 더 이상의 변화는 일어나지 않는다는 것이다. 분자들이 배열할 수 있는 경우의 수 W와 엔트로피 S 사이에 다음과 같은 관계가 있다.

$$S = k\ln W \quad [k : \text{볼츠만 상수}(1.38 \times 10^{-23}\,\text{J/K})]$$

④ **숨겨진 정보의 양 또는 정보의 부족으로 해석할 수 있는 엔트로피** : 물속에 떨어뜨린 잉크의 경우 점점 퍼지면 잉크 방울의 정보가 부족해지며, 무질서한 상태가 된다. 이와 같이 정보 부족은 경우의 수를 많게 하고 엔트로피를 증가시킨다.

⑤ **일상생활 속 엔트로피의 적용**

> · **엔트로피 증가로 설명할 수 있는 에너지 고갈 문제** : 열역학 제 1 법칙에 의해 우주의 전체 에너지는 보존되므로 에너지는 없어지지 않고 그 형태만 변한다. 하지만 열역학 제 2 법칙에 의해 에너지 전환 과정에서 에너지의 일부가 다시 사용할 수 없는 형태의 에너지(열에너지)로 전환되면서 엔트로피가 증가하므로, 쓸모 있는 에너지가 점점 쓸모 없는 형태의 열 에너지로 바뀐다.
> · 정보 매체의 발달로 접할 수 있는 정보의 양은 점점 늘어나고 있으나(양적인 엔트로피 증가), 그러한 정보 가운데 가치 있는 정보를 알아내는 것은 점점 더 어려워지고 있다.

● 질서 있는 상태와 무질서한 상태

① 질서 있는 상태 : 열이 이동하기 전 온도가 다른 두 물체들은 서로 다른 평균 운동 에너지를 가지고 있으므로 그 상태를 구분할 수 있다. 이러한 상태를 질서 있는 상태라고 한다.

② 무질서한 상태 : 열평형을 이루고 있는 두 물체의 평균 운동 에너지는 같기 때문에 분자의 에너지 상태를 구분할 수 없게 된다. 이러한 상태를 무질서한 상태라고 한다.

→ 질서 있는 상태에서 무질서한 상태로 변하는 것을 비가역적 과정이라고 한다.

개념확인 2　　　　　　　　　　　　　　정답 및 해설　**86쪽**

다음 빈 칸에 알맞은 말을 각각 고르시오.

((㉠ 가역 ㉡ 비가역) 과정에서 엔트로피 변화는 없고, (㉠ 가역 ㉡ 비가역) 과정에서 계의 엔트로피는 항상 증가한다.

확인 + 2

다음 중 엔트로피에 대한 설명으로 옳은 것은 ○ 표, 옳지 않은 것은 × 표 하시오.

(1) 자연 현상은 미시 상태의 경우의 수가 커지는 방향, 즉 확률이 높은 방향으로 진행한다.
　　　　　　　　　　　　　　　　　　　　　　　　　　　　(　　)

(2) 엔트로피의 증가는 유용한 정보의 획득이 불가능한 상태로의 변화를 의미한다. (　　)

2. 열기관과 열효율

(1) 열기관

① **열기관** : 열역학 과정을 이용하여 열에너지를 역학적 에너지(일)로 전환하는 장치를 말한다 .

② **열기관의 원리**: 순환 과정동안 온도 T_1 인 고열원에서 Q_1 의 열에너지를 흡수하여 외부에 W 의 일을 하고, 온도 T_2 인 저열원으로 Q_2 의 에너지를 방출한다. 열기관이 한 번 순환하는 동안 열기관의 내부 에너지는 변하지 않으므로($\Delta U = 0$) 열역학 제 1 법칙에서 $Q = Q_1 - Q_2 = W$ 가 된다.

③ **열기관의 열효율** : 한 순환 과정동안 흡수한 열 Q_1 에 대하여 외부에 한 일 W 의 비를 **열효율**(e)이라고 하며, 다음과 같이 나타낸다.

▲ 열기관의 원리

$$e = \frac{\text{얻은 에너지}}{\text{공급한 에너지}} = \frac{W}{Q_1} = \frac{Q_1 - Q_2}{Q_1} = 1 - \frac{Q_2}{Q_1}$$

(2) 카르노의 이상적인 열기관
: 프랑스의 카르노가 고안한 열효율이 가장 높은 이상적인 열기관으로 순환의 모든 과정이 가역적 과정으로 이루어져 있다.

열역학 과정	과정
A → B (등온 팽창)	이상 기체가 온도 T_1 인 고열원에서 열 Q_1 을 흡수하여 부피 V_1 에서 V_2 까지 등온 팽창하면서 일을 한다.
B → C (단열 팽창)	이상 기체가 저열원의 온도 T_2 가 될 때까지 부피 V_2 에서 V_3 까지 단열 팽창하면서 외부에 일을 한다.
C → D (등온 압축)	온도 T_2 인 이상 기체가 부피 V_3 에서 V_4 까지 등온 압축하면서 Q_2 인 열을 저열원으로 방출한다.
D → A (단열 압축)	이상 기체가 부피 V_4 에서 V_1 까지 단열 압축하면서 온도가 T_1 으로 상승하고, 열기관은 원래의 상태로 되돌아 온다.

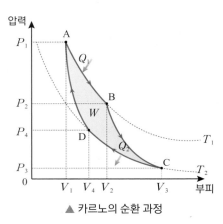

▲ 카르노의 순환 과정

● 가역 과정에서 엔트로피

카르노 기관의 순환 과정은 가역 과정이므로 엔트로피가 보존된다.

$$\Delta S_1 + \Delta S_2 = \frac{Q_1}{T_1} - \frac{Q_2}{T_2} = 0$$

$$\therefore \frac{Q_1}{T_1} = \frac{Q_2}{T_2}$$

● 온도-엔트로피 그래프

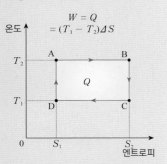

온도-엔트로피 그래프에서 직사각형의 넓이는 계에 알짜로 유입된 열량이 된다.

개념확인 3

열기관은 흡수한 열을 되도록 많은 양의 일로 변환시키는 것이 목적이다. 이때 한 순환 과정동안 흡수한 열에 대하여 외부에 한 일의 비를 무엇이라고 하는가?

(   )

확인 + 3

오른쪽 그림은 온도 T_1 인 고열원에서 Q_1 의 열을 흡수하여 온도 T_2 인 저열원으로 Q_2 의 열을 방출하는 이상적인 카르노 기관의 순환 과정을 압력-부피 관계로 나타낸 것으로, A → B → C → D → A 과정을 따라 변하고 있다. 이 과정 중 기체가 팽창하여 피스톤을 들어올리는 과정은?

(   )

① **카르노 순환 과정** : A → B → C 과정에서 기체가 팽창하여 피스톤을 들어 올리는 일을 하고, C → D → A 과정에서는 피스톤이 내려오면서 기체를 압축시킨다. 이와 같은 순환 과정을 **카르노 순환 과정**이라고 한다.

ㄱ 압력-부피 그래프에서 ABCDA로 둘러싸인 넓이는 알짜열 $(Q_1 - Q_2)$이 외부에 한 알 짜일 W와 같다$(W = Q_1 - Q_2)$.

ㄴ 가역 과정이므로 총 엔트로피는 보존된다. 계의 엔트로피의 변화량 $\Delta S_{계}$와 주위 환경 의 엔트로피 변화량 $\Delta S_{주위}$의 합은 0이다$(\Delta S = \Delta S_{계} + \Delta S_{주위} = 0)$.

② **이상적인 열기관의 열효율(카르노 열효율 e_c)** : 카르노 기관의 열효율 e_c은 고열원의 온도 T_1과 저열원의 온도 T_2에 의해 결정된다. 이상 기체를 사용한 가역 과정에서 $\dfrac{Q_H}{T_H} = \dfrac{Q_C}{T_C}$이 성립하므로, $e = \dfrac{W}{Q_1} = 1 - \dfrac{Q_2}{Q_1}$ 를 이용하면 카르노 열효율 e_c는 다음과 같다.

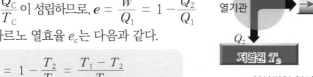

$$e_c = 1 - \frac{T_2}{T_1} = \frac{T_1 - T_2}{T_1}$$

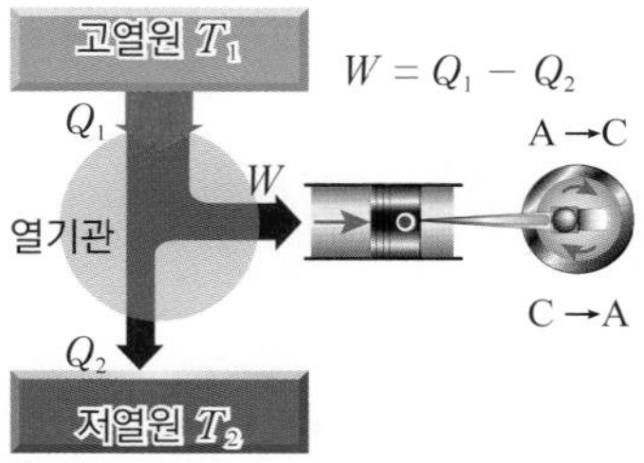

▲ 이상적인 열기관의 열효율

→ 카르노 기관은 임의의 두 고정 온도 사이에서 작동하는 열기관에게 허용된 최대 열효율 을 갖는 이상적인 열기관이다.

③ **실제 열기관의 열효율** : 실제 열기관의 효율은 비가역적 변화(마찰 등)에 의한 손실로 인하여 카르노 기관의 열효율 값보다 작다.

$$e = \frac{W}{Q_1} = 1 - \frac{Q_2}{Q_1} \leq 1 - \frac{T_2}{T_1}$$

④ **제2종 영구 기관과 열효율** : 제2종 영구 기관은 열효율이 1인 기관이다. 열효율 $e = 1 - \dfrac{Q_{저}}{Q_{고}}$ 이므로, $e = 1$ 이 되려면, $Q_{저} = 0$ 이 되어야 한다. 즉, 저열원으로 방출하는 열량이 없으므로, 고열원에서 흡수하는 열을 모두 일로 전환해야 한다. 따라서 현실적으로 불가능하다.

● 카르노 순환 과정

① 등온 과정 : A → B 과정, C → D 과정은 등온 변화로 온도가 일정하므로$(\Delta T = 0)$, $\Delta U = 0$ 이다.

$$Q_1 = W_1 = nRT_1 \ln\frac{V_2}{V_1},$$
$$Q_2 = W_2 = nRT_2 \ln\frac{V_3}{V_4}$$
$$\therefore \frac{Q_2}{Q_1} = \frac{T_2 \ln(V_3/V_4)}{T_1 \ln(V_2/V_1)}$$

등온 변화이므로$(PV = 일정)$, $P_1V_1 = P_2V_2$, $P_3V_3 = P_4V_4$ 이다.

② 단열 과정 : B → C 과정, D → A 과정은 단열 과정이므로, $TV^{\gamma-1} = 일정$

$$T_1 V_2{}^{\gamma-1} = T_2 V_3{}^{\gamma-1}$$
$$T_1 V_1{}^{\gamma-1} = T_2 V_4{}^{\gamma-1}$$
$$\therefore \frac{V_2}{V_1} = \frac{V_3}{V_4} \rightarrow \frac{Q_2}{Q_1} = \frac{T_2}{T_1}$$

● 카르노 열효율과 제2종 영구 기관

카르노 열효율 $e_c = 1 - \dfrac{T_L}{T_H}$ 일 때, 고열원의 온도 $T_H = \infty$ 이거나, 저열원의 온도 $T_L = 0$ 인 경우에만 최대 효율이 $e_c = 1$ 이 된다. 하지만 자연에서 무한대의 온도나 절대 온도 0K 에 도달하는 것은 불가능하다. 따라서 흡수한 열을 모두 일로 바꾸는 제2종 영구 기관은 불가능하다.

개념확인 4

정답 및 해설 **86쪽**

오른쪽 그림은 이상적인 열기관의 순환 과정을 온도-엔트로피 관계로 나타낸 것이다. 이때 직사각형 ABCD 의 넓이가 의미하는 것을 열기 관이 흡수한 열량 Q_1과 방출한 열량 Q_2를 이용하여 나타내시오.

( )

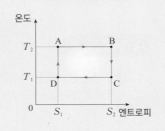

확인 + 4

27 ℃의 저열원과 127 ℃의 고열원 사이에서 작동하는 이상적인 열기관의 열효율은 몇 % 인가?

( )%

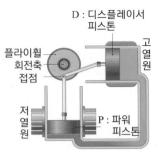

3. 스털링 기관

(1) 스털링 기관 : 수소, 헬륨 따위의 기체를 가열하여 그 팽창하는 힘을 이용하여 일을 하는 외연 기관이다.

① **구조** : 두 개의 실린더와 두 개의 피스톤(디스 플레이서 피스톤, 파워 피스톤)으로 이루어져 있다.

② **작동 원리** : 외부에서 가열하거나 냉각하면 스털링 기관 내부의 작동 가스의 팽창과 수축에 따라 피스톤이 운동하여 일을 한다.

▲ 스털링 기관의 구조

(2) 스털링 기관의 열역학 과정 : 가열 → 팽창 → 냉각 → 압축

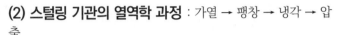

과정 1(등적 가열)	과정 2(등온 팽창)	과정 3(등적 냉각)	과정 4(등온 압축)
고열원의 실린더에 모인 기체가 가열된다.	가열된 기체가 팽창하여 파워 피스톤을 민다.	저열원의 실린더에 모인 기체가 냉각된다.	냉각된 기체가 수축하면서 기체를 고열원으로 보낸다.
P 는 저열원의 접촉을 차단하면서 제자리에 있는다.	P 는 위로 올라가면서 외부에 일을 한다.	P 는 제자리에 있다.	P 는 아래로 이동한다.
D 는 왼쪽으로 이동한다.	D 는 제자리에 있다.	D 는 오른쪽으로 이동한다.	D 는 제자리에 있다.

(3) 스털링 기관의 장·단점

① **장점**
- 연료를 연소시킬 때 폭발 과정이 없어 진동 소음이 적다.
- 외연 기관이기 때문에 여러 가지 열원(화석 연료, 태양열, 지열 등)을 사용할 수 있다.
- 고온부와 저온부의 온도 차이만 있으면 작동하므로 반드시 연료를 태울 필요가 없다.
- 자연에 존재하는 에너지를 이용할 수 있으므로 친환경적이다.
- 구조가 간단하고 제작 및 유지 비용이 적게 든다.

② **단점** : 출력이 낮고, 출력 속도 조절이 어렵다.

개념확인 5

닫힌 공간 안의 작동 가스를 서로 다른 온도에서 팽창·압축시켜 열에너지를 운동 에너지로 바꾸는 기관을 무엇이라고 하는가?

(   )

확인 + 5

스털링 기관은 가열 → 팽창 → 냉각 → 압축 과정을 반복하며 일을 하게 된다. 다음 4 가지 과정 중 외부에 일을 하는 과정은 무엇인가?

(   )

● 스털링 기관의 이용

▲ 태양열을 이용한 스털링 기관

▲ 컴퓨터 냉각팬 작동을 위해 사용된 스털링 기관

● 이상적인 스털링 기관의 압력-부피 그래프

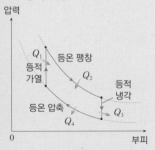

① 등적 가열 : 열량 Q_1 흡수
② 등온 팽창 : 열량 Q_2 흡수
③ 등적 냉각 : 열량 Q_3 방출
④ 등온 압축 : 열량 Q_4 방출

미니사전

외연 기관 [外 바깥 燃 불을 붙이다 - 기관] 기관(엔진) 밖에서 열 에너지를 얻어 일을 하는 열기관

4. 열펌프

(1) 열펌프 : 열을 저온의 열원에서 흡수하여 고온의 열원으로 옮기는 기계나 장치를 말하며, 열이 자연적으로 흘러가는 방향과 반대 방향으로 흐르게 한다. 냉난방 장치들과 냉동기 등이 해당된다.

① **원리** : 열기관과 반대로 외부로부터 일을 받아 저열원의 열을 고열원으로 보낸다. 외부로부터 받은 일 W_{in} 을 이용하여 저열원의 열 Q_C 를 빼앗아 고열원으로 열 Q_H 를 이동시킨다. 열펌프에서 한 번의 순환과정 동안 열펌프의 내부 에너지는 변하지 않으므로 ($\Delta U = 0$), 열역학 제 1 법칙에 의해 $Q_H = Q_C + W_{in}$ 이 된다.

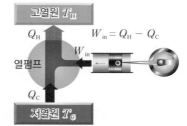

▲ 열펌프의 열효율

② **열펌프의 열효율(작동 계수)** : 열펌프의 열효율이 좋을수록 작은 일 W_{in} 을 사용하여 저열원에서 많은 열 Q_C 을 뽑아낼 수 있다. 즉, 계에 수행된 일 W_{in} 에 대한 저열원에서 뽑아낸 열량 Q_C 의 비를 **작동 계수 K** 라고 하며, 이는 열펌프의 열효율이다.

$$K = \frac{Q_C}{W_{in}} = \frac{Q_C}{Q_H - Q_C}$$

(2) 카르노 냉동 기관 : 이상적인 열펌프에서는 모든 과정이 가역적이고, 역으로 동작하는 카르노 기관에 대응한다. 이러한 기관을 카르노 냉동 기관이라고 한다. 카르노 기관에서 $\dfrac{Q_H}{T_H} = \dfrac{Q_C}{T_C}$ 이므로, 이상적인 계에 대한 작동 계수 K_C 는 다음과 같다.

$$K_C = \frac{T_C}{T_H - T_C}$$

▲ 카르노 냉동 기관의 순환 과정

A → B (단열 팽창)	작동 유체의 온도가 T_H 에서 T_C 로 낮아진다.	B → C (등온 팽창)	저온 T_C 로 유지되는 저열원에서 열 Q_C 를 뽑아낸다.
C → D (단열 압축)	작동 유체의 온도를 원래의 온도 T_H 로 올린다.	D → A (등온 압축)	고온 T_H 로 유지되는 고열원으로 작동 유체가 열 Q_H 를 버린다.

● 열펌프의 예

① 냉장고 : 낮은 온도 T_C 인 음식 보관실(저열원)에서 열을 빼앗아 높은 온도 T_H 인 집 내부(고열원)으로 열 Q_H 를 방출한다. 냉장고의 작동 계수는 약 5 정도이다.

② 에어컨 : 전기 에너지로부터 받은 일 W_{in} 을 이용하여 집 내부(온도가 낮은 쪽)의 열 Q_C 를 빼앗아 집 바깥(온도가 높은 쪽)으로 열 Q_H 를 이동시킨다. 에어컨의 작동 계수는 약 2 ~ 3 정도이다.

● 난방 모드에서 열효율

난방 모드시 열펌프에서는 실내로 유입된 열 Q_H (따뜻하게 하는 데 쓰인 열)이 의미가 있다. 따라서 난방 모드에서 열펌프의 작동 계수를 K_H 라고 하면,

$$K_H = \frac{Q_H}{W_{in}} = \frac{Q_H}{Q_H - Q_C}$$

개념확인 6

정답 및 해설 **86쪽**

펌프가 낮은 곳의 물을 높은 곳으로 끌어 올리듯이 낮은 온도의 열원에서 높은 온도의 열원으로 열을 흐르게 하는 장치나 기계를 무엇이라고 하는가?

(   )

확인 + 6

무한이 방에 있는 냉방기는 여름철엔 50 J 의 전기 에너지를 사용하여 125 J 의 열을 뽑아낸다. 이 냉방기의 작동 계수는 얼마인가?

(   )

01 다음 중 가역 과정과 관련된 설명에는 '가', 비가역 과정과 관련된 설명에는 '비'를 각각 쓰시오.

(1) 자연계에서 일어나는 대부분의 현상　　　　　　　　　　　　　　　　　（　　　）

(2) 마찰이나 저항이 없는 이상적인 역학적 변화　　　　　　　　　　　　　（　　　）

(3) 한쪽 방향으로만 일어나므로 스스로 처음 상태로 되돌아갈 수 없는 과정　（　　　）

02 다음 중 자연 현상의 방향성을 설명하는 법칙과 관련된 설명으로 옳은 것만을 <보기>에서 있는 대로 고른 것은?

〈 보기 〉

ㄱ. 열은 고온의 물체에서 저온의 물체로 저절로 이동하지만 반대 방향으로는 저절로 일어나지 않는다.

ㄴ. 우주 내에 있는 모든 계에서 자연적인 변화 과정이 더욱 무질서해질수록 계의 엔트로피는 증가한다.

ㄷ. 제2종 영구 기관은 이 법칙과 열역학 제1법칙에 위배되어 존재할 수 없다.

① ㄱ　　　　　② ㄴ　　　　　③ ㄷ　　　　　④ ㄱ, ㄴ　　　　　⑤ ㄱ, ㄴ, ㄷ

03 오른쪽 그림과 같이 칸막이가 쳐진 단열 용기 내부에 일정량의 기체 분자가 들어 있다. 칸막이를 제거하였을 때 나타나는 현상으로 옳은 것만을 <보기>에서 있는 대로 고른 것은?

단열
용기

진공

칸막이

기체

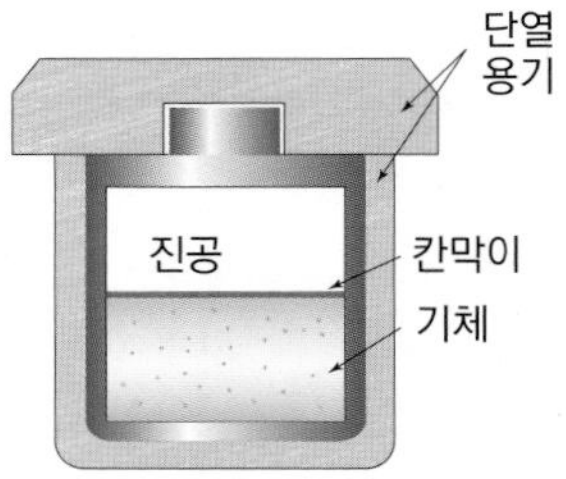

〈 보기 〉

ㄱ. 비가역 과정이다.

ㄴ. 내부 에너지가 증가한다.

ㄷ. 기체가 확산된 후 다시 한 곳으로 모이지 않는 이유는 무질서도가 작아지는 방향으로 변화가 일어날 확률이 매우 낮기 때문이다.

① ㄱ　　　　　② ㄴ　　　　　③ ㄷ　　　　　④ ㄱ, ㄷ　　　　　⑤ ㄱ, ㄴ, ㄷ

04 오른쪽 그림은 배에 사용되는 디젤 기관이다. 이 디젤 기관이 1회 순환하는 과정 동안 3,000 J의 열을 흡수하여 780 J의 일을 하였다면, 이 디젤 기관의 열효율은 몇 %인가?

（　　　　　）%

05 다음 중 카르노의 이상적인 열기관의 순환 과정을 바르게 나열한 것은?

① 단열 팽창 → 등온 팽창 → 단열 압축 → 등온 압축
② 단열 압축 → 등온 압축 → 단열 팽창 → 등온 팽창
③ 등온 팽창 → 단열 팽창 → 등온 압축 → 단열 압축
④ 등압 팽창 → 단열 팽창 → 등압 압축 → 단열 압축
⑤ 등압 팽창 → 등온 팽창 → 등압 압축 → 등온 압축

06 다음은 제2종 영구 기관이 존재할 수 없는 이유에 대한 설명이다. 빈칸에 들어갈 말이 바르게 짝지어진 것은?

> 한 순환 과정 동안 고열원에서 Q_1의 열에너지를 흡수하여 외부에 W의 일을 하고, 저열원으로 Q_2의 에너지를 방출하는 열기관의 열효율 $e = \dfrac{W}{Q_1} = ($ ㉠ $)$ 이다. 제 2 종 영구 기관은 열효율이 (㉡)인 기관이다. 열효율이 (㉡)이 되려면 저열원으로 방출되는 열량이 없어야 하므로, 고열원에서 흡수하는 열을 모두 일로 전환해야 하기 때문에 현실적으로 불가능하다.

	㉠	㉡		㉠	㉡		㉠	㉡
①	$1 - \dfrac{Q_1}{Q_2}$	0	②	$1 - \dfrac{Q_1}{Q_2}$	1	③	$1 - \dfrac{Q_2}{Q_1}$	0
④	$1 - \dfrac{Q_2}{Q_1}$	1	⑤	$\dfrac{Q_2}{Q_1} - 1$	1			

07 오른쪽 그림은 스털링 엔진의 구조를 나타낸 것이다. 이 엔진에 대한 설명으로 옳은 것만을 <보기>에서 있는 대로 고른 것은?

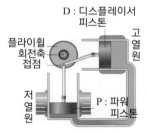

D : 디스플레이서 피스톤
플라이휠 회전축 접점
고열원
저열원
P : 파워 피스톤

─〈 보기 〉─
ㄱ. 고열원과 저열원의 온도 차이가 클때만 작동한다.
ㄴ. 작동 가스의 팽창과 수축에 따라 피스톤이 움직여 일을 한다.
ㄷ. 기관의 내부에서 연료를 연소시켜 일을 하는 내연 기관이다.

① ㄱ   ② ㄴ   ③ ㄷ   ④ ㄱ, ㄴ   ⑤ ㄱ, ㄴ, ㄷ

08 무한이 방에 있는 냉·난방기는 여름철엔 50 J의 전기 에너지를 사용하여 125 J의 열을 뽑아낸다. 이 냉·난방기를 겨울에 사용할 때, 작동 계수는 얼마인가? (단, 각각의 경우 열이 이동하는 방향에 관계없이 같은 양의 전기 에너지를 사용하며 같은 양의 열을 이동시킬 수 있다.)

① 0.2   ② 0.4   ③ 2.5   ④ 3.5   ⑤ 5.0

유형익히기&하브루타

다음 그림은 공기 중에서 운동하는 단진자를 나타낸 것이다. 단진자는 서서히 감쇠 진동을 하여 멈추게 된다. 이에 대한 설명으로 옳은 것만을 <보기>에서 있는 대로 고른 것은?

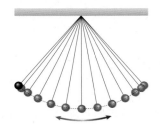

─────〈 보기 〉─────
ㄱ. 비가역 과정이다.
ㄴ. 진자의 역학적 에너지는 공기와의 마찰로 인하여 열에너지로 전환된다.
ㄷ. 멈추었던 진자가 다시 움직이는 현상은 무질서도가 감소하는 현상이므로 일어나지 않는다.

① ㄱ   ② ㄴ   ③ ㄱ, ㄷ   ④ ㄴ, ㄷ   ⑤ ㄱ, ㄴ, ㄷ

---

01 다음 중 비가역 현상을 <보기>에서 있는 대로 고른 것은?

─────〈 보기 〉─────
ㄱ. 열의 이동
ㄴ. 공기 중으로 확산되는 연기
ㄷ. 태양 주위를 공전하고 있는 행성의 운동
ㄹ. 공기의 저항이 없을 때 단진자의 1회 운동
ㅁ. 바위가 풍화 작용에 의해 모래나 흙으로 되는 현상

① ㄱ, ㄴ, ㄷ   ② ㄱ, ㄴ, ㅁ
③ ㄴ, ㄷ, ㄹ   ④ ㄴ, ㄹ, ㅁ
⑤ ㄷ, ㄹ, ㅁ

02 다음 중 열역학 제2법칙으로 설명할 수 있는 현상으로 옳은 것만을 <보기>에서 있는 대로 고른 것은?

─────〈 보기 〉─────
ㄱ. 뜨거운 물체와 차가운 물체를 접촉시킨 후 시간이 지나면 두 물체의 온도는 같아진다.
ㄴ. 일은 모두 열로 바뀌지만 열은 모두 일로 바뀌지 않는다.
ㄷ. 에너지를 공급받지 않으면서 계속 일할 수 있는 영구 기관은 만들 수 없다.

① ㄱ   ② ㄴ   ③ ㄱ, ㄴ
④ ㄴ, ㄷ   ⑤ ㄱ, ㄴ, ㄷ

유형11-2 열기관과 열효율

그림 (가)는 이상적인 열기관의 순환 과정을 나타낸 것이고, 그림 (나)는 (가)의 과정에서 기체의 상태를 엔트로 피와 절대 온도로 나타낸 것이다. A → B, C → D 과정은 등온 과정, B → C, D → A 과정은 단열 과정이다. 이에 대한 설명으로 옳은 것만을 <보기>에서 있는 대로 고른 것은? (단, A → B 과정에서 흡수한 열은 Q_1, C → D 과 정에서 방출한 열은 Q_2 이다.)

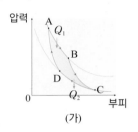
(가)

(나)

〈 보기 〉
ㄱ. (가)의 A → B 과정은 (나)의 E → F 과정과 같다.
ㄴ. (나)의 G → H 과정에서 받은 일은 방출한 열 Q_2 와 같다.
ㄷ. (가)와 (나)에서 그래프가 그리는 면적은 같은 값을 나타낸다.

① ㄱ   ② ㄴ   ③ ㄱ, ㄴ   ④ ㄴ, ㄷ   ⑤ ㄱ, ㄴ, ㄷ

---

03 다음 그림은 온도가 T_1 인 고열원으로부터 열량 Q_1 을 흡수하여 온도가 T_2 인 저열원으로 열량 Q_2 만큼 열을 방출할 때, W 만큼 일을 하는 열기 관을 나타낸 것이다. 이에 대한 설명으로 옳은 것 만을 <보기>에서 있는 대로 고른 것은?

〈 보기 〉
ㄱ. $Q_2 = 0$ 인 열기관은 존재할 수 없다.
ㄴ. Q_2 가 일정할 때, Q_1 이 증가할수록 열 기관의 열효율이 커진다.
ㄷ. 최대 열효율을 갖는 이상적인 열기관일 경우 열효율은 $\dfrac{T_2 - T_1}{T_1}$ 이다.

① ㄱ   ② ㄴ   ③ ㄱ, ㄴ
④ ㄴ, ㄷ   ⑤ ㄱ, ㄴ, ㄷ

---

04 다음 그림은 온도가 T_1 인 열원에서 2×10^3 J의 열을 흡수하여 W 의 일을 하고, 온도가 T_2 인 열 원으로 1.5×10^3 J의 열을 방출하는 열기관을 모 식적으로 나타낸 것이다. 이에 대한 설명으로 옳 은 것만을 <보기>에서 있는 대로 고른 것은?

[수능 평가원 기출 유형]

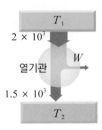

〈 보기 〉
ㄱ. $T_1 > T_2$ 이다.
ㄱ. 열기관의 열효율은 25% 이다.
ㄴ. 한 순환 과정동안 이 열기관이 한 일 W 은 5×10^3 J 이다.

① ㄱ   ② ㄴ   ③ ㄱ, ㄴ
④ ㄴ, ㄷ   ⑤ ㄱ, ㄴ, ㄷ

유형11-3 스털링 기관

그림 (가)는 스털링 기관의 구조를 나타낸 것이고, 그림 (나)는 이상적인 스털링 기관의 순환 과정을 나타낸 것이다. 이때 ㉠, ㉢은 등적 과정, ㉡, ㉣은 등온 과정이다. 이에 대한 설명으로 옳은 것만을 <보기>에서 있는 대로 고른 것은?

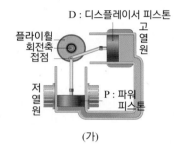
(가)

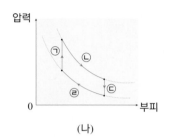
(나)

〈 보기 〉

ㄱ. 열을 방출하는 과정은 ㉠, ㉡, 흡수하는 과정은 ㉢, ㉣ 이다.
ㄴ. ㉡, ㉣ 과정에서 디스플레이서 피스톤은 제자리에 있다.
ㄷ. 스털링 기관은 외연 기관이기 때문에 여러 가지 열원을 사용할 수 있다.

① ㄱ 　　② ㄴ 　　③ ㄱ, ㄴ 　　④ ㄴ, ㄷ 　　⑤ ㄱ, ㄴ, ㄷ

---

05 다음 그림은 손바닥의 열로 작동되는 스털링 기관이다. 이와 같은 스털링 기관의 장·단점에 대한 설명으로 옳은 것만을 <보기>에서 있는 대로 고른 것은?

〈 보기 〉

ㄱ. 높은 출력으로 출력 속도 조절이 어렵다.
ㄴ. 구조가 간단하고, 제작 및 유지 비용이 적게 든다.
ㄷ. 연료를 연소시킬 때 폭발 과정이 없어 진동 소음이 적다.

① ㄱ 　　② ㄴ 　　③ ㄱ, ㄴ
④ ㄴ, ㄷ 　　⑤ ㄱ, ㄴ, ㄷ

06 다음 그림은 스털링 기관의 작동 과정의 일부를 각각 나타낸 것으로 (가)는 접점이 A → B 로, (나)는 B → A 로 이동하는 과정이다. 두 과정에 대한 설명으로 옳은 것만을 <보기>에서 있는 대로 고른 것은?

(가)

(나)

〈 보기 〉

ㄱ. (가)는 등적 가열 과정이다.
ㄴ. (나)에서 기체가 저온부에 모이면서 냉각된다.
ㄷ. (나)에서 고온부가 저온부보다 부피 변화가 크다.

① ㄱ 　　② ㄴ 　　③ ㄱ, ㄴ
④ ㄴ, ㄷ 　　⑤ ㄱ, ㄴ, ㄷ

유형11-4 열펌프

오른쪽 그림은 외부로부터 받은 일을 이용하여 온도가 T_C 인 저열원에서 열 Q_C 를 빼앗아 온도가 T_H 인 고열원으로 열 Q_H 를 이동시키는 열펌프를 나타낸 것이다. 이와 관련된 설명으로 옳은 것만을 <보기>에서 있는 대로 고른 것은?

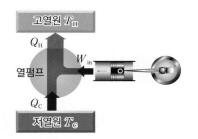

― 〈 보기 〉 ―

ㄱ. 열펌프에서 한 번의 순환 과정 동안 내부 에너지는 변하지 않는다.
ㄴ. 냉장고는 음식 보관실에서 빼앗은 열을 실내로 내보내므로 방 안의 온도가 올라간다.
ㄷ. 냉방 장치의 열효율은 $\dfrac{Q_H - Q_C}{Q_C}$ 이다.

① ㄱ   ② ㄴ   ③ ㄱ, ㄴ   ④ ㄴ, ㄷ   ⑤ ㄱ, ㄴ, ㄷ

---

07 이상 기체로 작동되는 카르노 순환 기관이 있다. 이 기관이 0 ℃의 물에서 열을 빼앗아 27 ℃ 의 실내로 열을 방출하는 냉동기로 사용되고 있다. 물음에 답하시오. (단, 물의 융해열은 336×10^3 J/kg 이고, 소수점 셋째 자리에서 반올림한다.)

(1) 이 냉동기를 이용하여 0 ℃ 물 10 kg 을 0 ℃ 얼음으로 만들려고 한다. 이때 냉동기에서 실내로 방출하는 열량은 얼마인가?

(   ) J

(2) 이때 냉동기에 공급해야 하는 에너지는 얼마인가?

(   ) J

---

08 다음 그림은 이상적인 열펌프의 순환 과정을 나타낸 것이다. A → B, C → D 과정은 단열 과정, B → C, D → A 과정은 온도가 각각 T_C, T_H 로 일정한 등온 과정이다. 이에 대한 설명으로 옳은 것만을 <보기>에서 있는 대로 고른 것은? (단, B → C 과정에서 흡수한 열은 Q_1, D → A 과정에서 방출한 열은 Q_2 이다.)

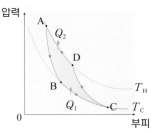

― 〈 보기 〉 ―

ㄱ. $Q_1 T_C = Q_2 T_H$ 이다.
ㄴ. 열펌프에서 모든 과정은 가역 과정이다.
ㄷ. 그래프가 그리는 면적은 외부로부터 받은 일이 된다.

① ㄱ   ② ㄴ   ③ ㄷ
④ ㄴ, ㄷ   ⑤ ㄱ, ㄴ, ㄷ

01 옥수수를 기름이나 버터에 튀겨내면 팝콘이 된다. 팝콘이 튀겨지는 원리는 옥수수 알갱이 속에 있는 수분과 관련이 있다. 옥수수 알갱이의 껍데기는 단단하여 가열하는 동안 수분이 수증기 상태로 갇혀 밖으로 빠져 나오지 못하게 하지만 점점 내부 압력이 증가하게 되어 온도가 약 180 ℃ 가 되면 내부 수증기 압력이 약 9 기압까지 올라가게 되고, 압력과 온도를 버티지 못하고 터지게 된다. 이때 내부에서 끓었던 단백질과 전분이 거품으로 올라온 후 그 거품이 순식간에 굳으면서 팝콘이 되는 것이다.

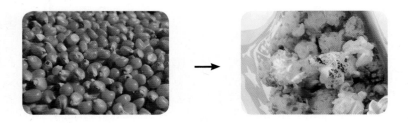

만약 옥수수 알갱이 한 개의 껍데기 안에 들어 있는 물의 질량이 3 mg 이라면 기화되고 팽창하는 동안 물의 엔트로피 변화는 얼마인가? (단, 수증기의 팽창 과정은 매우 빨리 일어나 주위와 열에너지 교환을 하지 않는다고 가정하며, 물의 기화열은 2,260 kJ/kg 이고, 소수점 둘째 자리에서 반올림한다.)

02 단열 용기 내부에 0 ℃, 1,773 g 의 물이 들어 있다. 이 물에 0 ℃, 227 g 의 얼음을 넣었더니 이 혼합물이 가역적으로 변하여 물과 얼음의 질량비가 1 : 1 일 때 0 ℃ 에서 열평형 상태에 이르렀다. 이 과정 동안 계의 엔트로피 변화를 계산하시오. (단, 물의 융해열은 333 × 10³ J/kg 이고, 소수점 첫째 자리에서 반올림한다.)

03 다음 그림과 같이 단열 용기 내부에 3 mol 의 이상 기체가 들어 있다. 이때 127 ℃ 의 기체가 가역 등온 팽창하여 부피가 2 배가 되었다면, 등온 팽창 과정 동안 기체의 엔트로피 변화를 구하시오. (단, 모든 마찰은 무시하며, 기체 상수 $R = 8.31$ J/mol·K, ln2 = 0.69, 소수점 둘째 자리에서 반올림한다.)

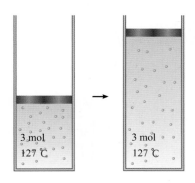

04 다음 그림은 $T_1 = 127$ ℃, $T_2 = -127$ ℃ 사이에서 작동하는 카르노 열기관과 이 기관에 의해 온도 $T_3 = 50$ ℃, $T_4 = -50$ ℃ 사이에서 작동하는 카르노 냉동기를 나타낸 것이다. 카르노 열기관의 고열원에서 열기관으로 흡수되는 열량(Q_1)과 냉동기의 고열원에 유입되는 열량(Q_3)의 비$\left(\dfrac{Q_3}{Q_1}\right)$를 구하시오. (단, 소수점 셋째 자리에서 반올림한다.)

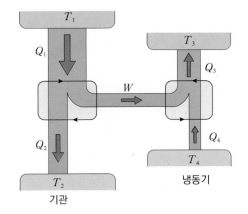

05 다음 그림과 같이 수평면 위에 놓인 단면적이 A, 높이가 H 인 단열 용기에 온도와 압력이 각각 T_0, P_0 인 이상 기체가 들어 있다. 그림 (가)는 질량이 M 인 단열 피스톤을 용기 입구에 가만히 놓았더니 중력에 의해 서서히 내려간 후 평형을 이루고 있는 것을 나타낸 것이고, 그림 (나)는 (가)의 상태에서 피스톤 위에 질량이 m 인 추를 살며시 놓았더니 피스톤이 아래쪽으로 좀 더 내려간 후 정지해 있는 것을 나타낸 것이다. (가) → (나) 과정 동안 온도가 일정하게 유지가 되었다면, 기체의 엔트로피 변화량을 구하시오. (단, 피스톤은 마찰없이 자유롭게 운동할 수 있으며, 단열 피스톤과 단열 용기 사이를 통해 기체가 빠져나갈 수 없고, 중력 가속도는 g, 처음 용기 외부의 온도와 압력은 각각 T_0, P_0 이다.)

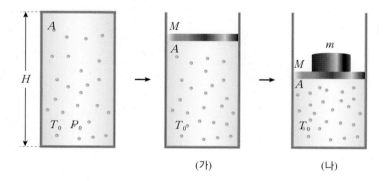

(가)   (나)

06 다음 그림은 가솔린 연소 기관의 작동 순환 과정을 나타낸 것이다. 이때 가솔린과 공기의 혼합 기체는 이상 기체이고, 기체의 비열비는 γ 이다. 물음에 답하시오.

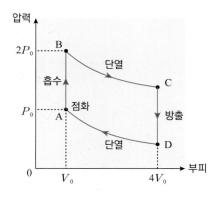

(1) A ~ D 상태의 온도가 각각 T_1, T_2, T_3, T_4일 때, 온도비 $\dfrac{T_2}{T_1}$, $\dfrac{T_3}{T_1}$, $\dfrac{T_4}{T_1}$ 를 각각 구하시오.

(2) C, D 상태의 압력이 각각 P_C, P_D일 때, 압력비 $\dfrac{P_C}{P_0}$, $\dfrac{P_D}{P_0}$ 를 각각 구하시오.

(3) 가솔린 기관의 효율은 얼마인가?

A

01 그림 (가)는 공기 중으로 연기가 확산되는 것을 (나)는 물에 떨어뜨린 잉크가 확산되는 것을 나타낸 것이다. 두 가지 현상의 공통점에 대한 설명으로 옳은 것만을 <보기>에서 있는 대로 고른 것은?

(가)   (나)

〈 보기 〉

ㄱ. 스스로 처음 상태로 되돌아 갈 수 없다.
ㄴ. 시간에 대해서 한쪽 방향으로만 진행하는 현상이다.
ㄷ. 무질서도가 증가하는 방향으로 진행되었다.

① ㄱ   ② ㄴ   ③ ㄷ
④ ㄴ, ㄷ   ⑤ ㄱ, ㄴ, ㄷ

02 다음 중 열역학 제2법칙과 관련이 없는 내용은?

① 열기관의 효율은 100% 가 될 수 없다.
② 방 안의 공기는 저절로 한 곳에 모이지 않는다.
③ 기체에 열을 가하면 외부에 일을 하거나 내부 에너지가 증가한다.
④ 일은 모두 열로 바꿀 수 있으나, 열은 스스로 일을 할 수 없고, 모두 일로 바꿀 수도 없다.
⑤ 외부와의 상호 작용이 없는 고립된 계에서는 엔트로피가 증가하는 쪽으로만 변화가 일어난다.

03 다음은 에너지 고갈 문제를 엔트로피와 관련지어 설명한 것이다. 빈칸에 알맞은 말을 각각 고르시오.

열역학 제 (ⓐ 1 ⓑ 2) 법칙에 의해 우주의 총 에너지는 보존되므로 에너지를 계속 사용하여도 에너지는 고갈되지 않고 단지 그 형태만 변한다. 하지만 열역학 제 (ⓐ 1 ⓑ 2) 법칙에 의해 에너지 전환 과정에서 에너지의 일부가 다시 사용할 수 없는 열에너지로 전환되면서 엔트로피가 (ⓐ 증가 ⓑ 감소)하므로, 쓸모 있는 에너지가 점점 쓸모 없는 형태의 에너지로 변한다. 따라서 에너지를 무한정 사용할 수 없다.

04 납 300 g 이 327 ℃에서 녹을 때 엔트로피의 변화를 계산하시오. (단, 납의 융해열은 2.45×10^4 J/kg 이고, 소수점 둘째 자리에서 반올림한다.)

(   ) J/K

05 열효율이 24% 인 카르노 열기관이 있다. 이 열기관은 온도 차이가 84 ℃ 인 고열원과 저열원 사이에서 작동할 때, 저열원의 온도는 몇 ℃ 인가?

(   ) ℃

06 다음 그림과 같이 순환 과정 동안 고열원에서 Q_1 의 열에너지를 흡수하여 외부에 일을 하고, 저열원으로 Q_2의 에너지를 방출하는 열기관이 있다. 이 열기관이 한 일의 양과 열효율을 Q_1, Q_2 를 이용하여 각각 나타내시오.

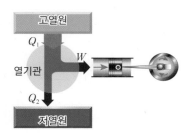

ⓐ 한 일의 양 (   )
ⓑ 열효율 (   )

07 400 ℃ 의 온도에서 증기를 흡수하고, 130.8 ℃의 냉각기에 증기를 보내는 기관이 있다. 물음에 각각 답하시오.

(1) 이 기관의 카르노 열효율은 얼마인가?

(   )

(2) 이 기관이 1회 순환하는 동안 500 kJ 의 열을 흡수한다면, 이때 기관이 할 수 있는 일의 최대량은 얼마인가?

(   ) kJ

08 다음 그림은 일정량의 이상 기체가 그래프와 같이 A → B → C → D → A 과정으로 상태가 변하는 것을 나타낸 것이다. 이 순환 과정 동안 $1.6 × 10^3$ J 의 열이 가해졌다면, 열효율은 얼마인가?

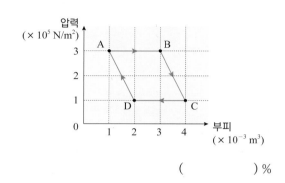

(   ) %

09 다음 그림은 등온 과정과 등적 과정으로 이루어진 이상적인 스털링 기관의 순환 과정을 압력-부피 그래프로 나타낸 것이다. 그래프의 각 과정에 따른 스털링 기관의 작동 사이클의 빈칸에 알맞은 말을 각각 넣으시오.

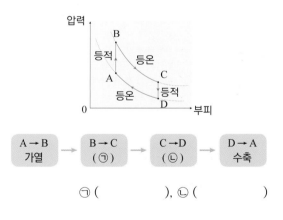

⊙ (   ), ⓒ (   )

10 열펌프의 열효율이 좋을수록 작은 일 W 을 사용하여 저열원에서 많은 열 Q 를 뽑아낼 수 있다. 이때 계에 수행된 일에 대한 저열원에서 뽑아낸 열량의 비를 무엇이라고 하는가?

(   )

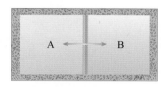

11 다음 그림은 단열 용기 내부에 몰수, 질량, 부피가 모두 같은 이상 기체가 열교환이 자유로운 칸막이에 의해 A 와 B 로 나뉘어 있는 것을 나타낸 것이다. 이에 대한 설명으로 옳은 것만을 <보기>에서 있는 대로 고른 것은? (단, A 와 B 의 분자는 교환되지 않으며, 처음 상태에서 A 의 온도가 B 의 온도보다 높다.)

〈 보기 〉
ㄱ. A 와 B 의 열교환 과정은 비가역 과정이다.
ㄴ. 열 교환 과정에서 A 와 B 의 전체 에너지는 보존되지 않는다.
ㄷ. A 의 엔트로피는 증가하고, B 의 엔트로피는 감소한다.

① ㄱ   ② ㄴ   ③ ㄱ, ㄴ
④ ㄱ, ㄷ   ⑤ ㄱ, ㄴ, ㄷ

12 엔트로피는 매우 다양한 의미로 사용되고 있다. 엔트로피와 관련지어 설명한 내용 중 옳은 것만을 <보기>에서 있는 대로 고른 것은?

〈 보기 〉
ㄱ. 우주 전체의 엔트로피는 과거보다 현재가 더 크다.
ㄴ. 정보 매체의 발달로 정보의 양적인 엔트로피가 증가하고 있으나, 유용한 정보를 알아내는 것은 점점 어려워진다.
ㄷ. 정돈되어 있던 물건이 어질러지면 엔트로피가 증가하게 되므로 물건의 위치에 대한 정보가 부족하게 된다.

① ㄱ   ② ㄴ   ③ ㄷ
④ ㄱ, ㄷ   ⑤ ㄱ, ㄴ, ㄷ

13 다음 그림과 같이 한 순환 과정 동안 고열원에서 1.5×10^5 J 의 에너지를 흡수하고, 저열원으로 1.2×10^5 J 의 에너지를 방출하는 열기관이 있다. 이 열기관에 대한 설명으로 옳은 것만을 <보기>에서 있는 대로 고른 것은?

고열원

1.5×10^5 J

열기관

1.2×10^5 J

저열원

〈 보기 〉

ㄱ. 열기관의 열효율은 20 % 이다.
ㄴ. 3 초 동안 네 번의 순환 과정이 진행된다면 열기관의 일률은 4×10^4 W 이다.
ㄷ. 고열원에서 흡수하는 에너지가 커질수록 열기관의 열효율은 커진다.

① ㄱ   ② ㄴ   ③ ㄷ
④ ㄱ, ㄴ   ⑤ ㄱ, ㄴ, ㄷ

14 580 ℃, 27 ℃ 사이에서 작동하는 열기관이 있다. 이 기관은 한 순환 과정당 1,040 J 의 일을 하는 데 0.2 초가 걸린다. 이 기관에 대한 설명으로 옳은 것만을 <보기>에서 있는 대로 고른 것은?

〈 보기 〉

ㄱ. 기관의 최대 열효율은 약 35 % 이다.
ㄴ. 기관의 평균 일률은 5.2 kW 이다.
ㄷ. 한 순환 과정 동안 전체 엔트로피 변화량은 0 이다.

① ㄱ   ② ㄴ   ③ ㄷ
④ ㄴ, ㄷ   ⑤ ㄱ, ㄴ, ㄷ

15 다음은 파워 피스톤(P)과 디스플레이서 피스톤(D)을 동일 실린더에 배치하여 엔진을 소형화시키면서 출력을 높일 수 있는 엔진 형태인 스털링 기관과 그에 대한 설명이다.

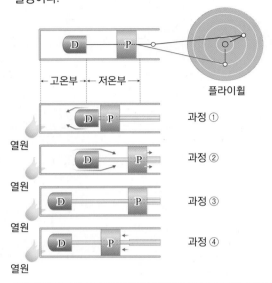

고온부 ─ 저온부
플라이휠

과정 ①
열원

과정 ②
열원

과정 ③
열원

과정 ④
열원

〈 스털링 기관의 구조와 작동 과정 〉

파워 피스톤(P)과 실린더 사이에는 기밀이 유지되어 있으며, 디스플레이서 피스톤(D)과 실린더 사이에는 틈이 있어서 이 피스톤의 운동에 따라 실린더 내의 기체가 고온부와 저온부로 이동한다.

과정 ① : 피스톤 D 가 저온부로 이동하면 기체가 고온부에 모인다.
과정 ② : 고온부에 모인 기체가 가열되면 압력이 (㉠) 팽창하면서 피스톤 P를 밀어내는 일을 한다.
과정 ③ : 피스톤 D 가 고온부로 이동하여 기체는 저온부에 모인다.
과정 ④ : 기체가 냉각되면 압력이 (㉡) 수축하면서 피스톤 P 가 끌려간다.

이에 대한 설명으로 옳은 것만을 <보기>에서 있는 대로 고른 것은?

〈 보기 〉

ㄱ. 두 번의 등적 과정과 두 번의 단열 과정을 거친다.
ㄴ. 열에너지를 운동 에너지로 바꾸는 장치이다.
ㄷ. ㉠과 ㉡에 들어갈 말은 각각 '높아져', '낮아져' 이다.

① ㄱ   ② ㄴ   ③ ㄱ, ㄴ
④ ㄴ, ㄷ   ⑤ ㄱ, ㄴ, ㄷ

16 다음 그림은 스털링 기관의 작동 과정의 일부를 각각 나타낸 것으로 (가)는 접점이 A → B 로, (나)는 B → A 로 이동하는 과정이다. 두 과정에 대한 설명으로 옳은 것만을 <보기>에서 있는 대로 고른 것은?

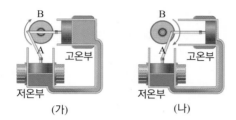

(가)   (나)

〈 보기 〉

ㄱ. (가) 과정에서 외부에 일을 한다.
ㄴ. (나)에서 냉각된 기체가 수축하면서 기체를 고열원으로 보낸다.
ㄷ. (가)와 (나)에서 기체는 모두 열을 흡수한다.

① ㄱ   ② ㄴ   ③ ㄷ
④ ㄱ, ㄴ   ⑤ ㄱ, ㄴ, ㄷ

17 작동 계수가 5 인 냉장고가 있다. 이 냉장고를 가동하면 500 W의 전력이 소모된다. 온도가 20 ℃, 질량이 500 g인 물을 냉장고의 냉동실에 넣었을 때, 물이 0 ℃ 얼음으로 어는 데 얼마나 시간이 걸리겠는가? (단, 냉장고 안의 모든 부분은 같은 온도에 있고, 외부로의 에너지 유출은 없으며, 냉장고의 작동은 모두 물을 얼리는 데만 사용된다. 물의 융해열은 333×10^3 J/kg , 비열은 4,200 J/kg·K 이다.)

(   ) s

18 카르노 에어컨이 있는 실내의 온도는 20 ℃이고, 실외의 온도는 36 ℃이다. 에어컨이 실내에서 열을 빼앗아 실외로 내보낸다면, 전기 에너지 1 J 당 방에서 제거되는 열에너지는 몇 J 인가? (단, 소수점 둘째 자리에서 반올림한다.)

(   ) J

C

19 다음 그림은 1 몰의 단원자 분자 이상 기체의 상태가 A → B → C → A 를 따라 변할 때 절대 온도와 압력을 나타낸 것이다. 이에 대한 설명으로 옳은 것만을 <보기>에서 있는 대로 고른 것은? (단, 기체 상수는 R 이다.)

[수능 평가원 기출 유형]

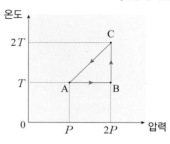

〈 보기 〉

ㄱ. A → B 과정에서 기체의 엔트로피는 감소한다.
ㄴ. A → B 과정에서 기체가 한 일은 $RT\ln2$ 이다.
ㄷ. B → C 과정에서 흡수한 열량은 C → A 과정에서 방출한 열량의 $\dfrac{3}{5}$ 배이다.

① ㄱ   ② ㄴ   ③ ㄷ
④ ㄱ, ㄴ   ⑤ ㄱ, ㄴ, ㄷ

20 다음 그림과 같이 단열 용기 내부의 칸막이에 의해 부피가 같은 공간 A 와 B 로 나눠져 있고, A 쪽에만 일정량의 기체 분자가 들어 있다. 칸막이를 제거하였을 때, 가장 확률이 높은 기체 분자의 분포는?

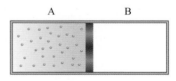

① A 쪽에만 기체 분자가 모여 있는 경우

② A 쪽에 $\dfrac{1}{4}$, B 쪽에 $\dfrac{3}{4}$의 기체 분자가 분포하는 경우

③ A 쪽에 $\dfrac{1}{3}$, B 쪽에 $\dfrac{2}{3}$의 기체 분자가 분포하는 경우

④ A 쪽에 $\dfrac{1}{2}$, B 쪽에 $\dfrac{1}{2}$의 기체 분자가 분포하는 경우

⑤ B 쪽에만 기체 분자가 모여 있는 경우

21 다음 그림은 열교환이 가능한 고정된 칸막이에 의해 부피가 같은 A, B 로 나뉘어진 공간에 서로 다른 단원자 분자의 이상 기체가 들어 있는 단열 용기를 나타낸 것이다. A 와 B 의 압력은 각각 $2P$, P 이고, 온도는 T, $2T$ 이다. 시간이 지남에 따라 일어나는 변화에 대한 설명으로 옳은 것만을 <보기>에서 있는 대로 고른 것은?

― 〈 보기 〉 ―

ㄱ. 비가역 현상이다.

ㄴ. 칸막이로 이동하는 열에너지가 Q 일 때, 전체 엔트로피 변화량은 $\dfrac{Q}{2T}$ 이다.

ㄷ. 열평형 상태에 도달한 후 A 의 압력은 B 의 4 배가 된다.

① ㄱ   ② ㄱ, ㄴ   ③ ㄱ, ㄷ

④ ㄴ, ㄷ   ⑤ ㄱ, ㄴ, ㄷ

22 그림 (가)는 일정량의 이상 기체가 A → B → C → D → A 를 따라 순환하는 열역학적 과정에서 기체의 상태를 압력과 부피로 나타낸 그래프이다. 그림 (나)는 (가)의 과정에서 기체의 상태를 엔트로피와 온도로 나타낸 그래프이다. A → B, C → D 과정은 등온 과정, B → C, D → A 과정은 단열 과정일 때, 이에 대한 설명으로 옳은 것만을 <보기>에서 있는 대로 고른 것은?

[MEET/DEET 기출 유형]

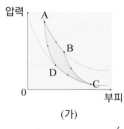 

(가)   (나)

― 〈 보기 〉 ―

ㄱ. (가)의 A → B 과정은 (나)의 E → H 과정이다.

ㄴ. (나)의 H → G 과정에서 기체는 압축된다.

ㄷ. (나)의 E → H 과정에서 방출한 열량과 G → F 과정에서 흡수한 열량은 같다.

① ㄱ   ② ㄴ   ③ ㄷ

④ ㄱ, ㄴ   ⑤ ㄱ, ㄴ, ㄷ

23 그림 (가)는 컴퓨터의 냉각팬을 작동시키는 스털링 기관의 모습이고, 그림 (나)는 스털링 기관에서 일정량의 이상 기체 상태가 A → B → C → D → A 를 따라 변할 때 압력-부피의 관계를 나타낸 것이다. A → B, C → D 과정은 온도가 각각 T_1, T_2 인 등온 과정, B → C, D → A 과정은 등적 과정이고, A → B 과정에서 흡수한 열량은 Q_1 이다. 이에 대한 설명으로 옳은 것만을 <보기>에서 있는 대로 고른 것은?

[수능 평가원 기출 유형]

 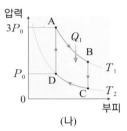

(가)   (나)

― 〈 보기 〉 ―

ㄱ. $T_1 = 3T_2$ 이다.

ㄴ. A → B 과정에서 기체가 한 일의 양은 Q_1 과 같다.

ㄷ. B → C 과정에서 방출한 열량과 D → A 과정에서 증가한 내부 에너지의 양은 같다.

① ㄱ   ② ㄴ   ③ ㄷ

④ ㄱ, ㄴ   ⑤ ㄱ, ㄴ, ㄷ

24 각 순환 과정당 28.8 kJ 의 열을 뽑아내는 에어컨이 있다. 에어컨의 작동 계수가 2.4 일 때, ⊙ 순환 과정당 방에 열로 전달되는 에너지와 ⓛ 순환 과정당 한 일을 바르게 짝지은 것은?

	⊙	ⓛ		⊙	ⓛ
①	20.3 kJ	12 kJ	②	20.3 kJ	17 kJ
③	40.8 kJ	12 kJ	④	40.8 kJ	17 kJ
⑤	60.9 kJ	22 kJ			

심화

25 다음은 이상 기체를 이용한 열기관의 순환 과정을 절대 온도-엔트로피의 관계로 나타낸 그래프이다. A → B, C → D 과정에서 기체의 엔트로피는 일정하고, B → C, D → A 과정은 등적 과정이다. 이 열기관의 순환 과정에 대한 설명으로 옳은 것만을 <보기>에서 있는 대로 고른 것은?

[MEET/DEET 기출 유형]

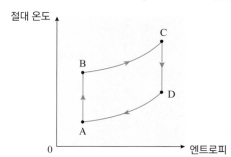

〈 보기 〉

ㄱ. A → B 과정 동안 기체의 온도와 부피, 압력은 모두 변한다.
ㄴ. B → C 과정 동안 잃은 열량만큼 기체의 내부 에너지가 감소한다.
ㄷ. 그래프가 그리는 면적은 한 순환 과정 동안 기체가 외부에 한 알짜 일과 같다.

① ㄱ   ② ㄴ   ③ ㄱ, ㄷ
④ ㄴ, ㄷ   ⑤ ㄱ, ㄴ, ㄷ

26 다음 그림은 1 몰의 단원자 분자 이상 기체가 A → B → C → A 를 따라 변할 때 압력-부피의 관계를 나타낸 것이다.

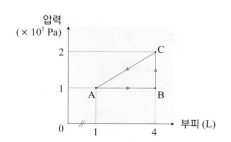

온도 변화가 $T_2 \rightarrow T_1$ 인 등적 과정일 때, 엔트로피 변화량 $\Delta S = nc_v \ln \dfrac{T_2}{T_1}$ 을 만족한다. 이에 대한 설명으로 옳은 것만을 <보기>에서 있는 대로 고른 것은? (단, c_v 는 등적 몰비열이다.)

〈 보기 〉

ㄱ. A → B → C 과정에서 한 일은 B → C 과정에서 내부 에너지 변화량의 2 배이다.
ㄴ. B → C 과정에서 엔트로피 변화량은 $\dfrac{3}{2}R\ln 2$ 이다.
ㄷ. 한 순환 과정 동안 기체의 엔트로피 변화량은 0이다.

① ㄱ   ② ㄴ   ③ ㄷ
④ ㄴ, ㄷ   ⑤ ㄱ, ㄴ, ㄷ

27 그림 (가)는 온도가 227 ℃인 열원 A 로부터 500 J 의 열을 흡수하여 150 J 의 일을 한 후, 열원 B 로 350 J 의 열을 방출하는 열기관을 모식적을 나타낸 것이다. 그림 (나)는 그림 (가)와 같은 두 열원 사이에서 500 J 의 열이 이동한 것을 모식적으로 나타낸 것이다. 이에 대한 설명으로 옳은 것만을 <보기>에서 있는 대로 고른 것은?

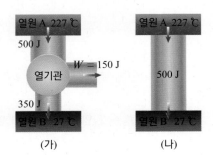

(가)   (나)

〈 보기 〉

ㄱ. (가)의 열기관은 카르노의 이상적인 열기관이다.

ㄴ. (나)에서 B 의 엔트로피 증가량은 (가)에서 B 의 엔트로피 증가량 + $\frac{1}{2}$ 이다.

ㄷ. A 와 B 의 엔트로피 변화량의 합은 (가)의 경우가 (나)의 경우보다 크다.

① ㄱ   ② ㄴ   ③ ㄷ
④ ㄱ, ㄴ   ⑤ ㄱ, ㄴ, ㄷ

28~29 다음 그림은 1 몰의 단원자 분자 이상 기체의 순환 과정을 압력-부피 그래프로 나타낸 것이다. A, C 지점에서의 부피는 각각 1 L, 8 L 이고, B 지점에서 압력은 10×10^5 N/m² 이며, B → C 과정은 단열 과정이다. 물음에 답하시오. (단, 소수점 셋째 자리에서 반올림한다.)

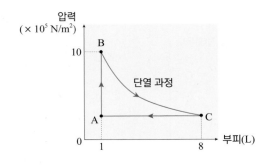

28 한 순환 과정동안 기체가 한 일을 구하시오.

(   ) J

29 이 기체의 열역학 과정을 수행하는 열기관의 열효율을 구하시오.

(   ) %

30~31 다음 그림은 1 몰의 이상 기체의 순환 과정을 나타낸 것이다. B → C, D → A 과정은 가역 단열 과정이다. 물음에 답하시오.

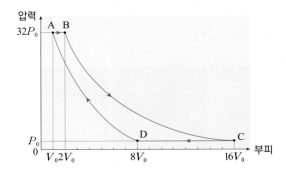

32 열펌프에 의해 실내 온도를 일정하게 유지하는 건물이 있다. 실외 온도가 -5 ℃ 일 때, 열펌프를 작동시켜서 실내 온도를 22 ℃ 로 유지하려고 한다. 열펌프의 열효율이 4 이고, 매시간 건물에 8×10^6 J 의 에너지를 공급한다면, 열펌프의 일률은 얼마인가? (단, 소수점 첫째 자리에서 반올림한다.)

(   ) W

30 이 이상 기체는 단원자 분자인가, 이원자 분자인가, 삼원자 분자인가?

31 이 이상 기체를 작동 물질로 사용하는 열기관의 열효율은 얼마인가? (단, 소수점 셋째 자리에서 반올림한다.)

(   )%

내연 기관 자동차 판매 금지?

주제 I

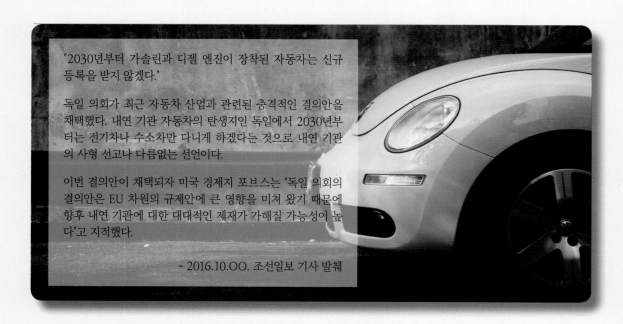

"2030년부터 가솔린과 디젤 엔진이 장착된 자동차는 신규 등록을 받지 않겠다."

독일 의회가 최근 자동차 산업과 관련된 충격적인 결의안을 채택했다. 내연 기관 자동차의 탄생지인 독일에서 2030년부터는 전기차나 수소차만 다니게 하겠다는 것으로 내연 기관의 사형 선고나 다름없는 선언이다.

이번 결의안이 채택되자 미국 경제지 포브스는 "독일 의회의 결의안은 EU 차원의 규제안에 큰 영향을 미쳐 왔기 때문에 향후 내연 기관에 대한 대대적인 제재가 가해질 가능성이 높다"고 지적했다.

- 2016.10.OO. 조선일보 기사 발췌

친환경 자동차

친환경 자동차 시장을 선점하기 위한 경쟁이 세계적으로 치열해 지고 있다. 환경적인 부분에서 석유 의존도를 개선하고, 온실가스 배출을 억제하기 위해 글로벌 주요국은 자동차 분야에 대한 환경 규제를 점차 강화하고 있으며, 새로운 수요 창출과 미래 시장을 선점하고자 자동차 제조업체들은 기술력을 바탕으로 친환경 자동차 개발을 서두르고 있다.

친환경 자동차는 에너지 소비 효율이 우수하고 무공해 또는 저공해 기준을 충족하는 자동차를 말한다. 친환경 자동차의 개발 및 보급 촉진에 관한 법 제2조에 의하면 전기 자동차, 태양광 자동차, 하이브리드 자동차, 연료 전지 자동차, 천연가스 자동차, 클린 디젤 자동차 등이 여기에 속한다.

엔진-변속기 시대에서 모터-배터리 시대로

내연 기관 자동차의 경우 휘발유·경유에서 힘을 뽑아내므로 이들을 저장해 둘 연료탱크가 필요하다. 시동을 걸면 기름이 엔진으로 흘러가고, 엔진은 연료를 태워 동력을 발생시킨다. 변속기는 여기서 생긴 힘을 바퀴로 전달해준다. 엔진과 변속기가 얼마나 좋은 궁합을 이루는지에 따라 차량의 힘과 연료 효율이 크게 달라진다.

전기 자동차에서는 엔진과 변속기가 조화를 이뤄서 해내던 일을 모터와 배터리가 하게 된다. 배터리는 이와 더불어 연료 탱크의 역할도 수행하기 때문에 전기 자동차의 모든 부품 중 배터리가 차지하는 비중이 40~50%에 이른다. 배터리에 저장된 전기 에너지를 가져오는 부품은 모터로 전기 에너지를 받아서 출력을 만들어내고 이를 각 바퀴에 배분한다. 즉, 엔진과 변속기의 역할을 동시에 수행하는 것이다.

하이브리드(Hybrid) 자동차

초기 친환경 자동차 시장은 하이브리드 자동차가 시장의 약 80% 를 차지할 것으로 보인다. 그에 따른 관련 기술 개발 및 인프라, 제도에 따라 활성화 정도는 국가마다 다를 것으로 판단된다.

하이브리드 자동차란 두 가지의 동력원을 함께 사용하는 자동차를 의미한다. 내연 기관과 전기 자동차의 배터리를 동시에 사용하는 것으로 내연 기관(엔진)의 동력을 이용하여 차량 내부에 장착된 고전압 배터리를 충전시킨 후, 전기 모터는 배터리로부터 전원을 공급받고, 배터리는 자동차가 움직일 때 다시 충전되는 시스템이다.

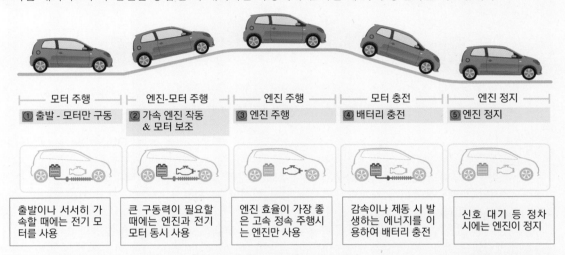

모터 주행	엔진-모터 주행	엔진 주행	모터 충전	엔진 정지
① 출발 - 모터만 구동	② 가속 엔진 작동 & 모터 보조	③ 엔진 주행	④ 배터리 충전	⑤ 엔진 정지
출발이나 서서히 가속할 때에는 전기 모터를 사용	큰 구동력이 필요할 때에는 엔진과 전기 모터 동시 사용	엔진 효율이 가장 좋은 고속 정속 주행시는 엔진만 사용	감속이나 제동 시 발생하는 에너지를 이용하여 배터리 충전	신호 대기 등 정차 시에는 엔진이 정지

기존 자동차의 에너지 손실은 대부분 교통 체증으로 인한 공회전 시간과 운전 정지로 인해 발생한다. 하이브리드 자동차는 정차 시에 엔진과 전기 모터를 멈춰 공회전으로 인한 연료 낭비를 막을 수 있어서 연비가 좋다. 또한, 저속 주행 시에는 전기 모터 특유의 정숙성 덕분에 조용한 운전을 즐길 수 있으며, 전기를 사용하면서도 엔진이 있으므로 주행 거리 제약이 없다.

하지만 하이브리드 자동차에 단점이 없는 것은 아니다. 엔진에 모터가 결합한 형태이므로 차체가 더 무거울 수밖에 없고 내연 기관 자동차 대비 가격이 높다. 또한, 전기 배터리를 사용하기 때문에 관리를 잘못할 경우 감전의 위험성이 있으며, 휘발유나 디젤 등의 화석 연료도 사용하기 때문에 소량이라 해도 배기가스가 발생하게 되므로 완벽한 친환경 자동차라고 칭하기에는 무리가 있다.

 친환경 자동차를 개발해야 하는 이유를 열역학 법칙을 이용하여 서술하시오.

 전기 자동차나 하이브리드 자동차의 경우 무거운 무게를 견딜 수 있는 전용 타이어가 필요하다. 그 이유를 보일·샤를 법칙을 이용하여 서술하시오.

인간의 얼굴을 한 기술, 적정 기술

주제 II

착한 기술, 따뜻한 기술 = 적정 기술

"전세계 설계자는 그들의 시간 대부분을 구매력 있는 10% 미만의 소수 소비자를 위해 사용하고 있다. 이러한 불균형은 바로잡아야 한다."

– 폴 폴락, 'Out of Poverty'(2008) 中

과학 기술이라고 하면 흔히들 부(富)를 안겨다주고 미래의 삶을 윤택하게 해주는 최첨단 기술을 떠올린다. 하지만 개발도상국이나 저개발국에서는 당장 현실에 꼭 필요한 수준의 '적정 기술(Appropriate Technology)'이 더욱 절실하다.

적정 기술이란 그 기술이 사용되는 사회 공동체의 정치적, 문화적, 환경적 조건을 고려해 해당 지역에서 지속적인 생산과 소비가 가능하도록 만들어진 기술로 '기술이 아닌 인간의 진보에 가치를 두는 과학기술'이라는 철학을 갖추었다는 점에서 종종 착한 기술, 인간의 얼굴을 한 기술, 따뜻한 기술 등의 이름으로 불리기도 한다.

독일 출신의 경제학자 에른스트 슈마허가 저서 '작은 것이 아름답다'에서 언급한 저개발국가를 위한 소규모 생산 기술인 '중간 기술'(Intermediate Technology)이라는 개념에서 출발한 적정 기술은 한 마디로 '고액 투자가 필요하지 않고, 에너지 사용이 적으며, 누구나 쉽게 배워 쓸 수 있고, 가급적 현지에서 생산한 재료를 쓰며, 소규모 사람들이 모여 생산 가능한 기술'이다.

전 세계 90% 를 위한 기술

적정 기술을 활용한 주요 사례들은 다음과 같다.

① **Q 드럼** : 식수원이 멀리 떨어져 있는 아프리카 주민들을 위해 고안된 Q 드럼은 식수에 필요한 물을 보다 쉽게 운반할 수 있는 물통이다. 한 번에 75 L 의 물을 운반할 수 있으며 물동이를 지는 대신, 줄로 굴릴 수 있는 원주형으로 설계됐다.

▲ Q 드럼(Q Drum)

▲ 항아리 냉장고(Pot-in-Pot Cooler)

▲ 라이프 스트로우(Life Straw)

▲ 페트병 전구(Moser lamp)　　　　　　　　▲ 사탕수수 숯(Sugarcane Charcoal)

② **항아리 냉장고(Pot-in-pot cooler)** : 아프리카의 사막 지역은 40 ℃ 를 웃도는 무더운 지역이기 때문에 힘들게 수확한 농작물을 보관하기가 어렵다. 이를 해결하기 위해 만들어진 무(無)전기 냉장고가 바로 팟 인 팟 쿨러, 항아리 냉장고이다. 항아리 냉장고는 큰 항아리 안에 작은 항아리를 넣은 뒤, 두 항아리 사이의 공간에 모래와 물을 채운 후 젖은 천을 덮으면 완성된다. 물이 증발하면서 작은 항아리 속 열을 빼앗아 항아리 속의 온도를 낮추는 원리로 2~3 일이면 상하던 농산물이 이를 통해 3 주 정도 보관할 수 있게 되었다.

③ **라이프 스트로우(Life Straw)** : 해마다 6,000 여 명의 사람들이 깨끗한 물을 마시지 못해 죽어가며 이들 중 대부분이 어린 아이들이다. 이들을 위해 개발된 라이프 스트로우는 휴대용 개인 정수기로 땅에 고인 더러운 물도 깨끗한 물로 걸러준다.

④ **페트병 전구(Moser lamp)** : 모저 램프라고도 불리는 페트병 전구는 물을 채운 페트병과 약간의 표백제 만으로 전기 없이도 빛을 낼 수 있다. 지붕에 구멍을 뚫어 페트병을 넣으면 태양광의 정도에 따라 40 ~ 60 와트의 밝기로 백열 전구 1개에 해당하는 빛이 난다.

⑤ **사탕수수 연료(Sugarcane charcoal)** : 아이티에서는 매일같이 불을 피워 요리를 하므로 호흡기 질환에 쉽게 걸리게 되고, 연료가 될 목재를 구하느라 많은 시간을 들이며, 오가는 길에 위험에 노출되기도 한다. 이를 해결하기 위해 지역에서 쉽게 구할 수 있는 사탕수수 부산물을 태운 뒤 그 가루를 카사바 뿌리 반죽과 잘 섞어 압축하여 숯을 만들었다. 이는 나무를 태우는 것에 비해 연기가 적게 나지만 화력은 음식을 조리하기에 충분하였으며, 사탕수수가 아니라도 옥수수 속 같은 농업 부산물을 이용해도 된다.

2000 년대 이전까지 적정 기술은 소수의 정부기관 및 NGO 가 주를 이루어 제 3 세계의 빈곤 문제를 해결하기 위해 연구, 개발되었지만 최근 한국에서도 '적정 기술 붐'이 일어나고 있다고 할 정도로 적정 기술에 관한 관심과 활동이 급증하고 있으며 환경 문제에 대응할 수 있는 대안 기술 개발 분야로 확대되고 있다.
적정 기술은 제 3 세계와 선진국 사이의 기술적, 경제적 격차를 가장 바람직한 방식으로 해결할 수 있는 도구이자, 기술을 사용하는 궁극적인 목표가 인간에 맞춰진 기술이라고 볼 수 있다.

 항아리 냉장고가 농작물을 오래 보관할 수 있는 이유를 열현상을 이용하여 논리적으로 설명하시오.

 적정 기술을 실천하는 사람들의 신념은 기술이 돈 있는 사람들을 위해 존재하는 것이 아니라 제일 긴급한 곳에, 가장 힘든 곳에 제공되어야 한다는 것이다. 모기가 옮기는 감염병 중에 가장 흔하고 치명적인 것은 말라리아다. 이러한 말라리아 감염을 예방하기 위한 적정 기술 제품을 고안해 보시오.

(가) 우주를 계와 주위로 나눌 수 있는데, 계(system)는 우리가 관심을 갖는 대상인 우주의 일부분이고, 계를 제외한 모든 부분을 주위(surroundings)라고 한다.

〈 중 략 〉

계는 계와 주위 사이의 에너지 혹은 물질의 교환 여부에 따라 고립계, 닫힌계, 열린계로 나눌 수 있다. 고립계는 주위와, 물질과 에너지 모두를 교환하지 않는다. 닫힌계는 주위와, 에너지를 교환하지만 물질을 교환하지 않는다. 열린계는 주위와, 물질과 에너지 모두를 교환한다.

〈 중 략 〉

계는 열과 일을 통해 주위와 에너지를 교환할 수 있다. 예를 들어, 휘발유가 연소할 때 발생하는 에너지는 여러 형태로 변환할 수 있다. 난방용 혹은 취사용 연료로 휘발유를 사용하는 경우에는 발생한 에너지를 모두 열로 사용하지만, 자동차용 연료로 사용하는 경우에는 열 이외에 엔진을 움직이는 일로도 사용한다.

– 천재 교육 화학 II 교과서 노태희 저, p101 ~ 103 中

(나) 기체에 열을 가하면 내부 에너지가 증가하거나 외부에 일을 하게 된다. 일반적으로 기체에 가해 준 열량 Q, 내부 에너지의 증가량 ΔU, 기체가 외부에 한 일 W 의 관계는 다음과 같다.

$$Q = \Delta U + W$$

이러한 관계는 열에너지와 역학적 에너지를 포함한 에너지 보존 법칙이며, 이것을 **열역학 제1법칙**이라고 한다.

〈 중 략 〉

클라지우스(Clausius, Rudolf Julius Emanuel: 1822 ~ 1888)는 절대 온도가 T 인 열역학적 계가 열 ΔQ 를 흡수하면 그 계의 엔트로피 S 는 $\Delta S = \dfrac{\Delta Q}{T}$ 만큼 증가한다고 엔트로피를 정의하였다.

〈 중 략 〉

엔트로피를 이용하여 **열역학 제2법칙**을 다음과 같이 표현할 수 있다.

> • 열역학 과정에 참여하는 모든 계를 고려할 때 전체 엔트로피는 감소하지 않는다.
> • 어떤 계를 고립시켜서 외부와의 상호 작용을 없애 주면 그 계의 분자나 원자들의 무질서도가 증가하는 쪽으로, 즉 계의 엔트로피가 증가하는 쪽으로 변화가 일어나며, 그 반대쪽으로는 변화가 일어나지 않는다.

– 천재 교육 물리 II 교과서 p83 ~ 93 中

(다) 무한이는 지구와 같이 사람이 살 수 있는 행성이 발견될 경우 그곳에 지을 집을 구상하고 있다. 교실만 한 크기의 공간은 외부 공기와 차단되어 있으므로 용기 속에 저장된 액체 산소를 기화시키거나 화분에 심어져 있는 식물들의 광합성 과정으로 발생한 산소를 공급 받는다. 집의 외부에는 태양 전지가 연결되어 있는 축전기가 설치되어 있으며 이를 통해 전기 에너지를 공급받아 형광등을 이용하여 내부를 밝히고, 냉온수기를 가동시키며, 일정한 실내 온도를 유지시켜주는 난방기도 가동시킨다. 축전기에 충전된 전기 에너지

가 부족할 경우에는 운동도 하고 전기 에너지도 저장할 수 있는 실내용 자전거 발전기를 이용한다. 집에 들어간 후 외부와의 출입은 하지 않으며 모든 활동을 실내에서만 하게 된다.

자료 해석 및 일반화

 Q1 (다)의 무한이가 구상한 집이 하나의 계라면 이 계는 고립계, 닫힌계, 열린계 중 어느 계에 근접한가? 그 이유와 함께 자신의 생각을 서술하시오.

 Q2 (다)의 무한이가 구상한 집에서 일어나는 에너지 전환 과정을 각각 설명하시오.

개념 응용하기

(다)의 무한이가 구상한 집이 하나의 계일 때, 이 계 내의 각 과정에서는 열역학 제 2 법칙이 항상 성립하는가? 자신의 생각을 그 이유와 함께 서술하시오.

과학의
새로운 기준이 되다

세페이드 ㅣ 변광성은
지구에서 은하까지의
거리를 재는 기준별이
며 우주의 등대라고 불
린다.

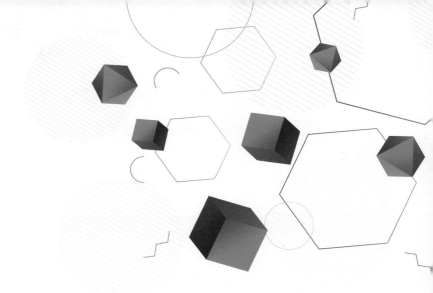

세페이드

4F. 물리학(상)
정답 및 해설

Ⅰ 운동과 에너지

1강. 운동의 분석과 표현

개념확인	12 ~ 17 쪽
1. 5 N	2. 5 J
3. 이동 거리 : 17m, 변위의 크기 : 13m	
4. -5 m/s	5. ㉢ 6. ⑤

확인 +	12 ~ 17 쪽
1. ②	2. ㉡	3. t_1의 순간 속도
4. 북서쪽, 5m/s	5. 2 m/s²	6. 100

개념확인

1. 답 5N

해설

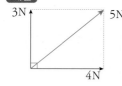

크기와 방향을 가진 벡터는 평행사변형법 또는 삼각형법으로 합성한다.

2. 답 5 J

해설 벡터의 스칼라 곱을 하면 스칼라가 된다.
$W = \vec{F} \cdot \vec{s} = Fs\cos\theta = 5 \cdot 2 \cdot \cos 60° = 5(J)$

3. 답 이동 거리 : 17m, 변위의 크기 : 13m

해설

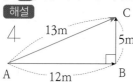

변위는 벡터량이므로 평행사변형법으로 합성하여 크기가 13m 가 되지만 이동거리는 17m 이다.

4. 답 -5 m/s

해설 오른쪽을 (+)로 했을 때 무한이 속도는 +20m/s, 상상이 속도는 +15m/s 이다. 따라서 무한이가 본 상상이의 속도는 15-20 = -5 m/s 이다. 왼쪽으로 5m/s 로 운동한다.

5. 답 ㉢

해설 가속도의 방향은 속도 변화량의 방향과 같고, 알짜힘이 작용하는 방향과 같다. 변위의 방향은 속도의 방향과 같다.

6. 답 ⑤

해설 등가속도 직선 운동이란 직선 상에서 가속도(단위 시간 동안 속도의 변화량)의 크기와 방향이 일정한 운동을 말한다.

확인 +

1. 답 ②

해설 크기와 방향을 동시에 가지는 물리량을 벡터라고 한다. 일, 속력, 질량, 에너지는 크기만 가지는 스칼라이다.

2. 답 ㉡

해설 두 벡터가 이루는 각이 90°일 때 벡터곱이 최대값이 된다. 스칼라곱의 결과는 0(최소)이 된다.

3. 답 t_1 에서의 순간 속도

해설 시각 t_1 에서의 순간 속도의 크기는 직선 A의 기울기이고, $t_1 \sim t_2$ 의 평균 속도는 직선 PQ의 기울기이다. 직선 A의 기울기가 더 크다.

4. 답 북서쪽, 5m/s

해설 A가 본 B의 속도(상대 속도라고 한다.)는 B의 속도에서 관찰자인 A의 속도를 뺀 결과이다.
$v_{AB} = v_B - v_A = v_B + (-v_A)$ 이며, 북서쪽 5m/s 이다.

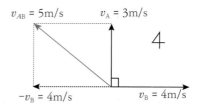

5. 답 2 m/s²

해설 v-t (속도-시간) 그래프에서 A~B의 평균 가속도는 두 지점을 잇는 직선의 기울기이다.

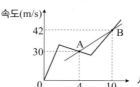

A-B 직선의 기울기 :
$\dfrac{42-30}{10-4} = 2 \text{ m/s}^2$

6. 답 100

해설 물체의 가속도는 다음과 같다.
$$\vec{a} = \frac{\vec{v} - \vec{v_0}}{\Delta t} = \frac{15\text{m/s} - 5\text{m/s}}{10\text{s}} = 1\text{m/s}^2$$
따라서 물체의 10초 동안 변위 s 는 다음과 같다.
$$s = v_0 t + \frac{1}{2}at^2 = 5 \cdot 10 + \frac{1}{2} \cdot 1 \cdot (10)^2 = 100(\text{m})$$

개념다지기	18 ~ 19 쪽
01. (1) O (2) X (3) X	02. ㉠ $2\sqrt{3}$ ㉡ 2
03. ⑤	04. ④ 05. ④ 06. ③
07. ②	08. (1) X (2) O (3) X

01. 답 (1) O (2) X (3) X

해설 (1), (3) 벡터는 평행 이동시켜도 크기와 방향이 변하지 않으며, 합성하거나 분해할 수 있다. 이때 여러 벡터의 합성은 삼각형법을 이용할 경우 한 벡터의 머리(끝점)에 다른 벡터의 꼬리(시작점)를 계속 이어나가면 합성 벡터를 구할 수 있다.
(2) 두 벡터가 평행하면 두 벡터의 사이 각이 0°이므로, 스칼라곱은 최대값이 된다.

02. 답 ㉠ $2\sqrt{3}$ ㉡ 2

해설 벡터 $\vec{A}$의 x방향 성분 벡터의 크기 $A_x = A\cos\theta$, y방향 성분 벡터의 크기 $A_y = A\sin\theta$이다.

$A_x = A\cos 30° = 4 \cdot \dfrac{\sqrt{3}}{2} = 2\sqrt{3}\,(\mathrm{m})$,

$A_y = A\sin 30° = 4 \cdot \dfrac{1}{2} = 2(\mathrm{m})$

03. 답 ⑤

해설 ① 위치는 기준점으로부터의 직선 거리와 방향을 함께 나타낸다. 변위는 위치의 변화량이고, 크기와 방향을 가진다.
② 기준점에서 물체의 위치까지 화살표를 그어 직선 거리와 방향을 같이 나타내는 벡터를 위치 벡터라고 한다.
③ 같은 운동이라면 위치 벡터는 기준점에 따라 변한다. 이때 변위는 변하지 않는다.
④ 곡선 경로를 따라 운동하는 물체의 경우 이동 거리가 변위의 크기보다 크다.
⑤ 변위는 위치의 변화량으로 물체의 이동 경로와 상관없이 처음 위치와 나중 위치 사이를 화살표로 그어 크기와 방향을 나타낸다.

04. 답 ④

해설 xy평면에서 운동한 물체의 변위는 처음 위치에서 나중 위치까지의 위치 변화량이므로 A점과 B점 사이의 직선거리가 된다. 따라서 변위의 크기 $= \sqrt{(5-2)^2 + (6-2)^2} = 5\mathrm{m}$ 이다.

$\therefore$ 평균 속력 $= \dfrac{\text{이동 거리}}{\text{걸린 시간}} = \dfrac{15\mathrm{m}}{2.5초} = 6\mathrm{m/s}$,

평균 속도 (크기) $= \dfrac{\text{변위}}{\text{걸린 시간}} = \dfrac{5\mathrm{m}}{2.5초} = 2\mathrm{m/s}$

05. 답 ④

해설 북쪽 방향을 (+)로 하였으므로, 무한이가 타고 있는 지하철 A의 속도 $v_A = 85\mathrm{km/s}$, 지하철 B의 속도 $v_B = -65\mathrm{km/s}$이다. 따라서 무한이가 본 지하철 B의 상대 속도 v_{AB}는 다음과 같다.

$v_{AB} = v_B - v_A = -65 - 85 = -150(\mathrm{km/s})$

무한이가 볼 때 지하철 B는 남쪽 방향 150km/h의 속도로 운동하는 것으로 보인다.

06. 답 ③

해설 자동차가 0 ~ 5초 동안의 속도의 크기 $v_0 = 30\mathrm{m/s}$, 5 ~ 8초 동안의 속도의 크기 $v_1 = 50\mathrm{m/s}$이다.
따라서 자동차가 이동한 거리는 다음과 같다.

0 ~ 5초 동안 이동한 거리 $s_0 = v_0 t_0 = 30 \times 5 = 150(\mathrm{m})$
5 ~ 8초 동안 이동한 거리 $s_1 = v_1 t_1 = 50 \times 3 = 150(\mathrm{m})$
$\therefore s = s_0 + s_1 = 300(\mathrm{m})$

이때 자동차는 출발 후 5초가 될 때 방향을 바꾸는 운동을 하였고, 8초일 때 출발점에 위치한다. 8초 간 변위는 0이다.

$\therefore$ 평균 속도 $= \dfrac{\text{변위}}{\text{걸린 시간}} = 0$

07. 답 ②

해설 자동차 A의 처음 속도의 크기 $v_0 = 80\mathrm{m/s}$, 나중 속도의 크기 $v_1 = 60\mathrm{m/s}$이다. 이때 자동차의 속도 변화량 $\Delta v = v_1 - v_0$은 오른쪽 그림과 같이 구할 수 있다.

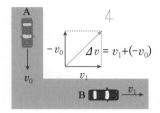

$\therefore \Delta v\,(\text{크기}) = \sqrt{60^2 + 80^2} = 100(\mathrm{m/s})$

평균 가속도는 속도 변화량을 걸린 시간으로 나눠서 구한다.

$a_{\text{평균}} = \dfrac{\Delta v}{\Delta t} = \dfrac{100\mathrm{m/s}}{20\mathrm{s}} = 5\mathrm{m/s^2}(\text{크기})$

이때 평균 가속도의 방향은 Δv의 방향과 같은 북동쪽이다.

08. 답 (1) X (2) O (3) X

해설 변위-시간 그래프에서 기울기는 속도를 의미한다. 2차 함수 그래프이므로 시간이 지남에 따라 기울기가 일정하게 감소하고 있다. 따라서 처음 속도를 (+) 방향으로 한 경우 가속도가 (−) 방향인 등가속도 직선 운동 그래프이다.
(1) $F = ma$ 이므로, 물체에 작용하는 힘의 방향과 가속도의 방향은 일치한다. 물체의 운동 방향과 힘의 방향이 반대이다.
(2) 속도(기울기)가 일정하게 감소하므로 가속도가 일정한 운동이다.
(3) 0~t 는 속력(빠르기)이 감소하고, 물체의 운동 방향이 바뀌어 t~$2t$ 는 속력이 증가한다.

유형익히기 & 하브루타　　　　20 ~ 23 쪽

[유형1-1]	(1) 0	(2) $2\vec{A}$(or $-2\vec{D}$)	(3) $\vec{B}$
	01. ③	02. ⑤	
[유형1-2]	②	03. ③	04. ④
[유형1-3]	②	05. ③	06. ⑤
[유형1-4]	④	07. ⑤	08. ⑤

[유형1-1] 답 (1) 0 (2) $2\vec{A}$(or $-2\vec{D}$) (3) $\vec{B}$

해설 벡터를 합성할 때는 교환 법칙과 결합 법칙이 성립한다.
(1) $\vec{A} + \vec{C} + \vec{E} = (\vec{A} + \vec{C}) + \vec{E} = \vec{B} + \vec{E}$
$= \vec{B} - \vec{B}$ (or $-\vec{E} + \vec{E}$) $= 0$
(2) $\vec{B} - \vec{D} + \vec{F} = (\vec{B} + \vec{F}) - \vec{D} = \vec{A} - \vec{D}$
$= \vec{A} + \vec{A}$ (or $-\vec{D} + -\vec{D}$) $= 2\vec{A}$ (or $-2\vec{D}$)

(3) $2\vec{A} + \vec{D} + \vec{C} = 2\vec{A} - \vec{A} + \vec{C} = \vec{A} + \vec{C} = \vec{B}$

01. 답 ③

해설 비행기의 위치를 xy 직각 좌표계에 나타내면 다음과 같다

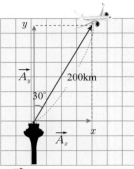

비행기의 위치 벡터 $\vec{A}$ 의 성분을 분해하면 다음과 같다.
x 성분 벡터 $\vec{A_x}$ 의 크기 $= A\cos\theta = 200 \cdot \cos60° = 100\text{(km)}$
y 성분 벡터 $\vec{A_y}$ 의 크기 $= A\sin\theta = 200 \cdot \sin60° = 100\sqrt{3}\ \text{(km)}$
∴ 비행기의 위치는 동쪽으로 100km, 북쪽으로 $100\sqrt{3}$ km
떨어져 있다.

02. 답 ⑤

해설 ㄱ. 벡터 $\vec{A}$ 와 벡터 $\vec{B}$ 의 스칼라 곱
→ $\vec{A} \cdot \vec{B} = AB\cos\theta = 6 \times 7 \times \cos45° = 21\sqrt{2}$
ㄴ. 벡터 $\vec{A}$ 와 벡터 $\vec{B}$ 의 벡터 곱의 크기
→ $\vec{A} \times \vec{B} = AB\sin\theta = 6 \times 7 \times \sin45° = 21\sqrt{2}$
ㄷ. 벡터 $\vec{A}$ 의 y 방향 성분 벡터 $\vec{A_y}$ 의 크기
→ $A\sin\theta = 6 \times \sin45° = 3\sqrt{2}$
벡터 $\vec{B}$ 의 y 방향 성분 벡터 $\vec{B_y}$ 의 크기(θ는 x축과 이루는 각)
→ $B\sin\theta = 7 \times \sin0° = 0$

[유형1-2] 답 ②

해설 ㄱ. B점에 있을 때 상상이의 위치 벡터는 $\overrightarrow{OB}$, 변위 벡터는 $\overrightarrow{AB}$ 이다.
ㄴ, ㄷ. C점에 있을 때 무한이의 위치 벡터는 $\overrightarrow{OC}$ (크기: 반지름인 10m), 변위 벡터는 $\overrightarrow{AC}$ 이다.
ㄹ. 평균 속력 $= \dfrac{\text{이동 거리}}{\text{걸린 시간}}$, 평균 속도 $= \dfrac{\text{변위}}{\text{걸린 시간}}$
원형 트랙의 경우 실제 이동한 거리(호의 길이)가 변위의 크기(직선 길이)보다 크다. 따라서 상상이의 10초 동안 평균 속력이 평균 속도의 크기보다 크다.

03. 답 ③

해설 자동차는 일정한 속력으로 원형 도로를 달리고 있으며, 이때 이동한 거리는 다음과 같다.
$\dfrac{1}{4} \cdot 2\pi \cdot$ 원형 도로 반지름 $= \dfrac{1}{4} \times 2 \times 3 \times 100 = 150\text{m}$
따라서 A에서 B까지 걸린 시간 : $\dfrac{\text{이동 거리}}{\text{속력}} = \dfrac{150\text{m}}{25\text{m/s}} = 6$초
자동차가 A에서 B까지 이동하였을 때 변위의 크기는
$\sqrt{100^2 + 100^2} = 100\sqrt{2} ≒ 141.4\text{(m)}$ 이므로,

평균 속도의 크기 : $\dfrac{\text{변위의 크기}}{\text{걸린 시간}} = \dfrac{141.4}{6} ≒ 23.6\text{(m/s)}$

04. 답 ④

해설 ㄱ. 낙엽이 바닥까지 떨어지는 동안 총 이동 거리는 1m + 2m + 1.5m = 4.5m이고, 변위의 크기는 두 지점의 직선 거리이므로 3m이다. 따라서 이동 거리가 변위보다 크다.
ㄴ. 평균 속력 $= \dfrac{\text{이동 거리}}{\text{걸린 시간}}$ 이므로, 구간별 평균 속력은 다음과 같다.
A점 ~ B점 $= \dfrac{1\text{m}}{1\text{초}} = 1\text{m/s}$,   B점 ~ C점 $= \dfrac{2\text{m}}{1\text{초}} = 2\text{m/s}$,
C점 ~ D점 $= \dfrac{1.5\text{m}}{1\text{초}} = 1.5\text{m/s}$.
평균 속력이 가장 빠른 구간은 B ~ C 구간이다.
ㄷ. 낙엽이 바닥까지 떨어지는 동안 변위는 3m 이다.
평균 속도 $= \dfrac{\text{변위}}{\text{걸린 시간}} = \dfrac{3\text{m}}{3\text{초}} = 1\text{m/s}$

[유형1-3] 답 ②

해설 위치-시간 그래프에서 그래프의 기울기는 속도이다. 위치-시간 그래프를 속도-시간 그래프로 나타내었다.

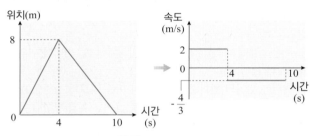

ㄱ, ㄹ. 평균 속도 $= \dfrac{\text{변위}}{\text{걸린 시간}}$ 이다. 10초 일 때 위치가 0이고 출발 지점으로 되돌아왔으므로 변위는 0이다.
ㄴ. 위치-시간 그래프에서 0~4초 사이 그래프 기울기가 일정하므로 물체의 순간 속도는 일정하다.
ㄷ. 0 ~ 4초 동안은 속도의 크기가 2m/s, 4 ~ 10초 동안은 $-\dfrac{4}{3}$m/s (크기 $\dfrac{4}{3}$ m/s)이다.

05. 답 ③

해설 💡 상대 속도

> 관측자 A 의 속도 $\vec{v_A}$, 물체 B의 속도 $\vec{v_B}$ 일 때,
> 관측자 A가 본 물체 B의 상대 속도 $\vec{v_{AB}}$
> = 관측자 A에 대한 물체 B의 속도
> $$\vec{v_{AB}} = \vec{v_B} - \vec{v_A}$$

오른쪽 방향을 (+)로 하였을 때, 자동차 C의 속도 $\vec{v_C} = +25\text{m/s}$ 이다. 이때 자동차 A는 C에 대하여 왼쪽으로 30m/s의 속력으로 운동하고 있으므로 $\vec{v_{CA}} = \vec{v_A} - \vec{v_C} = \vec{v_A} - (+25) = -30\text{m/s}$ 이다.
∴ 자동차 A의 속도 $\vec{v_A} = -5\text{m/s}$
자동차 B는 A에 대하여 오른쪽으로 15m/s의 속력으로 운동하고 있으므로 $\vec{v_{AB}} = \vec{v_B} - \vec{v_A} = \vec{v_B} - (-5) = +15\text{m/s}$ 이다.

$$\therefore \text{자동차 B의 속도} \ \vec{v}_B = +10\text{m/s}$$

그러므로 C에 대한 B의 속도는

$$\vec{v}_{CB} = \vec{v}_B - \vec{v}_C = +10 - (25) = -15\text{m/s}$$

즉, 자동차 B는 C에 대하여 왼쪽으로 15m/s의 속력으로 운동하고 있다.

06. 답 ⑤

해설 물체 A와 B의 운동을 xy 평면 위에 나타내면 다음과 같다.

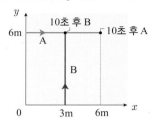

물체 A는 x방향으로 $\dfrac{6\text{m}}{10\text{s}} = 0.6$m/s 인 등속도 운동을 하고,

y 방향으로는 6m 위치에 정지해 있다.

물체 B는 x 방향으로는 3m 위치에 정지해 있고, y 방향으로는 $\dfrac{6\text{m}}{10\text{s}} = 0.6$m/s 인 등속도 운동을 하고 있다.

ㄱ. 물체 A의 운동 방향은 $+x$축 방향이고, B의 운동 방향은 $+y$축 방향이므로 서로 수직이다.

ㄴ. 두 물체의 속도의 크기는 서로 0.6m/s로 같다.

ㄷ. 두 물체는 일정한 속도로 운동하고 있기 때문에 10초 이후에는 두 물체 사이의 거리가 점점 멀어진다.

[유형1-4] 답 ④

해설 속도-시간 그래프에서 기울기는 가속도, x축과 그래프 사이의 넓이는 변위이다.

자동차 A : 기울기가 (+) 값으로 일정한 등가속도 운동이다.

자동차 B : (-) 방향의 등속 직선 운동이다.

ㄱ. 0 ~ 5초 동안 두 자동차의 속도는 모두 (−) 이므로 두 자동차 모두 (−) 방향으로 운동하므로 운동 방향이 같다.

ㄴ. 0 ~ 10초 동안 자동차 A, B의 변위 $\vec{s}_A$, $\vec{s}_B$ 를 구하자.

$$\vec{s}_A = (\tfrac{1}{2} \times 5 \times -40) + (\tfrac{1}{2} \times 5 \times 40) = 0$$

$$\vec{s}_B = 10 \times (-40) = -400\text{(m)}$$

0초일 때 두 자동차는 같은 지점을 통과하였으므로 10초일 때 두 물체 사이의 거리는 400(m)이다.

ㄷ. 5초일 때 속도의 부호가 (−)에서 (+)로 바뀌므로 속도의 방향이 바뀐다. 하지만 그래프의 기울기인 가속도는 (+)값으로 일정하므로 가속도는 변하지 않고, 방향도 일정하다.

ㄹ. 자동차의 가속도가 일정하므로 일정한 크기의 힘이 작용하고 있다.($F = ma$)

07. 답 ⑤

해설 xy 평면 상에서 운동하는 물체의 x 성분이 v_x, y 성분이 v_y 일 때, 속도의 크기는 $v = \sqrt{v_x{}^2 + v_y{}^2}$ 이다.

ㄱ. 6초일 때 $v_x = 0$이고, $v_y = 24$m/s이므로, 속도의 크기는 24m/s이다.

ㄴ. 속도-시간 그래프에서 그래프의 밑넓이는 변위의 크기가 된다.

x 축 방향의 변위의 크기 $s_x = \dfrac{1}{2} \times 6 \times 18 = 54$(m),

y 축 방향의 변위의 크기 $s_y = \dfrac{1}{2} \times 6 \times 24 = 72$(m)이다.

따라서 0 ~ 6초까지 변위의 크기(s)는 다음과 같다.

$$s = \sqrt{54^2 + 72^2} = \sqrt{8100} = 90\text{(m)}$$

ㄷ. 속도-시간 그래프에서 기울기는 가속도이다. 두 그래프 모두 기울기가 일정하므로 가속도가 일정하다(등가속도 운동).

가속도의 x 성분 $a_x = \dfrac{0 - 18}{6} = -3\text{(m/s}^2)$

가속도의 y 성분 $a_y = \dfrac{24 - 0}{6} = 4\text{(m/s}^2)$

따라서 0 ~ 6초동안 가속도의 크기(a)는 다음과 같다.

$$a = \sqrt{(-3)^2 + 4^2} = 5\text{(m/s}^2)$$

08. 답 ⑤

해설 자동차는 직선 구간을 일정하게 속도가 변하는 운동을 하였으므로 등가속도 직선 운동을 하였다.

ㄱ. 속도가 일정하게 증가하므로 가속도는 (+)이고, 운동 방향도 (+)이므로, 자동차에 작용하는 힘의 방향과 자동차의 운동 방향이 같다.

ㄴ. 자동차의 처음 속도 $v_0 = 60$km/h, 나중 속도 $v = 90$km/h이므로 자동차의 가속도를 a라 하면,

$$a = \dfrac{v - v_0}{\varDelta t} = \dfrac{90 - 60}{0.5\text{h}} = 60\text{km/h}^2(\text{오른쪽})$$

30분 동안 자동차의 변위를 s 라 하면,

$$2as = v^2 - v_0{}^2 \rightarrow 2 \times 60\text{km/h}^2 \times s = 90^2 - 60^2$$

$$\therefore s = 37.5\text{km}(\text{변위의 크기 : 이동 거리})$$

ㄷ. 40분 후 자동차의 속도를 v 라 하면,

$$v = v_0 + at \rightarrow v = 60 + (60 \times \dfrac{40}{60}) = 100\text{(km/h)}$$

창의력 & 토론마당   24 ~ 27 쪽

01 〈해설 참조〉

해설 (1) 오른쪽 방향을 $+x$, 위쪽 방향을 $+y$ 로 한다.

시간(초)	0초	1초	2초	3초	4초
x	0	7	12	15	16
y	0	-1	-4	-9	-16

(2), (3) 물체의 처음 속도를 v_0라고 하고, 등가속도 운동 공식 $s = v_0 t + \dfrac{1}{2}at^2$ 은 모든 시점에서 동일하게 적용된다.

v_0, a 의 x 방향 성분을 각각 v_{0x}, a_x로 하면,

1초일 때 변위의 x 방향 성분은 다음과 같다.

$$7 = v_{0x} \cdot 1 + \dfrac{1}{2} \cdot a_x \cdot 1^2 = v_{0x} + \dfrac{1}{2}a_x \cdots \text{㉠}$$

3초일 때 x 방향 성분은

$15 = v_{0x} \cdot 3 + \dfrac{1}{2} a_x \cdot 3^2 = 3v_{0x} + \dfrac{9}{2} a_x \cdots \text{ⓒ}$

$(3 \times \text{㉠}) - \text{ⓒ} \rightarrow 6 = -3a_x$, $\therefore a_x = -2(\text{m/s}^2)$, $v_{0x} = 8\text{m/s}$

1초일 때 y 방향 성분은

$-1 = v_{0y} \cdot 1 + \dfrac{1}{2} a_y \cdot 1^2 = v_{0y} + \dfrac{1}{2} a_y \cdots \text{㉠}$

3초일 때 y 방향 성분은

$-9 = v_{0y} \cdot 3 + \dfrac{1}{2} a_y \cdot 3^2 = 3v_{0y} + \dfrac{9}{2} a_y \cdots \text{ⓒ}$

$(3 \times \text{㉠}) - \text{ⓒ} \rightarrow 6 = -3a_y$, $\therefore a_y = -2(\text{m/s}^2)$, $v_{0y} = 0$

따라서 시간에 따른 x, y의 관계식은 다음과 같다.

$$x = 8t - t^2, \quad y = -t^2$$

· 처음 속도 v_0 : $v_{0x} = 8\text{m/s}$, $v_{0y} = 0$ 이므로,

$v_0 = \sqrt{v_{0x}^2 + v_{0y}^2} = 8\text{m/s}$ (크기)

· 가속도 a : $a_x = -2(\text{m/s}^2)$, $a_y = -2(\text{m/s}^2)$ 이므로,

$a = \sqrt{a_x^2 + a_y^2} = 2\sqrt{2}\,\text{m/s}^2$ (크기)

---

02 〈해설 참조〉

해설 (1) ~ (4) 0초, 1초, 2초, 3초인 순간 위치 벡터는 각각
$\vec{s_0}$, $\vec{s_1}$, $\vec{s_2}$, $\vec{s_3}$ 으로 나타낼 수 있다.

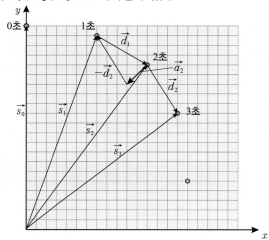

(2) (1~2초)변위 : $\vec{d_1} = \vec{s_2} - \vec{s_1} = \vec{v_{1.5}}$ (평균 속도 : 1초 간 변위)

(3) (2~3초)변위 : $\vec{d_2} = \vec{s_3} - \vec{s_3} = \vec{v_{2.5}}$ (평균 속도)

(4) $\vec{d_1}$=1.5초의 순간 속도, $\vec{d_2}$=2.5초의 순간 속도로 하자.
1.5초 부터 2.5초까지 1초 동안의 속도 변화량(평균 가속도)는 다음과 같다.

$$\Delta v = \vec{v_{2.5}} - \vec{v_{1.5}} = \vec{d_2} - \vec{d_1} = \vec{a_2}$$

(5) $\vec{d_1} - \vec{d_0} = \vec{a_1}$, $\vec{d_0} = \vec{s_1} - \vec{s_0} = \vec{v_{0.5}}$

$\vec{v_{0.5}} = \vec{v_0} + \vec{a_1} \times \dfrac{1}{2}$

$\therefore \vec{v_0} = \vec{v_{0.5}} - \dfrac{\vec{a_1}}{2} = \vec{d_0} - \dfrac{\vec{a_1}}{2} = (\dfrac{3}{2}\vec{d_0} - \dfrac{\vec{d_1}}{2})$

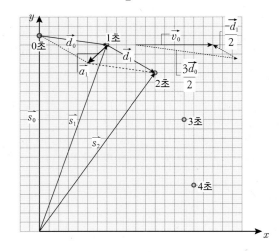

---

03 $\dfrac{2v_0(v_1 + v_2)}{v_1 + v_2 + 2v_0}$

해설 목표 지점까지의 거리를 L, 절반 지점을 통과한 직후부터 도착점까지 걸린 시간을 t 라고 하면, 각각의 이동 거리는 다음과 같다.

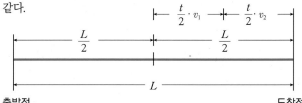

처음 절반 지점까지 걸린 시간은 $\dfrac{L}{2v_0}$, 나머지 절반 지점에서 도착점까지 걸린 시간 t 는 다음과 같다.

$\dfrac{L}{2} = (\dfrac{t}{2} \cdot v_1) + (\dfrac{t}{2} \cdot v_2) \rightarrow L = t(v_1 + v_2)$ $\therefore t = \dfrac{L}{v_1 + v_2}$

평균 속력 $= \dfrac{\text{이동 거리}}{\text{걸린 시간}} = \dfrac{L}{\dfrac{L}{2v_0} + \dfrac{L}{v_1 + v_2}} = \dfrac{2v_0(v_1 + v_2)}{v_1 + v_2 + 2v_0}$

---

04 1.7초, 58.9m

해설 〈풀이 ①〉 두 자동차 사이의 거리가 최소가 되는 지점에서 두 지점 사이의 거리를 l 로 하고, 걸린 시간을 t 라고 하면, xy 평면 상에 나타내면 다음 그림과 같다.

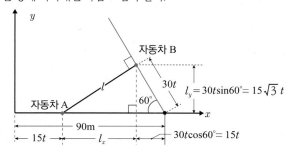

$$l^2 = l_x^2 + l_y^2 = (90 - 15t - 15t)^2 + (15\sqrt{3}\,t)^2$$
$$= 1575t^2 - 5400t + 8100$$
$$= 1575(t^2 - \frac{24}{7}t) + 8100$$
$$= 1575[t^2 - \frac{24}{7}t + (\frac{12}{7})^2 - (\frac{12}{7})^2] + 8100$$
$$= 1575(t - \frac{12}{7})^2 - [(\frac{12}{7})^2 \times 1575] + 8100$$
$$= 1575(t - \frac{12}{7})^2 + 3471.4$$

따라서 $t = \frac{12}{7} ≒ 1.7$(초)일 때 l 은 최솟값이 되고,

이때 $l^2 = 3471.4 \;\rightarrow\; l ≒ 58.9$(m)가 된다.

〈풀이 ②〉

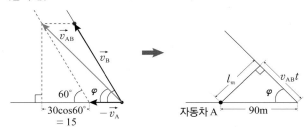

A에 대한 B의 상대 속도는 다음과 같다. 이때 A에게 B는 $\overrightarrow{v_{AB}}$로 운동한다.

$$|\overrightarrow{v_{AB}}| = |\overrightarrow{v_B} - \overrightarrow{v_A}| = \sqrt{v_A^2 + v_B^2 + 2v_A v_B \cos 60°}$$
$$= \sqrt{30^2 + 15^2 + 2 \times 30 \times 15 \times \frac{1}{2}} = 15\sqrt{7}$$

$v_{AB}\cos\varphi = 15 + 30\cos 60° = 30$

$\rightarrow 15\sqrt{7}\cos\varphi = 30$, $\cos\varphi = \frac{2}{\sqrt{7}}$ ($\rightarrow \sin\varphi = \frac{\sqrt{3}}{\sqrt{7}}$)

두 자동차 사이의 최소 거리를 l_m, 걸린 시간을 t 라고 하면,

$$l_m = 90\sin\varphi = 90 \cdot \frac{\sqrt{3}}{\sqrt{7}} = \frac{90\sqrt{21}}{7} ≒ 58.9\text{(m)}$$

$v_{AB}t = 90\cos\varphi \;\rightarrow\; 15\sqrt{7} \cdot t = 90 \cdot \frac{2}{\sqrt{7}} \;\therefore\; t = \frac{12}{7} ≒ 1.7\text{(초)}$

---

05 400m, $550 + 50\sqrt{73}$m

해설 P점을 O점으로 하고 자동차 A와 B의 속력을 각각 v_A, v_B 라고 할 때, (가) $v_A > v_B$ 일 경우, (나) $v_B > v_A$ 일 경우 시간에 따른 위치를 나타내면 다음과 같다.

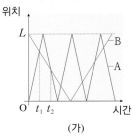

(가)

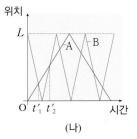

(나)

(가) 처음 만나는 지점까지 걸린 시간을 t_1 라고 할 때, 각 자동차의 이동 거리는 다음과 같다.

자동차 A : $300 = v_A t_1$, 자동차 B : $L - 300 = v_B t_1$

$\rightarrow \dfrac{v_A}{v_B} = \dfrac{300}{L - 300}$

$v_A > v_B$ 일 경우이므로, 자동차 A는 Q점에서 다시 P점을 향할 때, 자동차 B는 P점에 도달하기 전에 두번째 만나는 지점에 도달하게 된다. 두번째 만나는 지점까지 걸린 시간 t_2 라고 하면,

자동차 A : $L + 200 = v_A t_2$, 자동차 B : $200 = v_B t_2$

$\rightarrow \dfrac{v_A}{v_B} = \dfrac{L + 200}{200}$

$\therefore \dfrac{L + 200}{200} = \dfrac{300}{L - 300}$

$L^2 - 100L - 120,000 = 0$ $\therefore L = 400$(m)

(나) 처음 만나는 지점까지 걸린 시간을 t'_1 라고 할 때,

A : $300 = v_A t'_1$, B : $L - 300 = v_B t'_1$

두번째 만나는 지점까지 걸린 시간을 t'_2 라고 하면,

A : $L - 200 = v_A t'_2$, B : $L + (L - 200) = v_B t'_2$

$\rightarrow \dfrac{L - 200}{2L - 200} = \dfrac{300}{L - 300}$

$L^2 - 1,100L + 120,000 = 0 \therefore L = 550 + 50\sqrt{73}$(m)

스스로 실력 높이기   28 ~ 35 쪽

01. (1) ㄱ, ㄹ, ㅂ, ㅅ (2) ㄴ, ㄷ, ㅁ, ㅇ, ㅈ
02. (1) ㅅ (2) 벡 (3) ㅅ   03. 7
04. ㉠ $\frac{15}{2}$ ㉡ $\frac{15}{2}\sqrt{3}$ 05. ⑤   06. ①
07. -65 08. ㉠ 2 ㉡ 남서쪽   09. ①
10. ④   11. ①   12. ②
13. ㉠ 3 ㉡ 30   14. ④   15. 1.17
16. 25.4   17. ③   18. ⑤   19. 1.86
20. $a_{AB} > a_{AC} > a_{AD}$ 21. ③   22. ④
23. ④   24. ⑤   25. ④   26. ①
27. ⑤   28. 244.1   29. (1) ② (2) ①
30. ⑤   31. ③
32. (1) $\dfrac{s_{BC} - s}{v_p}$ (2) $t_1 + \dfrac{v_p}{a} + \dfrac{s_{AB} - s - \frac{a}{2}(\frac{v_p}{a})^2}{v_p}$

---

01. 답 (1) ㄱ, ㄹ, ㅂ, ㅅ (2) ㄴ, ㄷ, ㅁ, ㅇ, ㅈ

해설 스칼라량는 크기만 가지는 물리량이고, 벡터는 크기와 방향을 동시에 가지는 물리량이다.

02. 답 (1) ㅅ (2) 벡 (3) ㅅ

해설 두 벡터의 곱이 스칼라가 되는 곱셈을 스칼라 곱, 벡터가 되는 곱셈을 벡터 곱이라고 한다.

벡터 $\overrightarrow{A}$ 와 벡터 $\overrightarrow{B}$ 의 스칼라 곱 $= \overrightarrow{A} \cdot \overrightarrow{B} = AB\cos\theta$

벡터 곱의 크기 $= \overrightarrow{A} \times \overrightarrow{B} = AB\sin\theta$

(1) 두 벡터 사이의 각이 90° 인 경우 스칼라 곱의 결과는 0(최소)이 되고, 0°인 경우에는 최대값이 된다.

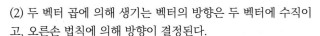

(2) 두 벡터 곱에 의해 생기는 벡터의 방향은 두 벡터에 수직이고, 오른손 법칙에 의해 방향이 결정된다.

(3) 물체에 작용한 힘을 $\vec{F}$, 이동한 거리를 s 라고 할 때, 일 W 은 스칼라 곱에 의해 $W = \vec{F} \cdot s$ 가 된다.

03. 답 7
해설 $\vec{A} + \vec{B} = \vec{C}$ 에서 합성 벡터 $\vec{C}$ 의 크기는 다음과 같다.
$C = \sqrt{A^2 + B^2 + 2AB\cos\theta} = \sqrt{3^2 + 5^2 + 2 \cdot 3 \cdot 5 \cdot \cos 60°}$
$\quad = 7 \text{(cm)}$

04. 답 ㉠ $\dfrac{15}{2}$ ㉡ $\dfrac{15}{2}\sqrt{3}$
해설 ㉠ $\vec{A} \cdot \vec{B} = AB\cos\theta = 3 \times 5 \times \cos 60° = \dfrac{15}{2}$

㉡ $|\vec{A} \times \vec{B}| = AB\sin\theta = 3 \times 5 \times \sin 60° = \dfrac{15}{2}\sqrt{3}$

05. 답 ⑤
해설 ㄱ. 물체 A와 B의 출발점과 시작점이 같으므로 두 물체의 변위는 같다. 따라서 두 물체의 평균 속도도 같다.
ㄴ. 두 물체는 모두 운동 방향이 바뀌는 운동을 하고 있다. 따라서 속도가 일정하지 않다.
ㄷ. 두 물체의 이동 거리는 모두 7m 이다.

06. 답 ①
해설 ㄱ. 기준점이 A점일 때 B점의 위치 벡터는 $\overrightarrow{AB}$ 이고, A점에서 B점까지의 변위 벡터도 $\overrightarrow{AB}$ 이다.
ㄴ. A점에서 C점까지 이동하였을 때 이동 거리는 6m, 변위의 크기는 3m이다. 따라서 평균 속력과 평균 속도는 다음과 같다.

$$\text{평균 속력} = \frac{\text{이동 거리}}{\text{걸린 시간}} = \frac{6\text{m}}{2\text{초}} = 3\text{m/s}$$

$$\text{평균 속도 크기} = \frac{\text{변위 크기}}{\text{걸린 시간}} = \frac{3\text{m}}{2\text{초}} = 1.5\text{m/s}$$

ㄷ. A점→B점, B점→ C점의 이동 거리는 같지만, 변위 벡터의 방향이 다르므로 평균 속도는 같지 않다.

07. 답 −65
해설 관측자 A 의 속도 $\vec{v_A}$, 물체 B의 속도 $\vec{v_B}$ 일 때, 관측자 A가 본 물체 B의 상대 속도 $\vec{v_{AB}}$ 는 $\vec{v_{AB}} = \vec{v_B} - \vec{v_A}$ 이다.
$$\therefore -135 = \vec{v_B} - 70, \qquad \vec{v_B} = -65\text{(km/h)}$$
즉, 자동차 B는 자동차 A와 반대 방향으로 65km/h의 속력으로 움직이고 있다.

08. 답 ㉠ 2 ㉡ 남서쪽
해설

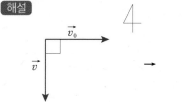 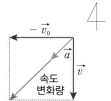

㉠ 처음 속도를 $\vec{v_0}$, 나중 속도를 $\vec{v}$ 라고 하면, 속도 변화량 크기
$$|\varDelta \vec{v}| = |\vec{v} - \vec{v_0}| = \sqrt{6^2 + 8^2} = 10\text{m/s}, \quad \varDelta t = 5\text{초}$$

$|\vec{a}| = \dfrac{\text{속도 변화량의 크기}}{\text{걸린 시간}} = \dfrac{|\vec{v} - \vec{v_0}|}{\varDelta t} = \dfrac{|\varDelta \vec{v}|}{\varDelta t} = \dfrac{10}{5} = 2\text{m/s}^2$
가속도의 방향은 속도 변화량의 방향과 같고 남서쪽이다.

09. 답 ①
해설 자동차는 등가속도 직선 운동을 한다. 등가속도 공식 $2as = v^2 - v_0^2$ 에 의해 자동차의 가속도는 다음과 같다.
$$2 \times a \times 50 = 0 - 25^2 (\because 90\text{km/h} = 25\text{m/s})$$
$$\therefore a = -6.25 (\text{m/s}^2)$$
따라서 이 자동차가 같은 가속도 운동할 때 72m 앞에 장애물과 충돌하지 않을 수 있는 최대 속도의 크기 v_1 는
$$2 \times 6.25 \times 72 = 0 - v_1^2, \qquad \therefore v_1 = 30\text{(m/s)}$$

10. 답 ④
해설 속도-시간 그래프의 기울기는 가속도이고, 그래프의 시간 축 사이의 넓이는 변위이다. 속도-시간 그래프에서 기울기가 일정하므로 등가속도 운동을 한다.
ㄱ. 그래프의 기울기는 가속도로 등가속도 공식 $2as = v^2 - v_0^2$ 에 의해 $a = \dfrac{v^2 - v_0^2}{2s}$ 로 나타낼 수 있다.
ㄷ. 속도 변화량은 $v - v_0$ 이다.

11. 답 ①
해설 속도 벡터 $\vec{v} = \vec{v_x} + \vec{v_y}$ 와 같이 x 성분 벡터와 y 성분 벡터의 합으로 나타낼 수 있다. 각 성분 벡터의 크기는 $v_x = v\cos\theta$, $v_y = v\sin\theta$ 이다.
$v_x = 90\cos 30° = 45\sqrt{3}$ (m/s), $v_y = 90\sin 30° = 45$(m/s)

12. 답 ②
해설 합성 벡터의 크기는 xy 좌표계의 각 성분끼리의 합을 이용하여 구할 수 있다.
네 벡터의 합성 벡터를 $\vec{E}$ 라고 하면, 벡터 $\vec{E}$ 의 x 성분인 E_x 는 각 벡터의 x 성분의 합이다.
$$E_x = A_x + B_x + C_x + D_x = 2 - 2 - 1 + 5 = 4$$
E_y 는 각 벡터의 y 성분의 합이다.
$$E_y = A_y + B_y + C_y + D_y = 3 + 6 - 3 - 3 = 3$$
따라서 $|\vec{E}| = \sqrt{4^2 + 3^2} = 5$

13. 답 ㉠ 3 ㉡ 30
해설

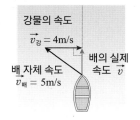

배의 실제 속도를 $\vec{v}$, 강의 유속을 $\vec{v_강}$, 이라고 할 때, $\vec{v} = \vec{v_배} + \vec{v_강}$ 이 되며, $\vec{v}$ 는 $\vec{v_강}$ 과 수직이 된다.
$$\therefore |\vec{v}| = 3\text{(m/s)} \text{ 이고, 90m의 강폭을 건너는 데 걸리는 시간은}$$
$\dfrac{90}{3} = 30$(초)이다.

14. 답 ④

해설 위치-시간 그래프에서 기울기는 속도이다. 물체는 x 방향으로는 속력 $\frac{5}{10} = 0.5$m/s 인 등속도 운동을 하고, y 방향으로는 위치 변동이 없으므로 정지해 있다.

ㄱ, ㄷ. 물체는 등속도 운동을 하고 있으므로 5초와 10초일 때 속도는 x 방향 0.5m/s 로 각각 같다.

ㄴ. 가속도가 0 이므로, 작용하는 알짜힘은 0이다.

ㄷ. 물체의 운동 방향은 x 방향이고, 0 ~ 10초 사이 $+x$ 방향으로 5m 이동하고, y 방향의 위치 변동은 없다.

15. 답 1.17

해설 자동차 A의 속도 = 126km/h = $\frac{126{,}000\text{m}}{3600\text{s}}$ = 35m/s

경찰차의 최고 속도 = 180km/h = $\frac{180{,}000\text{m}}{3600\text{s}}$ = 50m/s

경찰차가 최고 속도에 도달하는데 걸리는 시간 t은

$$v = at \;\to\; 50 = 2.5 \times t, \;\; \therefore t = 20(\text{s})$$

자동차 A와 경찰차의 운동을 속도 - 시간 그래프로 나타내면 다음과 같다.

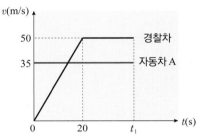

속도-시간 그래프에서 그래프 아래 넓이는 변위(이동 거리)가 되며, 자동차 A와 경찰차가 만나는 시간 t_1 동안 이동 거리는 같다.

$$35t_1 = \frac{1}{2}\,20 \cdot 50 + 50(t_1 - 20),\; t_1 \fallingdotseq 33.3(\text{s})$$

따라서 경찰차가 정지해 있던 지점에서 자동차 A가 잡히는 지점까지의 거리는 $35 \times 33.3 = 1165.5(\text{m}) \fallingdotseq 1.17(\text{km})$이다.

16. 답 25.4

해설 출발 후 242m 지점을 통과하는 시간을 t_1 이라 하면,

$$s = v_0 t + \frac{1}{2}at^2 \;\to\; 242 = \frac{1}{2} \times 4 \times t_1^2,\; t_1 = 11(\text{s})$$

이때 자동차의 속력(나중 속력) v_1 은

$$v = v_0 + at \;\to\; v_1 = 4 \times 11 = 44(\text{m/s})$$

나머지 $330 - 242 = 88$m 이동하는 동안 걸린 시간 t_2 은

$$88 = 44t_2 \;\to\; t_2 = 2(\text{s})$$

$\therefore$ 330m 거리를 이동하는 동안 자동차의 평균 속력은 다음과 같다.

$$\text{평균 속력} = \frac{\text{이동 거리}}{\text{걸린 시간}} = \frac{330}{13} \fallingdotseq 25.4(\text{m/s})$$

17. 답 ③

해설 위치 - 시간 그래프에서 그래프의 기울기는 속도이고, 가속도 - 시간 그래프에서 그래프의 밑넓이는 속도 변화량이 된다.

(가) 그래프 : 기울기가 일정하므로 물체는 y 축 방향으로는 속도가 일정한 운동(등속 운동)을 하고 있다.

(나) 그래프 : 가속도 운동하므로 x 방향으로 힘이 작용하고 있다.

ㄱ. 6초일 때 y 방향 속력 $v_y = \frac{12\text{m}}{6\text{초}} = 2$m/s,

6초일 때 x 방향 속력 $v_x = \frac{1}{2} \cdot 12 \cdot 6$ (넓이) = 36m/s,

$\therefore$ 물체의 속력 $v = \sqrt{2^2 + 36^2} = 10\sqrt{13}\,(\text{m/s})\,(> 36\text{m/s})$

ㄴ. 물체는 x 방향으로 가속도가 증가하는 운동을 하고 있다.

ㄷ. 물체가 등속 운동을 할 때 외부에서 작용하는 힘은 0이다.

18. 답 ⑤

해설 속도-시간 그래프에서 기울기는 가속도, 그래프의 밑넓이는 이동 거리가 된다. 두 자동차는 직선 트랙 위를 달리고 있으며, 두 자동차의 이동 거리와 변위의 크기는 같다.

ㄱ. 두 자동차의 속도가 같아진 순간은 $t = 9$초일 때이다.

(0 ~ 9초) 자동차 A의 이동 거리 = $\frac{1}{2} \cdot 9 \cdot 12 = 54(\text{m})$,

자동차 B의 이동 거리 = $9 \cdot 12 = 108(\text{m})$

$\therefore$ 자동차 B가 자동차 A보다 54m 앞서 있다.

ㄴ. 자동차 A가 자동차 B를 앞지르는 순간은 두 자동차의 이동 거리가 같다. 이때의 시간은 18초이다.

ㄷ. (9 ~ 18초) 자동차 A의 이동 거리(면적) : 162(m)
자동차 B의 이동 거리(면적) : $9 \times 12 = 108(\text{m})$, 같은 시간이므로, 자동차 A의 평균 속력이 더 크다.

19. 답 1.86

해설 바퀴의 반지름을 R 이라 할 때, t_0 ~ t_1 시간 동안 점 O는 수직으로 $2R$만큼, 수평으로 바퀴 둘레의 반만큼(πR) 위치가 변하였다. 따라서 수평 성분인 x 방향 변위 크기는 $\pi R = 3.14 \cdot 0.5 = 1.57(\text{m})$이고, y 방향 변위의 크기는 $2R = 2 \cdot 0.5 = 1(\text{m})$이다.

$\therefore$ 점 O의 변위의 크기 : $\sqrt{1.57^2 + 1^2} \fallingdotseq 1.86(\text{m})$

20. 답 $a_{AB} > a_{AC} > a_{AD}$

해설 속력을 v 라고 할때, 점 A에서 점 B로 이동하는 데 걸린 시간을 t 라고 하면, 점 A → 점 C, 점 A → 점 D로 이동하는 데 걸린 시간은 각각 $2t$, $3t$ 이다.

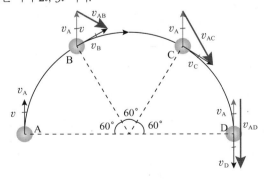

속도 변화량의 크기는 각각 $v_{AB} = v$, $v_{AC} = \sqrt{3}\,v$, $v_{AD} = 2v$ 이므로, 각각의 평균 가속도의 크기는 각각 다음과 같다.

$$a_{AB} = \frac{v}{t},\; a_{AC} = \frac{\sqrt{3}\,v}{2t},\; a_{AD} = \frac{2v}{3t},\;\; \therefore a_{AB} > a_{AC} > a_{AD}$$

21. 답 ③

해설 직선 운동하여 1km = 1,000m를 이동할 때 최단 시간으

로 운동하기 위해서는 최대 가속도로 가속한 후 최대 가속도로 감속하여 멈추면 된다. 속도-시간 그래프에서 기울기는 가속도가 되고, 그래프가 그리는 면적은 이동 거리이다.

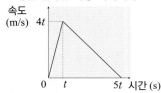

물체의 이동 거리 $= 1{,}000 = \dfrac{1}{2} \times 5t \times 4t \rightarrow t = 10(\text{s})$

∴ 물체가 운동하는데 걸리는 최소 시간은 $5 \times 10 = 50(\text{s})$이다.

22. 답 ④

해설 속도-시간, 이동 거리 - 시간 그래프는 각각 다음과 같다.

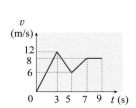 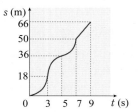

23. 답 ④

해설 가속 구간 12m 에서 걸린 시간을 t_1, 가속도를 a 라고 할 때, 12m를 달린 후 최고 속도 11m/s에 도달하였으므로, 등가속도 공식에 의해 ($2as = v^2 - v_0^2$, $v = v_0 + at$)

$$2 \cdot a \cdot 2 = 11^2, \quad a \fallingdotseq 5(\text{m/s}^2)$$
$$11 = 5 \times t_1, \quad t_1 = 2.2초$$

나머지 $100 - 12 = 88(\text{m})$ 이동 시간 $t_2 = \dfrac{88}{11} = 8초$ 가 된다.

ㄱ. 가속 구간의 평균 속력 $= \dfrac{12}{2.2} \fallingdotseq 5.5(\text{m/s})$

ㄴ. 가속 구간을 s, 가속 구간의 시간을 t_3, 등속 구간 거리는 $100 - s$, 등속 구간의 시간을 t_4 라고 하자. 이때 최고 속력을 유지한 채 10초 내에 들어오기 위해서는 $t_3 + t_4 = 10초$보다 작아야 한다.

$$11 = at_3, \quad 2as = 11^2 \rightarrow a = \dfrac{121}{2s}$$

$$t_3 = \dfrac{11}{a} = \dfrac{22s}{121}, \quad t_4 = \dfrac{100 - s}{11}$$

$$\therefore 10초 = \dfrac{22s}{121} + \dfrac{100 - s}{11}, \quad s = 10(\text{m})$$

즉, 가속 구간을 10m로 줄이면 100m 경기에서 10초의 기록을 낼 수 있다.

ㄷ. 100m 완주 기록은 $8 + 2.2 = 10.2초$이다.

24. 답 ⑤

해설 기차 A, B가 각각 정지할 때까지 이동한 거리를 구한다.(넓이)
기차 A : $\dfrac{1}{2} \cdot 10 \cdot 30 = 150(\text{m})$, 기차 B : $\dfrac{1}{2} \cdot 8 \cdot 20 = 80(\text{m})$

ㄱ. 기차가 250m 떨어져 있는 상태에서 두 기차가 감속을 시작하였다면 두 기차는 20m 떨어진 상태로 멈출 것이다.

ㄴ. 두 기차가 충돌을 피하기 위해서는 최소 230m 사이의 거리가

떨어져 있는 상태에서 감속을 시작해야 한다.

ㄷ. 기차 A의 가속도는 -3 m/s²이고, 4초가 되었을 때 기차 A의 속력은 $v = v_0 + at \rightarrow v = 30 + (-3) \times 4 = 18(\text{m/s})$, 이때까지 이동한 거리는 다음과 같다.

$$2as = v^2 - v_0^2 \rightarrow s = \dfrac{v^2 - v_0^2}{2a} = \dfrac{18^2 - 30^2}{2 \times (-3)} = 96(\text{m})$$

25. 답 ④

해설 방향에 따라 변위를 나타내 보자.

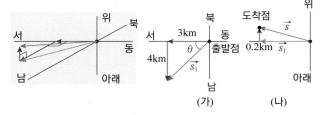

(가) (나)

(가)에서 처음 서쪽으로 3km 간 후, 남쪽으로 4km 갔으므로, 이때 변위 $\vec{s_1}$ 는 두 변위 벡터가 이루는 직각 삼각형의 빗변이 된다.

$$\therefore s_1 = \sqrt{3^2 + 4^2} = 5(\text{km})$$

(나)는 북서쪽을 바라보는 그림의 측면 그림이다. 이때 수평 성분 벡터는 $\vec{s_1}$ 가 되고, 수직 성분은 위쪽으로 이동한 변위 벡터가 된다. 따라서 (출발점 → 도착점) 변위 벡터 크기 $|\vec{s}|$는 다음과 같다.

$$|\vec{s}| = \sqrt{5^2 + 0.2^2} \fallingdotseq 5(\text{km})$$

$$\therefore 속도 크기 = \dfrac{변위 크기}{걸린 시간} = \dfrac{5\text{km}}{2.5\text{h}} = 2\text{km/h}$$

26. 답 ①

해설 개미의 운동을 좌표계에 나타내면 다음과 같다.

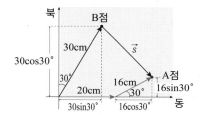

개미 A가 멈춘 지점을 A점, 개미 B가 1차로 이동한 지점을 B점이라고 하면, $\vec{s}$ 는 $\overrightarrow{\text{BA}}$ 가 된다. 출발점을 기준으로 A점의 위치는
동쪽 $20 + 16\cos 30° = 20 + 8\sqrt{3}$, 북쪽 $16\sin 30° = 8$
B점의 위치는 동쪽 $30\sin 30° = 15$, 북쪽 $30\cos 30° = 15\sqrt{3}$
따라서 변위 벡터 $\vec{s}$ 는
동쪽 성분 벡터 크기 : $20 + 8\sqrt{3} - 15 = 18.6$,
북쪽 성분 벡터 크기 : $15\sqrt{3} - 8 = 17.5$
∴변위 벡터 $\vec{s}$ 의 크기 $s = \sqrt{18.6^2 + 17.5^2} \fallingdotseq 26$ (cm)

27. 답 ⑤

해설 ㄱ. 물체의 x 성분 속도 $v_x = a_x t = -3t$, y 성분 속도 $v_y = a_y t = 2t$ 이다. 따라서 5초 후 물체의 x 성분 속도 $v_x = -3t = -3 \times 5 = -15(\text{m/s})$이다.(15m/s 와 속력은 같지만 방향이 반대)

ㄴ. $x = \dfrac{1}{2} a_x t^2 = \dfrac{1}{2} \cdot (-3) \cdot t^2 = -\dfrac{3}{2} t^2$

$y = \dfrac{1}{2} a_y t^2 = \dfrac{1}{2} \cdot 2 \cdot t^2 = t^2$

$x = -\dfrac{3}{2}\,y\ (y = -\dfrac{2}{3}\,x)$ 의 관계가 성립한다. 따라서 x 축 변위가 -3m일 때 y 축 변위는 2m 이다.

ㄷ. 물체의 가속도 성분이 시간에 따라 일정하므로 물체의 가속도 $a = \sqrt{(-3)^2 + 2^2} = \sqrt{13}$ m/s²의 등가속도 직선 운동을 한다.

28. 답 244.1

해설 바람에 대한 비행기의 속도를 $\vec{v}_{비}$, 지면에 대한 바람의 속도를 $\vec{v}_{바}$, 지면에 대한 비행기의 속도를 $\vec{v}_{지}$ 라고 할 때, 다음과 같이 나타낼 수 있다.

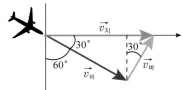

$\vec{v}_{지} = \vec{v}_{비} + \vec{v}_{바}$, $|\vec{v}_{지}| = \sqrt{200^2 + 140^2} = 244.1$ km/h (동쪽)

29. 답 (1) ② (2) ①

해설 (1) 배 A의 속도를 v_A, 배 B의 속도를 v_B 라고 한 후, 동쪽을 $+x$, 북쪽을 $+y$ 로 잡고 배의 속도를 xy 좌표계에 나타내면 다음과 같다. 이때 B에 대한 A의 상대 속도 $\boldsymbol{v}_{BA} = \boldsymbol{v}_A - \boldsymbol{v}_B$ 이다.

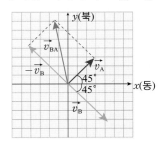

$|\boldsymbol{v}_{BA}| = \sqrt{20^2 + 30^2} \fallingdotseq 36$(m/s), 방향은 북쪽에서 서쪽으로 치우친 방향이다.

(2) 처음에 두 배 사이의 거리가 0이고, B가 봤을 때 A는 36(m/s) 속력으로 직선 운동하므로, 두 배 사이의 간격이 180m 가 될 때까지 걸리는 시간은 다음과 같다.

$$\frac{180}{36} = 5(\text{초})$$

30. 답 ⑤

해설 ㄱ. B와 D점의 접선의 방향이 물체의 운동 방향이다. 따라서 B와 D에서 물체의 운동 방향은 다르다.

ㄴ. (A~B)평균 속도의 y 성분 $= \dfrac{5 - 9}{1s} = -4$ (크기 4m/s)

(C~E) 평균 속도의 x 성분 $= \dfrac{16 - 8}{2s} = 4$ (크기 4m/s)

ㄷ. 속도의 크기는 각 점에서 모두 같고, 접선 방향이다. B~C 시간 간격은 1초이므로 속도 변화량과 가속도는 같다.

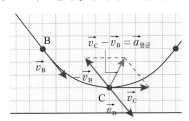

가속도의 방향은 속도 변화량의 방향과 같다. 따라서 B와 C 사이에서 평균 가속도의 x 방향 성분은 +방향, y 방향 성분은 $+y$ 방향이다.

31. 답 ③

해설 36km/h $= \dfrac{36,000\text{m}}{3600\text{s}} = 10$m/s, 반응 거리 = 처음 속력 × 반응 시간이다.

$$\therefore \text{반응 시간} = \frac{\text{반응 거리}}{\text{처음 속력}} = \frac{7.5}{10} = 0.75\text{s}$$

자동차의 처음 속력이 10m/s 일 때, 일정하게 감속하여 멈출 때 (나중 속도 = 0)까지 5m를 이동하므로,

$$2as = -v_0^2 \ \rightarrow\ a = \frac{-v_0^2}{2s} = \frac{-10^2}{2 \times 5} = -10\text{m/s}^2$$

처음 속력이 126km/h $= \dfrac{126000\text{m}}{3600\text{s}} = 35$m/s 인 경우에도 반응 시간과 브레이크에 의한 가속도는 변하지 않는다.

$\therefore$ 자동차의 정지 거리 = 반응 거리 + 감속 거리

$$= (35 \times 0.75) + \left[\frac{-(35)^2}{2 \times (-10)} \right] = 26.25 + 61.25 = 87.5(\text{m})$$

32. 답 (1) $\dfrac{s_{BC} - s}{v_p}$ (2) $t_1 + \dfrac{v_p}{a} + \dfrac{s_{AB} - s - \dfrac{a}{2}\left(\dfrac{v_p}{a}\right)^2}{v_p}$

해설 (1) 자동차가 교차로 B~C 사이의 Q 점에 도달했을 때 교차로 C의 신호등이 켜지고 막힘없이 교차로를 통과할 수 있다.

주행 속력 v_p로 달릴 때 교차로 B의 신호등을 통과한 후 $s_{BC} - s$ 만큼의 거리를 이동하면 C의 신호등이 초록색 신호로 바뀐다.

따라서 교차로 B의 신호등보다 최소 $\dfrac{s_{BC} - s}{v_p}$ 시간 후에 교차로 C에 신호등이 켜져야 한다.

(2) P점에 도달하면 교차로 B의 신호등이 켜지고 신호에 걸리지 않고 교차로 B를 통과한다. 출발하여 P점에 도달한 시간만큼 신호등 B의 신호가 늦게 켜진다.

교차로 A에서 정지 상태로부터 출발하여 P점에 도달하는 시간 = 신호 변경을 감지하는데 걸린 시간(t_1) + 가속하는 구간 동안 걸린 시간 + 주행 속력으로 달려 P점에 도달하는 시간

가속하는 구간 동안 가속도는 a 이고, 걸린 시간을 t_2 라고 하면,

$$v_p = at_2 \ \rightarrow\ t_2 = \frac{v_p}{a}$$

주행 속력 v_p로 달린 시간을 t_3 라고 하면, t_3 동안 주행 거리는

$$\text{주행 거리} = s_{AB} - s - \frac{1}{2}at_2^2 = s_{AB} - s - \frac{a}{2}\left(\frac{v_p}{a}\right)^2$$

$$t_3 = \frac{\text{주행 거리}}{v_p}$$

$$\therefore \text{전체 시간} = t_1 + \frac{v_p}{a} + \frac{s_{AB} - s - \dfrac{a}{2}\left(\dfrac{v_p}{a}\right)^2}{v_p}$$

이 시간만큼 교차로 B의 신호등은 교차로 A 신호등보다 늦게 켜진다.

2강. 힘과 운동

개념확인

01. 답 관성, 가속도

해설 물체에 힘이 작용하면 물체는 가속 운동한다. 물체에 힘이 작용하지 않으면 정지하거나 등속도 운동한다.

02. 답 50 J

해설 물체에 해 준 일만큼 역학적 에너지가 증가한다.
$W = Fs = \Delta E_k = 50$ J

03. 답 2 N

해설 $Ft = mv_2 - mv_1 \rightarrow F \cdot 3 = 2 \cdot 5 - 2 \cdot 2 = 6, \quad F = 2$ N

04. 답 운동량, 운동 에너지

해설 반발계수가 1인 탄성 충돌에서는 충돌 전후 운동량의 총합이 보존되고, 역학적 에너지의 총합도 보존된다.

확인 +

01. 답 4.9m/s^2

해설

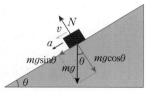

마찰력 = 0 이므로 빗면각이 θ 일 때 물체가 빗면 아래 방향으로 받는 힘(F)은 $mg\sin\theta$ 이다. $\theta = 30°$, $F = ma$ 를 적용시키면 $mg\sin30° = ma$, $a = g\sin30° = 4.9 \text{m/s}^2$ 이다.

02. 답 50 J

해설 역학적 에너지가 보존되므로 감소한 위치 에너지만큼 운동 에너지가 증가한다.

03. 답 2 m/s

해설 충돌 전후 운동량의 총량은 보존된다.
$m_1v_1 + m_2v_2 = m_1v_1' + m_2v_2'$ $2 \cdot 5 + 0 = 2 \cdot 2 + 3v_2'$
$v_2' = 2$ m/s

04. 답 0.8

해설 오른쪽이 +인 1차원 직선 운동에서 충돌 전 두 물체의 속도를 각각 v_1, v_2라고 하고, 충돌 후 두 물체의 속도를 각각 v_1', v_2'

라고 하면 운동량이 보존되므로, $m_1v_1 + m_2v_2 = m_1v_1' + m_2v_2'$,
$2 \cdot 5 + 0 = 2 \cdot (-1) + 4v_2'$, $v_2' = 3$ m/s
반발 계수 식은 $v_2' - v_1' = e(v_1 - v_2)$ 이다.
$3 - (-1) = e(5 - 0), \quad e = 0.8$

01. 답 ④

해설 가속도 운동하는 물체에는 관성력이 나타난다. 자유 낙하, 원운동, 엘리베이터의 출발, 매끄러운 빗면에서 중력에 의한 운동은 모두 가속도 운동이다.

02. 답 5 m/s^2

해설 $f(\text{마찰력}) = \mu N = \mu mg = 0.1 \times 0.5 \times 10 = 0.5$N
$\therefore$ 운동 방정식 $3 - 0.5 = 0.5 \, a$, $a = 5 \text{ m/s}^2$

03. 답 ④

해설 물체의 운동 에너지 변화량 만큼 힘은 물체에 일을 한다. 문제에서 물체에 작용하는 힘은 중력 밖에 없다. 물체의 운동 에너지가 감소했다면 중력은 물체에게 (−)의 일을 해준 것이다.
또는 중력에 의한 퍼텐셜 에너지가 증가한 만큼 중력은 물체에 (−) 일을 한다.

$$W = \frac{1}{2}mv^2 - \frac{1}{2}mv_0^2 = \frac{1}{2} \times 2 \times 2^2 - \frac{1}{2} \times 2 \times 6^2 = -32 \text{ J}$$

04. 답 2 m

해설 물체가 가지고 있던 운동 에너지가 마찰력에 의한 일로 소모되었다.
$W(\text{마찰력이 물체에 해준 일}) = -\mu mgs$

$$\frac{1}{2}mv^2 = \mu mgs, \quad \frac{1}{2}v^2 = \mu gs, \quad \frac{1}{2} \times 2^2 = 0.1 \times 10 \times s, \quad s = 2 \text{ m}$$

05. 답 ③

해설 운동량의 변화량이 충격량이다.
$Ft(\text{충격량}) = mv_2 - mv_1$
$= 0.2 \times (-20) - 0.2 \times 30 = -10 \text{ (N·s)(오른쪽 +)}$

06. 답 ④

해설 충돌 전 물체의 속도를 각각 v_1, v_2라고 하고, 충돌 후 두 물체의 속도를 각각 v_1', v_2' 라고 하면 충돌 전후 운동량의 총합이 보존되므로,
$m_1v_1 + m_2v_2 = m_1v_1' + m_2v_2'$
$\rightarrow 1 \times 10 + 2 \times (-3) = 1 \times v_1' + 2 \times 1.5, \quad v_1' = 1$ m/s

07. 답 0.5

해설 운동량이 보존되므로,
$m_Av_A + m_Bv_B = m_Av_A' + m_Bv_B'$
$\rightarrow 2 \times 4 + 1 \times 2 = 2 \times 3 + 1 \times v_B', \quad v_B' = 4$ m/s

반발 계수 식은 $v_B' - v_A' = e(v_A - v_B)$ 이다.

$\therefore 4 - 3 = e(4 - 2), \ e = 0.5$

08. 답 v_A' : -3.5 m/s², v_B' : 2.5 m/s²

$\boxed{해설}$ 운동량이 보존되므로,

$m_A v_A + m_B v_B = m_A v_A' + m_B v_B'$

$1 \times 10 + 3 \times (-2) = 1 \times v_A' + 3 \times v_B' \cdots ①$

반발 계수 식은 $v_B' - v_A' = e(v_A - v_B)$ 이다.

$v_B' - v_A' = 0.5(10 + 2) \cdots ②$

①에서 $v_A' + 3v_B' = 4 \cdots ③$, ②에서 $v_B' - v_A' = 6 \cdots ④$

③,④에서 $v_A' = -3.5$ m/s², $v_B' = 2.5$ m/s²

유형익히기 & 하브루타   42 ~ 45 쪽

[유형2-1] ③	01. 4	02. 4
[유형2-2] ③	03. ②	04. ④
[유형2-3] 2.5, $\dfrac{5\sqrt{3}}{3}$	05. ②	06. ②
[유형2-4] (1) $\dfrac{5\sqrt{3}}{3}$ (2) $\dfrac{2\sqrt{3}}{3}$ (3) $\dfrac{1}{3}$		
	07. ④	08. ④

[유형2-1] 답 ③

$\boxed{해설}$ A, B의 운동 방정식을 세우면,

A : $T - 20 = 2a$

B : $+) \ \underline{40 - T = 4a}$

$\qquad \quad 20 = 6a$

$\therefore a = \dfrac{10}{3}$ m/s², $T = \dfrac{80}{3}$ N

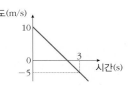

01. 답 4 N

$\boxed{해설}$

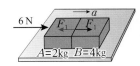

(A + B)가 받는 힘은 6N이므로 $F = ma$ 를 적용하면,

$6 = (2 + 4)a, \ a = 1$m/s² 이다.

B에 작용하는 힘은 접촉면에서 서로 주고 받는 힘 F_1밖에 없다.

$\therefore F_1 = 4 \times 1 = 4$ N

02. 답 $a = 4$ m/s²

$\boxed{해설}$ 운동 방정식

물체 A : $T = 3a$

물체 B : $20 - T = 2a$

$\therefore 20 = 5a$

$\quad a = 4$ m/s²

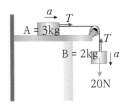

[유형2-2] 답 ③

$\boxed{해설}$ 처음 움직이는 방향(빗면 위 방향)을 (+)방향으로 정한다. 물체의 질량을 m이라고 하면,

---

ㄱ. A에서 물체의 운동 에너지는 $E = \dfrac{1}{2}m \cdot 10^2 = 50m$ 이다. C에서 물체의 속력을 v 라 하면, 중력에 의한 퍼텐셜 에너지 $E_p(C)$는 운동 에너지 $E_k(C)$의 3배이므로, 이를 이용하여 역학적 에너지 보존 법칙을 적용하면

$50m = E_p(C) + E_k(C) = 4E_k(C) = 4(\dfrac{1}{2}mv^2),$

$\therefore$ C에서 물체의 속력은 $v = 5$ m/s (빗면 아랫 방향)이다.

다음 그림은 물체의 속도-시간 그래프이다. 물체의 속도는 일정하게 감소하고, 가속도 a는 기울기이므로 -5m/s²이다.

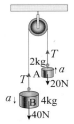

ㄴ. $v = v_0 + at$, $-5 = 10 + 3a$, $a = -5$m/s²

ㄷ. $2as = v^2 - v_0^2 \to 2 \cdot (-5) \cdot s = (-5)^2 - 10^2, \ s = 7.5$m

03. 답 ②

$\boxed{해설}$ 물체의 운동 에너지(E_k)가 용수철의 탄성 퍼텐셜 에너지로 모두 전환되었을 때 용수철이 최대로 압축된다.

$E_k = \dfrac{1}{2}mv^2 = \dfrac{1}{2} \times 2 \times 10^2 = 100(J) = \dfrac{1}{2}kx^2$

$\therefore 100 = \dfrac{1}{2} \times 5000 \times x^2, \ x = 0.2$m

04. 답 ④

$\boxed{해설}$ 퍼텐셜 에너지 증가량(J) : $mgh = 5 \times 9.8 \times 2 = 98$ J

운동 에너지 증가량(J) : $\dfrac{1}{2}mv^2 - 0 = \dfrac{1}{2} \times 5 \times 4^2 = 40$ J

2 m 올라가는 동안 역학적 에너지는 138 J 증가하였으므로 외부에서 물체에 해준 일은 138 J이다.

① 물체가 얻은 역학적 에너지는 138 J이다.

② 중력의 반대 방향으로 이동했으므로 중력은 물체에 (-)의 일을 했다.

③ 역학적 에너지는 꾸준히 증가한다.

④, ⑤ 물체를 끌어 올려 중력에 의한 퍼텐셜 에너지가 증가하는 경우, 증가한 에너지 만큼 중력은 (-)의 일을 하게 된다. 외부에서 해준 일은 역학적 에너지 증가량인 138J 이다.

[유형2-3] 답 $v_A = 2.5$ m/s, $v_B = \dfrac{5\sqrt{3}}{3}$ m/s

$\boxed{해설}$

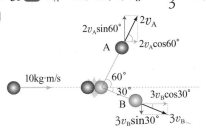

충돌 전후 x, y 방향의 운동량이 각각 보존되므로, 방향을 고려하여

x(수평) 방향 : $10 = 2v_A\cos 60° + 3v_B\cos 30° = v_A + \dfrac{3\sqrt{3}}{2}v_B \cdots ①$

y(연직)방향 : $0 = 2v_A\sin 60° - 3v_B\sin 30° = \sqrt{3}\,v_A - \dfrac{3}{2}v_B \cdots ②$

① × $\sqrt{3}$ − ②

$10\sqrt{3} = 6v_B$, $v_B = \dfrac{5\sqrt{3}}{3}$ m/s, $v_A = 2.5$ m/s

05. 답 ②

해설 처음에 물체가 갖는 $4 \times 2 = 8$kg·m/s 의 운동량은 충돌 후에도 보존된다. 왼쪽 파편의 속도를 v라고 하면 운동량 보존 법칙에 따라 $4 \times 2 = 2 \times 6 + 2 \times v$, $v = -2$m/s이다.

06. 답 ②

해설

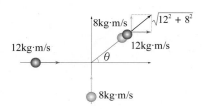

ㄱ, ㄴ, ㄷ . x, y 방향으로 각각 운동량이 보존된다. 따라서 충돌 후 물체 운동량의 x 성분은 12kg·m/s 이고 y 성분은 8kg·m/s이므로 충돌 후 운동량은 $\sqrt{12^2 + 8^2}$ ≒ 14.42 kg·m/s 이다. 한 덩어리가 된 질량은 7kg이므로, 속력은 약 2.06m/s이다. 충돌 후 운동량의 x, y 방향 성분 크기가 서로 다르므로 θ 는 45°가 아니다.

[유형2-4] 답 (1) $\dfrac{5\sqrt{3}}{3}$ m/s (2) $\dfrac{2\sqrt{3}}{3}$ N·s (3) $\dfrac{1}{3}$

해설

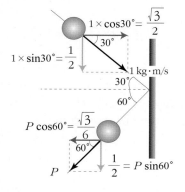

충돌 전후 운동량의 벽에 나란한 성분은 0.5kg·m/s 로 일정하게 유지된다.

(1) 충돌 후 운동량을 P라 하면,

$P\sin 60° = \dfrac{1}{2}$, $P = \dfrac{\sqrt{3}}{3} = 0.2v$, $v = \dfrac{5\sqrt{3}}{3}$ m/s

(2) 운동량은 벽에 수직한 성분만 변화하므로, 왼쪽을 (+)방향으로 정하면,

충격량 $= mv - mv_0 = \dfrac{\sqrt{3}}{6} - (-\dfrac{\sqrt{3}}{2}) = \dfrac{2\sqrt{3}}{3}$ N·s(왼쪽)

(3) 벽은 정지해 있으므로 충돌 전후 벽에 수직한 속도 성분을 각각 v, v' 라고 하면 왼쪽을 +로 할 때 반발계수 e 는 다음과 같이 쓸 수 있다.

$-\dfrac{\sqrt{3}}{2} = 0.2 \times v$, $v = -\dfrac{5\sqrt{3}}{2}$, $\dfrac{\sqrt{3}}{6} = 0.2 \times v'$, $v' = \dfrac{5\sqrt{3}}{6}$

$\therefore e = -\dfrac{v'}{v} = \dfrac{1}{3}$

07. 답 ④

해설 공의 처음 속도를 v_0, 지면과 충돌 직전 속도를 v 라고 하면 역학적 에너지 보존에 의해 다음 식이 성립한다.

$mgh + \dfrac{1}{2}mv_0^2 = \dfrac{1}{2}mv^2$, $80 + 64 = v^2$, $v = 12$m/s

반발 계수가 0.5이므로 충돌 직후의 속력을 v'라고 하면

$0.5 = \dfrac{v'}{12}$, $v' = 6$m/s

$\therefore$ 공이 지면과 충돌 후 올라가는 최대 높이는

$mgh = \dfrac{1}{2}mv'^2$, $h = 1.8$m

08. 답 ④

해설 A, B의 질량을 m 이라고 하고, 속도는 v 라고 하면 수평 방향 운동량이 보존되므로

$mv\cos\theta + mv\cos\theta = 2m \times \dfrac{v}{2}$

$v\cos\theta = \dfrac{v}{2}$, $\cos\theta = \dfrac{1}{2}$, $\theta = 60°$, $2\theta = 120°$

창의력 & 토론마당   46 ~ 49 쪽

01 (1) $F = \dfrac{\mu mg}{\mu\sin\theta + \cos\theta}$ (2) $F = mg(\mu\cos\theta + \sin\theta)$

해설 (1) 물체에 작용하는 알짜힘이 0인 경우 물체는 등속도 운동한다.

(연직) $N = mg - F\sin\theta$, $f = \mu N = \mu(mg - F\sin\theta) = F\cos\theta$

(수평) $F(\mu\sin\theta + \cos\theta) = \mu mg$

$\therefore F = \dfrac{\mu mg}{\mu\sin\theta + \cos\theta}$

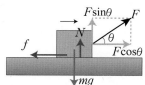

(2) (빗면 방향)$N = mg\cos\theta$, $f = \mu N = \mu mg\cos\theta$

(빗면에 수직 방향)$F = \mu mg\cos\theta + mg\sin\theta$

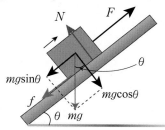

02 (1) 2.4 m/s² (2) $4T = 76.8$N

해설 (1) 엘리베이터의 가속 운동에 의한 관성력이 나타나므로 엘리베이터 내부에서는 중력 가속도 $g' = g + 2 = 12$m/s²가

되어 A, B, C 물체의 무게는 각각 12N, 24N, 48N으로 측정된다. 엘리베이터 안에서 장력과 가속도는 그림과 같이 표시된다.

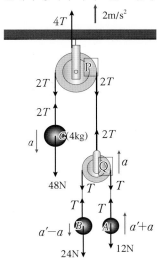

물체C의 가속도를 a(아래 방향)이라고 하면, 도르래Q의 가속도는 a(윗방향)이 되며, 정지해 있는 도르래 Q에 매달린 물체의 가속도를 a'이라고 하면 물체 A의 가속도는 $(a'+a)$, 물체 B의 가속도는 $(a'-a)$이 된다. 따라서 운동 방정식은
(물체C) $48-2T=4a$ → $24-T=2a$ ⋯①
(물체A) $T-12=1(a'+a)$ ⋯②
(물체B) $24-T=2(a'-a)$ ⋯③
①과 ③에서 $2a=2(a'-a)$, $2a=a'$, 이 값을 ②,③에 각각 넣으면
$$T-12=3a \cdots ②'$$
$$+)\underline{\quad 24-T=2a \cdots ③' \quad}$$
$$12=5a, \quad a=2.4 \text{ m/s}^2, \quad T=19.2\text{N}$$
(1) 추C의가속도의크기 : $a=2.4$ m/s²
(2) 도르래 P와 천장을 연결한 끈의 장력 : $4T=76.8$N

03 (1) $V=\dfrac{Mv}{M+m}$ (2) $d=\dfrac{1}{2\mu g}(\dfrac{M}{M+m})^2 v^2$

해설 (1) 물체의 수평 방향 속력은 처음에는 0이었다가 수레에 떨어져서 나중에는 V가 된다. 운동량이 보존되므로,
$$Mv=(M+m)V, \quad V=(\dfrac{Mv}{M+m})$$
(2) 물체는 $\dfrac{1}{2}mV^2$의 운동 에너지를 얻게 된다. 이것은 물체가 수레 위에서 미끄러질 때, 수레가 마찰력을 통해 물체에 해주는 일의 양과 같다. 물체가 수레 위에서 미끄러진 거리를 d 라 하면
W(마찰력이 한 일)$=fd=\mu mgd$
$$\therefore \dfrac{1}{2}mV^2=\dfrac{1}{2}m(\dfrac{Mv}{M+m})^2=\mu mgd$$
$$\therefore d=\dfrac{1}{2\mu g}(\dfrac{M}{M+m})^2 v^2$$

04 (1) $V_1=\dfrac{mv_0}{M+m}$ (2) $H=\dfrac{M}{M+m}(\dfrac{v_0{}^2}{2g})$
(3) $v=\dfrac{m-M}{M+m}v_0, V=\dfrac{2m}{M+m}v_0$
(4) $v_0 \geq \sqrt{(2+\dfrac{m}{M})gR}$

해설 (1) 물체 A가 최고점에서 정지했을 때 두 물체 A, B는 한 덩어리가 되어 운동하므로 완전 비탄성 충돌과 같다. 두 물체의 속력을 V_1이라고 하면, 운동량은 보존되므로,
$$mv_0=(M+m)V_1, \quad V_1=\dfrac{mv_0}{M+m}$$
(2) 최고점에서 물체 A는 물체 B와 같이 $V_1=\dfrac{mv_0}{M+m}$ 의 속도로 운동한다. 역학적 에너지가 보존되므로,
$$\dfrac{1}{2}mv_0{}^2=\dfrac{1}{2}(m+M)V_1{}^2+mgH$$
$$mgH=\dfrac{1}{2}mv_0{}^2-\dfrac{1}{2}(m+M)(\dfrac{mv_0}{M+m})^2$$
$$H=\dfrac{v_0{}^2}{2g}-\dfrac{mv_0{}^2}{2g(M+m)}=\dfrac{M}{M+m}(\dfrac{v_0{}^2}{2g})$$
(3) 물체 A와 물체 B가 분리된 결과는 탄성 충돌을 한 이후 분리된 결과와 같다. 운동량은 보존되고, 반발 계수는 1이므로,
$$mv_0=mv+MV, \quad v_0=V-v$$
$$v=\dfrac{m-M}{M+m}v_0, \quad V=\dfrac{2m}{M+m}v_0$$
(4) 물체 A가 꼭대기(높이 R)에 도달할 때 속력을 v', 이때 물체 B의 속력을 V'라고 하자. 마찰이 없으므로 역학적 에너지와 운동량이 각각 보존된다.
$$\dfrac{1}{2}mv_0{}^2=\dfrac{1}{2}mv'^2+\dfrac{1}{2}MV'^2+mgR \qquad \cdots\cdots (a)$$
$$mv_0=mv'+MV' \qquad \cdots\cdots (b)$$
(a), (b)에서 v' 과 V'을 구한다.
$$v'=\dfrac{(m/M)v_0\pm\sqrt{v_0{}^2-(1+m/M)2gR}}{1+m/M}$$
$$V'=\dfrac{v_0\mp\sqrt{v_0{}^2-(1+m/M)2gR}}{1+M/m}$$
따라서 물체 B에 대한 물체 A의 상대 속도는
$$v'-V'=\pm(M+m)\sqrt{v_0{}^2-(1+m/M)2gR}$$
이며, 이 속도로 물체 A가 반지름 R인 원운동을 하기 위해 필요한 구심력 F는 다음과 같고, 이것은 중력(mg)−수직항력(N)과 같다.
$$F=\dfrac{m(v'-V')^2}{R}=mg-N$$
$$N=mg-\dfrac{m}{R}(M+m)[v_0{}^2-(1+\dfrac{m}{M})2gR]$$
물체 A가 언덕에 접촉해 있는 조건 즉, 이탈하지 않을 조건은 $N>0$ 이므로, 이탈하는 조건은 $N \leq 0$ 이다.
$$mg-\dfrac{m}{R}[v_0{}^2-(1+\dfrac{m}{M})2gR]\leq0$$
$$\therefore v_0 \geq \sqrt{(2+\dfrac{m}{M})gR}$$

05 (해설 참조)

해설 (1) 우주선의 질량을 m, 행성의 질량을 $M(\gg m)$이라고 하고, 탄성 충돌이므로 반발계수는 1, 운동량은 보존되므로,

$$\begin{cases} mv + MV = mv' + MV' (\text{운동량 보존}) \cdots ① \\ v - V = V' - v' (\text{반발계수} = 1) \cdots ② \end{cases}$$

$$\begin{array}{l} mv + MV = mv' + MV' \cdots ① \\ -)\,Mv - MV = MV' - Mv' \cdots ② \times M \\ \hline (m-M)v + 2MV = (M+m)v' \end{array}$$

$$v' = \frac{(m-M)v}{M+m} + \frac{2MV}{M+m} = \frac{(m/M-1)v}{1+m/M} + \frac{2V}{1+m/M}$$

$M \gg m$ 일 때 m/M 은 0에 접근하므로 v'는 다음과 같다.

$$v' \cong -v + 2V$$

$V < 0$ 이므로 우주선의 속력은 접근 속력에 비해서 나중에 행성과 같은 방향으로 $2V$만큼 더 빠른 속력이 된다.

(2) $v' \cong -v + 2V$ 식은 그대로 유지되며, $V > 0$ 이므로 우주선의 속력은 접근 속력에 비해서 나중에 행성과 반대 방향으로 $2V$만큼 더 느린 속력이 된다.

스스로 실력 높이기   50 ~ 57 쪽

01.(1) ○ (2) ○ (3) ○ (4) ×　　　02. ④

03. ⑤　　04. 2　　05. ②

06. (1) 4 (2) 12　　07. $(3\sqrt{2} - 2)$

08. (1) ④ (2) ④ (3) ③　　09. ②

10. ③　　11. ②　　12. ①　　13. ④

14. 292　　15. ③　　16. $\dfrac{m_1{}^2 d}{(m_1 + m_2)^2}$

17. −2.84, −0.04　　18. (1) 2 (2) 12

19. (1) 4 (2) 12　 20.(1) mgh (2) mgh (3) $\sqrt{\dfrac{2mgh}{(m + M)}}$

21. (1) 4.5 (2) 5　　22. (1) μMgs (2) $v - \dfrac{M}{m}\sqrt{2\mu gs}$

23. ③　　24. (1) 1 : 1 (2) 1 : 2 (3) 1 : 1

25. 0.8　　26. ⑤　　27. (1) $-\dfrac{1}{12}$ (2) −0.2

28. ④　　29. 2.5R　　30. $\dfrac{Mv^2}{4g(2M+m)}$

31. ⑤　　32. (1) 8 (2) 6　　33. $\dfrac{GMm}{4R}$

01. **답** (1) ○ (2) ○ (3) ○ (4) ×

해설 (1) (2) (3) 힘과 가속도의 관계는 운동의 제 2 법칙인 가속도 법칙($\overrightarrow{F} = m\overrightarrow{a}$)에서 잘 정의된다. 힘과 가속도는 비례하며, 방향이 같다. 물체에 작용하는 힘이 같다면, 질량이 작을수록 가속도가 크다. (4) 힘은 가속도에 의해 결정되므로 속력이 빠른 물체와 느린 물체가 받는 힘의 크기는 서로 비교할 수 없다.

02. **답** ④

해설 가속도 a로 운동하는 계 내부의 질량 m의 물체는 계의 가속도와 반대 방향으로 크기 ma 만큼의 관성력을 느낀다.

F (관성력) $= -ma = 5\,(-10) = -50$ N (크기 50 N)

03. **답** ⑤

해설 물체는 2초 후 속도가 0이 되므로

$v = v_0 + at \;\to\; 0 = 6 + 2a$, $a = -3$ m/s²

$\therefore F = ma = 2 \times (-3) = -6$ N (크기 6 N)

04. **답** 2 m/s²

해설 B가 A를 잡아당기지만 그 반작용으로 A도 B를 100N의 힘으로 잡아당긴다. B의 질량은 50kg이므로,

$\therefore F = ma \to 100 = 50a$, $a = 2$ m/s²

05. **답** ②

해설 $s = \dfrac{1}{2}at^2$에서 $9 = \dfrac{1}{2} \times a \times 3^2$, $a = 2$m/s² 이다.

따라서 물체에 작용한 알짜힘은 $F = ma$로부터 $F = 2 \times 2 = 4$ N 이다. 물체에 가한 외력이 8N이므로 반대 방향의 운동 마찰력은 4 N이다. $4 = \mu \times 20$, $\mu = 0.2$

06. **답** (1) 4 m/s² (2) 12 N

해설 A, B 두 물체의 가속도는 서로 같다.

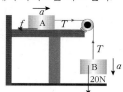

f(A에 작용하는 마찰력) $= \mu N = \mu mg = 0.2 \times 2 \times 10 = 4$N

(물체 A) : $T - 4 = 2a$ (물체 B) : $20 - T = 2a$

$\to a = 4$ m/s² , $T = 12$N

07. **답** $(3\sqrt{2} - 2)$ m/s²

해설 작용하는 힘의 연직 성분과 중력(mg), 수직 항력(N)이 평형을 이룬다. 마찰력 $f = \mu N$ 이다.

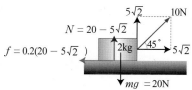

수평 방향의 운동 방정식

$5\sqrt{2} - (4 - \sqrt{2}) = 2a$, $6\sqrt{2} - 4 = 2a$, $a = (3\sqrt{2} - 2)$ m/s²

08. **답** (1) ④ (2) ④ (3) ③

해설 (1)힘 - 시간 그래프의 아래쪽 면적은 충격량이고, 처음 속도는 0이므로 4초 동안 충격량이 물체의 운동량이 된다.

$4 \times 6 = 24$kg·m/s 이다.

(2) 그래프에서 4 ~ 8초 동안 그래프 아래쪽의 면적이다.

충격량 $= \dfrac{1}{2} \times (6 + 10) \times 4 = 32$ N·s

(3) 처음 운동량은 0이므로 8초 동안 충격량이 나중 운동량과 같다. 나중 운동량 $mv = 0 \sim 8$초 동안 그래프 아래쪽 면적

$$\therefore v = \frac{\text{충격량}}{m} = \frac{(32 + 24)}{2} = 28\text{m/s}$$

09. 답 ②

해설 역학적 에너지는 보존된다. 물체의 질량을 m 이라고 하면, 꼭대기의 퍼텐셜 에너지 = 바닥에서의 운동 에너지

$$m \times 9.8 \times 0.1 = \frac{1}{2}mv^2, \quad v = 1.4 \text{ m/s}$$

10. 답 ③

해설 용수철에 매달린 물체의 연직 방향의 운동에서는 평형 위치를 중심으로 물체가 단진동한다.

탄성 퍼텐셜 에너지($\frac{1}{2}kx^2$)는 늘어난 길이의 제곱에 비례한다. 0.2m에서 0.1m로 줄어들어 늘어난 길이가 $\frac{1}{2}$이 되었다면, 탄성 퍼텐셜 에너지는 $\frac{1}{4}$ 이 된다. 0.2m 늘어났을 때 탄성 퍼텐셜 에너지를 E 라 하면, 0.1m 늘어났을 때 탄성 퍼텐셜 에너지는 $\frac{E}{4}$ = 0.25E이다. 그 때 물체가 가지는 운동 에너지는 탄성 위치 에너지의 감소분인 $E - \frac{E}{4} = \frac{3}{4}E = 0.75E$ 가 된다.

11. 답 ②

해설

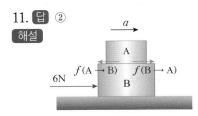

물체 A는 B로부터 오른쪽으로 마찰력 f를 받고 있다. 동시에 물체 B도 A로부터 왼쪽으로 마찰력 f를 받는다.

A : $f = 1 \times a$,   B : $6 - f = 2a$

$$\therefore a = 2 \text{ m/s}^2, \quad f = 2 \text{ (N)}$$

12. 답 ①

해설

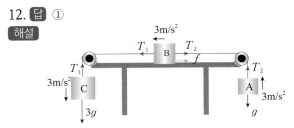

각 물체의 가속도(a) 크기는 3m/s²으로 같으며, 각각의 운동 방정식은 다음과 같다.

물체 A : $T_2 - 10 = m_A a = 3$, $T_2 = 13$

물체 C : $30 - T_1 = m_C a = 9$, $T_1 = 21$

물체 B : $21 - 13 - f = m_B a = 6$, $f = 2$

→ $f = \mu m_B g = \mu \times 20 = 2$, $\mu = 0.1$

13. 답 ④

해설

물체가 받는 힘은 연직 아랫 방향인 중력(= 20N)이다. 처음 속도의 y 축 성분은 $40\sin30° = 20$m/s이다. 위쪽을 (+)방향으로 하면, g 는 -10m/s²이고, 최고점 도달 시간은 2초이다. 최고점에서 다시 지면 도달 시간은 올라간 시간과 같으므로, 물체가 출발하여 다시 지면에 도달하는 시간은 4초이다.

그 시간 동안 물체는 중력에 의한 충격량(I)을 받는다.

$I = Ft = $ 중력 $\times 4 = 20 \times 4 = 80$ N·s (연직 아래 방향)

14. 답 292(J)

해설 마찰이 없는 경우 A점에서의 퍼텐셜 에너지와 B점에서의 운동 에너지는 같다. 따라서 마찰이 있는 경우 A점에서의 퍼텐셜 에너지와 B점에서 운동 에너지의 차를 구하면 마찰에 의한 역학적 에너지의 감소량을 구할 수 있다.

(A점의 위치 에너지) − (B점의 운동 에너지)

$$= 2 \times 9.8 \times 20 - \frac{1}{2} \times 2 \times 10^2 = 292\text{(J)}$$

15. 답 ③

해설

$\cos\theta$가 $\frac{4}{5}$ 이므로 $\sin\theta$는 $\frac{3}{5}$ 이다.

처음 속도를 그림처럼 분해하면 연직 방향 성분(v_{0y})은 $5\sin\theta = 3$m/s 수평 방향 성분(v_{0x})은 $5\cos\theta = 4$m/s 가 된다. 물체에 작용하는 힘은 중력 밖에 없으므로 물체 속도의 연직 방향 성분이 변하고, 수평 방향 성분은 변하지 않는다. 연직 방향의 성분이 0이 되는 지점이 최고점이다. 최고점에서는 수평 방향의 속도 성분만 가지므로 물체의 속도의 크기는 4m/s이다.

$$\therefore \text{최고점에서의 운동 에너지}(E_k) = \frac{1}{2}mv_{0x}^2 = \frac{1}{2} \cdot 1 \cdot 4^2 = 8 \text{ (J)}$$

16. 답 $\dfrac{m_1^2 d}{(m_1 + m_2)^2}$

해설 완전 비탄성 충돌이기 때문에 운동 에너지가 보존되지 않는다. A의 위치 에너지는 d 만큼 내려온 후의 A의 운동 에너지와 같으므로 충돌 직전 A의 속도를 v_A라고 하면,

$$m_1 gd = \frac{1}{2}m_1 v_A^2, \quad v_A = \sqrt{2gd}$$

운동량 보존 법칙으로 충돌 전 후의 운동량의 합이 같으므로 충돌 후 한덩어리의 속력(V)을 구한다.

$$m_1\sqrt{2gd} = (m_1 + m_2)V, \quad V = \frac{m_1\sqrt{2gd}}{m_1 + m_2}$$

한 덩어리가 된 물체의 운동 에너지 = 위치 에너지를 통해 연직 높이 h 를 구한다.

$$\frac{1}{2}(m_1 + m_2)\left(\frac{m_1\sqrt{2gd}}{m_1 + m_2}\right)^2 = (m_1 + m_2)gh, \quad h = \frac{m_1^2 d}{(m_1 + m_2)^2}$$

17. 답 $v_A : -2.84$ m/s, $v_B : -0.04$ m/s

해설 충돌 후 두 물체의 속도를 각각 v_A, v_B라고 하면

(운동량 보존) $0.5 \times 5 + 2 \times (-2) = 0.5v_A + 2v_B$ (1)

(반발계수) $(5 - (-2)) \times 0.4 = v_B - v_A$ (2)
(1), (2) 식을 다시 쓰면,
$-3 = v_A + 4v_B \cdots (1)'$ $2.8 = v_B - v_A \cdots (2)'$
$(1)' + (2)'$ $5v_B = -0.2$
$v_B = -0.04$ m/s, $v_A = -2.84$ m/s

18. 답 (1) 2 m/s (2) 12 J
해설 (1) 물체가 충돌 후 5kg의 한 덩어리가 된다. x축, y축 운동량의 성분이 각각 보존되므로,
$P_x = 2 \times 4 = 8$kg·m/s $P_y = 3 \times 2 = 6$kg·m/s
P (나중 운동량) $= \sqrt{P_x^2 + P_y^2} = 10 = 5v$, $v = 2$ m/s
(2) 충돌 전 운동 에너지 $\frac{1}{2} \cdot 2 \cdot 4^2 + \frac{1}{2} \cdot 3 \cdot 2^2 = 22$ (J)
충돌 후 운동 에너지 $\frac{1}{2} \cdot 5 \cdot 2^2 = 10$ (J) 이다. 그러므로 충돌과정에서 잃은 운동 에너지는 $22 - 10 = 12$ (J)

19. 답 (1) 4 m/s (2) 12 N
해설 실의 장력을 T, B의 가속도 크기를 a 라고 할 때 A의 가속도는 $2a$ 가 된다. 같은 시간 동안 B가 올라가는 높이의 2배만큼 A는 내려온다.
물체 A의 운동 방정식 :
$20 - T = 2a \times 2$
물체 B의 운동 방정식 : $2T - 20 = 2a$

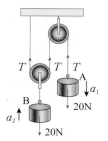

$\therefore T = 12$N, $a = 2$m/s², A의 가속도 $= 2a = 4$m/s² (아래 방향)

20. 답 (1) mgh (2) mgh (3) $\sqrt{\dfrac{2mgh}{(m+M)}}$

해설 (1) A는 퍼텐셜 에너지의 변화가 없고, B는 h만큼 높이가 낮아졌으므로 전체 퍼텐셜 에너지는 mgh 만큼 감소했다.
(2) 처음에 정지하고 있었으므로 총 운동 에너지는 0 이다. (1)에서 전체 퍼텐셜 에너지가 mgh 만큼 감소했으므로 총 운동 에너지가 mgh 만큼 증가했다.
(3) A, B는 끈으로 묶여 있어 속력은 서로 같다. 두 물체의 속력을 V로 하고, 두 물체의 총 운동 에너지가 mgh 이므로
$mgh = \frac{1}{2}(m + M)V^2$, $V = \sqrt{\dfrac{2mgh}{(m+M)}}$

21. 답 (1) 4.5m/s (2) 5m
해설 (1) m_2 의 감소한 위치 에너지의 양과 m_1 의 증가한 위치 에너지의 양의 차는$(m_1 + m_2)$의 운동에너지 증가량이 된다. (끈으로 묶여 있으므로 m_1, m_2 의 속력(V)은 같다.)
$5 \cdot 10 \cdot 4 - 3 \cdot 10 \cdot 4 = 80 = \frac{1}{2}(3 + 5)V^2$
$V = 2\sqrt{5}$ m/s $= 4.5$ m/s
(2) m_2 가 내려옴에 따라 m_1(3kg)은 4m를 올라간다. 그 이후에도 m_1 은 멈추지 않고 최고점까지 운동을 한다. 운동 에너지가 모두 위치 에너지로 될 때까지이다. m_2 가 땅에 닿고, m_1 이 4m 높이까지 올라갔을 때 m_1 의 속력은 $V = 2\sqrt{5}$ m/s 이고, 운동 에너지는 $\frac{1}{2} \cdot 3 \cdot (2\sqrt{5})^2 = 30$ J이며, 이것이 모두 위치 에너지

로 전환되어 $mgh = 30$, $h = 1$m 를 더 올라간다. 높이 4m인 곳에서 1m를 더 올라가는 것이므로
지면으로부터의 최고 높이는 $4 + 1 = 5$m 이다.

22. 답 (1) μMgs (2) $v - \dfrac{M}{m}\sqrt{2\mu gs}$

해설 (1) 총알이 관통한 후 나무 도막의 운동에너지는 나무 도막이 정지할 때까지 마찰력이 나무도막에 한 일의 양과 같다. 마찰력이 나무 도막에 한 일의 양 $= f_{\text{마찰력}} \times s = \mu Mgs$ 이다.
(2) 총알이 관통한 직후 나무도막의 운동 에너지가 (1)에서 구했던 μMgs 이므로 총알이 관통한 직후 나무도막의 속도 V는 다음과 같다.
$$\frac{1}{2}MV^2 = \mu Mgs, \quad V = \sqrt{2\mu gs}$$
관통 직후 총알의 속도를 v'라 하면
관통 전 운동량의 합 : mv
관통 직후 운동량의 합 : $MV + mv' = M\sqrt{2\mu gs} + mv'$
운동량 보존 : $mv = M\sqrt{2\mu gs} + mv'$
$\therefore v' = v - \dfrac{M}{m}\sqrt{2\mu gs}$

23. 답 ③
해설 완전 비탄성 충돌을 하면, 충돌 후 두 물체가 한 덩어리가 되어 운동한다. 충돌 직후 두 물체의 운동 에너지 합 = 10m 이동하며 마찰에 의해 소모된 일
$\frac{1}{2}mv^2 = \mu mgs$, $v^2 = 2\mu gs$
$\therefore v = \sqrt{2\mu gs} = \sqrt{20} = 2\sqrt{5}$ (m/s)

24. 답 (1) 1 : 1 (2) 1 : 2 (3) 1 : 1
해설 (1) 내려올 때는 중력만 작용한다. 질량에 관계없이 두 물체의 가속도는 같다. $a = g\sin\theta = \dfrac{\sqrt{2}}{2}g$ 로 같다.(1 : 1)
(2) 바닥에서 운동하여 마찰에 의해 열을 내는데, 역학적 에너지가 열에너지로 방출되는 것이므로 A, B의 역학적 에너지의 비가 열량비와 같게 된다.
$Q_A : Q_B = mgh : 2mgh = 1 : 2$
(3) A에 작용하는 마찰력이 한 일의 양 :
$f_A \cdot s_A = \mu mg \cdot s_A = mgh$
B에 작용하는 마찰력이 한 일의 양 :
$f_B \cdot s_B = \mu 2mg \cdot s_B = 2mgh$
$\therefore s_A = s_B$ (1 : 1)

25. 답 0.8
해설 중력 가속도를 g 로 할 때 공을 높이 h 에서 떨어뜨릴 때 지면에 닿기 직전의 속도 $v = \sqrt{2gh}$ 이다.
1m에서 떨어뜨렸을 때와 0.64m에서 떨어뜨렸을 때 지면에 닿기 직전의 속도는 각각 $\sqrt{2g}$, $\sqrt{2g \times 0.64}$ 이므로 충돌 전후 속도 차의 비인 반발계수는 다음과 같이 쓸 수 있다. 지면에 충돌 직후의 속도도 0.64m를 올라가는 경우 $\sqrt{2g \times 0.64}$ 이다.
$e = \dfrac{\sqrt{2g \times 0.64}}{\sqrt{2g}} = 0.8$

26. 답 ⑤

해설 ㄱ. f(운동 마찰력)

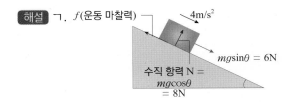

물체 A의 운동 방정식 : $6 - f = 4 \times 1, f = 2$N
$f = \mu N \rightarrow 2 = \mu \times 8, \mu = 0.25$이다.

ㄴ.

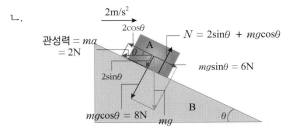

B가 운동할 때 그림처럼 A에게는 $ma = 1 \times 2 = 2$N의 관성력이 B의 운동 방향과 반대 방향으로 작용한다. 수직 항력은 관성력 $\times \sin\theta$와 $mg\cos\theta$의 합과 같다.
$N = 2\sin\theta + mg\cos\theta = 2 \times \dfrac{3}{5} + 10 \times \dfrac{4}{5} = 9.2$N

ㄷ. 운동하는 빗면 위에서 물체 A의 운동 방정식은 다음과 같다.
$$6 - 2\cos\theta - \mu N = 1 \times a$$
$$\rightarrow 6 - 1.6 - \dfrac{9.2}{4} = a, \quad a = 2.1\text{m/s}^2 \text{ (B에 대한 A의 가속도)}$$

27. 답 (1) $-\dfrac{1}{12}$ m/s (2) -0.2 m/s

해설 (1) 처음 운동량이 0 이므로 움직인 후에도 운동량이 보존되므로 사람의 운동량과 막대의 운동량을 더하면 0이다. 바닥에 대한 막대의 속도를 v , 사람의 속도를 v' 이라고 했을 때,
상대 속도 : $v' - v = 0.1$, 운동량 보존 : $0 = 50v' + 10v$
$\rightarrow v = -\dfrac{1}{12}$m/s
(2) 막대에 대한 사람의 속도 : $v' - v = 0.2$ m/s 인 조건이므로 사람에 대한 막대의 속도 : $v - v' = -0.2$ m/s 이다.

28. 답 ④
해설

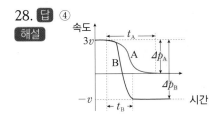

물체의 질량을 m 이라고 하면, 두 물체의 질량과 처음 속도가 같기 때문에, 두 물체 모두 처음 운동량($= 3mv$)이 같다. 충돌 후 A의 운동량 = 0, B의 운동량 = $-mv$
A의 운동량의 변화(= 충격량) : $0 - 3mv = -3mv$
B의 운동량의 변화(= 충격량) : $-mv - 3mv = -4mv$
ㄱ. A가 벽에 작용하는 충격력과 벽이 A에게 작용하는 충격력은 작용 반작용 관계이므로 같고, 충돌 시간도 같기 때문에 A와 벽 사이에 작용하는 충격량의 크기는 서로 같다.
ㄴ. 충돌 전후 운동량 변화량(충격량)의 크기는 B가 더 크다.

ㄷ. 그래프에서 $t_A \rangle t_B$ 이고, 충격량 $A(I_A) \langle$ 충격량 $B(I_B)$ 이다.
$F_A = \dfrac{I_A}{t_A}, F_B = \dfrac{I_B}{t_B}$ 이므로,
벽에 작용하는 평균 힘(충격력 F)의 크기는 B가 더 크다.

29. 답 $2.5R$
해설 궤도 이탈을 하지 않기 위해서 작은 원의 최고점에서 원심력이 중력보다 크거나 같아야 한다.
$\dfrac{mv^2}{R} \geq mg, v^2 \geq gR$ (작은 원의 최고점) $\cdots$ ㉠
또, 운동을 시작하는 지점의 높이 h (최초 높이)에서의 퍼텐셜 에너지 = 작은 원의 최고점에서의 퍼텐셜 에너지 + 운동 에너지이므로
$mgh = mg \cdot 2R + \dfrac{1}{2}mv^2, v^2 = 2gh - 4gR \cdots$ ㉡
㉠과 ㉡ 에서 $2gh - 4gR \geq gR, h \geq \dfrac{5}{2}R$ (최소 $2.5R$)

30. 답 $\dfrac{Mv^2}{4g(2M + m)}$
해설 마찰이 없으므로 A와 B가 충돌한 직후 물체 m 은 속력 v 를 유지한다.(질량 m 의 운동량은 불변) 운동량이 보존되므로
수레 A, B : $Mv = 2MV_1, V_1 = \dfrac{v}{2}$ (한 덩어리로 운동)
충돌 후 물체 m 의 속력이 더 빠르므로 빗면을 타고 올라간다. 물체 m 이 최고점에 도달했을 때(수레 A, B + 질량 m)는 같은 속도 V_2로 운동한다. 운동량 보존에 의해
(충돌 직후) $mv + 2M\dfrac{v}{2} = (2M + m)V_2$ (같은 속도로 움직일 때)
$$V_2 = \dfrac{(M + m)v}{2M + m}$$
충돌 이후 마찰은 없으므로 (충돌 직후)와 (같은 속도로 움직일 때) 에너지가 보존된다(질량 m 의 최고점 높이 H)
$$\dfrac{1}{2}mv^2 + \dfrac{1}{2}(2M)(\dfrac{v}{2})^2 = \dfrac{1}{2}(2M + m)[\dfrac{(M + m)v}{2M + m}]^2 + mgH$$
$$\dfrac{1}{4}(2m + M)v^2 = \dfrac{(M + m)^2}{2(2M + m)}v^2 + mgH$$
$$mgH = [-\dfrac{(M + m)^2}{2(2M + m)} + \dfrac{1}{4}(2m + M)]v^2$$
$$= [\dfrac{-2(M + m)^2 + (2m + M)(2M + M)}{4(2M + m)}]v^2$$
$$= [\dfrac{Mm}{4(2M + m)}]v^2$$
$$\therefore H = \dfrac{Mv^2}{4g(2M + m)}$$

31. 답 ⑤
해설

| 충돌 전 A의 속력 = 2m/s |
| 충돌 전 B의 속력 = 0.5m/s |
| 충돌 후 속력 = 1.5m/s |

B의 질량을 m이라고 하면, A의 질량은 $2m$이다.
충돌 전 A의 운동량 = $2m \times 2 = 4m$

충돌 전 B의 운동량 = $m \times 0.5 = 0.5m$
충돌 후 A, B의 운동량 = $3m \times 1.5 = 4.5m$
ㄱ. 충돌 전 A의 운동량은 B의 8배이다.
ㄴ. 충돌하는 동안 속도 변화량은 A는 0.5, B는 1이다.
ㄷ. 작용 반작용으로 충격력 크기가 같고, 충돌 시간도 같으므로 두 물체가 받은 충격량 크기는 같다.

32. 답 (1) 8 m/s^2 (2) 6 N

해설

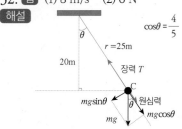

$\cos\theta = \dfrac{4}{5}$

(1) 물체의 속도가 수평 방향으로 v_B 이므로 원운동에서의 구심 가속도(연직 위 방향)가 존재한다.

$\dfrac{1}{2}mv_B^2 = mg \times 10$ 이므로,

B점의 구심가속도 : $\dfrac{v_B^2}{r} = \dfrac{g \times 20}{25} = 8$ m/s^2(연직 위 방향)

(2) A점과 C점에서의 위치 에너지의 차가 C 점의 운동 에너지가 되었을 것이므로

$\dfrac{1}{2}mv_C^2 = mg \times 10 - mg \times 5 = 5mg \rightarrow mv_C^2 = 10mg$

$\rightarrow \dfrac{mv_C^2}{r}$ (C점의 원심력) $= \dfrac{10mg}{25} = \dfrac{10 \cdot (0.5) \cdot 10}{25} = 2$N

C점에서 실의 장력은 (원심력 + $mg\cos\theta$) 와 평형을 이룬다.

장력 $T = 2 + (0.5) \cdot 10 \cdot \dfrac{4}{5} = 6$ N

33. 답 $\dfrac{GMm}{4R}$

해설 · (반지름 R의 원궤도를 돌 때) (속력 v_1)

구심력 = 만유인력, $\dfrac{mv_1^2}{R} = \dfrac{GMm}{R^2}$

인공위성의 역학적 에너지 : $\dfrac{1}{2}mv_1^2 - \dfrac{GMm}{R} = -\dfrac{GMm}{2R}$

· (반지름 $2R$의 원궤도를 돌 때) (속력 v_2)

구심력 = 만유인력, $\dfrac{mv_2^2}{2R} = \dfrac{GMm}{(2R)^2}$

인공위성의 역학적 에너지 : $\dfrac{1}{2}mv_2^2 - \dfrac{GMm}{2R} = -\dfrac{GMm}{4R}$

∴ 역학적 에너지의 증가량

$= -\dfrac{GMm}{4R} - (-\dfrac{GMm}{2R}) = \dfrac{GMm}{4R}$ (궤도를 옮기기 위한 에너지)

3강. 중력장 내의 운동

개념확인   58 ~ 63 쪽

1. 9.8   2. 감소, 0   3. 속도, 변위   4. 포물선
5. 중력, 연직 투상(상방) 6. 수평 도달 거리

확인 +   58 ~ 63 쪽

1. 2   2. 0   3. =   4. 속도, 가속도
5. ㉠ $v_0\cos\theta$ ㉡ $v_0\sin\theta$ 6. 57

▶ 개념확인

01. 답 9.8
해설 공기 저항을 무시할 때, 정지해 있던 물체가 자유 낙하하는 경우 물체에 작용하는 힘은 중력 뿐이므로 물체는 등가속도 운동을 하며 이때의 가속도는 9.8m/s^2 이다.

02. 답 감소, 0
해설 연직 위로 던진 물체는 올라가면서 속력이 점점 감소하고, 최고 높이에서는 속력이 0이 되었다가 낙하하면서 속력이 점점 증가하는 운동을 한다. 이때 처음 속도 방향을 (+)로 하면, 물체는 속도가 계속 감소하는 운동을 한다.

▶ 확인 +

01. 답 2
해설 $t = \sqrt{\dfrac{2s}{g}} = \sqrt{\dfrac{2 \times 19.6}{9.8}} = 2$(초)

02. 답 0
해설 연직 위로 던진 물체는 가속도가 $-g$(중력 가속도)인 등가속도 운동을 한다. 물체의 1초 동안 변위 s 는 다음과 같다.
$$s = v_0 t - \dfrac{1}{2}gt^2 = 5 \cdot 1 - \dfrac{1}{2}10 \cdot 1^2 = 0(원점)$$

03. 답 =
해설 물체를 연직 위로 던졌을 때, 최고점까지 올라가는 운동과 최고점에서 처음 위치까지 내려오는 운동은 서로 대칭이므로 출발점에서 최고점에 도달하는 시간 t_1 과 최고점에서 출발점으로 내려오는 데 걸린 시간 t_2는 같다.

04. 답 속도, 가속도
해설 수평 방향으로 던진 물체는 수평 방향으로는 알짜힘이 0이므로 등속 직선 운동을 하고, 연직 방향으로는 알짜힘이 중력이므로 자유 낙하 운동인 등가속도 직선 운동을 한다.

06. 답 57
해설 33°의 각으로 물체를 던졌을 때와 같은 수평 도달 거리에 물체가 떨어지는 각도는 90 − 33 = 57° 이다.

개념다지기
64 ~ 65 쪽

01. (1) ○ (2) ○ (3) X   02. ③
03. (1) 13 (2) 0.6   04. ②
05. (1) X (2) ○ (3) ○   06. ③
07. ㉠ 0.4 ㉡ 0.8   08. ④

01. 답 (1) ○ (2) ○ (3) X
해설 (1) 중력 가속도가 일정하므로, 자유 낙하하는 물체의 낙하 거리(변위 크기 s)는 낙하 시간(t)의 제곱에 비례한다.

$$s = \frac{1}{2}gt^2$$

(2) 역학적 에너지가 일정하게 보존되므로, 퍼텐셜 에너지의 감소량만큼 운동 에너지가 증가한다.
(3) 중력 가속도는 물체의 질량, 크기와 관계없이 일정한 값을 가진다.

02. 답 ③
해설 바닥까지 걸리는 시간 t 와 물체가 바닥에 닿는 순간의 속력 v 는 각각 다음과 같다.

$$t = \sqrt{\frac{2s}{g}} = \sqrt{\frac{2 \times 45}{10}} = 3(초)$$

$$v = \sqrt{2gs} = \sqrt{2 \times 10 \times 45} = 30(\text{m/s})$$

03. 답 (1) 13 (2) 0.6
해설 (1) 물체가 바닥에 닿는 순간의 속도를 v 라고 하면, 처음 속도 $v_0 = 7\text{m/s}$이므로,

$$2gs = v^2 - v_0^2 \rightarrow 2 \cdot 10 \cdot 6 = v^2 - 7^2, \quad v = 13(\text{m/s})$$

(2) $v = v_0 + gt \rightarrow 13 = 7 + 10t, \quad t = 0.6(초)$

04. 답 ②
해설 연직 위로 던진 물체가 최고점에 도달할 때 물체의 속도는 0이다. 따라서 물체가 최고점에 도달한 시간을 t_1, 최고점의 높이를 H 라고 하면

$$㉠ : -2gH = 0^2 - v_0^2 \rightarrow H = \frac{v_0^2}{2g} = \frac{5^2}{2 \times 10} = 1.25(\text{m})$$

$$㉡ : 0 = v_0 - gt_1 \rightarrow t_1 = \frac{v_0}{g} = \frac{5}{10} = 0.5(초)$$

05. 답 (1) X (2) ○ (3) ○
해설 (1) 지표면에서 처음 속도 v_0 으로 수평 방향으로 던진 물체는 수평 방향으로는 알짜힘이 0이므로 등속 직선 운동을 하고, 연직 방향으로는 중력이 작용하므로 자유 낙하 운동을 한다.
(2) 수평으로 던진 물체는 연직 방향으로 자유낙하운동을 한다.
∴ $h = \frac{1}{2}gt^2 \rightarrow t = \sqrt{\frac{2h}{g}}$

(3) 비스듬히 던진 물체는 질량에 관계없이 수평 도달 거리 $R = \frac{v_0^2\sin2\theta}{g}$ 이므로, $\sin2\theta = 1$ 이 될 때 최대값이 된다.
따라서 $\theta = 45°$ 일 때 수평 도달 거리는 최대가 된다.

06. 답 ③
해설 지표면으로부터 $h = 20\text{m}$ 높이에서 수평 방향으로 $v_0 = 2\text{m/s}$ 의 속력으로 물체를 던졌을 때, 물체가 지면에 도달하는 시간은 다음과 같다.

$$h = \frac{1}{2}gt^2 \rightarrow t = \sqrt{\frac{2h}{g}} = \sqrt{\frac{2 \times 20}{10}} = 2(초)$$

이때 수평 도달 거리는 등속 운동한 거리이다.

$$R = v_0 t = 2 \times 2 = 4(\text{m})$$

07. 답 ㉠ 0.4 ㉡ 0.8
해설 수평면과 $\theta = 30°$의 각으로 $v_0 = 8\text{m/s}$ 의 속력으로 물체를 던졌을 때, 최고점에 도달하는 시간 t_1 은 다음과 같다.

$$v_y = v_0\sin\theta - gt_1 = 0$$

$$\rightarrow t_1 = \frac{v_0\sin\theta}{g} = \frac{8\sin30}{10} = 0.4(초)$$

최고점 높이를 H라고 하면, $-2gH = 0 - (v_0\sin\theta)^2$

$$\rightarrow H = \frac{(v_0\sin\theta)^2}{2g} = \frac{(8\sin30)^2}{20} = 0.8(\text{m})$$

⟨또 다른 풀이⟩
최고점 높이는 최고점 도달 시간 동안 연직 방향 이동 거리이다.

$$y = v_{0y}t - \frac{1}{2}gt^2$$

$$\rightarrow H = v_0\sin\theta\, t - \frac{1}{2}gt^2 = (8\sin30) \cdot 0.4 - \frac{1}{2}10 \cdot (0.4)^2 = 0.8(\text{m})$$

08. 답 ④
해설 ㄱ. 공기 저항이 없는 포물선 운동에서 같은 높이의 지점에 있는 물체의 속력(속도의 크기)은 같다.
ㄴ. C를 포함한 모든 운동 지점에서 알짜힘은 중력이므로 가속도는 g이다.
ㄷ. A에서 물체의 퍼텐셜 에너지는 0, C에서 물체의 운동 에너지는 0이 아니다. A에서의 운동 에너지가 C(최고점)에서의 퍼텐셜 에너지로 모두 전환되지 않는다.

유형익히기 & 하브루타
66 ~ 69 쪽

[유형3-1] ②   01. ④   02. ④
[유형3-2] ③   03. ③   04. ⑤
[유형3-3] ④   05. ③   06. ⑤
[유형3-4] ③   07. ②   08. ⑤

[유형3-1] 답 ②
해설 ㄱ. 공이 바닥까지 떨어지는 데 걸리는 시간을 t_1 이라고 하면,

$$t_1 = \sqrt{\frac{2s}{g}} = \sqrt{\frac{2 \times 20}{10}} = 2(초)$$

따라서 공이 A점을 지나는 순간은 공이 떨어지기 시작한 후 1초가 지날 때가 된다. 떨어지기 시작한 후 부터 1초동안 공이 떨어진 거리는 다음과 같다.

$$s = \frac{1}{2}gt^2 = \frac{1}{2}10 \cdot 1^2 = 5(\text{m}), \quad \therefore h = 20 - 5 = 15(\text{m})$$

ㄴ. $v = \sqrt{2gs} = \sqrt{2 \times 10 \times 20} = 20(\text{m/s})$

ㄷ. 자유 낙하하는 물체에는 중력이 일정하게 작용한다.

ㄹ. 높이가 절반인 10m가 되는 곳에서 위치 에너지의 감소량이 운동 에너지가 되므로, 위치 에너지와 운동 에너지가 같다. h =15m 인 지점에서는 위치 에너지가 운동 에너지(위치 에너지의 감소량)의 3배이다.

01. 답 ④

해설 공이 강 표면까지 떨어지는 데 걸리는 시간을 t_1 이라고 하면, $t_1 = \sqrt{\dfrac{2s}{g}} = \sqrt{\dfrac{2 \times 19.6}{9.8}} = 2(\text{초})$, 공이 강 표면에 닿는 순간의 속력은 $v = \sqrt{2gs} = \sqrt{2 \times 9.8 \times 19.6} = 19.6(\text{m/s})$ 이고, 강 표면에서 강 바닥까지 걸린 시간은 $7 - 2 = 5(\text{초})$ 이므로, 강의 깊이 $= 5 \times 19.6 = 98(\text{m})$ 가 된다.

$\therefore$ 공의 평균 속도 $= \dfrac{\text{변위}}{\text{걸린 시간}} = \dfrac{(98 + 19.6)}{7} = 16.8(\text{m/s})$

02. 답 ④

해설 공 A, B의 운동을 속도-시간 그래프로 나타내면 다음과 같이 기울기는 모두 g 이고, 공 B의 시간이 t이다.

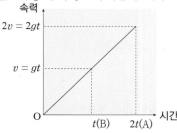

속도-시간 그래프에서 그래프의 시간축과의 넓이는 변위가 되므로, 공 A와 B의 변위는 각각 다음과 같다.

공 A $= \dfrac{1}{2} \cdot 2t \cdot 2v = 2vt$, 공 B $= \dfrac{1}{2} \cdot t \cdot v = \dfrac{1}{2}vt$,

따라서 공 A가 낙하한 거리는 공 B가 낙하한 거리의 4배가 된다.

ㄴ. 공 A가 바닥에 닿는 순간의 속도는 공 B가 바닥에 닿는 순간의 속도의 2배이다.

ㄷ. 공 A와 B의 질량이 같으므로, 더 높은 곳에 있던 공 A의 역학적 에너지(퍼텐셜 에너지)가 공 B의 역학적 에너지보다 크다.

[유형3-2] 답 ③

해설 속도-시간 그래프에서 속도가 (+)인 부분이 이루는 넓이는 물체가 올라간 거리이고, 속도가 (−)인 부분이 이루는 넓이는 물체가 내려온 거리가 된다. 따라서 공은 2초일 때 최고점에 도달한 후, 4초 동안 자유 낙하한다.

ㄱ, ㄷ 건물의 높이 = 공이 자유 낙하한 거리 − 건물의 옥상에서 공의 최고 높이까지의 거리가 된다. 공이 최고점으로부터 자유 낙하한 거리 = 2 ~ 6초 동안 그래프의 넓이이다.

공이 자유 낙하한 거리 : $\dfrac{1}{2} 4 \cdot (39.2) = 78.4(\text{m})$

건물의 옥상에서 공의 최고 높이까지의 거리 = 0 ~ 2초 동안 그래프의 넓이이다.

옥상에서 최고 높이까지 거리 : $\dfrac{1}{2} 2 \cdot 19.6 = 19.6(\text{m})$

$\therefore$ 건물의 높이 $= 78.4 - 19.6 = 58.8(\text{m})$

ㄴ. 공이 운동하는 동안 일정한 크기의 중력이 작용한다.

ㄹ. 공을 던진 후 3초 후에 공의 속도는 다음과 같다.
$v = v_0 - gt = 19.6 - (9.8) \cdot 3 = -9.8(\text{m/s})$

03. 답 ③

해설 물체 A는 자유 낙하하였으므로 높이가 $0.2h$ 인 곳 까지 걸리는 시간을 t_A, 낙하한 거리를 s_A 라고 하면,

$s_A = \dfrac{1}{2}gt_A^2 = 0.8h$, $t_A = \sqrt{\dfrac{2s_A}{g}} = \sqrt{\dfrac{2 \times 0.8h}{g}} = \sqrt{\dfrac{8h}{5g}}$

물체 B는 t_A 동안 연직 투상 운동을 하였으므로 물체 B의 변위 s_B 는

$s_B = v_0 t_A - \dfrac{1}{2}gt_A^2 \rightarrow s_A + s_B = v_0 t_A = h$

$\therefore v_0 = \dfrac{h}{t_A} = \sqrt{\dfrac{5gh}{8}}$

물체 B가 최고점에 도달하는 시간을 t_B 라고 하면, 최고점에서 속력은 0이므로,

$v = v_0 - gt_B = 0 \rightarrow t_B = \dfrac{v_0}{g} = \sqrt{\dfrac{5h}{8g}}$

$t_A > t_B$ 즉, 물체 B가 최고점에 도달한 이후 자유 낙하하는 동안 두 물체가 충돌한 것이다.

ㄱ. 물체 A와 B가 충돌하기 직전 물체 A와 B는 모두 연직 아래 방향으로 운동한다.

ㄴ. 두 물체가 충돌할 때까지 물체 B의 변위가 0.2h이다. B는 올라갔다 내려오므로 이동거리는 0.2h보다 크다.

04. 답 ⑤

해설 ㄱ. 물체 B에 대한 물체 A의 상대 속도는 $v_{BA} = v_A - v_B$ 이다. 이때 $v_A = v_0 + gt$, $v_B = gt$ 이므로, v_{BA} 는 v_0 로 일정하다.

ㄴ. 물체 B가 바닥에 닿는 시간을 t 라고 하면,

$h = \dfrac{1}{2}gt^2 \rightarrow t = \sqrt{\dfrac{2h}{g}}$

이때 물체 A의 속력 v 은

$v_A = v_0 + gt = v_0 + g \times \sqrt{\dfrac{2h}{g}} = v_0 + \sqrt{2gh}$

ㄷ. 운동을 시작한 후 1초 후 물체 A와 B의 이동 거리는 각각 다음과 같다.

$s_A = v_0 t + \dfrac{1}{2}gt^2 = v_0 + \dfrac{1}{2}g$, $s_B = \dfrac{1}{2}gt^2 = \dfrac{1}{2}g$

따라서 두 물체 사이의 거리는 물체 A의 처음 속도 크기의 차이만큼 난다.

[유형3-3] 답 ④

해설 ㄱ. 수평으로 물체를 던진 경우 연직 방향으로는 자유 낙하 운동이므로, 처음 속도와는 상관없이 높이가 같으면 수평 방향으로 던진 물체의 지면 도달 시간은 모두 같다.

ㄴ. 수평으로 물체를 던지면 수평 방향으로는 힘을 받지 않아 등속 운동한다. 물체 A를 수평 방향으로 던진 속도가 물체 B의 2배이므로, 수평 도달 거리도 물체 B의 두 배이다. (물체 A의 수평 도달 거리가 R 이라면, 물체 B의 수평 도달 거리는 $\dfrac{R}{2}$ 이다.)

ㄷ. 수평 방향으로 던진 물체 A, B 의 연직 방향 속력은 $v_y = gt$ 로 같다.

05. 답 ③

해설 물체 A를 기준으로 하고, 물체가 충돌한 시간을 t 라고 하면, 수평 방향 변위 x_A, x_B 는 같다.

$x_A = 20t$, $x_B = 13t + 35$, $20t = 13t + 35$, $t = 5$(초)

5초 동안 물체 A, B는 각각 자유낙하하므로,

$$h = \frac{1}{2}gt^2 \ \rightarrow \ h = \frac{1}{2}(9.8) \cdot 5^2 = 122.5(\text{m})$$

$$\therefore \text{지면으로부터의 높이는 } 140 - 122.5 = 17.5(\text{m})$$

06. 답 ⑤

해설 ㄱ. 중력장 내에서 물체가 운동할 때, 연직 방향의 중력에 의해서 연직 방향으로 속도가 변한다. 이때 속도 변화율은 중력 가속도 g이다.

ㄴ. 물체 A가 지면에 도달하는 순간 속력 v_A 와 물체 B가 지면에 도달하는 순간 속력 v_B 는 각각 다음과 같다.

$$2gh = v_A{}^2 - v^2 \ \rightarrow \ v_A = \sqrt{2gh + v^2}, \quad v_B = \sqrt{v^2 + (gt)^2}$$
$$\therefore v_A - v_B = \sqrt{2gh - (gt)^2}$$

ㄷ. 알짜힘은 질량에 비례하므로 B에 작용하는 알짜힘의 크기는 물체 A의 2배이다.

[유형3-4] 답 ③

해설 ㄱ. 수평면과 $60°$를 이룬 방향으로 물체를 던져 올렸을 때, 처음 속도를 v_0 라고 하면, 최고점의 높이는 담의 높이인 5m가 되며, 최고점의 높이와의 관계식은 다음과 같다.

$$H = \frac{(v_0 \sin\theta)^2}{2g} \ \rightarrow \ 5 = \frac{(v_0 \sin 60°)^2}{20}$$

$$\rightarrow \ 100 = v_0{}^2 (\frac{\sqrt{3}}{2})^2, \quad v_0 = \sqrt{\frac{400}{3}} = \frac{20\sqrt{3}}{3}(\text{m/s})$$

따라서 $6\sqrt{3}$ m/s의 속력으로 공을 차는 경우 담을 넘지 못한다.

ㄴ. 5m 담을 넘기 위한 최소 속력은 $\frac{20\sqrt{3}}{3}$ m/s 이다. 이 속력으로 공을 찼을 때 최고점에 도달하는 시간 t_1 은 다음과 같다.

$$t_1 = \frac{v_0 \sin\theta}{g} = \frac{20\sqrt{3}}{3} \times \frac{\sqrt{3}}{2} \times \frac{1}{10} = 1(\text{초})$$

수평면에 도달하는 시간 $t_2 = 2t_1$ 일 때,
수평 도달 거리 R

$$= v_{0x} t_2 = v_0 \cos 60 \cdot 2t_1 = \frac{20\sqrt{3}}{3} \times \frac{1}{2} \times 2 = \frac{20\sqrt{3}}{3}(\text{m})$$

ㄷ. $\theta = 30°$ 인 경우 최고 높이 H 가 5m가 되려면,

$$H = \frac{(v_0{'} \sin\theta)^2}{2g} \ \rightarrow \ 5 = \frac{(v_0{'} \sin 30°)^2}{20}$$

$$\rightarrow \ 100 = v_0{'}^2 (\frac{1}{2})^2, \quad v_0{'} = 20(\text{m/s}) \ (\text{이상이 되어야 한다.})$$

07. 답 ②

해설 수평면과 각 θ를 이룬 방향으로 물체를 던져 올렸을 때, 처음 속도의 x, y성분은 각각 $v_{0x} = v_0 \cos\theta$, $v_{0y} = v_0 \sin\theta$이다.

A, B, C 공의 최고점의 높이가 모두 같으므로, $H = \frac{(v_0 \sin\theta)^2}{2g}$ 에 의해 공 A, B, C 의 $v_0 \sin\theta$ 값이 모두 같음을 알 수 있다.

ㄱ, ㄴ. 세 공 처음 속도의 y 방향(연직 방향) 성분이 모두 같기 때문에, 처음 속도의 수평 방향 성분 v_{0x} 가 가장 큰 공인 C의 경우 처음 속도의 크기도 가장 크다.

ㄷ. 최고점까지 도달하는 데 걸리는 시간을 t_2 라고 하면,

$$t_2 = \frac{2v_{0y}}{g} = \frac{2v_0 \sin\theta}{g}$$

따라서 세 가지 공의 궤도의 경우 $v_0 \sin\theta$ 값이 모두 같으므로 지면에 도달하는 시간이 모두 같다.

08. 답 ⑤

해설 ㄱ. 벽과 P점 사이의 거리는 공의 수평 도달 거리의 절반이다. P점에서 던진 공의 수평 도달 거리를 R이라 할 때

$$R = \frac{v_0{}^2 \sin 2\theta}{g} = 20\sqrt{3} \ (\text{m})$$

$\therefore$ 벽과 P점 사이의 거리는 $10\sqrt{3}$ (m), 벽과 Q점 사이의 거리는 $5\sqrt{3}$ (m) 이다.

ㄴ. 벽과 공이 수직으로 충돌한 후 떨어졌으므로, 공의 충돌 지점은 던져올려진 공의 최고점 높이가 된다.

$$H = \frac{(v_0 \sin\theta)^2}{2g} \ \rightarrow \ H = \frac{(20 \times \sin 30)^2}{2 \times 10} = 5(\text{m})$$

ㄷ. 높이가 같으므로 공이 올라가는 데 걸리는 시간과 떨어지는 데 걸리는 시간은 같다. 운동의 대칭성으로 벽→P, 벽→Q의 시간이 같고, 지면 도달거리는 절반이므로 벽→Q일 때의 수평 방향 속도는 벽→P일 때의 절반이다. 벽→P일 때의 수평 방향 속도는 $v_0 \cos\theta = 20 \cos 30° = 10\sqrt{3}$ (m/s)이므로 벽→Q 일 때의 수평 방향 속도는 $5\sqrt{3}$ (m/s)으로 일정하게 유지된다.

창의력 & 토론마당 70 ~ 73 쪽

01 〈해설 참조〉

해설 (1) 무한이가 비탈의 가운데 지점에서 동전을 떨어뜨렸으므로, 떨어뜨리는 지점은 $x = 400$, $y = 300$이고, 동전의 처음 속도는 케이블카의 속도와 같은 10m/s의 속력으로 수평면과 각 θ를 이루는 방향이다. 따라서 동전의 경로는 다음과 같이 나타낼 수 있다.

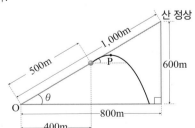

x, y는 시간 t 일 때 변위로, 각각 수평 방향 좌표, 수직 방향 좌표이므로 다음과 같다.

$$x = 400 + v_x t = 400 + v_0 \cos\theta t = 400 + 10 \cdot \frac{4}{5} t = 400 + 8t$$

$$y = 300 + v_{0y}t - \frac{1}{2}gt^2 = 300 + v_0 \sin\theta t - \frac{1}{2}gt^2$$

$$= 300 + 10 \cdot \frac{3}{5} t - \frac{1}{2} 10t^2 = 300 + 6t - 5t^2$$

$(\because \sin\theta = \dfrac{600}{1,000} = \dfrac{3}{5},\ \cos\theta = \dfrac{800}{1,000} = \dfrac{4}{5})$

(2) 해발 고도를 기준으로 동전이 가장 높은 위치에 있을 때는 동전의 최고점 높이에 해당된다. 최고점까지 걸린 시간을 t_1 이라고 하면,

$$v_y = v_0\sin\theta - gt_1 = 0 \rightarrow 10\cdot\dfrac{3}{5} - 10t_1 = 0 \quad \therefore t_1 = 0.6(\text{초})$$

따라서 P점의 x, y 좌표는 다음과 같다.

$x = 400 + 8t = 400 + 8\times0.6 = 404.8(\text{m})$
$y = 300 + 6t - 5t^2 = 300 + 6\times0.6 - 5\times0.6^2 = 301.8(\text{m})$

---

02 28.7m/s

해설 디딤판의 수평 거리 $d = 6\cos30° = 5.1$, 빗면 거리 $L = 6$ 이다. 디딤판 A를 떠나는 순간 오토바이의 속력을 v 라고 하고, xy 좌표계의 원점 O를 디딤판 A의 수직면과 지면과의 접촉점으로 하면 다음 그림과 같다.

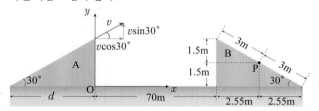

상상이가 디딤판 A를 떠나는 지점의 xy 좌표는 $x_0 = 0$, $y_0 = 3(\text{m})$이고, 상상이는 디딤판 A의 각도와 같은 30°의 각으로 포물선 운동을 하여 디딤판 B의 중앙 지점 P에 착륙하게 된다. 착륙점의 x 좌표는 $70 + 2.55 = 72.55(\text{m})$이고, 출발 후 착지할 때까지 걸린 시간을 t 라고 하면,

$$x = v_x t = v\cos\theta t \rightarrow 72.55 = v\cos30°t$$
$$vt ≒ 85.4, \quad t = \dfrac{85.4}{v}$$

착륙점의 y 좌표는 높이 3m의 A판에서 v_y로 출발, t초에 1.5m 가 되므로,

$$y = 3 + v_y t - \dfrac{1}{2}gt^2 = 3 + v\sin\theta t - \dfrac{1}{2}gt^2$$
$$\rightarrow 1.5 = 3 + v\sin30°t - 5t^2 = 3 + \dfrac{1}{2}vt - 5t^2, (t = \dfrac{85.4}{v})$$
$$\therefore v^2 = \dfrac{85.4^2}{8.84} \rightarrow v ≒ 28.7\ (\text{m/s})$$

---

03 (1) $\dfrac{L}{2} - \dfrac{5g\sin\theta}{8}(\dfrac{L}{v})^2$ (2) $2g\sin\theta\dfrac{L}{v\cos\varphi}$

해설 (1) 물체는 빗면 아래 방향의 중력가속도 $g' = g\sin\theta$ 로 운동한다. 빗면에서 수평 방향으로는 힘이 작용하지 않으므로 $v\cos\varphi$ 의 속도로 등속 운동, 빗면 방향으로는 처음 속도 $v\sin\varphi$ 이고, 빗면 위로 올라가는 물체 A는 $-g\sin\theta$, 빗면 아래로 내려오는 물체 B는 $+g\sin\theta$의 가속도로 운동한다.

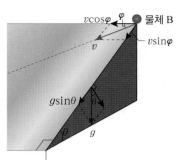

수평 방향(빗면에 수직 방향)을 x 방향, 빗면 방향을 y 방향으로 할 때
(물체 A) $v_x = v\cos\varphi$, $v_y = v\sin\varphi - g't$,
(물체 B) $v_x = v\cos\varphi$, $v_y = v\sin\varphi + g't$,
충돌 지점의 물체 A의 x 방향의 변위는 L 이므로 충돌 시간을 t_1 라고 하면, $t_1 = \dfrac{L}{v\cos\varphi}$ 이고, 충돌 지점의 y 방향의 변위는 d이므로

(빗면의 길이 관계에서 $\tan\varphi = \dfrac{1}{2}$, $\cos\varphi = \dfrac{2}{\sqrt{5}}$ $\sin\varphi = \dfrac{1}{\sqrt{5}}$ 이다.)

$$d = v\sin\varphi t_1 - \dfrac{1}{2}g't_1^2$$
$$= v\sin\varphi(\dfrac{L}{v\cos\varphi}) - \dfrac{1}{2}g\sin\theta(\dfrac{L}{v\cos\varphi})^2$$
$$= \tan\varphi L - \dfrac{1}{2}g\sin\theta\dfrac{1}{\cos^2\varphi}(\dfrac{L}{v})^2$$
$$\therefore d = \dfrac{L}{2} - \dfrac{5g\sin\theta}{8}(\dfrac{L}{v})^2 (\text{운동의 대칭성으로 물체 B와 만난다.})$$

(2) 두 물체의 처음 속도 크기는 같고, 가속도의 방향이 서로 반대이므로 속도 차이 크기는 각 물체의 연직 방향 속도 변화량 크기의 2배가 된다. 물체 A의 속도 변화량은 $g't_1$ 이므로 물체 A와 B의 속도 차이의 크기 Δv 는 다음과 같다.

$$\Delta v = 2g't_1 = 2g\sin\theta\dfrac{L}{v\cos\varphi}$$

---

04 〈해설 참조〉

해설 (1) 비행기가 3칸/s 의 속도로 등속 운동하는 경우 떨어뜨린 폭탄의 x 좌표는 $x = v_0 t$, y 좌표는 $y = \dfrac{1}{2}gt^2$ 이다.

폭탄을 처음 떨어뜨렸을 때를 0초라고 하면, 처음 투하된 폭탄의 초당 좌표는 다음과 같이 변한다.(g=2칸/s²)
$(0, 0) \rightarrow (3, 1) \rightarrow (6, 4) \rightarrow (9, 9) \rightarrow (12, 16) \cdots$
3칸 진행하여 1초일 때 떨어뜨린 두번째 폭탄의 좌표 :
$(3, 0) \rightarrow (6, 1) \rightarrow (9, 4) \rightarrow (12, 9) \rightarrow (15, 16)$
2초일 때 떨어뜨린 폭탄의 좌표 :
$(6, 0) \rightarrow (9, 1), \rightarrow (12, 4) \rightarrow (15, 9) \rightarrow (18, 16) \cdots$

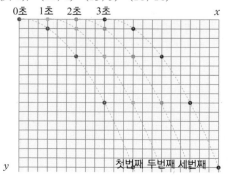

(2) 비행기가 2칸/s^2 의 가속도로 등가속도 운동하는 경우:
① 처음 떨어뜨린 폭탄은 (1)과 같다.
② 1초일 때 비행기의 수평 속도 $v_1 = v_0 + at = 3 + 2 = 5$, 처음 지점에서 1초 동안 비행기가 수평 방향으로 이동한 거리 $s_1 = v_0 t + \frac{1}{2} a t^2 = 3 + 1 = 4$ 이다.

투하된 폭탄은 수평 방향으로 5의 속도로 등속 운동, 연직 방향으로는 2의 가속도로 자유 낙하한다. 투하된 위치는 (4, 0)이다. 따라서 1초 간격 폭탄의 좌표는 다음과 같다.

1초 → (4, 0), 2초 → (9, 1), 3초 → (14, 4), 4초 → (19, 9), …

③ 2초일 때 비행기의 수평 속도 $v_2 = v_0 + at = 3 + 2 \cdot 2 = 7$ 이고, 0~2초 비행기가 이동한 거리 $s_2 = v_0 t + \frac{1}{2} a t^2 = 6 + 4 = 10$

폭탄은 (10, 0) 위치에서 떨어져서 수평 방향으로 7의 속도로 등속 운동하며, 연직 방향으로는 2의 가속도로 자유 낙하한다. 1초 간격 폭탄의 좌표는 다음과 같이 변한다.

2초 → (10, 0), 3초 → (17, 1), …

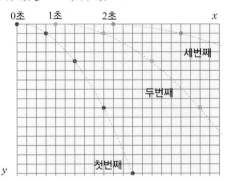

$$05 \quad (1) \; \frac{2v_0}{g} \quad (2) \; \frac{2v_0^2}{g} \quad (3) \; \frac{\sqrt{3}}{3}$$

해설 (1) 다음 그림과 같이 P점에서 던져올린 공의 각도는 30°이고, P점의 좌표는 $(x_i, y_i) = (0, 0)$ 으로 한다.

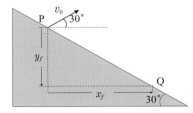

P점에서 속도의 x, y 좌표는 각각 다음과 같다.

$$v_{x0} = v_0 \cos 30° = \frac{\sqrt{3}}{2} v_0, \quad v_{y0} = v_0 \sin 30° = \frac{v_0}{2}$$

Q점에서 물체의 x 좌표 x_f 에 의해 시간 t 는 다음과 같다.

$$x_f = v_{x0} t = v_0 \cos 30° t \;\rightarrow\; t = \frac{x_f}{v_0 \cos 30°}$$

따라서 물체의 y 좌표는 다음과 같다.

$$y_f = v_{y0} t - \frac{1}{2} g t^2$$

$$= (v_0 \sin 30°)(\frac{x_f}{v_0 \cos 30°}) - \frac{1}{2} g (\frac{x_f}{v_0 \cos 30°})^2$$

$$= x_f \cdot \tan 30° - \frac{g x_f^2}{2 v_0^2 \cos^2 30°} \quad (y_f = -x_f \cdot \tan 30° \text{이다.})$$

$$\therefore -x_f \cdot \tan 30° = x_f \cdot \tan 30° - \frac{g x_f^2}{2 v_0^2 \cos^2 30°}$$

$$x_f = \frac{2 v_0^2 \cos^2 30°}{g} (2 \tan 30°) = \frac{\sqrt{3} v_0^2}{g}$$

$$\rightarrow t = \frac{x_f}{v_0 \cos 30°} = \frac{2 v_0}{g}$$

(2) $y_f = -x_f \cdot \tan 30° = -\frac{\sqrt{3} v_0^2}{g} \cdot \tan 30° = -\frac{v_0^2}{g}$

따라서 직선 거리 s 는 다음과 같다.

$$s = \sqrt{x_f^2 + y_f^2} = \sqrt{(\frac{\sqrt{3} v_0^2}{g})^2 + (-\frac{v_0^2}{g})^2} = \frac{2 v_0^2}{g}$$

(3) Q점에서 속도의 x, y 좌표는 각각 다음과 같다.

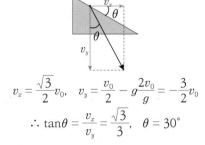

$$v_x = \frac{\sqrt{3}}{2} v_0, \quad v_y = \frac{v_0}{2} - g \frac{2 v_0}{g} = -\frac{3}{2} v_0$$

$$\therefore \tan \theta = \frac{v_x}{v_y} = \frac{\sqrt{3}}{3}, \quad \theta = 30°$$

〈풀이2〉

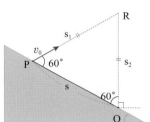

P점에서 던져올린 공은 중력이 없을 경우 직선 운동을 하지만 중력때문에 포물선 운동을 하게 된다. 그러므로 이 운동은 직선 운동과 자유 낙하 운동으로 나눌 수 있다. 그림처럼 △PQR은 정삼각형이므로, 직선 거리 s는 중력이 없을 경우 t 초 동안 이동 거리 s_1 과 R→Q점 자유 낙하한 거리 s_2 에서 기하학적으로 구할 수 있다.

$$\therefore s = v_0 t = \frac{1}{2} g t^2 \;\rightarrow\; t = \frac{2 v_0}{g}, \; s = \frac{2 v_0^2}{g}$$

01. (1) ○ (2) X (3) ○	02. ⑤	03. ③
04. ②	05. ②	06. ③	07. ②
08. 45	09. 80	10. 4	11. 7
12. ②	13. ①	14. ⑤	15. ④
16. ④	17. ①	18. ②	19. ②
20. ⑤	21. $d\sin\theta\cos\theta$		22. $\dfrac{\sqrt{3}}{2}h$
23. ②	24. 10.2	25. 500	

26. $v \geq \sqrt{h^2+d^2}\sqrt{\dfrac{g}{2h}}$ 27. $\dfrac{2v\sin\varphi}{g\cos\theta}$

28. 375   29. ㉠ 230 ㉡ $575\sqrt{3}$

30. 넘어간다. 0.1m   31. 12   32. 50

33. (1) 3 : 1 (2) 10 : 1   34. (1) $-\dfrac{v_0^2}{4H}, -\dfrac{v_0^2}{2H}$

(2) $\dfrac{4H}{v_0}$ (3) $\dfrac{v_0}{2}, v_0$

01. 답 (1) ○ (2) X (3) ○
해설 (1) 자유 낙하하는 물체는 중력만 받아서 낙하하는 등가속도 직선 운동을 한다.
(2) 연직 위로 던진 물체의 변위는 올라갈 때는 증가하나 내려올 때는 감소한다.
(3) 포물선 운동을 하는 물체의 수평 방향으로는 알짜힘이 0이므로 등속 직선 운동을 하고, 연직 방향으로는 알짜힘 중력을 받으므로 자유 낙하 운동한다.

02. 답 ⑤
해설 ㄱ. $s = \dfrac{1}{2}gt^2 = \dfrac{1}{2}10\cdot4^2 = 80(\text{m})$

ㄴ. 공이 바닥에 닿는 순간 속도는
$$v = gt = 10\cdot4 = 40(\text{m/s})$$

ㄷ. 자유 낙하 운동하는 물체는 가속도가 일정한 운동을 하므로, 시간에 따른 속도 그래프에서 기울기가 일정하다.

03. 답 ③
해설 연직 아래 방향으로 v_0의 속력으로 물체를 던질 경우 t초 후 물체의 변위 크기는 다음과 같다.
$$s \left(= v_0t + \dfrac{1}{2}gt^2\right) = 6\cdot3 + \dfrac{1}{2}10\cdot3^2 = 63(\text{m})$$

〈또 다른 풀이〉
물체의 운동을 속도-시간 그래프로 나타내면 다음과 같다.

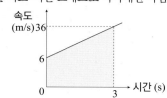

$$v = v_0 + gt \ \rightarrow \ v(3초) = 6 + 10\cdot3 = 36(\text{m/s})$$
이때 물체의 변위 크기는 그 시간 동안 그래프 아래 면적이다.
$$s(0\sim3초) = \dfrac{1}{2}(6 + 36)\cdot3 = 63(\text{m})$$

04. 답 ②
해설 ㄱ. 중력장에서 물체에는 중력이 작용하므로 모든 순간 가속도 운동을 한다. 최고점에서 공의 가속도는 -10m/s^2 이다.
ㄴ. v_0의 속도로 공은 연직 위로 던져 올렸을 때, 최고점에 도달하는 시간 t_1은 2초이고, 최고점에서 속도는 0이다.
$$v_0 - gt_1 = v_0 - 20 = 0, \ v_0 = 20(\text{m/s})$$
$$최고점의 높이(H) = \dfrac{v_0^2}{2g} = \dfrac{20^2}{20} = 20(\text{m})$$
ㄷ. 공이 지면에 닿는 순간의 속도는 처음 던져 올린 공의 속도와 크기는 같고, 방향은 반대이다. 따라서 -20m/s이다.

05. 답 ②
해설 연직 위로 v_0의 속도로 던져 올린 물체의 경우 연직 위쪽 방향을 (+)로 하면, 시간 t 일 때 물체의 변위는 다음과 같다.
$$s = v_0t - \dfrac{1}{2}gt^2 = 25 \times 6 - \dfrac{1}{2} \times (10) \times 6^2 = -30(\text{m})$$
즉, 공을 던져 올린 높이보다 연직 아래 방향으로 30m위치에 공이 떨어진 것을 의미하므로 담벼락 높이는 30m가 된다.

06. 답 ③
해설 수평 방향으로 일정한 속도로 날아가는 비행기에서 물체를 투하하면 물체는 비행기의 속력으로 수평 방향으로 던진 물체의 운동을 한다. 물체가 지면에 떨어질 때까지 걸린 시간 t_1은 자유 낙하 운동의 지면 도달 시간과 같으므로,
$$h = \dfrac{1}{2}gt_1^2 \ \rightarrow \ t_1 = \sqrt{\dfrac{2h}{g}} = \sqrt{\dfrac{2 \times 245}{10}} = 7(초)$$
이때 물체는 수평 방향으로 비행기의 속도인 120m/s의 속도로 7초 동안 등속 운동을 한다.
$$\therefore R = v_0t_1 = 120 \times 7 = 840(\text{m})$$

07. 답 ②
해설 물체가 P점에서 O점까지 운동할 때 줄어든 퍼텐셜 에너지는 증가한 운동 에너지와 같다. 공의 질량을 m이라고 하고, P점의 책상면에서의 높이를 h_1, O점에서 물체의 속력을 v_1, O점의 바닥 높이를 h_2 이라고 하면,
$$mgh_1 = \dfrac{1}{2}mv_1^2 \ \rightarrow \ v_1 = \sqrt{2gh_1} = \sqrt{2 \times 10 \times 5} = 10(\text{m/s})$$
O점에서 속도의 방향이 수평 방향이므로 10m/s의 속력으로 수평 방향으로 공을 던진 것과 같다. 지면 도달 시간은 자유 낙하 운동의 지면 도달 시간과 같다.
$$h_2 = \dfrac{1}{2}gt^2 \ \rightarrow \ t = \sqrt{\dfrac{2h_2}{g}} = 1(초)$$
수평 방향으로는 공이 1초 동안 10m/s의 속력으로 운동한다. O점과 Q점 사이의 수평 거리 $s = 10\times1 = 10\text{m}$

08. 답 45
해설 수평면과 비스듬히 던져 올린 물체는 최고점까지 올라가고 최고점에서는 수평으로 던진 물체의 운동과 같다. 최고점에서 지면에 도달하는 시간은 자유 낙하 운동의 지면 도달 시간과 같다. 운동의 대칭성으로 물체는 3초 후에 최고 높이에 이르고, 다시 3초 후에 지표면 위에 떨어지므로 최고점 높이는 다음과 같다.
$$H = \dfrac{1}{2}gt^2 = \dfrac{1}{2} \times 10 \times 3^2 = 45(\text{m})$$

09. 답 80

해설 비스듬히 위로 던진 물체는 연직 아래 방향으로 중력이 작용하는 등가속도 운동을 한다. 연직 방향 운동을 고려하여, 시간 2초일 때, 연직 방향으로 변위를 y라고 할 때

$$y = v_{0y}t - \frac{1}{2}gt^2 \rightarrow 60 = 2v_{0y} - 5 \cdot 2^2, \ v_{0y} = 40\text{(m/s)}$$

이 물체가 도달하는 최고점 높이는

$$H = \frac{v_{0y}^2}{2g} = \frac{40^2}{20} = 80\text{(m)}$$

10. 답 4

해설 최고점에 도달한 시간은 $t_1 = \frac{v_{0y}}{g} = \frac{40}{10} = 4$(초)

〈또 다른 풀이〉

중력 장에서 연직 방향으로 $-g$의 등가속도 운동을 한다.

$$s = v_{0y}t - \frac{1}{2}gt^2 = 2v_0 - 5 \cdot 2^2 = 60$$

$$\therefore v_{0y} = 40\text{(m/s)} \ v = v_{0y} - gt \rightarrow 0 = 40 - 10t, \ t = 4(\text{초})$$

11. 답 7

해설 열쇠가 자유 낙하하는 데 걸리는 시간을 t라고 하면,

$$t = \sqrt{\frac{2s}{g}} = \sqrt{\frac{2 \times 20}{10}} = 2(\text{초})$$

트럭은 14m 떨어진 지점에 있었으므로, 2초 동안 14m를 운동한다.

$$\therefore \text{트럭의 속력} = \frac{14}{2} = 7\text{(m/s)}$$

12. 답 ②

해설 두 물체가 만나는 시간을 t라고 하면, t 시간 동안 물체 A가 낙하한 거리(s_A)와 물체 B가 상승한 거리(s_B)의 합은 100m이다.

$$s_A = \frac{1}{2}gt^2 = 5t^2, \quad s_B = v_0t - \frac{1}{2}gt^2 = 25t - 5t^2$$

$$\therefore s_A + s_B = 25t = 100, \ t = 4(\text{초})$$

물체 A와 물체 B가 만나는 곳의 지면으로부터의 높이는 물체 B가 $t = 4$초 동안 상승한 높이가 된다.

$$\therefore s_B = 25t - 5t^2 = 20\text{(m)}$$

13. 답 ①

해설 돌이 지표면까지 떨어지는 데 걸리는 시간을 t_1이라고 하면,

$$t_1 = \sqrt{\frac{2s}{g}} = \sqrt{\frac{2 \times 160}{10}} = \sqrt{32} = 4\sqrt{2} \fallingdotseq 5.6(\text{초})$$

처음 50m를 떨어지는 데 걸리는 시간을 t_2라고 하면,

$$t_2 = \sqrt{\frac{2s}{g}} = \sqrt{\frac{2 \times 80}{10}} = 4(\text{초})$$

$\therefore$ 나머지 80m를 떨어지는 데 걸리는 시간은 $5.6 - 4 = 1.6$(초)이다.

14. 답 ⑤

해설 연직 위쪽 방향을 (+)로 하였을 때 3초 후 최고점에 도달하였으므로, 물체를 연직 위로 던져 올린 공의 처음 속도 v_0는

$$v = v_0 - gt \rightarrow 0 = v_0 - 30, \ v_0 = 30\text{(m/s)}$$

연직 위로 30m/s의 속도로 던져 올린 물체의 경우 5초 후 물체의 변위는 다음과 같다.

$$s(5\text{초})\left(= v_0t - \frac{1}{2}gt^2\right) = 30 \times 5 - \frac{1}{2}10 \cdot 5^2 = 25\text{(m)}$$

5초 후 던진 위치와 물체 사이의 직선 거리가 25m 이므로, 담벼락의 높이는 25m이다.

15. 답 ④

해설 ㄱ. 물체 A가 자유 낙하한 거리가 h일 때, 걸린 시간 t는 $t = \sqrt{\frac{2h}{g}}$ 이다. 같은 시간 t 동안 물체 B가 던져올려져서 수평면에 도달한다. $t = \frac{2v\sin\theta}{g} = \frac{v}{g}$ = 물체 A의 낙하 시간

$$\therefore \frac{v}{g} = \sqrt{\frac{2h}{g}}, \ v = \sqrt{2gh}$$

ㄴ. 물체 A의 지면 도달 속도 크기 = $\sqrt{2gh}$ = 물체 B의 지면 도달 속도 크기

ㄷ. 두 물체의 역학적 에너지는 보존된다. 물체 A, B의 질량을 각각 m, 이라할 때

물체 A의 역학적 에너지 = 높이 h의 퍼텐셜 에너지 = mgh

물체 B의 역학적 에너지 = 출발 시 운동 에너지 = $\frac{1}{2}mv^2$

$v = \sqrt{2gh}$ 이므로 $\frac{1}{2}mv^2 = mgh$ (두 물체의 역학적 에너지는 같다.)

16. 답 ④

해설 동시에 출발하므로, 두 물체가 충돌할 때까지 두 물체의 자유 낙하 거리는 같고, 두 물체의 수평 운동 거리의 합이 50m가 된다. 두 물체가 충돌할 때까지 걸린 시간을 t라고 하면,

$$10t + 15t = 50, \ t = 2(\text{초})$$

2초 동안 물체가 연직 방향으로 이동 거리는

$$s = \frac{1}{2}gt^2 \rightarrow s = \frac{1}{2}10 \cdot 2^2 = 20\text{(m)}$$

따라서 지면에서 50m 높이에서 두 물체는 충돌한다.

17. 답 ①

해설 ㄱ. 옥상 위의 점 O를 기준으로 윗 방향을 (+)로 하고, 물체가 바닥에 떨어질 때까지의 시간을 t, 물체의 처음 속도를 v_0라고 하면, 시간 t에 물체의 연직 방향 변위는 -30m 이다.

$$-30 = v_0\sin\theta \cdot t - \frac{1}{2}gt^2 = \frac{1}{2}v_0t - 5t^2$$

$\rightarrow t = 4$(초)에 지면에 낙하하였으므로, $v_0 = 25\text{(m/s)}$

물체의 수평 방향 속도 $v_x = v_0\cos30° = \frac{25\sqrt{3}}{2} = 21.25\text{(m/s)}$

물체의 수평 도달 거리(4초 동안) = $21.25 \times 4 = 85\text{(m)}$

ㄴ. 최고점에 도달한 시간 $t_1 = \frac{v_0\sin\theta}{g} = \frac{12.5}{10} = 1.25(\text{초})$

ㄷ. 공을 던진 후 3초 일 때 물체의 연직 방향 변위 y는 다음과 같다.

$$y = v_0\sin\theta \cdot t - \frac{1}{2}gt^2 = 12.5 \times 3 - \frac{1}{2}10 \cdot 3^2 = -7.5\text{(m)}$$

$\therefore$ 공은 지면에서 $30 - 7.5 = 22.5$m 높이에 있다.

18. 답 ②

해설 O점에서 처음 속도, 처음 속도의 수평 성분, 연직 성분의 크기를 각각 v, v_{0x}, v_{0y}, P점의 속도의 크기를 v, P점에 충돌할 때까지 걸린 시간을 t라고 하면, $v_{0x} = v_0\cos\theta$, $v_{0y} = v_0\sin\theta$ 이다. O점과 P점의 성분별 속도를 비교하고, 성분별 변위를 구한다.

$$v_{0x} = v\cos 60° = \frac{v}{2} \quad \rightarrow \quad v = 2v_{0x} \cdots \text{①}$$

$$v_{0y} - gt = -v\sin 60° = -\frac{\sqrt{3}}{2}v = -\sqrt{3}\,v_{0x} \cdots \text{①}$$

$$(x =) \; v_{0x}t = 25 \; \rightarrow \; t = \frac{25}{v_{0x}} \cdots \text{ⓒ} \quad (y =) \; v_{0y}t - 5t^2 = 1.5 \cdots \text{ⓔ}$$

$$\text{ⓒ} \rightarrow \text{①} \quad v_{0y} = g\frac{25}{v_{0x}} - \sqrt{3}\,v_{0x} \; \rightarrow \; \frac{v_{0y}}{v_{0x}} = \frac{250}{v_{0x}^2} - \sqrt{3} \cdots \text{ⓜ}$$

$$\text{ⓒ} \rightarrow \text{ⓔ} \quad 25\frac{v_{0y}}{v_{0x}} - 5\frac{25^2}{v_{0x}^2} = 1.5 \cdots \text{ⓗ}$$

$$\text{ⓜ} \rightarrow \text{ⓗ} \quad 25(\frac{250}{v_{0x}^2}) - 5\frac{25^2}{v_{0x}^2} = 1.5 + 25\sqrt{3}$$

$$\therefore v_{0x}^2 = 25^2(10 - 5)/(1.5 + 25\sqrt{3}) \fallingdotseq 71, \quad v_{0x} = 8.4 \text{ (m/s)}$$

ⓜ 에서 $v_{0y} = 15.5$ (m/s)

$$\therefore v_0 = \sqrt{v_{0x}^2 + v_{0y}^2} \fallingdotseq 17.6 \text{ (m/s)}$$

① 에서 $v = 2v_{0x} \fallingdotseq 17$ (m/s)

19. 답 ②

해설 물체에 작용하는 힘은 중력과 공기 저항력이 된다. 이때 중력과 공기 저항력은 서로 반대 방향이고, 연직 아래 방향을 (+)로 하면, 가속도가 a일 때, 물체에 작용하는 힘은 다음과 같다.

$$ma = mg - kv$$

이때 종단 속도 v_t는 가속도가 0이 되어, 등속 운동을 하기 시작하는 시점의 속도이다.

$$0 = mg - kv_t \; \rightarrow \; v_t = \frac{mg}{k}$$

ㄱ. 물체의 가속도의 크기가 중력 가속도의 절반이 되는 지점에서 물체에 작용하는 힘은 다음과 같다.

$$\frac{mg}{2} = mg - kv \; \rightarrow \; v = \frac{mg}{2k} = \frac{v_t}{2}$$

ㄴ. 종단 속도는 질량에 비례한다. 따라서 같은 조건에서 질량이 2배가 되면, 물체의 종단 속도도 2배가 된다.

ㄷ. 속도가 시간에 비례하기 위해서는 가속도가 일정해야 한다. 물체의 속력이 종단 속도에 도달하기 전까지 물체의 가속도는 공기 저항력에 의해 계속 변하므로 물체의 속력과 낙하 시간은 비례해서 증가하지 않는다.

20. 답 ⑤

해설

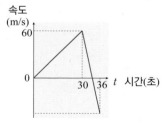

속도-시간 그래프에서 기울기는 가속도, 그래프와 시간축 사이의 넓이는 변위가 된다. 정지해 있던 로켓이 가속도가 2m/s²으로 30초 동안 상승하였으므로 연료가 떨어지는 순간의 속도 = 2 × 30 = 60(m/s)이다. 이후 중력만 받으므로 속도가 0이 될 때까지는 6초가 걸린다. 따라서 로켓이 발사된 후 지면으로부터 올라갈 수 있는 최고 높이는 36초 동안의 변위(넓이)이다.

$$\frac{1}{2}60 \cdot 36 = 1080 \text{(m)}$$

지상 1080m에서 자유 낙하하는데 걸리는 시간 t는

$$t = \sqrt{\frac{2s}{g}} = \sqrt{\frac{2 \times 1080}{10}} = 6\sqrt{6} \fallingdotseq 14.7 \text{(초)}$$

따라서 로켓이 발사된 후 지면으로 되돌아 오는데 걸리는 시간 = 14.7 + 36 = 50.7(초)

21. 답 $d\sin\theta\cos\theta$

해설 물체 B가 수평 거리 d인 지점까지 이동하는 데 걸리는 시간을 t_B라고 하면, 처음 속력은 v이므로,

$$vt_B = d \; \rightarrow \; t_B = \frac{d}{v}$$

연직 방향으로 이동한 거리는 s이므로,

$$s = \frac{1}{2}gt_B^2 = \frac{1}{2}g \cdot (\frac{d}{v})^2 \; \rightarrow \; v^2 = \frac{gd^2}{2s}$$

물체 A가 수평 거리 d만큼 이동한 시간 $t_A = \frac{2v\sin\theta}{g}$이고,

$$d = v\cos\theta \cdot t_A = v\cos\theta \cdot \frac{2v\sin\theta}{g} = \frac{v^2 2\sin\theta\cos\theta}{g}$$

$$\rightarrow \frac{gd^2}{2s} \cdot \frac{2\sin\theta\cos\theta}{g} = \frac{d^2\sin\theta\cos\theta}{s}$$

$$\therefore s = d\sin\theta\cos\theta \; (= \frac{d\sin 2\theta}{2})$$

〈별해〉

$$d = v\cos\theta \cdot t_A = v\cos\theta \cdot \frac{2v\sin\theta}{g} = \frac{v^2 2\sin\theta\cos\theta}{g} = \frac{v^2\sin 2\theta}{g}$$

$$\therefore \sin 2\theta = \frac{dg}{v^2} = d\frac{2s}{d^2} = \frac{2s}{d}$$

22. 답 $\frac{\sqrt{3}}{2}h$

해설 빗면에서의 가속도 $g\sin\theta = g\sin 30° = \frac{g}{2}$, 물체의 처음 속도 (O점에서의 속도) $v_0 = 0$, P점에서의 속도 v라고 하면, 빗면에서

$$v^2 - v_0^2 = 2as \; \rightarrow \; v^2 = 2 \cdot \frac{g}{2} \cdot h, \; v = \sqrt{gh}$$

P점에서 속도의 수평 성분 $v_x = \sqrt{gh} \times \cos 30° = \frac{\sqrt{3gh}}{2}$

P점에서 속도의 연직(수직) 성분 $v_y = \sqrt{gh} \times \sin 30° = \frac{\sqrt{gh}}{2}$

P점에서 낙하하는데 걸리는 시간을 t라고 하면,

$$h = v_y \cdot t + \frac{1}{2}gt^2 = \frac{\sqrt{gh}}{2}t + \frac{g}{2}t^2$$

$$t^2 + \sqrt{\frac{h}{g}}t - \frac{2h}{g} = 0, \; (t - \sqrt{\frac{h}{g}})(t + 2\sqrt{\frac{h}{g}}) = 0, \; t = \sqrt{\frac{h}{g}}$$

P~Q 수평 거리 : $v_x t = \frac{\sqrt{3}}{2}h$, P~R 수평 거리 : $\frac{h}{\tan 30°} = \sqrt{3}h$

$$\therefore \text{QR} = \sqrt{3}h - \frac{\sqrt{3}}{2}h = \frac{\sqrt{3}}{2}h$$

23. 답 ②

해설 ㄱ, ㄴ. O점에서 물체 A를 속도 v, 각 θ로 비스듬히 던져올렸으므로 물체 A의 수평 방향 속도의 수평 성분 $v_x = v\cos\theta$, 수직 성분 $v_y = v\sin\theta$이며, 물체 A가 P점 도달 시간을 t_A라고 하면, 최고점 높이 h_A는 $t_A/2$ 동안 자유 낙하 거리와 같다.

$$t_A = 2 \times \frac{v\sin\theta}{g}, \; h_A = \frac{1}{2}g(\frac{t_A}{2})^2 = \frac{g}{2}(\frac{v\sin\theta}{g})^2$$

물체 A의 수평 도달 거리 R은

$$R = v_x t_A = v\cos\theta \cdot \frac{2v\sin\theta}{g} = \frac{v^2\sin 2\theta}{g}$$

물체 B의 수평 도달 거리 $2R = \frac{v^2\sin 90}{g} = \frac{v^2}{g}$

$$R = \frac{v^2}{2g} = \frac{v^2\sin 2\theta}{g} \rightarrow \sin 2\theta = \frac{1}{2}$$

따라서 $2\theta = 30°$ 또는 $150°$가 되므로, $\theta = 75°$이다.
물체 A와 B가 최고점에 도달하는데 걸리는 시간 t_1, t_2는

$$t_1 = \frac{v\sin\theta}{g} = \frac{v}{g} \times \sin 75°, \quad t_2 = \frac{v\sin\theta'}{g} = \frac{v}{g} \times \sin 45°$$
$$\therefore t_1 : t_2 = \sin 75° : \sin 45°$$

ㄷ. 물체 B의 최고점 높이를 각각 h_A, h_B라고 하면,

$$h_A = \frac{g}{2}\left(\frac{v\sin 75°}{g}\right)^2, \quad h_B = \frac{g}{2}\left(\frac{v\sin 45°}{g}\right)^2$$

$\sin 75° = \frac{\sqrt{6}+\sqrt{2}}{4}$ 이므로, $2\sin^2 75 \neq \sin^2 45$ 이다.
$$\therefore h_A : h_B \neq 2 : 1$$

24. 답 10.2

해설 공을 던지는 속도를 v, 수평 방향 성분을 v_x, 수직 방향 성분을 v_y라고 하면, $v^2 = v_x^2 + v_y^2$ 라고 하면,
i) A점에서 공의 최고점까지의 수평 거리는 4m이다. 이때 최고점까지 공이 올라가는 데 걸리는 시간을 t_A 라고 하면, 최고점에서 수직 방향 속도는 0이므로, $0 = v_y - g t_A \rightarrow t_A = \frac{v_y}{g} = \frac{v_y}{10}$,
$4 = v_x t_A \rightarrow 40 = v_x v_y \cdots \bigcirc$
ii) 공이 B점을 스치는 순간의 시간을 t_B 라고 하면, 수평 거리는 3m, 수직 거리는 4m 이므로,

$$3 = v_x t_B \rightarrow t_B = \frac{3}{v_x} \cdots \bigcirc$$
$$4 = v_y t_B - \frac{1}{2}10 \cdot t_B^2 \rightarrow 4 = \frac{3v_y}{v_x} - 5\left(\frac{3}{v_x}\right)^2 \cdots \bigcirc$$

$\bigcirc$ $v_y = \frac{40}{v_x} \rightarrow \bigcirc$ 대입, v_x로 정리하면,

$$4 = \frac{120}{v_x^2} - \frac{45}{v_x^2} = \frac{75}{v_x^2}, \quad \therefore v_x^2 = \frac{75}{4}, \ v_x = \frac{5\sqrt{3}}{2}, \ v_y = \frac{16\sqrt{3}}{3}$$
$$v^2 = v_x^2 + v_y^2 = \frac{75}{4} + \frac{768}{9} = \frac{3747}{36} \fallingdotseq 104$$
$$\therefore v \fallingdotseq 10.2 (\text{m/s})$$

25. 답 500

해설 테니스 공이 지면에 떨어지는 순간의 속도를 v_1, 테니스공이 지면을 떠나는 순간의 속도를 v_2라고 하면, 테니스 공이 지면과 접촉하고 있는 동안의 평균 가속도는 $\vec{a} = \frac{v_2 - v_1}{\varDelta t}$ 이다.
테니스 공이 45m 만큼 자유 낙하하였을 때 공의 속도 크기
$v_1 = \sqrt{2gh} = \sqrt{2 \cdot 10 \cdot 45} = 30(\text{m/s})$
지면과 접촉한 후 공이 지면으로부터 20m 높이까지 튀어올랐을 때 지면에서 튄 직후 공의 속도 크기를 v_2라고 하면,
$v_2 = \sqrt{2gh'} = \sqrt{2 \cdot 10 \cdot 20}, \ v_2 = 20(\text{m/s})$
v_1, v_2 의 방향은 서로 반대이므로 가속도 크기는 다음과 같다.
$$\therefore a = \frac{v_2 - v_1}{\varDelta t} = \frac{20 - (-30)}{0.1} = 500 \ (\text{m/s}^2)$$

26. 답 $v \geq \sqrt{h^2 + d^2}\sqrt{\frac{g}{2h}}$

해설 물체 A와 물체 B가 t 초 후 충돌하였다고 하면, 물체 A의 연직 방향 변위는 높이 h 에서 물체 B의 낙하 거리를 뺀 값이다.
물체 A와 수평면 사이의 각을 θ 라고 하면,
물체 B의 낙하 거리 $s_B = \frac{1}{2}gt^2$
물체 A의 연직 방향 변위 $y = v\sin\theta t - \frac{1}{2}gt^2 = h - \frac{1}{2}gt^2$
$$\therefore h = v\sin\theta t, \quad t = \frac{h}{v\sin\theta}$$
물체 A의 수평 방향 변위 $x = v\cos\theta t = d, \ t = \frac{d}{v\cos\theta}$

$$\rightarrow \frac{h}{v\sin\theta} = \frac{d}{v\cos\theta}, \ \tan\theta = \frac{h}{d}, \ \cos\theta = \frac{d}{\sqrt{h^2 + d^2}}$$

물체 B가 지표면에 도달하기 전에 두 물체가 충돌해야 하므로
$$\frac{1}{2}gt^2 \leq h, \ t \leq \sqrt{\frac{2h}{g}} \rightarrow \frac{h}{v\sin\theta} \leq \sqrt{\frac{2h}{g}}$$
$$\therefore v \geq \frac{h}{\sin\theta}\sqrt{\frac{g}{2h}}, \ \sin\theta = \frac{h}{\sqrt{h^2 + d^2}} \ \text{이므로}$$
$$v \geq \sqrt{h^2 + d^2}\sqrt{\frac{g}{2h}}$$

27. 답 $\frac{2v\sin\varphi}{g\cos\theta}$

해설 아래 그림과 같이 빗면 방향을 x 방향, 빗면과 수직인 방향을 y 방향으로 하면, 중력 가속도는 x 방향으로 $-g\sin\theta$, y 방향으로 $-g\cos\theta$ 가 작용하게 된다.

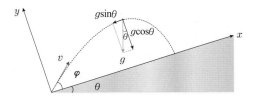

시간 t 일 때, 속도의 x 성분 v_x와 y 성분 v_y은 다음과 같다.
$$v_x = v\cos\varphi - g\sin\theta t, \ v_y = v\sin\varphi - g\cos\theta t$$
최고점에서 $v_y = 0$ 이므로 최고점 도달 시간 $t_1 = \frac{v\sin\varphi}{g\cos\theta}$ 이고,

y방향 운동의 대칭성으로, 경사면에 도달 시간 $2t_1 = \frac{2v\sin\varphi}{g\cos\theta}$ 이다.

〈다른 방법〉
A점에서 B점을 향해 속력 v로 발사된 물체와, 동시에 B점에서 자유낙하한 물체는 C점에서 충돌한다. A점에서 출발한 물체는 시간 t 에 경사면 C 에 떨어진다. 이때 다음과 같은 길이의 관계가 성립한다.

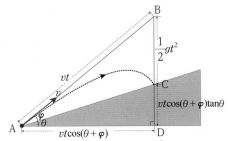

A점에서 B점을 향해 속력 v로 발사된 물체와, 동시에 B점에서 자유낙하한 물체는 C점에서 충돌한다. A점에서 출발한 물체는 시간 t 에 경사면 C 에 떨어진다. 이때 다음과 같은 길이의 관계가 성립한다.

$$vt\cos(\theta+\varphi)\tan\theta+\frac{1}{2}gt^2 = vt\sin(\theta+\varphi)$$

$$\rightarrow \frac{1}{2}gt = v\sin(\theta+\varphi) - v\cos(\theta+\varphi)\tan\theta$$

$$\therefore t = \frac{2v}{g}\left(\sin(\theta+\varphi) - \cos(\theta+\varphi)\tan\theta\right),\ \tan\theta=\frac{\sin\theta}{\cos\theta}$$

$$= \frac{2v}{g\cos\theta}\left(\sin(\theta+\varphi)\cos\theta - \cos(\theta+\varphi)\sin\theta\right) = \frac{2v}{g\cos\theta}\left(\sin(\theta+\varphi-\theta)\right)$$

$$= \frac{2v\sin\varphi}{g\cos\theta}$$

28. 답 375

해설 폭탄이 최고점에 이르는 순간 폭탄의 수평 방향 속력은 $v_0\cos45° = 50\cdot\frac{\sqrt{2}}{2} = 25\sqrt{2}$(m/s)이다. 이때 폭탄이 최고점에서 폭발하였을 때, 질량이 같은 두 조각으로 분리된 후, 한 조각은 폭발이 일어난 지점에서 속력이 0이 되었으므로(운동량0), 운동량 보존에 의해 질량이 절반인 나머지 한 조각의 수평 방향 속도는 처음 폭탄의 방향으로 $50\sqrt{2}$(m/s)가 된다.

폭탄이 최고점에 도달하는 데 걸리는 시간과 최고점에서 지면으로 떨어지는 데 걸리는 시간은 같다. 최고점에서 지면으로 떨어지는 데 걸리는 시간은 $\frac{v_0\sin\theta}{g} = \frac{25\sqrt{2}}{10} = \frac{5\sqrt{2}}{2}$이다. 그러므로 나머지 한 조각이 떨어지는 지점은 최고점에서 수평 거리가 $50\sqrt{2}\cdot\frac{5\sqrt{2}}{2} = 250$m인 지점이다.

폭탄을 던진 지점으로부터 최고점까지의 수평 거리는 $v_0\cos45°\cdot\frac{5\sqrt{2}}{2} = 25\sqrt{2}\cdot\frac{5\sqrt{2}}{2} = 125$m이므로,

$\therefore$ 나머지 조각이 떨어진 곳까지의 거리 (폭탄의 최고점까지 수평 거리 + 폭탄이 터진 후 이동한 수평 거리)

= 250 + 125 = 375(m)

29. 답 ㉠ 230 ㉡ $575\sqrt{3}$

해설 ㉠ 비행기에서 투하한 물체의 처음 속도는 투하하는 순간 비행기의 속도와 같다. 투하하는 지점을 기준점으로 하면, 시간 t 초 일 때 물체의 수직 방향 변위 y는 다음과 같다.

$$y = -v_0t\cos60° - \frac{1}{2}gt^2$$

$$\rightarrow -700 = -v_0\cdot5\cdot\frac{1}{2} - 5\cdot5^2,\ v_0 = 230(\text{m/s})$$

㉡ 5초 동안 비행기가 이동한 수평 거리는

$$x = v_0t\sin\theta = 230\cdot5\cdot\frac{\sqrt{3}}{2} = 575\sqrt{3}\,(\text{m})$$

30. 답 넘어간다. 0.1m

해설 공이 담을 넘기 위해서는 공을 친 지점에서 수평 거리로 178m 떨어진 지점에서 공의 높이가 3m를 넘어야 한다. 상상이가 공을 치는 지점(지면 위 1m)을 기준으로 공이 지면에 떨어지는 시간을 t 라고 하면, 상상이가 친 공은 수평 거리 180m를 날아가 연

직 변위 -1m 인 지면에 떨어진다. 떨어지는 지점의 xy 좌표는 각각 다음과 같다.

$$y = v_{0y}t - \frac{1}{2}gt^2 = -1 \cdots㉠$$

$$x = v_{0x}t = v_{0y}t = 180(\text{m})(\because v_{0x} = v_{0y}\ (v_0\cos45° = v_0\sin45°))$$

$$\therefore ㉠식은\ 180 - 5t^2 = -1\ \ t^2 = \frac{181}{5} \rightarrow t = \sqrt{\frac{181}{5}}(\text{s})$$

$$\therefore v_{0x} = v_{0y} = \frac{180}{t} \fallingdotseq 30(\text{m/s})$$

담장 거리에 공이 도달하는 시간을 t' 라고 하면, 도달하는 지점의 xy 좌표는

$$x' = v_{0x}t' = 178 \rightarrow t' = \frac{178}{30} \fallingdotseq 5.93(\text{초})$$

$$y' = v_{0y}t' - 5t^2 = 30 \times 5.93 - 5 \times 5.93^2 = 2.1(\text{m})$$

이때 공은 지면 위 1m 높이에서 출발하였으므로 t' 시간 후 공은 지면 위 2.1+1 = 3.1m 상공에 있게 되어 담을 넘어가게 되고, 이때 담장 꼭대기와 공의 중심 사이의 거리는 0.1m이다.

31. 답 12

해설 처음 속도 v_0로 공을 쏘아 올렸을 때, 공이 림에 도달하는 시간을 t, $\theta = 60°$ 로 하면, 공의 수평 거리 x 와 수직 거리 y는 다음과 같다.

$$x = v_0\cos\theta t = 10 \rightarrow t = \frac{10}{v_0\cos\theta} = \frac{20}{v_0} \cdots㉠$$

$$y = v_0\sin\theta t - 5t^2 = 3 \cdots㉡$$

㉠과 ㉡에 의해 $v_0 = \sqrt{\dfrac{100g}{2\cos^2\theta(10\tan\theta-3)}} \fallingdotseq 12(\text{m/s})$

32. 답 50

해설 각 θ로 쏘아올린 농구공이 림에 도달할 때 농구공과 림 사이의 각 φ 는 다음을 만족한다.

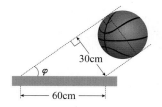

$\sin\varphi \geq \dfrac{30\text{cm}}{60\text{cm}} = \dfrac{1}{2}$ 이므로, φ의 최소값 = 30°

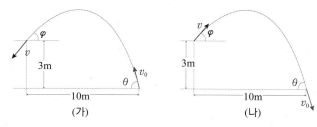

(가)   (나)

운동의 대칭성으로 농구공의 운동 경로를 골대로부터로 설정하여 경로를 반전시키면 (나)와 같다.

(가) $v_0\cos\theta = v\cos\varphi \cdots㉠$,

(가) $v_0\sin\theta - gt = v_0\sin\theta - 10t = -v\sin\varphi \cdots㉡$

(나) $10 = v\cos\varphi t$ ··· ㉢

(나) $-3 = v\sin\varphi t - 5t^2$ ··· ㉣

㉢과 ㉣에 의해

$$v^2 = \frac{1,000}{2\cos^2\varphi(10\tan\varphi + 3)}$$

$\varphi = 30°$ 에 대하여, θ 가 최소가 되므로

$$v = \sqrt{\frac{1,000}{2\cos^2 30(10\tan 30 - 3)}} = \sqrt{\frac{2,000}{10\sqrt{3} + 9}} ≒ 8.8(\text{m/s})$$

㉠, ㉡, ㉣에 의해 $v_0^2 = v^2 + 60 \rightarrow v_0 ≒ 11.7(\text{m/s})$

㉠에 의해

$$\cos\theta = \frac{v_0}{v}\cos\varphi = \frac{8.8}{11.7} \times \frac{\sqrt{3}}{2} = \frac{14.96}{23.4} ≒ 0.6$$

따라서 θ 의 최소값은 50°이다.

---

33. 답 (1) 3 : 1 (2) 10 : 1

해설 (1) 수평 방향으로는 등속 운동하고, 수평 도달 거리는 A, B 각각 같다. 수평 거리를 L로 놓으면,

$$\therefore t_A : t_B = \frac{L}{v_0} : \frac{L}{3v_0} = 3 : 1$$

(2) A, B 모두 연직 방향으로 자유 낙하 운동한다. 따라서 h_A는 (t_A 동안 자유 낙하한 거리 + t_B 동안 자유 낙하한 거리)이고, h_B는 t_B 동안 자유 낙하한 거리이다. $t_A = 3t_B$ 이므로,

$$\therefore h_A : h_B = (\frac{1}{2}gt_A^2 + \frac{1}{2}gt_B^2) : \frac{1}{2}gt_B^2 = (t_A^2 + t_B^2) : t_B^2 = 10 : 1$$

---

34. 답 (1) $-\frac{v_0^2}{4H}$, $-\frac{v_0^2}{2H}$ (2) $\frac{4H}{v_0}$ (3) $\frac{v_0}{2}$, v_0

해설 (1), (2) 처음 속도 $\sqrt{2}\,v_0$의 x성분은 $\sqrt{2}\,v_0\cos 45° = v_0$, y성분은 $\sqrt{2}\,v_0\sin 45° = v_0$ 로 서로 크기가 같다.

y성분만 봤을 때 최대 변위가 H이다.

$$v^2 - v_0^2 = 2a_y s \rightarrow 0^2 - v_0^2 = 2a_y H, a_y = -\frac{v_0^2}{2H}$$

A점에서 속도의 y성분은 0이다. ($0 = v_0 + a_y t_1$)

$$\therefore \text{A점 도달 시간} : t_1 = -\frac{v_0}{a_y} = \frac{2H}{v_0}$$

등가속도 운동하므로 B점 도달 시간(t_2)은 A점 도달 시간의 2배이다.

$$\therefore \text{B점 도달 시간} : t_2 = 2t_1 = \frac{4H}{v_0}$$

x성분만 봤을 때 가속도 a_x의 등가속도 운동이다. t_2 동안 변위가 $2H$이다.

$$\therefore 2H = v_0 t_2 + \frac{1}{2}a_x t_2^2 = v_0\frac{4H}{v_0} + \frac{1}{2}a_x(\frac{4H}{v_0})^2, a_x = -\frac{v_0^2}{4H}$$

(3) A, B점에서 속도를 각각 v_A, v_B 라고 할 때 v_A의 y성분은 0이다. v_A의 x성분은 처음 속도 v_0이고, 가속도 a_x로 t_1동안 가속하였다.

$$\therefore v_A = v_0 + a_x t_1 = v_0 - (\frac{v_0^2}{4H})(\frac{2H}{v_0}) = \frac{v_0}{2}$$

v_B의 x성분을 v_{Bx}, y성분을 v_{By}라고 하자.

$$v_{Bx} = v_0 + a_x t_2 = v_0 - (\frac{v_0^2}{4H})(\frac{4H}{v_0}) = 0$$

$$v_{By} = v_0 + a_y t_2 = v_0 - \frac{v_0^2}{2H}(\frac{4H}{v_0}) = -v_0$$

$\therefore |v_B|(\text{크기}) = v_0$ (입자는 B지점을 수직으로 통과한다.)

4강. 원운동

개념확인   82 ~ 85 쪽

1. 각속도 2. ㉠ 구심력 ㉡ 구심 가속도 3. 관성력
4. 원심력

확인 +   82 ~ 85 쪽

1. (1) 3.14s (2) 2rad/s 2. (1) 4m/s² (2) 8N
3. 0, ㉠, 관성력 4. ㉠, ㉡

확인 +

01. 답 (1) 3.14s (2) 2rad/s

해설 (1) 물체가 한 바퀴 회전하는 동안 걸리는 시간인 주기는 다음과 같다.

$$T = \frac{2\pi r}{v} = \frac{2 \times 3.14 \times 1}{2} = 3.14(\text{s})$$

(2) 단위 시간 동안 물체의 회전각인 각속도는 다음과 같다.

$$\omega = \frac{v}{r} = \frac{2}{1} = 2(\text{rad/s})$$

02. 답 (1) 4m/s² (2) 8N

해설 (1) 물체의 구심 가속도의 크기는 다음과 같다.

$$a = \frac{v^2}{r} = \frac{2^2}{1} = 4(\text{m/s}^2)$$

(2) 물체의 구심력의 크기는 다음과 같다.

$$F_구 = ma = 2 \times 4 = 8(\text{N})$$

03. 답 0, ㉠, 관성력

해설 무한이도 버스와 함께 등가속도 운동을 하고 있으므로 정지한 관찰자(관성 좌표계)로서 관찰자에 대한 물체의 상대 가속도는 0이 되어 물체는 힘의 평형 상태, 즉 정지해 있는 것으로 보인다.

04. 답 ㉠, ㉡

해설 전향력의 방향은 물체의 운동 방향에 대하여 북반구에서는 오른쪽으로 직각 방향으로, 남반구에서는 왼쪽으로 직각 방향으로 작용한다.

개념다지기   86 ~ 87 쪽

01. (1) X (2) ○ (3) ○ 02. ③ 03. ⑤ 04. ⑤
05. (1) ○ (2) ○ (3) X 06. ③ 07. ③
08. (1) ○ (2) X (3) ○

---

01. 답 (1) X (2) ○ (3) ○

해설 (1) 등속 원운동은 속력은 일정하지만 매순간 운동 방향은 원의 접선 방향으로, 운동 방향이 계속 변하기 때문에 속도가 변하는 가속도 운동이므로 등가속도 운동이 아니다. (2) 등속 원운

동은 한 바퀴 회전할 때마다 같은 운동을 되풀이하기 때문에 주기 운동이다.

02. 답 ③
해설 물체의 주기 T 는 물체가 한 바퀴 회전하는 동안 걸리는 시간이다.

$$T = \frac{6초}{3바퀴} = 2(초)$$

물체의 선속도 v 는 단위 시간동안 이동한 거리이며, 다음과 같은 관계가 성립한다.

$$v = \frac{l}{t} = \frac{r\theta}{t} = r\omega = \frac{2\pi r}{T} = \frac{2\pi(0.5)}{2} = 0.5\pi(m/s)$$

03. 답 ⑤
해설 ㄱ. 물체의 구심 가속도의 크기는 다음과 같다.

$$a = \frac{v^2}{r} = \frac{(0.5\pi)^2}{0.5} = 0.5\pi^2(m/s^2)$$

ㄴ. 물체에 작용하는 구심력의 방향은 가속도의 방향과 같은 원의 중심 방향이다. ㄷ. 물체의 질량만 2배로 늘리면, 물체에 작용하는 구심력도 2배가 된다($\because F_구 = ma$).

04. 답 ⑤
해설 물체가 원운동을 할 때 물체가 받는 알짜힘은 구심력이다. ① 실에 매달린 물체가 원운동할 때 물체가 받는 구심력은 실의 장력이다. ② 원자핵 주위를 원운동하는 전자가 받는 구심력은 원자핵과 전자 사이의 전기력이다. ③ 원형 경기장을 돌고 있는 사이클이 받는 구심력은 수직항력 + 마찰력 + 중력이다. ④ 지구 주위를 원운동하는 인공 위성이 받는 구심력은 인공 위성과 지구의 만유 인력이다.

05. 답 (1) O (2) O (3) X
해설 (1) 가속 좌표계에 있는 물체에 관성에 의해 나타나는 가성적인 힘을 관성력이라고 한다. 이때 가속도가 $\vec{a}$ 인 가속 좌표계에서 질량이 m인 물체에 나타나는 관성력의 크기는 ma 이고, 방향은 가속도의 방향과 반대이다.
(2) 예를 들어 관성 좌표계(등속도 운동을 하는 좌표계)에서 좌표계와 같이 등속도로 운동하는 물체를 관찰하는 경우, 정지 좌표계에서 본 물체는 등속도 운동을 하는 것으로 보이고, 등속도로 운동하는 좌표계에서 물체는 정지해 있는 것으로 보인다.
(3) 관성 좌표계에서는 뉴턴의 운동 법칙이 성립하지만, 가속 좌표계에서는 성립하지 않는다.

06. 답 ③
해설 ㄱ. 가속도가 $\vec{a}$ 인 가속 좌표계에서 질량이 m인 물체에 작용하는 관성력은 $\vec{F} = -m\vec{a}$ 이다.
ㄴ. 가속 좌표계에 있는 기차 안의 관측자가 볼 때, 손잡이와 관찰자는 모두 기차와 함께 등가속도 운동을 하므로 정지해 있는 것으로 보인다.
ㄷ. 지면에 서 있는 관측자가 볼 때 손잡이는 중력과 장력의 합력이 작용하여 등가속도 운동을 하는 것으로 보인다.

07. 답 ③
해설
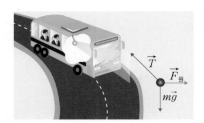

ㄱ, ㄴ. 버스 안의 관측자는 버스와 함께 가속도 운동하는 가속 좌표계가 되고, 이때 물체에는 원궤도의 바깥쪽으로 관성력이 작용한다. 따라서 손잡이에 작용하는 중력과 장력, 관성력(원심력)의 세 힘은 평형을 이루므로 손잡이가 정지해 있는 것으로 보인다.
ㄴ. 손잡이에 작용하는 관성력은 구심력과 그 크기는 같고, 방향이 반대이다. 손잡이에 작용하는 구심력은 중력과 장력의 합력이 되므로, 원심력(관성력)의 방향은 장력과 중력의 합력의 반대 방향이 된다.
ㄷ. 원심력의 크기 $F_원 = \dfrac{mv^2}{r}$ 이다. 따라서 질량이 클수록 물체에 작용하는 원심력의 크기도 크다.

08. 답 (1) O (2) X (3) O
해설 (1) 전향력의 크기는 적도에서 최소, 극에서 최대이다. 즉, 고위도로 갈수록 커진다.
(2) 전향력은 지표면 위에서 운동하는 물체에 작용하는 가상의 힘으로, 정지해 있는 물체에는 나타나지 않는다.
(3) 반시계 방향으로 자전하는 북반구에서 전향력은 진행 방향의 오른쪽 직각 방향이므로 목표 지점보다 서쪽으로 편향된다.

유형익히기 & 하브루타		88 ~ 91 쪽
[유형4-1] ④	01. ⑤	02. ③
[유형4-2] ④	03. ③	04. ⑤
[유형4-3] ⑤	05. ②	06. ④
[유형4-4] ②	07. ③	08. ④

[유형4-1] 답 ④
해설 ㄱ. 원운동하는 물체의 가속도 방향은 원의 중심 방향이므로, P점과 Q점에서 가속도 방향은 다르다.
ㄴ. 일정한 속력으로 원운동하므로, P점에서 속력의 크기와 Q점에서 속력의 크기는 같다.

$$P점 : v = \sqrt{v_x^2 + v_y^2} = \sqrt{0^2 + 5^2} = 5(m/s)$$
$$\therefore Q점 : 5 = \sqrt{(-3)^2 + \bigcirc^2}, \ \bigcirc = 4(m/s)$$

ㄷ. 원운동하는 물체의 속력 $v = \dfrac{2\pi r}{T}$ 이고, 물체는 6초에 한 바퀴를 회전하므로 주기 $T = 6s$ 가 된다. 따라서 반지름 r 과 각속도 ω 는 다음과 같다.

$$v = \frac{2\pi r}{T} \rightarrow r = \frac{vT}{2\pi} = \frac{5 \times 6}{2\pi} = \frac{15}{\pi} (m)$$

$$\omega = \frac{2\pi}{T} = \frac{2\pi}{6} = \frac{\pi}{3} \text{ (rad/s)}$$

01. 답 ⑤

해설 ㄱ. 각속도란 원운동하는 물체가 단위 시간 동안 회전한 중심각을 말한다. 물체 A와 B는 같은 시간동안 똑같이 한바퀴를 회전하였으므로 각속도가 같다.

ㄴ. 주기란 물체가 한 바퀴 회전하는 동안 걸린 시간이고, 진동수는 주기의 역수이다. 두 물체 A와 B는 같은 시간동안 한바퀴 회전하였기 때문에 주기와 진동수가 같다.

ㄷ. 선속도는 원주 상에서 물체가 회전한 이동 거리를 걸린 시간으로 나눈 것이다. 따라서 같은 시간동안 더 많은 거리를 운동한(원 둘레가 더 큰) 물체 B의 선속도가 물체 A의 선속도보다 크다.

02. 답 ③

해설 ㄱ. 물체는 등속 원운동을 하고 있다. 이때 속력은 일정하지만 운동 방향이 계속 변하므로 속도가 변하는 가속도 운동이다.

ㄴ. 물체가 한 바퀴 회전하는 데 8초가 걸렸다. 따라서 물체의 각속도는 $\omega = \frac{2\pi}{T} = \frac{2\pi}{8} = \frac{\pi}{4}$ (rad/s)이다.

ㄷ. B에서 속도를 $+v$ 라고 하면, D에서 속도의 방향은 B의 정반대 이므로 $-v$가 된다. 따라서 속도 변화량은 $-v - v = -2v$ 이므로, 속도 변화량의 크기는 $2v$ 가 된다.

[유형4-2] 답 ④

해설 ㄱ. 물체 A가 구심력만큼 물체 B를 들어올리고 있다. 즉, 물체 B의 무게가 실을 통해 물체 A에 구심력으로 작용한다. 따라서 물체 A에 작용하는 구심력은 다음과 같다.

$$F_{구} = \frac{mv^2}{R} = mg \rightarrow v = \sqrt{gR}$$

ㄴ. $F_{구} = ma = mg$ 이므로, 구심 가속도 $a = g$ 이다.

ㄷ. 물체 B의 질량만 2배로 늘렸으므로,

$$F_{구} = \frac{mv^2}{R'} = 2mg, \quad R' = \frac{v^2}{2g} = \frac{R}{2} \left(\because R = \frac{v^2}{g} \right)$$

가 되기 때문에, 원궤도의 반지름은 절반으로 줄어든다.

03. 답 ③

해설 ㄱ. 가로축이 시간축일 때, 위상이 같은 두 지점 사이의 시간이 주기가 되므로, 주어진 그래프에서 물체는 4초마다 한바퀴씩 회전하고 있는 것을 알 수 있다($T = 4$초). 따라서 물체의 각속도 ω 는 다음과 같다.

$$\omega = \frac{2\pi}{T} = \frac{2\pi}{4} = \frac{\pi}{2} \text{ (rad/s)}$$

ㄴ. 속도-시간 그래프에서 접선의 기울기는 가속도와 같다. 1초일 때, x 성분의 가속도는 0, y 성분의 가속도의 방향은 $-y$ 방향이므로, 가속도의 방향은 $-y$ 방향이 된다. 3초일 때 x 성분의 가속도는 0, y 성분의 가속도의 방향은 $+y$ 방향이므로, 가속도의 방향은 $+y$ 방향이 된다. 따라서 1초일 때와 3초일 때 가속도의 방향은 반대이다.

ㄷ. 5초일 때, 속도의 x 성분 $v_x = v$, 속도의 y 성분 $v_y = 0$ 이므로, 속도의 크기는 v 이다.

$$\therefore a = v\omega = \frac{v\pi}{2}$$

04. 답 ⑤

해설 ㄱ. 두 물체는 동시에 출발하여 원래의 위치로 동시에 다시 도착하였으므로, 두 물체의 각속도와 주기가 모두 같다. 따라서 A에 대한 B의 상대 속도의 크기도 일정하다.

ㄴ. 구심 가속도 $a = r\omega^2$ 에서 두 물체의 각속도가 같으므로, 구심 가속도는 반지름의 길이에 비례한다. 따라서 물체 B의 구심 가속도의 크기는 물체 A의 2배이다.

ㄷ. 원운동하는 물체의 속력 $v = r\omega$ 이므로 반지름이 2배인 물체 B의 속력이 물체 A의 2배($v_A : v_B = 1 : 2$)이다.

[유형4-3] 답 ⑤

해설 ㄱ, ㄷ. 손잡이가 왼쪽으로 각 θ 만큼 기울어졌으므로 관성력의 방향이 왼쪽이다. 관성력은 가속도의 반대 방향으로 나타나는 힘이므로 기차의 가속도 방향은 오른쪽 방향이다(오른쪽으로 속력이 점점 빨라지거나, 왼쪽으로 속력이 점점 느려지는 운동이 가능).

기차 안에 있는 무한이는 기차, 손잡이와 함께 등가속도 운동을 하고 있으므로(가속 좌표계) 무한이가 관찰한 손잡이는 정지해 있는 것으로 보인다. 이때 중력, 장력, 관성력 세 힘이 평형을 이룬다.

ㄴ. 정지한 지면 위에 있는 상상이(관성 좌표계)가 관찰한 손잡이에는 중력($m\vec{g}$)과 장력($\vec{T}$)의 합력인 힘이 작용하여 등가속도 운동을 하는 것으로 보인다. 이때 가속도의 크기 a 는 다음과 같다.

$$ma = mg + T = mg\tan\theta$$
$$ma = mg\tan\theta \rightarrow a = g\tan\theta$$

05. 답 ②

해설 기차 안에서 관찰하는 무한이가 본 손잡이는 중력, 줄이 손잡이를 당기는 힘(장력), 관성력이 평형을 이루어 정지해 있는 것으로 보인다. 줄이 끊어지면 줄이 손잡이를 당기는 힘이 사라지므로, 중력과 관성력의 합력 방향으로 가속도 운동하는 것으로 관찰된다.

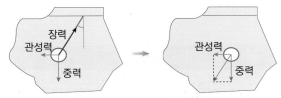

▲ 무한이가 본 손잡이에 작용하는 힘

기차 밖에서 관찰하는 상상이가 본 손잡이는 중력과 줄이 손잡이를 잡아 당기는 힘의 합력으로 가속도 운동을 하다가 줄이 끊어지는 순간 기차의 속력으로 수평 방향으로는 등속도 운동, 연직 방향으로는 자유 낙하 운동을 하는 것(포물선 운동)으로 관찰된다.

06. 답 ④

해설 ㄱ. 포물선 운동을 하는 물체가 수평면에 도달하는데 걸리는 시간은 연직 방향 속도 성분에 따라 달라진다. 따라서 두 사람이 관찰하는 공은 연직 방향에 대해서는 중력의 영향만 받는 조건이 같으므로, 두 사람이 본 공이 바닥에 떨어지는 데 걸리는 시간은 같다.

ㄴ. 무한이가 본 공의 수평 도달 거리 $= \dfrac{v_2{}^2\sin2\theta}{g}$ 이고, 상상이가 본 공의 수평 도달 거리는 무한이가 본 공의 수평 도달 거리에 버스의 이동 거리(v_1t)를 합한 값이 된다.

ㄷ. 공이 자동차 바닥 면에 닿는 순간 속도의 수직 성분은 같지만, 공의 수평 성분은 상상이가 보는 공의 경우가 더 크다. 따라서 공이 바닥에 닿는 순간 속력은 무한이가 보았을 때보다 상상이가 보았을 때 더 크다.

[유형4-4] 답 ②
해설 ㄱ. 두 물체는 원판 위에 고정되어 함께 운동하므로 두 물체의 각속도는 같다.

ㄴ. 등속 원운동하는 물체가 받는 알짜힘은 구심력이다. 구심력은 $F_구 = mr\omega^2$ 이므로, 물체의 질량과 각속도가 같을 경우 운동하는 원궤도의 반지름이 클수록 물체의 구심력은 커진다. 따라서 물체 B에 작용하는 구심력이 물체 A에 작용하는 구심력보다 크다.

ㄷ. 시계 방향으로 회전하는 원판 위에서 굴린 물체는 물체를 굴린 방향의 왼쪽으로 휘게 된다. 따라서 물체 B의 왼쪽 지점에 도달하게 된다.

07. 답 ③
해설 위쪽 방향을 (+)로 하면, 회전하는 물체에는 아랫 방향으로 중력, 원의 중심 방향으로 구심력, 실의 장력이 작용한다. 이때 중력과 장력의 합이 구심력이 되어야 한다.

최고점 A에서 구심력 : $-mg - T_A = -\dfrac{mv^2}{r}$ → $T_A = \dfrac{mv^2}{r} - mg$

최저점 B에서 구심력 : $-mg + T_B = \dfrac{mv^2}{r}$ → $T_B = \dfrac{mv^2}{r} + mg$

$$\therefore T_B - T_A = mg - (-mg) = 2mg$$

08. 답 ④
해설 시계 반대 방향으로 회전하는 곳에서 운동하는 물체에 작용하는 전향력은 물체를 던진 방향(물체의 진행 방향)을 기준으로 오른쪽 방향이다. 이는 지구의 북반구에 해당한다.

창의력 & 토론마당　　　　　　　92 ~ 95 쪽

01 (1) 10N, $20\sqrt{3}$N (2) 6.71m/s

해설 (1) 위쪽 줄의 장력을 T_A, 아래쪽 줄의 장력을 T_B라고 하면, 물체에 작용하는 힘은 오른쪽 그림과 같다. 이때 줄의 길이가 각각 1.5m 이고, 두 줄 사이의 간격도 1.5m이므로 줄과 막대는 정삼각형을 이룬다. 따라서 각 θ 는 30°가 된다.

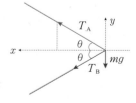

회전 막대를 향하는 방향을 $+x$ 방향, 위쪽 방향을 $+y$ 방향으로 하면, 물체는 줄을 팽팽하게 유지한 채 등속 원운동을 하고 있으므로 y 축 방향으로 작용하는 힘의 합력은 0이다. 따라서 아래 줄의 장력은 다음과 같다.

$$\therefore T_A\sin\theta - T_B\sin\theta - mg = 0$$
$$\to T_B = T_A - \dfrac{mg}{\sin\theta} = 30 - \dfrac{1 \times 10}{\sin30°} = 10(\text{N})$$

이때 장력 T_A, T_B의 x 성분의 합력이 공에 작용하는 알짜힘인 구심력이 된다. 따라서 원궤도 반지름이 R 일 때, 다음과 같은 식이 성립한다.

$$알짜힘 = F_구 = T_A\cos\theta + T_B\cos\theta = \dfrac{mv^2}{R}$$
$$\to (30 \times \cos30°) + (10 \times \cos30°) = 20\sqrt{3}(\text{N})$$

(2) 물체가 운동하는 원궤도의 반지름 R 은 다음과 같다.

$R = 1.5 \times \cos30° = 0.75\sqrt{3}$

$$\therefore F_구 = \dfrac{mv^2}{R} \to v = \sqrt{\dfrac{F_구 \cdot R}{m}}$$
$$v = \sqrt{\dfrac{20\sqrt{3} \times 0.75\sqrt{3}}{1}} = \sqrt{45} = 6.708\cdots ≒ 6.71(\text{m/s})$$

02 $h = \dfrac{gR - v^2}{3g}$

해설
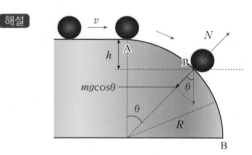

다음 그림과 같이 점 A와 물체가 표면에서 떨어지는 지점(P라고 하자) 사이의 각도를 θ 라고 할 때, P점에서 물체에 작용하는 구심력 $F_구$ 과 중력의 빗면에 대한 수직 성분($mg\cos\theta$)이 같다(물체에 작용하는 수직 항력 $N = 0$ 일 때, 물체가 표면에서 분리된다. $N = mg\cos\theta - \dfrac{mv_P{}^2}{R} = 0$). 따라서 P 지점에서 물체의 속력을 v_P 라고 하면, 다음과 같은 공식이 성립한다.

$$F_구 = \dfrac{mv_P{}^2}{R} = mg\cos\theta$$

P 지점을 기준으로 물체의 역학적 에너지 보존 법칙에 의해 v_P 는 다음과 같다.

$$\dfrac{1}{2}mv^2 + mgh = \dfrac{1}{2}mv_P{}^2 \to v_P = \sqrt{v^2 + 2gh}$$
$$\therefore F_구 = \dfrac{mv_P{}^2}{R} = \dfrac{m(v^2 + 2gh)}{R}$$

$\cos\theta = \dfrac{R - h}{R}$ 이므로,

$$\dfrac{v^2 + 2gh}{R} = \dfrac{g(R - h)}{R} \to h = \dfrac{gR - v^2}{3g}$$

해설 지구는 하루에 한 바퀴씩 회전하므로, 주기는 $T_{자}$ = 1일 = 8.64×10^4(s) 이므로, 각속도와 자전 속력은 다음과 같다.

$$\omega_{자} = \frac{2\pi}{T} = \frac{2 \times 3.14}{8.64 \times 10^4} = 7.2685\cdots \times 10^{-5} = 7.27 \times 10^{-5}(\text{rad/s})$$

$$v_{자} = r\omega_{자} = (6.4 \times 10^6) \times (7.27 \times 10^{-5}) = 465.28\text{m/s}$$

지구는 1년에 한 바퀴씩 회전하므로, 주기는 $T_{공}$ = 365일 = 3.15 $\times 10^7$(s)이므로, 각속도와 공전 속력은 다음과 같다.

$$\omega_{공} = \frac{2\pi}{T_{공}} = \frac{2 \times 3.14}{3.15 \times 10^7} = 1.9936\cdots \times 10^{-7} = 1.99 \times 10^{-7}(\text{rad/s})$$

$$v_{공} = r\omega_{공} = (1.49 \times 10^{11}) \times (1.99 \times 10^{-7}) = 2.9651 \times 10^4$$
$$= 2.97 \times 10^4 (\text{m/s})$$

04 (1) $T_A > T_A$ (2) $\omega_B > \omega_A$ (3) $M_A > M_B$

해설 그림 (가)의 물체에 작용하는 장력을 T_A, 관과 줄 사이의 각도를 θ, 그림 (나)의 물체에 작용하는 장력을 T_B, 관과 줄 사이의 각도를 φ 라고 할 때, 주어진 문제의 그림 (가)와 (나)의 물체에 작용하는 힘을 나타내면 다음과 같다.

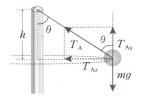 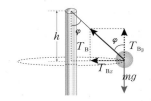

(1) 그림 (가)와 (나)의 물체는 수직 방향으로 작용하는 힘이 0이다. 따라서 그림 (가)의 물체에 작용하는 장력 T_A의 y 성분인 T_{Ay}와 물체에 작용하는 중력은 같으며, 그림 (나)의 물체에 작용하는 장력 T_B의 y 성분인 T_{By}와 물체에 작용하는 중력도 같고, 두 물체의 질량은 같으므로 T_{Ay}와 T_{By}도 같다.

$$T_{Ay} = T_A\cos\theta = mg \rightarrow T_A = \frac{mg}{\cos\theta} = \frac{mgl_A}{h}$$

$$T_{By} = T_B\cos\varphi = mg \rightarrow T_B = \frac{mg}{\cos\varphi} = \frac{mgl_B}{h}$$

$l_A > l_B$이므로, $T_A > T_B$ 가 된다.

(2) 그림 (가) 와 (나) 물체의 각속도를 각각 ω_A, ω_B라고 하고, 물체의 회전 반경을 각각 R_A, R_A라고 하면,

$$\omega = \frac{v}{R} \rightarrow \omega_A = \frac{v}{R_A}, \omega_B = \frac{v}{R_B}$$

$R_A > R_B$이므로, $\omega_B > \omega_A$ 가 된다.

(3) 그림 (가)에서 물체는 구심력만큼 물체 A를 들어 올리고 있다. 즉, 물체 A의 무게가 실을 통해 물체에 구심력으로 작용한다. 이때 물체에 작용하는 구심력은 장력 T_A의 x 성분인 T_{Ax}가 된다. 따라서 물체에 작용하는 구심력은 각각 다음과 같다.

$$F_{구A} = \frac{mv^2}{R_A} = mR_A\omega_A^2 = T_A\sin\theta = M_Ag$$

$$F_{구B} = \frac{mv^2}{R_B} = mR_B\omega_B^2 = T_B\sin\varphi = M_Bg$$

$T_A > T_B$ 이고, $\sin\theta > \sin\varphi$ → $F_{구A} > F_{구B}$, $\therefore M_B > M_A$

해설

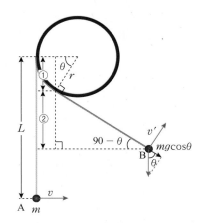

(1) B점에서 속력을 v' 이라고 하고, A지점을 기준으로 하면, 물체가 A지점에 있을 때 물체의 역학적 에너지는 $\frac{1}{2}mv^2$ 이고, B점에서 물체의 역학적 에너지는

$\frac{1}{2}mv'^2 + mg(\text{L} - ① - ②)$이며, 물체의 역학적 에너지는 보존되므로 다음과 같다.

$$\frac{1}{2}mv^2 = \frac{1}{2}mv'^2 + mg(\text{L} - ① - ②)$$

①은 $r\sin\theta$, ②는 $(L - r\theta)\sin(90 - \theta) = (L - r\theta)\cos\theta$

$\therefore v^2 = v'^2 + 2g\{L - r\sin\theta - [(L - r\theta)\cos\theta]\}$

$$v' = \sqrt{v^2 - 2g[L(1 - \cos\theta) + r(\theta\cos\theta - \sin\theta)]}$$

(2) 물체가 θ 만큼 회전을 하면, 줄은 $r\theta$ 만큼 원통에 감기게 되므로, 줄의 길이는 $L - r\theta$ 가 된다. 이때 물체의 입장에서 봤을 때, 장력과 원심력의 차이는 $mg\cos\theta$ 와 같다.

$$T = mg\cos\theta + F_{원} \rightarrow T = mg\cos\theta + \frac{mv^2}{R}$$

$$\therefore T = mg\cos\theta + \frac{mv'^2}{L - r\theta}$$
$$= \frac{m(v^2 - 2gL + gL\cos\theta + gr\theta\cos\theta - 2gr\sin\theta)}{L - r\theta}$$

01. (1) ㉠ 0.4 ㉡ 2.5   (2) 0.4π   (3) 0.32π²

02. 4π²   03. 6 : 1   04. ④

05. (1) X (2) X (3) X   06. ㉠ $(3, \sqrt{3})$
㉡ $(2\sqrt{3}, 30°)$ 07. (가), (나), (다)

08. $kx = \dfrac{mv^2}{r}$ 09. 2   10. ㉡, ㉠   11. ②

12. ②   13. 50   14. $\dfrac{3}{8g}v_0{}^2 + \dfrac{5}{2}r$

15. ③   16. ③   17. 105×10^{-5}

18. ⑤   19. ⑤   20. $\dfrac{2}{3}R$ 21. ②

22. 4   23. ⑤   24. ⑤

25. A, 1.17   26. $\sqrt{\dfrac{Rg(\sin\theta + \mu_s\cos\theta)}{\cos\theta - \mu_s\sin\theta}}$

27. 1932   28. $\sqrt{5gR}$ 29. ㉠ 1 : 1 ㉡ 1 : 1

30. 1 : 2   31. 280   32. $k - m\omega^2 : m\omega^2$

---

01. 답 (1) ㉠ 0.4 ㉡ 2.5 (2) 0.4π (3) 0.32π²

해설 (1) 진동수는 1초 동안 물체가 회전한 횟수이므로 물체의
진동수 $f = \dfrac{2}{5} = 0.4$(Hz) 이고, 주기 $T = \dfrac{1}{f} = \dfrac{1}{0.4} = 2.5$(초)
이다.
(2) 선속력이란 원운동하는 물체의 속력이므로 물체의 선속력
$v = r\omega = r \cdot 2\pi f = 0.5 \times 2\pi \times 0.4 = 0.4\pi$(m/s) 이다.
(3) 물체의 구심 가속도의 크기는 다음과 같다.
$$a = \dfrac{v^2}{r} = \dfrac{(0.4\pi^2)}{0.5} = 0.32\pi^2 \text{(m/s}^2)$$

02. 답 $4\pi^2$

해설 줄에 매달린 물체가 원운동할 때 물체가 받는 알짜힘인 구
심력은 실의 장력이 된다. 물체의 각속도 ω 는 $\omega = \dfrac{2\pi}{T} = 2\pi$ 이므
로, 물체에 작용하는 구심력은 다음과 같다.
$$F_구 = mr\omega^2 = 0.5 \times 2 \times (2\pi)^2 = 4\pi^2 \text{(N)}$$

03. 답 6 : 1

해설 자동차 A의 속력 $v_A = 2v$, 원 궤도의 반지름 $r_A = 2r$ 이므
로, 구심력의 크기는
$$F_A = \dfrac{mv_A{}^2}{r_A} = \dfrac{m(2v)^2}{2r} = \dfrac{2mv^2}{r}$$
자동차 B의 속력 $v_B = v$, 원 궤도의 반지름 $r_B = 3r$ 이므로, 구심
력의 크기는
$$F_B = \dfrac{mv_B{}^2}{r_B} = \dfrac{m(v)^2}{3r} = \dfrac{mv^2}{3r}$$
$$\therefore F_A : F_B = \dfrac{2mv^2}{r} : \dfrac{mv^2}{3r} = 6 : 1$$

04. 답 ④

해설 원운동하는 물체의 가속도인 구심 가속도의 크기 $a = r\omega^2$
$= 2 \times 2^2 = 8$(m/s²)

05. 답 (1) X (2) X (3) X

해설 (1) 원운동하는 물체의 가속도인 구심 가속도의 크기는 항
상 일정하지만, 방향은 계속 변한다. 구심 가속도의 방향은 속도
변화량의 방향과 같은 원의 중심 방향이다.
(2) 등속 원운동하는 물체에 작용하는 알짜힘은 구심력이라고 한
다. 원심력은 원운동에서의 관성력을 말하며, 물체에 작용하는 구
심력과 크기가 같고, 방향은 반대이다.
(3) 지구의 자전으로 지표면에서 운동하는 물체가 받는 관성력을
전향력 또는 코리올리 힘이라고 한다. 전향력은 운동 방향만 변화
시킬 뿐 속력은 변화시키지 않는다.

06. 답 ㉠ $(3, \sqrt{3})$ ㉡ $(2\sqrt{3}, 30°)$

해설 ㉠ x 값이 3, y 값이 $\sqrt{3}$ 이므로 xy 평면에서 (x, y)로 나타
내는 좌표계인 직교 좌표계로 나타내면, $(x, y) = (3, \sqrt{3})$이 된다.
㉡ xy 평면에서 (r, θ)로 나타내는 극좌표계로 나타내면,
$$r = \sqrt{3^2 + \sqrt{3}^2} = 2\sqrt{3}, \quad \cos\theta = \dfrac{3}{2\sqrt{3}} = \dfrac{\sqrt{3}}{2} \rightarrow \theta = 30°$$
$$\therefore (r, \theta) = (2\sqrt{3}, 30°)$$
$30° = \dfrac{\pi}{6}$ 로 호도법을 이용하여 $(2\sqrt{3}, \dfrac{\pi}{6})$로 나타낼 수도 있다.

07. 답 (가), (나), (다)

해설 사람에게 작용하는 수직 항력을 N 으로 하면, 각 경우에
작용하는 힘은 다음과 같다.

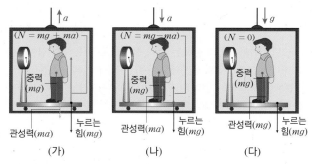

(가)   (나)   (다)

(가) 엘리베이터가 가속도 a 로 상승할 때 : 저울의 눈금(N)은 몸
무게 mg 와 사람의 관성력 ma 가 합쳐져 $mg + ma$ 를 나타낸다.
(다)엘리베이터가 가속도 a 로 하강할 때 : 사람의 관성력은 윗
방향으로 ma 가 되므로 저울의 눈금(N)은 $mg - ma$ 가 된다.
(다) 엘리베이터의 줄이 끊어졌을 때 : 엘리베이터는 가속도 g
로 하강하게 되므로 사람의 관성력은 윗방향으로 mg 가 되고
사람에게 작용하는 중력 + 관성력 = 0 이 되어 저울의 눈금
(N)도 0 이 된다. 이때 사람은 무중력 상태가 된다.
$$\therefore \text{저울의 눈금 크기 : (가) > (나) > (다)}$$

08. 답 $kx = \dfrac{mv^2}{r}$

해설

회전 원판 위의 관찰자(가속 좌표계)가 물체를 보는 경우 늘어나 있는 용수철의 탄성력과 원심력이 평형을 이루어 추가 정지해 있는 것으로 보인다.

$$\therefore kx = \frac{mv^2}{r}$$

09. 답 2

해설 물병을 줄에 매달고 원운동시키는 경우 최고점에 이르면 물병은 거꾸로 있게 된다. 따라서 물병 안의 물에는 아랫 방향으로는 중력이, 윗 방향으로는 관성력인 원심력이 작용하므로 두 힘의 크기가 같을 경우 물은 쏟아지지 않게 된다.

$$F_{원} = F_{중} \;\rightarrow\; \frac{mv^2}{r} = mg \;\rightarrow\; v = \sqrt{gr} = \sqrt{10 \times 0.4} = 2(\text{m/s})$$

11. 답 ②

해설 O점과 물체 A를 연결한 실이 물체 A를 당기는 힘의 크기를 T_1, 물체 A와 B 사이의 실이 물체 B를 당기는 힘의 크기를 T_2, 물체 A와 B에 작용하는 구심력을 각각 F_A, F_B 라고 할 때 다음과 같다.

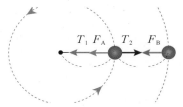

ㄱ. 물체 A와 B는 줄에 연결되어 등속 원운동을 하기 때문에 두 물체의 각속도 ω 가 같다. 원운동하는 물체의 속력 $v = r\omega$ 이므로 반지름이 2배인 물체 B의 속력이 물체 A의 2배이다.

ㄴ. $F_구 = mr\omega^2$ 이다. 따라서 질량과 각속도가 같은 물체에 작용하는 구심력은 원운동하는 궤도 반지름의 길이에 비례한다.

ㄷ. 물체 A에 작용하는 구심력 $F_A = T_1 - T_2$, 물체 B에 작용하는 구심력 $F_B = T_2$ 이다.

12. 답 ②

해설 바퀴 A와 C는 일정한 속력으로 움직이는 벨트에 연결되어 있으므로 선속력이 같다. 바퀴 A와 B는 같은 고정된 축을 중심으로 회전하고 있으므로 각속도, 회전 주기, 진동수가 모두 같다.

ㄱ, ㄷ. $v = r\omega$ 이다. 점 P와 Q는 각속도가 같으므로, 속력은 반지름에 비례한다. 따라서 P와 Q의 속력비는 15 : 40 = 3 : 8이다. 점 P와 R의 속력비는 1 : 1이므로, P, Q, R의 속력비는 3 : 8 : 3이다. 가속도의 크기 $a = r\omega^2 = \frac{v^2}{r}$ 이다.

속력이 같은 P와 R의 가속도의 크기는 반지름이 더 작은 P의 가속도의 크기가 더 크고, 각속도가 같은 P와 Q는 반지름이 더 큰 Q의 가속도의 크기가 더 크다. 따라서 가속도의 크기는 Q > P > R 순이다.

ㄴ. $v = r\omega \;\rightarrow\; \omega = \frac{v}{r}$ 이므로, 속력이 같은 P와 R의 경우 각속도의 크기는 반지름에 반비례한다. 따라서 P와 R의 각속도의 크기 비는 2 : 1이므로, P, Q, R의 각속도의 크기 비는 2 : 2 : 1이다.

13. 답 50

해설 돌이 원 궤도를 떠나는 곳을 원점으로 하고, x 축을 수평 방향, y 축을 연직 아래 방향으로 한다. 돌이 지면에 닿는 순간 수평 거리 $x = v_0 t = 5(\text{m})$, 연직 이동 거리 $y = \frac{1}{2}gt^2 = 2.5(\text{m})$ 이며,

이때 $t = \sqrt{\frac{2s}{g}} = \sqrt{\frac{2 \times 2.5}{10}} = \sqrt{\frac{1}{2}}$ 이다.

따라서 원궤도를 떠나는 순간 돌의 선속도 $v_0 = \frac{x}{t} = 5\sqrt{2}(\text{m/s})$

$$\therefore a = \frac{v^2}{r} = \frac{50}{1} = 50(\text{m/s}^2) \;\rightarrow\; F_구 = ma = 1 \times 50 = 50(\text{N})$$

14. 답 $\dfrac{3}{8g}v_0^2 + \dfrac{5}{2}r$

해설

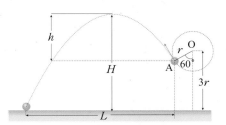

물체가 출발하는 지점을 A점 이라고 하고, 이 점을 기준으로 속력 v 로 던져 올린 물체의 포물선 운동이라고 하면, 이 물체의 최고점의 높이 h는

$$-2gh = 0 - (v_0 \sin\theta)^2 = -(v_0 \sin 60)^2 \;\rightarrow\; h = \frac{3}{8g}v_0^2$$

A점의 지면으로부터의 높이는

$$3r - r\cos\theta = 3r - \frac{1}{2}r = \frac{5}{2}r$$

$$\therefore H = h + \text{A점의 지면으로부터의 높이} = \frac{3}{8g}v_0^2 + \frac{5}{2}r$$

15. 답 ③

해설 물체에 작용하는 힘은 다음과 같다.

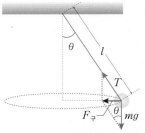

물체에 작용하는 장력과 중력의 합력이 구심력이 되어 물체는 회전한다. 물체가 수평면 상에서 원운동을 하는 반지름은 $l\sin\theta$, $F_구 = mg\tan\theta$ 이므로,

$$F_구 = \frac{mv^2}{r} = mr\omega^2 \;\rightarrow\; mg\tan\theta = ml\sin\theta\,\omega^2$$

$$\omega^2 = \frac{g\tan\theta}{l\sin\theta} = \frac{g}{l\cos\theta}, \;\; \omega = \sqrt{\frac{g}{l\cos\theta}}$$

16. 답 ③

해설 그래프에 따라 엘리베이터에 작용하는 힘은 다음과 같다.

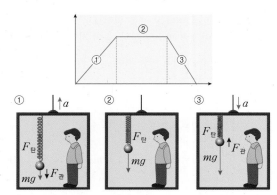

ㄱ. 0 ~ t_1 구간 동안 엘리베이터는 등가속도 운동을 한다. 따라서 가속 좌표계이다.

ㄴ. 0 ~ t_1 구간 동안 무한이에게는 추에 중력(mg), 용수철의 탄성력, 관성력이 작용하여 추가 정지해 있다. ($F_탄 - F_관 - mg = 0$)

ㄷ. $t_2 ~ t_3$ 구간 동안 $F_탄 = mg - F_관$ 가 되므로, 용수철의 길이는 정지해 있을 때보다 짧아진다.

17. 답 105×10^{-5}

해설 물체의 속도가 v, 지구의 각속도가 ω, 위도가 ϕ 일 때 전향력의 크기 $F = 2mv\omega\sin\phi$ 이다.

$\therefore F = 2 \times 3 \times 5 \times 7 \times 10^{-5} \times \sin30° = 105 \times 10^{-5}$(N)

북반구이므로 관찰자가 물체를 볼 때 진행 방향의 오른쪽 직각 방향으로 전향력이 작용한다.

18. 답 ⑤

해설 ㄱ. 상상이는 전동차와 함께 원운동하고 있으므로 바깥쪽으로 밀리는 원심력(관성력)을 받는다.

ㄴ. 정지 좌표계(무한이)에서 본 전동차는 전동차의 중력과 궤도가 차량에 미치는 수직 항력의 합력이 구심력이 되어 원운동을 하는 것으로 느낀다.

ㄷ. 전동차가 선로를 이탈하지 않고 안전하게 달리기 위해서는 전동차에 작용하는 원심력과 중력의 합력이 수직 항력과 평형을 이루어 알짜힘이 0이 될 때이다. 이때 $Mg\tan\theta$가 원심력의 크기와 같으므로

$$Mg\tan\theta = \frac{Mv^2}{r} \rightarrow v^2 = gr\tan\theta, \therefore v = \sqrt{gr\tan\theta}$$

19. 답 ⑤

해설 원뿔의 경사면과 지표면이 이루는 각을 θ, 지면과 물체와의 연직 거리를 h, 물체가 원운동하는 원궤도의 반지름을 r 이라고 할 때, 원뿔에서 회전하는 물체에 작용하는 힘은 다음과 같다.

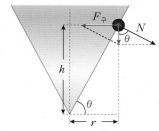

$$r\tan\theta = h, F_구 = \frac{mv^2}{r} = mg\tan\theta \rightarrow v^2 = rg\tan\theta = gh$$

물체 A의 역학적 에너지 $= m_A gh_A + \frac{1}{2}m_A v_A^2$

물체 B의 역학적 에너지 $= m_B gh_B + \frac{1}{2}m_B v_B^2$

물체 A의 역학적 에너지가 물체 B의 역학적 에너지의 2배이므로

$$m_A gh_A + \frac{1}{2}m_A v_A^2 = 2(m_B gh_B + \frac{1}{2}m_B v_B^2)$$

$m_A = m$, $m_B = 3m$ 이고, $v_A^2 = gh_A$, $v_B^2 = gh_B$ 대입하면

$$mgh_A + \frac{1}{2}mv_A^2 = 2[3mgh_B + \frac{1}{2}(3m)v_B^2] = 6mgh_B + 3mv_B^2$$

$$gh_A + \frac{1}{2}v_A^2 = 6gh_B + 3v_B^2$$

$$gh_A + \frac{gh_A}{2} = 6gh_B + 3gh_B \rightarrow h_A = 6h_B$$

$h_A : h_B = 6 : 1$, 이므로, $r_A : r_B = 6 : 1$ ($\because rg\tan\theta = gh$)이고, $v_A : v_B = \sqrt{6} : 1$ ($\because v^2 = gh$), $T_A : T_B = \sqrt{6} : 1$ ($\because T = \frac{2\pi r}{v}$) 이 된다.

20. 답 $\frac{2}{3}R$

해설

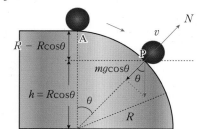

원형 언덕의 꼭지점을 A라 하고, 물체가 표면에서 떨어지는 지점을 P라고 한다. 이때 A점과 P점 사이의 각도를 θ 라고 하면 물체가 표면에서 떨어지는 지점에서 물체에 작용하는 구심력 $F_구$ 과 중력의 빗면에 대한 수직 성분($mg\cos\theta$)이 같다. 즉, P점에서 수직항력 $N = 0$($N = mg\cos\theta - F_원$)이다. 따라서 P 지점에서 물체의 속력을 v_P 라고 하면, 다음과 같은 공식이 성립한다.

$$F_구 = \frac{mv_P^2}{R} = mg\cos\theta \rightarrow v_P^2 = gR\cos\theta$$

P 지점을 기준으로 A점의 퍼텐셜 에너지는 P점의 운동 에너지와 같다.

$$mgR(1 - \cos\theta) = \frac{1}{2}mv_P^2 \rightarrow v_P^2 = 2gR(1 - \cos\theta)$$

$$v_P^2 = gR\cos\theta = 2gR(1 - \cos\theta) \rightarrow \cos\theta = \frac{2}{3}$$

$$\therefore h = R\cos\theta = \frac{2}{3}R$$

21. 답 ②

해설 ㄱ, ㄴ. 각속도의 비($\omega_P : \omega_Q$)는 톱니 수의 비(24 : 34)와 반비례 관계이다. 따라서 $\omega_P : \omega_Q = 34 : 24 = 17 : 12$ 이다. 이때 원운동하는 물체의 속력 $v = r\omega$ 이므로, 속력 비($v_P : v_Q$)는 $1 \times 17 : 3 \times 12 = 17 : 36$ 가 되고, 이때 P와 Q의 속도의 방향은 아래쪽으로 같다.

ㄷ, ㄹ. 원운동하는 물체의 가속도 $a = r\omega^2$ 이다. 따라서 가속도의 비($a_P : a_Q$) $= 1 \times 17^2 : 3 \times 12^2 = 289 : 432$ 이고, P의 가속도

방향은 왼쪽, Q의 가속도 방향은 오른쪽이므로 서로 반대 방향이다.

22. 답 4

해설 물체 A는 장력이 구심력이 되어 원운동을 한다. 이때 물체 B가 정지해 있기 위해서는 물체 A에 작용하는 장력과 물체 B에 작용하는 중력이 같다.

$$T = F_구 = \frac{m_A v^2}{r} = m_B g \rightarrow v^2 = \frac{m_B g r}{m_A}$$

$$\therefore v = \sqrt{\frac{m_B g r}{m_A}} = \sqrt{\frac{2 \times 10 \times 0.4}{0.5}} = 4(\text{m/s})$$

23. 답 ⑤

해설 ㄱ. 관성력은 가속도의 반대 방향이다. 기차에서 본 빗방울이 연직 방향과 이루는 각 θ 가 점점 작아지고 있다는 것은 기차의 속력이 점점 작아지고 있기 때문이다. 따라서 가속도의 방향은 기차의 진행 방향과 반대인 오른쪽 수평 방향이 되고, 무한이가 받는 관성력의 방향은 기차의 진행 방향인 왼쪽 수평 방향이다.

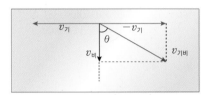

ㄴ. 무한이가 기차에서 본 비의 속도 $\vec{v}_{기비} = \vec{v}_비 - \vec{v}_기$ 이다. 이때 기차의 속력($v_기$)이 점점 작아지고 있기 때문에 각 θ 가 점점 작아지고 있는 것이다. 따라서 무한이가 기차에서 본 비의 속도도 점점 작아진다.

ㄷ. 기차에 작용하는 알짜힘의 방향은 가속도의 방향과 같다. 따라서 기차의 진행 방향과 반대 방향으로 알짜힘이 작용하고 있다.

24. 답 ⑤

해설 ㄱ. 원운동하는 물체가 받는 알짜힘은 구심력이다.

$$F_구 = ma = \frac{mv^2}{r} = mr\omega^2$$

물체 A와 B는 같은 각속도 ω로 원운동하므로, 두 물체의 알짜힘의 크기 비는 다음과 같다.

$$F_A : F_B = m_A r_A \omega^2 : m_B r_B \omega^2 = 2m \times R : 3m \times 2R = 1 : 3$$

ㄴ. 원운동하는 물체의 속력 $v = r\omega$ 이므로, 두 물체의 속력비는 다음과 같다.

$$v_A : v_B = r_A \omega : r_B \omega = R : 2R = 1 : 2$$

25. 답 A, 1.17

해설

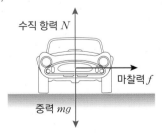

지면을 회전하는 자동차에 작용하는 힘은 다음과 같다. 즉 마찰력이 구심력으로 작용하는 것이다. 따라서 자동차가 미끄러지지 않고 회전할 수 있는 최대 속력 v 은 다음과 같다.

$$f = F_구 \rightarrow \mu_s mg = \frac{mv^2}{R}, \quad v = \sqrt{\mu_s g R}$$

자동차 A가 이동한 거리를 l_A, 걸린 시간을 t_A, 자동차 B가 이동한 거리를 l_B, 걸린 시간을 t_B 라고 하고, 자동차 A와 B가 미끄러지지 않고 회전할 수 있는 최대 속력을 각각 $v_A = \sqrt{\mu_s g R_A}$, $v_B = \sqrt{\mu_s g R_B}$ 라고 하면,

$$t_A = \frac{l_A}{v_A} = \frac{\pi R_A}{v_A}$$

$$= \frac{3.14 \times 30}{\sqrt{1.2 \times 10 \times 30}} = \frac{94.2}{18.97} = 4.9657\cdots \fallingdotseq 4.97(\text{초})$$

$$t_B = \frac{l_B}{v_B} = \frac{\pi R_B + 2(R_A - R_B)}{v_B}$$

$$= \frac{3.14 \times 12 + 36}{\sqrt{1.2 \times 10 \times 12}} = \frac{73.68}{12} = 6.14(\text{초})$$

$\therefore$ 자동차 A가 $6.14 - 4.97 = 1.17$초 먼저 직선 표시된 Q 지점에 도착한다.

26. 답 $\sqrt{\dfrac{Rg(\sin\theta + \mu_s\cos\theta)}{\cos\theta - \mu_s\sin\theta}}$

해설 자동차에 작용하는 수직 항력을 $\vec{N}$, 마찰력을 $\vec{f}$ 라고 할 때, 자동차에 작용하는 힘은 다음과 같다.

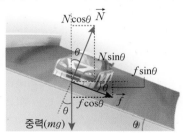

자동차는 수직 항력과 중력의 합력이 구심력으로 작용하여 원운동하게 된다. 수평 방향으로 작용하는 힘과 연직 방향으로 작용하는 힘은 다음과 같다.

수평 방향으로 작용하는 힘 $N\sin\theta + f\cos\theta = F_구 = \dfrac{mv^2}{R} \cdots ㉠$

$$\rightarrow v^2 = \frac{RN(\sin\theta + \mu_s\cos\theta)}{m}$$

수직 방향으로 작용하는 힘 $N\cos\theta - mg - f\sin\theta = 0 \cdots ㉡$

㉡에 $f = \mu_s N$ 을 대입 $\rightarrow N = \dfrac{mg}{\cos\theta - \mu_s\sin\theta}$

$$\therefore v = \sqrt{\frac{Rg(\sin\theta + \mu_s\cos\theta)}{\cos\theta - \mu_s\sin\theta}}$$

27. 답 1932

해설 비행기에 작용하는 양력을 $F_양$, 비행기의 질량을 m, 비행기의 운동 경로 반지름을 R 이라고 할 때, 비행기에 작용하는 힘은 다음과 같다.

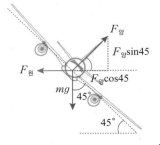

이때 양력과 중력의 합력이 구심력으로 작용하므로

$$F_{양}\cos 45 = \frac{mv^2}{r} \quad \to \quad F_{양} = \frac{mv^2}{r\cos 45} = \frac{\sqrt{2}\,mv^2}{r}$$

$$F_{양}\sin 45 - mg = 0 \quad \to \quad \frac{\sqrt{2}\,mv^2}{r} \times \frac{1}{\sqrt{2}} = mg, \quad \frac{v^2}{r} = g,$$

$$500\text{km/h} = \frac{500{,}000}{3{,}600} = 138.88\cdots \fallingdotseq 139\text{(m/s)}$$

$$\therefore r = \frac{v^2}{g} = \frac{139^2}{10} = 1932.1 \fallingdotseq 1932\text{(m)}$$

28. 답 $\sqrt{5gR}$

해설 롤러코스터의 꼭대기에서는 중력이 원운동의 구심력 역할을 한다. 이때 롤러코스터의 질량을 m, 롤러코스터의 속력을 v_{top}이라고 하면,

$$mg = \frac{mv_{\text{top}}^2}{R} \quad \to \quad v_{\text{top}} = \sqrt{gR}$$

롤러코스터의 역학적 에너지는 보존되므로, 롤러코스터가 진입하는 지점을 기준으로 하고, 진입 속도를 v_{bot}이라고 하면,

$$0 + \frac{1}{2}mv_{\text{bot}}^2 = mg(2R) + \frac{1}{2}mv_{\text{top}}^2$$

$$= mg(2R) + \frac{1}{2}mgR = \frac{5}{2}mgR$$

$$\therefore v_{\text{bot}} = \sqrt{5gR}$$

29. 답 ㉠ $1:1$ ㉡ $1:1$

해설 구슬 A, B는 현 위치에서 수평 방향으로 원운동하며, 이에 따라 구슬에 작용하는 각각의 구심력 F_A, F_B를 아래 그림과 같이 나타낼 수 있다. 구슬이 원형 고리로부터 받는 힘(고리에 수직 방향 ; 원형 고리의 중심 방향)을 $N_{구슬}$이라 할 때 $mg + N_{구슬A} = F_A$ 가 성립한다. (구슬 B도 마찬가지이다.)

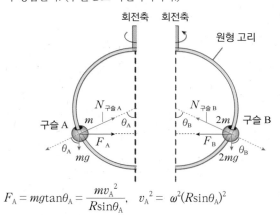

$$F_A = mg\tan\theta_A = \frac{mv_A^2}{R\sin\theta_A}, \quad v_A^2 = \omega^2(R\sin\theta_A)^2$$

$$\therefore g\tan\theta_A = \omega^2 R\sin\theta_A \quad \to \quad \frac{g}{\omega^2 R} = \cos\theta_A$$

$$F_B = 2mg\tan\theta_B = \frac{2mv_B^2}{R\sin\theta_B}, \quad v_B^2 = \omega^2(R\sin\theta_B)^2$$

$$\therefore g\tan\theta_B = \omega^2 R\sin\theta_B \quad \to \quad \frac{g}{\omega^2 R} = \cos\theta_B$$

$$\therefore \theta_A = \theta_B$$

$F_{구슬\,A} = mg\tan\theta$, $F_{구슬\,B} = 2mg\tan\theta$ 이고, 원형 고리의 반지름이 R이면, 구슬 A와 회전축과의 수직 거리는 $R\sin\theta$ 이다.

$$mg\tan\theta = \frac{mv_A^2}{R\sin\theta} \quad \to \quad v_A^2 = g\tan\theta R\sin\theta$$

$$2mg\tan\theta = \frac{2mv_B^2}{R\sin\theta} \quad \to \quad v_B^2 = g\tan\theta R\sin\theta$$

$$\therefore v_A^2 : v_B^2 = 1 : 1 \quad \to \quad v_A : v_B = 1 : 1$$

$a_A = \dfrac{v_A^2}{R}$, $a_B = \dfrac{v_B^2}{R}$ 이므로, $a_A : a_B = 1 : 1$ 이다.

30. 답 $1:2$

해설 구슬 A와 B가 고리로부터 받는 수직 항력을 각각 N_A, N_B라고 하면,

$$N_A\cos\theta = mg, \quad N_B\cos\theta = 2mg$$

$$\therefore N_A : N_B = 1 : 2$$

31. 답 280

해설 회전하지 않을 때와 회전할 때의 회전 반지름을 각각 r_0, r, 회전하는 물체의 질량을 m, 용수철 상수를 k 라고 할 때,

$$F_{구} = \frac{4\pi^2 mr}{T^2} = k(r - r_0)$$

$$\therefore k = \frac{4\pi^2 mr}{T^2(r - r_0)} = \frac{4(3)^2(0.2)(0.035)}{(0.3)^2(0.035 - 0.025)} = 280\text{(N/m)}$$

32. 답 $k - m\omega^2 : m\omega^2$

해설

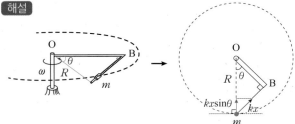

O점에서 늘어난 용수철에 연결된 원통형 물체가 있는 곳까지의 거리를 R, O점과 이루는 각을 θ, 용수철이 늘어난 길이를 x 라고 하면, ()

$$R\sin\theta = l + x, \quad mR\omega^2\sin\theta = kx$$

$$\to \quad kx = mR\omega^2\frac{l + x}{R} = ml\omega^2 + m\omega^2 x$$

$$x(k - m\omega^2) = ml\omega^2$$

$$\therefore \frac{x}{l} = \frac{m\omega^2}{k - m\omega^2}$$

5강. 단진동

개념확인

개념확인 | 104 ~ 109 쪽

1. 단진동   2. 복원력   3. 추(물체)의 질량, 용수철 상수
4. ㉠, ㉡   5. 진자의 등시성   6. 원뿔 진자

확인 + | 104 ~ 109 쪽

| 1. 6, 72 | 2. 36 | 3. 20 |
| 4. 0.6 | 5. 1.2 | 6. 3 |

개념확인

03. 답 추(물체)의 질량, 용수철 상수

해설 용수철 진자의 주기는 $T = 2\pi\sqrt{\dfrac{m}{k}}$ 이다. 따라서 용수철 진자의 주기에 영향을 주는 것은 추(물체)의 질량 m 과 용수철 상수 k 이다.

05. 답 진자의 등시성

해설 단진자의 주기는 진폭이 작은 경우 진폭과 진자의 질량에는 무관하고, 진자의 길이에만 관계가 있다.

확인 +

01. 답 6, 72

해설 질량 $m = 1(\text{kg})$, 진폭 $A = 0.5(\text{m})$, 진동수 $f = 2(\text{Hz})$ 이므로, 이 물체의 각진동수 $\omega = 2\pi f = 2 \times 3 \times 2 = 12(\text{rad/s})$이다. 따라서 단진동하는 물체의 속도의 크기 $v = A\omega\cos\omega t$ 이므로 $v = A\omega$ 일 때 최댓값이 된다.

$$v(최댓값) = A\omega = 0.5 \times 12 = 6(\text{m/s})$$

단진동하는 물체의 가속도의 크기 $a = A\omega^2\sin\omega t$ 이므로 $a = A\omega^2$ 일 때 최댓값이 된다.

$$a(최댓값) = A\omega^2 = 0.5 \times 12^2 = 72(\text{m/s}^2)$$

02. 답 36

해설 복원력의 크기 $F = = m\omega^2 x$ 이고, $x = A$ 일 때 최대값이 된다. $\omega = 2\pi f = 2 \times 3 \times 2 = 12(\text{rad/s})$이다.

$$F = m\omega^2 A = 0.5 \times 12^2 \times 0.5 = 36(\text{N})$$

03. 답 20

해설 단진동하는 질량이 $m = 3\text{kg}$ 인 물체의 변위 크기가 x 일 때, 가속도의 크기는 다음과 같다.

$$\therefore a = \frac{k}{m}x = \frac{200}{3} \times 0.3 = 20(\text{m/s}^2)$$

04. 답 0.6

해설 물체를 놓는 지점이 최고점, 물체가 다시 정지하는 지점이 단진동의 최하점이 된다. 물체가 단진동할 때 최고점에서 최하점에 도달하는 시간은 $\dfrac{주기}{2}$ 이다.

$$T = 2\pi\sqrt{\frac{m}{k}} = 6\sqrt{\frac{4}{100}} = 1.2(\text{초})$$

$$\therefore 최고점에서 최하점까지의 시간 = \frac{T}{2} = \frac{1.2}{2} = 0.6(\text{초})$$

05. 답 1.2

해설 단진자의 주기는 진자의 길이와 중력 가속도에만 관계가 있다.

$$T = 2\pi\sqrt{\frac{l}{g}} = 2 \times 3 \times \sqrt{\frac{0.4}{10}} = 1.2(\text{초})$$

06. 답 3

해설 연직 윗 방향으로 가속도 운동하는 물체는 연직 아래 방향으로 관성력을 받는다. 따라서 진자의 주기는 다음과 같다.

$$T = 2\pi\sqrt{\frac{l}{g + a}} = 2 \times 3 \times \sqrt{\frac{3}{12}} = 3(\text{초})$$

개념다지기

개념다지기 | 110 ~ 111 쪽

| 01. ④ | 02. ③ | 03. ⑤ | 04. 1.26 |
| 05. ③ | 06. ④ | 07. ④ | 08. 3.14 |

01. 답 ④

해설 ㄱ. 그림자 Q는 진폭이 A 인 단진동하는 물체와 같다. 이때 단진동하는 물체의 주기는 등속 원운동하는 물체의 주기와 같다. 따라서 단진동의 주기 $T = \dfrac{2\pi}{\omega}$ 이다.

ㄴ. t초 후 그림자 Q의 변위는 $A\sin\omega t$이다.

ㄷ. 물체 P의 가속도의 크기 $a_p = A\omega^2$ 이므로, 그림자 Q의 가속도 크기는 $A\omega^2\sin\omega t$ 이다.

02. 답 ③

해설 진폭이 A, 각 진동수가 ω인 단진동하는 물체의 속력의 최대값과 힘의 최대값은 각각 다음과 같다.

$$v = A\omega = A\frac{2\pi}{T} = 0.8 \times \frac{2\pi}{4} = 0.4\pi \, (\text{m/s})$$
$$F = mA\omega^2 = 3 \times 0.8 \times (\frac{2\pi}{4})^2 = 0.6\pi^2 (\text{N})$$

03. 답 ⑤

해설 ㄱ. 마찰이나 공기 저항을 모두 무시할 때 용수철 진자의 탄성 퍼텐셜 에너지와 운동 에너지는 서로 전환되지만, 역학적 에너지의 양은 항상 일정하게 보존된다. 따라서 추의 최대 운동 에너지와 최대 역학적 에너지, 최대 퍼텐셜 에너지는 모두 $\dfrac{1}{2}kA^2$이다.

ㄴ. 평형점 O에서 변위가 0이므로, 복원력이 0이다. 이때 속력이 최대이므로 탄성 퍼텐셜 에너지가 모두 운동 에너지로 전환된다.

ㄷ. 변위가 A 인 지점은 변위가 최대인 지점이므로 복원력이 최대이다. 따라서 속력은 0이고, 운동 에너지가 모두 탄성 퍼텐셜 에너지로 전환된다.

04. 답 1.26

해설 평형을 이루는 지점에서 용수철에 매달린 추에는 연직 아래 방향의 중력과 연직 위 방향의 탄성력이 평형을 이룬다.

$$mg - kx = 0 \quad \rightarrow \quad mg = kx$$
$$1 \times 10 = k \times 0.2 \quad \rightarrow \quad k = 50(\text{N/m})$$

추의 진동 주기는 다음과 같다.

$$T = 2\pi\sqrt{\frac{m}{k}} = 2 \times 3.14 \times \sqrt{\frac{2}{50}} = 1.256 \fallingdotseq 1.26(\text{초})$$

05. 답 ③

해설 단진자의 주기 $T = 2\pi\sqrt{\dfrac{l}{g}}$ 이므로 진자의 길이와 중력 가속도에만 관계가 있다. 따라서 진자의 길이가 길수록 주기도 길어지므로 진자의 주기는 $T_A > T_B > T_C$ 순이다.

06. 답 ④

해설 ㄱ. 단진자 운동에서 중심점에서 속력과 운동 에너지는 최대가 되고, 가속도와 복원력은 0이다.

ㄴ. 변위가 최대인 P점과 Q점에서 가속도와 복원력의 크기는 최대가 되고, 속력과 운동 에너지는 0이다.

ㄷ. 중심점 O를 지나면서부터(O → P, O → Q로 운동할 때) 복원력에 의해 속력이 줄어들고, 이때 감소한 운동 에너지가 퍼텐셜 에너지로 전환된다.

07. 답 ④

해설 무한이가 회전하는 회전 면에서 원뿔의 꼭지점까지의 수직 거리를 h 라고 하면, $h = \dfrac{r}{\tan\theta}$가 된다. 따라서 무한이의 운동 주기는 다음과 같다.

$$T = 2\pi\sqrt{\frac{h}{g}} = 2\pi\sqrt{\frac{r}{g\tan\theta}}$$

08. 답 3.14

해설 연직 아랫 방향으로 가속도 운동하는 물체에는 연직 윗 방향으로 관성력을 받는다. 따라서 진자의 주기는 다음과 같다.

$$T = 2\pi\sqrt{\frac{l}{g-a}} = 2 \times 3.14 \times \sqrt{\frac{1.7}{6.8}} = 3.14(\text{초})$$

유형익히기 & 하브루타　　　　112 ~ 115 쪽

[유형5-1] ②	01. ⑤	02. ②
[유형5-2] ③	03. ②	04. ③
[유형5-3] ⑤	05. ③	06. ④
[유형5-4] ⑤	07. ②	08. ④

[유형5-1] 답 ②

해설 주어진 그래프는 단진동하는 물체의 속도-변위 그래프이다.
ㄱ. 물체는 진폭이 A인 단진동을 한다.
ㄴ. 진폭이 A일 때 최대 변위이고, 가속도 크기는 $a = A\omega^2$이다.
ㄷ. t초가 지난 후 물체의 변위는 $A\sin\omega t$ 이다.

01. 답 ⑤

해설 ㄱ. 물체는 0.2m의 진폭으로 단진동하고 있다.

ㄴ. 단진동하는 물체가 원점을 지날 때 속도는 최대가 되고, 퍼텐셜 에너지가 모두 운동 에너지로 전환된다.

$$E_P = \frac{1}{2}mv^2 \quad \rightarrow \quad v = \sqrt{\frac{2E_P}{m}} = \sqrt{\frac{2 \times 0.2}{0.1}} = 2(\text{m/s})$$

ㄷ. 단진동하는 물체의 최대 속도 $v = A\omega$ 이므로, 물체의 각속도는 $\omega = \dfrac{v}{A} = \dfrac{2}{0.2} = 10(\text{rad/s})$ 이다. 따라서 물체의 운동 주기는 다음과 같다.

$$T = \frac{2\pi}{\omega} = \frac{2\pi}{10} = 0.2\pi(\text{초})$$

02. 답 ②

해설 단진동의 변위가 최대일 때 단진동의 가속도도 최대가 되며, 위상 ϕ 는 최대 가속도에 영향을 미치지 않는다.
최대 가속도는 다음과 같다.

$$a(\text{최대}) = A\omega^2 = A \times (\frac{\pi}{2})^2 = \frac{\pi^2}{4}A$$

[유형5-2] 답 ③

해설 ㄱ. 물체는 진폭이 0.5m인 단진동을 한다. 물체에 작용하는 알짜힘이 40N일 때, 용수철이 늘어난 길이는 0.5m이므로 용수철 상수는 다음과 같다.

$$F = kx \quad \rightarrow \quad k = \frac{F}{x} = \frac{40}{0.5} = 80(\text{N/m})$$

물체의 역학적 에너지는 보존된다. 평형점을 지날 때, 속력이 최대가 되므로, 운동 에너지가 최대이고, 탄성 퍼텐셜 에너지는 0이며, 추가 최대 변위일 때 탄성 퍼텐셜 에너지는 최대, 운동 에너지는 0 이다.

$$\frac{1}{2}mv^2 (\text{평형점}) = \frac{1}{2}kA^2 (\text{최대 변위}) \quad \rightarrow \quad v^2 = \frac{kA^2}{m}$$
$$\therefore v = \sqrt{\frac{kA^2}{m}} = \sqrt{\frac{80 \times 0.5^2}{1}} = 2\sqrt{5}(\text{m/s})$$

ㄴ. 용수철의 탄성력이 복원력으로 작용하여 물체를 단진동시킨다. 이때 물체에 작용하는 힘인 복원력은 변위의 방향과 반대 방향으로 작용한다.

ㄷ. 용수철 진자의 단진동 주기는 다음과 같다.

$$T = 2\pi\sqrt{\frac{m}{k}} = 2\pi\sqrt{\frac{1}{80}} = \frac{\sqrt{5}}{10}\pi(\text{초})$$

03. 답 ②

해설 용수철 상수가 k인 용수철을 절반 길이로 자른 경우, 반으로 잘린 용수철의 용수철 상수는 $2k$ 가 된다.
길이가 $3L$ 인 용수철을 잘라 길이가 각각 $2L$과 L로 만들었으므로, 길이가 $2L$ 인 용수철의 용수철 상수를 k 라고 하면, 길이가 L 인 용수철의 용수철 상수는 $2k$ 가 된다. 같은 크기의 힘을 가했을 경우, 용수철 상수가 클수록 진폭이 작아진다($F = kx$). 따라서 길이가 $2L$ 인 용수철의 진폭이 x_0일 때, 길이가 L 인 용수철의 진폭은 $\dfrac{x_0}{2}$ 가 된다. 이때 주기는 다음과 같다.

$$T_{2L} = 2\pi\sqrt{\frac{m}{k}} = T_0, \quad T_L = 2\pi\sqrt{\frac{m}{2k}} = \frac{1}{\sqrt{2}}T_0$$

04. 답 ③

해설 ㄱ. 용수철 진자의 복원력은 탄성력과 같으므로 용수철 진자의 주기는 $T = 2\pi\sqrt{\dfrac{m}{k}}$ 이다.

ㄴ. A점과 B점 사이를 단진동하므로, 진폭은 A점과 B점 간 거리의 절반이고, A점과 B점의 중간 위치가 평형 위치가 된다.

ㄷ. A에서 B로 물체가 이동할 때는 용수철이 늘어나기 때문에 탄성력에 의한 퍼텐셜 에너지가 증가하고, 지면으로부터의 높이는 감소하므로 중력에 의한 퍼텐셜 에너지는 감소한다.

[유형5-3] 답 ⑤

해설
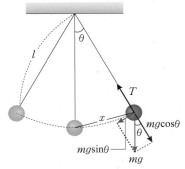

ㄱ. 물체가 단진동할 때 물체의 최대 진폭에서 정지하므로 물체에 작용하는 힘은 실의 장력 $T_{장력}$ 와 중력 mg 이다. 이때 중력의 접선 방향 성분 $mg\sin\theta$ 가 복원력이 되어 추는 단진동한다.

ㄴ. 단진자의 주기는 $T = 2\pi\sqrt{\dfrac{l}{g}}$ 이므로 질량에는 관계없고 줄의 길이를 4배로 늘이면 주기는 2배가 된다.

ㄷ. 마찰을 무시하면 단진자의 역학적 에너지는 보존된다. 중심점 O에서 속력과 운동 에너지는 최대이며, 중심점을 지나 최대 변위로 운동하면서 감소한 운동 에너지가 퍼텐셜 에너지로 전환된다.

05. 답 ③

해설 단진자의 주기는 $T = 2\pi\sqrt{\dfrac{l}{g}}$ 이므로 진자의 길이 l을 4배로 늘이거나, 중력 가속도 g 가 $\dfrac{g}{4}$ 인 곳으로 진자를 옮겨서 측정하면 주기가 2배로 된다.

06. 답 ④

해설 ㄱ. 추의 속력이 최대일 때는 평형점을 지날 때이다. 이때 속도의 연직 성분은 0이므로, 추와 그림자의 최대 속력은 같다.

ㄴ, ㄷ. 실의 길이를 짧게 하면 주기가 짧아지므로 그림자의 주기도 짧아진다. 이때 추의 질량과 주기는 무관하다.

[유형5-4] 답 ⑤

해설

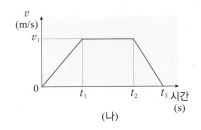
(가) (나)

ㄱ. 0 ~ t_1초 동안 엘리베이터는 0보다 큰 일정한 가속도로 위 방향으로 운동한다. 이때 가속도 a_1 는 속도-시간 그래프에서 기울기이므로, $a_1 = \dfrac{v_1}{t_1}$ 이다. 따라서 엘리베이터 속 진자는 가속도 a_1 과 반대 방향으로 관성력을 받아 진자의 주기가 다음과 같게 된다

$$T = 2\pi\sqrt{\frac{l}{g + a_1}} = 2\pi\sqrt{\frac{lt_1}{t_1 g + v_1}}$$

ㄴ. t_1~t_2초 동안 엘리베이터는 일정한 속도로 운동하므로, 관성력이 나타나지 않아 내부는 관성 좌표계에 해당한다.

ㄷ. t_2~t_3초 동안 엘리베이터는 0보다 작은 일정한 가속도 a_2 로 위 방향으로 감속 운동한다. 따라서 엘리베이터 내부에서 볼 때 엘리베이터 속 진자가 받는 합력 F 는 다음과 같다.

$$F = mg' = m(g + a_2) = mg - \frac{mv_1}{t_3 - t_2}$$

07. 답 ②

해설 ㄱ, ㄴ. 원뿔 진자의 경우 추에 수평 원의 중심 방향으로 작용하는 힘인 $mg\tan\theta$ 가 구심력이 되어 원운동을 하게 된다.

$$F = mg\tan\theta = m\omega^2 l\sin\theta \text{ (원운동 반경 : } l\sin\theta)$$
$$\rightarrow \omega^2 = \frac{g\tan\theta}{l\sin\theta}, \therefore \omega = \sqrt{\frac{g}{l\cos\theta}}$$

ㄷ. 원뿔 진자의 주기 $T = \dfrac{2\pi}{\omega} = 2\pi\sqrt{\dfrac{l\cos\theta}{g}}$ 이므로, 물체의 질량과는 무관하다.

08. 답 ④

해설 수평면 상의 원 반지름을 r 이라고 하면, 추에 작용하는 힘은 오른쪽 그림과 같다.
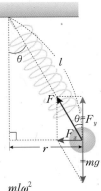
탄성력 F를 수평, 연직 방향 성분 F_x, F_y 으로 각각 나누면 F_x가 구심력이 된다.
$F_x = F\sin\theta = mr\omega^2 \cdots \unicode{x1D13}$
$F_y = F\cos\theta = mg$
$r = l\sin\theta$, $F = kx$ 이므로, 이를 $\unicode{x1D13}$에 대입하면 다음과 같다.

$$kx\sin\theta = m(l\sin\theta)\omega^2 \rightarrow x = \frac{ml\omega^2}{k}$$

창의력 & 토론마당   116 ~ 119 쪽

01 (1) $2\pi\sqrt{\dfrac{l\cos\theta}{g}}$ (2) $2\pi\sqrt{\dfrac{l}{g\sin\theta}}$

해설 진자가 각 θ 만큼 기울어진 채 걸려 있으므로 자동차는 오른쪽 방향의 일정한 가속도로 운동하는 것을 알 수 있다. 이때 자동차의 가속도를 a 라고 하고, 평형 상태에서 물체의 운동 방향과 수직 방향으로 작용하는 힘을 mg' 이라고 하면, 물체에 작용하는 힘은 다음과 같다.

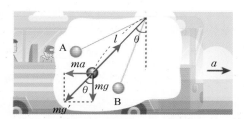

진자에는 수평 방향 왼쪽으로 관성력이 작용한다. 관성력의 크기는 $mg\tan\theta$ 이므로 가속도는 다음과 같다.

$$ma = mg\tan\theta \;\rightarrow\; a = g\tan\theta$$

피타고라스 정리에 의해

$$(mg')^2 = (ma)^2 + (mg)^2 \;\rightarrow\; g' = \sqrt{a^2 + g^2}$$

따라서 물체의 주기는 다음과 같다.

$$T = 2\pi\sqrt{\dfrac{l}{g'}} = 2\pi\sqrt{\dfrac{l}{\sqrt{a^2 + g^2}}} = 2\pi\sqrt{\dfrac{l}{\sqrt{(g\tan\theta)^2 + g^2}}}$$

$$= 2\pi\sqrt{\dfrac{l}{g}\cdot\dfrac{1}{\sqrt{\tan\theta^2 + 1}}} = 2\pi\sqrt{\dfrac{l}{g}\cdot\dfrac{1}{\sec\theta}} = 2\pi\sqrt{\dfrac{l\cos\theta}{g}},$$

또는 $mg'\cos\theta = mg \;\rightarrow\; g'\cos\theta = g$

(2)

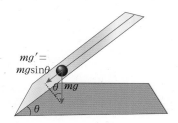

각 θ 만큼 기울어진 마찰이 없는 경사면에서 단진동할 때, 빗면 아래 방향으로 작용하는 힘 $mg' = mg\sin\theta \;\rightarrow\; g' = g\sin\theta$ 가 된다. 따라서 물체의 주기는 다음과 같다.

$$T = 2\pi\sqrt{\dfrac{l}{g'}} = 2\pi\sqrt{\dfrac{l}{g\sin\theta}}$$

---

02 $\;T = 2\pi\sqrt{\dfrac{m + M}{k}},\; A = \dfrac{mv}{\sqrt{k(m + M)}},\; \dfrac{\pi}{2}\sqrt{\dfrac{m + M}{k}}$

해설 총알이 물체에 박힌 후 단진동하므로 완전 비탄성 충돌이고, 운동량은 보존된다. 충돌 직후 속력을 v' 이라고 하면,

$$mv = (m + M)v' \;\rightarrow\; v' = \dfrac{mv}{m + M}$$

(물체 + 총알)이 최대로 압축된 변위를 A 라고 하면, 진폭은 A 가 되고, 주기를 T 라고 할 때 박힌 순간(최대 속력)부터 변위 A(속력=0)까지의 시간은 $\dfrac{T}{4}$ 가 된다.

역학적 에너지가 보존되므로

$$\dfrac{1}{2}(m + M)v'^2 = \dfrac{1}{2}kA^2$$

$$\rightarrow A^2 = \dfrac{m + M}{k}v'^2 = \dfrac{m + M}{k}\left(\dfrac{mv}{m + M}\right)^2 = \dfrac{m^2v^2}{k(m + M)}$$

$$\therefore A = \dfrac{mv}{\sqrt{k(m + M)}}$$

용수철 진자의 주기 : $T = 2\pi\sqrt{\dfrac{m'}{k}} = 2\pi\sqrt{\dfrac{m + M}{k}}$

최대 변위까지 걸리는 시간 t : $t = \dfrac{T}{4} = \dfrac{\pi}{2}\sqrt{\dfrac{m + M}{k}}$

---

03 (1) $\rho_0 gAh_0(\rho gAh)$ (2) $\rho_0 Axg,\; 2\pi\sqrt{\dfrac{\rho h}{\rho_0 g}}$

해설 (1) 밀도 $= \dfrac{질량}{부피}$ 이고, 부력의 크기는 물체가 밀어낸 유체의 무게와 같고, 부력과 물체의 무게(mg)는 평형을 이룬다.

물체가 밀어낸 유체의 무게
= 물체가 밀어낸 유체의 질량 × 중력 가속도
= 유체의 밀도 × 물체가 밀어낸 유체의 부피 × 중력 가속도이다.
액체 속에 잠긴 물체의 부피를 V 라고 하면, 물체가 받는 부력의 크기는 다음과 같다.

$$\therefore \rho_0 Vg = \rho_0 gAh_0 = 물체의 무게(\rho gAh)$$

(2) 물체가 떠서 정지할 때는 중력과 부력의 평형 상태이다.

$$mg = F_{부},\; \rho Ahg = \rho Ah_0 g \;\rightarrow\; h_0 = \dfrac{\rho}{\rho_0}h$$

평형 상태의 물체를 액체 속으로 x 만큼 더 밀어 넣었을 때 물체에 작용하는 힘(복원력)은 다음과 같다.

복원력 $= mg - (F_{부} + 더 밀어 넣은 부피에 의한 부력 F_{부B})$

$$\rho Ahg - (\rho_0 Ah_0 g + \rho_0 Axg) = -\rho_0 Axg$$

즉, 복원력은 더 밀어 넣었을 때 물체가 더 밀어낸 유체의 무게로 나타난다.

단진동하는 물체에 작용하는 힘 $F = -m\omega^2 x = -\rho_0 gAx$ 이므로,

$$\omega = \sqrt{\dfrac{\rho_0 gA}{m}},\; (m = \rho Ah)$$

$$\therefore 주기\; T = \dfrac{2\pi}{\omega} = 2\pi\sqrt{\dfrac{m}{\rho_0 gA}} = 2\pi\sqrt{\dfrac{\rho h}{\rho_0 g}}$$

---

04 〈해설 참조〉

해설 물체를 오른쪽으로 0.2m 당긴 후 놓은 지점을 A, 왼쪽으로 x_1 만큼 이동하여 처음 정지한 지점을 B라고 하자.

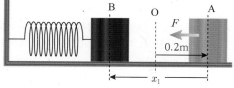

A지점에서 탄성력 $F = kx = 1{,}000 \cdot 0.2 = 200(\text{N})$이고, 물체에 작용하는 최대정지 마찰력 $f_{정} = \mu_{정}mg = 0.8 \cdot 10 \cdot 10 = 80(\text{N})$ 이므로 물체는 정지해 있지 못하고 왼쪽 방향으로 운동하게 된다. 운동할 때 물체에는 탄성력과 그 반대 방향의 운동 마찰이 작용한다. 운동 마찰력 $f_{운} = \mu_{운}mg = 0.4 \cdot 10 \cdot 10 = 40(\text{N})$이므로, x_1 을 이동하여 정지하는 동안 운동 마찰력이 한 일 $W = f_{운}x = 40x_1(\text{J})$ 만큼 에너지를 잃는다.

A점에서 역학적 에너지(= 퍼텐셜 에너지)

$$= \dfrac{1}{2}kA^2 = \dfrac{1}{2} \times 1{,}000 \times 0.2^2 = 20(\text{J}) \cdots \text{㉠}$$

B점에서 역학적 에너지(= 퍼텐셜 에너지)

$$= \frac{1}{2}k(x_1 - A)^2 = 500\,(x_1 - 0.2)^2 \cdots ㉡$$

마찰력이 한일$(40x_1) = ㉠ - ㉡$

$$\therefore 20 = 500(x_1 - 0.2)^2 + 40x_1$$
$$\to x_1(500x_1 - 160) = 0,\ x_1 = 0.32(\text{m})$$

즉, B점(첫번째 정지한 지점)은 평형점으로부터 왼쪽 방향으로 0.12(m) 지점이다.

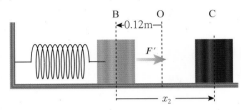

B 위치에서 탄성력은 $F' = kx' = 1000 \times 0.12 = 120(\text{N})$이고, 최대 정지 마찰력 80N보다 크므로 물체는 다시 오른쪽 방향으로 운동하게 된다. B, C 점에서의 역학적 에너지는 각각

$$\frac{1}{2} \times 1000 \times 0.12^2 = 7.2(\text{J})$$

$\frac{1}{2}k(x_2 - 0.12)^2 = 500(x_2 - 0.12)^2$ 이고, 두 에너지의 차이는 운동 마찰력이 한 일 $W = 40x_2$이다.

$$\therefore 7.2 = 500(x_2 - 0.12)^2 + 40x_2$$
$$\to x_2(500x_2 - 80) = 0,\ x_2 = 0.16(\text{m})$$

즉, C점은 평형점으로부터 오른쪽 방향으로 0.04(m) 지점이다. C점에서 탄성력 $F_C = kx'' = 1,000 \times 0.04 = 40(\text{N})$ 이고, 이는 최대 정지 마찰력 80N보다 작으므로 더 이상 움직이지 못한다. 따라서 물체는 <u>평형점에서 오른쪽으로 0.04m 위치에서 멈춘다.</u>

---

05 $4\pi\sqrt{\dfrac{m}{k}}$

해설 추를 놓은 후 x_0 만큼 내려간 위치에서 정지시키면 이 지점이 평형점이고, 이때 용수철이 늘어난 길이는 $\frac{1}{2}x_0$이다. 끈의 장력을 T 라 하면

$$2T = \frac{1}{2}kx_0 \to T = \frac{kx_0}{4} = mg$$

이제 평형점의 추를 A 만큼 더 잡아당겼을 때 추에 작용하는 힘이 복원력 $m\omega^2 A$ 이다[위쪽 방향 (+)]. 이때 추는 위아래로 단진동한다.

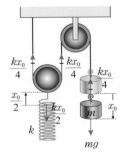

$$\frac{k}{4}(x_0 + A) - mg = m\omega^2 A$$

$$\frac{k}{4}A = m\omega^2 A,\ m\omega^2 = \frac{k}{4}$$

$$\omega = \sqrt{\frac{k}{4m}},\ T = \frac{2\pi}{\omega} = 4\pi\sqrt{\frac{m}{k}}$$

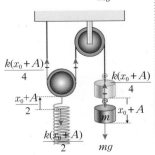

---

06 (1) $\pi\sqrt{\dfrac{m}{k}}$ (2) $2A\sqrt{\dfrac{k}{m}}$, $\dfrac{4kA}{m}$

해설 (1) 추를 놓은 후 용수철이 x_0 만큼 늘어난 상태에서 추가 평형 상태가 되어 움직이지 않으면, 양쪽 줄에 같은 장력(kx_0)이 걸리므로 추를 기준으로 $2kx_0 = mg$ 이다.

이제 평형 상태에서 추를 아래로 x 만큼 잡아당겼을 경우, 용수철은 (x_0+2x) 만큼 늘어난다. 이때 각 줄과 추에 작용하는 힘은 오른쪽 그림과 같다.

이 상태에서 추에 작용하는 힘(F)은 복원력이다. $2kx_0 = mg$ 이므로

$$F = 2k(x_0+2x) - mg = 4kx = m\omega^2 x$$

$$\therefore 주기\ T = 2\pi\sqrt{\frac{m}{k'}} = 2\pi\sqrt{\frac{m}{4k}} = \pi\sqrt{\frac{m}{k}}$$

(2) 물체는 용수철 상수가 $4k$인 용수철에 매달려 있는 것과 같다. 평형점을 중심으로 중력이 작용하지 않는 것처럼 진동한다.

$$\frac{1}{2}mv_{\max}^2 = \frac{1}{2}(4k)A^2 \to v_{\max}^2 = \frac{4k}{m}A^2,\ \therefore v_{\max} = 2A\sqrt{\frac{k}{m}}$$

$$4kA = ma_{\max},\ a_{\max} = \frac{4kA}{m}$$

스스로 실력 높이기 120 ~ 127 쪽

01. ③	02. ⑤	03. π	
04. (1) 4 (2) $\frac{\sqrt{10}}{10}\pi$		05. ㉠ O ㉡ A, B	
06. ㉠ 단진자 ㉡ 길이 ㉢ 중력 가속도			
07. ②	08. ②	09. ④	10. 4
11. ②	12. ③	13. ④	14. ④
15. ①	16. ①	17. ②	18. ③
19. ②	20. ②	21. ④	22. ⑤
23. $2\pi\sqrt{\frac{Lm}{4T-2mg}}$		24. ①	25. ⑤
26. ③	27. ③	28. ②	
29. $2\pi\sqrt{\frac{L\cos\theta}{g}}$		30. $\sqrt{\frac{g}{l} + \frac{2k}{m}}$	
31. ②	32. ③		

01. 답 ③

해설 $T = \frac{1}{4} = \frac{2\pi}{\omega} \to \omega = \frac{2\pi}{T} = \frac{2\pi}{0.25} = 8\pi(\text{rad/s})$

$$\therefore v = A\omega = 0.5 \times 8\pi = 4\pi\,(\text{m/s})$$

02. 답 ⑤

해설 $T = \frac{1}{f} = \frac{2\pi}{\omega} \to \omega = 2\pi f = 2\pi \times 10 = 20\pi(\text{rad/s})$

$$\therefore F = mA\omega^2 = 2 \times 0.5 \times (20\pi)^2 = 400\pi^2\,(\text{N})$$

03. 답 π

해설 $T = 2\pi\sqrt{\dfrac{m}{k}} = 2\pi\sqrt{\dfrac{0.1}{0.4}} = \pi$ (초)

04. 답 (1) 4 (2) $\dfrac{\sqrt{10}}{10}\pi$

해설 (1) 용수철 진자에서 평형을 이루는 지점에서 추에 작용하는 힘은 연직 아래 방향의 중력과 연직 위 방향의 탄성력이 평형을 이룬다.

$$mg = kx \rightarrow k = \frac{mg}{x} = \frac{0.5 \times 10}{0.25} = 20(\text{N/m})$$

따라서 평형 위치에서 물체를 20cm 잡아당겼다가 놓기 위해 필요한 힘의 크기는 다음과 같다.

$$F = kx' = 20 \times 0.2 = 4(\text{N})$$

(2) 용수철 진자의 단진동 주기는 다음과 같다.

$$T = 2\pi\sqrt{\frac{m}{k}} = 2\pi\sqrt{\frac{0.5}{20}} = \frac{\sqrt{10}}{10}\pi \text{ (초)}$$

05. 답 ㉠ O ㉡ A, B

해설 마찰을 무시할 때 용수철 진자의 역학적 에너지는 항상 일정하게 보존된다. 평형점 O에서는 변위가 0이므로 복원력이 0이고, 물체의 속력은 최대가 된다. 따라서 탄성 퍼텐셜 에너지가 모두 운동 에너지로 전환된다. 반면에 변위가 최대인 점인 A와 B점에서는 복원력이 최대이고 늘어난 길이가 최대이므로 탄성 퍼텐셜 에너지가 최대인 지점이다.

07. 답 ②

해설 최대 진폭일 때 물체에 작용하는 힘은 실의 장력 T 와 중력 mg 이다. 이때 중력의 (운동 궤도)접선 방향 성분 $mg\sin\theta$ 가 물체의 속력을 변화시키므로 이 힘이 복원력이 되어 추는 단진동 한다.

08. 답 ②

해설 지구에서 단진자의 주기 $T = 2\pi\sqrt{\dfrac{l}{g}}$ 이다.

따라서 달에서의 단진자의 주기는 다음과 같다. $\left(g_{달} = \dfrac{g}{6}\right)$

$$T_{달} = 2\pi\sqrt{\frac{l}{g_{달}}} = 2\pi\sqrt{\frac{l}{\frac{g}{6}}} = 2\pi\sqrt{\frac{6l}{g}} = \sqrt{6}\,T$$

09. 답 ④

해설 원운동하는 반지름을 r, 물체와 천장의 연직 거리를 h 라고 하면, 물체에 작용하는 힘은 다음과 같다. T: 장력, F: 구심력

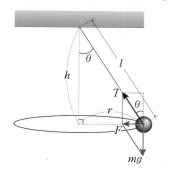

이때 추는 추에 걸린 중력의 수평 방향 성분 $mg\tan\theta$ 가 구심력이 되어 원운동한다.

$$F = mg\tan\theta = mr\omega^2 = m\omega^2(l\sin\theta) \rightarrow \omega = \sqrt{\frac{g}{l\cos\theta}}$$

$$\therefore T = \frac{2\pi}{\omega} = 2\pi\sqrt{\frac{l\cos\theta}{g}}$$

10. 답 4

해설 연직 아래 방향으로 속력이 증가하는 등가속도 운동하는 물체는 연직 윗 방향으로 관성력을 받는다.

$$T'(\text{진자의 주기}) = 2\pi\sqrt{\frac{l}{g-a}} = 2 \times 3 \times \sqrt{\frac{1.5}{10-a}} = 3(\text{초})$$

$$\rightarrow \frac{1.5}{10-a} = 0.25, \quad \therefore a = 4(\text{m/s}^2)$$

11. 답 ②

해설 단진동 물체의 진동 주기가 π 이다.

진동 주기 $T = 2\pi\sqrt{\dfrac{m}{k}}$ 이므로, $\pi = 2\pi\sqrt{\dfrac{m}{20}} \rightarrow m = 5(\text{kg})$

12. 답 ③

해설 자동차를 네 개의 용수철이 지지하고 있으므로, 이는 용수철 4개가 병렬 연결되어 있는 것과 같다. 따라서 네 용수철의 용수철 상수 $k' = 4 \times 22,400 = 89,600(\text{N/m})$가 된다.

자동차 흔들림의 주기 $T = 2\pi\sqrt{\dfrac{m}{k}}$ 이므로, 진동수는 다음과 같다.

$$f = \frac{1}{T} = \frac{1}{2\pi}\sqrt{\frac{k'}{m}} = \frac{1}{2\pi}\sqrt{\frac{89,600}{1,300+100}} = \frac{4}{\pi} \text{ (Hz)}$$

13. 답 ④

해설 해준 일이 역학적 에너지가 되며, 해준 일로 인해 용수철이 늘어나고, 용수철이 늘어난 상태에서 진자의 속력이 0이므로 처음 용수철의 퍼텐셜 에너지와 역학적 에너지는 같다.

$$E_A = \frac{1}{2}kx_A^2 = \frac{1}{2}k(2L)^2, \quad E_B = \frac{1}{2}kx_B^2 = \frac{1}{2}k(L)^2$$

$$\therefore E_A : E_B = 4 : 1$$

14. 답 ④

해설 ㄱ. 그림 (나)에서 ㉠은 O점으로 갈수록 줄어드는 것으로 보아 용수철의 탄성 퍼텐셜 에너지, ㉡은 O점으로 갈수록 증가하는 것으로 보아 운동 에너지를 나타내는 그래프임을 알 수 있다.

ㄴ. O점에서 변위가 0이므로, 복원력은 0이고, 속력이 최대이다.

ㄷ. O점에서 $\pm A$ 변위가 되는 점으로 이동할 때 줄어드는 운동 에너지만큼 탄성 퍼텐셜 에너지가 증가한다.

15. 답 ①

해설 마찰, 저항이 없을 때 역학적 에너지는 보존된다. 물체의 최대 변위를 A 라고 하면, 최대 변위 지점에서 물체의 속도 $= 0$ 이므로, 물체의 역학적 에너지는 다음과 같다. (v_1은 변위 0.1인 곳에서의 물체의 속도)

$$E = E_P + E_K = 0 + \frac{1}{2}kA^2 = \frac{1}{2}mv_1^2 + \frac{1}{2}k\cdot(0.1)^2$$

$$= \frac{1}{2}(2\text{kg})(1\text{m/s})^2 + \frac{1}{2}(200\text{N/m})(0.1\text{m})^2 = 2\text{(J)}$$
$$\rightarrow \frac{1}{2}\cdot 200 \cdot A^2 = 2, \ A = \frac{\sqrt{2}}{10}\text{(m)}$$

평형점에서 속도 v라고 할 때 퍼텐셜 에너지는 0, 역학적 에너지는 2 J이다.

$$\frac{1}{2}mv^2 + 0 = \frac{1}{2}\cdot 2\cdot v^2 = 2 \ \rightarrow \ v = \sqrt{2}\text{ (m/s)(최대 속도)}$$

16. 답 ①

해설 용수철 진자의 주기 $T = 2\pi\sqrt{\dfrac{m}{k}}$ 이다. 연직 진동인 경우도 수평 진동과 같은 공식으로 주기를 구한다.

ㄱ. 추의 질량이 늘어나면 주기가 길어진다.

ㄴ, ㄹ. 용수철을 반으로 자르면 잘라진 용수철은 늘어나기가 어려워지므로 용수철 상수가 2배가 된다. 따라서 주기는 짧아진다. 반대로 용수철 상수가 더 작은 용수철로 바꾸면 주기는 길어진다.

ㄷ. 용수철 진자의 주기는 진폭에 관계없이 결정된다.

17. 답 ②

해설 용수철 진자의 주기 $T_{용} = 2\pi\sqrt{\dfrac{m}{k}}$ 이고, 단진자의 주기 $T_{단} = 2\pi\sqrt{\dfrac{l}{g}}$ 이며, 진동수가 같고 주기도 같다.

㉠ 두 진자의 주기와 진폭은 무관하며, 추의 질량은 용수철 진자의 주기에만 관계가 있다. 추의 질량을 4배로 늘리는 경우 용수철 진자의 주기 $T_{용}' = 2\pi\sqrt{\dfrac{4m}{k}} = 2T_{용} = 2T_{단} \ \rightarrow \ T_{단} = \dfrac{T_{용}'}{2}$

㉡ 중력 가속도의 변화는 단진자의 주기에만 관계가 있다. 연직 아래 방향으로 운동하고 있는 엘리베이터에서 측정한 단진자의 주기
$$T_{단}' = 2\pi\sqrt{\frac{l}{g - 0.5g}} = \sqrt{2}\,T_{단} = \sqrt{2}\cdot\frac{T_{용}'}{2} = \frac{T_{용}'}{\sqrt{2}}$$
$$\therefore \sqrt{2}\,T_{단}' = T_{용}'$$

18. 답 ③

해설 ㄱ. 연직 진동에서는 평형점을 기준으로 중력의 영향을 받지 않는 것처럼 진동한다. A지점이 물체의 평형 지점이다. 이 지점에서 추 기준 연직 아래 방향의 중력 mg 와 탄성력 $-kh_0$ 가 평형을 이룬다.(아래 방향 +)
$$mg = kh_0 \rightarrow k = \frac{mg}{h_0} \ \therefore T = 2\pi\sqrt{\frac{m}{k}} = 2\pi\sqrt{\frac{h_0}{g}}$$

ㄴ. 공기 저항과 마찰은 모두 무시하므로 물체에는 중력과 탄성력만 작용하게 된다. 따라서 역학적 에너지는 보존된다.

ㄷ. B 지점에서 물체에 작용하는 힘은 연직 아래 방향으로는 중력, 연직 위 방향으로는 탄성력 $-k(h_0 + h)$이 작용한다.
$$\therefore F = mg - k(h_0 + h) = -kh$$
→ B 지점에서 물체에 작용하는 알짜힘의 크기는 kh 이다.

19. 답 ②

해설 그림 (나)를 통해 주기 $T = 6$(초)임을 알 수 있다. 이때 용수철 진자의 주기 $T = 2\pi\sqrt{\dfrac{m}{k}}$ 이므로 주기는 질량과 용수철 상수만 관련이 있다. 따라서 진폭이 줄어들어도 주기는 변하지 않는다.

이때 수레의 최대 속력을 v 라고 하면
$$\frac{1}{2}mv^2 = \frac{1}{2}kA^2 \ \rightarrow \ v = A\sqrt{\frac{k}{m}}$$
이때 진폭 A 가 반으로 줄어들면 수레의 최대 속력도 반으로 줄어드므로 3m/s 가 된다. 따라서 수레의 속도-시간 그래프는 ②번이 된다.

20. 답 ②

해설 마찰이 없는 수평면 위에서 운동하므로 물체 B를 압축한 손을 놓게 되면 두 물체가 평형점 O에 함께 도달하게 되고, 이때 물체 A에 작용하는 힘의 방향과 운동 방향은 반대가 되어 물체 A는 속력이 점점 느려지고, 물체 B는 O점에 도달했던 속도로 오른쪽 방향으로 등속도 운동하게 된다. 즉, 두 물체는 평형점 O에서 분리되는 것이다.

평형점 O를 기준으로 오른쪽 방향을 (+)라고 하면, 변위가 $-x$ 지점에서 용수철의 탄성 퍼텐셜 에너지 $E = \dfrac{1}{2}kx^2$ 이고, 두 물체가 평형점 O에 도달하게 되면 탄성 퍼텐셜 에너지는 모두 물체 A와 B의 운동 에너지로 전환된다.

$$E = \frac{1}{2}kx^2 = \frac{1}{2}(3m)v^2 = \frac{3}{2}mv^2 \qquad \therefore v = \sqrt{\frac{k}{3m}}x$$

이때 물체 A의 진폭을 A 라고 하면, 역학적 에너지는 보존된다.
$$\frac{1}{2}kA^2 = \frac{1}{2}(2m)\left(\sqrt{\frac{k}{3m}}x\right)^2 \ \rightarrow \ A^2 = \frac{2}{3}x^2, \ \therefore A = \frac{\sqrt{6}}{3}x$$

21. 답 ④

해설 ㄱ. A, B의 단진동 주기는 각각 $T_A = 2\pi\sqrt{\dfrac{2m}{k}}$, $T_B = 2\pi\sqrt{\dfrac{m}{2k}}$ 이므로 A가 B의 2배이다.

ㄴ. 두 물체는 같은 줄에 연결되어 정지해 있었으므로 두 용수철이 각 물체를 당기는 힘의 크기는 같아야 한다. 이때 A를 연결한 용수철이 늘어난 길이가 x 라면, 물체를 당기는 힘의 크기는 $F = kx$ 이다. B를 연결한 용수철의 용수철 상수가 2배이므로, B를 연결한 용수철이 늘어난 길이는 $\dfrac{x}{2}$ 가 된다.

ㄷ. 용수철 A가 x 만큼 늘어났을 때 각 용수철에 저장된 탄성 퍼텐셜 에너지는 각각 다음과 같다.
$$E_A = \frac{1}{2}kx^2, \ E_B = \frac{1}{2}(2k)\left(\frac{x}{2}\right)^2 = \frac{1}{4}kx^2$$
실이 끊어진 후 A와 B의 최대 속력을 각각 v_A, v_B라고 하면
$$\frac{1}{2}kx^2 = \frac{1}{2}(2m)v_A{}^2 \rightarrow v_A = \sqrt{\frac{k}{2m}}x, \ \frac{1}{4}kx^2 = \frac{1}{2}mv_B{}^2 \rightarrow v_B = \sqrt{\frac{k}{2m}}x$$
$$\therefore v_A = v_B$$

22. 답 ⑤

해설 그림 (가)에서 천정에 고정된 용수철에 추를 매달았을 때 추가 정지하는 지점을 평형점이라고 하며, 이때 연직 아래 방향의 중력과 연직 위 방향의 탄성력이 평형을 이룬다. 따라서 물체의 질량을 m, 용수철 상수를 k 라고 하면,
$$mg - kL = 0 \ \rightarrow \ mg = kL, \ k = \frac{mg}{L}$$

그림 (나)에서 물체는 진폭이 L 인 단진동을 한다. 이때 물체의 최

대 속력을 v라고 할 때, 역학적 에너지는 보존되므로 다음과 같이 v를 구한다.

$$E = \frac{1}{2}kL^2 = \frac{1}{2}mv^2, \quad k = \frac{mg}{L}$$

$$\therefore v = \sqrt{\frac{k}{m}}L = \sqrt{\frac{g}{L}}L = \sqrt{gL}$$

23. 답 $2\pi\sqrt{\dfrac{Lm}{4T-2mg}}$

해설 물체의 최대 진폭에서 실과 연직선 사이의 각도를 θ라고 할 때, 물체에 작용하는 힘은 다음과 같다. 이때 실을 매우 작은 거리 x만큼 잡아당겼으므로 실의 길이 $0.5L$은 변하지 않는 것으로 한다.

$$T\cos\theta = mg + T'\cos\theta \cdots ①$$
$$복원력\ F = T\sin\theta + T'\sin\theta \cdots ②$$

①에서 $T' = T - \dfrac{mg}{\cos\theta} \cdots ③$

③ → ② $F = T\sin\theta + T\sin\theta - mg\tan\theta \qquad x$
$$= 2T\sin\theta - mg\tan\theta$$
$$= 2T\frac{2x}{L} - mg\frac{2x}{L} \quad (\theta \approx 0, \sin\theta \simeq \tan\theta)$$
$$= \left(\frac{4T}{L} - \frac{2mg}{L}\right)x$$
$$m\omega^2 x = \left(\frac{4T}{L} - \frac{2mg}{L}\right)x \rightarrow \omega = \sqrt{\frac{4T-2mg}{Lm}},$$
$$\therefore T = \frac{2\pi}{\omega} = 2\pi\sqrt{\frac{Lm}{4T-2mg}}$$

24. 답 ①

해설 ㄱ. 원뿔 진자의 추는 추에 작용하는 $mg\tan\theta$가 구심력이 되어 원운동을 하게 된다. $\tan\theta$는 θ가 클수록 크기 때문에 각 θ가 더 큰 (가) 물체의 구심력이 (나) 물체의 구심력보다 크다.

ㄴ. 원뿔 진자의 추를 연결한 실에 걸리는 장력 $T = \dfrac{mg}{\cos\theta}$이다. $\cos\theta$는 θ가 클수록 작기 때문에 각 θ가 더 작은 (나)의 실의 장력이 (가)의 실의 장력보다 작다.

ㄷ. 한 바퀴 회전하는데 걸리는 시간인 주기는 $2\pi\sqrt{\dfrac{L\cos\theta}{g}}$이므로, 각 θ가 더 작은 (나)의 주기가 (가)의 주기보다 길다.

25. 답 ⑤

해설 $0\sim t_1$ 사이는 두 물체가 접촉하여 운동하고, 접촉한 상태로 시각 t_1에 O점에 도달하며, 직후 물체 A에 작용하는 탄성력이 왼쪽이 되므로 물체 A의 속력이 줄어들면서 물체 B가 떨어져 나가게 된다. 따라서 t_1은 (A + B) 물체의 진동 주기(T)의 $\dfrac{1}{4}$, $t_2 - t_1$은

A 물체 진동 주기(T')의 $\dfrac{1}{4}$이다.

$$T = 2\pi\sqrt{\frac{2m}{k}}, \quad T' = 2\pi\sqrt{\frac{m}{k}}$$

ㄱ. $t_1 : t_2 = \dfrac{1}{4}\cdot 2\pi\sqrt{\dfrac{2m}{k}} : \left(\dfrac{1}{4}\cdot 2\pi\sqrt{\dfrac{2m}{k}} + \dfrac{1}{4}\cdot 2\pi\sqrt{\dfrac{m}{k}}\right)$
$$= \sqrt{2} : (1 + \sqrt{2})$$

ㄴ. 전체 에너지는 $\dfrac{1}{2}kx^2$이므로 t_1(두 물체가 떨어지는 순간)일 때, A와 B 각각의 운동 에너지는 $\dfrac{1}{4}kx^2$이다.

ㄷ. t_1에서 t_2 사이에서는 물체 A만 용수철에 연결되어 있다. 이때 물체 A가 오른쪽으로 (최대로)이동한 거리를 x'라고 하고, O(시각 t_1)에서 두 물체의 최대 속도를 v라고 할 때

$$(0\sim t_1) : \frac{1}{2}kx^2 = \frac{1}{2}(2m)v^2, \ (t_1 \sim t_2) : \frac{1}{2}mv^2 = \frac{1}{2}kx'^2$$
$$\frac{1}{2}kx^2 = 2\cdot\frac{1}{2}kx'^2 \rightarrow x' = \frac{\sqrt{2}}{2}x$$

26. 답 ③

해설 추를 용수철 A와 B 사이에 연결하면 중력에 의해 아랫 방향으로 힘을 받게 된다. 이때 늘어나는 길이를 x라고 하면, 용수철 A의 길이는 $L + x$, 용수철 B의 길이는 $L - x$가 된다. 즉, P점으로 부터 $L + x$ 떨어진 지점이 물체의 평형 위치(물체가 정지한 지점)가 된다.

ㄱ. 물체의 평형 위치에서 물체에 용수철 A, B에 의해 위 방향으로 탄성력($kx + kx$)을 작용한다.

ㄴ. 중간 위치에서 x만큼 내려온 위치에서 물체는 탄성력과 중력이 평형을 이룬다.

$$mg = kx + kx \rightarrow x = \frac{mg}{2k}$$

즉, 물체가 정지해 있는 위치는 P점으로 부터 $L + \dfrac{mg}{2k}$만큼 떨어진 곳이다.

ㄷ. 물체에는 용수철 상수가 k인 용수철 두 개가 병렬 연결되어 단진동하는 것과 같다. 용수철을 병렬 연결하였을 경우 용수철 상수는 두 용수철의 용수철 상수의 합이 된다. 따라서 용수철이 1일 때의 단진동 주기를 T라 하면 두 개가 병렬 연결되었을 때 단진동 주기 T'는 다음과 같다.

$$T = 2\pi\sqrt{\frac{m}{k}} \rightarrow T' = 2\pi\sqrt{\frac{m}{2k}}$$

27. 답 ③

해설

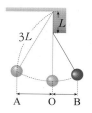

O ~ A는 길이 $3L$인 단진자 주기(T_A)의 $\dfrac{1}{2}$, O ~ B는 길이 $2L$인 단진자 주기(T_B)의 $\dfrac{1}{2}$이다.

$$T_A = 2\pi\sqrt{\frac{l_A}{g}} = 2\pi\sqrt{\frac{3L}{g}}, \ T_B = 2\pi\sqrt{\frac{l_B}{g}} = 2\pi\sqrt{\frac{2L}{g}}$$
$$\therefore T_{total} = \frac{T_A}{2} + \frac{T_B}{2} = \pi\left(\sqrt{\frac{3L}{g}} + \sqrt{\frac{2L}{g}}\right) = (\sqrt{2}+\sqrt{3})\pi\sqrt{\frac{L}{g}}$$

28. 답 ②

해설 ㄱ. 물체 A를 놓는 순간 용수철은 압축된 상태이므로 서로

미는 탄성력이 작용하고, 용수철의 탄성 퍼텐셜 에너지는 운동 에너지로 전환되기 시작한다. 평형 위치(용수철이 늘어나지 않은 상태) 순간 물체 A는 최대 속력이 되고, 이후에는 용수철이 늘어난 상태이므로 서로 잡아당기는 탄성력이 작용하여 물체 B는 벽에서 떨어지게 된다. 따라서 ㉠(파란색 실선)은 B, ㉡(빨간색 실선)은 A의 운동을 나타낸 그래프이다.

ㄴ. 두 물체의 속도가 같아질 때가 가장 가까워지는 순간이므로 0.1초 일 때이다.

ㄷ. A에 작용하는 탄성력은 최대 속력에서 최소 속력인 0으로 속력이 줄어드는 동안에는 운동 방향과 반대 방향으로 작용하고, 최소 속력에서 최대 속력으로 속력이 증가하는 동안에는 운동 방향과 같은 방향으로 작용한다.

29. 답 $2\pi\sqrt{\dfrac{L\cos\theta}{g}}$

해설 대전 입자의 질량을 m, 전하량을 q 라고 할 때, 대전 입자에 작용하는 힘은 다음과 같다.

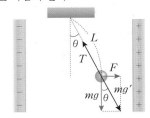

대전 입자를 기준으로 중력과 전기력(F)과 실에 걸리는 장력이 평형을 이루고 있다.

$$(mg')^2 = F^2 + (mg)^2 \quad \rightarrow \quad g' = \sqrt{\dfrac{(mg)^2 + F^2}{m^2}}$$

$$T = 2\pi\sqrt{\dfrac{l}{g'}} = \sqrt{\dfrac{mL}{\sqrt{(mg)^2 + F^2}}}$$

이때 $F = qE = mg\tan\theta$ 이므로, ① 식은 다음과 같다.

$$T = 2\pi\sqrt{\dfrac{mL}{\sqrt{(mg)^2(1 + \tan^2\theta)}}} = 2\pi\sqrt{\dfrac{mL}{mg\sqrt{(1 + \tan^2\theta)}}}$$

$\sec^2\theta = 1 + \tan^2\theta$, $\sec\theta = \dfrac{1}{\cos\theta}$ 이므로 주기는 다음과 같다.

$$\therefore T = 2\pi\sqrt{\dfrac{L\cos\theta}{g}}$$

〈또 다른 풀이〉

$$mg'\cos\theta = mg \quad \rightarrow \quad g'\cos\theta = g, \quad \therefore g' = \dfrac{g}{\cos\theta}$$

30. 답 $\omega = \sqrt{\dfrac{g}{l} + \dfrac{2k}{m}}$

해설 다음 그림은 평형 상태에서 서로 반대 방향으로 각각 x 만큼 밀어 용수철을 압축시킨 것을 나타낸 것이다.

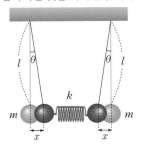

단진자에 작용하는 복원력은 중력의 접선 방향 성분 $mg\sin\theta$ 이고, θ 가 매우 작을 경우 $\sin\theta ≒ \theta = \dfrac{x}{l}$ 로 볼 수 있다. 이때 양쪽 방향에서 x 만큼 밀었으므로 용수철이 줄어든 길이는 $2x$ 이다. 따라서 양쪽 추에 각각 작용하는 복원력은 다음과 같다.

$$F = mg\sin\theta + 2xk ≒ mg\dfrac{x}{l} + 2xk = m\omega^2 x$$

$$\therefore \omega^2 = \dfrac{g}{l} + \dfrac{2k}{m}, \ \omega = \sqrt{\dfrac{g}{l} + \dfrac{2k}{m}}$$

31. 답 ②

해설 정지 상태에서 왼쪽 용수철(A)이 x_1 만큼 늘어난 상태이므로, 용수철 상수가 $3k$ 인 용수철(B)이 늘어난 길이를 x_2 라고 하면,

$$kx_1 = 3kx_2 \quad \rightarrow \quad x_2 = \dfrac{x_1}{3}$$

즉, B는 $\dfrac{x_1}{3}$ 만큼 늘어난 상태로 정지해 있다.

이때 두 물체 사이의 최대 정지 마찰력을 f 라고 하면, 두 물체를 오른쪽으로 최대 진폭 A 만큼 잡아당긴 후 놓은 순간 두 물체에 작용하는 힘은 다음과 같다.

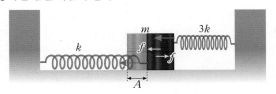

용수철 상수가 k 인 용수철에 연결된 물체를 A, 용수철 상수가 $3k$ 인 용수철에 연결된 물체를 B라고 할 때, 미끄러지지 않으면 두 물체는 작용 반작용으로 서로 같은 크기의 힘을 받으며, 같은 진동수로 진동한다. (왼쪽 (+))

물체 A에 작용하는 힘 : $F_A = m\omega^2 A = k(x_1 + A) - f$

물체 B에 작용하는 힘 : $F_B = m\omega^2 A = f + 3k(A - \dfrac{x_1}{3})$

$$\therefore k(x_1 + A) - f = f + 3k(A - \dfrac{x_1}{3})$$

$$\rightarrow A = x_1 - \dfrac{f}{k} = x_1 - \dfrac{\mu_s mg}{k} \ (\because f = \mu_s mg)$$

32. 답 ③

해설 v (속도의 최댓값) $= A\omega$ 이다. $\mu_s = \dfrac{kx_1}{3mg}$ 이므로,

$$f = \mu_s mg = \dfrac{kx_1}{3}$$

따라서 최대 진폭 $A = x_1 - \dfrac{f}{k} = x_1 - \dfrac{x_1}{3} = \dfrac{2}{3}x_1$

물체 A에 작동하는 최대 힘 $F_A (= m\omega^2 A)$

$F_A = k(x_1 + A) - f = k(x_1 + \dfrac{2}{3}x_1) - \dfrac{1}{3}kx_1 = \dfrac{4}{3}kx_1$ 이고,

$m\omega^2 A = m\omega^2(\dfrac{2}{3}x_1)$ 이므로

$$m\omega^2(\dfrac{2}{3}x_1) = \dfrac{4}{3}kx_1 \quad \rightarrow \quad m\omega^2 = 2k, \ \omega = \sqrt{\dfrac{2k}{m}}$$

$$\therefore v \text{ (속도의 최댓값)} = \dfrac{2}{3}x_1\sqrt{\dfrac{2k}{m}} = x_1\sqrt{\dfrac{8k}{9m}}$$

6강. 행성의 원운동

개념확인 128 ~ 133 쪽

1. 만유인력   2. $\dfrac{GMm}{R^2}$ 3. 만유인력, 원심력
4. <   5. ㉠, ㉡   6. 탈출 속도

확인 + 128 ~ 133 쪽

1. 1 : 9   2. 8.4 m/s²   3. $g_{적도} = \dfrac{GM}{R^2} - R\omega^2$
4. $\sqrt{\dfrac{GM}{R}}$ 5. 7.9   6. 10.7

개념확인

02. 답 <

해설 만유인력장에서 운동하는 물체의 역학적 에너지 E 는 일정하다. 이때 $E < 0$ 일 경우 물체는 중력장에 속박되어 중력장 내의 운동(연직 운동 또는 포물선 운동)을 하거나, 원운동 또는 타원 궤도를 그리는 운동을 한다. $E \geq 0$ 일 경우, 물체는 중력장을 탈출한다.

확인 +

01. 답 1 : 9

해설 물체가 받는 힘이 0이 되려면 물체에 작용하는 달과 지구에 의한 만유인력의 크기가 서로 같아야 한다. 지구의 질량을 $M_{지}$ ($M_{지} = 81 m_{달}$), 달의 질량을 $m_{달}$, 물체의 질량을 m 이라고 하면,

$$G\frac{M_{지}m}{r_2{}^2} = G\frac{m_{달}m}{r_1{}^2} \rightarrow \frac{r_1{}^2}{r_2{}^2} = \frac{m_{달}}{M_{지}} = \frac{1}{81}$$
$$\therefore r_1 : r_2 = 1 : 9$$

02. 답 8.4 m/s²

해설 $g' = (\dfrac{R}{R+h})^2 g = (\dfrac{6370}{6870})^2 \times 9.8 ≒ 8.4 \text{m/s}^2$

04. 답 $\sqrt{\dfrac{GM}{R}}$

해설 지표면에서 역학적 에너지를 E_0, 지표면에서 R 만큼 높은 곳(지구 중심에서의 거리 $2R$)에서 정지할 때 최소의 역학적 에너지를 가진다. 이때 역학적 에너지를 E_1 이라고 하면, $E_0 = E_1$ 이다.

$$E_0 = \frac{1}{2}mv^2 - G\frac{Mm}{R}, E_1 = 0 - G\frac{Mm}{2R}$$
$$\frac{1}{2}mv^2 - G\frac{Mm}{R} = -G\frac{Mm}{2R}, \rightarrow v^2 = \frac{GM}{R}, v = \sqrt{\frac{GM}{R}}$$

05. 답 7.9

해설 인공위성이 지구 표면을 스치듯이 공전할 수 있는 인공위성의 속도를 제 1 우주 속도라고한다.
$$v_1 = \sqrt{gR} = \sqrt{(9.8) \cdot (6.38 \times 10^6)} ≒ 7.9 \times 10^3 (\text{m/s}) = 7.9 \text{ (km/s)}$$

06. 답 10.7

해설 제 2 우주속도(탈출속도) $v_2 = \sqrt{2gR}$ 이다. 이때 지구의 자전 속도가 더해지므로 지구 자전 속도를 빼주어야 한다.
$$v_2 = \sqrt{2gr} = \sqrt{2 \times 9.8 \times 6.38 \times 10^6} ≒ 11.2 \times 10^3 (\text{km/s})$$
$$\therefore 지구 중력장을 벗어나는 속도 = (11.2 - 0.5) \times 10^3 = 10.7 (\text{km/s})$$

개념다지기 134 ~ 135 쪽

01. (1) ○ (2) X (3) ○   02. ④   03. ②
04. ④   05. (1) ○ (2) X (3) ○
06. ㉠ 4.3 ㉡ 3.1 × 10⁴   07. ⑤   08. ②

01. 답 (1) ○ (2) X (3) ○

해설 (1) 질량을 가진 모든 물체 사이에는 서로 잡아당기는 힘인 인력이 작용한다. 이 힘을 만유인력이라고 한다.

(2) 물체에 작용하는 중력의 크기($F = G\dfrac{M_{지}m_{물}}{r^2}$)는 물체의 질량과 지구의 질량의 곱에 비례하고, 지구와 물체 사이의 거리의 제곱에 반비례한다.

(3) 역학적 에너지 보존법칙은 물체가 만유인력을 받으면서 운동하는 경우에도 성립한다. 이때 물체의 역학적 에너지가 0보다 클 경우 물체는 중력장을 탈출하고, 0보다 작을 경우 물체는 중력장에 속박되어 운동한다.

02. 답 ④

해설 지구와 태양 사이의 만유인력이 구심력 역할을 한다. 지구 질량이 m, 공전 주기가 T, 원 궤도 반지름(태양 중심으로부터 지구 중심까지의 거리) R, 태양의 질량이 M일 때 태양과 지구 사이에 작용하는 힘은 다음과 같다.

$$F = mR(\frac{2\pi}{T})^2 = G\frac{Mm}{R^2} \rightarrow M = \frac{4\pi^2 R^3}{GT^2}$$

태양의 질량 M을 구하려면 T, G, R 을 알아야 한다.

03. 답 ②

해설 기준점에서 어떤 특정한 위치로 물체를 이동시키는 동안 외력이 물체에 한 일은 물체의 퍼텐셜 에너지가 된다.
지구 질량을 M, 만유인력 상수를 G라고 할 때, 질량이 m인 물체의 지표면에서 퍼텐셜 에너지 E_0 와 지표면에서 $2R$ 인 위치에서 퍼텐셜 에너지 E_1 은 각각 다음과 같다.

$$E_0 = -G\frac{Mm}{R}, E_1 = -G\frac{Mm}{3R}$$
$$\therefore W(최소) = E_1 - E_0 = -G\frac{Mm}{3R} + G\frac{Mm}{R} = G\frac{2Mm}{3R}$$

$GM = gR^2$ 을 대입하면, W (최소) $= \dfrac{2mgR}{3}$ 이다.

04. 답 ④

해설 지구 표면에서 중력 가속도는 다음과 같다.
$$g_{지} = \frac{GM_{지}}{r_{지}{}^2} = \frac{G\rho_{지}V_{지}}{r_{지}{}^2} = \frac{G\rho_{지}}{r_{지}{}^2}\frac{4}{3}\pi r_{지}{}^3 = \frac{4}{3}G\pi\rho_{지}r_{지}$$

즉, 밀도 $\rho \propto \dfrac{g}{r}$ 가 된다. 따라서 달의 반지름은 지구의 $\dfrac{1}{4}$, 달 표면에서의 중력 가속도는 지구의 $\dfrac{1}{6}$ 이므로 달의 밀도는 지구의 $\dfrac{2}{3}$ 배가 된다. → 지구의 밀도는 달의 밀도의 $\dfrac{3}{2}$ 배이다.

05. 답 (1) ○ (2) X (3) ○

해설 (1) 행성뿐만 아니라 인공위성도 케플러 법칙을 만족한다. 따라서 인공위성은 실제로 타원 궤도를 운동하지만 원운동에 가깝기 때문에 등속 원운동을 한다고 가정하여 케플러 법칙을 유도한다.

(2) 지구 둘레를 등속 원운동하는 인공위성의 주기의 제곱은 케플러 제3법칙과 같이 궤도 반지름의 세제곱에 비례한다.

$(T^2 = \dfrac{4\pi^2 r^3}{GM})$

(3) 지구 중력장에서의 탈출 속도 $= \sqrt{2gr}$ 이고, 인공위성이 지구 표면을 스치듯이 공전할 수 있는 인공위성의 속도 $= \sqrt{gR}$ 이다. 따라서 지구 중력장 탈출 속도는 지표면을 스치듯이 원운동하는 인공위성 속도의 $\sqrt{2}$ 배이다.

06. 답 ㉠ 4.3 ㉡ 3.1×10^4

해설 ㉠ 지구 중심에서의 거리가 r, 지구 반지름과 질량을 각각 R, M, 지표면에서 중력 가속도가 g일 때, 인공위성의 속력은 다음과 같다.

$$v = \sqrt{\dfrac{GM}{r}} = \sqrt{\dfrac{gR^2}{r}} = \sqrt{\dfrac{9.8 \times (6400 \times 10^3)^2}{(6400 + 15,000) \times 10^3}}$$

$$\fallingdotseq 4.3 \times 10^3 \text{(m/s)} = 4.3 \text{(km/s)}$$

㉡ $T = \dfrac{2\pi r}{v} = \dfrac{2 \times 3.14 \times (6400 + 15,000)}{4.3}$

$\fallingdotseq 3.1 \times 10^4 (초)$

07. 답 ⑤

해설 지구 질량과 궤도 반지름을 각각 M, r 이라고 할 때, 인공위성의 속도와 궤도 반지름의 관계는 다음과 같다.

$$v = \sqrt{\dfrac{GM}{r}}, \quad r = \dfrac{GM}{v^2}$$

만유인력 = 중력, $v_A = 2v_B$이므로

$$G\dfrac{Mm}{r_A^2} : G\dfrac{Mm}{r_B^2} = \dfrac{1}{r_A^2} : \dfrac{1}{r_A^2} = v_A^4 : v_B^4 = 16 : 1$$

08. 답 ②

해설 ㄱ. 인공위성의 주기는 $T = 2\pi\sqrt{\dfrac{r^3}{GM}}$ 이다. 즉 반지름이 짧을수록 주기도 짧아진다.

ㄴ. 만유인력의 크기($F = G\dfrac{m_1 m_2}{r^2}$)는 두 물체 사이의 거리의 제곱($r^2$)에 반비례한다. 따라서 공전 궤도 반지름이 더 짧은 인공위성 A와 지구 사이의 만유인력의 크기가 더 크다.

ㄷ. $\dfrac{mv^2}{r} = G\dfrac{Mm}{r^2} \rightarrow \dfrac{1}{2}mv^2 = \dfrac{GMm}{2r}$ 이다. 즉, 운동 에너지는 반지름에 반비례하므로, 인공위성 A의 운동 에너지가 B보다 크다.

[유형6-1] (1) 39.2 (2) 9.8×10^{-5} (3) 182.5

                  01. ⑤   02. ⑤

[유형6-2] ⑤   03. ②   04. ③

[유형6-3] ②   05. ④   06. ①

[유형6-4] (1) $\dfrac{4}{3}$ (2) $1 : \sqrt{2}$

                  07. ⑤   08. ③

[유형6-1] 답 (1) 39.3 (2) 9.8×10^{-5} (3) 182.5

해설 (1) 반지름이 $\dfrac{1}{2}R$ 인 행성의 만유인력은 다음과 같다.

$$F' = G\dfrac{Mm}{(0.5R)^2} = mg'$$

$$g' = G\dfrac{M}{(0.5R)^2} = 4g = 4 \times 9.8 = 39.2 \text{(m/s}^2)$$

(2) 지면에서 높이 $h (r = R + h)$일 때 중력 가속도를 g'라고 하면,

$g = \dfrac{GM}{R^2}$, $\rightarrow$ $g' = \dfrac{GM}{(R+h)^2}$ 이므로 $g' = \dfrac{R^2}{(R+h)^2}g$

$(\dfrac{R}{(R+h)})^2 = (\dfrac{R+h}{R+h} - \dfrac{h}{R+h})^2 = (1 - \dfrac{h}{R+h})^2 \fallingdotseq (1 - \dfrac{h}{R})^2$

$= 1 - \dfrac{2h}{R} + \dfrac{h^2}{R^2} \fallingdotseq 1 - \dfrac{2h}{R}$ ($\because R$ 에 비해 h 가 매우 작기 때문에 $\dfrac{h^2}{R^2}$ 은 매우 작아지므로 무시할 수 있다.)

$\therefore g - g' = \dfrac{2h}{R}g = \dfrac{2 \times 32 \times 9.8}{6.4 \times 10^6} = 9.8 \times 10^{-5} \text{(m/s}^2)$

(3) 지구의 공전 궤도 반지름이 r 일 때, 지구의 공전 주기 T 는 다음과 같은 식을 만족한다.

$$T^2 = \dfrac{4\pi^2 r^3}{GM} \rightarrow T \propto \dfrac{1}{\sqrt{GM}}$$

$\therefore T'^2 = \dfrac{4\pi^2 r^3}{2G \times 2M} = \dfrac{T^2}{4}$, $T' = \dfrac{T}{2} = \dfrac{365}{2} = 182.5$(일)

01. 답 ⑤

해설 중력 가속도 $g = \dfrac{GM}{R^2}$ 는 만유인력 상수가 같으므로 행성의 질량에 비례하고, 반지름의 제곱에 반비례한다. 따라서 지구의 중력 가속도가 g 일 때, 반지름은 같지만 질량이 0.25배인 행성에서의 중력 가속도 $g' = \dfrac{1}{4}g$ 가 된다.

ㄱ. 용수철 진자의 주기 $T = 2\pi\sqrt{\dfrac{m}{k}}$ 이다. 따라서 용수철 진자의 주기는 중력 가속도와 무관하기때문에 지구에서와 같다.

ㄴ. 단진자의 주기 $T = 2\pi\sqrt{\dfrac{l}{g}}$ 이다. 따라서 단진자의 주기는 지구에서의 주기보다 2배로 증가한다.

ㄷ. 수평 방향으로 던진 물체의 수평 도달 거리 $R = v_0\sqrt{\dfrac{2h}{g}}$ 이다. 따라서 지구에서의 수평 도달 거리보다 2배 더 길어진다.

02 답 ⑤

해설 반지름이 R인 구의 부피는 $\frac{4}{3}\pi R^3$이다.

구의 질량 $M =$ 부피×밀도 $= \frac{4}{3}\pi R^3 \rho$ 이다.

따라서 지구의 중력 가속도 $g = \frac{GM}{R^2} = \frac{4}{3}\pi GR\rho$ 가 되므로, 밀도가 3ρ, 반지름이 $3R$인 행성의 중력 가속도 g'은 다음과 같다.

$$g' = \frac{4}{3}\pi G \cdot 3R \cdot 3\rho = 9g$$

[유형6-2] 답 ⑤

해설 ㄱ. 지구 중심에서 멀어질수록 만유인력에 의한 물체의 퍼텐셜 에너지는 증가한다.

ㄴ. 질량이 M인 물체가 만드는 만유인력장에서 거리가 r만큼 떨어진 곳에 놓인 질량이 m인 물체의 만유인력에 의한 퍼텐셜 에너지는 (-) 값을 가지며 다음과 같다.

$$U = -G\frac{Mm}{r}$$

ㄷ. 만유인력장에서 운동하는 물체의 역학적 에너지는 보존된다. $(E = K + U = \frac{1}{2}mv^2 - G\frac{Mm}{r} =$ 일정$)$ 이때 $E \geq 0$일 경우 물체는 중력장을 탈출할 수 있다.

따라서 K가 최소 $G\frac{Mm}{r}$일 때 물체는 중력장을 벗어날 수 있다.

03 답 ②

해설 지구 대기의 효과는 무시하므로 소행성의 역학적 에너지는 보존된다. 따라서 지구 표면에서 소행성의 역학적 에너지와 지구 반지름의 10배 거리에 있을 때 역학적 에너지는 같다. 소행성의 질량을 m, 지표면(지구 중심으로부터의 거리 R)에 도달하는 순간의 속도를 v_f라고 할 때,

$$\frac{1}{2}mv_f^2 - G\frac{Mm}{R} = \frac{1}{2}m(10\times10^3)^2 - G\frac{Mm}{10R}$$

$$v_f^2 = (10^4)^2 + \frac{2GM}{R}\left(1 - \frac{1}{10}\right) = 10^8 + \frac{2(6.7\times10^{-11})(6\times10^{24})}{6.4\times10^6}\times0.9$$

$$\fallingdotseq 2.1 \times 10^8(\text{m}^2/\text{s}^2)$$

$$\therefore v_f \fallingdotseq 1.4 \times 10^4(\text{m/s}) = 14(\text{km/s})$$

04 답 ③

해설 지구 중심으로부터 멀어질수록 물체의 퍼텐셜 에너지는 증가한다. 물체를 지구 중심으로부터 $3r$만큼 떨어진 곳에서 물체의 퍼텐셜 에너지는 다음과 같다.

$$U_{3r} = -G\frac{Mm}{3r}$$

물체의 이동 전후 퍼텐셜 에너지의 변화량은

$$U_{3r} - U = -\frac{GMm}{3r} - \left(-\frac{GMm}{r}\right) = \frac{2GMm}{3r}$$

물체의 퍼텐셜 에너지는 $\frac{2GMm}{3r}$만큼 증가하였다.

[유형6-3] 답 ②

해설 ㄱ. 인공위성은 운동 방향은 일정하게 바뀌고, 속력이 일정한 가속도 운동을 한다. 인공위성과 지구와의 거리가 일정하므로 지구가 인공위성에게 작용하는 만유인력의 크기도 일정하다.

ㄴ. 인공위성의 운동도 케플러 법칙이 성립한다. 케플러 제3법칙에 의해 공전 주기의 제곱은 공전 궤도의 긴반지름의 세제곱에 비례한다$(T^2 = kr^3)$. 따라서 인공위성의 공전 궤도 반지름이 커지면 주기도 길어진다.

ㄷ. 지구 반지름 R이므로, 지구와 인공위성 간 거리는 $R+h$이다.

따라서 만유인력 $F = G\frac{Mm}{(R+h)^2}$ 이다.

05 답 ④

해설 인공위성의 원운동에서 지구에 의한 중력이 구심력으로 작용한다. 인공위성과 지구의 질량이 각각 m, M, 인공위성의 공전 궤도 반지름이 r, 만유인력 상수가 G일 때,

$$\frac{mv^2}{r} = G\frac{Mm}{r^2} \rightarrow v = \sqrt{\frac{GM}{r}}$$

$$v(\text{속력}) = \sqrt{\frac{GM}{r}} = \sqrt{\frac{(6.7\times10^{-11}) \times (6\times10^{24})}{3(6.4\times10^6)}} \fallingdotseq 4.6(\text{km/s})$$

$$T(\text{주기}) = \frac{2\pi r}{v} = \frac{2\times3\times(19.2\times10^6)}{4600} \times \frac{1}{3600} \fallingdotseq 7(\text{h})$$

06 답 ①

해설 원운동하고 있는 인공위성에 작용하는 구심력 역할을 하는 것이 지구와 인공위성 사이의 만유인력이다. 인공위성의 질량이 m일 때, 지표면에서 높이가 h인 곳에서 속력 v는 다음과 같다.

$$\frac{mv^2}{R+h} = G\frac{Mm}{(R+h)^2} \rightarrow v = \sqrt{\frac{GM}{R+h}}$$

인공위성의 원운동 궤도를 $2h$로 바꾼 후 인공위성의 속력 v'은 다음과 같다.

$$\frac{mv'^2}{R+2h} = G\frac{Mm}{(R+2h)^2} \rightarrow v' = \sqrt{\frac{GM}{R+2h}} = \sqrt{\frac{R+h}{R+2h}}v$$

[유형6-4] 답 (1) $\frac{4}{3}$ (2) $1 : \sqrt{2}$

해설 (1) 행성 A의 중력 가속도와 행성 B의 중력 가속도는 각각 다음과 같다.

$$g_A = \frac{Gm}{(2R)^2} = \frac{Gm}{4R^2}, \quad g_B = \frac{G\cdot2m}{(3R)^2} = \frac{3Gm}{9R^2} = \frac{4}{3}g_A$$

즉, 행성 A의 중력 가속도의 $\frac{4}{3}$배이다.

(2) 행성 A의 탈출 속도와 행성 B의 탈출 속도는 다음과 같다.

$$v_A = \sqrt{\frac{2Gm}{2R}}, \quad v_B = \sqrt{\frac{2G\cdot3m}{3R}} = \sqrt{\frac{2Gm}{R}} \rightarrow v_A : v_B = 1 : \sqrt{2}$$

07 답 ⑤

해설 ㄱ. 만유인력 상수가 G, 지구 질량과 물체의 질량이 각각 M, m, 인공위성의 원궤도 반지름이 r인 인공위성의 운동 에너지 $K = \frac{1}{2}mv^2 = G\frac{Mm}{2r}$ 이다. 인공위성 A와 B의 운동 에너지가 같으므로, $G\frac{Mm_A}{2R} = G\frac{Mm_B}{4R} \rightarrow 2m_A = m_B$ 이다. 즉, 인공위성 B의 질량이 A의 2배이다.

ㄴ. 궤도 반경 r, 질량 m인 인공위성이 받는 힘은 만유인력이다.

$$F = ma = G\frac{Mm}{r^2} \rightarrow a = \frac{GM}{r^2}$$

따라서 $a_A = \dfrac{GM}{R^2}$, $a_B = \dfrac{GM}{4R^2}$ 이므로, 인공위성 A의 가속도는 B의 가속도의 4배이다.

ㄷ. 케플러 제3법칙($T^2 = kr^3$)에 의해 $T_A{}^2 = kR^3$, $T_B{}^2 = k2^3R^3$ 이므로, T_B는 T_A의 $\sqrt{2^3} = 2\sqrt{2}$ 배이다.

08. 답 ③

해설 지구에 의한 만유인력이 구심력으로 작용한다. 인공위성과 지구의 질량이 각각 m, M, 공전 궤도 반지름이 r일 때

$$\dfrac{mv^2}{r} = G\dfrac{Mm}{r^2} \quad \therefore \dfrac{1}{2}mv^2(\text{운동 에너지}) = \dfrac{GMm}{2r}$$

$$E_r = \dfrac{GMm}{2r}, \ E_{2r} = \dfrac{GMm}{4r} = \dfrac{1}{2}E_r \quad \therefore E_r : E_{2r} = 2 : 1$$

창의력 & 토론마당 140~143 쪽

01 (1) $g\left(1 - \dfrac{h}{R}\right)$ (2) $\sqrt{\dfrac{3\pi}{\rho G}}$

해설 (1) 지구의 밀도가 균일하므로 깊이 h의 질량 m인 물체의 중력가속도 g'은 아래 그림의 반지름 R'의 구(짙은 부분)의 만유인력에 의해 발생한다. 이 경우 바깥쪽 옅은 부분에 의한 만유인력은 서로 상쇄된다.

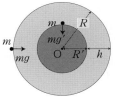

지구 질량을 M, 반지름이 $R-h$ 인 구(짙은 부분)의 질량을 M'라 할 때, 지구의 밀도 ρ는 균일하다.

$$\rho_{\text{지구}} = \dfrac{3M}{4\pi R^3} = \dfrac{3M'}{4\pi(R-h)^3} \ \rightarrow \ M' = \dfrac{M(R-h)^3}{R^3}$$

깊이가 h 인 곳에서 질량 m인 물체가 받는 중력은 다음과 같다.

$$mg' = G\dfrac{M'm}{(R-h)^2} = G\dfrac{\dfrac{M(R-h)^3}{R^3}m}{(R-h)^2} = G\dfrac{Mm(R-h)}{R^3}$$

$$\therefore g' = G\dfrac{M(R-h)}{R^3} = G\dfrac{M}{R^2}\left(1 - \dfrac{h}{R}\right) = g\left(1 - \dfrac{h}{R}\right)$$

(2) 지구 중심에서 x 만큼 떨어져 있는 질량 m인 물체에 작용하는 중력은 중심 방향이며, 복원력으로 작용하여 왕복 운동을 한다. 반지름 x 의 지구 내부 구의 질량과 밀도를 각각 M'', ρ라고 하면,

$$F = mg'' = Gm\dfrac{M''}{x^2} = Gm\dfrac{\dfrac{4\pi x^3\rho}{3}}{x^2} = \dfrac{4\pi Gm\rho}{3}x$$

$$\therefore \text{복원력(크기)} \ F = m\omega^2 x = \dfrac{4\pi Gm\rho}{3}x$$

$$\therefore \omega = \sqrt{\dfrac{4\pi G\rho}{3}} = \dfrac{2\pi}{T} \ \rightarrow \ T = 2\pi\sqrt{\dfrac{3}{4\pi G\rho}} = \sqrt{\dfrac{3\pi}{\rho G}}$$

02 (1) 1714 m (2) 580 m/s (3) 600 m/s

해설 (1) 우주선의 질량을 m 이라고 할 때, 우주선이 올라갈 수 있는 최고 높이 h에서 우주선의 속도는 0이다.

$$E(\text{역학적 에너지}) = K + U = -G\dfrac{Mm}{R+h} \cdots \ ㉠$$

표면에서 $GM = gR^2$ 이고, 표면과 상공에서 역학적 에너지는 같다.

$$\dfrac{1}{2}v^2 - gR = -\dfrac{gR^2}{R+h} \ \rightarrow \ h = \dfrac{2gR^2}{2gR - v^2} - R$$

$$\therefore h = \dfrac{2\times3\times(60\times10^3)^2}{2\times3\times(60\times10^3)-100^2} - (60\times10^3) \fallingdotseq 1714 (\text{m})$$

(2) 우주선이 바닥에 닿는 순간의 속도를 v' 이라고 하면, 물체는 740km 상공에서 정지해 있다가 떨어지므로

$$0 - G\dfrac{Mm}{R+(7.4\times10^5)} = \dfrac{1}{2}mv'^2 - G\dfrac{Mm}{R}$$

$GM = gR^2$ 이고, $g = 3(\text{m/s}^2)$, $R = 60000 \ (\text{m})$

$$-\dfrac{g60000^2}{800000} = \dfrac{1}{2}v'^2 - 60000g \quad \therefore v' \fallingdotseq 580 (\text{m/s})$$

(3) 지표면의 중력 가속도가 g일 때, 탈출 속도 v_e는 다음과 같다.

$$\dfrac{1}{2}mv_e^2 - G\dfrac{Mm}{R} = 0 \rightarrow v_e = \sqrt{\dfrac{2GM}{R}} = \sqrt{2gR}$$

$$v_e = \sqrt{2gR} = \sqrt{2\times3\times60\times10^3} = 600(\text{m/s})$$

03 $\sqrt{\dfrac{3\pi}{4G\rho}}$

해설 마찰이 없는 터널에 물체를 놓으면 물체는 항상 지구 중심을 향하는 방향으로 힘을 받으므로 단진동을 한다. 어느 한 지점에서 물체의 수평 방향과 지구 중심 방향이 이루는 각이 θ, 지구 중심과 물체 사이의 거리는 r, 물체와 지구 중심과의 수평 거리가 x 일 때, 물체에 작용하는 힘과 그 분력을 다음과 같이 나타낸다.

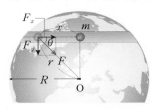

그림과 같이 물체에 운동 방향으로 작용하는 힘은 만유인력의 수평 방향 성분인 $F_x = F\cos\theta = F\dfrac{x}{r}$ 이다.

반지름 r 인 구의 질량 $M_r = \dfrac{4}{3}\pi r^3\rho$이고 질량 m 인 물체는 이 구의 표면에 위치하므로, 물체는 이 구의 만유인력(F)을 받는다.

$$F = \dfrac{G\dfrac{4}{3}\pi r^3\rho m}{r^2} = \dfrac{4}{3}\pi G\rho mr$$

$$\therefore F_x = F\cos\theta = F\dfrac{x}{r} = \dfrac{4}{3}\pi G\rho mx \ (= \text{복원력})$$

$$F = kx = \dfrac{4}{3}\pi G\rho mx \ \rightarrow \ k = \dfrac{4}{3}\pi G\rho m$$

$$\therefore T(\text{주기}) = 2\pi\sqrt{\frac{m}{k}} = 2\pi\sqrt{\frac{m}{\frac{4}{3}\pi G\rho m}} = \sqrt{\frac{3\pi}{G\rho}}$$

물체가 터널의 다른 한 쪽 끝에 도달하는 데 걸리는 시간은 주기의 절반이다.

$$\therefore t = \frac{T}{2} = \sqrt{\frac{3\pi}{4G\rho}}$$

04 $\sqrt{\dfrac{Gm}{l}}$

해설 다음 그림과 같이 행성 B를 기준으로 xy 축 평면 상에 세 행성을 배치하면, 행성 A에는 행성 A와 B 사이에 작용하는 인력 F_{AB}와 A와 C 사이에 작용하는 인력 F_{AC} 두 힘이 작용한다. 이때 세 행성의 질량이 모두 같으므로, F_{AB}와 F_{AC}의 x 방향 성분은 서로 상쇄되고, y 방향 성분의 합력이 행성 A에 작용하는 알짜힘의 크기가 된다. 이때 $2R\cos30° = l$이고, $F_{AB} = F_{AC} = \dfrac{Gm^2}{l^2}$

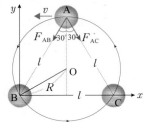

행성 A의 구심력 $\dfrac{mv^2}{R} = F_{AB}\cos30° + F_{AC}\cos30° = \dfrac{\sqrt{3}\,Gm^2}{l^2}$

$$\frac{mv^2}{R} = \frac{\sqrt{3}\,Gm^2}{l^2}\,(2R\cos30° = l) \rightarrow v = \sqrt{\frac{Gm}{l}}$$

05 $-4\sqrt{\dfrac{Gm}{2R}}$(A의 운동 방향 (+))

해설 두 물체 사이의 거리가 R일 때, 물체 A와 B의 속도를 각각 v_A, v_B라고 하면, 두 물체의 운동량과 역학적 에너지는 보존된다. (처음에 두 물체의 운동량과 역학적 에너지는 각각 0이다.)

운동량 보존 : $mv_A + 3mv_B = 0$, $v_B = -\dfrac{1}{3}v_A$ $\cdots$ ㉠

에너지 보존 : $\dfrac{1}{2}mv_A^2 + \dfrac{3}{2}mv_B^2 - \dfrac{3Gm^2}{R} = 0$ $\cdots$ ㉡

㉠을 ㉡에 대입하면,

$\dfrac{1}{2}mv_A^2 + \dfrac{1}{6}mv_A^2 = \dfrac{3Gm^2}{R} \rightarrow v_A = 3\sqrt{\dfrac{Gm}{2R}},\ v_B = -\sqrt{\dfrac{Gm}{2R}}$

$\therefore v_{AB} = v_B - v_A = -4\sqrt{\dfrac{Gm}{2R}}$ (A의 운동 방향 (+))

06 〈해설 참조〉

해설 (1) 케플러 제2법칙인 면적 속도 일정 법칙에 의해 같은 시간 동안 행성과 태양을 잇는 선이 쓸고간 면적 $s_A = s_B$는 같다.

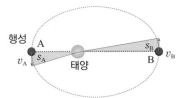

이때 t가 매우 작다면, 행성과 태양을 잇는 선이 쓸고간 면적은 다음과 같이 삼각형으로 가정하여 구할 수 있다.

$$s_A = \frac{1}{2}r_A v_A t, \quad s_B = \frac{1}{2}r_B v_B t$$

$s_A = s_B$ 이므로, $r_A v_A = r_B v_B = $ 일정

(2) 인공위성이 반지름이 $2R$인 궤도를 따라 등속 원운동할 때 속력은 다음과 같다(구심력 = 만유인력).

$$F = \frac{mv_{A0}^2}{2R} = \frac{GMm}{4R^2} \rightarrow v_{A0}^2 = \frac{GM}{2R} \quad \cdots ㉠$$

엔진을 추진한 후 A점에서의 속도를 v_A라고 하고, B점에 도달하였을 때 인공위성의 속도를 v_{B0}라고 하면, 타원 궤도상 두 점이므로

$$(2R)v_A = (4R)v_{B0} \rightarrow \frac{1}{2}v_A = v_{B0} \cdots ㉡$$

타원 궤도에서 인공위성의 역학적 에너지는 보존되므로,

$$\frac{1}{2}mv_A^2 - \frac{GMm}{2R} = \frac{1}{2}mv_{B0}^2 - \frac{GMm}{4R} \cdots ㉢$$

㉢에 ㉠과 ㉡을 대입하여 정리하면,

$$\frac{1}{2}mv_A^2 - mv_{A0}^2 = \frac{1}{8}mv_A^2 - \frac{1}{2}mv_{A0}^2$$

$$\therefore v_A^2 = \frac{4}{3}v_{A0}^2 \rightarrow v_A = \frac{2}{\sqrt{3}}v_{A0}$$

따라서 A점에서 증가한 속도 Δv_A는

$$\Delta v_A = v_A - v_{A0} = \left(\frac{2}{\sqrt{3}} - 1\right)v_{A0} = \sqrt{\frac{GM}{2R}}\left(\frac{2}{\sqrt{3}} - 1\right)$$

인공위성이 반지름이 $4R$인 궤도를 따라 등속 원운동할 때 속력은 다음과 같다.

$$F = \frac{mv_B^2}{4R} = \frac{GMm}{16R^2} \rightarrow v_B^2 = \frac{GM}{4R},\ v_B = \sqrt{\frac{GM}{4R}}$$

㉡식에 의해 $v_{B0} = \dfrac{1}{2}v_A = \dfrac{1}{2} \times \dfrac{2}{\sqrt{3}}v_{A0} = \dfrac{1}{\sqrt{3}}\sqrt{\dfrac{GM}{2R}}$

따라서 B점에서 증가한 속도 Δv_B는

$$\Delta v_B = v_B - v_{B0} = \sqrt{\frac{GM}{2R}}\left(\frac{1}{\sqrt{2}} - \frac{1}{\sqrt{3}}\right)$$

(3) 주기를 T로 할 때 인공위성이 A점에서 B점까지 가는데 걸리는 시간은 $\dfrac{T}{2}$이다. 타원궤도의 장반경 r은 $3R$이다.

$$\frac{T}{2} = \pi\sqrt{\frac{r^3}{GM}} = \pi\sqrt{\frac{(3R)^3}{GM}} = 3\sqrt{3}\,\pi R\sqrt{\frac{R}{GM}}$$

01. (1) X (2) X (3) O	02. (1) O (2) O (3) X	
03. F	04. ⑤	05. ㉠, ㉡	06. R
07. (1) X (2) O (3) O	08. 1 : 8	09. ③
10. ②	11. 2.67×10^6	12. ③
13. ④	14. 9.81	15. 9.82	16. ②
17. 2.41×10^8	18. ④	19. ③
20. $\dfrac{v^3}{G\pi}\sqrt{\dfrac{6\pi}{G\rho}}$	21. ⑤	22. ①
23. ④	24. 3	25. 1.27×10^{10}
26. ⑤	27. ②	28. 3.4×10^{10}
29. ②	30. ④	
31. (1) 2.56×10^{-9} (2) 520	32. $-\dfrac{2}{3}E$	

01. 답 (1) X (2) X (3) O

해설 (1) 만유인력의 크기는 두 물체의 질량의 곱에 비례한다.
(2) 케플러 법칙을 바탕으로 뉴턴은 만유인력 법칙을 발견하였다.
(3) 케플러 제2법칙이 면적 속도 일정의 법칙이다.

02. 답 (1) O (2) O (3) X

해설 (1) 질량을 가진 모든 물체 사이에는 만유인력이 작용한다.
(2) 태양과 행성 사이에 작용하는 만유인력으로 행성이 태양 주위를 공전한다.
(3) 만유인력의 크기는 서로 잡아당기는 두 물체의 질량의 곱에 비례하고, 두 물체 사이의 거리의 제곱에 반비례한다. 따라서 태양과 행성 사이의 거리가 가까울수록 만유인력이 커진다.

03. 답 F

해설 질량이 M 인 지구 중심으로부터 거리가 r 이고, 질량이 m 인 위성의 만유인력의 크기 $F = G\dfrac{Mm}{r^2}$ 이다. 이때 지구 중심으로부터 거리가 $2r$ 이고, 질량이 $4m$ 인 위성의 만유인력의 크기 F' 은 다음과 같다.

$$F' = G\frac{4Mm}{(2r)^2} = G\frac{Mm}{r^2} = F$$

04. 답 ⑤

해설 ㄱ. 극지방(A)에서는 만유인력이 최대, 반대 방향의 원심력이 0이므로 중력 가속도가 가장 크고, 적도 지방(B)에서는 만유인력이 최소이고 원심력이 최대이므로 중력이 최소이고, 중력 가속도도 최소이다.
ㄴ. 질량이 있는 모든 물체 사이에 크기는 같고, 방향이 반대인 힘이 서로 잡아당기므로 작용·반작용 관계가 된다.
ㄷ. 만유인력의 크기는 거리의 제곱에 반비례한다. 지구는 적도 부분이 조금 더 볼록한 원형이므로, 반지름이 더 짧은 극지방에 있는 물체 A에 작용하는 만유인력이 더 크다.

06. 답 R

해설 지구 질량을 M, 만유인력 상수를 G 라고 할 때, 질량이 m 인 물체의 지표면에서 퍼텐셜 에너지 E_0 와 지표면에서 h 인 위치에서 퍼텐셜 에너지 E_1 은 각각 다음과 같다.($E_1 > E_0$)

$$E_0 = -G\frac{Mm}{R}, \quad E_1 = -G\frac{Mm}{R+h}$$

$E_1 - E_0 = W$ 이고, $W = \dfrac{GMm}{2R}$ 이므로,

$$-G\frac{Mm}{R+h} + G\frac{Mm}{R} = \frac{GMm}{2R} \quad \rightarrow \quad R+h = 2R$$

$$\therefore h = R$$

07. 답 (1) X (2) O (3) O

해설 (1), (2) 지구 질량 M, 궤도 반경 r, 주기 T 라고 하면,

$$v = \sqrt{\frac{GM}{r}}, \quad T^2 = \frac{GM}{4\pi^2}r^3 \text{ 이다.}$$

인공위성의 질량은 속도, 주기와 무관하다.

(3) $v_e = \sqrt{\dfrac{2GM}{r}} = \sqrt{2rg}$ 이다.

08. 답 1 : 8

해설 인공위성의 주기의 제곱은 궤도 반지름의 세제곱에 비례한다($T^2 \propto kR^3$).
$$T_A^2 = k(r^3), \ T_B^2 = k(8r^3) \quad \rightarrow \quad \therefore T_A^2 : T_B^2 = 1 : 8$$

09. 답 ③

해설 궤도 반지름 R, 지구 질량이 M 일 때,
$$g = \frac{GM}{R^2}, \ v = \sqrt{\frac{GM}{R}} \text{ 이다.}$$
따라서 $g_A : g_B = 9 : 1$ 이므로, 두 인공위성의 궤도 반지름 $R_A : R_B = 1 : 3$, 속력비는 $v_A : v_B = \sqrt{3} : 1$ 이 된다. 그러므로 인공위성 A의 속력은 인공위성 B의 속력의 $\sqrt{3}$ 배이다.

10. 답 ②

해설 지구 질량이 M, 공전 궤도 반지름이 R 인 지구 주위를 원운동하는 인공위성의 구심 가속도 $g = \dfrac{GM}{R^2}$ 이다. 이때 구심 가속도는 중력 가속도와 같은 의미이다.
이때 궤도 반지름을 $2R$로 옮겼을 때는 구심가속도가 1/4 이 된다.

$$g' = \frac{GM}{(2R)^2} = \frac{GM}{4R^2} = \frac{1}{4}g$$

11. 답 2.67×10^6

해설 질량이 M 인 지구 중심에서 r 만큼 떨어진 곳에 놓인 질량이 m 인 물체의 중력 가속도 $g = \dfrac{GM}{r^2}$ 이다.
이때 지표면에서 높이가 h 인 곳에서의 중력 가속도 $g' = \dfrac{GM}{(h+R)^2}$

$$\therefore h = \sqrt{\frac{GM}{g'}} - R = \sqrt{\frac{(6.67 \times 10^{-11}) \times (6 \times 10^{24})}{4.9}} - 6.37 \times 10^6$$

$$\fallingdotseq 2.67 \times 10^6 \text{(m)}$$

12. 답 ③

해설 ㄱ. 물체의 주기 $T = \dfrac{2\pi r}{v}$ 이다. 문제의 두 행성의 원궤도 반지름 r은 $\dfrac{R}{2}$ 이므로, 행성의 주기는 $\dfrac{\pi R}{v}$ 이다.

ㄴ, ㄷ. 두 행성 사이에 작용하는 만유인력 $F = G\dfrac{m^2}{R^2}$ 이며, 이 힘이 구심력으로 작용하게 된다.

$$G\frac{m^2}{R^2} = \frac{mv^2}{\dfrac{R}{2}} = \frac{2mv^2}{R}, \quad v^2 = \frac{Gm}{2R} \quad \therefore K = \frac{1}{2}mv^2 = \frac{Gm^2}{4R}$$

13. 답 ④

해설 질량이 m 인 행성이 반지름이 r 인 원둘레를 속력 v, 주기가 T 인 등속 원운동을 할 때, 행성에 작용하는 구심력(만유인력) F를 알고 있으므로 주기는 다음과 같다.

$$F = mr\omega^2 = mr\left(\frac{2\pi}{T}\right)^2 \rightarrow T = 2\pi\sqrt{\frac{mr}{F}}$$

14. 답 9.81

해설 지구 자전은 무시하므로, $mg = G\dfrac{Mm}{R^2}$ 이다.

이때 지구 질량 $M = (1.9 + 4 + 0.039) \times 10^{24}\text{kg}$ 이다.

$$g = \frac{GM}{R^2} = \frac{(6.7 \times 10^{-11})(5.939 \times 10^{24})}{(6.37 \times 10^6)^2} \fallingdotseq 9.81(\text{m/s}^2)$$

15. 답 9.82

해설 지구 자전은 무시하므로, $mg' = G\dfrac{M'm}{R'^2}$ 이다. 이때 지구 질량 $M' = (1.9 + 4) \times 10^{24}\text{kg}$ 이고, $R' = R - 25\text{km}$ 이다. 지구 중심에서 R' 만큼 거리에 있는 물체는 반지름이 R' 인 구 바깥쪽에 있는 부분으로부터 받는 인력의 합이 0이므로, 안쪽 부분의 질량(M')만이 지구 중심에 모여 물체에 만유인력을 작용한다.

$$g' = \frac{GM}{R'^2} = \frac{(6.7 \times 10^{-11})(5.9 \times 10^{24})}{(6.345 \times 10^6)^2} \fallingdotseq 9.82(\text{m/s}^2)$$

16. 답 ②

해설 ㄱ. $\dfrac{mv^2}{r} = G\dfrac{Mm}{r^2} \rightarrow \dfrac{1}{2}mv^2 = \dfrac{GMm}{2r}$ 이다. 즉, 운동 에너지는 궤도 반지름에 반비례한다. $K_A : K_B = 2 : 1$ 이다.

ㄴ. $F = G\dfrac{Mm}{r^2} = ma$ 이다. 즉, 가속도는 궤도 반지름의 제곱에 반비례한다. $a_A : a_B = 4 : 1$ 이다.

ㄷ. 인공위성의 주기는 $T = 2\pi\sqrt{\dfrac{r^3}{GM}}$ 이다. 즉, 주기의 제곱은 궤도 반지름의 세제곱에 비례한다.
$T_A^2 : T_B^2 = R^3 : 8R^3 = 1 : 8$이다.

17. 답 2.41×10^8

해설 태양의 질량을 M, 공전 궤도 반지름이 r 일 때, 태양 주위를 공전하는 행성의 주기는 $T = 2\pi\sqrt{\dfrac{r^3}{GM}}$ 이다.

소행성의 공전 궤도 반지름 r 은 지구 공전 궤도 반지름 R의 4배이므로, 소행성의 주기는 다음과 같다.

$$T = 2\pi\sqrt{\frac{(4R)^3}{GM}} = 2\pi\sqrt{\frac{(4 \times 1.50 \times 10^{11})^3}{(6.67 \times 10^{-11}) \times (2 \times 10^{30})}}$$

$$\fallingdotseq 2.41 \times 10^8(\text{초}) = \frac{2.41 \times 10^8\text{초}}{31,536,000\text{초/년}} \fallingdotseq 7.64(\text{년})$$

18. 답 ④

해설 공전 반지름 r 인 행성의 운동 에너지는 $K = \dfrac{GMm}{2r}$ 지구의 질량을 M_e 라고 하면, 소행성의 질량 $m = M_e \times 0.25$, $r = 4R$ 이므로, 소행성 K 과 지구의 운동 에너지 K_e의 비는 다음과 같다.

$$\frac{K}{K_e} = \left(\frac{m}{M_e}\right)\left(\frac{R}{r}\right) = \left(\frac{0.25}{1}\right)\left(\frac{1}{4}\right) = \frac{1}{16}$$

19. 답 ③

해설 질량이 M 인 행성 중심으로부터 거리가 r 이고, 질량이 m 인 위성의 만유인력 크기 $F = G\dfrac{Mm}{r^2} = 70\text{N} \rightarrow GMm = 70r^2$

반지름이 r 인 궤도를 공전하는 위성의 운동 에너지는 다음과 같다.

$$K = \frac{GMm}{2r} = \frac{70r^2}{2r} = 35r = 35 \times 3 \times 10^8 = 1.05 \times 10^{10}(\text{J})$$

〈 또 다른 풀이 〉

위성의 구심력은 행성과 위성 사이의 만유인력이다.

$$\frac{mv^2}{r} = 70\text{N} \rightarrow K = \frac{1}{2}mv^2 = \frac{70}{2}r$$

20. 답 $\dfrac{v^3}{G\pi}\sqrt{\dfrac{6\pi}{G\rho}}$

해설 행성의 반지름을 R 이라고 하면, 만유인력 = 구심력이므로

$$\frac{GMm}{4R^2} = \frac{mv^2}{2R}, \quad \frac{GM}{2R} = v^2 \cdots \text{㉠}$$

행성의 질량 $M = \dfrac{4}{3}\pi R^3\rho$ 이므로, ㉠에 대입하면,

$$\frac{G}{2R} \cdot \frac{4}{3}\pi R^3\rho = v^2, \quad R = \sqrt{\frac{3}{2\pi G\rho}}v \cdots \text{㉡}$$

$M = \dfrac{4}{3}\pi R^3\rho$ 에 ㉡을 대입하면, $M = \sqrt{\dfrac{6}{\pi G^3\rho}}v^3$ 이다.

21. 답 ⑤

해설 ㄱ. P점과 Q점에서 역학적 에너지를 각각 E_0, E_1 라고 하면,

$$E_0 = \frac{1}{2}mv_0^2 - G\frac{Mm}{R} = \frac{1}{2}mv_1^2 - G\frac{Mm}{2R} = E_1 \quad \therefore v_0^2 - v_1^2 = \frac{GM}{R}$$

P점에서 물체의 역학적 에너지 $E_0 = \dfrac{GMm}{R}$ 이므로,

$$\frac{1}{2}mv_0^2 - G\frac{Mm}{R} = \frac{GMm}{R} \quad \therefore v_0^2 = \frac{4GM}{R}, v_1^2 = \frac{3GM}{R}, v_0 = \frac{2}{\sqrt{3}}v_1$$

ㄴ. P점에서 물체의 퍼텐셜 에너지 $U_0 = -\dfrac{GMm}{R}$

Q점에서 물체의 운동 에너지 $K_1 = \dfrac{1}{2}mv_1^2 = \dfrac{3GMm}{2R} = -\dfrac{3}{2}U_0$

ㄷ. 지표면에서 퍼텐셜 에너지 U_0 와 지구 중심에서 $2R$ 인 위치에서 퍼텐셜 에너지 U_1은 각각 다음과 같다.

$$U_0 = -G\frac{Mm}{R}, \quad U_1 = -G\frac{Mm}{2R}$$

중력이 물체에 한 일 $W = (-)$ 외력이 물체에 한 일 $= -(U_1 - U_0)$이므로,

$$-\left(-G\,\frac{Mm}{2R} + G\,\frac{Mm}{R}\right) = -\left(G\,\frac{Mm}{2R}\right)$$

$GM = gR^2$ 을 대입하면, $W = -\dfrac{mgR}{2}$ 이다.

22. 답 ①

해설 두 중성자별의 운동량은 보존되고, 두 별의 질량(M)이 같으므로 두 별의 속력도 같게 유지된다(운동 에너지도 같다). 정지해 있는 상태에서 R만큼 떨어져 있을 때와 두 물체 사이의 거리가 $\dfrac{R}{2}$ 이 되었을 때 만유인력에 의한 퍼텐셜 에너지는 각각 $U_i = -\dfrac{GM^2}{R}$, $U_f = -\dfrac{2GM^2}{R}$ 이며, 두 에너지의 차이가 두 행성의 운동 에너지가 된다. 역학적 에너지 보존을 써 보자.

$$-\frac{GM^2}{R} = -\frac{2GM^2}{R} + \frac{1}{2}Mv^2 + \frac{1}{2}Mv^2$$

$$\rightarrow -\frac{GM^2}{R} = -\frac{2GM^2}{R} + Mv^2$$

$$\therefore v = \sqrt{\frac{GM}{R}} = \sqrt{\frac{(7 \times 10^{-11}) \times (8 \times 10^{30})}{1.4 \times 10^{12}}} = 2 \times 10^4 (\text{m/s})$$

23. 답 ④

해설 처음에 정지한 상태로 떨어져 있던 거리를 R, 충돌하기 직전 두 별 사이의 거리는 반지름 r의 2배이고, 속도를 v' 라고 하면 충돌 당시 두 별의 운동 에너지는 각각 $1/2\,Mv'^2$이다.

$$-\frac{GM^2}{R} = -\frac{GM^2}{2r} + Mv'^2$$

$$\therefore v' = \sqrt{GM\left(\frac{1}{2r} - \frac{1}{R}\right)}$$

$$= \sqrt{(7 \times 10^{-11}) \times (8 \times 10^{30})\left(\frac{1}{6 \times 10^5} - \frac{1}{1.4 \times 10^{12}}\right)}$$

$$\approx 3 \times 10^7 (\text{m/s})$$

24. 답 3

해설 수축된 태양 표면에서 중력장을 벗어나기 위한 탈출 속도 v_e 는 빛의 속도 c 보다 크거나 같아야 한다($v_e \geq c$).
만유인력 상수가 G, 태양의 질량을 M, 반지름을 R이라고 할 때,

$$v_e = \sqrt{\frac{2GM}{R}} \rightarrow R = \frac{2GM}{v_e^2} = \frac{2GM}{c^2} \quad (v_e = c)$$

$$\therefore R = \frac{2GM}{c^2} = \frac{2\,(7 \times 10^{-11})\,(2 \times 10^{30})}{(3 \times 10^8)^2} = \frac{28 \times 10^{19}}{9 \times 10^{16}}$$

$$\approx 3 \times 10^3 (\text{m}) = 3 (\text{km})$$

즉, 태양의 반경이 약 3km로 수축되면 블랙홀이 될 수 있다.

25. 답 1.27×10^{10}

해설 엔진이 소모한 에너지는 위성의 역학적 에너지 차이만큼이다. 질량 M인 지구 주위를 반경 r의 원운동을 하고 있는 질량 m인 물체의 역학적 에너지 $E = -G\,\dfrac{Mm}{2r}$이다. 정지 궤도에서 위성의 역학적 에너지를 E_f, 고도 280km에서 위성의 역학적 에너지를 E_i 라고 하면,

$$\Delta E = E_f - E_i = -G\frac{Mm}{2r_f} - \left(-G\frac{Mm}{2r_i}\right) = -\frac{GMm}{2}\left(\frac{1}{r_f} - \frac{1}{r_i}\right)$$

$r_f = 4.2 \times 10^7 (\text{m})$, $r_i = 6{,}370 + 280 (\text{km}) = 6.65 \times 10^6 (\text{m})$

$$\frac{1}{r_f} - \frac{1}{r_i} = \frac{1}{4.2 \times 10^7} - \frac{1}{0.665 \times 10^7} = -1.2656 \times 10^{-7}$$

$$\approx -1.27 \times 10^{-7}$$

$$\Delta E = -\frac{(6.67 \times 10^{-11}) \times (6 \times 10^{24}) \times 500}{2} \times -(1.27 \times 10^{-7})$$

$$\approx 1.27 \times 10^{10} (\text{J})$$

26. 답 ⑤

해설 공 A가 내부가 꽉 찬 공일 경우 두 공 사이에 작용하는 힘인 만유인력 $F_1 = \dfrac{GMm}{d^2}$ 이다. 이때 내부가 반지름이 R인 공만큼 비었으므로, 그만큼의 부피와 질량을 가진 공이 작용하는 힘 F_2 만큼 힘이 줄어들게 된다. 공의 밀도는 균일하므로, 내부가 꽉 찬 공의 질량이 M, 반지름이 R 인 공의 질량을 M'이라고 하면,

$$\frac{M}{\frac{4}{3}\pi(2R)^3\rho} = \frac{M'}{\frac{4}{3}\pi(R)^3\rho} \rightarrow \frac{M}{8} = M'$$

이때 $F_2 = \dfrac{GM'm}{(d-R)^2} = \dfrac{G\left(\dfrac{M}{8}\right)m}{(d-R)^2} = \dfrac{GMm}{8(d-R)^2}$ 이므로, 두 공 사이에 작용하는 만유인력의 크기는 다음과 같다.

$$\therefore F_1 - F_2 = GMm\left(\frac{1}{d^2} - \frac{1}{8(d-R)^2}\right)$$

27. 답 ②

해설 ㉠ 쏘아 올린 속도를 v, 지구 중력장을 벗어나는 데 필요한 탈출 속도는 $v_e = \sqrt{\dfrac{2GM}{R}}$ 이므로, $v = \dfrac{v_e}{2}$ 일 때, 역학적 에너지 보존을 사용한다. [발사체가 도달한 지점의 지구 중심에서 거리를 r 이라 할 때, 이때 운동 에너지는 0이다.]

$$\frac{1}{2}mv^2 - \frac{GMm}{R} = 0 - \frac{GMm}{r} \rightarrow \frac{v_e^2}{8} - \frac{GM}{R} = -\frac{GM}{r}$$

$\dfrac{v_e^2}{8} = \dfrac{GM}{4R}$ 이므로, $\dfrac{GM}{4R} - \dfrac{GM}{R} = -\dfrac{GM}{r_1}$, $\rightarrow r_1 = \dfrac{4}{3}R$

㉡ 지구를 탈출하기 위해 필요한 운동 에너지 $K_e = \dfrac{1}{2}mv_e^2 = \dfrac{GMm}{R}$

따라서 발사체의 처음 운동 에너지 $K' = \dfrac{1}{2}K_e = \dfrac{GMm}{2R}$ 이다.

$$\therefore \frac{GMm}{2R} - \frac{GMm}{R} = -\frac{GMm}{r_2}, \quad \frac{GM}{2R} - \frac{GM}{R} = -\frac{GM}{r_2}$$

$$\rightarrow \frac{1}{2R} = \frac{1}{r_2}, \quad \therefore r_2 = 2R$$

28. 답 3.4×10^{10}

해설 은하계 안에 있는 별의 수를 N 이라고 하고, 태양의 질량을 M, 은하계의 반지름을 R 이라고 하면, 은하계 전체의 질량은 이 NM 이 되므로, 태양에 작용하는 만유인력의 크기는 다음과 같다.

$$F = G\frac{NM^2}{R^2}$$

이때 태양의 속도을 v, 주기를 T, 가속도를 a 라고 하면,

$$F = Ma = \frac{Mv^2}{R} = \frac{4\pi^2 MR}{T^2} \quad \left(v = \frac{2\pi R}{T}\right)$$

$$\therefore G\frac{NM^2}{R^2} = \frac{4\pi^2 MR}{T^2} \quad \rightarrow \quad N = \frac{4\pi^2 R^3}{GMT^2}$$

$T = 2.5 \times 10^8$년 $\times$ 31536000초/년 $\fallingdotseq 7.9 \times 10^{15}$(초)

$$N = \frac{(4 \times 3^2)(2 \times 10^{20})^3}{(6.7 \times 10^{-11})(2 \times 10^{30})(7.9 \times 10^{15})^2} \fallingdotseq 3.4 \times 10^{10}(개)$$

29. 답 ②

해설 우주선의 처음 속도 v 는 다음과 같다.

$$v = \sqrt{\frac{GM}{R}} = \sqrt{\frac{(6.7 \times 10^{-11}) \times (10 \times 10^{30})}{5 \times 10^8}} \fallingdotseq 1.16 \times 10^6 (m/s)$$

3% 감속시킨 속력 $v' = 0.97v \fallingdotseq 1.13 \times 10^6$ (m/s) 이다. 따라서 우주선의 운동 에너지 K'과 퍼텐셜 에너지 U'은 다음과 같다.

$$K' = \frac{1}{2}mv'^2 = \frac{1}{2} \times 5000 \times (1.13 \times 10^6)^2 \fallingdotseq 3.19 \times 10^{15}(J)$$

$v' = \sqrt{\dfrac{GM}{R'}}$ 이므로

$$R' = \frac{GM}{v'^2} = \frac{(6.7 \times 10^{-11}) \times (10 \times 10^{30})}{(1.13 \times 10^6)^2} \fallingdotseq 5.25 \times 10^8 \text{(증가)}$$

$$U' = -G\frac{Mm}{R'} = -(6.7 \times 10^{-11}) \times \frac{(10 \times 10^{30}) \times 5000}{5.25 \times 10^8}$$

$$\fallingdotseq -6.38 \times 10^{15}(J)$$

30. 답 ④

해설 우주선의 처음 주기 T 는 다음과 같다.

$$T = \sqrt{\frac{4\pi^2 R^3}{GM}} = \sqrt{\frac{4 \times 3^2 \times (5 \times 10^8)^3}{(6.7 \times 10^{-11}) \times (10 \times 10^{30})}} \fallingdotseq 2.6 \times 10^3 (s)$$

속력을 감속한 후, 우주선의 주기 T'은 다음과 같다.

$$T' = \sqrt{\frac{4\pi^2 R'^3}{GM}} = \sqrt{\frac{4 \times 3^2 \times (5.25 \times 10^8)^3}{(6.7 \times 10^{-11}) \times (10 \times 10^{30})}}$$

$\fallingdotseq 2.8 \times 10^3 (s)$ (늘어난다)

따라서 주기는 $(2.8 - 2.6) \times 10^3(s) = 2 \times 10^2 (s)$ 늘어난다.

31. 답 (1) 2.56×10^{-9} (2) 520

해설 (1) 궤도 반지름이 R 인 원궤도를 따라 움직이는 물체의 구심 가속도의 크기와 각속도 ω 의 관계는 다음과 같다.

$$a = \frac{v^2}{R} = R\omega^2$$

$2R$ 만큼 떨어진 질량이 M인 두 행성 사이에 작용하는 만유인력은 구심력의 역할은 한다.

$$F = \frac{GM^2}{(2R)^2} = MR\omega^2 \quad \rightarrow \quad \omega = \frac{1}{2}\sqrt{\frac{GM}{R^3}}$$

$$\therefore \omega = \frac{1}{2}\sqrt{\frac{(6.7 \times 10^{-11}) \times (5 \times 10^{25})}{(5 \times 10^{10})^3}} \fallingdotseq 2.56 \times 10^{-9}(rad/s)$$

(2) O점에서 운석의 속력을 v, 질량을 m 이라고 할 때, O점에서 멀어져 탈출했을 때 운동 에너지 $K = 0$이므로, 운동 에너지 변화 $\Delta K = -\frac{1}{2}mv^2$(감소)이며, O점에서 행성 A, B와의 거리가 각각 R이므로 퍼텐셜 에너지는 $-\dfrac{2GMm}{R}$ 이고, 운석이 무한히 멀어진 지점에서 퍼텐셜 에너지는 0이므로,

퍼텐셜 에너지의 변화 $\Delta U = \dfrac{2GMm}{R}$ (증가)이다. 역학적 에너지

가 보존되므로, $\Delta K + \Delta U = 0$ 이 된다.

$$\therefore v = \sqrt{\frac{4GM}{R}} = \sqrt{\frac{4(6.7 \times 10^{-11}) \times (5 \times 10^{25})}{5 \times 10^{10}}} \fallingdotseq 520(m/s)$$

32. 답 $-\dfrac{2}{3}E$

해설

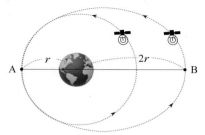

지구의 질량을 M, 인공위성의 질량을 m 이라고 하면, 엔진을 추진하기 전 인공위성이 등속 원운동할 때 인공위성과 지구 사이의 만유인력은 다음과 같다.

$$F = \frac{mv_0^2}{r} = \frac{GMm}{r^2} \quad \rightarrow \quad v_0^2 = \frac{GM}{r} \quad \cdots \text{①}$$

이제 타원 운동에서 A점과 B점에서 인공위성의 속도를 각각 v_A, v_B 라고 하면, 면적 속도 일정의 법칙에 의해,

$$rv_A = 2rv_B \quad \rightarrow \quad \frac{1}{2}v_A = v_B \cdots \text{②}$$

인공위성의 역학적 에너지는 보존되므로,

$$\frac{1}{2}mv_A^2 - \frac{GMm}{r} = \frac{1}{2}mv_B^2 - \frac{GMm}{2r} \cdots \text{③}$$

③에 ①과 ②을 대입하여 정리하면, $v_A = \dfrac{2}{\sqrt{3}}v_0$, $v_B = \dfrac{1}{\sqrt{3}}v_0$ 이다.

등속 원운동할 때의 역학적 에너지($-E$)는

$\dfrac{1}{2}mv_0^2 - \dfrac{GMm}{r} = -\dfrac{GMm}{2r} = -E$ 이므로,

①을 대입하면, $E = \dfrac{1}{2}mv_0^2$ 이 된다.

이제 타원 궤도를 운동할 때의 역학적 에너지 E' 은 ③으로 부터 다음과 같이 계산할 수 있다.

$$E' = \frac{1}{2}m\left(\frac{4}{3}\right)v_0^2 - \frac{GMm}{r} = \frac{4}{3}E - 2E = -\frac{2}{3}E$$

07강. Project 1

[논/구술] project   150 ~ 153 쪽

Q1

〈예시 답안 1〉 진동 폭을 줄이기 위해서 바람에 의해 진동을 잘 하지 않을 만큼 강한 소재를 이용하여 건물 외벽을 짓는다.

〈예시 답안 2〉 건물 양쪽에 민감한 센서를 부착하여, 바람에 의해 흔들리는 방향을 감지하면 그 반대 방향으로 건물을 흔들리게 하여 진동을 감소시킨다.

Q2

〈예시 답안 1〉 초고층에 화재가 발생하였을 경우 이에 대처할 수 있는 방법을 고려해야 한다.

〈예시 답안 2〉 비상 상황이 발생하여 대피해야하는 일이 발생할 경우에 대한 대처 방안이 고려되어야 한다.

〈예시 답안 3〉 빠르고 안전하게 최고층에 도달할 수 있는 엘리베이터를 개발해야 한다.

해설 초고층 빌딩에서는 바람의 세기와 실내외 기압 차로 인해서 자연 환기를 하기가 어렵다. 이에 공기를 투과시킬 수 있는 유리를 채용함으로써 일사량이 많은 빌딩 외피에 대해서 태양의 이동과 빛의 세기에 따라서 투명도를 자동으로 조절하는 유리를 사용, 1,000m 이상 고도의 강한 바람과 온도 변화에 대응할 수 있도록 만든다.

Q3

〈예시 답안〉 나무로 지은 집은 단열 효과가 높고, 쾌적한 공기를 유지할 수 있는 장점이 있는 반면에 병충해와 습기에 약하고 유지 보수 비용이 많이 드는 단점이 있다.

철근 콘크리트로 지은 집은 구조적으로 안정성이 가장 높고, 다양한 형태의 집의 모양도 가능하며, 건물 수명이 오래간다. 반면에 집을 짓는 비용이 많이 든다.

Q4

〈예시 답안〉 목조 건축물이 재조명 받고 있다고 해도 나무가 철근과 콘크리트를 완전히 대체할 수 있을지에 대해서는 고려해 볼 필요가 있다. 철근 콘크리트로 만든 구조물에 관한 데이타는 풍부한 반면에 아직까지 목조 건축물에 관한 데이타는 부족하기 때문이다. 또한 대부분 철근 콘크리트 건축물에 관한 법규들도 모두 개정해야 할 필요가 있을 것이다. 따라서 각각의 장점을 취하여 안정성이 높고, 친환경적인 건축물을 지을 수 있는 노력이 함께 이루어져야 할 것이다.

Project 탐구   154 ~ 155 쪽

자료 해석 및 일반화

Q1   26.5m/s = 95.4km/h

해설 속도 벡터의 수직 성분을 v 라고 하면, $t = 25$초 동안 $s = 2,400$m를 내려갔으므로,

$$s = vt + \frac{1}{2} gt^2 \;\rightarrow\; v = \frac{s}{t} - \frac{1}{2} gt$$

$$\therefore v = \frac{2,400}{25} - \frac{1}{2} \times 9.8 \times 25 = 96 - 122.5$$
$$= -26.5\text{m/s} = -95.4\text{km/h}$$

무중력을 체험하기 위해 비행기는 기체에 작용하는 공기 마찰력과 항력을 이겨내기 위해 지속해서 엔진을 가동하면서, 공기의 저항이 없는 이상적인 상황에서 자유 낙하하는 물체가 지나는 궤적을 '흉내'내는 비행을 하게 된다.

Q2   〈 해설 참조 〉

해설 구심력의 크기 $F_구 = m\dfrac{v^2}{r} = mr\omega^2$ 이고, 가속도의 크기 $a = \dfrac{v^2}{r} = r\omega^2$ 이므로, 고중력 적응 훈련 장치의 각속도(ω)와 회전 반지름(r)을 조절하여 인공 중력 가속도를 발생시킨다. 이때 원심력이 작용하는 방향이 바닥이 되어 탑승하고 있는 상태에서 탑승자는 고중력을 느끼게 된다.

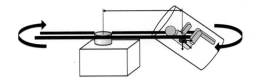

개념 응용하기

〈 해설 참조 〉

해설 (가) 무중력 상태는 공중에서 물체에 작용하는 힘이 0이 되어 등속 운동하게 되는 상태이다.

비행기가 중력 가속도와 같은 가속도로 낙하하는 경우 비행기와 같이 운동하는 운전자는 반대 방향의 중력의 크기와 같은 관성력을 받아 알짜힘이 0이 되어 무중력 상태를 느낀다.

(나)의 경우 물속에서 부력과 중력을 받아 등속 운동하는 경우 (정지 상태 포함) 부력은 중력과 반대 방향으로 같은 크기로 작용하고 있으므로, 운동하는 사람 혹은 물체에 작용하는 알짜힘은 0이 되어 무중력 상태를 느낀다. 이때 중력이 더 크면 아래 방향의 가속도 운동을 하여 가라앉게 되고, 부력이 더 크면 그 반대로 떠오르게 된다.

Ⅱ 열역학

8강. 열현상

▶ **개념확인**

03. 답 열팽창
해설 물질의 온도가 상승하면 분자나 원자의 열운동이 활발해지게 된다. 이로 인하여 분자 사이 또는 원자 사이의 평균 거리가 커지게 되기 때문에 물질은 열팽창하게 되는 것이다. 이때 평균 거리가 커지게 되면 분자 퍼텐셜 에너지가 증가한다.

04. 답 액체
해설 액체 상태의 물질은 기체와 고체의 중간 상태로, 분자와 분자 사이의 거리가 고체보다는 멀고 기체보다는 훨씬 가깝기 때문에 분자의 운동 에너지와 함께 분자력에 의한 퍼텐셜 에너지도 중요한 역할을 한다.

▶ **확인 +**

01. 답 3
해설 열량은 비열 × 온도 변화 × 질량이다($Q = mc\Delta t$).
$$\therefore Q = 0.5 \times 2 \times 3 = 3(\text{kcal})$$

02. 답 대류
해설 육지와 바다가 같은 열량을 받더라도 육지의 비열이 바다보다 작기 때문에 육지의 온도가 먼저 올라가게 된다. 따라서 낮에는 육지의 온도가 먼저 올라가기 때문에 육지 쪽 기체가 더 많이 팽창하여 상승하므로 바다에서 육지로 바람이 분다(해풍). 반대로 밤에는 육지가 더 빨리 냉각되므로 바다 쪽 공기의 온도가 더 높아져서 기체가 상승하게 되므로 육지에서 바다로 바람이 분다(육풍).

03. 답 1.8×10^{-3}
해설 철 선의 처음 길이 $L = 5\text{m}$ 이고, 선팽창 계수 $\alpha = 12 \times 10^{-6}\,\text{K}^{-1}$ 이므로, 30℃의 온도가 상승했을 때, 늘어난 길이 ΔL은 다음과 같다.
$$\Delta L = \alpha L_0 \cdot \Delta T = 12 \times 10^{-6} \times 5 \times 30 = 1.8 \times 10^{-3}(\text{m})$$

04. 답 670
해설 고체가 액체가 될 때에는 융해열이 흡수된다. 이때 0℃ 얼음 1kg을 0℃의 물로 변화시키는 데 필요한 열이 335kJ/kg 이므로, 흡수된 열량은 다음과 같다.
$$Q = mH = 2 \times 335 = 670(\text{kJ})$$

01. 답 ①
해설 비열이 c, 질량이 m인 물질의 온도를 Δt 만큼 높이기 위해 필요한 열량 $Q = mc\Delta t$이다.
$$\therefore Q = mc\Delta t \;\;\rightarrow\;\; c = \frac{Q}{m\Delta t} = \frac{2.24}{2 \times 20} = 0.056(\text{kcal/kg}\cdot℃)$$
이는 20℃ 1기압일 때 은(Ag)의 비열이다.

02. 답 ⑤
해설 ㄱ. 온도가 다른 두 물체 사이에서 열이 이동할 때, 고온의 물체(A)가 잃은 열량과 저온의 물체(B)가 얻은 열량은 같다(열량 보존 법칙).
ㄴ. 비열이란 어떤 물질 1kg의 온도를 1℃ 높이는 데 필요한 열량이다. 따라서 같은 시간 동안 온도 변화가 더 작은 물체 B의 비열이 물체 A의 비열보다 크다(온도 변화와 비열은 반비례 관계).
ㄷ. 두 물체의 온도가 같아져 더 이상 열의 이동이 없는 상태를 열평형 상태라고 한다. 두 물체는 T초 후에 온도 변화가 없으므로 열평형 상태이다.

03. 답 (1) O (2) O (3) O (4) O
해설 (1) 열은 고온의 물체에서 저온의 물체로 스스로 이동하며, 저온의 물체에서 고온의 물체로는 스스로 이동하지 않는다.
(2) 물체의 열전도율이 클수록 열이 잘 전달된다. 즉, 전도에 의해 단위 시간당 이동하는 열의 양이 많다.
(3) 대류 현상은 중력이 작용하는 공간에서 온도가 높아진 부분은 밀도가 작아져 위로 올라가고, 위에 있던 찬 액체나 기체는 아래로 내려가게 되어 물질이 이동하면서 열에너지가 순환하는 것이다. 이때 중력이 작용하지 않으면 밀도의 차이가 있어도 아래로 작용하는 힘이 없기 때문에 대류가 일어나지 않는다.
(4) 흑체에서 방출되는 에너지의 세기는 흑체 표면의 절대 온도의 네 제곱에 비례한다(슈테판·볼츠만 법칙).

04. 답 ②
해설 금속 막대 A와 B의 접촉 지점에서 온도가 60℃로 일정하다는 것은 금속 막대 A와 B에서 단위 시간당 이동하는 열의 양이 같다는 것을 의미한다. 즉 고온 물체(120℃)에서 접촉면까지 전도되는 열량과 저온 물체(20℃)에서 접촉면까지 전도되는 열량이 같다.

$$k_A S \left(\frac{120 - 60}{1} \right) t = 3kS \left(\frac{60 - 20}{1} \right) t, \quad \therefore k_A = 2k$$

05. 답 (1) O (2) O (3) X

해설 ㄱ. 열팽창이란 물질의 온도가 높아지면 분자 운동이 활발해지고, 분자 사이의 거리가 멀어지기 때문에(분자 퍼텐셜 에너지 증가) 발생하는 현상이다. 일반적으로 같은 온도 변화에 의한 열팽창은 기체가 제일 크고, 액체, 고체의 순이다.

ㄴ. 같은 물질로 된 고체의 경우 면팽창 계수는 선팽창 계수의 2배이고, 부피 팽창 계수는 선팽창 계수의 3배이다.

ㄷ. 온도 상승에 의한 고체의 부피 팽창에서 온도가 증가한 후의 변화된(증가한) 부피 ΔV 가 처음 부피 V_0 와 온도 변화량 ΔT 의 곱에 비례한다($\Delta V = \beta V_0 \cdot \Delta T$).

06. 답 ④

해설 ㄱ. 선팽창 계수(길이 팽창 계수)는 기체 상태일 때 가장 크고 단위는 모두 K^{-1} 이다.

ㄴ, ㄷ. 바이메탈은 열팽창 정도가 다른 두 금속을 붙여 놓았을 때 온도가 높아지면 열팽창 정도가 큰 금속이 더 많이 팽창하므로 열팽창 정도가 작은 금속 쪽으로 휘어지고, 온도가 낮아지면 반대로 열팽창 정도가 큰 금속(선팽창 계수가 큰 금속)이 더 많이 수축하기 때문에 열팽창 정도가 큰 금속 쪽으로 휘어지는 성질을 이용한 것이다. 따라서 선팽창 계수의 차이가 클수록 수축하고 팽창하는 정도가 더 크기 때문에 차이가 클수록 반응이 좋다.

07. 답 (1) O (2) O (3) X

해설 (2) 고체는 분자들이 강한 인력에 의해 서로 일정한 거리를 유지하고 평형 위치를 중심으로 미소한 진폭의 진동을 하고 있는 것으로 생각한다. 이때 고체의 온도가 높아지면 원자나 분자의 진동이 커지게 되면서 분자들은 규칙적인 배열을 깨뜨리면서 자유롭게 이동되고, 어느 일정 온도를 넘게 되면 고체가 액체로 되는 융해 현상이 나타난다.

(3) 기체 분자는 충돌할 때만 척력을 미치지만, 떨어지면 분자 사이 인력은 급격히 약해지면서 0에 접근한다. 즉, 액체나 고체 상태의 분자들은 이웃 분자들과의 거리가 가까워서 전자기적 힘(분자력)으로 그 형태를 유지하지만, 기체 상태의 분자들은 이웃 분자들과의 거리가 상당히 멀어서 상호작용이 미약할 뿐 아니라 분자들 자체의 부피도 아주 작아서 기체가 차지하는 공간은 대부분 텅 비어 있다고 볼 수 있다.

08. 답 ②

해설 $-5℃$ 얼음을 $0℃$ 얼음으로 만드는데 필요한 열량 Q_1 은
$$Q_1 = mc\Delta t = 0.4 \text{kg} \times 0.5 \text{kcal/kg·K} \times 5℃ = 1 \text{kcal}$$
$0℃$ 얼음을 $0℃$ 물로 바꾸는데 필요한 열량 Q_2 은
$$Q_2 = mH_{용해열} = 0.4 \text{kg} \times 80 \text{kcal/kg} = 32 \text{kcal}$$
$0℃$ 물을 $100℃$ 물로 데우는데 필요한 열량 Q_3 은
$$Q_3 = mc\Delta t = 0.4 \text{kg} \times 1 \text{kcal/kg·K} \times 100℃ = 40 \text{kcal}$$
$100℃$ 물을 $100℃$ 수증기로 바꾸는데 필요한 열량 Q_4 은
$$Q_4 = mH_{기화열} = 0.4 \text{kg} \times 539 \text{kcal/kg} = 215.6 \text{kcal}$$
$$\therefore Q_1 + Q_2 + Q_3 + Q_4 = 288.6 (\text{kcal})$$
$$= 288.6 \times 4,200 = 1212.12 \times 10^3 (\text{J})$$

유형익히기 & 하브루타   *164 ~ 167 쪽*

[유형8-1] ③	01. ②	02. ⑤
[유형8-2] ③	03. ④	04. ①
[유형8-3] ④	05. ②	06. ③
[유형8-4] ⑤	07. ③	08. ②

[유형8-1] 답 ③

해설 ㄱ, ㄴ. 네 가지 물질은 같은 열원으로 가열하였기 때문에 같은 시간동안 같은 열량을 공급받는다. 물체의 온도를 1℃ 높이는 데 필요한 열량인 열용량과 온도 변화는 반비례한다. 즉, 열용량이 작을수록 온도 변화가 크다. 각 물질의 열용량 C_A, C_B, C_C, C_D는 다음과 같다.

$$C_A = m_A c_A = 0.5 \times 2 = 1 (\text{kcal/℃})$$
$$C_B = m_B c_B = 0.8 \times 5 = 4 (\text{kcal/℃})$$
$$C_C = m_C c_C = 3.0 \times 1 = 3 (\text{kcal/℃})$$
$$C_D = m_D c_D = 0.1 \times 3 = 0.3 (\text{kcal/℃})$$

따라서 온도 변화가 가장 큰 그래프 ㉠은 열용량이 가장 작은 물질 D, 온도 변화가 가장 작은 그래프 ㉣은 열용량이 가장 큰 물질인 B이다. 물질 A의 그래프는 ㉢, 물질 C의 그래프는 ㉡ 이다.

ㄷ. 같은 질량일 때, 비열이 작을수록 온도 변화가 크다. 따라서 같은 질량일 때 같은 열원을 공급한다면 D의 온도 변화가 가장 크다.

01. 답 ②

해설 ㄱ. 열량 보존 법칙에 의해 외부로의 열 손실이 없으므로 (나)에서 금속이 잃은 열량과 찬물이 얻은 열량은 같으며, 열평형 상태의 온도는 50℃ 이다. 이때 찬물이 얻은 열량 Q 은 다음과 같다.

$$Q = m_물 c_물 \Delta t = 0.5 \text{kg} \times 1 \text{kcal/kg·℃} \times (50 - 25) = 12.5 \text{kcal}$$
$$= 5.25 \times 10^4 (\text{J})$$

ㄴ. 금속이 잃은 열량 Q' 은 다음과 같다.

$$Q' = m_{금속} c_{금속} \Delta t' = 0.2 \text{kg} \times c_{금속} \times (100 - 50) = 10 c_{금속}$$
$$\therefore 10 c_{금속} = 12.5 \text{kcal}, \ c_{금속} = 1.25 (\text{kcal/kg·℃})$$

ㄷ. 열량계 속 찬물의 열용량 $C = c_물 m_물 = 1 \times 0.5 = 0.5 (\text{kcal/℃})$

02. 답 ⑤

해설 열은 두 물체 사이에서만 이동하므로 열량 보존 법칙에 의해 고온의 물체 A에서 저온의 물체 B로 열이 이동하며, 이때 물체 A가 잃어버린 열량과 물체 B가 얻은 열량은 같다.

ㄱ. 물체 A, B의 열용량을 각각 C_A, C_B 라고 하면,

$$C_A(90 - 70) = C_B(70 - 20) \ \rightarrow \ C_A = \frac{5}{2} C_B$$

ㄴ. 물체 A, B의 비열을 각각 c_A, c_B 라고 하고, 물체 A의 질량을 m이라고 하면, B의 질량은 $2m$이 된다.

$$\therefore c_A m(90 - 70) = c_B (2m)(70 - 20) \ \rightarrow \ c_A = 5 c_B$$

ㄷ. 0 ~ 5분까지 그래프에서 온도차가 점점 줄어드므로 이동하는 열량은 점점 감소하는 것을 알 수 있다.

[유형8-2] 답 ③

해설 ㄱ, ㄴ. 접촉면의 온도가 일정하게 유지되고 있으므로 접촉면이 A로부터 받는 열량과 B로 주는 열량이 같다. 즉, 단위 시간

당 이동하는 열의 양은 A와 B가 같다.

$$\frac{Q}{t} = k_A S\left(\frac{150 - 50}{0.4}\right) = k_B S\left(\frac{50 - 30}{0.2}\right)$$

$$\therefore 5k_A = 2k_B \rightarrow k_A : k_B = 2 : 5$$

ㄷ. A와 B의 위치를 바꾸었을 때, A와 B에서 단위 시간당 이동하는 열의 양은 다음과 같다.

$$k_B S\left(\frac{150 - T}{0.2}\right) = k_A S\left(\frac{T - 30}{0.4}\right)$$

$$\rightarrow 2k_B(150 - T) = k_A(T - 30),\ k_A = \frac{2}{5}k_B,\ \therefore T = 130℃$$

따라서 접촉 지점에서 유지되는 온도는 50℃보다 높아진다.

03. 답 ④

해설 ㄱ. 진공으로 되어 있으면 열을 전달하는 물질이 없는 것이므로 전도(C)와 대류(A)를 막을 수 있다.

ㄴ. B는 전자기파 형태로 열이 이동하는 현상인 복사를 나타낸다.

ㄷ. 전도(C)는 열에너지를 받은 분자들의 운동이 활발해지면서 인접한 분자들과 충돌하여 운동 에너지가 전달되어 열이 이동하는 현상이다. 즉, 분자들이 이동하지 않고 분자들의 진동 에너지가 이동하는 방식으로 열이 전달되는 것이다.

04. 답 ①

해설 열이 막대를 통해서만 이동하므로 각 접촉면을 지나는 단위 시간당 열량은 같다. 금속 막대를 통과하는 단위 시간당 열량은 다음과 같다.

$$\frac{Q}{t} = k_{청동}S\left(\frac{150 - T_1}{l}\right) = k_{납}S\left(\frac{T_1 - T_2}{l}\right) = k_{금}S\left(\frac{T_2 - 0}{l}\right)$$

$$\rightarrow k_{청동}(150 - T_1) = k_{납}(T_1 - T_2) = k_{금}(T_2 - 0)\ 이고,$$

납의 열전도율이 k일 때, 청동은 $2k$, 금은 $8k$ 이므로,

$$2k(150 - T_1) = k(T_1 - T_2) = 8k(T_2 - 0) \rightarrow T_1 = 9T_2$$

$$\therefore T_2 = 11.5384\cdots ≒ 11.5(℃),\ T_1 = 103.5(℃)$$

[유형8-3] 답 ④

해설 금속 막대 A, B, C 의 길이 변화량을 각각 ΔL_A, ΔL_B, ΔL_C라고 하고, 처음 길이를 각각 $L_{A0} = 1m$, $L_{B0} = 0.5m$, $L_{C0} = 0.5m$, 나중 길이를 각각 L_A', L_B', L_C' 라고 하자.

$$\Delta L_A = \alpha_A L_{A0} \cdot \Delta T = \alpha \Delta T \rightarrow L_A' = 1 + \alpha \Delta T$$

$$\Delta L_B = \alpha_B L_{B0} \cdot \Delta T = 2\alpha(0.5)\Delta T = \alpha \Delta T \rightarrow L_B' = 0.5 + \alpha \Delta T$$

$$\Delta L_C = \alpha_C L_{C0} \cdot \Delta T = 3\alpha(0.5)\Delta T = 1.5\alpha \Delta T \rightarrow L_C' = 0.5 + 1.5\alpha \Delta T$$

ㄱ. A의 길이 변화량과 B의 길이 변화량은 $\alpha \Delta T$로 같다.

ㄴ. C의 나중 길이가 B의 나중 길이보다 길어진다.

ㄷ. 금속 막대 B, C 길이의 합은 $1 + 2.5\alpha \Delta T$ 이므로, A의 나중 길이 $1 + \alpha \Delta T$ 보다 $1.5\alpha \Delta T$ 만큼 길어진다.

05. 답 ②

해설 바늘이 고온으로 움직였다는 것은 Q에 사용된 금속이 더 많이 팽창되었다는 것을 의미한다. 따라서 금속 P보다 금속 Q의 선팽창 계수가 더 크다.

$$\therefore 알루미늄 > 구리 > 철 > 합금$$

실제 각 물질의 선팽창 계수(15℃일 때)는 알루미늄이 $23×10^{-6}K^{-1}$, 구리가 $17×10^{-6}K^{-1}$, 철이 $11×10^{-6}K^{-1}$, 합금이 $0.7×10^{-6}K^{-1}$이다.

06. 답 ③

해설 부피가 V_0 인 고체의 온도가 ΔT 만큼 상승할 때 고체의 부피 V 는 $\Delta V = \beta V_0 \cdot \Delta T$ 만큼 증가한다. 이때 부피 팽창 계수 β는 고체의 경우 선팽창 계수의 3배가 된다. 따라서 구리로 된 구의 늘어난 부피는 다음과 같다.

$$\therefore \Delta V = \beta V_0 \cdot \Delta T = 3\alpha\left(\frac{4}{3}\pi L^3\right)(40 - 10) = 120\pi\alpha L^3$$

[유형8-4] 답 ⑤

해설 ㄱ. T_A는 고체가 액체가 되는 점의 온도인 녹는점, T_B는 액체가 기체가 되는 점의 온도인 끓는점이다. $t_1 \sim t_2$ 구간에서는 고체와 액체 상태가, $t_3 \sim t_4$ 구간에서는 액체와 기체 상태가 공존한다.

ㄴ. 비열은 질량과 각 구간의 기울기로 알 수 있다($Q = mc\Delta t \rightarrow c = \frac{Q}{m\Delta t}$). 고체 상태만 존재하는 $0 \sim t_1$ 구간에서의 기울기가 액체 상태만 존재하는 $t_2 \sim t_3$ 구간에서의 기울기보다 크므로 비열은 액체일때가 고체일때보다 크다.

ㄷ. $t_3 \sim t_4$ 구간에서 공급되는 열은 모두 액체가 기체로 변하는 상태 변화에 쓰인다. 즉, 모두 기화열로 흡수된다.

07. 답 ③

해설 ㄱ. 고체 상태에서는 분자들의 강한 인력에 의해 서로 일정한 거리를 유지하고 평형 위치를 중심으로 제자리에서 미소한 진폭의 진동 운동을 한다. 반면에 기체 상태에서 분자 사이의 거리가 분자 간 평형 거리보다 매우 크기 때문에 분자력에 의한 퍼텐셜 에너지는 운동 에너지에 비해 무시할 수 있을 정도로 작다. 따라서 기체 상태에서 분자력에 의한 퍼텐셜 에너지가 가장 작다.

ㄴ. ㉠은 액화열의 방출, ㉢은 융해열의 흡수, ㉲은 승화열의 방출을 나타낸다.

ㄷ. 에스키모인들이 얼음집에 물을 뿌리게 되면 물이 얼면서 방출하는 응고열(㉣)로 인하여 실내가 따뜻해진다.

08. 답 ②

해설 물은 얼면서 응고열(= 융해열)을 방출한다. 이때 두께가 10cm인 얼음의 밑면에서 얼음이 만들어지기 위해서는 밑면의 온도가 얼음이 어는 온도인 0℃이어야 하고, 어는 물이 내보내는 열량과 10cm 두께의 얼음을 통해 바깥으로 전도되는 열량이 같아야 한다.

두께가 x, 질량이 $m(= \rho V = \rho A x)$인 얼음이 녹으면서 흡수하는 열량은 다음과 같다.

$$Q = mH_{융해열} = \rho A x H_{융해열} = 920 × Ax × 80 = 73600Ax$$

이것은 물이 얼면서 방출하는 열량과 같다.

10cm 두께의 얼음을 통해 바깥으로 전도되는 열량 Q'은 다음과 같다.

$$Q' = kA\left(\frac{T_A - T_B}{l}\right)t = 1.44 × A × \left(\frac{0 - (-15)}{0.1}\right)t = 216tA$$

$$Q = Q' \rightarrow 73600Ax = 216tA$$

$$\therefore \frac{x}{t} = 2.9347\cdots × 10^{-3} ≒ 2.93 × 10^{-3}(m/h)$$

즉, 얼음은 시간당 $2.93 × 10^{-3}m$ 씩 언다.

창의력 & 토론마당

168 ~ 171 쪽

01 (1) 0.625 kcal/h (2) 0.02℃

[해설] (1) 방 내부의 온도를 T_{in}, 창문 온도를 T_w, 창문의 면적을 S 라고 하면, l = 12cm 두께의 공기를 이동하는 열량이 모두 창문 밖으로 이동한다고 할 수 있으므로 창문을 통해 단위 시간당 이동하는 열량은 다음과 같다. (유리의 두께는 실내에서 전도되는 거리에 비해 무시할 수 있을 만큼 작다.)

$$\frac{Q}{t} = k_{공기}S\left(\frac{T_{in} - T_w}{l}\right) = 0.02 \times 0.25 \times \left(\frac{20-5}{0.12}\right) = 0.625 \text{ (kcal/h)}$$

(2) L = 0.6cm 의 창문의 안쪽면과 바깥쪽 면의 온도차를 ΔT 라고 하면,

$$\frac{Q}{t} = 0.625 = k_{창문}S\frac{\Delta T}{L} \rightarrow \Delta T = \frac{0.625L}{k_{창문}S}$$

$$\therefore \Delta T = \frac{0.625 \times 0.006}{0.86 \times 0.25} ≒ 0.02(℃)$$

02 T_c = 3.5℃, T_d = −11℃

[해설] 열이 벽을 통해서만 이동하므로 각 접촉면을 지나는 단위 시간당 열량은 같다. 따라서 각 벽을 통과하는 단위 시간당 열량은 다음과 같다.

$$\frac{Q}{t} = k_1 A\left(\frac{T_a - T_b}{L_1}\right) = k_2 A\left(\frac{T_b - T_c}{L_2}\right) = k_2 A\left(\frac{T_c - T_d}{L_2}\right)$$

$$= k_3 A\left(\frac{T_d - T_e}{L_3}\right)$$

$L_3 = 2L_1$, $k_3 = 4k_1$ 이고, T_a = 26℃, T_b = 18℃, T_e = −15℃ 이므로,

$$k_1\left(\frac{26-18}{L_1}\right) = 4k_1\left(\frac{T_d + 15}{2L_1}\right) \rightarrow T_d = -11℃$$

$$k_2 A\left(\frac{18 - T_c}{L_2}\right) = k_2 A\left(\frac{T_c + 11}{L_2}\right) \rightarrow T_c = 3.5℃$$

03 〈해설 참조〉

[해설] 물체에 열을 가하면, 부피가 팽창하면서 물체의 밀도가 변한다. 물체에 작용하는 부력을 F_0 이라고 하면,

$F_0 = V_{물체의 잠긴 부분}\rho_1 g$ 이다(ρ_1은 유체의 밀도).

처음 물체에 작용하는 부력을 F_0, 열을 가한 후 물체에 작용하는 부력을 F' 이라고 하고, 물체의 물에 잠긴 처음 부피를 V_0, V_0 가 팽창한 부피를 V', 유체의 변한 밀도를 ρ' 이라고 하면,

$$V' = V_0(1 + \beta_2 \Delta T), \rho' = \frac{m_{유체}}{V_0(1 + \beta_1 \Delta T)} = \frac{\rho_1}{1 + \beta_1 \Delta T}$$

$$\rightarrow F'(나중 부력) = V'\rho'g = V_0(1 + \beta_2 \Delta T)\left(\frac{\rho_1}{1 + \beta_1 \Delta T}\right)g$$

$$= F_0\frac{1 + \beta_2 \Delta T}{1 + \beta_1 \Delta T}, F_0 = \rho_1 V_0 g = mg \text{ (물체의 중력)}$$

따라서 $\beta_1 > \beta_2$ 일 경우 분모의 변화가 더 크므로 $F' <$ 물체의 중력 이 되어 물체는 가라앉는다.

04 8×10^{-2} m

[해설] 처음 반쪽 길이 l_0 = 2m이고, 40℃ 만큼 온도가 변한 후의 길이 $l = l_0(1 + \alpha\Delta t) = 2(1 + \alpha\Delta t)$이다.

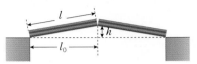

이때 변 l, l_0, h 는 직각 삼각형을 이룬다. 따라서 $h^2 = l^2 - l_0^2$ 가 성립하고, 막대의 길이 변화 정도가 매우 작으므로 다음과 같은 식이 성립한다.

$$l^2 = 2^2(1 + \alpha\Delta t)^2 \simeq 2^2(1 + 2\alpha\Delta t)$$

$$\rightarrow h^2 = l^2 - l_0^2 = 2^2(1 + 2\alpha\Delta t) - 2^2 = 8\alpha\Delta t$$

$$= 8 \times (20 \times 10^{-6}) \times 40 = 64 \times 10^{-4}$$

$$\therefore h = 8 \times 10^{-2}\text{(m)}$$

05 1.306×10^{-2}

[해설] 구리 고리 구멍의 지름과 알루미늄 공의 지름이 같아지면 알루미늄 공이 구리 고리를 빠져나가게 된다.

구리 고리 구멍의 처음 지름 $L_{구0}$ = 5cm, 나중 지름을 $L_구$, 처음 온도 0℃, 선팽창 계수 $\alpha_구$ = 17 × 10^{-6}/℃

알루미늄 공의 처음 지름 $L_{알0}$ = 5.01cm, 나중 지름을 $L_알$, 처음 온도 100℃, 선팽창 계수 $\alpha_알$ = 23 × 10^{-6}/℃, 구리 고리의 질량이 30g = 0.03kg이고, 두 물체가 열평형을 이루었을 때의 온도를 T_f라고 하면,

$L_구 = L_{구0}[1 + \alpha_구(T_f - 0)]$, $L_알 = L_{알0}[1 - \alpha_알(100 - T_f)]$가 된다($\because \Delta L_알 = \alpha_알 L_{알0}\Delta T$, $L_알 = L_{알0} - \Delta L_알$).

$L_구 = L_알$ 이므로, T_f로 정리하면 다음과 같다.

$$T_f = \frac{L_{알0} - L_{구0} - L_{알0}\alpha_알 \cdot 100}{L_{구0}\alpha_구 - L_{알0}\alpha_알}$$

$$= \frac{5.01 - 5 - [5.01 \times (23 \times 10^{-6}) \times 100]}{[5 \times (17 \times 10^{-6})] - [5.01 \times (23 \times 10^{-6})]}$$

$$= \frac{1523 \times 10^{-6}}{30.23 \times 10^{-6}} ≒ 50.38(℃)$$

이때 구리 고리가 흡수한 열량 $Q_구$ 과 알루미늄 구가 방출한 열량 $Q_알$ 는 다음과 같으며, 두 값은 같다.

$Q_구 = m_구 c_구(T_f - 0) = 0.03 \times 50.38 c_구 = 1.5114 c_구$

$Q_알 = m_알 c_알(100 - T_f) = 49.62 m_알 c_알$

구리와 알루미늄의 비열은 각각 $c_구$ = 386J/kg·K, $c_알$ = 900J/kg·K이므로,

$$1.5114 c_구 = 49.62 m_알 c_알$$

$$\therefore m_알 = \frac{1.5114 \times 386}{49.62 \times 900} ≒ 1.306 \times 10^{-2}\text{(kg)}$$

06 (1) 0℃ (2) 2.6℃

해설 (1) 질량 $m_{얼음}$이 50g인 얼음의 처음 온도 $-15℃$, 질량 $m_물$이 200g인 물의 처음 온도 25℃, 평형 상태의 온도 T라고 하고, 이때 외부로의 열의 출입이 없으므로 물이 잃은 열량과 얼음이 얻은 열량은 같다.

㉠ 얼음이 녹지 않은 채 얼음의 녹는점 이하의 온도에서 열평형 상태에 이르는 경우 : 물은 얼지 않고, 얼음도 얼거나 녹지 않는다.

$$Q_물 = m_물 c_물(25 - T) = Q_{얼음} = m_{얼음} c_{얼음}(T + 15)$$

$$\rightarrow T = \frac{25 m_물 c_물 - 15 m_{얼음} c_{얼음}}{m_물 c_물 + m_{얼음} c_{얼음}}$$

$$= \frac{25 \times 4,200 \times 0.2 - 15 \times 2,200 \times 0.1}{4,200 \times 0.2 + 2,200 \times 0.1}$$

$$= \frac{17,700}{1,060} = 16.6981\cdots ≒ 16.7(℃)$$

16.7℃는 얼음의 녹는점보다 높은 온도이다. 즉, 융해열을 고려하지 않아도 0℃보다 높은 결과가 나왔으므로 모순이다.

㉡ 얼음의 일부가 녹은 후 얼음의 녹는점에서 열평형 상태에 이르는 경우 : $T = 0$이 되고, 녹은 얼음의 질량을 m이라고 하면,

$$Q_물 = 25 m_물 c_물, \quad Q_{얼음} = 15 m_{얼음} c_{얼음} + m H_{융해열}$$

$$\rightarrow m = \frac{25 m_물 c_물 - 15 m_{얼음} c_{얼음}}{H_{융해열}}$$

$$= \frac{25 \times 0.2 \times 4,200 - 15 \times 0.1 \times 2,200}{333 \times 10^3}$$

$$= 5.3153\cdots \times 10^{-3} ≒ 5.3 \times 10^{-2}(kg) = 53(g)$$

즉, 얼음 100g 중 53g 녹은 후 0℃에서 열평형 상태에 도달하게 된다.

(2) 얼음을 한 개만 넣는 경우 53g 보다 적은 양이므로 50g이 모두 녹는다해도 나중 온도가 녹는점인 0℃ 이상이 된다.

$$Q_물 = m_물 c_물(25 - T)$$

온도 T까지 50g의 얼음이 녹으면서 얻는 열량은 다음과 같다.

$$Q_{얼음} = m_{얼음} c_{얼음}(0 + 15) + 0.05 c_물(T - 0) + 0.05 H_{융해열}$$

$$\rightarrow Q_{얼음} = 15 m_{얼음} c_{얼음} + 0.05 c_물 T + 0.05 H_{융해열}$$

$Q_물 = Q_{얼음}$이므로,

$$\rightarrow T = \frac{25 m_물 c_물 - 15 m_{얼음} c_{얼음} - 0.05 \times (333 \times 10^3)}{c_물(m_물 + m_{얼음})}$$

$$= \frac{25 \times 0.2 \times 4,200 - 15 \times 0.05 \times 2,200 - 16650}{4,200(0.2 + 0.05)}$$

$$= \frac{2,700}{1,050} ≒ 2.6(℃)$$

01. 0.5	02. ①	03. ⑤	04. ⑤
05. 0.72	06. $2T$	07. $\frac{1}{273}$	08. ③
09. 브라운 운동		10. ㉠, ㉠, ㉡	
11. ⑤	12. ②	13. ③	14. ④
15. ②	16. ⑤	17. ④	18. ③
19. ③	20. ③	21. ②	22. 37.5
23. ③	24. ①	25. ②	
26. 8.6×10^3		27. ③	28. ⑤
29. ④	30. 92.48	31. 0.948	32. 440

01. 답 0.5

해설 금속이 잃은 열량을 $Q_{금속}$, 물이 얻은 열량을 $Q_물$이라고 하면, 물과 금속은 열평형 상태를 이루었으므로 $Q_{금속}$와 $Q_물$는 같다.

$$Q_{금속} = c_{금속} m \Delta t = c_{금속} \times 0.05 \times (200 - 40) = 8 c_{금속}(kcal)$$

$$Q_물 = c_물 m_물 \Delta t = 1 \times 0.2 \times (40 - 20) = 4(kcal)$$

$$\therefore 8 c_{금속} = 4 \quad \rightarrow \quad c_{금속} = 0.5(kcal/kg \cdot ℃)$$

02. 답 ①

해설 물체가 갖는 퍼텐셜 에너지가 모두 물의 온도를 상승시키는 데만 기여하므로, 물체의 퍼텐셜 에너지 U와 물이 얻는 열량 Q가 같다($U = mgh$, $Q = cM\Delta t$).

$$\therefore mgh = cM\Delta t \quad \rightarrow \quad \Delta t = \frac{mgh}{cM}$$

03. 답 ⑤

해설 세 가지 물질은 같은 열원으로 가열하였기 때문에 같은 시간동안 같은 열량을 공급받았다. 각 물질의 열용량 C_A, C_B, C_C는 다음과 같다.

$$C_A = m_A c_A = 0.58 \times 5 = 2.9(kcal/℃)$$

$$C_B = m_B c_B = 0.21 \times 8 = 1.68(kcal/℃)$$

$$C_C = m_C c_C = 0.09 \times 10 = 0.9(kcal/℃)$$

따라서 온도 변화가 가장 큰 그래프 ㉠은 열용량이 가장 작은 물질 C, 온도 변화가 가장 작은 그래프 ㉢은 열용량이 가장 큰 물질인 A이다.

04. 답 ⑤

해설 ⑤ 전도는 충돌에 의해 직접 열을 전달하는 것이다.
① 온도 차가 클수록 열의 이동량이 더 많다.
② 고체, 액체, 기체 모두에서 열의 전도는 일어난다.
③ 열전도율이 클수록 열이 잘 전달된다. 열의 전달이 잘 되지 않도록 열전도율이 작은 재질로 만들어야 한다.
④ 다른 조건이 같을 때 전도에 의해 이동하는 열량 Q는 단면적 A에 비례하고, 길이 l에 반비례한다[$Q = kA\left(\frac{T_A - T_B}{l}\right)t$]. 따라서 단면적이 2배, 길이가 2배가 되는 경우 이동하는 열량은 같다.

05. 답 0.72

해설 $R = \frac{d}{k} \quad \rightarrow \quad d = Rk = 30 \times 0.024 = 0.72(m)$

06. 답 $2T$

해설 흑체 표면에서 방출되는 에너지의 세기 $E = \sigma T^4$ 이다. 에너지 비가 1 : 16이라면, 표면 온도의 비는 1 : 2 가 된다. 따라서 $16E$의 빛에너지를 방출하는 흑체 표면의 온도는 $2T$이다.

07. 답 $\dfrac{1}{273}$

해설 기체의 경우 고체, 액체와는 달리 압력이 일정할 때 기체의 종류에 상관없이 온도 변화에 따라 팽창하는 정도가 같다. 즉, 모든 기체의 부피 팽창 계수 $\beta = \dfrac{1}{273}$ 로 같다.

08. 답 ③

해설 고체의 경우 부피의 팽창 계수는 선팽창 계수의 3배이다($\beta = 3\alpha$). 온도 상승에 의한 고체의 늘어난 부피 ΔV 는 다음과 같다.

$$\Delta V = \beta V_0 \cdot \Delta T = 3\alpha \times L^3 \times 50 = 150\alpha L^3$$

09. 답 브라운 운동

해설 분자 운동설의 간접적 증거인 브라운 운동은 물에 떠 있는 꽃가루의 운동이나 냄새의 확산 현상 등에서 살펴볼 수 있다.

11. 답 ⑤

해설 ㄱ. 열평형에 의해 금속의 비열은 다음과 같이 계산할 수 있다.

$$c_{금} \times m_{금} \times (t_{금} - t) = c_{물} \times m_{물} \times (t - t_{물})$$

$$\therefore c_{금} = \frac{m_{물} \times (t - t_{물})}{m_{금} \times (t_{금} - t)} \times c_{물}$$

∴ 찬물의 처음 온도와 질량을 알면 금속의 비열을 알 수 있다.

ㄴ. 실험 과정에서 금속이 잃은 열량은 모두 물의 온도 변화에 사용되지 않고 일부는 열량계나 외부로 유출되기 때문에 실험 결과로 얻은 금속의 비열은 금속의 실제 비열보다 작다.

ㄷ. 물이 끓고 일정한 시간이 지난 후에 물과 금속의 온도는 열평형 상태를 이루어 온도가 같아지게 된다.

12. 답 ②

해설 ㄱ. 열용량이란 물체의 온도를 1℃ 높이는 데 필요한 열량으로 물체의 질량과 비열을 통해 알 수 있다. 주어진 조건으로는 열용량의 크기를 알 수 없다.

ㄴ. 열량 보존 법칙에 의해 외부와의 열 출입이 없다면 고온의 물체(A)가 잃은 열량과 저온의 물체(B)가 얻은 열량은 같다. 열이 A에서 B로 이동하였으므로, 물체 A가 고온의 물체, B가 저온의 물체가 된다.

ㄷ. 같은 질량, 같은 물질로 이루어진 물체의 온도가 높을수록 열량이 많다. 하지만 주어진 조건만으로는 알 수 없다.

13. 답 ③

해설 길이가 L, 단면적이 A인 금속 막대를 통해 단위 시간 동안 이동(전도)하는 열량은 다음과 같다.

$$\frac{Q}{t} = kA\left(\frac{\Delta T}{L}\right)$$

즉, 열전도율이 클수록, 단면적이 넓을수록, 길이가 짧을수록 이동 열량은 커진다. 각각의 고체 막대의 $\dfrac{kA}{L}$ 값은 다음과 같다.

$$\frac{k_A A_A}{L_A} = 10 \times 10^{-2} \times 0.25 \times \frac{1}{0.4} = 0.0625$$

$$\frac{k_B A_B}{L_B} = : 9.5 \times 10^{-2} \times 0.4 \times 1 = 0.038$$

$$\frac{k_C A_C}{L_C} = 5.6 \times 10^{-2} \times 1 \times \frac{1}{0.5} = 0.112$$

$$\frac{k_D A_D}{L_D} = 8.0 \times 10^{-3} \times 0.5 \times \frac{1}{2} = 0.002$$

$$\frac{k_E A_E}{L_E} = 1.9 \times 10^{-4} \times 2 \times \frac{1}{2.5} = 1.52 \times 10^{-4}$$

$$\therefore C > A > B > D > E$$

14. 답 ④

해설 ㄱ. 그림 (가)의 ㉠지점에서 열평형 온도를 $T_㉠$, 그림 (나)의 ㉡지점에서 열평형 온도를 $T_㉡$라고 하면, 각각의 지점을 기준으로 접촉면에서 주고 받는 열량은 같다.

$$Q_{(가)} = 3kS\left(\frac{100 - T_㉠}{L}\right)t = kS\left(\frac{T_㉠ - 0}{L}\right)t \rightarrow T_㉠ = 75℃$$

$$Q_{(나)} = 2kS\left(\frac{100 - T_㉡}{L}\right)t = 2kS\left(\frac{T_㉡ - 0}{L}\right)t \rightarrow T_㉡ = 50℃$$

∴ ㉡지점에서 열평형 온도는 ㉠지점에서 열평형 온도보다 낮다.

ㄴ. 단위 시간당 막대 B와 C를 통해 이동하는 열량 Q_B, Q_C 는 다음과 같다.

$$\frac{Q_B}{t} = kS\left(\frac{75}{L}\right), \quad \frac{Q_C}{t} = 2kS\left(\frac{100 - 0}{2L}\right) = kS\left(\frac{100}{L}\right)$$

$$\therefore Q_B : Q_C = 75 : 100 = 3 : 4$$

ㄷ. 열전도율이 달라져도 중간 지점에서 열평형 온도는 50℃이다.

$$Q'_{(나)} = 3kS\left(\frac{100 - T'_㉡}{L}\right)t = 3kS\left(\frac{T'_㉡ - 0}{L}\right)t \rightarrow T'_㉡ = 50℃$$

15. 답 ②

해설 레일의 온도 변화가 40℃일 때, 레일이 늘어난 길이는 다음과 같다.

$$\Delta L = \alpha L_0 \cdot \Delta T = 11 \times 10^{-6} \times 25 \times 40 = 0.011(m)$$

즉, 온도가 40℃ 증가할 때, 레일은 25.011m가 되고, 이는 양쪽으로 늘어난 길이가 되므로, 각 방향으로는 0.0055m 씩 늘어나는 것과 같다. 이때 레일과 인접해 있는 레일들도 모두 똑같이 팽창하므로, 한 철로의 늘어난 길이인 0.011m = 1.1cm 만큼 간격을 두면 된다.

16. 답 ⑤

해설 ㄱ. 바이메탈이란 열팽창 정도가 다른 두 금속을 붙여 놓은 것으로 온도가 증가하면 열팽창 정도가 작은 금속 쪽으로 휘어진다. 따라서 구리와 알루미늄으로 만든 바이메탈의 경우 온도가 증가하면 구리 쪽으로 휘어진다.

ㄴ. 철근과 콘크리트의 열팽창 계수는 같다. 따라서 이들을 이용하여 건물을 지을 경우 외부 온도 변화에 대하여 팽창하는 부피 변화가 같기 때문에 건물 내부에 균열이 생기지 않아 안전하다.

ㄷ. 팽창 계수가 클수록 같은 열량에 대해 팽창하는 정도가 더 크다. 따라서 팽창 계수가 가장 큰 알루미늄이 가장 많이 팽창한다.

17. 답 ④

해설 ㄱ. 물질의 용해열은 고체가 액체로 변할 때 흡수하는 숨은열이다. 물질은 2 ~ 4분 동안 공급되는 열(2분 × 100cal = 200cal)을 흡수하여 고체가 액체로 변하였으므로, 용해열은 다음과 같다.

$$Q = mH_{융해열} \rightarrow H_{융해열} = \frac{Q}{m} = \frac{200}{100} = 2\,\text{cal/g} \fallingdotseq 8.4\,\text{J/g}$$

ㄴ. 물질의 어는점과 녹는점은 같다. 따라서 어는점은 40℃이다.

ㄷ. 물질의 끓는점은 80℃이다. 따라서 가열 후 8 ~ 12분 사이에는 액체 상태와 기체 상태가 함께 공존한다.

18. 답 ③

해설 23℃의 고체를 1063℃의 액체로 만들기 위해서는 23℃의 고체를 1,063℃의 고체로 만드는데 필요한 열량 Q_1 과 1,063℃의 고체를 1,063℃의 액체로 상태 변화하기 위해 필요한 열량 Q_2 가 필요하다.

$$Q_1 = cm\Delta t = 0.03 \times 50 \times (1063 - 23) = 1,560(\text{cal})$$
$$Q_2 = mH_{융해열} = 50 \times 15 = 750(\text{cal})$$
$$\therefore Q = Q_1 + Q_2 = 1560 + 750 = 2,310(\text{cal})$$

19. 답 ③

해설 열량계 속의 물이 얻은 열량은
$$Q = cM\Delta t = 1\,\text{cal/g·℃} \times 500\text{g} \times 0.4℃ = 200\,\text{cal}$$
추의 감소한 퍼텐셜 에너지는 추가 2개이므로,
$$\Delta U = 2mgh = 2 \times 8.5\text{kg} \times 9.8\text{m/s}^2 \times 5\text{m} = 833\text{J}$$
외부로 나가는 에너지가 없으므로 열량계 속의 물이 얻은 열량은 추의 감소한 퍼텐셜 에너지와 같다.
$$W = J \cdot Q, \quad 833\text{J} = J \cdot 200\text{cal} \quad \therefore J = 4.165 \fallingdotseq 4.17(\text{J/cal})$$

20. 답 ③

해설 주어진 자료의 금속은 다음과 같다.

금속	밀도(g/cm³)	비열(cal/g·℃)	밀도 × 비열
알루미늄	2.7	0.21	0.567
철	7.86	0.10	0.786
납	11.34	0.03	0.3402

ㄱ. 열을 빼내는 장치에 쓰이기 위해서는 비열이 크고, 열전도도가 커서 외부로 쉽게 열이 전달될 수 있어야 한다. 따라서 알루미늄(A)을 사용하는 것이 가장 효율적이다.

ㄴ. 선팽창 계수는 비열에 반비례하므로, 부피 팽창 계수도 비열에 반비례한다. 따라서 열에 의한 부피 팽창이 가장 많이 되는 금속은 비열이 가장 작은 납(C)이다.

ㄷ. 같은 부피의 금속일 때, 밀도가 클수록 질량이 크다. 온도 변화가 가장 크다는 것은 열용량이 가장 작은 경우가 된다. 이때 열용량은 비열 × 질량이므로, 밀도 × 비열이 가장 작은 납(C)의 경우가 온도 변화가 가장 크다.

21. 답 ②

해설 온도가 상승하면, 부피가 팽창하므로 밀도가 변하지만 물체의 질량은 변하지 않는다. 물체의 처음 밀도가 ρ_0, 온도가 t℃ 상승한 후 밀도가 ρ 이므로, 처음 부피를 V_0, 나중 부피를 V 라고 하고, 물체의 선팽창 계수를 α 라고 하면,
$$\rho_0 V_0 = \rho V = \rho V_0(1 + \beta t) = \rho V_0(1 + 3\alpha t)$$
$$= \rho V_0 + \rho V_0 \cdot 3\alpha t$$
$$\therefore \alpha = \frac{\rho_0 V_0 - \rho V_0}{3t\rho V_0} = \frac{\rho_0 - \rho}{3t\rho}$$

22. 답 37.5

해설 벽으로부터 철선까지의 거리 L_0 가 일정하기 위해서는 같은 온도 변화에 대하여 두 선이 같은 길이만큼 늘어나야 한다. 철선의 처음 길이 $l_{철} = 50$cm, 철의 선팽창 계수 $\alpha_{철} = 12 \times 10^{-6}$K^{-1} 이고, 구리선의 처음 길이 $l_{구리}$, 구리의 선팽창 계수 $\alpha_{구리} = 16 \times 10^{-6}$K^{-1} 일 때 $\Delta L = \alpha L_0 \cdot \Delta T$ 이므로, 다음 식이 성립한다.
$$\alpha_{철} l_{철} \cdot \Delta T = \alpha_{구리} l_{구리} \cdot \Delta T$$
$$\rightarrow (12 \times 10^{-6})(50\text{cm}) = (16 \times 10^{-6})(l_{구리}) \quad \therefore l_{구리} = 37.5 \text{ (cm)}$$

23. 답 ③

해설 T_A, T_B, T_C 는 각각 물체 A, B, C의 어는점으로 온도가 일정한 구간에서는 액체가 고체 상태로 변하는 데만 열에너지가 쓰이므로 온도 변화가 없다.

ㄱ. 질량이 모두 같기 때문에 시간에 따른 온도 변화가 클수록 비열이 작다. 즉, 그래프의 기울기가 급할수록 비열이 작다. 물체 A는 어는점에 도달하기 전 그래프의 기울기보다 어는점이 지난 후 그래프의 기울기가 더 크다. 따라서 액체일 때의 비열이 고체일 때의 비열보다 크다.

ㄴ. 액체 상태일 때의 비열은 A > C > B 순이고, 고체 상태일 때의 비열은 A > B > C 순이다. 따라서 비열은 고체 상태일 때와 액체 상태일 때 모두 물체 A가 가장 크다.

ㄷ. 상태 변화하는데 걸린 시간이 길수록 많은 열이 필요한 것이므로, 융해열이 큰 것이다. 따라서 융해열은 B > C > A 순이다.

24. 답 ①

해설 열량 보존 법칙에 의해 물이 잃은 열량과 얼음이 얻은 열량은 같다. 이때 얼음은 고체가 액체가 되면서 융해열을 흡수하여 0℃ 액체 상태인 물이 되고, 이 물이 열을 흡수하여 열평형 상태에 이른다. 따라서 물이 잃은 열량 Q_1, 얼음이 얻은 열량 Q_2는 다음과 같다.
$$Q_1 = cm(100 - T), \quad Q_2 = mH + cm(T - 0)$$
$$\rightarrow cm(100 - T) = mH + cm(T - 0)$$
$$\therefore T = \frac{100c - H}{2c} = 50 - \frac{H}{2c}$$

25. 답 ②

해설 외부와의 열의 출입이 없으므로 처음 온도가 가장 높았던 물체 B가 잃은 열량 Q_B 와 물체 A와 열량계 속 물이 얻은 열량(Q_A + $Q_물$)은 같다. 열량계 속 물의 열용량을 C라고 하면,
$$Q_A = 3c \times M \times (50 - 5), \quad Q_B = 2c \times 3M \times (90 - 50)$$
$$Q_물 = C \times (50 - 15)$$
$$2c \times 3M \times (90 - 50) = 3c \times M \times (50 - 5) + C \times (50 - 15)$$
$$105cM = 35C \rightarrow C = 3cM$$

26. 답 8.6×10^3

해설 $2000\text{kcal} = 2 \times 10^6 \text{cal}$
$$Q = 2 \times 10^6 \times 4.2 = 8.4 \times 10^6 \text{J}$$
역기를 들어올리는 횟수를 n이라고 할 때, 한 일 W는 다음과 같다.
$$W = nmgh = (50 \times 9.8 \times 2)n$$
$$\therefore n = \frac{8.4 \times 10^6}{50 \times 9.8 \times 2} = 8.5714\cdots \times 10^3 \fallingdotseq 8.6 \times 10^3(\text{번})$$

27. 답 ③

해설 단위 면적당 이동하는 열의 양은 일정하다. 즉, 온도가 높은 열원에서 전도되는 열량과 온도가 낮은 열원에서 전도되는 열량이 같다. A와 B의 접촉 지점에서의 온도를 T 라고 하면,

$$k_A S\left(\frac{T_1 - T}{L}\right)t = k_B S\left(\frac{T - T_2}{L}\right)t$$

$$k_B = 2k_A \rightarrow k_A(T_1 - T) = 2k_A(T - T_2)$$

$$3T = T_1 - 2T_2 \rightarrow T = \frac{1}{3}T_1 + \frac{2}{3}T_2$$

예를 들어 $T_1 = 90℃$, $T_2 = 30℃$ 라면, T 는 50℃가 되므로, 두 온도의 중간 온도인 60℃ 보다 낮은 온도가 되므로, ③번과 같은 그래프가 된다.
(열전도율과 온도차는 반비례 관계이므로, 열전도율이 클수록 거리에 따른 온도 변화는 작아진다. 주어진 문제에서 열전도율의 비가 1 : 2이므로, 온도 기울기는 2 : 1이 된다.)

28. 답 ⑤

해설 ㄱ. 물체의 온도 변화가 Δt 라면 물체가 받은 열량 $Q = C\Delta t$ 이다. 따라서 $Q = C\Delta t \rightarrow C = \dfrac{Q}{\Delta t}$ 이므로, 온도-열량 그래프의 기울기의 역수가 열용량이 된다. 물체 A와 B의 열용량은 다음과 같다.

$$C_A = \frac{4Q_0}{1.5T_0} = \frac{8Q_0}{3T_0}, \; C_B = \frac{4Q_0}{T_0}$$

$$\therefore C_A : C_B = \frac{8}{3} : \frac{4}{1} = 2 : 3$$

ㄴ. 물체의 열용량 $C = $ 비열(c) × 질량(m) 이다. 물체 A의 질량이 m, B의 질량이 $2m$이라면 비열비는 다음과 같다.

$$2 : 3 = c_A \cdot m : c_B \cdot 2m \rightarrow c_A : c_B = 4 : 3$$

ㄷ. 두 물체를 접촉시킨 후 열평형에 도달하였으므로, 온도가 높은 물체 B가 잃은 열량과 물체 A가 얻은 열량은 같다. 열평형 온도를 T 라고 하면,

$$\frac{8Q_0}{3T_0}(T - T_0) = \frac{4Q_0}{T_0}(4T_0 - T) \quad \therefore T = \frac{14}{5}T_0 = 2.8T_0$$

29. 답 ④

해설 합금의 온도를 1℃ 올리는 데 필요한 열량 Q 는 금과 은의 온도를 각각 1℃ 높이는데 필요한 열량 $Q_금$, $Q_은$의 합이다.

$Q_금 = 5 × 0.03 × 1 = 0.15$, $Q_은 = 10 × 0.06 × 1 = 0.6$

$Q = mc\Delta t = 15 × c_{합금} × 1 = 15c_{합금} \rightarrow 0.15 + 0.6 = 15c_{합금}$,

$\therefore c_{합금} = 0.05\,\text{kcal/kg·℃} = 0.05 × 4,200 = 210\,\text{J/kg·℃}$

30. 답 92.48

해설 단열재를 대기 전 벽에서 단위 시간당 방출되는 열량 Q_0는 다음과 같다.

$$\frac{Q_0}{t} = kS\left(\frac{\Delta T}{l}\right) = (1.86 × 10^{-4})S\left(\frac{\Delta T}{0.25}\right) = (7.44 × 10^{-4})S\Delta T$$

단열재를 댄 후 벽에서 단위 시간 당 방출되는 열량 Q 는 같은 시간 동안 벽을 통해 전도되는 열량 Q_1과 단열재를 통해 밖으로 전도되는 열량 Q_2는 같다($Q = Q_1 = Q_2$). 실내 온도를 T_1, 실외 온도를 T_2, 벽과 단열재 사이의 온도를 T_f 라고 하면, 각각의 단위 시간당 열량은 다음과 같다.

$$\frac{Q_1}{t} = kS\left(\frac{T_1 - T_f}{0.1}\right) = (0.06 × 10^{-4})S\left(\frac{T_1 - T_f}{0.1}\right)$$

$$= (0.6 × 10^{-4})S(T_1 - T_f) \;\cdots\; ㉠$$

$$\frac{Q_2}{t} = kS\left(\frac{T_f - T_2}{0.25}\right) = (1.86 × 10^{-4})S\left(\frac{T_f - T_2}{0.25}\right)$$

$$= (7.44 × 10^{-4})S(T_f - T_2) \;\cdots\; ㉡$$

$\Delta T = T_1 - T_2$ 이므로, ㉠과 ㉡을 ΔT 식으로 정리하면,

$$12.4 × ㉠ + ㉡ = \frac{12.4Q_1}{t} + \frac{Q_2}{t} = \frac{13.4Q_1}{t} = \frac{13.4Q}{t}$$

$$= (7.44 × 10^{-4})S(T_1 - T_2)$$

$$\therefore \frac{Q}{t} = 0.5552 × 10^{-4}\Delta T \fallingdotseq 0.56 × 10^{-4}\Delta T$$

따라서 처음에 비해 단위 시간 당 방출되는 열량은 $\dfrac{0.56}{7.44} × 100$ $\fallingdotseq 7.52(\%)$ 가 되므로, 92.48% 줄어든다.

31. 답 0.948

해설 철로 된 용기의 부피를 V_1 이라고 하면, 글리세린의 처음 부피도 V_1 이 된다. 이때 철의 부피 팽창 계수 $\beta_철$ 은 선팽창 계수의 3배(3α)이다.

30℃로 가열한 후 용기의 증가한 부피 $\Delta V_1 = 3\alpha V_1(30 - 20)$

30℃로 가열한 후 글리세린의 증가한 부피 $\Delta V_2 = \beta V_1(30 - 20)$ 가 되고, 글리세린이 넘치는 양은 두 부피의 차이만큼이다.

$$\therefore \Delta V_2 - \Delta V_1 = (\beta - 3\alpha)V_1(30 - 20)$$

$$= [(5.1 × 10^{-4}) - 3(12 × 10^{-6})] \cdot 200\text{cm}^3 \cdot 10℃$$

$$= 0.948\text{cm}^3$$

32. 답 440

해설 20℃에서 반지름이 0.01cm 더 큰 강철 막대가 황동 고리를 통과하기 위해서는 열팽창 후 황동 고리의 내부 지름과 강철 막대의 지름이 같아져야 한다.

황동 고리 구멍의 처음 반지름 $R_{동0} = 2.99$cm, 나중 반지름을 $R_동$, 처음 온도 20℃, 선팽창 계수 $\alpha_동 = 19 × 10^{-6}$/℃

강철 막대의 처음 지름 $R_{철0} = 3$cm, 나중 지름을 $R_철$, 처음 온도 20℃, 선팽창 계수 $\alpha_철 = 11 × 10^{-6}$/℃ 이고, 두 물체가 열평형을 이루었을 때의 온도를 T_f라고 하면,

$R_동 = R_{동0}[1 + \alpha_동(T_f - 20)]$, $R_철 = R_{철0}[1 + \alpha_철(T_f - 20)]$가 된다.

$R_동 = R_철$ 이므로, T_f로 정리하면 다음과 같다.

$$T_f - 20 = \frac{R_{철0} - R_{동0}}{R_{동0}\alpha_동 - R_{철0}\alpha_철}$$

$$= \frac{3 - 2.99}{[2.99 × (19 × 10^{-6})] - [3 × (11 × 10^{-6})]}$$

$$\fallingdotseq 420(℃)$$

$$\therefore T_f = 420 + 20 = 440(℃)$$

9강. 기체 분자 운동

1. 압력, 절대 온도   2. 아보가드로 수   3. 부분압
4. 절대 온도   5. ㉠, ㉡   6. 내부 에너지

1. 1   2. $\frac{1}{6}$ 3. 0.2, 0.8
4. 4   5. 483   6. 몰수, 절대 온도

개념확인

01. 답 압력, 절대 온도
해설 기체의 양이 일정할 때 기체의 부피는 압력에 반비례하고, 기체의 절대 온도에 비례한다.

02. 답 아보가드로 수
해설 표준 상태 0℃, 1기압에서 1mol의 분자수는 아보가드로 수이다. 실험에 의해 아보가드로 수 N_0는 다음과 같이 정의 되었다.
$$N_0 = 6.02 \times 10^{23}/mol$$

확인 +

01. 답 1
해설 기체의 부피는 온도에 비례하고, 압력에 반비례한다. 따라서 온도와 압력이 각각 2배로 증가하면, 부피는 변하지 않는다.

02. 답 $\frac{1}{6}$
해설 0℃, 1기압에서 기체 1mol의 부피는 22.4L이므로,
$$R = \frac{PV}{nT} \rightarrow \frac{1기압 \times 22.4L}{1mol \times 273K} = \frac{P \times 44.8L}{1mol \times 91K} \therefore P = \frac{1}{6} (기압)$$

03. 답 0.2, 0.8
해설 돌턴의 부분압 법칙에 의해 전체 부피에 작용하는 압력은 각 기체의 부분압의 합과 같다.

04. 답 4
해설 기체 분자들의 속력이 2배가 되면 운동 에너지($\frac{1}{2}mv^2$)는 4배가 된다. 이때 운동 에너지는 절대 온도에 비례하므로($E_k = \frac{3}{2}kT$) 기체의 온도도 4배가 된다. 이때 보일·샤를 법칙($\frac{P_0V_0}{T_0} = \frac{PV}{T}$ = 일정)에 의해 기체의 부피가 일정할 때, $\frac{P_0}{T_0} = \frac{P}{T}$ = 일정하다. 따라서 기체의 압력도 4배가 된다.

05. 답 483
해설 기체 분자의 평균 속력 $v = \sqrt{\overline{v^2}} = \sqrt{\frac{3RT}{M}}$ (m/s)

$$\therefore v (산소 분자) = \sqrt{\frac{3 \times 8.3 \times 300}{32 \times 10^{-3}}} ≒ 483 (m/s)$$

06. 답 몰수, 절대 온도
해설 한 개의 원자로 이루어진 단원자 분자로 된 이상 기체 n mol의 분자수 N, 절대 온도가 T 일 때, 내부 에너지가 U 로 하자.
$$U = N \cdot \frac{3}{2}kT = \frac{3}{2}nRT \text{ (J)}$$
즉, 내부 에너지는 기체의 몰수와 절대 온도에 따라 결정된다.

01. (1) O (2) X (3) O   02. ⑤
03. (1) O (2) X (3) O (4) X   04. ④
05. ⑤   06. ③   07. ③   08. ④

01. 답 (1) O (2) X (3) O
해설 (1) 기체의 양과 온도가 일정할 때, 기체의 부피는 압력에 반비례한다(보일 법칙). 따라서 압력이 2배가 되면, 부피는 $\frac{1}{2}$ = 0.5배가 되고, 질량이 일정할 때, 밀도는 부피와 반비례 관계이므로($\rho = \frac{질량}{부피}$), 기체의 밀도는 2배가 된다.
(2) 기체의 압력이 일정할 때, 기체의 부피는 절대 온도에 비례한다 기체의 온도가 30℃ = 303K에서 60℃ = 333K로 증가하였으므로, 기체의 부피는 $\frac{333}{303} = \frac{111}{101}$배가 된다.
(3) 기체의 부피가 일정할 때, $\frac{P_0}{T_0} = \frac{P}{T}$ = 일정하다. 기체의 온도가 27℃ = 300K에서 327℃ = 600K로 2배 증가하였으므로, 기체의 압력도 2배가 된다.

02. 답 ⑤
해설 보일·샤를 법칙($\frac{P_0V_0}{T_0} = \frac{PV}{T}$ = 일정)에 의해 기체의 양이 일정할 때, 기체의 부피는 압력에 반비례하고, 기체의 절대 온도에 비례한다. 온도가 같을 때, 기체 A의 부피가 가장 크므로, 압력은 가장 작다. 따라서 압력의 크기는 $P_C > P_B > P_A$이다.

03. 답 (1) O (2) X (3) O (4) X
해설 (1), (4) 분자의 크기를 무시할 수 있으며, 이상 기체를 계속 냉각 시키면 그 부피가 절대 온도에 비례하여 감소하다가, 0K 에서 기체의 부피는 0이 된다. 기체 분자 사이에 퍼텐셜 에너지가 존재하지 않으므로 기체 분자들은 독립적인 운동을 한다.
(2) 이상 기체는 상태 변화가 없다. 즉, 냉각 및 압축시켜도 액화, 응고가 일어나지 않는다.
(3) 기체 분자들끼리 충돌하여도 기체 분자의 운동 에너지는 변하지 않는 탄성 충돌을 하므로 반발 계수는 1이다.

04. 답 ④
해설 ㄱ. $n = \frac{PV}{RT} = \frac{1.5 \times 10^4 \times 8.31}{8.31 \times (273 + 27)} = 50(mol)$

ㄴ. 기체의 압력과 부피가 모두 2배로 증가하면 온도는 처음 온도의 4배가 되므로, $4 \times (27 + 273) = 1{,}200\text{K} = 927(℃)$ 이다.

ㄷ. 부피를 일정하게 하고, 온도를 $327℃ = 600\text{K}$로 높이면, 온도가 2배로 높아졌으므로 압력도 2배가 된다. 따라서 $3 \times 10^4 \text{N/m}^2$이 된다.

05. 답 ⑤

해설 $P = \dfrac{1}{3}\dfrac{Nm\overline{v^2}}{V}$이고, 밀도$\rho = \dfrac{Nm}{V}$이므로, $P = \dfrac{1}{3}\rho v^2$이다.

따라서 기체 분자의 평균 속력 $v = \sqrt{\overline{v^2}} = \sqrt{\dfrac{3P}{\rho}}$ (m/s)

$\therefore v = \sqrt{\dfrac{3 \times 1.013 \times 10^5}{1.013}} \fallingdotseq 548$ (m/s)

06. 답 ③

해설 ㄱ. 고정핀을 제거한 후에도 칸막이가 이동하지 않았으므로 A와 B의 압력은 같다($P_\text{A} = P_\text{B}$).

ㄴ, ㄷ. 이상 기체의 상태 방정식 $PV = nRT \rightarrow n = \dfrac{PV}{RT}$이고, A와 B의 압력과 부피는 같으므로,

$\therefore n_\text{A} : n_\text{B} = \dfrac{PV}{RT_\text{A}} : \dfrac{PV}{RT_\text{B}} = 3 : 2 \rightarrow T_\text{A} : T_\text{B} = 2 : 3$

기체 분자 1개의 평균 운동 에너지 $E_k = \dfrac{3}{2}kT$로, 절대 온도에 비례하므로, B의 기체 분자 1개의 평균 운동 에너지가 A보다 크다.

내부 에너지 $U = \dfrac{3}{2}nRT$이므로, 몰수와 온도의 곱에 비례한다.

따라서 $3 \times 2 : 2 \times 3 = 1 : 1$로, 내부 에너지는 같다.

07. 답 ③

해설 액체 표면에서 액체가 기체 상태로 계속 기화하는 것을 증발이라고 한다. 증발로 벗어나는 분자들은 평균 운동 에너지가 높고, 평균 운동 에너지가 낮은 분자들이 액체 속에 남게 되어 온도가 낮아지게 된다. 즉, 증발은 높은 에너지를 가진 분자들이 벗어나기 때문에 생기는 일종의 냉각 과정이라고 볼 수 있다.

08. 답 ④

해설 ㄱ. 기체 분자들의 속력이 2배가 되면 운동 에너지는 4배가 된다. 이때 운동 에너지는 절대 온도에 비례하므로($E_k = \dfrac{3}{2}kT$) 기체의 온도도 4배가 된다.

ㄴ. 변형되지 않는 단열 용기 안에 있으므로 기체의 부피는 변하지 않는다. 이때 기체 분자의 평균 운동 에너지는 온도에 의해서만 결정되므로($\dfrac{1}{2}mv^2 = \dfrac{3}{2}kT$) 기체의 온도가 상승하면 기체 분자의 평균 운동 에너지가 증가하므로 평균 속력이 증가한다.

ㄷ. 이상 기체의 내부 에너지는 기체 분자들의 운동 에너지와 같다. 이상 기체 A, B의 운동 에너지는 각각 다음과 같다.

$E_{\text{A}k} = \dfrac{3}{2}n_\text{A}RT_\text{A} = \dfrac{3}{2} \times 1 \times R \times 2T = 3RT$

$E_{\text{B}k} = \dfrac{3}{2}n_\text{B}RT_\text{B} = \dfrac{3}{2} \times 2 \times R \times 3T = 9RT$

따라서 이상 기체의 내부 에너지는 B가 A보다 크다.

[유형9-1] 답 ③

해설 ㄱ. 샤를 법칙에 의해 (가) 과정에서는 기체의 양과 압력이 일정할 때 기체의 부피는 절대 온도에 비례한다. 이때 $V_2 > V_1$이므로, $T_2 > T_1$이다. (나) 과정에서는 보일 법칙에 의해 온도가 일정할 때, 기체의 부피와 압력은 반비례 관계이다. 이때 부피가 감소했으므로($V_2 > V_3$), $P_2 > P_1$로 압력은 증가한다.

ㄴ. (가) 과정에서 기체의 질량이 일정할 때 부피가 증가했으므로 기체의 밀도는 감소한다.

ㄷ. 기체의 내부 에너지는 기체의 온도와 몰수에 따라 결정된다. 기체의 몰수는 일정(기체의 양은 일정)하고 (가) 과정에서는 온도가 증가하였으므로 내부 에너지가 증가하지만, (나) 과정에서는 온도 변화가 없으므로 내부 에너지가 일정하다.

01. 답 ⑤

해설 ㄱ. A는 절대 온도 0K, 섭씨 온도 −273℃이고, B는 절대 온도 273K, 섭씨 온도 0℃이다.

ㄴ. 기체의 압력이 일정할 때, 기체의 부피는 절대 온도에 비례한다는 법칙은 샤를 법칙이다.

ㄷ. 온도가 같을 때 부피와 압력은 반비례 관계이다. 부피비가 $3 : 2$이므로, $P_⊙ : P_⊙ = \dfrac{1}{3} : \dfrac{1}{2} \rightarrow P_⊙ : P_⊙ = 2 : 3$이다.

02. 답 ③

해설 칸막이는 양쪽의 압력이 같아지는 곳에서 멈춘다. 주어진 문제에서 오른쪽 공기만 가열하였으므로 오른쪽 공기의 압력이 커지기 때문에 칸막이는 왼쪽으로 이동하게 된다. 이때 칸막이가 이동한 거리를 x라고 하면, 다음 그림과 같이 된다.

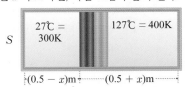

따라서 왼쪽 부피는 $S(0.5 - x)$, 오른쪽 부피는 $S(0.5 + x)$가 되고, 기체의 양이 일정하므로, 보일·샤를 법칙 $\left(\dfrac{P_0V_0}{T_0} = \dfrac{PV}{T} = \text{일정}\right)$을 적용하면 다음과 같다.

$\dfrac{2 \times 0.5S}{300} = \dfrac{PS(0.5 - x)}{300} \rightarrow 1 = P(0.5 - x) \cdots ⊙$

$\dfrac{2 \times 0.5S}{300} = \dfrac{PS(0.5 + x)}{400} \rightarrow 4 = 3P(0.5 + x) \cdots ⊙$

⊙과 ⊙을 연립하면, $3P = 7 \rightarrow P = \dfrac{7}{3}$ (기압)

따라서 $x = 0.0714\cdots \fallingdotseq 0.07(\text{m}) = $ 약 7cm 왼쪽으로 이동한다.

[유형9-2] 답 ⑤

해설 A → B 과정에서 온도와 부피가 모두 3배로 증가한다. 이때 이상 기체의 상태 방정식 $R = \dfrac{PV}{nT}$ = 일정에 의해 압력은 일정하게 유지된다.(④, ⑤)

B → C 과정은 부피가 일정하므로, 압력과 절대 온도가 비례한다.

$$\frac{P_A V_0}{T_0} = \frac{3P_B V_0}{3T_0} = \frac{3P_C V_0}{T_0} \rightarrow P_A = P_B = 3P_C$$

즉, B → C 과정은 부피가 일정하고, 압력이 3배로 증가하는 과정이다. 따라서 ⑤ 그래프가 가장 적절하다.

03. 답 ③

해설 A는 이상 기체, B는 실제 기체를 나타낸다.

ㄱ. 이상 기체(A)의 압력, 부피, 절대 온도의 관계는 보일·샤를의 법칙을 따른다. 따라서 온도가 일정할 때 부피는 압력에 반비례한다. 실제 기체(B)의 경우, 온도가 매우 낮아지면 액체 상태로 변화되는 양이 생기면서 대부분 보일·샤를의 법칙을 따르지 않는다. 하지만 충분히 낮은 압력과 높은 온도에서는 이상 기체와 거의 유사한 성질을 가진다.

ㄴ. 실제 기체(B)는 압력이 높아지면 액체로 상태가 변하여 부피가 매우 작아진다.

ㄷ. 실제 기체(B)는 분자 사이에 인력이 작용한다.

04. 답 ④

해설 이상 기체의 상태 방정식 $PV = nRT \rightarrow n \propto \dfrac{PV}{T}$ 가 성립한다. 따라서 $n_A : n_B$ 는 다음과 같다.

$$n_A : n_B = \frac{P_A V_A}{T_A} : \frac{P_B V_B}{T_B} = \frac{1 \times 3}{300} : \frac{3 \times 1}{900} = 3 : 1$$

[유형9-3] 답 ④

해설 ㄱ. 기체 분자가 1회 왕복하는 데 걸리는 시간 $\varDelta t = \dfrac{2L}{v_x}$ 이므로, 이는 충돌과 충돌 사이의 주기 T 가 된다. 따라서 1초 동안 한 쪽 벽면에 충돌하는 횟수 $n = \dfrac{1}{T} = \dfrac{v_x}{2L}$ 이다.

ㄴ. 완전 탄성 충돌을 하므로, 처음 속도가 v_x 라면, 충돌 후의 속도는 $-v_x$ 가 된다. 따라서 분자 1개가 벽에 충돌할 때 운동량의 변화량의 크기 $\varDelta p = mv_x - (-mv_x) = 2mv_x$

ㄷ. 분자 1개가 벽에 작용하는 평균적인 힘을 f 라고 할 때, T 초 동안 1번 충돌하므로 충격량은 $f \cdot T$ 가 되고, 이는 운동량의 변화량과 같다.

$$\therefore f \cdot \varDelta t = f \cdot T = \varDelta p \rightarrow f = \frac{\varDelta p}{T} = 2mv_x \times \frac{v_x}{2L} = \frac{mv_x^2}{L}$$

05. 답 ②

해설 이산화황 기체(SO_2)의 분자량은 $32 + (2 \times 16) = 64$, 메탄 기체(CH_4)의 분자량은 $12 + (1 \times 4) = 16$ 이다. 기체 분자의 평균 속력 $v = \sqrt{\overline{v^2}} = \sqrt{\dfrac{3RT}{M}}$ (m/s) 이므로, 온도가 같을 경우 평균 속력은 분자량의 제곱근에 반비례한다.

$$\therefore v_A : v_B = \sqrt{M_B} : \sqrt{M_A} = 4 : 8 = 1 : 2$$

06. 답 ②

해설 맥스웰의 기체 분포 곡선은 특정 온도에서 기체 분자의 분포를 분자의 속력에 따라 나타낸 것이다.

ㄱ. 최빈 속력이란 가장 많은 기체 분자들이 가진 속력을 의미하며, 그래프에서 최댓값의 속력이다. 그래프는 이 최빈 속력에 대해 대칭을 이루지 않는다.

ㄷ. 같은 온도일 때 질량이 작은 분자일수록 속력 분포 영역이 넓다.

[유형9-4] 답 ①

해설 단원자 분자 이상 기체의 내부 에너지 $U = \dfrac{3}{2}nRT$ (J)이다. 즉, 절대 온도에 비례한다.

A → B 과정에서 부피는 일정하고, 압력은 3배가 되었으므로 절대 온도도 3배로 증가한다. 따라서 내부 에너지도 3배로 증가한다 (①, ②, ③).

B → C 과정은 온도가 일정하므로 내부 에너지도 일정하다(①, ③).

C → A 과정은 압력이 일정한 과정으로 부피와 절대 온도는 비례한다. 따라서 부피가 $\dfrac{1}{3}$ 배가 되었으므로, 절대 온도도 $\dfrac{1}{3}$ 배가 되고, 내부 에너지도 $\dfrac{1}{3}$ 배로 감소한다. 따라서 ① 그래프가 가장 적절하다.

07. 답 ②

해설 실린더는 단열되어 있으므로 칸막이를 제거하면 온도가 높은 A가 잃은 열량과 온도가 낮은 B가 얻은 열량은 같다. 이때 같은 종류의 단원자 분자이므로 비열은 같고, 기체의 질량은 몰 수에 비례하므로 두 기체의 질량비는 2 : 3이 된다. 칸막이를 제거한 후 열평형 온도를 T_c 라고 하면,

$$c \times 2m \times (3T - T_c) = c \times 3m \times (T_c - T), \quad \therefore T_c = \frac{9}{5}T$$

단원자 분자 이상 기체의 내부 에너지 $U = \dfrac{3}{2}nRT$ (J)이므로,

$$U_A : U_B : U_C = \frac{3}{2} \cdot 2R \cdot 3T : \frac{3}{2} \cdot 3R \cdot T : \frac{3}{2} \cdot 5R \cdot \frac{9}{5}T = 2 : 1 : 3$$

08. 답 ③

해설 ㄱ. A에서 B 과정에서 압력은 P 로 일정하고, 온도는 $3T$ 에서 T 로 $\dfrac{1}{3}$ 배 낮아졌으므로, 단원자 분자 이상 기체의 내부 에너지 $U = \dfrac{3}{2}nRT$에 의해 기체의 내부 에너지도 $\dfrac{1}{3}$ 배 감소한다.

ㄴ. 이상 기체의 상태 방정식 $R = \dfrac{PV}{nT}$ = 일정에 의해 압력은 P 로 일정하고, 온도는 T 로 감소하였으므로, 부피는 $\dfrac{1}{3}$ 로 감소한다.

ㄷ. $\dfrac{1}{2}mv^2 = \dfrac{3}{2}kT$ 이므로, 온도가 낮아지면 분자 1개의 평균 속력과 평균 운동 에너지 모두 감소한다.

01 (1) $\dfrac{390}{T}$ (2) 1,027℃

[해설]

부피 : $100m^3$
밀도 : ρ
압력 : 1기압
온도 : T K
몰수 : n

공기가 출입하는 열기구
내부 공기의 물리량

부피 : $100m^3$
밀도 : 1.3 kg/m^3
압력 : 1기압
온도 : 27 + 273 = 300K
몰수 : n_0

열기구와 같은 부피의 외부
공기의 물리량

(1) 열기구 내의 공기의 온도가 올라가면 공기의 부피가 팽창하지만 열기구의 부피는 $100m^3$ 로 고정되어 있으므로 일정량의 공기는 밖으로 빠져나가게 된다. 이때 열기구의 아래 부분은 열려 있으므로 열기구 내의 압력은 대기압인 1기압과 같다.

이상 기체의 상태 방정식 $PV = nRT \rightarrow n = \dfrac{PV}{RT}$ 이고, 부피가 같은 기구 내부와 외부의 공기의 몰수 비는 다음과 같다.

$$\therefore n : n_0 = \dfrac{1 \times 100}{RT} : \dfrac{1 \times 100}{R \cdot 300} = \dfrac{100}{T} : \dfrac{1}{3} = 300 : T$$

몰질량이 M, 질량이 m인 기체의 몰수 $n = \dfrac{m}{M} \rightarrow m = nM$ 이므로, 몰수는 질량에 비례하고, 밀도 = $\dfrac{\text{질량}}{\text{부피}}$ 이다. 현재 외부 공기의 밀도가 1.3이므로, 내부와 외부의 공기 밀도의 비는 다음과 같다.

$$\rho : 1.3 = \dfrac{n}{100} : \dfrac{n_0}{100} = 300 : T \quad \therefore \rho = \dfrac{390}{T}$$

(2) 열기구는 (열기구 + 열기구 내부의 공기)의 질량이 동일한 부피의 대기의 질량보다 작을 때 상승하게 된다(부력이 더 커지므로). 질량은 부피 × 밀도이고, 열기구의 질량은 100kg, 부피는 $100m^3$이므로 다음과 같은 식이 성립한다.

$$100 + 100\rho \leq 100 \times 1.3 \rightarrow 100 + 100 \times \dfrac{390}{T} \leq 130$$

$$\therefore T \geq 1,300(K) = 1,027(℃)$$

02 5.6기압

[해설] 돌턴의 부분압 법칙에 의해 한 용기에 여러 종류의 기체가 섞여있을 때, 성분 기체가 화학 반응을 하지 않는 경우 각 기체는 독립적으로 압력을 작용하며 이러한 성분 기체의 부분압의 합이 용기가 받는 압력이 된다.

이상 기체의 상태 방정식 $PV = nRT \rightarrow n = \dfrac{PV}{RT}$ 이므로, 차단 장치를 한 상태에서 각 용기에 들어 있는 몰수는 다음과 같다.

A 용기 : He의 몰 수 = $\dfrac{1기압 \times 1L}{RT}$, Ar의 몰 수 = $\dfrac{3기압 \times 1L}{RT}$,

B 용기 : He의 몰 수 = $\dfrac{2기압 \times 4L}{RT}$, Ne의 몰 수 = $\dfrac{4기압 \times 4L}{RT}$

차단 장치를 열면 부피는 5L가 되고, 이때 각 기체의 부분압은 다음과 같다.

$$P_{He} = \dfrac{nRT}{V} = \dfrac{1}{5} \times \left(\dfrac{1}{RT} + \dfrac{8}{RT} \right) \times RT = \dfrac{9}{5}$$

$$P_{Ar} = \dfrac{1}{5} \times \dfrac{3}{RT} \times RT = \dfrac{3}{5}, \quad P_{Ne} = \dfrac{1}{5} \times \dfrac{16}{RT} \times RT = \dfrac{16}{5}$$

$$\therefore P = P_{He} + P_{Ar} + P_{Ne} = \dfrac{9 + 3 + 16}{5} = 5.6 \text{(기압)}$$

03 $42cm^3$

[해설] 호수 물의 밀도가 ρ로 균일하므로, 깊이가 $h = 30m$인 호수 바닥에서 압력 $P_b = $ 대기압(P_0) + (ρgh) 이다.

이상 기체의 상태 방정식 $PV = nRT \rightarrow n = \dfrac{PV}{RT}$ 는 일정하므로, 수면에서의 온도 $T_t = 273 + 27 = 300K$, $T_b = 273 + 7 = 280K$ 이고, 호수 바닥에서 공기 방울의 부피를 V_b, 수면에서의 부피를 V_t 라고 하면,

$$\dfrac{P_b V_b}{RT_b} = \dfrac{P_t V_t}{RT_t} \quad \therefore V_t = \left(\dfrac{T_t}{T_b} \right) \dfrac{P_b V_b}{P_t} = \left(\dfrac{T_t}{T_b} \right) \dfrac{P_0 + (\rho gh)}{P_t} V_b$$

$$\therefore V_t = \left(\dfrac{300}{280} \right) \dfrac{1.013 \times 10^5 + (1 \times 10^3 \times 9.8 \times 30)}{1.013 \times 10^5} (10 \times 10^{-6})$$

$$= 41.81 \cdots \times 10^{-6} \, (m^3) \fallingdotseq 42 \times 10^{-6} \, (m^3) = 42 \, (cm^3)$$

04 (1) $P_A < P_B$ (2) $T_A > T_B$ (3) $\rho_A < \rho_B$

[해설] 피스톤의 면적을 S 라고 할 때, 피스톤은 정지해 있으므로 피스톤에 작용하는 중력(Mg)과 기체의 압력(PS) + 줄의 장력(T)이 힘의 평형을 이루고 있으며, 액체 속에 잠겨 있는 물체에는 중력(mg)과 줄의 장력(T) + 부력$(V\rho g)$이 힘의 평형을 이루고 있다. 즉, 다음과 같이 나타낼 수 있다.

$$Mg = (P_A S + T_A), \quad mg = (T_A + V_{물체} \rho_A g)$$
$$Mg = (P_B S + T_B), \quad mg = (T_B + V_{물체} \rho_B g)$$

(1) 이상 기체의 온도가 일정하고, $PV = nRT$ 이므로 부피와 압력은 반비례 관계이다. 따라서 부피가 A가 B보다 크므로, $P_A < P_B$ 이다.

(2) 피스톤에 작용하는 중력은 같다. $P_A S + T_A = P_B S + T_B$, $P_A < P_B$ 이므로 $T_A > T_B$ 이다.

(3) $T_A + V_{물체} \rho_A g = T_B + V_{물체} \rho_B g$ 이다. 따라서 장력이 $T_A > T_B$ 이므로, $\rho_A < \rho_B$ 이다.

05 $2.121 \times 10^3 \text{ N/m}^2 = 2.121 \times 10^3 \text{ Pa}$

[해설] 이상 기체 분자의 질량을 m, 속력을 v, 속도와 벽면의 수직 방향과 이루는 각도를 θ 라고 하면, 이상 기체 분자가 충돌할 때 운동량의 벽에 수직 방향 성분만 반대 방향으로 바뀌므로(충

격량을 발생시키므로) 운동량의 변화(충격량)은 $\Delta p = mv\cos\theta - (-mv\cos\theta) = 2mv\cos\theta$ 가 된다. t 초 동안 N 번 분자들이 벽과 충돌을 한다면, 총 운동량의 단위 시간당 평균 변화율은 $2\left(\dfrac{N}{t}\right)mv\cos\theta$ 이고, 이는 N 번 벽과 충돌할 때 벽에 가하는 평균힘 F 이다. 따라서 기체 분자가 벽에 가하는 압력은 다음과 같다.

$$P = \frac{F}{A} = \frac{2}{A}\left(\frac{N}{t}\right)mv\cos\theta$$

$A = 2\text{cm}^2 = 2 \times 10^{-4}\text{m}^2, \quad \dfrac{N}{t} = 1 \times 10^{23}/\text{s},$

$v = 1\text{km/s} = 1 \times 10^3\text{m/s}, \ m = 3 \times 10^{-24}\text{g} = 3 \times 10^{-27}\text{kg}$ 이므로,

$P = \dfrac{2}{2 \times 10^{-4}} \times (1 \times 10^{23}) \times (3 \times 10^{-27}) \times (1 \times 10^3) \times \dfrac{\sqrt{2}}{2}$

$\quad = 3 \times 10^3 \times 0.707 = 2.121 \times 10^3 \ \text{N/m}^2(\text{or Pa})$

---

06 (1) $1.64 \times 10^{-20}\text{cal}$ (2) 10.9

해설 (1) 증발열을 $Q_{증}$ 이라고 하면, $Q_{증} = \varepsilon n \ \rightarrow \ \varepsilon = \dfrac{Q_{증}}{n}$ 으로 나타낼 수 있다. 물분자의 몰질량은 18g/mol이므로, 물 1g 에 들어 있는 분자수는 다음과 같다.

$n = \dfrac{6.02 \times 10^{23}}{18} = 0.3344\cdots \times 10^{23} ≒ 0.33 \times 10^{23}$(개/g)

$\therefore \ \varepsilon = \dfrac{Q_{증}}{n} = \dfrac{540}{0.33 \times 10^{23}} = 1.63636\cdots \times 10^{-20}$

$\quad ≒ 1.64 \times 10^{-20}(\text{cal})$

$\quad = (1.64 \times 10^{-20}) \times 4.2\text{J/cal} = 6.888 \times 10^{-20}(\text{J})$

$\quad = 6.89 \times 10^{-20}(\text{J})$

(2) 물분자 1개의 평균 운동 에너지가 이상 기체와 같이 절대 온도에 의해 결정된다면 물분자 1개의 평균 운동 에너지는 다음과 같다.

$E_k = \dfrac{3}{2}kT = \dfrac{3}{2} \times (1.38 \times 10^{-23}) \times (273 + 32)$

$\quad = 6.3135 \times 10^{-21} ≒ 6.31 \times 10^{-21}(\text{J})$

$\therefore \ \dfrac{\varepsilon}{E_k} = \dfrac{6.89 \times 10^{-20}}{6.31 \times 10^{-21}} = 10.9191\cdots ≒ 10.9$

이는 물분자에서 빠져나가는 분자들의 평균 에너지 ε 가 물분자 1개의 평균 운동 에너지 E_k 의 10.9배 정도 된다는 것을 의미한다.

---

01. ②	02. ②	03. ④	04. 20
05. ③	06. ⑤	07. 6.21×10^{-21}	
08. ⑤	09. (1) ④ (2) ①		10. ③
11. ⑤	12. ④	13. ①	14. ③
15. ④	16. ③	17. ②	18. ③
19. ④	20. ④	21. ④	22. ①
23. ②	24. ⑤	25. ②	26. ③
27. ①	28. 2.4×10^4		29. ②
30. ㉠ $P_0\left(\dfrac{T + T_0}{2T_0}\right)$ ㉡ $\dfrac{2T_0}{T + T_0}V_0$			31. ⑤
32. ②			

01. 답 ②

해설 기체의 온도가 일정할 때, 기체의 부피는 압력에 반비례한다(보일 법칙).

$\quad P_1V_1 = P_2V_2 \ \rightarrow \ 1\text{기압} \times 9\text{L} = 3\text{기압} \times V \quad \therefore \ V = 3\text{L}$

02. 답 ②

해설 기체의 섭씨 온도를 절대 온도로 바꾸면 표는 다음과 같다.

절대 온도(K)	283	293	303	313
부피(cm³)	283	293	303	313

따라서 압력이 일정할 때, 기체의 절대 온도와 부피는 비례 관계임을 알 수 있다(ㄴ).

ㄱ. 압력이 일정할 때, 기체의 부피와 절대 온도가 서로 비례 관계라는 것은 샤를 법칙이다.

ㄷ. 같은 온도와 같은 압력에서 모든 기체는 같은 부피를 차지하며, 같은 수의 분자를 포함한다는 것은 아보가드로 법칙이다. 표를 해석한 것은 아니다.

03. 답 ④

해설 $\dfrac{P_0V_0}{T_0} = \dfrac{PV}{T}, \dfrac{P_0V_0}{T_0} = \dfrac{P \cdot 0.5V_0}{0.5T_0} \ \rightarrow \ P_0 = P$

04. 답 20

해설 $PV = nRT \ \rightarrow \ n = \dfrac{PV}{RT} = \dfrac{3 \times 10^3 \times 16.62}{8.31 \times (273 + 27)} = 20(\text{mol})$

05. 답 ③

해설 일정량의 이상 기체이므로 기체의 몰수가 일정하다 .

$nR = \dfrac{PV}{T} =$ 일정이므로, PV 와 절대 온도는 비례한다.

A → B 과정에서 압력은 4배로 증가하고, 부피는 $\dfrac{1}{4}$ 로 줄어드므로 온도는 변함이 없다. 따라서 B점에서 온도는 27℃이다.

$$\frac{P_0 4V_0}{T_0} = \frac{4P_0V_0}{T_B} \ \rightarrow \ T_0 = T_B$$

B → C 과정은 압력이 일정하므로, 부피와 절대 온도가 비례한다.

$$\frac{4P_0V_0}{T_B} = \frac{4P_0 4V_0}{T_C} \rightarrow 4T_B = T_C$$

따라서 C점에서 온도는 $4(27 + 273) = 1200K = 927℃$ 이다.

06. 답 ⑤
해설 돌턴의 부분압 법칙에 의해 실린더가 받는 압력은 각 기체의 부분압의 합이 된다. 수소, 헬륨, 산소의 부분압을 각각 $P_{수소}$, $P_{헬륨}$, $P_{산소}$ 라고 하면,

$$PV = nRT \rightarrow P = \frac{nRT}{V}$$

$$P_{수소} = \frac{1 \times 8.31 \times (27 + 273)}{3} = 831(N/m^2)$$

$$P_{헬륨} = \frac{2 \times 8.31 \times (27 + 273)}{3} = 1,662(N/m^2)$$

$$P_{산소} = \frac{3 \times 8.31 \times (27 + 273)}{3} = 2,493(N/m^2)$$

$$\therefore P = P_{수소} + P_{헬륨} + P_{산소} = 4,986(N/m^2)$$

07. 답 6.21×10^{-21}
해설 기체 분자 1개의 평균 운동 에너지는 다음과 같다.

$$E_k = \frac{3}{2}kT = \frac{3}{2} \times (1.38 \times 10^{-23})(27 + 273) = 6.21 \times 10^{-21}(J)$$

08. 답 ⑤
해설 기체 분자의 평균 속력 v 는 다음과 같다.

$$v = \sqrt{\overline{v^2}} = \sqrt{\frac{3kT}{m}} = \sqrt{\frac{3RT}{M}} \, (m/s)$$

즉, 평균 속력은 온도가 일정할 때, 분자량의 제곱근에 반비례한다. 같은 공기 중에 있는 분자이므로 온도가 같다. 이때 수소 분자의 질량이 산소 분자의 $\frac{1}{16}$ 이므로, 평균 속력은 4배가 된다.

$$\therefore 수소\ 분자의\ 평균\ 속력 = 480 \times 4 = 1,920(m/s)$$

09. 답 (1) ④ (2) ①
해설 (1) 가장 많은 기체 분자들이 가진 속력인 최빈 속력 $v_f = \sqrt{\frac{2kT}{m}}$

, 맥스웰 속력 분포에 나타난 분자들의 평균 속력 $v_{avg} = \sqrt{\frac{8kT}{\pi m}}$,

모든 분자들의 속력의 제곱의 평균을 구한 후 제곱근을 한 값인 제곱 평균 제곱근 속력 $v_{rms} = \sqrt{\frac{3kT}{m}}$ 이다. 평균 속력은 제곱 평균 제곱근 속력보다 약간 작고, 최빈 속력보다 크다.

(2) 평균 속력과 제곱 평균 제곱근 속력은 각각 다음과 같다.

$$v_{avg} = \frac{1 + 2 + 5 + 7 + 1}{5} = 3.2 \, (m/s)$$

$$v_{rms} = \sqrt{\overline{v^2}} = \sqrt{\frac{1^2 + 2^2 + 5^2 + 7^2 + 1^2}{5}} = \sqrt{\frac{80}{5}} = 4 \, (m/s)$$

10. 답 ③
해설 단원자 분자 이상 기체의 내부 에너지 $U = \frac{3}{2}nRT$ (J)이다. 즉, 절대 온도에 비례한다.

A → B 과정에서 압력은 일정하고, 부피는 3배가 되었으므로 이상기체의 상태 방정식 $R = \frac{PV}{nT}$ = 일정 에 의해 절대 온도도 3배로 증가한다. 따라서 내부 에너지도 3배로 증가한다.

B → C 과정에서 부피는 일정하고, 압력이 $\frac{1}{3}$ 배가 되었으므로, 절대 온도도 $\frac{1}{3}$ 배가 된다. 따라서 내부 에너지도 $\frac{1}{3}$ 배로 감소한다.

C → A 과정은 등온 과정이므로 내부 에너지는 변함이 없다.

11. 답 ⑤
해설 그래프에서 절대 온도 0K(−273℃)에서부터 일정한 기울기로 증가하고 있으므로 부피가 일정할 때 압력은 절대 온도에 비례한다.

ㄱ, ㄴ. 절대 온도 0K은 −273℃이므로 절대 온도 0K에서 기체의 압력은 0이다. 이때 기체의 양에 따라 그래프의 기울기가 달라도 연장선은 모두 −273℃에서 만나므로 −273℃에서 기체의 압력은 모두 0이다.

ㄷ. 이상 기체 상태 방정식 $PV = nRT$ 을 통해 온도와 부피가 같을 때, 압력은 몰수에 비례한다. 따라서 세 기체의 몰수의 비는 압력 비와 같다.

12. 답 ④
해설 이상 기체의 상태 방정식 $PV = nRT \rightarrow Rn = \frac{PV}{T}$.

A : $\frac{P_A V_A}{T_A} = \frac{P_A V_0}{T_0}$, B : $\frac{P_B V_B}{T_B} = \frac{P_B V_0}{3T_0}$, C : $\frac{P_C V_C}{T_C} = \frac{P_C 3V_0}{3T_0}$

ㄱ. A → B 과정에서 부피는 일정하고, 온도가 3배로 증가한다.

$$\frac{P_A V_0}{T_0} = \frac{P_B V_0}{3T_0} \rightarrow P_B = 3P_A$$

따라서 압력은 3배로 증가한다.

ㄴ. B → C 과정은 온도가 일정하고, 부피가 3배로 증가한다.

$$\frac{P_B V_0}{3T_0} = \frac{P_C 3V_0}{3T_0} \rightarrow P_C = \frac{1}{3}P_B = P_A \quad \therefore 압력은\ \frac{1}{3}배가\ 된다.$$

ㄷ. C → A 과정은 압력이 일정($P_A = P_C$)하므로, 기체의 부피와 절대 온도는 비례 관계이다(샤를 법칙).

13. 답 ①
해설 ㄱ. 이상 기체 분자들끼리는 상호 작용을 하지 않으므로, 기체 분자에 의한 퍼텐셜 에너지가 0이다.

ㄴ. 이상 기체 분자는 0K에서 부피가 0이고, 분자 자체의 크기는 무시할 수 있지만, 운동 에너지를 가지므로 질량은 0이 아니다.

ㄷ. 기체 상수 R은 0℃, 1기압 표준 상태에서 부피가 22.4L(기체 1몰의 부피)일 때 $\frac{압력(P) \times 부피(V)}{절대\ 온도(T)}$ 를 구한 값이다.

14. 답 ③
해설 이상 기체의 상태 방정식 $PV = nRT \rightarrow n = \frac{PV}{RT}$ 이므로, 차단장치를 한 상태에서 각 용기에 들어 있는 기체의 몰수는 다음과 같다.

A 용기 : $n_{수소} = \frac{1기압 \times V}{400R}$, B 용기 : $n_{헬륨} = \frac{3기압 \times V}{200R}$

연결 밸브를 열면 부피는 $2V$가 되고, 이때 각 기체의 부분압은

다음과 같다.

$$P_{수소} = \frac{n_{수소}RT'}{V'} = \frac{V}{400R} \times \frac{240R}{2V} = \frac{24}{80} = 0.3$$

$$P_{헬륨} = \frac{n_{헬륨}RT'}{V'} = \frac{3V}{200R} \times \frac{240R}{2V} = \frac{72}{40} = 1.8$$

$$\therefore P = P_{수소} + P_{헬륨} = 0.3 + 1.8 = 2.1 \text{(기압)}$$

15. 답 ④

해설 ㄱ, ㄷ. 같은 수의 동일한 기체가 들어있으므로 두 기체의 질량은 같다. 맥스웰의 기체 분자 속력 분포에 따라 질량이 같은 분자일경우 온도가 높을수록 속력 분포 영역이 넓으며, 평균적으로 빠르게 움직인다. 따라서 주어진 문제에서 기체의 온도는 B가 A보다 높으며, 기체 분자 1개의 평균 운동 에너지는 온도에 비례하므로 평균 운동 에너지도 B가 A보다 크다.

ㄴ. 이상 기체 상태 방정식 $PV = nRT$ 에 의해 부피와 몰수가 같은 경우 압력과 온도는 비례 관계임을 알 수 있다. 따라서 압력은 B가 A보다 크다.

16. 답 ③

해설 기체 분자 1개의 평균 운동 에너지 $E_k = \frac{3}{2}kT$ 이다. 즉, 평균 운동 에너지는 절대 온도에 비례한다.

$$\therefore E_A : E_B = \frac{3}{2}k(2T) : \frac{3}{2}k(T) = 2 : 1$$

17. 답 ②

해설 기체 분자의 질량이 m, 온도가 T, 볼츠만 상수가 k 일 때, 맥스웰 기체 분자 속력 분포 함수에서 의미하는 제곱 평균 제곱근 속력 $v_{rms} = \sqrt{\frac{3kT}{m}}$ 가 된다.

ㄱ. 온도가 T_0 일 때, $(v_A)_{rms} = 600\text{m/s}$, $(v_B)_{rms} = 200\text{m/s}$로, $(v_A)_{rms} = 3(v_B)_{rms}$ 이다. 제곱 평균 제곱근 속력은 질량의 제곱근에 반비례하므로, 질량비는 다음과 같다.

$$m_A : m_B = \frac{1}{(v_A)_{rms}^2} : \frac{1}{(v_B)_{rms}^2} = \frac{1}{3^2} : 1 = 1 : 9$$

따라서 B의 질량은 A의 9배이다.

ㄴ. 온도를 똑같이 3배 높이더라도 속도의 비는 변하지 않으므로 $(v_A)_{rms} : (v_B)_{rms} = 3 : 1$이다.

ㄷ. A의 온도가 B의 3배일 때($T_A = 3T_B$), 제곱 평균 제곱근 속력비는 다음과 같다($m_B = 9m_A$).

$$(v_A)_{rms} : (v_B)_{rms} = \sqrt{\frac{T_A}{m_A}} : \sqrt{\frac{T_B}{m_B}} = \sqrt{\frac{3T_B}{m_A}} : \sqrt{\frac{T_B}{9m_A}} = \sqrt{3} : \frac{1}{3}$$

$$\therefore (v_A)_{rms} = 3\sqrt{3}(v_B)_{rms}$$

B의 온도가 A의 3배일 때($3T_A = T_B$), $(v_A)_{rms} = \sqrt{3}(v_B)_{rms}$ 이다.

$$(v_A)_{rms} : (v_B)_{rms} = \sqrt{\frac{T_A}{m_A}} : \sqrt{\frac{T_B}{m_B}} = \sqrt{\frac{T_A}{m_A}} : \sqrt{\frac{3T_A}{9m_A}} = \sqrt{3} : 1$$

18. 답 ③

해설 분자의 운동 에너지는 1개의 자유도에 똑같이 $\frac{1}{2}kT$ 씩 분배된다(에너지 등분배 법칙). 따라서 각각의 내부 에너지는 다음과 같다.

㉠ 단원자 분자 1개의 자유도는 3이므로, 내부 에너지는 $3 \times \frac{1}{2}kT$

$$= \frac{3}{2}kT$$

㉡ 이원자 분자 1개의 자유도는 5이므로, 내부 에너지는

$$5 \times \frac{1}{2}kT = \frac{5}{2}kT$$

㉢ 삼원자 분자 1개의 자유도는 6(병진 운동의 자유도 3 + 회전 운동의 자유도 3)이므로, 내부 에너지는 $6 \times \frac{1}{2}kT = \frac{6}{2}kT$

19. 답 ④

해설 ㄱ. 이상 기체의 상태 방정식 $PV = nRT \to n = \frac{PV}{RT}$ 이고, 이 값은 두 기체가 같다. 따라서 부피가 같을 때 이상 기체 A와 B의 온도의 비는 압력의 비와 같다. $\therefore T_A : T_B = 5 : 3$

〈 또 다른 풀이 〉

부피가 $2V$ 일 때, 이상 기체 A와 B의 몰수 n_A, n_B는

$$n_A = \frac{P_A V_A}{RT_A} = \frac{5P \cdot 2V}{RT_A}, \quad n_B = \frac{P_B V_B}{RT_B} = \frac{3P \cdot 2V}{RT_B}$$

$$n_A = n_B \to \frac{10PV}{T_A} = \frac{6PV}{T_B}, \quad 10T_B = 6T_A \quad \therefore T_A : T_B = 5 : 3$$

ㄴ. 부피가 $2V$ 일 때, 압력은 $3P$, 부피가 $3V$ 일 때, 압력은 $2P$ 이다. 따라서 PV 값이 같으므로 절대 온도도 같다.

ㄷ. A와 B의 압력이 같을 때 부피는 항상 A가 B보다 크다. 따라서 온도도 항상 A가 B보다 더 높다.

20. 답 ④

해설 A 부분의 기체의 온도가 $3T$ 일 때, A의 부피를 V_A, B의 부피를 V_B 라고 하면, $V_A + V_B = 2V$ 가 된다. A와 B의 나중 압력 P'는 각각 같으므로, 이상 기체 상태 방정식 $PV = nRT \to V = \frac{nRT}{P}$ 에 의해, V_A와 V_B와 처음 부피 V 는 다음과 같다.

$$V_A = \frac{nRT_A}{P'} = \frac{nR(3T)}{P'}, \quad V_B = \frac{nRT_B}{P'} = \frac{nRT}{P'}, \quad V = \frac{nRT}{P}$$

$$\therefore V_A + V_B = \frac{3nRT}{P'} + \frac{nRT}{P'} = \frac{4nRT}{P'} = 2V = \frac{2nRT}{P}$$

$$\frac{4}{P'} = \frac{2}{P} \to P' = 2P$$

21. 답 ④

해설 이상 기체 n mol의 압력을 P, 부피를 V, 온도를 T 라고 할 때, 이상 기체 상태 방정식은 다음과 같다.

$$PV = nRT \to P = \frac{nRT}{V}$$

내부의 온도를 ΔT 만큼 증가시키는 것과 동시에 수조에 담긴 물의 질량을 ΔM 만큼 증가시킬 때 실린더 내부의 부피 V 를 일정하게 유지하기 위해서는 수조에 담긴 물에 의한 압력 증가와 온도 변화에 의한 압력 증가가 같아야 한다. 즉, 수조에 담긴 물이 단위 면적당 누르는 힘($\frac{\Delta Mg}{A}$)과 이상 기체의 압력이 같아야 한다.

$$\therefore \frac{\Delta Mg}{A} = \frac{nR\Delta T}{V} \to \frac{\Delta M}{\Delta T} = \frac{nRA}{gV}$$

22. 답 ①

해설 ㄱ. 칸막이가 정지하였으므로 A와 B 기체의 압력은 같다. 이때 동일한 단원자 이상 기체로 분자수가 같으므로 $PV = nRT$)에 의해 기체의 부피와 절대 온도는 비례 관계이다. A 기체의 온도가 T이므로, B의 온도는 $2T$가 된다. 따라서 열은 고온에서 저온으로 이동하므로 B에서 A로 이동하게 된다.

ㄴ. 단원자 기체의 운동량이 P일 때, 운동 에너지는 다음과 같다.

$$E_k = \frac{1}{2}mv^2 = \frac{3}{2}kT = \frac{P^2}{2m}$$

A와 B의 운동 에너지는 각각 $E_{kA} = \frac{3}{2}kT_A$, $E_{kB} = \frac{3}{2}kT_B$ 이므로, 운동 에너지의 비는 절대 온도의 비와 같고, 운동량의 제곱의 비와 같다.

$$\therefore E_{kA} : E_{kB} = 1 : 2 = P_A{}^2 : P_B{}^2 \;\to\; \therefore P_A : P_B = 1 : \sqrt{2}$$

ㄷ. 기체 분자들의 평균 속력 v_{avg} 은 절대 온도의 제곱근에 비례한다$\left(v_{\text{avg}} = \sqrt{\dfrac{8kT}{\pi m}} \right)$.

$$\therefore (v_A)_{\text{avg}} : (v_B)_{\text{avg}} = \sqrt{\frac{T_A}{m}} : \sqrt{\frac{T_B}{m}} = \sqrt{\frac{T}{m}} : \sqrt{\frac{2T}{m}} = 1 : \sqrt{2}$$

23. 답 ②

해설 A와 B의 기체 온도를 T_A, T_B라고 하면,

$$\therefore T_A : T_B = \frac{PV}{NR} : \frac{2PV}{2NR} = 1 : 1 \;\to\; T_A = T_B$$

ㄱ. 단원자 분자 이상 기체의 내부 에너지 $U = \frac{3}{2}nRT$ 이므로, A와 B의 내부 에너지 U_A, U_B는 각각 다음과 같다.

$$U_A = \frac{3}{2}n_A R T_A = \frac{3}{2}\frac{NRT_A}{N_0}$$

$$U_B = \frac{3}{2}n_B R T_B = \frac{3}{2}\frac{(2N)RT_B}{N_0} = \frac{3NRT_B}{N_0}$$

$$\therefore 2U_A = U_B$$

ㄴ. 기체 분자 1개의 평균 운동 에너지 $E_k = \frac{3}{2}kT$ 이다.

즉, 평균 운동 에너지는 절대 온도에 비례한다. 따라서 A와 B의 기체 분자 1개의 평균 운동에너지는 같다.

ㄷ. 기체 분자의 질량이 m, 온도가 T, 볼츠만 상수가 k일 때, 맥스웰 기체 분자 속력 분포 함수에서 의미하는 가장 많은 기체 분자들이 가진 속력인 최빈 속력 $v_f = \sqrt{\dfrac{2kT}{m}}$ 이다. 즉, 최빈 속력은 절대 온도의 제곱근에 비례한다. 따라서 A와 B의 최빈 속력은 같다.

24. 답 ⑤

해설 (가) 온도가 같을 경우 질량이 작은 분자일수록 속력 분포 영역이 넓다. 따라서 기체 분자의 질량은 A > B > C 순이다.

(나) 질량이 같은 분자일 경우 온도가 높을수록 속력 분포 영역이 넓으며, 평균적으로 빠르게 움직인다. 따라서 기체의 온도는 $T_2 > T_1$ 이다.

ㄱ. 기체의 분자량은 A > B > C 순으로, A가 가장 크다.

ㄴ, ㄷ. 기체 분자들의 전체 평균 운동 에너지 $E_k = \frac{3}{2}nRT$ 로 절대 온도에 비례한다. (가)에서 기체의 온도는 모두 같으므로, 평균 운동 에너지도 같다.

(나)에서 기체의 온도는 $T_2 > T_1$ 이므로, 평균 운동 에너지도 온도가 T_2일 때가 T_1일 때보다 크다.

25. 답 ②

해설 분자 1개가 x축을 따라 1회 왕복하는 데 걸리는 시간 $\varDelta t = \dfrac{2L}{v_x}$ 이므로, 단위 시간당 벽에 미치는 충격력은

$$2mv_x \times \frac{v_x}{2L} = \frac{mv_x{}^2}{L}$$

부피가 $0.5L$로 압축된 B의 경우

$$2mv_x \times \frac{v_x}{L} = \frac{2mv_x{}^2}{L}$$

따라서 충격력은 B가 A의 2배가 되므로, 기체 분자들이 벽에 작용하는 평균적인 힘 F 도 2배가 되고, 기체 분자들이 벽에 미치는 압력 $P = \dfrac{F}{A}$ 도 2배가 된다.

한편, 부피가 반으로 압축되면 밀도가 2배가 되므로, 압력이 2배가 된다.

26. 답 ③

해설 이상 기체 n mol의 압력을 P, 부피를 V, 절대 온도를 T라고 할 때, 이상 기체 상태 방정식은 다음과 같다.

$$PV = nRT \;\to\; V = \frac{nRT}{P}$$

즉 기체의 압력이 일정할 경우, $V \propto nT$ 의 관계로 부피는 절대 온도와 기체의 몰수에 비례한다.

주어진 문제에서 이상 기체 A와 B 각각의 부피 V_A, V_B는 다음과 같은 공식을 만족한다.

$$V_A = 200 + 2t, \; V_B = 100 + t$$

ㄱ. 절대 온도 0K일 때, 기체의 부피는 0이 된다. 이상 기체 A와 B 의 부피가 0이 되는 온도는 $t = -100°Z$ 일 때이므로, 0K $= -100°Z$ 이다($T = °Z + 100$)

ㄴ. 같은 온도일 때, 기체의 부피는 몰수에 비례한다.

$$\therefore 125n_A = 250, \; 125n_B = 125 \;\to\; n_A = 2, \; n_B = 1$$

따라서 $n_A = 2n_B$ 가 된다.

ㄷ. $100°Z$ 일 때, 이상 기체 B의 부피는 $200\,\text{cm}^3$ 이다. 따라서 $0°Z$ 일 때, 이상 기체 A의 부피와 같다.

27. 답 ①

해설 기체의 전체 질량과 부피를 각각 M, V 라고 하고, 기체 분자의 질량이 m, 분자수를 N 이라고 하면, 기체의 밀도는 다음과 같다.

$$\rho = \frac{M}{V} = n_0 m$$

기체의 질량 $M = Nm$ 이고, $n_0 = \dfrac{N}{V}$ 이므로,

$$P = \frac{1}{3}\frac{Nm\overline{v^2}}{V} = \frac{1}{3}n_0 m\overline{v^2} = \frac{1}{3}\frac{M\overline{v^2}}{V} = \frac{1}{3}\rho\overline{v^2}$$

$$\to PV = \frac{1}{3}M\overline{v^2}$$

28. 답 2.4×10^4

해설 몰수 $n = \dfrac{N}{N_0}$ (N : 분자수, N_0 : 아보가드로 수) 이므로, 이상 기체 상태 방정식은 다음과 같다.

$$PV = nRT = \dfrac{N}{N_0}RT \ \rightarrow \ N = \dfrac{N_0 PV}{RT}$$

$$\therefore N = \dfrac{(6.02 \times 10^{23}) \times 10^{-10} \times (1 \times 10^{-6})}{8.3 \times (27 + 273)} = 2.41767 \times 10^4$$

$$= 2.4 \times 10^4 \, (개)$$

29. 답 ②

해설 실린더 내부와 외부의 온도가 T_0로 일정하므로, 보일 법칙에 의해 압력과 부피는 반비례 관계이다. 따라서 부피가 $1.5 = \dfrac{3}{2}$ 배가 되었으므로 압력은 $\dfrac{2}{3}$ 배가 되므로, 피스톤을 잡아당겼을 때 기체의 압력 P'은 다음과 같다.

$$P' = \dfrac{2}{3} \times 10^5 (\text{N/m}^2)$$

외부 압력은 평형을 이루고 있던 $10^5(\text{N/m}^2)$로 일정하므로 외부 압력은 왼쪽 방향으로 $10^5(\text{N/m}^2)$의 압력을 가하고, 기체의 압력 P'은 오른쪽 방향으로 압력을 가한다. 따라서 왼쪽 방향을(+)고 하면, 피스톤은 $(1 - \dfrac{2}{3}) \times 10^5 = \dfrac{1}{3} \times 10^5(\text{N/m}^2)$ 의 압력으로 밀리게 된다(왼쪽 방향).

이때 피스톤이 받는 힘 $F =$ 피스톤의 단면적 × 압력 P'이므로,

$$F = (24 \times 10^{-4}) \times (\dfrac{1}{3} \times 10^5) = 80(\text{N})$$

$$\rightarrow F = ma = 2 \times a = 80, \ \therefore a = 40(\text{m/s}^2)$$

즉, 피스톤을 놓는 순간 왼쪽 방향으로 40m/s^2의 크기의 가속도로 운동한다.

30. 답 ㉠ $P_0 \left(\dfrac{T + T_0}{2T_0} \right)$ ㉡ $\dfrac{2T_0}{T + T_0} V_0$

해설 A 기체의 온도가 올라가면 A 기체의 부피는 늘어나게 되고, 피스톤 로드는 늘어나지 않으므로 A 기체가 늘어난 만큼 B 기체의 부피는 줄어들게 된다. 이때 두 기체에 작용하는 압력 P는 같다. A, B 기체의 부피를 각각 V_A, V_B 라고 하면, 보일·샤를 법칙에 의해 $\dfrac{P_0 V_0}{T_0} = \dfrac{PV}{T}$ = 일정하므로, 다음과 같은 식이 성립한다.

A 기체 : $\dfrac{P_0 V_0}{T_0} = \dfrac{P V_A}{T} \ \rightarrow \ V_A = \dfrac{P_0 V_0}{T_0} \dfrac{T}{P}$

B 기체 : $\dfrac{P_0 V_0}{T_0} = \dfrac{P V_B}{T_0} \ \rightarrow \ V_B = \dfrac{P_0 V_0}{P}$

$$V_A + V_B = \dfrac{P_0 V_0}{T_0} \dfrac{T}{P} + \dfrac{P_0 V_0}{P} = 2V_0$$

$$\rightarrow \dfrac{1}{P} \left(\dfrac{P_0 T}{T_0} + P_0 \right) = 2, \ \therefore P = P_0 \left(\dfrac{T + T_0}{2T_0} \right) \cdots ㉠$$

$$V_B = \dfrac{P_0 V_0}{P} = \dfrac{2T_0}{T + T_0} V_0 \cdots ㉡$$

$PV_B = P_0 V_0 = nRT_0$ 로 변하지 않는다.

31. 답 ⑤

해설 ㄱ, ㄷ. 단원자 분자 이상 기체의 내부 에너지 $U = \dfrac{3}{2} nRT$ 이고, 이때 몰수 $n = \dfrac{N}{N_0}$ (N : 분자수, N_0 : 아보가드로 수) 이다. 칸막이를 제거하기 전 왼쪽과 오른쪽의 내부 에너지를 각각 U_A, U_B, 칸막이를 제거한 후 평형 상태에 도달하였을 때의 내부 에너지를 U_T 라고 하면 다음과 같은 식이 성립한다.

$$U_T = U_A + U_B = \dfrac{3}{2} \dfrac{N}{N_0} RT + \dfrac{3}{2} \dfrac{4N}{N_0} R(2T) = \dfrac{3}{2} \dfrac{5N}{N_0} RT'$$

$$T + 8T = 5T' \ \therefore T' = \dfrac{9}{5} T$$

칸막이가 제거된 후 기체가 평형 상태에 도달하였을 때의 압력을 P'이라고 하면 다음과 같다.

$$P' = \dfrac{n'RT'}{V'} = \dfrac{5N}{N_0} \dfrac{R(\frac{9}{5}T)}{4V} = \dfrac{9}{4} \dfrac{N}{N_0} \dfrac{RT}{V}, \ (k = \dfrac{R}{N_0})$$

$$= \dfrac{9}{4} \dfrac{kNT}{V}$$

ㄴ. 이상 기체 상태 방정식은 다음과 같다.

$$PV = nRT \ \rightarrow \ P = \dfrac{nRT}{V}$$

따라서 왼쪽 A와 오른쪽 B의 압력 P_A, P_B는 각각 다음과 같다.

$$P_A = \dfrac{N_A}{N_0} \dfrac{RT_A}{V_A} = \dfrac{N}{N_0} \dfrac{RT}{V}, \ P_B = \dfrac{N_B}{N_0} \dfrac{RT_B}{V_B} = \dfrac{4N}{N_0} \dfrac{R(2T)}{3V}$$

$$\therefore P_A : P_B = 1 : \dfrac{8}{3} = 3 : 8$$

32. 답 ②

해설 ㄱ. A 기체의 압력이 작기 위해서는 누르는 힘이 작아야 한다. 따라서 실에 걸리는 장력이 커야 하므로, $m_A > m_B$ 이다.

ㄴ. 이상 기체 상태 방정식 $PV = nRT$ 에 의해 온도와 몰수가 같을 때, 부피와 압력은 반비례 관계이다. 주어진 문제에서 $V_A > V_B$ 이므로, A에서 기체의 압력은 B보다 작다.

ㄷ. 맥스웰 기체 분자 속력 분포 함수에서 의미하는 제곱 평균 제곱근 속력 $v_{\text{rms}} = \sqrt{\dfrac{3kT}{m}}$ 이다. 따라서 온도가 일정할 때 제곱 평균 제곱근 속력은 기체 분자의 질량이 작을수록 크므로, 주어진 정보 만으로는 알 수 없다.

ㄹ. 몰 수가 같을 때 내부 에너지는 절대 온도에 비례한다. 따라서 내부 에너지는 A와 B가 같다.

10강. 열역학 제1법칙과 열역학과정

개념확인　　　　　　　　　　204 ~ 207 쪽

1. 압력　2. 몰비열　3. 등온, 등압　4. 단열	

확인 +　　　　　　　　　　204 ~ 207 쪽

1. 100　　　　　　　2. ㉠ $\frac{5}{3}$　㉡ $\frac{7}{5}$　㉢ $\frac{8}{6}$

3. ㉠ B → C　㉡ A → B　　4. ③

▶ 개념확인

01. 답 압력
해설 기체가 단면적이 A 인 피스톤에 일정한 압력 P 를 작용하면서 ΔL 만큼 이동하여 부피가 ΔV 만큼 바뀌었을 때, 기체가 피스톤에 한 일 W 는 다음과 같다.

$$W = F \cdot \Delta L = PA \cdot \Delta L = P\Delta V$$

03. 답 등온, 등압
해설 온도가 일정한 등온 과정은 $Q = W$ 이고, 압력이 일정한 등압 과정은 $Q = \Delta U + W$ 이다.

04. 답 단열
해설 단열 과정은 $\Delta U = -W$ 이다.

▶ 확인 +

01. 답 100
해설 열역학 제1법칙에 의하면 외부에서 가해 준 열량 Q 는 기체의 내부 에너지 증가량 ΔU 과 기체가 외부에서 한 일 W 의 합이다.

$$\therefore W = Q - \Delta U = 300 - 200 = 100 \,(\text{J})$$

02. 답 ㉠ $\frac{5}{3}$　㉡ $\frac{7}{5}$　㉢ $\frac{8}{6}$
해설 등압 비열 c_p 와 등적 비열 c_v 라고 할 때, 기체의 비열비 $\gamma = \frac{c_p}{c_v}$ 이다.

단원자 분자 이상 기체 $c_v = \frac{3}{2}R$, $c_p = \frac{5}{2}R \rightarrow \gamma = \frac{5}{3}$

이원자 분자 이상 기체 $c_v = \frac{5}{2}R$, $c_p = \frac{7}{2}R \rightarrow \gamma = \frac{7}{5}$

삼원자 분자 이상 기체 $c_v = \frac{6}{2}R$, $c_p = \frac{8}{2}R \rightarrow \gamma = \frac{8}{6}$

03. 답 ㉠ B → C　㉡ A → B
해설 기체가 하는 일은 부피 변화가 있어야 한다. A → B 과정은 등온 팽창 과정으로 열을 흡수하면 흡수한 에너지 만큼 외부에

일을 한다.
B → C 과정은 등압 압축 과정으로 기체가 잃은 열량은 외부에서 받은 일과 내부 에너지 감소량의 합과 같다. 즉, 외부에서 일을 받는 과정이다.

04. 답 ③
해설 $Q = \Delta U + W$ 이므로, 같은 양의 열을 받을 때 ΔU 가 가장 큰 경우는 $W = 0$ 인 경우가 된다. 따라서 부피가 일정한 등적 과정은 $Q = \Delta U$ 이므로 등적 과정(정적 과정)이 내부 에너지가 가장 크게 증가한다.

개념다지기　　　　　　　　　　208 ~ 209 쪽

01. ⑤	02. ②	03. ③	04. ②	05. ①
06. ⑤	07. ③	08. (1) ㄴ (2) ㄱ (3) ㄹ (4) ㄷ		

01. 답 ⑤
해설 ㄱ. 기체의 부피가 팽창($\Delta V > 0$)할 때 외부에 대하여 일을 한다($W > 0$).

ㄴ. 열을 흡수한 기체 분자들의 온도가 높아지므로 평균 운동 에너지 $E_k = \frac{3}{2}k_B T$ 가 증가한다.

ㄷ. 내부 에너지 $U = \frac{3}{2}nRT$ 이므로, 기체 분자들의 온도가 높아지면 내부 에너지가 증가한다.

02. 답 ②
해설 외부에서 가해 준 열량을 Q, 기체의 내부 에너지 증가량을 ΔU 라고 할 때, 기체가 외부에 한 일 W 는 다음과 같다.

$$Q = \Delta U + W = \Delta U + P\Delta V = \frac{3}{2}nR\Delta T + P\Delta V$$

$$= \frac{3}{2}P\Delta V + P\Delta V = \frac{5}{2}P\Delta V$$

$$\therefore Q = \frac{5}{2}P\Delta V = \frac{5}{2} \times (1 \times 10^5) \times (16 \times 10^{-3}) = 4,000 \,(\text{J})$$

03. 답 ③
해설 기체가 외부에 한 일 또는 받은 일은 압력-부피 그래프의 아랫 부분의 넓이와 같다.

$$\therefore W = P\Delta V = (400 - 200) \times (12 - 3) = 1,800 \,(\text{J})$$

〈또 다른 풀이〉
B → C, D → A 과정에서 부피 변화는 없으므로 외부에 한 일은 0이다. A → B 과정에서 기체가 한 일은 $400 \times (12 - 3) = 3,600 \,(\text{J})$, C → D 과정에서 기체가 한 일은 $200 \times (3 - 12) = -1,800 \,(\text{J})$ 이다. 따라서 1회 순환하는 동안 기체가 외부에 한 일의 크기는 $3,600 - 1,800 = 1,800 \,(\text{J})$ 이다.

04. 답 ②
해설 기체의 압력을 일정하게 유지하면서 기체 1mol의 온도를 1K(1℃) 높이는 데 필요한 열량을 등압 몰비열(c_p)이라고 한다. 이때 기체가 얻은 열량 Q는 다음과 같다.

$$Q = \Delta U + P\Delta V = \Delta U + nR\Delta T = nc_p\Delta T$$

일정한 압력하에서 기체의 부피가 2배가 되면, 절대 온도도 2배가 된다(샤를 법칙). 따라서 $\Delta T = 2(273) - 273 = 273(K)$이고, 단원자 분자 이상 기체의 등압 몰비열 $c_p = \dfrac{5}{2}R$

$$\therefore Q = nc_p\Delta T = 1 \times \frac{5}{2} \times 8.31 \times 273 = 5671.575 \fallingdotseq 5,672(J)$$

〈또 다른 풀이〉

단원자 분자 이상 기체일 경우, $Q = \dfrac{5}{2}nR\Delta T$ 식이 성립한다.

$$\therefore Q = \frac{5}{2}nR\Delta T = \frac{5}{2} \times 1 \times 8.31 \times 273 = 5671.575$$

05. 답 ①

해설 $Q = \Delta U + W$ 이므로, 외부로부터 받은 열을 모두 일하는 데 쓰기 위해서는 $\Delta U = 0$이 되어야 한다. 따라서 내부 에너지가 일정한 등온 과정이 된다. 등온 팽창시 열을 흡수하면 흡수한 에너지만큼 외부에 일을 한다.

06. 답 ⑤

해설 A 과정은 부피가 일정한 등적 과정이다. 따라서 $\Delta V = 0$ → $W = P\Delta V = 0$ 이므로, $Q = \Delta U + W = \Delta U$ 이다.
B 과정은 압력이 일정한 등압 과정이다. 따라서 부피와 온도가 모두 변하므로, $Q = \Delta U + W = \Delta U + P\Delta V$ 이다.

07. 답 ③

해설 단열 팽창 과정에서 열의 출입이 없으므로 $Q = 0$이다. 열역학 제1법칙에 의해 $Q = \Delta U + W$ 이므로, 기체가 외부에 한 일 $W = -\Delta U$ 이다.
ㄱ, ㄴ. $W > 0$ 일 경우, 기체가 한 일만큼 내부 에너지가 감소하여 기체의 온도가 낮아진다.
ㄷ. 온도가 낮아지므로 기체 분자의 속도가 감소하고, 용기의 부피는 증가하므로 기체 분자들이 용기에 충돌하는 횟수는 감소하게 된다.

08. 답 (1) ㄴ (2) ㄱ (3) ㄹ (4) ㄷ

해설 (1) 등압 과정은 기체의 압력이 일정하게 유지되면서 온도와 부피가 변하는 과정을 나타낸 그래프이다.
(2) 단열 과정은 내부 에너지가 감소하면 기체가 외부에 한 일이 증가하므로, 기체의 온도가 낮아질 때 기체의 부피가 증가하는 그래프가 된다.
(3) 등적 과정은 기체의 부피가 일정한 그래프이다.
(3) 등온 과정은 기체의 온도가 일정하게 유지되면서 압력과 부피가 변하는 과정이다. 따라서 보일 법칙에 의해 압력과 부피가 반비례하는 그래프가 된다.

유형익히기 & 하브루타   210 ~ 213 쪽

[유형10-1] ②	01. ④	02. ③
[유형10-2] ⑤	03. ③	04. ③
[유형10-3] ③	05. ③	06. ③
[유형10-4] ④	07. ④	08. ②

[유형10-1] 답 ②

해설 ㄱ. 온도가 일정하므로 내부 에너지 변화량 $\Delta U = 0$ 이다 ($\Delta U = \dfrac{3}{2}nR\Delta T$).
ㄴ. 이상 기체 상태 방정식 $PV = nRT$ 이므로, 온도와 부피가 같을 때, 압력과 몰수는 비례 관계이다. 부피가 100cm³ 일 때, 기체 A의 압력은 2기압이고, 기체 B의 압력은 3기압이므로, 기체 B의 몰수 n_B는 기체 A 몰수 n_A의 $\dfrac{3}{2}$ 배이다. → $n_A : n_B = 2 : 3$
따라서 기체 A와 B의 분자수 비 $N_A : N_B = 2 : 3$ 이다.
(몰수가 n, 아보가드로 수가 N_0 일 때, 분자수 $N = nN_0$ 이다.)
ㄷ. 압력-부피 그래프 아래의 면적이 부피가 팽창하는 동안 기체가 외부에 한 일이다. 따라서 부피가 팽창하는 동안 외부에 한 일은 기체 B가 A보다 크고, 흡수한 열도 기체 B가 A보다 크다.

01. 답 ④

해설 ㄱ. A → B 과정은 압력이 일정한 상태에서 부피가 팽창하는 과정이므로, 이때 기체가 외부에 한 일 $W = P\Delta V$ 가 된다.
$$\therefore W = P\Delta V = 3 \times (2 - 1) = 3(J)$$
ㄴ. B → C 과정에서 부피가 증가하였으므로 외부에 대하여 일을 하였다.
ㄷ. 이상 기체가 흡수한 열 에너지 Q가 모두 내부 에너지(ΔU)의 증가에 쓰이기 위해서는 외부에 일을 하지 않아야 한다($W = 0$). 따라서 부피 변화가 없는 D → A 과정에서 이상 기체가 흡수한 열 에너지는 모두 내부 에너지 증가에 쓰인다.

02. 답 ③

해설 0℃(273K), 1기압일 때 기체의 부피 $V_0 = 4L = 4 \times 10^{-3}$ (m³), 기체의 질량은 5g이다.
ㄱ. 몰질량 M은 어떤 물질에서 1mol의 질량(분자량)이다. 기체 1mol의 부피는 22.5L 이므로, 다음과 같은 비례식이 성립한다.
$$M : 5 = 22.4 \times 10^{-3} : 4 \times 10^{-3} \quad \therefore M = 28(g)$$
ㄴ. 샤를 법칙에 의해 $\dfrac{V_0}{T_0} = \dfrac{V}{T}$ 이므로, 기체의 나중 부피 V 는 다음과 같다.
$$V = \frac{TV_0}{T_0} = \frac{(273 + 136.5)(4 \times 10^{-3})}{273} = 6 \times 10^{-3}(m^3)$$
기압이 일정하므로, 기체가 외부에 한 일은 $P\Delta V$ 이다.
$$W = P\Delta V = 1 \times 10^5 \times (6 - 4) \times 10^{-3} = 200(J)$$
ㄷ. 기체의 비열 $c = 0.54kJ/kg \cdot ℃$ 이므로, 공급한 열량 Q 는 다음과 같다.
$$Q = mc\Delta T = (5 \times 10^{-3}) \times (0.54 \times 10^3) \times (136.5 - 0)$$
$$= 368.55(J)$$
따라서 내부 에너지 증가량 $\Delta U = Q - W = 368.55 - 200 =$

168.55(J) 이다.

[유형10-2] 답 ⑤

해설 ㄱ. 외부와의 열 출입이 없다면 $Q = 0$ 이므로, $Q = \Delta U + W \to \Delta U = -W$ 이다. 따라서 A 경로는 부피가 줄어들어 압력이 올라간 경우가 되므로 기체가 외부에서 받은 일만큼 내부 에너지가 증가하고, 온도가 높아진다.

ㄴ. B 경로는 부피가 일정하다. 이때 단원자 분자 이상 기체의 몰 비열(등적 몰비열)은 $\frac{3}{2}R$ 이다.

ㄷ. C 경로는 압력이 일정하다. 이때 이원자 분자의 몰비열(등압 몰비열)은 $\frac{7}{2}R$ 이다.

03. 답 ③

해설 n mol 기체의 부피가 일정($\Delta V = 0$)한 과정에서는 기체가 외부에 한 일이 0($W = 0$)이므로, 가해 준 열은 계의 내부 에너지를 증가시키는 데만 사용된다. 따라서 $Q = \Delta U = nc_v \Delta T$ 이다. 혼합 기체의 내부 에너지 증가량은 각 기체의 내부 에너지의 증가량의 합과 같다.

$\Delta U_t = \Delta U_A + \Delta U_B + \Delta U_C = (n_A c_{Av} + n_B c_{Bv} + n_C c_{Cv})\Delta T$

혼합 기체의 등적 몰비열을 c_{tv} 라고 하면, $\Delta U_t = n_t c_{tv}\Delta T$ 이므로 ($n_t = n_A + n_B + n_C$),

$\therefore c_{tv} = \dfrac{n_A c_{Av} + n_B c_{Bv} + n_C c_{Cv}}{n_A + n_B + n_C}$

$= \dfrac{(2 \times 12.5) + (3 \times 12.8) + (5 \times 20.8)}{2 + 3 + 5}$

$= 16.74 ≒ 16.7 \ (\text{J/mol·K})$

04. 답 ③

해설 A. 기체의 부피가 일정하게 유지되었으므로 $\Delta V = 0$ 이고, 기체가 외부에 일을 하지 않으므로, 열역학 제 1법칙에 의해

$Q = \Delta U = \frac{3}{2}nR\Delta T$ 이므로,

$c_v = \dfrac{Q}{n\Delta T} = \dfrac{\Delta U}{n\Delta T} = \dfrac{\frac{3}{2}nR\Delta T}{n\Delta T} = \dfrac{3}{2}R$

B. 기체의 압력이 일정하게 유지되었으므로 $\Delta P = 0$ 이고, $W = P\Delta V$ 이므로, 열역학 제 1법칙에 의해

$Q = \Delta U + W = \Delta U + P\Delta V$, $P\Delta V = nR\Delta T$ 이므로,

$c_p = \dfrac{Q}{n\Delta T} = \dfrac{\Delta U + P\Delta V}{n\Delta T} = \dfrac{\frac{3}{2}nR\Delta T + nR\Delta T}{n\Delta T} = \dfrac{5}{2}R$

[유형10-3] 답 ③

해설 부피-온도 그래프를 압력-부피 그래프로 나타내면 다음과 같다.

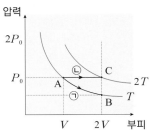

보일·샤를 법칙($\dfrac{P_0 V_0}{T_0} = \dfrac{PV}{T}$ = 일정)에 의해

㉠ 과정 : $\dfrac{P_0 V}{T} = \dfrac{P_B 2V}{T} \to P_B = \dfrac{1}{2}P_0$

㉡ 과정 : 등압 과정이므로, $P_C = P_0$ 이다.

ㄱ. ㉠은 등온 과정, ㉡은 등압 과정이다.

ㄴ. 압력-부피 그래프에서 기체가 외부에 한 일은 그래프의 밑넓이와 같다. 따라서 기체가 외부에 한 일은 ㉡에서가 ㉠에서 보다 크다.

ㄷ. ㉡ 과정에서 기체가 받은 열량은 외부에 한 일과 내부 에너지 증가량의 합과 같다. 이때 $W = P\Delta V$ 이므로,

$Q = \Delta U + W = \Delta U + P\Delta V = \dfrac{3}{2}nR\Delta T + P\Delta V$

$= \dfrac{3}{2}P\Delta V + P\Delta V = \dfrac{5}{2}P\Delta V$

$\therefore Q = \dfrac{5}{2}P\Delta V = \dfrac{5}{2}P_0(2V - V) = \dfrac{5}{2}P_0 V$

05. 답 ③

해설 기체 P는 등온 팽창 변화, 기체 Q는 등온 압축 변화를 하고 있다. 따라서 $Q = W$ ($\Delta T = 0 \to \Delta U = 0$)

ㄱ. 기체 P는 열을 흡수하면 흡수한 에너지만큼 외부에 일을 하고($\Delta V > 0 \to W > 0$), 기체 Q는 외부로부터 일을 받으면 그 양만큼 외부로 열을 방출한다($\Delta V < 0 \to W < 0$).

ㄴ. 두 기체의 몰 수가 같으므로, $\dfrac{P_A V_A}{T_A} = \dfrac{P_D V_D}{T_D}$ 이다.

$\to \dfrac{(4 \times 10^3) \times 0.1}{300} = \dfrac{(4 \times 10^3) \times 0.2}{T_D}$, $\therefore T_D = 600(\text{K})$

ㄷ. 기체가 외부에 한 일은 압력-부피 그래프에서 그래프의 아래 넓이가 된다. 부피가 $0.2\text{m}^3 \to 0.3\text{m}^3$, $0.3\text{m}^3 \to 0.2\text{m}^3$으로 각각 변하는 동안 그래프의 아래 넓이는 기체 Q가 더 크므로, 기체 Q가 받은 일의 양은 기체 P가 외부에 한 일의 양보다 크다.

06. 답 ③

해설 기체의 압력이 일정하게 유지되면서 상태가 변하는 등압 과정을 나타내는 그래프이다.($Q = \Delta U + W$)

ㄱ. 압력-부피 그래프에서 그래프의 넓이는 기체가 한 일이다. 따라서 외부에 한 일은 A가 B보다 크다.

ㄴ. 이 기체가 n 몰 이라면, $P\Delta V = nR\Delta T$ 이므로, 온도 변화량은 압력과 부피의 곱의 변화가 클수록 크다. 따라서 압력과 부피의 곱의 변화가 더 큰 A가 B보다 온도 변화량이 더 크다. 이때 내부 에너지($\Delta U = \dfrac{3}{2}nR\Delta T$)는 온도 변화량이 클수록 크므로 내부 에너지 변화량도 A가 B보다 크다.

ㄷ. 등압 팽창 과정에서 기체가 받은 열량은 외부에 한 일과 내부 에너지 증가량의 합과 같다. 따라서 기체가 흡수한 열량은 A가 B보다 크다.

[유형10-4] 답 ④

해설 A 과정은 단열 변화이므로 기체가 한 일은 내부 에너지 감소량과 같다($W = -\Delta U$).

B 과정은 등적 변화이므로 기체가 흡수한 열량은 내부 에너지 증가량과 같다($Q = \Delta U$).

ㄱ. $W = -\frac{3}{2}nR\Delta T = -\frac{3}{2}nR(T_2 - T_1) = \frac{3}{2}nR(T_1 - T_2)$

ㄴ. 압력이 증가하는 등적 변화에서는 받은 열량만큼 기체의 내부 에너지가 증가하여 기체의 온도가 올라간다.

ㄷ. $Q = \frac{3}{2}nR\Delta T = \frac{3}{2}nR(T_2 - T_1)$

07. 답 ④

해설 (가)는 압력이 일정한 등압 변화, (나)는 부피가 일정한 등적 변화이다.

ㄱ. (가)와 (나)에서 내부 에너지 변화를 각각 ΔU_A, ΔU_B 라고 하면,

(가) $Q = \Delta U_A + W = \frac{5}{2}nR\Delta T$, $\Delta U_A = \frac{3}{2}nR\Delta T$

→ $\Delta U_A = \frac{3}{5}Q$

(나) $Q = \Delta U_B + W = \Delta U_B$ → $\Delta U_B = Q$ $(W = 0)$

∴ $\Delta U_A : \Delta U_B = \frac{3}{5}Q : Q = 3 : 5$

ㄴ. (가)에서 기체에 작용하는 외부 압력인 (대기압 + 피스톤의 단위 면적당 추의 무게) 값은 일정하다.

ㄷ. (가)에서는 열원이 내부 에너지의 변화와 외부에 하는 일에 모두 사용되지만, (나)에서는 내부 에너지의 변화에만 사용된다. 따라서 기체의 온도는 (나)가 (가)보다 높다. 또한 (나)에서는 부피가 일정한 상태에서 분자들의 운동 에너지가 증가하므로 분자들이 벽에 작용하는 압력도 증가하게 되지만, (가)에서는 부피가 팽창하므로 압력이 감소한다. 따라서 기체의 압력은 (나)가 (가)보다 높다.

08. 답 ②

해설 자연 상태의 공기는 상승하거나 하강하는 속도가 매우 느리기 때문에 온도 변화가 작다. 또한 열전도율도 낮아 단열 변화를 한다고 볼 수 있다.

수증기를 포함하고 있는 공기가 상승하면 기압이 낮아(㉠)져서 공기가 단열 팽창(㉡)하게 되어 온도가 낮아진다. 공기 중의 수증기는 차가워지기 때문에 응결되어 물방울이 되고 이때 구름이 형성된다. 이와 같은 단열 팽창 과정은 냉각(㉢) 과정이다.

창의력 & 토론마당   214 ~ 217 쪽

01 $2,106 \text{ kJ} = 2.106 \times 10^3 \text{ J}$

해설 압력이 일정한 상태에서 기체의 부피가 늘어났으므로 기체는 외부에 대하여 일을 한다. 이때 기체가 한 일 W 은 다음과 같다.

$W = P\Delta V = (1.013 \times 10^5) \times (1.5 - 0.001) = 1.518487 \times 10^5$

≒ $1.5 \times 10^5 (\text{J}) = 150(\text{kJ})$

이때 공급받은 열 Q는 물이 수증기로 변하는데만 사용되고, 온도를 변화시키지는 않는다.

$Q = mH = 1\text{kg} \times (2,256 \times 10^3) = 2.256 \times 10^3 (\text{J})$

$= 2,256(\text{kJ})$

∴ $\Delta U = Q - W = 2,256 - 150 = 2,106 (\text{kJ})$

02 $2(1 - 2^{-2/5}) \text{ J}$

해설 등적 몰비열 c_v, 등압 몰비열 c_p, 기체 상수 R, 비열비 γ일 때, 단열 과정의 경우 $PV^\gamma = $ 일정 의 관계가 성립한다. 이때 기체가 한 일 W 는 다음과 같다.

$$W = \frac{1}{1 - \gamma}(P'V' - P_0 V_0)$$

$$P'V'^\gamma = P_0 V_0^\gamma \rightarrow P' = P_0 \left(\frac{V_0}{V'}\right)^\gamma,$$

이원자 분자의 비열비 $\gamma = \frac{c_p}{c_v} = \frac{7}{5}$ 이다.

∴ $P' = (2 \times 10^5)\left(\frac{4 \times 10^{-6}}{8 \times 10^{-6}}\right)^{7/5} = 2^{-2/5} \times 10^5 \text{ (Pa)}$

∴ $W = \frac{1}{1 - (7/5)}[(2^{-2/5} \times 10^5)(8 \times 10^{-6}) - (2 \times 10^5)(4 \times 10^{-6})]$

$= 2(1 - 2^{-2/5}) \text{ (J)}$

03 (1) $36P_0 V_0$ (2) $P = -\frac{P_0}{V_0}V + 9P_0$ (3) 받은 일 $\frac{9}{2}P_0 V_0$

해설 (1) A → B 과정은 기체의 부피가 일정하게 유지되는 등적 과정이다. 따라서 기체가 한 일 $W = 0$이므로, 기체가 방출한 열량은 기체의 내부 에너지 변화량과 같다($Q = \Delta U = \frac{3}{2}nR\Delta T$).

∴ $Q = \frac{3}{2}nR\Delta T = \frac{3}{2}\Delta PV = \frac{3}{2}(8P_0 - 32P_0)V_0 = -36P_0 V_0$

〈또 다른 풀이〉

이상 기체 상태 방정식 $PV = nRT$ → $T = \frac{PV}{nR}$ 이므로,

A점에서 기체의 온도 $T_A = \frac{P_A V_A}{nR} = \frac{32P_0 V_0}{nR}$

B점에서 기체의 온도 $T_B = \frac{P_B V_B}{nR} = \frac{8P_0 V_0}{nR}$

∴ $Q = \frac{3}{2}nR\Delta T = \frac{3}{2}nR\left(\frac{8P_0 V_0}{nR} - \frac{32P_0 V_0}{nR}\right) = -36P_0 V_0$

(−)는 방출된 열량을 의미한다.

(2) B → C 과정에서 압력과 부피가 일정한 비율로 변하므로 일차함수($P = aV + b$)가 된다.

기울기는 $-\frac{P_0}{V_0}$ 이고, 점 $(V_0, 8P_0)$, $(8V_0, P_0)$를 지나므로,

∴ $P = -\frac{P_0}{V_0}V + 9P_0$

(3) A → B 과정은 기체의 부피가 일정하게 유지되는 등적 과정이므로 기체가 한 일 $W_{AB} = 0$ 이다. B → C 과정에서는 외부에 일을 하므로 (+)값이고, 그 크기는 그래프의 아래 면적이 된다.

$$W_{BC} = \frac{1}{2}(P_0 + 8P_0)(8V_0 - V_0) = \frac{63}{2}P_0 V_0$$

C → A 과정은 단열 압축 과정이므로, 기체가 외부에서 받은 일만

큼 내부 에너지가 증가하고, 온도가 올라간다($\Delta U = -W$).

$$W_{CA} = -\Delta U_{CA} = -\frac{3}{2}nR\Delta T = -\frac{3}{2}nR\left(\frac{32P_0V_0}{nR} - \frac{8P_0V_0}{nR}\right)$$
$$= -36P_0V_0$$

그러므로 전체 한 일은

$$W = W_{BC} + W_{CA} = \frac{63}{2}P_0V_0 - 36P_0V_0 = -\frac{9}{2}P_0V_0$$

그러므로 기체는 순환하는 동안 $\frac{9}{2}P_0V_0$ 만큼 외부로부터 일을 받았다.

---

04 〈해설 참조〉

해설 (1) ㉠ A → B 과정은 부피가 일정한 등적 과정이므로,

$Q = \Delta U + W = \Delta U = \frac{3}{2}nR\Delta T$ 이다. $n = 1\text{mol}$ 이므로,

$$Q_{AB} = \frac{3}{2} \times 1 \times 8.31 \times (600 - 300) = 3.7395 \times 10^3$$
$$\fallingdotseq 3.74 \times 10^3 \text{(J)}$$

$W_{AB} = 0$, $\Delta U_{AB} = 3.74 \times 10^3 \text{(J)}$

㉡ B → C 과정은 단열 과정이므로 $Q_{BC} = 0$ 이고, $W = -\Delta U$ 이다.

$$\Delta U_{BC} = \frac{3}{2} \times 1 \times 8.31 \times (450 - 600) = -1.86975 \times 10^3$$
$$\fallingdotseq -1.87 \times 10^3 \text{(J)}$$

$W_{BC} = 1.87 \times 10^3 \text{(J)}$

㉢ C → A 과정은 등압 과정이므로 $Q = \Delta U + P\Delta V$ 이다. 단원자 분자 이상 기체일 경우, $Q = \frac{5}{2}nR\Delta T = \frac{5}{2}P\Delta V$ 이므로,

$$Q_{CA} = \frac{5}{2} \times 1 \times 8.31 \times (300 - 450) = 3.11625 \times 10^3$$
$$\fallingdotseq -3.12 \times 10^3 \text{(J)}$$

$$\Delta U_{CA} = \frac{3}{2}nR\Delta T = \frac{3}{2} \times 1 \times 8.31 \times (300 - 450)$$
$$= -1.86975 \times 10^3 \fallingdotseq -1.87 \times 10^3 \text{(J)}$$

$W_{CA} = Q_{CA} - \Delta U_{CA} = (-3.12 + 1.87) \times 10^3 = -1.25 \times 10^3 \text{(J)}$

(2) $Q_{Total} = Q_{AB} + Q_{BC} + Q_{CA}$
$$= (3.74 \times 10^3) + (0) + (-3.12 \times 10^3) = 620 \text{(J)}$$

$\Delta U_{Total} = \Delta U_{AB} + \Delta U_{BC} + \Delta U_{CA}$
$$= (3.74 \times 10^3) + (-1.87 \times 10^3) + (-1.87 \times 10^3) = 0 \text{(J)}$$

$W_{Total} = W_{AB} + W_{BC} + W_{CA}$
$$= (0) + (1.87 \times 10^3) + (-1.25 \times 10^3) = 620 \text{(J)}$$

(3) A에서 B로 변할 때 부피는 일정하므로, $V_A = V_B$ 이고, 이상 기체 상태 방정식 $PV = nRT$ 에 의해

$$V_A = \frac{nRT_A}{P_A} = \frac{1 \times 8.31 \times 300}{1.013 \times 10^5} = 2.4610\cdots \times 10^{-2}$$
$$\fallingdotseq 2.46 \times 10^{-2} \text{(m}^3\text{)}$$

$V_B = 2.46 \times 10^{-2} \text{(m}^3\text{)}$

C에서 A로 변할 때 압력이 일정하므로, $P_A = P_C = 1.013 \times 10^5$ 이다.

$$V_C = \frac{nRT_C}{P_C} = \frac{1 \times 8.31 \times 450}{1.013 \times 10^5} = 3.6915\cdots \times 10^{-2}$$
$$\fallingdotseq 3.69 \times 10^{-2} \text{(m}^3\text{)}$$

$$P_B = \frac{nRT_B}{V_B} = \frac{1 \times 8.31 \times 600}{2.46 \times 10^{-2}} = 2.02682\cdots \times 10^5$$
$$\fallingdotseq 2.03 \times 10^{-2} \text{(N/m}^2\text{)}$$

---

05 -3 J

해설 일정량의 기체가 여러 변화 과정을 거치면서 처음의 상태로 되돌아오는 순환 과정에서 $\Delta T = 0$ 이 되어 $\Delta U = 0$, 즉 내부 에너지는 변하지 않는다.

내부 에너지의 변화는 온도의 변화에만 의존하므로, 등온 과정인 A → B 과정과 D → E 과정에서 내부 에너지 변화는 0이다.

B → C 과정은 단열 과정이므로 $\Delta U = -W$ 이고, $\Delta U_{BC} = -7\text{(J)}$ 이다.

E → A 과정에서 내부 에너지 변화 $\Delta U_{EA} = 10\text{(J)}$ 이다.
$$\therefore \Delta U_{Total} = 0 - 7 + \Delta U_{CD} + 0 + 10 = 0$$
$$\therefore \Delta U_{CD} = -3\text{(J)}$$

---

06 $\dfrac{Q}{2R} + \dfrac{kL^2}{R}$

해설 기체의 처음 온도와 압력이 각각 T_0, P_0 이고, 처음 상태에서 피스톤이 정지해 있으므로 탄성력과 기체가 피스톤에 작용하는 힘이 평형 상태이다.

$$F = P_0 A = k(2L - L) = kL$$

이상 기체 상태 방정식 $PV = nRT$ 에 의해

$$P_0V_0 = P_0A \cdot L = kL \cdot L = nRT_0 \rightarrow T_0 = \frac{kL^2}{R}(\because n = 1)$$

기체에 열량 Q 를 가하였을 때 피스톤이 오른쪽으로 이동한 거리를 x 라고 하면, 기체가 한 일은 용수철을 평형 상태에서 x 만큼 변형시키기 위해 외부에 해준 일(용수철의 퍼텐셜 에너지)과 같다.

$$W = \frac{1}{2}k[(L + x)^2 - L^2] = \frac{1}{2}kx^2 + kLx = k\left(\frac{1}{2}x^2 + Lx\right)$$

기체의 나중 온도와 압력, 부피를 각각 T, P, V 라고 하면, $PA = k(L + x)$ 이므로,

$$PV = PA \cdot (L + x) = k(L + x) \cdot (L + x) = RT$$
$$\therefore T = \frac{k(L + x)^2}{R}$$

이때 내부 에너지 변화량은

$$\Delta U = \frac{3}{2}R\Delta T = \frac{3}{2}R\left(\frac{k(L + x)^2}{R} - \frac{kL^2}{R}\right) = \frac{3}{2}k(2Lx + x^2)$$
$$\rightarrow R\Delta T = k(2Lx + x^2)$$

열역학 제1법칙에 의해

$$Q = \Delta U + W = \frac{3}{2}k(2Lx + x^2) + \left[k\left(\frac{1}{2}x^2 + Lx\right)\right]$$
$$= 4kLx + 2kx^2 = 2R\Delta T \rightarrow \Delta T = \frac{Q}{2R} = T - T_0$$

$$\therefore T = \frac{Q}{2R} + T_0 = \frac{Q}{2R} + \frac{kL^2}{R}$$

스스로 실력 높이기 218 ~ 225 쪽

01. ②	02. ⑤	03. 3039	04. ③
05. ③	06. ③		
07. (1) ㄹ (2) ㄴ, ㄷ (3) ㄱ, ㄷ			
08. ㉠ 4.99×10^3 ㉡ 2.22×10^6			
09. ㉠ 8.31×10^3 ㉡ 2.22×10^6			10. ②
11. ②	12. ①	13. ③	14. ③
15. ⑤	16. ④	17. ②	18. ③
19. ④	20. ⑤	21. ④	22. ④
23. ④	24. ③	25. ③	26. 1.2
27. ④	28. ⑤	29. 97.9	30. ④
31. ③	32. ③		

01. 답 ②

해설 기체가 단면적이 A 인 피스톤에 일정한 압력 P 를 작용하면서 ΔL 만큼 이동시켜 부피가 ΔV 만큼 증가했을 때, 기체가 피스톤에 한 일 W 는 다음과 같다.

$$W = F \cdot \Delta L = PA \cdot \Delta L = P\Delta V$$

02. 답 ⑤

해설 $PV = nRT$ 에서 $P\Delta V = nR\Delta T$ 이다.

내부 에너지 $U = \frac{3}{2}nRT$ 이므로, $\Delta U = \frac{3}{2}nR\Delta T = \frac{3}{2}P\Delta V$,

압력이 일정하므로 $W = P\Delta V$,

$$Q = \Delta U + W = \frac{3}{2}P\Delta V + P\Delta V = \frac{5}{2}P\Delta V$$

$$\therefore Q : \Delta U : W = \frac{5}{2}P\Delta V : \frac{3}{2}P\Delta V : P\Delta V = 5 : 3 : 2$$

03. 답 3039

해설 압력이 일정한 상태에서 부피가 늘어났으므로 내부 에너지 증가량은 다음과 같다.

$$\Delta U = \frac{3}{2}nR\Delta T = \frac{3}{2}P\Delta V$$
$$= \frac{3}{2} \times (1.013 \times 10^5) \times (5 - 3) \times 10^{-2} = 3039(\text{J})$$

04. 답 ③

해설 기체의 비열비 $\gamma = \dfrac{c_p}{c_v}$ 이다. 따라서 등적 몰비열이 작을수록 비열비는 크다. 이때 분자 구조가 복잡할수록 등적 몰비열은 커지고, 비열비는 작아진다.

05. 답 ③

해설 등온 과정은 기체의 온도를 일정하게 유지하면서 열의 출

입으로 기체의 상태 변화를 일으키는 과정을 말한다. A → B 과정으로 변할 때 부피는 증가하고, 압력은 줄어든다.

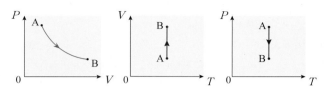

06. 답 ③

해설 A → B 과정은 등적 과정, B → C 과정은 등압 과정이다.

ㄱ. A → B 과정에서 부피가 일정하므로, 외부에 일을 하지 않는다. 이때 압력이 감소하므로, 기체의 온도가 감소한다.

ㄴ. A → B 과정에서 외부에 일을 하지 않으므로, 방출된 열량 $3Q$ 만큼 내부 에너지가 감소한다. 즉, 내부 에너지 변화량이 $3Q$ 이고, 내부 에너지 변화량은 같다고 하였으므로, B → C 과정에서 내부 에너지 변화량도 $3Q$ 이다.

ㄷ. B → C 과정에서 방출한 $5Q$ 의 열량 중 내부 에너지 감소량에 쓰인 $3Q$ 를 제외한 $2Q$ 만큼 기체는 외부에서 일을 받는다.

07. 답 (1) ㄹ (2) ㄴ, ㄷ (3) ㄱ, ㄷ

해설 ㄱ. 탄산 음료 병 뚜껑을 따면 단열 팽창에 의해 병 입구에서 약 10℃의 온도가 급격히 내려가서 수증기가 작은 물방울의 구름으로 맺힌다.

ㄴ. 압력 밥솥으로 밥을 할 때 공급한 열은 솥 안의 압력과 온도를 높인다. 따라서 더 높은 온도에서 물이 끓기 때문에 밥이 빨리 익는다(등적 과정).

ㄷ. 뻥튀기 기계 속에 곡물을 넣고 기계의 입구를 단단히 막은 다음 가열하면, 외부로부터 받은 열에너지는 모두 기체의 온도를 높이는 데 사용된다(등적 과정). 이때 입구를 열면 압력이 급격히 낮아지면서 공기와 함께 곡물들이 팽창하여 뻥튀기가 된다(단열 팽창).

ㄹ. 낮은 온도의 불 위에서 끓고 있는 물이 든 주전자의 뚜껑이 들썩이며 수증기가 새어 나가면 이 수증기의 온도는 일정하게 유지되면서 수증기의 부피가 변하게 된다(등온 과정).

08. 답 ㉠ 4.99×10^3 ㉡ 2.22×10^6

해설 부피가 일정하게 유지되므로, $W = 0$, $Q = \Delta U$ 이다.

$$\therefore Q = \frac{3}{2}nR\Delta T = \frac{3}{2} \times 5 \times 8.31 \times (380 - 300)$$
$$= 4.986 \times 10^3 \fallingdotseq 4.99 \times 10^3 (\text{J})$$

$$\Delta PV = (\Delta P)V = nR\Delta T = \frac{2}{3}Q \rightarrow \Delta P = \frac{2Q}{3V}$$

$$\therefore \Delta P = \frac{2(4.99 \times 10^3)}{3(1.5 \times 10^{-3})} = 2.2177\cdots \times 10^6 = 2.22 \times 10^6 (\text{N/m}^2)$$

09. 답 ㉠ 8.31×10^3 ㉡ 2.22×10^6

해설 이원자 분자 이상 기체일 경우 $Q = \frac{5}{2}nR\Delta T$ 이 된다.

$$\therefore Q = \frac{5}{2}nR\Delta T = \frac{5}{2} \times 5 \times 8.31 \times (380 - 300)$$
$$= 8.31 \times 10^3 (\text{J})$$

$$\therefore \Delta P = \frac{2Q}{5V} = \frac{2(8.31 \times 10^3)}{5(1.5 \times 10^{-3})} = 2.216 \times 10^6$$

$$= 2.22 \times 10^6 (\text{N/m}^2)$$

10. 답 ②

해설 기체가 단열 팽창할 때, 기체가 한 일만큼 내부 에너지가 감소한다($W > 0$). 즉, $Q = 0$, $\Delta U = -W$ 에서 $\Delta U < 0$ 이다. 따라서 기체의 내부 에너지는 $500 - 100 = 400(\text{J})$ 가 된다.

11. 답 ②

해설 ㉠ A → B 과정에서 부피 변화가 없으므로 기체가 외부에 한 일은 0이다. 이때 압력만 증가하였으므로 내부 에너지가 증가하였다. 따라서 열을 흡수한 것이다. ㉡ B → C 과정에서 온도가 일정하므로, 내부 에너지가 일정하며, 흡수한 에너지만큼 일을 한다. ㉢ C → A 과정에서 압력이 일정하고, 부피가 감소하였으므로 기체의 온도가 감소한다. 따라서 내부 에너지가 감소하고, 외부로부터 일을 받는다. 이때 기체가 잃은 열량은 외부에서 받은 일과 내부 에너지 감소량의 합과 같다.

12. 답 ①

해설 ㄱ. A와 D의 온도는 같고, B와 C의 온도도 같다. 내부 에너지 변화량은 온도의 변화량과 같다. 따라서 A → B 과정에서 내부 에너지 감소량은 C → D 과정에서 내부 에너지 증가량과 같다.
ㄴ. B → C 과정은 등온 팽창 과정으로 흡수한 열량만큼 외부에 일을 하고, D → A 과정은 등온 압축 과정으로 외부로부터 일을 받으면, 그 양만큼 외부로 열을 방출한다.
ㄷ. 순환 과정동안 기체가 받은 열량은 기체가 외부에 한 일과 같다. 압력-부피 그래프에서 그래프가 그리는 넓이는 기체가 외부에 한 일과 같으므로 0이 아니다.

13. 답 ③

해설 보일·샤를 법칙($\frac{P_0 V_0}{T_0} = \frac{PV}{T} = $ 일정)에 의해
$$\frac{5}{500} = \frac{1}{T_A} = \frac{3}{T_B} = \frac{5}{T_C} = \frac{25}{T_D}$$
→ $T_A = 100(\text{K})$, $T_B = 300(\text{K})$, $T_C = 500(\text{K})$, $T_D = 2,500(\text{K})$
ㄱ. 온도가 감소하는 과정은 O → A, O → B 과정이다.
ㄴ. 내부 에너지 $U = \frac{3}{2} nRT$ 로 절대 온도에 비례한다.
따라서 C 상태와 D 상태의 내부 에너지 비는 $500 : 2,500 = 1 : 5$ 이다.
ㄷ. O → A 과정은 부피가 일정하므로(등적 과정), 한 일이 0이다. 따라서 방출하는 열량 Q는
$$Q_{OA} = \Delta U = \frac{3}{2} nR\Delta T = \frac{3}{2} nR(100 - 500) = -600nR \text{ 이다.}$$
O → D 과정은 압력이 일정하므로,
$$Q_{OD} = \Delta U + P\Delta V = \frac{5}{2} nR\Delta T = \frac{5}{2} nR(2,500 - 500)$$
$$= 5,000nR$$
$$\therefore Q_{OA} < Q_{OD}$$

14. 답 ③

해설 이상 기체의 몰 수는 이상 기체 상태 방정식에 의해 다음과 같다.

$$P_0 V_0 = nRT_0 \quad \rightarrow \quad n = \frac{P_0 V_0}{RT_0}$$

압력이 일정한 상태에서 기체에 열을 가하는 동안 기체가 한 일 은
$$W = P\Delta V = nR\Delta T = \frac{10^5 \times (2 \times 10^{-3})}{R(27 + 273)} R(127 - 27)$$
$$= 66.666\cdots \fallingdotseq 66.7(\text{J})$$

15. 답 ⑤

해설 ㄱ. ㉠은 등압 팽창 과정이다. 따라서 기체가 받은 열량은 외부에 한 일과 내부 에너지 증가량의 합과 같다($Q = \Delta U + W$).
ㄴ. ㉡은 단열 팽창 과정이다. 따라서 기체가 한 일만큼 내부 에너지가 감소한다($\Delta U = -W$). 이때 ㉠과 ㉡의 온도 변화가 같으므로, 내부 에너지 변화량은 같다. 따라서 ㉡에서 기체가 한 일과 ㉠에서 내부 에너지의 증가량은 같다.
ㄷ. $W = -\Delta U = -\frac{3}{2} nR\Delta T = -\frac{3}{2} R(T_1 - T_2) = \frac{3}{2} R(T_2 - T_1)$

16. 답 ④

해설 ㄱ. A → B 과정은 단열 팽창 과정이므로 기체가 한 일만큼 내부 에너지가 감소한다. B와 C일 때 기체의 온도는 같으므로, 내부 에너지도 $\frac{3}{2} RT$ 로 같다. A에서 내부 에너지는 $3RT$ 이다.
$$\therefore \Delta U_{AB} = U_B - U_A = \frac{3}{2} RT - 3RT = -\frac{3}{2} RT = -W$$
따라서 기체가 외부에 한 일은 $\frac{3}{2} RT$이다.
ㄴ. B → C 과정은 등온 압축 과정이므로 내부 에너지가 일정하고, 외부로부터 일을 받으면 그 양만큼 외부로 열을 방출한다.
ㄷ. C → A 과정은 등적 과정이므로 기체가 받은 열량만큼 기체의 내부 에너지가 증가한다.
$$\therefore Q_{CA} = \Delta U_{CA} = U_A - U_C = 3RT - \frac{3}{2} RT = \frac{3}{2} RT$$

17. 답 ②

해설 A → B 과정은 등압 압축 과정으로 압력이 일정할 때, 절대 온도와 부피는 비례 관계이다($PV = nRT$). 따라서 온도가 $\frac{1}{3}$ 로 줄어들었으므로, 부피도 $\frac{1}{3}$ 로 줄어들게 된다.
처음 부피를 $3V_0$라고 하면, 기체가 받은 일 W은
$$W = P\Delta V = P_0(V_0 - 3V_0) = -2P_0 V_0$$
A → C 과정에서 기체의 온도와 압력이 모두 일정하게 2배로 증가하였으므로, 부피는 일정하다($\Delta W = 0$). 압력이 증가하는 등적 과정에서는 기체가 흡수한 열량만큼 기체의 내부 에너지가 증가하여 기체의 온도가 올라간다. 따라서 기체의 부피가 처음 부피인 $3V_0$로 일정할 때, 기체가 흡수한 열량 Q은
$$Q = \Delta U + W = \frac{3}{2} nR\Delta T = \frac{3}{2} (\Delta P)V = \frac{3}{2} (2P_0 - P_0) \cdot 3V_0$$
$$= 4.5 P_0 V_0$$
$$\therefore W : Q = 2P_0 V_0 : 4.5 P_0 V_0 = 4 : 9$$

18. 답 ③

해설 ㄱ, ㄴ. 단열 자유 팽창 과정을 말한다. 단열 자유 팽창 과정에서 기체가 부피 팽창에 의해 칸막이를 움직인 것이 아니기 때문에 기체는 외부에 대해 일을 한 것이 아니다. 이때 외부와 주고받는 열량도 없으므로, $Q = 0$이고, $W = 0$ 이므로, $\Delta U = 0$ 이다. 따라서 온도는 변하지 않고 일정하다.

ㄷ. 부피가 늘어나지만 기체가 외부에 대해 일을 한 것은 아니므로 원리적으로는 압력-부피 그래프로 단열 자유 팽창 과정을 표현할 수 없다.

19. 답 ④

해설 ㄱ. 저항 R에 전압 V를 t초 동안 가하였을 때, 저항에 발생하는 열량 $Q = \dfrac{V^2}{R}t$ 이다. 이때 저항에서 발생한 열량의 손실은 없으므로, 기체가 받은 열량은 저항에서 발생한 열량과 같다.

$$\therefore Q = \frac{100^2}{20} \times 10 = 5 \times 10^3 \, (\text{J})$$

ㄴ, ㄷ. 기체가 한 일 $W = P\Delta V = 10^5 \times 0.25 \times 0.1 = 2.5 \times 10^3 (\text{J})$

$$\therefore \Delta U = Q - W = (5 - 2.5) \times 10^3 = 2.5 \times 10^3 (\text{J})$$

〈또 다른 풀이〉
피스톤이 기체로부터 받는 힘의 크기는 기체의 압력과 면적의 곱이 된다.

$$\therefore F = (1 \times 10^5) \times 0.25 = 2.5 \times 10^4 \, (\text{N})$$
$$\therefore W = F\Delta L = (2.5 \times 10^4) \times 0.1 = 2.5 \times 10^3 (\text{J})$$

20. 답 ⑤

해설 ㄱ. 이상 기체 상태 방정식 $PV = nRT$ 에 의해 $T = \dfrac{PV}{nR}$ 이므로, 온도는 PV 에 비례한다. 따라서 A, B, C 점에서 온도의 비는 다음과 같다.

$$5P_0V_0 : 3P_0 \cdot 3V_0 : P_0 \cdot 5V_0 = 5 : 9 : 5$$

즉, 온도는 A와 C에서 같고, B에서 가장 높다.

ㄴ. 내부 에너지는 절대 온도에 비례한다. 따라서 B 상태에서 가장 크다.

ㄷ. 열역학 제 1 법칙에 의해 이상 기체가 외부로 받은 열량 $Q = \Delta U + W$ 이다. 이때 기체가 한 일은 압력-부피 그래프에서 그래프의 아래 넓이가 된다. A → C 과정에서 내부 에너지의 변화량은 0이므로, $Q = W$ 이다.

$$\therefore Q = W = \frac{P_0 + 5P_0}{2} 4V_0 = 12P_0V_0$$

21. 답 ④

해설 보일·샤를 법칙에 의해 B점과 C점에서 온도는 각각 다음과 같다.

B점에서 기체의 온도 : $\dfrac{P_0 4V_0}{T} = \dfrac{5P_0 V_0}{T_B} \rightarrow T_B = \dfrac{5}{4}T$

C점에서 기체의 온도 : $\dfrac{P_0 4V_0}{T} = \dfrac{5P_0 2V_0}{T_C} \rightarrow T_C = \dfrac{5}{2}T$

BC과정은 압력이 일정한 등압 과정이므로, 흡수한 열량 $Q = nc_p \Delta T$ 가 된다.

$$\therefore Q = nc_p(T_C - T_B) = nc_p(\frac{5}{2}T - \frac{5}{4}T) = \frac{5}{4}nc_p T$$

22. 답 ④

해설 A는 B로부터 열을 흡수하여 등압 팽창하고, B는 외부에서 받은 열량으로 등적 변화를 한다. 이때 고정된 금속판이 열을 잘 전달하므로 A와 B의 온도는 같지만, 피스톤이 자유롭게 이동이 가능하므로 압력은 다르다.

A와 B의 나중 온도를 T 라고 하면, A의 압력은 일정하므로, 샤를 법칙에 의해 부피와 절대 온도는 비례 관계가 된다. 따라서 부피가 $2.5V_0$ 가 되었으므로, 나중 온도는 $2.5T_0$ 가 된다.

A와 B 기체의 열량 Q_A, Q_B는

$$Q_A = \Delta U + P\Delta V = \frac{3}{2}nR\Delta T + nR\Delta T = \frac{5}{2}R(2.5T_0 - T_0)$$
$$= \frac{15}{4}RT_0$$

$$Q_B = \Delta U = \frac{3}{2}nR\Delta T = \frac{3}{2}R(2.5T_0 - T_0) = \frac{9}{4}RT_0$$

이때 공급된 열량 Q는 A와 B에 공급된 열량의 합과 같다.

$$\therefore Q = Q_A + Q_B = \frac{15}{4}RT_0 + \frac{9}{4}RT_0 = 6RT_0$$

23. 답 ④

해설 각 지점에서의 온도를 각각 T_A, T_B, T_C 라고 하면, C → A 과정은 등온 압축 과정이므로, $T_A = T_0 = T_C$ 이고, A → B 과정은 등압 과정이므로 절대 온도는 부피에 비례한다. 따라서 $T_B = 3T_0$ 이다.

ㄱ. A → B 과정에서 내부 에너지 변화량은

$$\Delta U_{AB} = \frac{3}{2}nR\Delta T = \frac{3}{2}nR(3T_0 - T_0) = 3nRT_0$$

ㄴ. B → C 과정은 단열 팽창 과정이므로, $\Delta U = -W$ 이다.

$$W = -\Delta U_{BC} = -\frac{3}{2}nR\Delta T = -\frac{3}{2}nR(T_0 - 3T_0) = 3nRT_0$$

즉, 기체는 외부에 $3nRT_0$ 만큼 일을 해준다.

ㄷ. A → B 과정에서 압력이 일정하므로, $W = P\Delta V = nR\Delta T$ 이다. 따라서 기체가 외부로부터 흡수한 열량은

$Q_{AB} = \Delta U_{AB} + W_{AB} = 3nRT_0 + nR(3T_0 - T_0) = 5nRT_0$이다.

24. 답 ③

해설 이원자 분자 이상 기체의 등적 몰비열 $c_v = \dfrac{5}{2}R$, 등압 몰비열 $c_p = \dfrac{7}{2}R$, 기체의 비열비 $\gamma = \dfrac{c_p}{c_v} = \dfrac{7}{5}$ 이다. 이때 기체가 단열 팽창 하였다면, $TV^{\gamma-1}$ = 일정하다.

기체의 처음 온도와 부피를 각각 T_0, V_0, 나중 온도와 부피를 각각 T', V'라고 하면,

$$T_0V_0^{\gamma-1} = T'V'^{\gamma-1} \rightarrow T' = T_0(\frac{V_0}{V'})^{\gamma-1}$$

$$\therefore T' = (27 + 273)(\frac{V_0}{0.5V_0})^{(7/5)-1} = (300)(2)^{2/5} (\text{K})$$

25. 답 ③

해설 A → B는 등압 과정, B → C는 등온 과정, C → D는 등적 과정, D → A는 등온 과정이다. 이상 기체 상태 방정식 $PV = nRT$ 에 의해 각 지점의 온도, 압력, 부피는 다음과 같다.

$$\frac{P_0 V_0}{T_1} = \frac{P_0 2V_0}{T_2} \rightarrow 2T_1 = T_2$$

$$\frac{P_0 2V_0}{T_2} = \frac{P_C 4V_0}{T_2} \rightarrow P_C = \frac{1}{2}P_0$$

A (P_0, T_1, V_0), B $(P_0, T_2, 2V_0)$, C $(\frac{1}{2}P_0, T_2, 4V_0)$,

D $(\frac{1}{4}P_0, T_1, 4V_0)$

ㄱ. $P_A : P_C : P_D = P_0 : \frac{1}{2}P_0 : \frac{1}{4}P_0 = 4 : 2 : 1$

ㄴ. A → B → C과정에서 흡수한 열량 $Q = \Delta U + W_{AB} + W_{BC}$ 이다.

$$\Delta U = \frac{3}{2}nR\Delta T = \frac{3}{2}R(T_1 - T_2) = \frac{3}{2}RT_1 = \frac{3}{2}P_0 V_0$$

$$W_{AB} = P_0 V_0$$

$$W_{BC} = nRT\ln\frac{V_C}{V_B} = R(2T_1)\ln\frac{4V_0}{2V_0} = (2\ln2)RT_1 = (2\ln2)P_0 V_0$$

$$\therefore Q = \frac{3}{2}P_0 V_0 + P_0 V_0 + (2\ln2)P_0 V_0 = (\frac{5}{2} + 2\ln2)P_0 V_0$$

ㄷ. 1회 순환하는 동안 기체가 한일 $W = W_{AB} + W_{BC} + W_{DA}$ (∵ 등적 과정에서 한 일 $W_{CD} = 0$)

$$W_{DA} = -nRT\ln\frac{V_D}{V_A} = -R(T_1)\ln\frac{4V_0}{V_0} = -(\ln4)RT_1$$
$$= -(2\ln2)RT_1 = -(2\ln2)P_0 V_0$$
$$\therefore W = P_0 V_0 + (2\ln2)P_0 V_0 - (2\ln2)P_0 V_0 = P_0 V_0$$

26. 답 1.2

해설 압력-부피 그래프에서 한 일은 그래프가 그리는 면적이므로, ㉠과정에서 한 일 $W_㉠$은

$W_㉠ = P_A(3V_0 - V_0) = 2P_A V_0$, $Q_㉠ = 7P_A V_0$

$\therefore \Delta U_㉠ = Q_㉠ - W_㉠ = 7P_A V_0 - 2P_A V_0 = 5P_A V_0$

$Q_㉡ = 7.2P_A V_0$ 이고, ㉡과정에서 한 일 $W_㉡$은

$$W_㉡ = \frac{1}{2}(3V_0 - V_0) \times (P_B - P_A) + (3V_0 - V_0) \times P_A$$
$$= V_0(P_B - P_A) + 2P_A V_0 = P_A V_0 + P_B V_0$$
$$\therefore \Delta U_㉡ = Q_㉡ - W_㉡ = 7.2P_A V_0 - (P_A V_0 + P_B V_0)$$
$$= 6.2P_A V_0 - P_B V_0$$

㉠ 과정과 ㉡ 과정의 처음 상태와 나중 상태가 같으므로, 두 과정의 내부 에너지 변화량은 같다.

$$\Delta U_㉠ = \Delta U_㉡ \rightarrow 5P_A V_0 = 6.2P_A V_0 - P_B V_0$$
$$\therefore \frac{P_B}{P_A} = 1.2$$

27. 답 ④

해설 A → B 과정은 부피가 감소하고, 압력이 증가하는 과정, B → C 과정은 압력이 일정하고, 부피가 증가, C → D 과정은 압력은 감소하고, 부피는 증가하는 과정, D → A는 압력이 일정하고, 부피가 감소하는 과정이다.

㉠은 찬 물에서 뜨거운 물로 열원을 바꿔 주는 것은 기체의 압력을 일정하게 유지하면서 열을 가해주는 과정이므로 등압 팽창 과정이 된다. 따라서 B → C 과정에 해당한다.

㉡은 ㉠과 반대 과정이므로 등압 압축 과정이 된다. 따라서 D → A 과정에 해당한다.

㉢은 외부로부터 일을 받아 그 양만큼 외부로 열을 방출하는 과

정인 등온 압축과정이 된다. 따라서 A → B 과정에 해당한다.

㉣은 ㉢과 반대 과정이므로, 등온 팽창 과정이 된다. 따라서 C → D 과정에 해당한다.

$$\therefore ㉢ \rightarrow ㉠ \rightarrow ㉣ \rightarrow ㉡$$

28. 답 ⑤

해설 ㄱ, ㄷ. 열량 Q를 가하기 전 피스톤이 정지해 있으므로 각각 기체의 압력은 같다. 따라서 이상 기체 상태 방정식 $PV = nRT$ 에 의해 압력과 절대 온도는 비례 관계이다.

$$\therefore T_A : T_B = V_0 : 2V_0 = 1 : 2$$

기체 A에만 열량 Q를 가한 후 부피가 $2V_0$로 증가하였으므로 기체 B는 단열 압축되어 부피가 V_0로 줄어든 후, 피스톤이 정지한다. 따라서 B의 압력은 증가하며, 나중 온도 T'_A, T'_B는

$$\frac{RT'_A}{2V_0} = \frac{RT'_B}{V_0} \rightarrow T'_A : T'_B = 2 : 1$$

ㄴ. B의 기체는 단열 과정이다. 따라서 온도가 T'에서 T로 변하였을 때, 기체가 하는 일은 다음과 같다.

$$W = \frac{nR}{1 - \gamma}(T' - T)$$

단원자 분자 이상 기체 이므로, $\gamma = \frac{5}{3}$ 이다. 따라서 1몰의 기체 B가 외부에서 받은 일은

$$W = -\frac{3}{2}R(T'_B - T_B) = \frac{3}{2}R(T_B - T'_B)$$

29. 답 97.9

해설 저항 R에 전압 V를 t초 동안 가하였을 때, 저항에 발생하는 열량 $Q = \frac{V^2}{R}t$ 이다. 이때 저항에서 발생한 열량의 손실은 없으므로, 기체가 받은 열량은 저항에서 발생한 열량과 같다.

$$\therefore Q = \frac{100^2}{25} = 400(J)$$

기체는 압력이 일정한 상태에서 부피만 증가한 등압 변화를 하였다. 따라서 기체가 받은 열량 $Q = nc_p \Delta T$ 이다.

$\therefore Q = 400 = n \times 34 \times 0.25 \rightarrow n = 47.0588\cdots ≒ 47.1 (J)$

기체는 등압 변화를 하였으므로,

$W = P\Delta V = nR\Delta T = 47.1 \times 8.31 \times 0.25$
$= 97.85025 ≒ 97.9 (J)$

기체의 일률이란 단위 시간당 한 일이므로, 97.9W 이다.

30. 답 ④

해설 열역학계에서 외부와 에너지를 주고 받을 때, $Q > 0$ 이면, 계에 열이 들어오고, $Q < 0$ 이면, 열이 나가는 것이다. 한 일의 경우 $W > 0$ 이면, 계가 외부에 일을 해주고, $W < 0$이면 외부에서 일을 받는 것이다.

ㄱ. A → B 과정은 등적 과정이므로 $W_{AB} = 0$이다($Q = \Delta U$). 이때 압력만 증가하였으므로 내부 에너지가 증가하였다. 따라서 열을 흡수한 것이다. 따라서 I 과정이다. $Q = \Delta U$ 이므로, ㉠ $\Delta U_{AB} = +40(J)$ 이다.

C → A 과정은 III 과정이 된다. 이때 C → A 과정은 등압 과정으로 $Q = \Delta U + W$ 이다.

$$W_{CA} = Q_{CA} - \Delta U_{CA} = -80 + 40 = -40(J)$$

ㄴ. II 과정에서 $\Delta U = 0$이고, $Q = W$ 이므로, 등온 과정임을 알 수 있다($Q = W$). 따라서 B → C 과정인 것을 알 수 있다.

	ΔU	Q	W
I	+40J	+40J	0
II	0	+100J	+100J
III	−40J	−80J	−40J

ㄷ. 압력-부피 그래프에서 그래프가 그리는 면적은 기체가 한 일이 된다. 따라서 +100 + (−40) = +60(J) 이다. (기체가 흡수한 열량은 +140J, 방출한 열량은 −80J 이므로 기체가 외부에 한 일은 +60(J) 이다.

31. 답 ③
해설 (가) → (나) 과정은 등압 팽창 과정으로, 기체가 받은 열량은 외부에 한 일과 내부 에너지 증가량의 합과 같다($Q = \Delta U + W$). 따라서 압력이 일정한 상태에서 온도와 부피가 증가한 그래프가 된다(③, ④).
(나) → (다) 과정은 단열 압축 과정으로, 기체가 외부에서 받은 일만큼 내부 에너지가 증가하므로, 온도가 증가한다(③).

32. 답 ③
해설 ㄱ. 이상 기체 n mol의 압력을 P, 부피를 V, 절대 온도를 T 라고 할 때, 이상 기체 상태 방정식은 다음과 같다.

$$PV = nRT \;\rightarrow\; n = \frac{PV}{RT}$$

이상 기체는 평형 상태이므로 압력 P 는 같다. 따라서 A와 B에서 분자 수 n_A, n_B 는 각각 다음과 같다.

$$n_A = \frac{PV_A}{RT_A} = \frac{P(2V)}{R(3T)}, \; n_B = \frac{PV_B}{RT_B} = \frac{P(V)}{R(2T)}$$

$$\therefore n_A : n_B = \frac{2}{3} : \frac{1}{2} = 4 : 3 \;\cdots\; \bigcirc$$

ㄴ. 기체의 처음 압력을 P_0 라고 하면, (나)에서 압력은 $3P_0$이다. 단열 과정에서 $PV^\gamma = $ 일정 하다.

$$P_0(2V)^\gamma = 3P_0(V_A)^\gamma \;\rightarrow\; V_A = 3^{-(1/\gamma)} \cdot 2V$$
$$P_0 V^\gamma = 3P_0(V_B)^\gamma \;\rightarrow\; V_B = 3^{-(1/\gamma)} \cdot V$$
$$\therefore V_A : V_B = 2 : 1$$

ㄷ. 단열 변화이므로 $PV^\gamma = $ 일정 $\rightarrow P(\frac{T}{P})^\gamma = P^{1-\gamma} \cdot T^\gamma = $ 일정

이다. 단원자 분자 이상 기체의 비열비 $\gamma = \frac{5}{3}$ 이므로, $\frac{T^{(5/3)}}{P^{(2/3)}} = $ 일정 이고, 압력이 3배가 되면 온도는 $3^{(2/5)}$배가 된다.
이때 온도가 $3^{(2/5)}$배가 되면, A와 B에서 기체의 내부 에너지 변화는 각각 다음과 같다.

$$\Delta U_A = \frac{3}{2} n_A R \Delta T = \frac{3}{2} n_A R \cdot 3(3^{(2/5)} - 1)$$
$$\Delta U_B = \frac{3}{2} n_B R \Delta T = \frac{3}{2} n_B R \cdot 2(3^{(2/5)} - 1)$$
$$\therefore \Delta U_A : \Delta U_B = 3n_A : 2n_B = 2 : 1 \; (\because \bigcirc 3n_A = 4n_B)$$

11강. 열역학 제2법칙과 열기관

개념확인   226 ~ 231 쪽

1. 비가역 과정   2. ㉠, ㉡   3. 열효율
4. $Q_1 - Q_2$ 5. 스털링 기관   6. 열펌프

확인 +   226 ~ 231 쪽

1. (1) O (2) O (3) X   2. (1) O (2) O   3. A → B → C
4. 25   5. 팽창   6. 2.5

▶ 개념확인

02. 답 ㉠, ㉡
해설 자연 현상은 엔트로피가 증가하는 방향으로 진행한다. 즉, 한 방향으로만 일어나는 변화는 시간이 지남에 따라 분자들이 질서 있는 배열에서 점점 무질서한 배열을 이루는 방향으로 진행한다.

04. 답 $Q_1 - Q_2$
해설 이상적인 카르노 순환 과정을 온도-엔트로피 그래프로 나타낼 때, 그래프가 그리는 직사각형의 넓이는 알짜로 유입된 열량이 되고, 이는 계가 외부에 한 일의 양과 같다.
$$\therefore W = Q_1 - Q_2$$

▶ 확인 +

01. 답 (1) O (2) O (3) X
해설 (1) 자연 현상은 대부분 비가역적이며, 엔트로피(무질서도)가 증가하는 방향으로 진행된다.
(2) 역학적 일은 전부 열로 바꿀 수 있지만 열은 전부 일로 바꿀 수 없다. 따라서 열효율이 100% 인 기관인 제2종 영구 기관은 만들 수 없다.
(3) 에너지의 총량이 일정하다는 것은 에너지 보존의 개념으로 열역학 제1법칙에 대한 설명이다.

02. 답 (1) O (2) O
해설 (1) 엔트로피는 하나의 거시 상태에 대응하는 미시 상태의 경우의 수를 의미한다.
(2) 정보 매체의 발달로 접할 수 있는 정보의 양은 점점 늘어나고 있으나(양적인 엔트로피 증가), 그러한 정보 가운데 가치 있는 정보를 알아내는 것은 점점 더 어려워지고 있다.

03. 답 A → B → C
해설 A → B 과정에서는 이상 기체가 온도 T_1 인 고열원에서 Q_1 의 열을 흡수하여 등온 팽창하면서 일을 한다. 즉, 열의 유입에 의해 일이 이루어진다.
B → C 과정에서는 이상 기체가 저열원의 온도 T_2 와 같아질 때까지 단열 팽창하면서 외부에 일을 한다. 즉, 기체의 내부 에너지 일부를 사용하여 일이 수행되며, 이때 계의 온도가 떨어진다.

따라서 A → B → C 과정에서 기체가 팽창하여 피스톤을 들어올리는 일을 한다.
C → D → A 과정에서는 크랭크축의 회전 관성에 의해 피스톤이 내려와 기체를 압축한다.

04. 답 25
해설 고열원 $T_\text{고} = 127 + 273 = 400$(K)과 저열원 $T_\text{저} = 27 + 273 = 300$(K) 사이에서 작동하는 열기관의 열효율은 다음과 같다.

$$e_c = 1 - \frac{T_\text{저}}{T_\text{고}} = \frac{T_\text{고} - T_\text{저}}{T_\text{고}} = \frac{400 - 300}{400} = 0.25 \rightarrow 25(\%)$$

05. 답 팽창
해설 고온의 실린더에서 가열되어 팽창하는 기체의 압력으로 파워 피스톤(P)이 위로 올라가면서 플라이휠을 회전시켜 외부에 일을 하는 과정은 등온 팽창 과정이다.

06. 답 2.5
해설 냉방기는 전기 에너지로부터 받은 일 W_in 을 이용하여 온도가 낮은 쪽 열원의 열 Q_C를 빼앗아 높은 열원으로 열 Q_H를 이동한다. 이때 계에 수행된 일 W_in 에 대한 저열원에서 뽑아낸 열량 Q_C의 비를 열펌프의 열효율, 작동 계수 K 라고 한다.
무한이 방에 있는 냉난방기에서 $W_\text{in} = 50$J, $Q_\text{C} = 125$J이므로,

$$\therefore K = \frac{Q_\text{C}}{W_\text{in}} = \frac{125}{50} = 2.5$$

개념다지기 | 232~233 쪽

01. (1) 비 (2) 가 (3) 비   02. ④   03. ④   04. 26
05. ③   06. ④   07. ②   08. ④

01. 답 (1) 비 (2) 가 (3) 비
해설 물체가 외부에 어떠한 변화도 남기지 않고 처음의 상태로 완전히 되돌아갈 수 있는 과정을 가역 과정이라고 하고, 스스로 처음 상태로 되돌아갈 수 없고, 시간에 대해서 한쪽 방향으로만 진행하는 과정을 비가역 과정이라고 하며, 자연계에서 일어나는 대부분의 현상은 비가역 과정이다.

02. 답 ④
해설 자연 현상에서 일어나는 변화의 비가역적인 방향성을 설명하는 법칙은 열역학 제2법칙이다.
ㄴ. 열역학 과정에 참여하는 모든 계를 고려할 때 전체 엔트로피는 감소하지 않으며, 외부 작용이 없는 고립된 계에서 엔트로피는 증가하는 쪽으로 변화가 일어나며, 그 반대쪽으로는 일어나지 않는다.
ㄷ. 일정한 온도를 가진 열원에서 흡수한 열을 모두 일로 전환할 수 있는 열기관인 제 2 종 영구 기관은 열역학 제 1 법칙에는 어긋나지 않지만 열역학 제 2 법칙에는 위배되는 가상적인 기관이다.

03. 답 ④
해설 ㄱ. 기체의 확산 현상은 비가역 과정으로 열역학 제 2 법칙

으로 설명할 수 있다.
ㄴ. 단열 자유 팽창하는 경우 외부와 주고 받는 열량이 없기 때문에 $Q = 0$이고, 기체가 힘을 가하면서 이동시킬 대상이 없으므로 $W = 0$ 이므로, $\Delta U = 0$ 이다. 따라서 기체의 온도도 변하지 않는다.
ㄷ. 자연 현상은 미시 상태의 경우의 수가 커지는 방향, 즉 확률이 높은 방향으로 진행한다.

04. 답 26
해설 한 순환 과정동안 흡수한 열에 대하여 외부에 한 일의 비인 열효율은 다음과 같다.

$$e = \frac{\text{얻은 에너지}}{\text{공급한 에너지}} = \frac{780}{3,000} = 0.26 \rightarrow 26(\%)$$

05. 답 ③
해설 카르노의 이상적인 열기관은 외부에서 흡수한 열을 전부 일로 바꾸는 등온 변화와 단열 변화를 통해 한 순환 과정을 거치는 열기관이다.
㉠ 기체가 고열원에서 열을 받아 등온 팽창하면서 일을 한다. → ㉡ 기체가 단열 팽창하면서 외부에 일을 하고 기체의 온도가 떨어진다. → ㉢ 기체가 등온 압축하면서 열을 저열원으로 방출한다. → ㉣ 기체가 단열 압축되어 온도가 상승하면서 원래의 상태로 되돌아간다.

06. 답 ④
해설 한 순환 과정 동안 흡수한 열 Q_1 에 대하여 외부에 한 일 W 의 비를 열효율 e 라고 하며, 다음과 같이 나타낸다.

$$e = \frac{\text{얻은 에너지}}{\text{공급한 에너지}} = \frac{W}{Q_1} = \frac{Q_1 - Q_2}{Q_1} = 1 - \frac{Q_2}{Q_1}$$

제 2 종 영구 기관은 열효율이 1인 기관이다. $e = 1$ 이 되려면 $Q_2 = 0$ 이 되어야 한다. 따라서 현실적으로 불가능 하다.

07. 답 ②
해설 ㄱ. 스털링 엔진은 고열원과 저열원의 온도 차이가 작아도 작동할 수 있다.
ㄴ. 스털링 엔진은 고열원과 저열원의 온도 차이에 의한 열에너지를 역학적 일로 바꿔 주는 작동 가스가 필요하다.
ㄷ. 스털링 엔진은 외부에서 발생된 열을 이용하는 외연 기관이다.

08. 답 ④
해설 난방 모드시 열펌프에서는 실내로 유입된 열 Q_H(따뜻하게 하는 데 쓰인 열)이 의미가 있다. 따라서 난방 모드에서 열펌프의 작동 계수를 K_H라고 하면, $W_\text{in} = 50$J, $Q_\text{H} = Q_\text{C} + W_\text{in} = 125 + 50 = 175$(J)이므로,

$$\therefore K_\text{H} = \frac{Q_\text{H}}{W_\text{in}} = \frac{175}{50} = 3.5$$

[유형11-1] ⑤	01. ②	02. ③
[유형11-2] ⑤	03. ③	04. ③
[유형11-3] ④	05. ④	06. ⑤
[유형11-4] ③		
	07. (1) 3.69×10^6 (2) 0.33×10^6	
	08. ④	

[유형11-1] 답 ⑤

해설 ㄱ, ㄴ. 진자의 역학적 에너지는 공기와의 마찰로 열에너지로 전환되지만, 열에너지가 다시 진자의 역학적 에너지로 전환되지는 않으므로 비가역 과정이다.

ㄷ. 열역학 제 2 법칙에 의하면 자연 현상은 무질서도가 증가하는 방향, 확률이 높은 방향으로 일어난다. 멈추었던 진자가 다시 움직이는 현상이 일어날 확률은 0에 가까우므로, 실제로 일어나지 않는다.

01. 답 ②

해설 비가역 과정이란 한쪽 방향으로만 변화가 진행되어 스스로 처음의 상태로 되돌아 갈 수 없는 현상이다. 이때 변화 과정에 관계없이 물체계 전체의 에너지는 항상 일정하게 보존되며, 자연 현상은 모두가 비가역 현상이다.

ㄷ. 태양 주위를 공전하는 행성의 운동은 마찰이나 저항이 없는 이상적인 역학적 변화이므로 가역 과정이다.

ㄹ. 공기의 저항이 없을 때 단진자의 운동은 가역 과정이다.

02. 답 ③

해설 열역학 제 2 법칙은 열에너지가 이동하는 방향성에 관한 법칙으로 자연 현상은 대부분 비가역적이며, 엔트로피가 증가하는 방향으로 일어난다는 것을 설명한다.

ㄱ. 열역학 제 2 법칙에 의하면 자연적으로 열은 온도가 높은 물체에서 낮은 물체로 이동하고, 그 반대로는 이동할 수 없다.

ㄷ. 에너지의 공급 없이 계속 일을 할 수 있는 영구 기관은 제 1 종 영구 기관으로 열역학 제 1 법칙에 위배되는 가상적인 기관이다.

[유형11-2] 답 ⑤

해설 (가)는 이상적인 열기관의 순환 과정이므로 한 순환 과정 동안 내부 에너지는 변하지 않는다($\Delta U = 0$). 따라서 $Q = Q_1 - Q_2 = W$ 가 된다. 이때 엔트로피 변화량 $\Delta S = \dfrac{Q}{T}$ 이다.

ㄱ. (가)의 A → B 과정은 등온 팽창 과정으로 온도의 변화가 없고, 열을 흡수하였으므로 엔트로피가 증가한다. 따라서 (가)의 E → F 과정이 된다.

ㄴ. (나)의 G → H 과정은 등온 과정이므로 내부 에너지 변화량 $\Delta U = 0$ 이다. 따라서 $Q = W$ 가 되므로, 받은 일만큼 열에너지로 방출하게 된다. G점의 온도가 T_2, 엔트로피가 S_2, H점의 엔트로피가 S_1 일 때, G → H 과정에서 방출한 열 $Q_2 = T_2(S_2 - S_1)$ 이다.

ㄷ. 압력-부피 그래프에서 그래프가 그리는 면적은 한 일의 양이 되고, 온도-엔트로피 그래프에서 그래프가 그리는 직사각형의

넓이는 계에 알짜로 유입된 열량이 된다. 이상적인 열기관의 순환 과정에서 $Q = W$ 가 되므로, 두 그래프가 그리는 면적은 같은 값을 나타낸다.

03. 답 ③

해설 ㄱ. $Q_2 = 0$인 경우는 흡수한 열량이 모두 일로 전환된 것이므로, 열효율이 100%가 된다. 따라서 열역학 제 2 법칙에 위배되므로 존재할 수 없다.

ㄴ. 열기관의 열효율 $e = \dfrac{W}{Q_1} = \dfrac{Q_1 - Q_2}{Q_1} = 1 - \dfrac{Q_2}{Q_1}$ 이다. 따라서 Q_2 가 일정할 때 Q_1 이 커질수록 W로 전환되는 에너지가 증가한다. 따라서 효율이 커진다.

ㄷ. 임의의 두 고정 온도 사이에서 작동하는 열기관에게 허용된 최대 열효율을 갖는 이상적인 열기관을 카르노 기관이라고 한다. 이때 카르노 열효율 e_c 은 다음과 같다.

$$e_c = 1 - \frac{T_2}{T_1} = \frac{T_1 - T_2}{T_1}$$

04. 답 ③

해설 ㄱ. 열기관은 고온의 열원에서 열에너지를 흡수하여 외부에 일을 한 후, 저온의 열원으로 열에너지를 방출하는 장치이다. 따라서 $T_1 > T_2$ 이다.

ㄴ. $e = 1 - \dfrac{Q_2}{Q_1} = 1 - \dfrac{1.5 \times 10^3}{2 \times 10^3} = 0.25$ → 25(%)

ㄷ. 열기관이 한 번 순환하는 동안 열기관의 내부 에너지는 변하지 않으므로($\Delta U = 0$), 열역학 제 1 법칙에 의해 $Q = W$ 가 된다.

∴ $W = Q_1 - Q_2 = (2 \times 10^3) - (1.5 \times 10^3) = 5 \times 10^2$ (J)

[유형11-3] 답 ④

해설 이상적인 스털링 기관의 순환 과정과 열의 출입은 다음과 같다.

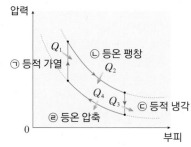

ㄱ. ㉠ 등적 가열, ㉡ 등온 팽창 과정에서 각각 열량 Q_1, Q_2를 흡수하고, ㉢ 등적 냉각, ㉣ 등온 압축 과정에서 각각 열량 Q_3, Q_4를 방출한다.

ㄴ. ㉡ 과정은 가열된 기체가 팽창하여 파워 피스톤을 미는 과정으로, P는 위로 올라가면서 외부에 일을 하고, D는 제자리에 있다. ㉣ 과정은 냉각된 기체가 수축하면서 기체를 고열원으로 보내는 과정으로 P는 아래로 이동하고, D는 제자리에 있는다.

ㄷ. 스털링 기관은 외부에서 가열 또는 냉각할 때 작동 가스의 팽창과 수축에 따라 피스톤이 움직여 일을 하는 외연 기관이다. 따라서 화석 연료, 태양열, 지열, 소각열, 폐열 등 여러 가지 열원을 이용할 수 있고, 자연에 존재하는 에너지를 이용할 수 있으므로 친환경적이다.

05. 답 ④

해설 스털링 기관은 손바닥 열과 실내 온도와의 온도 차이와 같이 고온부와 저온부의 적은 온도 차이로도 작동하므로, 반드시 연료를 태울 필요가 없는 장점이 있다. 자연적으로 고온이나 저온이 유지될 수 있는 환경이면 작동될 수 있다.

ㄱ. 스털링 기관은 출력이 낮고, 출력 속도 조절이 어려워 그동안 널리 사용되지 못하였다. 최근에는 연구에 의해 열효율을 40% 정도 발전시킨 스털링 기관도 있다.

06. 답 ⑤

해설 ㄱ. (가)는 디스플레이서 피스톤(D)이 왼쪽으로 이동하고, 파워 피스톤(P)은 아래에 머물며, 고열원에 기체가 모여 가열되는 등적 가열 과정이다. ㄴ, ㄷ. (나)는 D는 오른쪽으로 이동하고, P는 위에 머물며 저열원에 모인 기체가 냉각되는 등적 냉각 과정이다. 따라서 고온부가 저온부보다 부피 변화가 크다.

[유형11-4] 답 ③

해설 열펌프란 열이 자연적으로 흘러가는 방향의 반대 방향으로 열을 흐르게 하는 장치나 기계를 말한다. 냉장고, 에어컨, 냉·난방기 등이 있다.

ㄱ. 열펌프에서 열을 연속적으로 뽑아내는 순환 과정 동안 내부 에너지 변화량 $\Delta U = 0$이다. 따라서 에너지 보존 법칙(열역학 제 1 법칙)에서 내보낸 열(Q_H) = 들어온 열(Q_C) + 들어온 일(W_{in}) 이 된다.

ㄴ. 냉장고는 음식 보관함에서 열(Q_C)을 빼앗아 집 내부로 열을 방출(Q_H)한다.

ㄷ. 냉장고나 에어컨의 열효율인 작동 계수 K 는 계에 수행된 일에 대한 차가운 열원에서 뽑아낸 열량의 비로 정의된다.

$$K = \frac{Q_C}{W_{in}} = \frac{Q_C}{Q_H - Q_C}$$

07. 답 (1) 3.69×10^6 (2) 0.33×10^6

해설 (1) 열펌프의 열효율인 작동 계수는 계에 수행된 일 W_{in} 에 대한 저열원에서 뽑아낸 열량 Q_C 의 비이다. 고열원으로 이동하는 열이 Q_H 일때, 작동 계수 K는 다음과 같다.

$$\therefore K = \frac{Q_C}{W_{in}} = \frac{Q_C}{Q_H - Q_C} = \frac{T_C}{T_H - T_C} = \frac{273}{300 - 273}$$
$$= 10.111\cdots \fallingdotseq 10.1$$

이때 물에서 빼앗는 열 Q_C은 응고열이므로,

$$Q_C = mH = 10 \times (336 \times 10^3) = 3.36 \times 10^6 (J)$$

$$K = \frac{Q_C}{Q_H - Q_C} \rightarrow Q_H = \left(\frac{K+1}{K}\right)Q_C$$

$$\therefore Q_H = \left(\frac{10.1 + 1}{10.1}\right) \times (3.36 \times 10^6) = 3.6926\cdots \times 10^6$$
$$\fallingdotseq 3.69 \times 10^6 (J)$$

(2) $W_{in} = Q_H - Q_C = (3.69 \times 10^6) - (3.36 \times 10^6)$
$$= 0.33 \times 10^6 (J)$$

08. 답 ④

해설 ㄱ, ㄴ. 이상적인 열펌프에서는 모든 과정이 가역적이고, 역으로 동작하는 카르노 기관에 대응한다. 따라서 $\frac{Q_2}{T_H} = \frac{Q_1}{T_C}$ 이므로, $Q_1 T_H = Q_2 T_C$ 이다.

ㄷ. 압력-부피 그래프에서 그래프가 그리는 면적은 기체가 한 일이 된다. 열펌프에서는 외부로부터 받은 일 W_{in} 을 이용하여 저열원의 열 Q_1 을 빼앗아 고열원으로 열 Q_2 를 이동시키므로, $W_{in} = Q_2 - Q_1$ 가 된다.

창의력 & 토론마당 238 ~ 241 쪽

01 15×10^{-3} J/K = 0.015 J/K

해설 옥수수 알갱이가 팝콘이 될 때까지는 180℃에서 일어나는 기화 과정(ΔS_1)과 증기의 단열 팽창(ΔS_2) 두 가지 가역 과정에 대한 엔트로피 변화가 생긴다.

㉠ 기화 과정 : 절대 온도가 T 인 열역학적 계가 열량 Q 를 흡수하거나 방출하였을 때, 그 계의 엔트로피 변화 $\Delta S = \frac{Q}{T}$ 이다.

$$\therefore \Delta S_1 = \frac{Q}{T} = \frac{mH}{T} = \frac{(3 \times 10^{-6}) \times (2,260 \times 10^3)}{180 + 273}$$
$$= 14.9668\cdots \times 10^{-3} \fallingdotseq 15 \times 10^{-3} (J/K)$$

㉡ 수증기의 팽창 과정 : 주위와 열에너지 교환을 하지 않는다고 가정하였으므로 $Q = 0$ 이다. 따라서 $\Delta S_2 = 0$ 이다.

따라서 총 엔트로피 변화량은

$$\Delta S = \Delta S_1 + \Delta S_2 = 15 \times 10^{-3} (J/K) = 0.015 (J/K)$$

즉, 팝콘이 튀겨지는 동안 생기는 펑하는 소리는 물의 엔트로피가 0.015 J/K 만큼 증가함을 알려준다.

02 -943 J/K

해설 얼음과 물의 나중 질량은 $\frac{1,773 + 227}{2} = 1,000$(g)이다.

따라서 773g의 물이 얼음이 되었으므로, 이때 방출되는 열은
$$Q = mH = (773 \times 10^{-3}) \times (333 \times 10^3) = 257,409 (J)$$
이 변화가 일어날 때 온도는 0℃(273K)이므로, 엔트로피 변화는
$$\Delta S = -\frac{Q}{T} = -\frac{257,409}{273} = -942.890\cdots \fallingdotseq -943 (J/K)$$

03 17.2 J/K

해설 등온 팽창 과정($\Delta T = 0$, $\Delta U = 0$ 이므로, $Q = W$) 동안 부피가 V_1 에서 V_2 로 변화하는 경우 기체가 한 일은 다음과 같다.

$$\therefore W = nRT \ln \frac{V_2}{V_1} = 3 \times 8.31 \times (127 + 273) \times \ln 2$$
$$= 6880.68 (J)$$

$$\therefore \Delta S = \frac{Q}{T} = \frac{W}{T} = \frac{6880.68}{400} = 17.2017 \fallingdotseq 17.2 (J/K)$$

04 2.05

해설 카르노 기관에서 고열원과 저열원의 온도를 각각 T_1, T_2, 고열원에서 흡수하고 저열원으로 방출하는 열량을 각각 Q_1, Q_2일 때, 카르노 열효율은 다음과 같다.

$$e = \frac{W}{Q_1} = 1 - \frac{Q_2}{Q_1} = 1 - \frac{T_2}{T_1} = \frac{T_1 - T_2}{T_1}$$

$$\rightarrow \quad W = \frac{T_1 - T_2}{T_1} \cdot Q_1 \quad \cdots \text{㉠}$$

카르노 냉동 기관에서 고열원과 저열원의 온도를 각각 T_3, T_4, 고열원으로 이동하는 열량을 Q_3, 저열원에서 빼앗긴 열량을 Q_4, 라고 할 때, 작동 계수는 다음과 같다.

$$K = \frac{Q_4}{W} = \frac{Q_4}{Q_3 - Q_4} = \frac{T_4}{T_3 - T_4} \quad \cdots \text{㉡}$$

냉동 기관에서 한 번의 순환 과정동안 내부 에너지는 변하지 않으므로($\Delta U = 0$), 열역학 제 1 법칙에 의해 $Q_4 = Q_3 - W_{\text{in}}$ 이므로, ㉡은 $\dfrac{Q_3 - W}{W} = \dfrac{T_4}{T_3 - T_4}$ 가 된다.

W에 ㉠을 대입하면,

$$\frac{Q_3}{W} - 1 = \frac{Q_3 T_1}{Q_1(T_1 - T_2)} - 1 = \frac{T_4}{T_3 - T_4}$$

$$\therefore \frac{Q_3}{Q_1} = \left(\frac{T_4}{T_3 - T_4} + 1 \right)\left(\frac{T_1 - T_2}{T_1} \right) = \left(\frac{T_3}{T_3 - T_4} \right)\left(\frac{T_1 - T_2}{T_1} \right)$$

$$= \frac{1 - 0.365}{1 - 0.690} = 2.0483 \cdots \fallingdotseq 2.05$$

05 $\dfrac{P_0 AH}{T_0} \ln \dfrac{P_0 A + (M + m)g}{P_0 A + Mg}$

해설 (가)와 (나)에서 각각 평형을 이루고 있는 지점까지의 높이를 h_1, h_2라고 하면, 다음 그림과 같다.

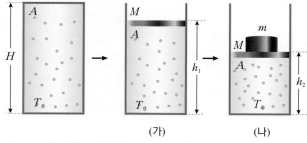

(가) → (나) 과정 동안 기체의 온도가 일정하게 유지되었으므로 ($\Delta T = 0$), $\Delta U = 0$ 이다. 따라서 $Q = W$ 이다. (가)와 (나)에서 기체의 부피를 각각 V_1, V_2라고 하고(용기의 단면적은 일정하므로, 각 부피는 높이에 비례), 등온 압축 과정에서는 외부에서 일을 받는다($W < 0$).

$$\therefore Q = W = -nRT_0 \ln \frac{V_2}{V_1} = nRT_0 \ln \frac{V_1}{V_2} = nRT_0 \ln \frac{h_1}{h_2}$$

(가)에서 힘의 평형 상태에서는 용기 내부 기체가 피스톤을 밀어 올리는 힘 = 외부 공기가 누르는 힘 + 피스톤의 무게가 된다. 따

라서 (가)의 상태에서 용기 내부 기체의 압력을 P_1이라고 하면, $P_1 A = P_0 A + Mg$ 이고, 이상 기체 상태 방정식($PV = nRT$)에 의해 $P_0 AH = P_1 Ah_1 = nRT_0$ 이므로,

$$\therefore h_1 = \frac{P_0 AH}{P_0 A + Mg}$$

(나)에서 힘의 평형 상태에서는 용기 내부 기체가 피스톤을 밀어 올리는 힘 = 외부 공기가 누르는 힘 + 피스톤의 무게 + 추의 무게가 된다. 따라서 (나)의 상태에서 용기 내부 기체의 압력을 P_2 이라고 하면, $P_2 A = P_0 A + (M + m)g$ 이고, $P_0 AH = P_2 Ah_2 = nRT_0$ 이므로,

$$\therefore h_2 = \frac{P_0 AH}{P_0 A + (M + m)g}$$

$$\rightarrow \frac{h_1}{h_2} = \frac{P_0 A + (M + m)g}{P_0 A + Mg}$$

$$\therefore W = nRT_0 \ln \frac{h_1}{h_2} = P_0 AH \ln \frac{P_0 A + (M + m)g}{P_0 A + Mg}$$

따라서 기체의 엔트로피 변화량은 다음과 같다.

$$\Delta S = \frac{Q}{T} = \frac{W}{T} = \frac{P_0 AH}{T_0} \ln \frac{P_0 A + (M + m)g}{P_0 A + Mg}$$

06 〈해설 참조〉

해설 (1) A점에서 부피와 압력이 각각 V_0, $P_0 \rightarrow T_1 = \dfrac{P_0 V_0}{nR}$, B점에서 부피와 압력이 각각 V_0, $2P_0 \rightarrow T_2 = \dfrac{2P_0 V_0}{nR}$ 이다.

$$\therefore \frac{T_2}{T_1} = 2$$

B → C 과정은 단열 과정이므로, PV^γ = 일정 하다. $V_B = V_0$, $P_B = 2P_0$ 이고, C점에서 부피와 압력을 각각 $V_C = 4V_0$, P_C 라고 하면,

$$P_B V_B^\gamma = P_C V_C^\gamma \rightarrow P_C = \frac{2P_0 (V_0)^\gamma}{(4V_0)^\gamma} = \frac{2P_0}{4^\gamma}$$

$$V_C = 4V_0 = \frac{4nRT_1}{P_0} \quad (\because P_0 V_0 = nRT_1)$$

따라서 C점에서 온도는 다음과 같다.

$$T_3 = \frac{P_C V_C}{nR} = \left(\frac{1}{nR} \right) \cdot \left(\frac{2P_0}{4^\gamma} \right) \cdot \left(\frac{4nRT_1}{P_0} \right) = \frac{2T_1}{4^{\gamma - 1}}$$

$$\therefore \frac{T_3}{T_1} = \frac{2}{4^{\gamma - 1}}$$

D → A 과정도 단열 과정이므로, $V_D = 4V_0$, P_D 이고, A점에서 부피와 압력이 각각 V_0, P_0 이므로,

$$P_A V_A^\gamma = P_D V_D^\gamma \rightarrow P_D = \frac{P_0 (V_0)^\gamma}{(4V_0)^\gamma} = \frac{P_0}{4^\gamma}$$

따라서 D점에서 온도는 다음과 같다.

$$T_4 = \frac{P_D V_D}{nR} = \left(\frac{1}{nR} \right) \cdot \left(\frac{P_0}{4^\gamma} \right) \cdot \left(\frac{4nRT_1}{P_0} \right) = \frac{T_1}{4^{\gamma - 1}}$$

$$\therefore \frac{T_4}{T_1} = \frac{1}{4^{\gamma - 1}}$$

(2) $\dfrac{P_C}{P_0} = \dfrac{2}{4^\gamma}$, $\dfrac{P_D}{P_0} = \dfrac{1}{4^\gamma}$

(3) 부피가 일정한 과정에서 기체는 일을 하지 않으므로, $W_{AB} = 0$, $W_{CD} = 0$이다. B → C, D → A 과정은 단열 과정이므로,

$$W_{BC} = \frac{nR}{1-\gamma}(T_3 - T_2) = \frac{nR}{1-\gamma}\left(\frac{2T_1}{4^{\gamma-1}} - 2T_1\right)$$

$$= \frac{2nRT_1}{1-\gamma}\left(\frac{1}{4^{\gamma-1}} - 1\right)$$

$$W_{CD} = -\frac{nR}{1-\gamma}(T_4 - T_1) = -\frac{nR}{1-\gamma}\left(\frac{T_1}{4^{\gamma-1}} - T_1\right)$$

$$= -\frac{nRT_1}{1-\gamma}\left(\frac{1}{4^{\gamma-1}} - 1\right)$$

$$\therefore W = W_{BC} + W_{CD} = \left(\frac{2nRT_1}{1-\gamma} - \frac{nRT_1}{1-\gamma}\right)\cdot\left(\frac{1}{4^{\gamma-1}} - 1\right)$$

$$= \frac{nRT_1}{1-\gamma}\left(\frac{1}{4^{\gamma-1}} - 1\right)$$

열기관이 얻은 열량은

$$Q_{AB} = nc_v\Delta T = nc_v(T_2 - T_1) = nc_v(2T_1 - T_1) = nc_vT_1$$

$$\gamma = \frac{c_p}{c_v} = \frac{c_v + R}{c_v} = 1 + \frac{R}{c_v} \rightarrow c_v = \frac{R}{\gamma - 1}$$

$$\therefore e = \frac{W}{Q_{AB}} = \frac{nRT_1}{1-\gamma}\left(\frac{1}{4^{\gamma-1}} - 1\right)\cdot\frac{\gamma-1}{nRT_1} = \left(1 - \frac{1}{4^{\gamma-1}}\right)$$

스스로 실력 높이기　242 ~ 249 쪽

01. ⑤	02. ③	03. ㉠, ㉡, ㉢
04. 12.3	05. −1.68	
06. ㉠ $Q_1 - Q_2$　㉡ $\frac{Q_1 - Q_2}{Q_1} = 1 - \frac{Q_2}{Q_1}$		
07. (1) 0.4 (2) 200		08. 25
09. ㉠ 팽창 ㉡ 냉각		10. 작동 계수
11. ①	12. ⑤	13. ⑤	14. ④
15. ④	16. ④	17. 83.4	18. 18.3
19. ①	20. ④	21. ③	22. ②
23. ⑤	24. ③	25. ③	26. ④
27. ②	28. 9.03× 10^2		29. 62
30. 이원자 분자		31. 75	32. 444

01. 답 ⑤
[해설] 공기 중으로 연기가 확산되고, 물에 떨어뜨린 잉크가 물속으로 확산되는 현상은 비가역 과정이다. 비가역 과정이란 한쪽 방향으로만 일어나 스스로 처음 상태로 되돌아갈 수 없는 과정으로, 자연계에서 일어나는 대부분의 현상은 비가역 과정이다. 열역학 제 2 법칙에 따라 자연 현상은 무질서도(엔트로피)가 증가하는 방향으로 진행된다.

02. 답 ③
[해설] 기체에 열을 가하면 기체의 온도가 높아지면서 부피가 팽창한다. 기체의 온도가 상승하면 내부 에너지가 증가하고, 부피가 팽창하면 기체는 외부에 대하여 일을 하게 된다. 이는 열역학 제 1 법칙($Q = \Delta U + W$)과 관련된 내용이다.

04. 답 12.3
[해설] 절대 온도가 T인 열역학적 계가 열량 Q를 흡수하였을 때는 $\Delta S = \frac{\Delta Q}{T}$ 만큼 증가한다.

질량이 m인 물질의 숨은열이 H일 때, 상태 변화에 관계하는 열량 $Q = mH$이므로, 납이 액체가 될 때 흡수하는 열량은
$$Q = (0.3) \times (2.45 \times 10^4) = 7.35 \times 10^3(J)$$

$$\therefore \Delta S = \frac{7.35 \times 10^3}{273 + 327} = 12.25 ≒ 12.3 \ (J/K)$$

05. 답 −1.68
[해설] 카르노 열효율 $e_C = \frac{T_H - T_C}{T_H} = 1 - \frac{T_C}{T_H}$ 이다.

$$\therefore 0.24 = 1 - \frac{T_C}{84 + 273} \rightarrow T_C = 271.32(K) = -1.68(℃)$$

06. 답 ㉠ $Q_1 - Q_2$　㉡ $\frac{Q_1 - Q_2}{Q_1} = 1 - \frac{Q_2}{Q_1}$
[해설] 열기관이 한 번 순환하는 동안 열기관의 내부 에너지는 변하지 않으므로($\Delta U = 0$) 열역학 제 1 법칙에서 $Q = Q_1 - Q_2 = W$ 가 된다. 이때 한 순환 과정동안 흡수한 열 Q_1에 대하여 외부에 한 일 W의 비를 열효율(e)이라고 하며, 다음과 같이 나타낸다.

$$e = \frac{W}{Q_1} = \frac{Q_1 - Q_2}{Q_1} = 1 - \frac{Q_2}{Q_1}$$

07. 답 (1) 0.4 (2) 200
[해설] (1) 카르노 열효율은 다음과 같다.

$$e_C = 1 - \frac{T_2}{T_1} = 1 - \frac{403.8}{673} = 0.4$$

(2) $e_C = \frac{W_M}{Q_1} \rightarrow W_M = e_C Q_1 = 0.4 \times 500 = 200(kJ)$

08. 답 25
[해설] 압력-부피 그래프에서 그래프가 그리는 면적은 기체가 외부에 한 일이다.
$$W = (2 \times 10^5) \times (2 \times 10^{-3}) = 4 \times 10^2(J)$$

$$\therefore e = \frac{W}{Q_1} = \frac{4 \times 10^2}{1.6 \times 10^3} = 0.25 \rightarrow 25(\%)$$

09. 답 ㉠ 팽창 ㉡ 냉각
[해설] 이상적인 스털링 기관은 등적 가열 → 등온 팽창 → 등적 냉각 → 등온 압축의 순환 과정으로 작동한다.

11. 답 ①
[해설] ㄱ. 열은 고온에서 저온의 물체로 이동하며, 역과정은 외부 도움없이 저절로 일어나지 않는다(비가역 과정).

ㄴ. 단열 용기내에 들어있는 A와 B의 전체 에너지는 보존된다.

ㄷ. 열역학적 계가 열을 흡수하면 엔트로피가 증가하고, 열을 방출하면 감소한다($\Delta S = \frac{\Delta Q}{T}$). 열은 고온의 물체에서 저온의 물체로 흐르므로 처음 상태의 온도가 더 높은 A에서 B로 흐른다. 따라서 A의 엔트로피는 감소하고, B의 엔트로피는 증가한다.

12. 답 ⑤

해설 ㄱ. 우주의 엔트로피는 시간이 흐를수록 증가한다. 따라서 우주 전체의 엔트로피는 과거보다 현재가 더 크다.

ㄴ. 정보 매체의 발달로 접할 수 있는 정보의 양은 점점 증가하고 있다. 이처럼 정보의 양적인 엔트로피는 증가하였어도 그러한 정보 가운데 가치 있는 알짜 정보를 알아내는 것은 점점 더 어려워졌다. 따라서 유용한 것을 구분해 내기 위해서는 별도의 에너지와 노력이 필요하다. 에너지와 시간을 투자해 정보의 진위를 파악하고 가치를 매기는 과정이 필요한 것이다.

ㄷ. 어떤 물건이 질서 있는 상태(엔트로피가 낮은 상태)에서 무질서한 상태(엔트로피가 높은 상태)로 변할 때, 물건의 위치에 대한 정보가 숨겨지므로 위치에 대한 정보가 부족하게 된다.

13. 답 ⑤

해설 ㄱ, ㄷ. $e = 1 - \dfrac{Q_\text{C}}{Q_\text{H}} = 1 - \dfrac{1.2 \times 10^5}{1.5 \times 10^5} = 0.2 \rightarrow 20(\%)$

이때 고온에서 흡수하는 에너지(Q_H)가 커질수록 열효율은 커진다.

ㄴ, ㄷ. 열기관이 한 번 순환하는 동안 열기관의 내부 에너지는 변하지 않으므로($\varDelta U = 0$), 열역학 제1법칙에 의해 $Q = W$ 가 된다.

$\therefore W = Q_\text{H} - Q_\text{C} = (1.5 \times 10^5) - (1.2 \times 10^5) = 3 \times 10^4 (\text{J})$

$\rightarrow$ 일률 $= \dfrac{W}{\varDelta T} = \dfrac{4 \times (3 \times 10^4)}{3} = 4 \times 10^4 (\text{W})$

14. 답 ④

해설 ㄱ. 카르노 열효율은 다음과 같다.

$e_\text{C} = 1 - \dfrac{T_\text{C}}{T_\text{H}} = 1 - \dfrac{273 + 27}{273 + 580} = 1 - 0.35169 \cdots ≒ 0.648$

ㄴ. 열기관의 일률 $P = \dfrac{W}{t} = \dfrac{1,040}{0.2} = 5,200(\text{W}) = 5.2(\text{kW})$

ㄷ. 순환 과정동안 고열원에서 흡수되는 열량은

$e = \dfrac{W}{Q_\text{H}} \rightarrow Q_\text{H} = \dfrac{W}{e} = \dfrac{1,040}{0.648} ≒ 1604$

순환 과정동안 저열원으로 방출되는 열량은

$Q_\text{C} = Q_\text{H} - W = 1,604 - 1,040 = 564$

고열원에서 열량을 흡수하는 동안 엔트로피 변화는

$\varDelta S_\text{H} = \dfrac{Q_\text{H}}{T_\text{H}} = \dfrac{1,604}{853} = 1.8804 \cdots ≒ 1.88$

저열원으로 열량을 방출하는 동안 엔트로피 변화는

$\varDelta S_\text{C} = \dfrac{Q_\text{C}}{T_\text{C}} = \dfrac{-564}{300} = -1.88$

$\therefore \varDelta S = \varDelta S_\text{H} + \varDelta S_\text{C} = 0$

15. 답 ④

해설 ㄱ. 스털링 기관은 등온 팽창 → 등적 과정(열 방출) → 등온 압축 → 등적 과정(열 흡수)의 네 단계를 거친다. 단열 과정을 거치는 기관은 카르노 기관이다.

ㄴ. 스털링 기관은 밀폐된 실린더 안의 작동 가스를 서로 다른 온도에서 팽창과 압축을 반복하면서 열에너지를 운동 에너지로 바꾸는 열기관이다.

ㄷ. 기체 분자가 열에너지를 흡수하면 분자 운동이 활발해지고, 실린더에서 분자가 벽에 충돌하는 속도와 횟수가 증가하면 용기 내의 압력이 ㉠ 높아져 일을 한다.

16. 답 ④

해설 ㄱ. 등온 팽창 과정(가)에서 고온의 실린더에서 가열되어 팽창하는 기체의 압력으로 파워 피스톤이 위로 올라가면서 플라이휠을 회전시켜 외부에 일을 한다. 이와 같이 스털링 엔진의 한 순환 과정 동안 (가) 과정(등온 팽창)에서만 기체가 외부에 일을 한다. 나머지 등적 가열, 등적 냉각, 등온 압축(나) 과정에서는 기체의 팽창과 수축, 플라이휠의 관성 운동에 의해 피스톤이 운동한다.

ㄴ. 등온 압축 과정(나)에서 저온의 실린더에서 냉각된 기체가 수축하면서 기체를 고열원으로 보낸다.

ㄷ. (가)에서 기체는 열을 흡수하고, (나)에서는 방출한다.

17. 답 83.4

해설 물에서 방출해야 할 열 에너지는 다음과 같다.

$Q = mc\varDelta T - mH = 0.5[4200 \times (-20) - (333 \times 10^3)]$
$\quad = -2.085 \times 10^5 (\text{J})$

작동 계수 $K = \dfrac{Q_\text{C}}{W_\text{in}} = \dfrac{Q_\text{C}}{P\varDelta t} \rightarrow \varDelta t = \dfrac{Q_\text{C}}{KP}$

$\therefore \varDelta t = \dfrac{2.085 \times 10^5}{5 \times 500} = 83.4(\text{s})$

18. 답 18.3

해설 카르노 냉동 기관의 작동 계수는 다음과 같다.

$K_\text{C} = \dfrac{T_\text{C}}{T_\text{H} - T_\text{C}} = \dfrac{20 + 273}{(36 + 273) - (20 + 273)} ≒ 18.3$

$\therefore K = \dfrac{Q_\text{C}}{W_\text{in}} \rightarrow Q_\text{C} = KW_\text{in} = 18.3 \times 1 = 18.3 (\text{J})$

19. 답 ①

해설 A → B 과정은 등온 압축과정으로 외부로부터 일을 받으면 그 양만큼 외부로 열을 방출한다. → $\varDelta T = 0$ 이므로, $\varDelta U = 0$, $Q = W$

B → C 과정은 등압 팽창 과정으로 기체가 받은 열량은 외부에 한 일과 내부 에너지 증가량의 합과 같다($Q = \varDelta U + P\varDelta V$).

C → A 과정은 등적 과정으로 압력이 감소하므로 잃은 열량만큼 기체의 내부 에너지가 감소하여 기체의 온도가 내려간다.($Q = \varDelta U$)

ㄱ. 계가 열량을 흡수하면 엔트로피는 증가하고, 열량을 방출하면 엔트로피는 감소한다. 따라서 A → B 과정에서 기체의 엔트로피는 감소한다.

ㄴ. 등온 과정에서 기체의 부피가 V_1에서 V_2로 변할 때 기체가 하는 일 $W = nRT \ln \dfrac{V_2}{V_1}$ 이다. 온도가 일정할 때, 압력과 부피는 반비례 관계이다($PV = nRT$). 따라서 A점에서 부피(V_1)는 B점에서 부피(V_2)의 2배이므로,

기체가 하는 일 $W = RT \ln \dfrac{1}{2} = -RT \ln 2$ 이다.

ㄷ. B → C 과정에서 흡수한 열량은

$Q_\text{BC} = \varDelta U + P\varDelta V = \dfrac{3}{2}nRT + nR\varDelta T = \dfrac{5}{2}nRT = \dfrac{5}{2}RT$

C → A 과정에서 방출한 열량은

$Q_\text{CA} = \varDelta U = \dfrac{3}{2}nRT = \dfrac{3}{2}RT, \quad \therefore Q_\text{BC} = \dfrac{5}{3}Q_\text{CA}$

20. 답 ④

해설 기체의 확산과 같은 자연적인 변화는 확률이 큰 쪽(엔트로피가 높은 경우)으로 일어난다. 경우의 수가 가장 큰 배열 상태가 무질서도가 가장 크고, 이것은 엔트로피가 가장 큰 것을 의미한다. 따라서 양쪽 방에 같은 수의 분자가 존재하는 경우의 엔트로피가 가장 크다.

21. 답 ③

해설 ㄱ. 열은 고온의 물체에서 저온의 물체로 이동하며, 스스로 저온의 물체에서 고온의 물체로 이동할 수 없다. 따라서 비가역 현상이다. 온도가 높은 B에서 A로 열이 이동하므로, A의 온도는 상승하고, B의 온도는 낮아지기 때문에 A의 엔트로피는 증가하고, B의 엔트로피는 감소한다.

ㄴ. 칸막이로 이동하는 열에너지가 Q일 때, A, B 공간의 온도 변화가 없을 때, 전체 엔트로피 변화량은 다음과 같다.

$$\Delta S = Q\left(-\frac{1}{2T} + \frac{1}{T}\right) = \frac{Q}{2T}$$

하지만 A 기체의 온도는 증가하고, B 기체의 온도는 감소하므로 위의 계산값과 같은 결과를 얻을 수는 없다.

〈참고〉

등적 과정에서 온도가 T_1 에서 T_2 로 변할 때, $dQ = nc_vRdT$ 이므로 엔트로피 변화량은 다음과 같다.

$$\Delta S = nc_v(\ln \frac{T_2}{T_1}) = nc_v(\ln \frac{P_2}{P_1})$$

ㄷ. 처음 상태에서 이상 기체 상태 방정식 $PV = nRT$ 에 의해 부피가 같으므로 A의 몰수(n_A)가 B의 몰수(n_B)의 4배이다. 시간이 충분히 지난 후 열평형 상태에 도달하게 되면 온도가 같아지므로 A의 압력이 B의 4배가 된다.

$$\frac{n_A RT'}{P_A} = \frac{n_B RT'}{P_B} = \frac{n_A RT'}{4P_B} \;\rightarrow\; P_A = 4P_B$$

22. 답 ②

해설 ㄱ. (가)의 A → B 과정은 등온 팽창 과정으로 온도가 일정한 상태에서 열을 흡수하므로 엔트로피가 증가하게 된다. 따라서 (나)의 G → F 과정과 같다.

ㄴ. (나)의 H → G 과정은 엔트로피가 일정한 상태에서 온도가 증가한다. 따라서 외부에서 들어오는 열이 없는 단열 압축 과정(D → A)이다.

ㄷ. 가역 과정에서 총 엔트로피는 보존된다($\Delta S = \frac{Q_1}{T_1} - \frac{Q_2}{T_2} = 0$

$\rightarrow \frac{Q_1}{T_1} = \frac{Q_2}{T_2}$). 방출한 열량과 흡수한 열량이 같다면($Q_1 = Q_2$), 총 엔트로피가 보존되지 않게 된다.

$$(\Delta S = \frac{Q_1}{T_1} - \frac{Q_2}{T_2} \neq 0 \;\rightarrow\; \frac{Q_1}{T_1} \neq \frac{Q_2}{T_2})$$

23. 답 ⑤

해설 ㄱ. 보일·샤를 법칙에 의해 기체의 양과 온도가 일정하면, $\frac{P_1 V_1}{T_1} = \frac{P_2 V_2}{T_2}$ 이다. A점과 D점에서 부피가 같을 때, 압력과 절대 온도는 비례 관계이다. 따라서 압력이 $P_1 = 3P_2$ 이므로, $T_1 = 3T_2$ 이다.

ㄴ. A → B 과정은 등온 과정이므로, $\Delta U = 0$ 이다. 따라서 $Q = W$ 이므로, 기체가 한 일의 양과 흡수한 열량은 같다.

ㄷ. B → C, D → A 과정은 모두 등적 과정이므로, $W = 0$ → $Q = \Delta U$이다. 따라서 B → C 과정은 압력이 감소하였으므로 기체에서 방출한 열량만큼 내부 에너지가 감소하여 기체의 온도가 내려가고, D → A 과정은 압력이 증가하였으므로 기체가 흡수한 열량만큼 내부 에너지가 증가하여 기체의 온도가 증가한다. 이때 두 과정의 온도 변화량이 같으므로, 방출한 열량과 증가한 내부 에너지양, 감소한 내부 에너지양과 흡수한 열량은 같다.

24. 답 ③

해설 냉장고나 에어컨의 열효율인 작동 계수는 계에 수행된 일에 대한 저열원에서 뽑아낸 열량의 비로 정의된다.

$$K = \frac{Q_C}{W_{in}} = \frac{Q_C}{Q_H - Q_C}$$

㉠ 에어컨에서 저열원은 에어컨의 내부이고, 고열원은 방 내부가 된다. 따라서 순환 과정당 밖으로 내보내는 에너지는 다음과 같다.

$$Q_H = \frac{Q_C(1 + K)}{K} = \frac{28.8(1 + 2.4)}{2.4} = 40.8\,(\text{kJ})$$

㉡ $W_{in} = \frac{Q_C}{K} = \frac{28.8}{2.4} = 12\,(\text{kJ})$

25. 답 ③

해설 주어진 그래프를 압력-부피 그래프로 나타내면 다음과 같다.

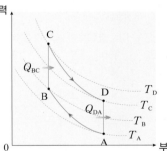

A → B 과정은 단열 압축 과정, B → C 과정은 외부에서 열을 흡수하는 등적 과정, C → D 과정은 단열 팽창 과정, D → A 과정은 단열 팽창 과정이다.

ㄱ. A → B 과정은 단열 압축 과정으로 부피는 감소하고, 기체가 외부에서 받은 일만큼 내부 에너지가 증가하므로, 온도가 높아지며, 압력은 증가한다.

ㄴ. B → C 과정은 등적 과정으로 부피가 일정하므로, $W = 0$ 이다. 따라서 받은 열량 만큼 기체의 내부 에너지가 증가하여 기체의 온도가 올라간다.

ㄷ. 온도-엔트로피 그래프에서 그래프가 그리는 넓이는 계에 알짜로 유입된 열량($Q_{BC} - Q_{DA}$)이 된다. 한 순환 과정동안 열기관의 내부 에너지는 변하지 않으므로($\Delta U = 0$) 열역학 제 1 법칙에 의해 알짜로 유입된 열량은 기체가 한 번 순환하면서 한 일의 양과 같다.

26. 답 ④

해설 ㄱ. A → B 과정에서 기체가 한 일은
$W_{AB} = P\Delta V = (1 \times 10^5) \times (3 \times 10^{-3}) = 3 \times 10^2 \,(\text{J})$이고,

$B \rightarrow C$ 과정은 등적 과정으로 한 일은 $W_{BC} = 0$ 이다. 따라서 A $\rightarrow$ B $\rightarrow$ C 과정에서 한 일은 300J 이다.

A, B, C 각 지점의 압력, 부피, 온도는 보일·샤를 법칙에 의해 각각 다음과 같다.

$A(P_0, V_0, T_A)$, $B(P_0, 4V_0, 4T_A)$, $C(2P_0, 4V_0, 8T_A)$,

$B \rightarrow C$ 과정에서 내부 에너지 변화량은

$$\Delta U_{BC} = \frac{3}{2}nR\Delta T = \frac{3}{2}R(4T_A) = \frac{3}{2}R\left(\frac{4P_0V_0}{R}\right) = 6P_0V_0$$
$$= 6 \times (1 \times 10^5) \times (1 \times 10^{-3}) = 6 \times 10^2 \text{ (J)}$$
$$\therefore \Delta U_{BC} = 2W_{AB}$$

ㄴ. $B \rightarrow C$ 과정에서 엔트로피 변화량은 $\Delta S = nc_v \ln \frac{T_C}{T_B}$

$\frac{T_C}{T_B} = \frac{8T_A}{4T_A} = 2$ 이고, 단원자 분자 이상 기체 이므로 등적 몰비

열 $c_v = \frac{3}{2}R$ 이다. $\therefore \Delta S = \frac{3}{2}R\ln 2$

ㄷ. A $\rightarrow$ B $\rightarrow$ C $\rightarrow$ A 과정으로 순환하는 것은 가역 과정이므로 계의 엔트로피 변화량은 0이다.

27. 답 ②

해설 ㄱ. 227℃의 고열원과 27℃ 사이에서 작동하는 카르노 기관의 열효율은 다음과 같다.

$$e_C = 1 - \frac{T_C}{T_H} = 1 - \frac{273 + 27}{273 + 227} = 0.4$$

(가) 열기관의 열효율은 $e = 1 - \frac{Q_2}{Q_1} = 1 - \frac{350J}{500J} = 0.3$ 이므로,

카르노의 이상적인 열기관이 아니다.

ㄴ. (가), (나)에서 열원 B의 엔트로피 증가량은 각각 다음과 같다.

$$\Delta S_{(가)B} = \frac{Q_B}{T_B} = \frac{350}{300} = \frac{7}{6}, \ \Delta S_{(나)B} = \frac{500}{300} = \frac{5}{3}$$
$$\therefore \Delta S_{(나)B} = \Delta S_{(가)B} + \frac{1}{2}$$

ㄷ. (가), (나)에서 A의 엔트로피 감소량은 각각 다음과 같다.

$$\Delta S_{(가)A} = -\frac{500}{500} = -1, \ \Delta S_{(나)A} = \frac{500}{500} = -1$$

$$\Delta S_{(가)} = \Delta S_{(가)A} + \Delta S_{(가)B} = -1 + \frac{7}{6} = \frac{1}{6}$$

$$\Delta S_{(나)} = \Delta S_{(나)A} + \Delta S_{(나)B} = -1 + \frac{5}{3} = \frac{2}{3}$$

$$\therefore \Delta S_{(가)} < \Delta S_{(나)}$$

28. 답 9.03×10^2

해설 $B \rightarrow C$ 과정은 단열 과정이고, 단원자 분자 이상 기체 이므로 기체의 비열비 $\gamma = \frac{5}{3}$ 이므로,

$$P_B V_B{}^\gamma = P_C V_C{}^\gamma$$
$$\rightarrow P_C = \left(\frac{V_B}{V_C}\right)^\gamma P_B = \left(\frac{1}{8}\right)^{5/3} \cdot (10 \times 10^5) = 3.125 \times 10^4 \text{ (N/m}^2)$$
$$\therefore P_C = P_A = 3.125 \times 10^4 \text{ (N/m}^2)$$

A $\rightarrow$ B 과정은 등적 과정으로 압력이 증가하므로 받은 열량만큼 기체의 내부 에너지가 증가하여 기체의 온도가 올라간다.

$$\rightarrow Q = \Delta U = \frac{3}{2}nR\Delta T \ (\because \text{ 단원자 분자 이상 기체})$$

이상 기체 상태 방정식 $PV = nRT$ 에 의해 $\Delta T = \frac{\Delta P \cdot V}{nR}$ 이므로,

A $\rightarrow$ B 과정에서 받은 열량은 다음과 같다.

$$Q_{AB} = \frac{3}{2}R \cdot \frac{(P_B - P_A) \cdot V}{R} = \frac{3}{2}[(P_B - P_A) \cdot V_A]$$
$$\therefore Q_{AB} = \frac{3}{2}[(10 \times 10^5) - (3.125 \times 10^4)](1 \times 10^{-3})$$
$$= 1.453125 \times 10^3 \doteqdot 1.45 \times 10^3 \text{ (J)}$$

C $\rightarrow$ A 과정은 등압 압축 과정이므로 $\Delta U = \frac{3}{2}nR\Delta T = \frac{3}{2}P\Delta V$,

$W = P\Delta V$ 이다. 따라서 기체가 잃은 열량은 다음과 같다.

$$Q_{CA} = \Delta U + W = \frac{5}{2}[(V_A - V_C) \cdot P_C]$$
$$= \frac{5}{2}[(1 \times 10^{-3}) - (8 \times 10^{-3})](3.125 \times 10^4)$$
$$= -5.46875 \times 10^2 \doteqdot -5.47 \times 10^2 \text{ (J)}$$

한 순환 과정동안 내부 에너지 변화는 0이므로($\Delta U = 0$),

$$\therefore W = Q = (1.45 \times 10^3) + (-5.47 \times 10^2) = 9.03 \times 10^2 \text{ (J)}$$

29. 답 62

해설 이 기체의 열역학 과정을 이용한 열기관의 열효율은 다음과 같다.

$$e = \frac{W}{Q_{흡수}} = \frac{9.03 \times 10^2}{1.45 \times 10^3} = 0.6227\cdots \doteqdot 0.62 \rightarrow 62(\%)$$

30. 답 이원자 분자

해설 A $\rightarrow$ B 과정은 등압 팽창, B $\rightarrow$ C 과정은 단열 팽창, C $\rightarrow$ D 과정은 등압 압축, D $\rightarrow$ A 과정은 단열 압축 과정이다. A, B, C, D 각 지점의 압력, 부피, 온도는 보일·샤를 법칙에 의해 각각 다음과 같다.

$A(32P_0, V_0, T_A)$, $B(32P_0, 2V_0, 2T_A)$, $C(P_0, 16V_0, \frac{1}{2}T_A)$, $D(P_0, 8V_0, \frac{1}{4}T_A)$

A $\rightarrow$ B, C $\rightarrow$ D 과정은 등압 과정이므로, $Q = \Delta U + W = \Delta U + P\Delta V = \Delta U + nR\Delta T$ 를 만족하고, B $\rightarrow$ C, D $\rightarrow$ A 과정은 단열 과정이므로, $\Delta U = -W$ 를 만족한다. 각 과정에서 외부에 하거나 외부에서 받은 일은 각각 다음과 같다.

$$W_{AB} = nR\Delta T = RT_A, \ W_{CD} = nR\Delta T = -\frac{1}{4}RT_A$$

$$W_{BC} = \frac{nR}{1 - \gamma}(T_C - T_B) = \frac{R}{1 - \gamma} \cdot \left(-\frac{3}{2}T_A\right)$$

$$W_{DA} = \frac{nR}{1 - \gamma}(T_A - T_D) = -\frac{R}{1 - \gamma} \cdot \left(\frac{3}{4}T_A\right)$$

한 순환 과정에서 내부 에너지는 일정하므로($\Delta U = 0$),

$$\Delta U = \Delta U_{AB} - \Delta W_{BC} - \Delta U_{CD} + W_{DA} = 0$$

이때 단원자 분자일 경우, $\Delta U = \frac{3}{2}nR\Delta T$, 이원자 분자일 경우,

$\Delta U = \frac{5}{2}nR\Delta T$, 삼원자 분자일 경우, $\Delta U = \frac{6}{2}nR\Delta T$ 이고, 기체의 비열비는 $\frac{5}{3}, \frac{7}{5}, \frac{8}{6}$ 이다.

㉠ 단원자 분자일 경우,

$$\Delta U_{AB} = \frac{3}{2}RT_A, \ \Delta U_{CD} = \frac{3}{2}R \cdot (-\frac{1}{4}T_A) = -\frac{3}{8}RT_A$$

$$\Delta U_{BC} = -W_{BC} = -\frac{R}{1-\gamma} \cdot (-\frac{3}{2}T_A) = -\frac{9}{4}RT_A$$

$$\Delta U_{DA} = -W_{DA} = \frac{R}{1-\gamma} \cdot (-\frac{3}{4}T_A) = \frac{9}{8}RT_A$$

$$\therefore \Delta U = \frac{12}{8}RT_A - \frac{9}{8}RT_A \neq 0$$

ⓒ 이원자 분자일 경우,

$$\Delta U_{AB} = \frac{5}{2}RT_A, \ \Delta U_{CD} = \frac{5}{2}R \cdot (-\frac{1}{4}T_A) = -\frac{5}{8}RT_A$$

$$\Delta U_{BC} = -W_{BC} = -\frac{R}{1-\gamma} \cdot (-\frac{3}{2}T_A) = -\frac{15}{4}RT_A$$

$$\Delta U_{DA} = -W_{DA} = \frac{R}{1-\gamma} \cdot (-\frac{3}{4}T_A) = \frac{15}{8}RT_A$$

$$\therefore \Delta U = \left(\frac{20}{8} - \frac{5}{8} - \frac{30}{8} + \frac{15}{8}\right) = 0$$

∴ 이상 기체는 이원자 분자 이다.

31. 답 75

해설 기체는 이원자 분자 이상 기체이므로,

$$Q_{AB} = \Delta U_{AB} + W_{AB} = \frac{5}{2}RT_A + RT_A = \frac{7}{2}RT_A$$

$$W_{Total} = RT_A + \frac{15}{4}RT_A - \frac{1}{4}RT_A - \frac{15}{8}RT_A = \frac{21}{8}RT_A$$

$$\therefore e = \frac{W_{Total}}{Q_{AB}} = \frac{3}{4} = 0.75 \ \rightarrow \ 75(\%)$$

32. 답 444

해설 열펌프의 작동 계수는 다음과 같다.

$$K = \frac{Q_C}{W_{in}} = \frac{Q_C}{Q_H - Q_C} \quad \cdots \ \bigcirc$$

열펌프에서 한 번의 순환과정 동안 열펌프의 내부 에너지는 변하지 않으므로($\Delta U = 0$), 열역학 제 1 법칙에 의해 저열원에서 흡수하는 열에너지는 다음과 같다.

$$W_{in} = Q_H - Q_C \ \rightarrow \ Q_C = Q_H - W_{in}'$$

따라서 ⊙은

$$K = \frac{Q_H - W_{in}}{W_{in}}$$

$$\therefore W_{in} = \frac{Q_H}{K+1} = \frac{8 \times 10^6}{4+1} = 1.6 \times 10^6 (J)$$

따라서 단위 시간당 한 일의 양인 일률은 다음과 같다.

$$\therefore P = \frac{1.6 \times 10^6}{3,600} \fallingdotseq 444(W)$$

12강. Project 2

Q1

〈예시 답안〉 우리가 사용하는 일반적인 자동차는 화석 연료를 이용하여 움직인다. 화석 연료와 같이 우리가 사용할 수 있는 연료는 한정되어 있다. 또한 열역학 제 2법칙에 의해 내연 기관을 이용하여 움직일 때 사용할 수 있는 형태의 에너지가 다시 사용할 수 없는 형태의 열 에너지로 대부분 전환된다. 일반적인 내연 기관의 경우 효율이 20%를 넘기가 힘들다. 이는 80%는 쓸모없는 에너지로 전환된다는 것을 의미한다. 따라서 대체할 수 있는 연료도 필요하며, 화석 연료의 의존도를 줄여야 하므로 친환경 자동차를 개발해야 한다.

해설 열역학 제2법칙이란 열에너지가 이동하는 방향성에 관한 법칙이다. 자연 현상은 대부분 비가역적이며, 무질서도(엔트로피)가 증가하는 방향으로 진행된다.

Q2

〈예시 답안 〉 자동차가 주행할 때 바닥과의 마찰로 열이 발생한다. 이 열이 타이어 내부 기체의 온도를 높이므로 압력이 높아진다. 자동차의 무게가 무거울수록 마찰이 더욱 커지므로 이로 인하여 발생하는 열도 많아지게 된다. 따라서 타이어 내부 기체의 온도도 더 많이 올라가고, 압력도 더욱 높아지므로 이를 견딜 수 있는 전용 타이어가 필요하다.

Q3

작은 항아리와 큰 항아리 사이의 젖은 모래에서 수분이 증발될 때(액체 → 기체) 잠열을 흡수하므로 작은 항아리 속의 온도가 낮아지게 된다. 이때 바깥 온도가 높을수록 기화가 더 잘일어나므로 작은 항아리 속 온도가 낮은 상태로 더 잘 유지될 수 있는 것이다. 따라 농산물을 더 오래 보관할 수 있게 된다.

Q4

〈예시 답안〉 말라리아를 옮기는 모기를 피하기 위한 모기장을 보급하거나, 아프리카에서 나는 식물 중 우리나라의 쑥과 같은 모기 퇴치 식물을 찾아내어 피울 수 있는 통을 개발하여 보급한다.

해설 모기에 물려 말라리아·뇌염·뎅기열 등에 감염돼 목숨을 잃는 사람은 한 해 72만5천 명으로 뱀(5만 명), 개(2만5천 명), 악어(1천 명) 등 다른 동물로 인한 사망자를 모두 합친 것보다 많다. 모기가 옮기는 감염병 가운데 가장 흔하고 치명적인 것은 말라리아다. 아프리카에서는 말라리아에 걸린 어린이가 1분에 한 명꼴로 숨진다. 이러한 말라리아를 이길 수 있는 최선의 방법은 모기를 죽이는 것보다 모기를 피하는 것이라고 한다. 살충제를 이용하여 모기를 죽여도 모기에게 내성이 생겨 결국엔 소용이 없기 때문이다.

〈적정 기술의 또 다른 예〉

▲ 지세이버(G-Saver)

▲ 대나무 페달 펌프

예 몽골과 같은 나라는 1년 중 8개월이 −20 ~ −40℃로 매우 춥다. 하지만 대부분의 사람들이 집을 마련하지 못해 도시 외곽의 판자촌에서 물과 전기가 부족한 상태에서 살아가고 있다. 이들은 소득의 70%를 난로의 석탄을 구입하는 데 사용하고 있으며 석탄을 태우는 난방 방법 때문에 불완전 연소에 의한 연료 손실과 함께 환경 오염도 매우 크다. 이러한 몽골의 상황을 해결해 주기 위해 '지세이버(G-Saver)'라는 제품이 개발되어 보급되었다. 우리나라의 온돌 원리를 이용하여 난로의 열효율을 높인 것으로 기존의 난로에 부착하여 사용하는 축열기이다. 지세이버는 오랫동안 열을 낼 수 있기 때문에 연료비를 45% 가까이 절감할 수 있으며, 공기 중에 배출되는 오염 물질도 현저히 적어 호흡기 질환에 의한 문제도 해결해 주었다.

예 대나무 페달 펌프(Bamboo treadle pump)는 논밭에 물을 길어 올릴 수 있는 간이 수동 펌프로 페달과 지지대를 주변에서 쉽게 구할 수 있는 대나무를 이용하였다. 사람이 자연스럽게 걸어가는 힘을 동력으로 사용하므로 전기도 필요 없다. 이는 물이 부족하여 농사를 짓기 힘든 건기가 있는 나라에 농사가 가능하게끔 해주었다.

이러한 적정기술은 개발도상국에서만 사용되는 것은 아니다. 2011년 일본의 원전사태로 인하여 대규모 정전이 발생했을 때에 어둠을 밝혀준 것은 저가의 태양광 전등이었고, 노인들의 보청기를 대체해준 것도 태양광으로 충전 가능한 보청기였다. 일본에서는 사고 이후에도 폐열로 충전되는 전력공급기 등을 개발하며, 중앙 집중의 에너지원에서 생산하는 에너지에만 의존하지 않는 대안들을 모색하는 움직임이 일어나고 있다.

자료 해석 및 일반화

Q1 〈예시 답안〉 무한이가 구상한 집은 외부 공기나 사람과는 차단되어 있지만 외부에 연결된 축전기에 의해 전기 에너지는 공급 받으므로 에너지는 출입이 가능한 계이다. 따라서 에너지는 교환하지만 물질은 교환하지 않는 닫힌계와 가장 근접하다.

Q2 ㉠ 식물의 광합성 작용 : 빛 에너지 → 화학 에너지
㉡ 태양 전지 : 빛 에너지 → 전기 에너지
㉢ 형광등 : 전기 에너지 → 빛 에너지 + 열 에너지
㉣ 냉온수기 : 전기 에너지 → 열 에너지
㉤ 난방기 : 전기 에너지 → 열 에너지
㉥ 실내용 자전거 발전기 : 운동 에너지 → 전기 에너지
㉦ 축전기 : 화학 에너지 → 전기 에너지

해설 일반적인 냉수기는 냉장고나 에어컨에 들어 있는 냉각기를 이용해서 물을 차갑게 만든다. 즉, 모터와 응축기를 이용하여 냉매를 고압으로 압축시켰다가 갑자기 팽창을 시키고, 방열판으로 열을 빼내는 과정을 거쳐 물을 차갑게 만드는 것이다. 따라서 전기 에너지가 운동 에너지와 열 에너지로 전환되는 과정이다.

개념 응용하기

〈 해설 참조 〉

해설 식물의 광합성이란 빛 에너지를 이용하여 이산화탄소와 물로부터 유기물을 합성하는 작용이다. 이는 무질서하게 분포하고 있던 물질을 질서 있는 유기물로 합성하였으므로 무질서도가 감소, 즉 엔트로피가 감소한 과정이므로 열역학 제2법칙이 성립하지 않는다. 이는 열역학 제2법칙은 물질과 에너지를 모두 교환하지 않는 고립계에서 성립되는 법칙이기 때문에 닫힌계와 가까운 계에서는 항상 성립하지 않는다.

CEPHEID

무한상상 교재 활용법

무한상상은 상상이 현실이 되는 차별화된 창의교육을 만들어갑니다.

	아이앤아이 시리즈					
	특목고, 영재교육원 대비서					
	아이앤아이 영재들의 수학여행	아이앤아이 꾸러미	아이앤아이 꾸러미 120제	아이앤아이 꾸러미 48제	아이앤아이 꾸러미 과학대회	창의력과학 아이앤아이 I&I
	수학 (단계별 영재교육)	수학, 과학	수학, 과학	수학, 과학	과학	과학
6세~초1	수, 연산, 도형, 측정, 규칙, 문제해결력, 워크북 (7권)					
초 1~3	수와 연산, 도형, 측정, 규칙, 자료와 가능성, 문제해결력, 워크북 (7권)					
초 3~5	수와 연산, 도형, 측정, 규칙, 자료와 가능성, 문제해결력 (6권)		수학, 과학 (2권)	수학, 과학 (2권)		
초 4~6	수와 연산, 도형, 측정, 규칙, 자료와 가능성, 문제해결력 (6권)				과학토론 대회, 과학산출물 대회, 발명품 대회 등 대회 출전 노하우	
초 6	수와 연산, 도형, 측정, 규칙, 자료와 가능성, 문제해결력 (6권)					
중등			수학, 과학 (2권)	수학, 과학 (2권)		
고등					과학토론 대회, 과학산출물 대회, 발명품 대회 등 대회 출전 노하우	물리(상,하), 화학(상,하), 생명과학(상,하), 지구과학(상,하) (8권)